언어본능
마음은 어떻게 언어를 만드는가

THE LANGUAGE INSTINCT

HOW THE MIND CREATES LANGUAGE

언어본능 마음은 어떻게 언어를 만드는가

초판 1쇄 펴낸날 2004년 6월 15일 **개정1판 1쇄 펴낸날** 2007년 7월 30일
개정2판 1쇄 펴낸날 2008년 12월 20일 **개정2판 14쇄 펴낸날** 2024년 4월 25일

지은이 스티븐 핑커 **옮긴이** 김한영 · 문미선 · 신효식
펴낸이 이건복 **펴낸곳** 동녘사이언스

등록 2004년 10월 21일(제406-2004-000024호)
주소 경기도 파주시 회동길 77-26
전화 편집부 031) 955-3005 영업부 031) 955-3000 **팩스** 031) 955-3009
이메일 editor@dongnyok.com

ISBN 978-89-90247-42-1 (03470)

책값은 뒤표지에 있습니다.

이 도서의 국립중앙도서관 출판시도서목록(CIP)은 e-CIP 홈페이지(http://www.nl.go.kr/cip.php)에서 이용하실 수 있습니다. (CIP제어번호: 2008003652)

언어본능

THE LANGUAGE INSTINCT

스티븐 핑커 지음 ● 김한영 · 문미선 · 신효식 옮김

마음은 어떻게 언어를 만드는가

HOW THE MIND CREATES LANGUAGE

동녘사이언스

《언어본능》에 쏟아진 찬사들

스티븐 핑커 읽기는 여태껏 내가 해 온 일들 가운데 내 머리가 가장 좋아하는 일이다. 그의 책은 각 분야의 전문가들이 목표로 삼을 경지에 이르렀다. 일반 독자들에게 쉽게 읽히면서 동시에 전문가들의 필독서다. 일반인들은 언어학이라는 흥미진진한 분야에 대한 명쾌하면서도 재기발랄한 이 입문서에 매료될 것이다. 소위 정통 사회과학자들과, 아, 그리고 함께 여행길에 나선 그들의 동료 생물학자들도 자신들의 금과옥조들에 대한 다윈주의의 거대한 도전에 맞닥뜨리게 될 것이다. 그리고 '성' 하면 으레 '섹스'를 떠올리는 나 같은 설부른 글꾼들은 영 기가 죽고 만다. 설령 그의 주장에 동의하지 않는 사람조차 이 탁월한 저작에 홀딱 반해 푹 빠져들 수밖에 없다. –리처드 도킨스, 《이기적 유전자》의 저자

탁월하고 재기 넘치고, 모든 면에서 만점인 책이다. 핑커는 아무리 어려운 주제라도 누구에게나 녹녹한 읽을거리로 맛깔스럽게 빗어내는, 과학자들 가운데서는 참으로 드문 재주를 가진 사람이다. 무엇보다 돋보이는 것은 그는 독자를 내려다보며 떠들지 않는다는 점이다. 이 저작의 테마는 인간에 대한 근본적 연대감이다. 흥미진진하고 유쾌하고 교훈적이고, 그러면서도 유익하고 가슴 벅찬 책이다. –《뉴욕타임스 북 리뷰》

그들만의 언어를 쪼개 그 속을 만천하에 까발리는 한편, 비루한 일상언어에 숨어 있는 진주를 꺼내 보인다. 까다로운 과학적 개념들

을 어찌나 쉽게 풀어내는지 마치 단어들이 흐르는 강물 속에서 훤히 들여다보이는 것 같다. 대단히 재미있고 치밀한 기념비적 저작이다. -《선데이 타임스》

재기와 지혜와 뛰어난 판단력이 펄떡펄떡 살아 있는 탁월한 저작이다. 언어와 마음에 관한 어떤 대학 강좌보다도 낫다. 게다가 평범한 사람들의 뇌에서 스르르 소화된다. -《보스턴 글로브 북 리뷰》

반세기 동안 심리학과 언어학을 지배한 비상식에 대한 상식의 승리. 언어에 관해 이렇게 쓸 수도 있구나 싶다. 핑커는 그 점에서 위대하다. 새로운 아이디어와 심오한 통찰의 창시자가 이토록 풍성한 수확을 거둬들인 사례도 드물다. 핑커는 자로 잰 듯이 치밀하고 유쾌하고 명쾌하다. 셰익스피어가 스펜서를 자양으로 삼아 영문학의 최고봉에 올랐다면 핑커는 촘스키를 자양으로 삼아 언어학의 최고봉에 올랐다. -《이코노미스트》

최고 전문가가 쓴 감탄이 나올 만큼 잘 읽히는 언어학 저작. 스티븐 핑커는 위트와 박학다식함을 무기로 누구나 궁금하게 여기는 문제들과 정면승부를 벌인다. 그는 언어학과 심리학의 전문지식과 폭넓은 생물학 지식들과 더불어, 보통 사람이 언어에 대해 느끼는 긴장에 대한 따스한 시선, 먹물들에 대한 가벼운 비꼬기로 그러한 긴장을 풀어주는 능력을 두루 발휘한다. 《언어본능》은 언어학과 심리학에 끼칠 충격은 차치하고라도 일반인의 과학에 대한 이해에 큰 기여를 할 것이다. -《네이처》

마침내 제대로 해냈다. 철저히 모던하고, 강력한 흡입력을 가진 스티븐 핑커의 이 책은 일반 독자들에게 불손하고 통쾌한, 그러면서도 빈틈없고 사실에 입각한 방식으로 언어의 과학을 소개한다. 맛있는 읽을거리다. –라일라 글라이트먼, 미국언어학회 회장

놀라운 종합. 언어 매니아들에게는 성찬이요 여러 분야 과학자들에게 던져진 도전 과제인 흥미진진하고 잘 읽히는 책. 언어라는 무한의 잠재력에 바치는 아름다운 허밍. –《퍼블리셔스 위클리》

걷지 말고 뛰어라, 가장 가까운 서점으로. 그리고 《언어본능》을 사라. 현기증 날 만큼 풍부한 지식과 재미가 가득한 이 책을 통해 스티븐 핑커는 당신을 언어라는 경이의 세계로 데려간다. 그는 독자를 위해 언어학의 주술을 마련해 놓고는 누구도 뒤집을 수 없는 진실을 똑똑히 보게 만든다. 언어는 본능이다. 이 위대한 발견 위에 핑커는 정신의 비밀들을 진열한다. 눈이 부시다. –마이클 가자니가, 캘리포니아대학교 신경과학센터 소장, 《자연의 마음》의 저자

지극히 중요한 저작. 이 책의 힘은 진화생물학에 바탕을 둔 일관된 논증의 구성에서 나온다. 《언어본능》은 도발적이다. 그러나 반대 의견에 대한 적절치 못한 험담으로 값싼 점수를 챙기지 않는다. 그의 주장은 지적으로 구성되고, 빈틈없이 논증되며, 아름다운 문체로 표현된다. 혹여 핑커의 결론에 이의를 제기하는 독자들도 그와 함께 한 마음으로의 여행만큼은 매우 즐거운 경험으로 간직할 것이다. –《뉴 사이언티스트》

세계적인 언어학자인 스티븐 핑커는 언어의 생물학적 토대에 관한 도발적 테제를 노련하게 방어해 낸다. 그런 가운데 언어의 본성

에 관한 중요한 질문들에 대해 믿을 수 있는 대답을 들려준다. 《언어본능》은 반드시 읽어야 할 탁월한 저작이다. – 하워드 가드너, 하버드대학교 교육심리학과 교수, 《다중지능》의 저자

지은이 서문

나는 지금까지 '말'에 관심이 없는 사람을 만난 적이 없다. 이 책을 쓴 이유도 사람들의 언어에 대한 호기심을 충족시키기 위해서다. 언어는 우리가 과학이라 부르는 유일하게 만족스러운 이해 방법에 굴복하기 시작했으나 그 실상은 여전히 비밀에 싸여 있다.

나는 언어를 사랑하는 사람들에게 기이한 지역적 어원들과 특이한 단어들, 그리고 세부적인 용법들보다 훨씬 더 우아하면서도 풍부한 일상 언어의 세계를 보여주고자 한다.

또한 나는 독자들에게 언론을 통해 보도된 최근의 발견들(또는 아직 발견되지 않은 많은 것들)—보편적 심층구조, 영특한 아기들, 문법유전자, 인공지능 컴퓨터, 신경망, 수화하는 침팬지, 말하는 네안데르탈인, 바보 천재, 야생 아동, 역설적인 두뇌 손상, 태어날 때 헤어진 일란성 쌍둥이, 생각하는 뇌의 컬러 영상, 모든 언어의 모어(母語)에 대한 탐구 등—의 이면에 숨어 있는 것을 설명할 수 있기를 바란다. 또한 언어에 대한 여러 의문들, 즉 언어는 왜 그렇게 많은가, 어른들은 왜 외국어를 배우기 어려운가, 왜 아무도 워크맨(Walkman)의 복수형을 모르는가, 하는 따위의 의문들에도 대답하고자 한다.

언어와 마음의 과학을 전혀 모르는 학생들에게, 혹은 더 열악한 경우 단어 빈도수가 정신사전(mental dictionary)의 결정반응 시간에 미치는 영향이나 공(空) 범주 원리(Empty Category Principle)의 온갖 세세한 사항들을 암기해야 하는 부담에 짓눌린 학생들에게 나는 몇 십 년 전 언어에 대한 현대적 연구를 출범시킨 그 거부할 수 없는 지적 흥미를 전해 주고 싶다.

다양한 학과에서 외관상 아무런 연관이 없어 보이는 주제들을 연구하는 동료 교수들에게 나는 광대한 분야들을 아우르는 통합된 그림을 제공하고자 한다. 비록 나는 쟁점에서 벗어나 깃털만 날리는 싱거운 타협을 싫어하는 고집과 강박에 사로잡힌 연구자이지만, 수많은 학문적 논쟁들을 보면서 '장님 코끼리 다리 만지기'를 떠올리게 된다. 만일 내 개인의 통합적 관점이 기존의 '형식주의 대 기능주의' 혹은 '통사론 대 의미론 대 화용론' 같은 논쟁들의 양 측면을 동시에 포용하는 듯이 보인다면, 그것은 아마도 지금까지 이러한 관점을 이해할 토대가 없었기 때문일 것이다.

나는 넓은 의미에서의 언어와 인간에 깊은 관심을 가진 논픽션 독자들에게 인문학과 과학에서 똑같이 (보통 언어를 연구한 적도 없는 사람들에 의해) 진행되는 토론들의 공허하고 식상한 의견들과는 다른 뭔가를 제공하고 싶다. 다행인지 불행인지 나는 꼼꼼하고 납득할 만한 개념들과 세세한 관련 정보들에 대한 열정을 무기로 오직 한 가지 방법으로밖에 쓸 줄 모른다. 그러나 이러한 치명적 습관에도 불구하고 내가 설명하려는 주제는 다행히도 말장난, 시, 수사법, 기지, 좋은 글 등의 밑바닥에서 그 원리를 발견할 수 있다. 나는 주저 없이 대중문화, 평범한 아이들과 어른들, 나와 같은 분야에 종사하는 좀더 현학적인 학술서의 저자들, 그리고 탁월한 몇몇 영어 문장가들로부터 내 뜻대로 마음껏 언어 사례들을 인용하여 제시했다.

그럴진대 이 책은 언어를 사용하는 사람들을 위해 씌어진 책이고, 그것은 사실상 모든 사람이다!

나는 많은 분들께 감사하고 있다. 먼저 원고에 대해 평을 해주고 충고와 격려를 아끼지 않은 레다 코즈미디스, 낸시 엣코프, 마이클 가자니가, 로라 앤 페티토, 해리 핑커, 로버트 핑커, 로즐린 핑커, 존 투비, 그리고 특히 일라베닐 수비아에게 감사드린다.

내가 속해 있는 매사추세츠공과대학교는 언어 연구에 최적의 훌륭한 환경을 제공해 주었다.

그리고 전문지식을 공유했던 동료들, 학생들 그리고 졸업생들에게 감사드린다.

노엄 촘스키는 예리한 비판과 유용한 제안들을 해 주었고, 네드 블록, 폴 블룸, 수잔 캐리, 테드 깁슨, 모리스 할레, 마이클 조던은 몇몇 장에서 다룬 논점들을 끝까지 파고들어갈 수 있게 도와주었다. 또한 수화를 비롯해 야구선수와 기타리스트의 애매한 표현에 이르기까지 광범한 의문점들에 대해 해박한 대답을 해 주었던 힐러리 브롬버그, 제이콥 펠드먼, 존 하우드, 새뮤얼 제이 케이서, 존J. 킴, 게리 마커스, 닐 펄무터, 데이비드 페셋스키, 데이비드 푀펠, 애니 센가스, 카린 스트롬스월드, 마이클 타르, 매리언 터버, 마이클 울만, 케네스 웩슬러, 그리고 카렌 윈에게 감사드린다. 두뇌와 인지과학 부서의 도서관 사서인 패트 클래페이와 컴퓨터시스템 관리자인 스티븐 G. 워드로우에게도 감사드린다. 그들은 자신의 전문분야에서 존경할 만한 능력을 발휘하여 여러 단계에 걸쳐 헌신적이고 전문적인 도움을 제공했다.

몇몇 장에서는 데릭 비커턴, 데이비드 캐플란, 리처드 도킨스, 니나 드론커스, 제인 그림쇼, 미시아 랜도, 베스 레빈, 앨런 프린스, 사라 G. 토머슨 같은 진정한 전문가들의 상세한 연구결과에서 도움을 얻었다. 훌륭한 문체로 씌어진 그들의 전문적인 견해에 감사드린다. 또한 나의 조급함을 기꺼이 받아주고, 때로는 불과 몇 분 만에 전자공학과 관련된 질문에 답변을 해 준 가상공간 내의 동료들에게도 감사드린다. 마크 아로노프, 캐슬린 베인스, 우르술라 벨루기, 도로시 비숍, 헬레나 크로닌, 릴라 글라이트먼, 미르나 고프닉, 자크 가이, 헨리 쿠체라, 지그리트 리프카, 자크 멜러, 엘리사 뉴포트, 앨릭스 루드니키, 제니 싱글턴, 버지니아 발리언, 헤더 반 데르 렐리가 바로 그들이다. 마지막으로 라틴어와 관련한 여러 문제를 해결하는 데 도움을 준 비알릭고등학교의 알타 레벤슨 선생께도 감사드린다.

나의 에이전트인 존 브록만, 펭귄북스사(社)의 편집자 래비 머천다니, 윌리엄모로우(社)의 편집자 마리아 구아르나셜리에게 행복한 마음으로 감사드린다. 마리아의 현명하고 꼼꼼한 조언 덕분에 최종 원고가 대단히 향상되었다. 나의 첫 두 권의 원고를 편집해 준 카타리나 라이스는 이번에도 이 책의 편집을 맡아 주었다. 특히 12장에서 다루고 있는 내용의 일부를 생각할 때 그녀가 이번 작업에서도 나를 도와주기로 동의한 것은 정말로 기쁜 일이다.

마지막으로 국립보건원, 국립과학재단, MIT의 맥도넬-퓨 인지신경과학센터에서 나의 언어 연구를 후원해 주었음을 밝혀 둔다.

스티븐 핑커

옮긴이 서문

누구나 언어와 관련해 숱한 궁금증들을 가지고 있다. 아이들은 어떻게 그토록 빨리 언어를 습득할까? 왜 어른이 되면 외국어를 배우기가 그토록 어려울까? 왜 우리는 컴퓨터와 대화를 할 수 없을까? 침팬지도 수화를 할 수 있을까? 지구상에 존재하는 6천여 개의 언어 사이에 우열이 있을까? 이 책의 저자인 스티븐 핑커는 일반인들이 언어에 대해 갖고 있는 온갖 궁금증들에 명쾌한 답을 제시한다. 현재 미국 하버드대학교 심리학과 교수로 재직하고 있는 저자는 언어행위에 대한 경험적 연구와 더불어, 인간 본성을 이론적으로 분석하고 언어와 정신, 언어와 뇌 사이의 관계를 밝히는 작업에 주력하고 있다. 그리고 후자와 관련해서는 심리학적 연구와 생물학적 연구를 병행하고 있다.

이 책은 The Language Instinct(1994)를 우리말로 옮긴 것이다. 저자가 서문에서 밝히고 있듯이 이 책은 언어나 마음을 연구하는 과학에 대해서는 완전히 문외한이면서 매일 언어를 사용하는 모든 사람들을 위해 씌어졌다. 때문에 저자가 자신의 이론을 논증하기 위해 제시해 놓은 수많은 예들도 언어의 세세한 용법이나 특이한 단어가 아니라 우리가 일상에서 늘 사용하는 언어들로 채워져 있다. 그런 만큼 쉽고 명쾌해서 '언어학'은 어렵고 복잡하다는 선입견을 불식시키기에 충분하다. 그러나 핑커는 포괄적인 내용을 이해하기 쉽게 전개하면서도 한 치의 어긋남도 없이 자신의 이론을 펼쳐 나간다.

그는 우리가 일상생활에서 흔히 들을 수 있는 농담, 현학적인 말투, 유머, 말장난들을 이용하여 언어란 거미의 직조기술이나 박쥐의 음향탐지능력과 같이 진화상의 오랜 적응 과정을 거쳐 생겨난 하나의 본능이라는 거대한 이론을 엮어낸다. 지난 20세기 초까지만 해도 의사소통이라는 도구적인 측면에서의 언어체계를 주된 연구대상으로 삼았던 구조주의 언어학이 언어 연구를 주도했다. 그들은 언어 지식이 후천적 경험에 의해 축적된다는 경험주의 내지는 행동주의 입장을 견지했다. 그러나 1950년대 들어 촘스키가 생성문법을 체계화하면서 언어에 대한 인식은 커다란 전환점을 맞게 된다. 촘스키는 언어가 인간을 인간으로 특징짓는 종(種) 고유의 변별자질이며, 선천적인 것이라고 주장했다.

또한 그는 인간이 한정된 단어목록으로 무한히 다양한 문장을 만들어 낼 수 있는 정신문법과, 모든 언어의 문법에 공통된 하나의 설계도, 즉 부모의 말에서 통사론적 유형을 포착해 낼 수 있게 해 주는 보편문법을 선천적으로 지니고 있다고 주장했다. 그러나 핑커는 여기에서 한 발 더 나아간다. 그는 언어를 인간과 동물을 구분하는 종 고유의 변별자질로 보는 기존 관념을 거부한다. 언어는 인간이 진화하는 과정에서 개발된 의사소통 방법이며, 다른 종의 동물들이 가지고 있는 수많은 의사소통 방법 가운데 하나일 뿐이라는 것이다. 또한 그는 지구상에 존재하는 6천여 개의 언어에는 보편적인 심층구조가 있으며, 이것이 문법유전자에 입력되어 있다고 주장한다. 문법유전자가 존재하는 12살 이전의 아이들이 체계적인 교육이나 훈련 없이도 어떤 언어건 자연스럽게 습득할 수 있는 것은 그 때문이라는 것이다.

오늘날 언어에 관한 연구는 언어체계 자체를 규명하는 것을 넘어 인간의 인지구조, 뇌의 작동 방식, 나아가 인간의 마음을 해명하는 데 중요한 단초를 제공하고 있다. 뿐만 아니라 인간에 대한 진정한 관심에서 출발한 언어 연구는 철학, 인지심리학, 생물학, 뇌신경학 등 인접학문을 포괄하는 학제간 연구 분야로 새로이 각광받고 있는 인지과학의 울타리 안에 포함되었다. 그리고 인지과학의 발전은 다시 인공지능 분야의 발전을 촉진함으로써 언어 연구를 대단히 유용한 학문 분야로서 자리매김하는 토대로 작용할 것이다. 이러한 새로운 학문의 패러다임을 염두에 둘 때 이 책《언어본능》은 독자들이 마음과 언어의 본질을 이해하는 데 큰 도움을 줄 수 있을 것이다.

이 책에서 핑커는 자신의 주장을 논증하기 위해 수많은 실험 보고서, 평범한 아이들과 어른들, 신문 칼럼니스트의 글, 방송녹취록에 이르기까지 실로 다양한 자료를 동원하여 자신의 이론을 펼친다. 때문에 이 책에는 엄청난 분량의 예문이 제시되어 있다.

그런데 저자의 의도를 효과적으로 드러내기 위해서는 이러한 예문들이 영어 원문 그대로 제시되어야 한다는 것이 번역에 참여한 우리들의 공통된 의견이었다. 한편, 독자들의 편의성 역시 번역자가 마땅히 배려해야 하는 부분이므로 우리는 원문의 맛과 예문으로서의 기능을 살리기 어려운 한계에도 불구하고 이 예문들에 가급적 딱딱한 직역 투의 번역을 함께 싣기로 했다. 이 점, 독자들의 넓은 이해를 바란다.

1998. 2. 15.

옮긴이를 대표하여

문미선, 신효식

차례

1

언어는 본능이다

AN INSTINCT TO ACQUIRE AN ART

이 글을 읽는 지금 여러분은 자연세계에서 일어나는 가장 경이로운 일 가운데 하나에 참여하고 있다. 그것은 여러분과 내가 뛰어난 능력을 가진 종에 속해 있기 때문이다. 그 덕분에 우리는 서로의 뇌 속에 사건들을 정교하게 형상화시킬 수 있다. 텔레파시, 마인드 컨트롤, 혹은 사이비과학의 망상을 이야기하려는 것이 아니다. 행여 그런 따위를 믿는 사람들의 주장이 사실이라 할지라도, 그것들은 논란의 여지없이 우리 모두에게 존재하는 어떤 능력에 비하면 형편없이 조잡한 도구에 불과하다. 그 능력은 바로 언어다. 입으로 소리를 만들어 내는 것만으로 우리는 타인의 머릿속에 어떤 생각들의 새로운 조합이 떠오르도록 할 수 있다. 이 능력은 너무도 자연스럽게 주어지기 때문에 우리는 그것이 얼마나 놀라운 기적인지를 쉽게 잊어버리는 경향이 있다. 그래서 나는 몇 가지 간단한 시연을 통해 여러분에게 이 점을 상기시키고자 한다. 단 몇 분만 내 말에 상상을 맡겨 달라. 그러면 여러분들이 아주 특정한 몇 가지 생각을 떠올리게 만들어 보겠다.

수컷 문어가 암컷 문어를 발견하면 보통 때는 희끄무레한 색을 띠고 있던 몸통에 갑자기 줄무늬가 생긴다. 수컷은 암컷 위쪽으로 헤엄쳐 가서 일곱 개의 팔로 애무를 하기 시작한다. 암컷이 이를 받아들이면 재빨리 여덟 번째 팔을 암컷의 호흡관에 살짝 밀어 넣는다. 그 순간 일련의 정충 덩어리들이 수컷의 팔에 있는 홈을 통해 느리게 이동하기 시작하여 마침내 암컷의 외피강으로 미끄러져 들어간다.

흰색 정장에 딸기주스가 묻었다구요? 탁자보에 와인을 흘렸다구요? 즉시 클럽소다를 사용해 보세요. 천에 묻은 얼룩이 말끔하게 지워집니다.

문을 연 딕시는 태드가 서 있는 모습을 보고 아연실색했다. 그녀는 태드가 이미 죽었다고 생각하고 있었기 때문이다. 그녀는 문을 꽝 닫으며 뒷걸음질쳤다. 하지만 태드가 "당신을 사랑해." 라고 말하자, 그녀는 그를 안으로 들였다. 태드는 그녀를 진정시켰고, 두 사람 사이에 격한 감정이 흘렀다. 그때 브라이언이 나타났고, 딕시는 태드에게 그날 오전에 브라이언과 결혼했다고 말했다. 태드는 깜짝 놀랐다. 딕시는 아주 힘겹게, 그러나 분명하게 브라이언에게 자신과 태드 사이는 결코 끝나지 않았다고 말했다. 그런 다음 그녀는 제이미가 태드의 아들이라고 털어놓았다. "내 아들?" 놀란 태드가 되물었다.

이 단어들이 어떤 작용을 했는지 생각해 보라. 나는 여러분에게 단순히 문어를 떠올리게 만든 것이 아니다. 문어의 몸통에 줄무늬가 생기는 것을 직접 볼 가능성은 매우 희박하지만, 이제 여러분은 문어에게 줄무늬가 생긴 다음 어떤 일이 일어나는지를 안다. 여러분 가운데는 다음에 슈퍼마켓에 갔을 때 수만 가지 물품들 가운데 클럽소다를 구입하는 사람이 있을 것이고, 천에 얼룩이 묻었을 때 그것을 꺼내 사용할 것이다. 마지막으로 우리는 알지 못하는 어떤 사람의 상상의 산물인 주간週間 드라마 《올 마이 칠드런》의 주인공들의 비밀을 수백만의 사람들과 공유하게 되었다. 그런데 실은 나의 시연은 우리가 가진 읽기와 쓰기 능력에 기댄 것으로, 이 능력은 시간 · 공간 · 친분의 간극을 이어 줌으로써 인간의 커뮤니케이션을 대단히 인상적인 것으로 만든다. 그러나 쓰기는 선택사양 품목일 뿐이다. 언어 커뮤니케이션의 진짜 엔진은 우리가 어려서 습득하는 말이다.

인간 종의 자연사에서 언어는 언제나 가장 두드러진 특징으로 우뚝 서 있다. 확실히 고립된 인간도 뛰어난 문제해결사이자 기술자다. 그러나 외계 관찰자에게 로빈슨 크루소 족은 '특이사항 없음'일 것이다. 우리 종과 관련해서 진짜 눈길을 사로잡는 것은 바벨탑 이야기에 담겨 있다. 이 이야기에서 인간은 단일 언어를 사용함으로써 신이 위협을 느낄 만큼 하늘에 근접한다. 공통의 언어는 막강한 응집력을 발휘하여 한 사회구성원들을 정보공유 네트워크에 통합시킨다. 인간은 누구나 현재나 과거에 타인들에 의해 축적된 모든 천재적 발견, 행운의 사건들, 또는 시행착오 속에서 얻은 지혜의 혜택을 누릴 수 있다. 또한 사람들은 팀을 짜서 일을 하며, 그들의 노력은 협상을 통한 합의에 의해 조정된다. 그 결과 남조식물이나 지렁이 같은 하나의 종인 호모 사피엔스는 지구상에 엄청난 변화를 가져온 종이 되었다. 고고학자들은 프랑스의 한 절벽 아래서 1만 마리나 되는 야생마의 뼈를 발견했다. 그것은 1만7천년 전인 구석기시대에 사냥꾼들에게 쫓겨 낭떠러지 아래로 굴러 떨어진 야생마들의 잔해였다. 화석으로 남은 이 고대의 협동과 단합된 지능은 왜 스밀로돈, 마스토돈, 거대하고 털이 많은 무소, 그리고 다른 수십 종의 커다란 포유동물들이 그들의 서식지에 현생인류가 당도하면서 멸종의 길을 걷게 되었는지를 설명해 준다. 그들은 우리의 조상들에 의해 깡그리 죽임을 당했던 것임에 분명하다.

언어는 인간의 경험 속에 너무나 단단히 얽혀 있어서 언어 없는 생활이란 상상하기조차 어렵다. 지구상 어디서나 두 명 이상만 모이면 그들은 곧 말을 주고받기 시작한다. 사람들은 말을 건넬 상대가 없으면 자기 자신에게, 기르는 개에게, 심지어 풀포기에게까지 말을 건다. 인간의 사회적 관계에서 승리는 빠른 자가 아니라 말 잘하는 이에게 돌아간다. 청중을 사로잡는 연사, 부드러운 혓바닥을 가진 바람둥이, 완고한 부모의 고집을 꺾고 끝내 자신의 의지를 관철시키고 마는 어린아이들 말이다. 그래서 뇌 손상으로 인해 말을 잃어버리는 실어증은 참혹하다. 심한 경우에는 가족들조차 그가 완전히 그리고 영원히 사라져 버렸다고 느낀다.

이 책은 인간의 언어를 다룬다. 제목에 '언어'가 들어간 대부분의 책들과는 달리 이 책은 잘못된 언어사용을 문제 삼아 여러분을 힐난하거나, 숙어와 속어의 기원을 추적하거나, 팰린드롬, 애너그램, 에포님, 혹은 'exaltation of lark'과 같은 특정한 동물 무리를 가리키는 고상한 명칭들로 여러분의 기분을 전환시켜 주지도 않을 것이다. 왜냐하면 나는 영어나 혹은 어떤 특정한 언어에 대해서 쓰려는 것이 아니기 때문이다. 나는 그보다 훨씬 더 근본적인 것, 즉 언어를 배우고, 말하고, 이해하려는 본능에 대해 쓸 것이다. 역사상 처음으로 우리는 이것에 대해 쓸 거리를 갖게 되었다. 약 35년 전에 새로운 과학이 탄생했다. 현재 '인지과학'이라 불리는 이것은 심리학, 컴퓨터과학, 언어학, 철학, 신경생물학의 도구들을 한데 모아 인간 지능의 활동을 설명하고자 한다. 특히 언어에 대한 과학은 그로부터 눈부신 발전을 이루었다. 우리는 카메라의 작동 원리를 이해하는 만큼, 비장의 기능을 아는 만큼, 많은 언어 현상들을 잘 이해할 수 있게 되었다. 나는 이 놀라운 발견들을 여러분에게 전하고 싶다. 그 가운데 어떤 것들은 현대과학의 어떤 발견과 견주어도 멋지다. 그런데 내게는 또 하나의 어젠다가 있다.

언어 능력에 대한 최근의 해명은 언어와 인간사에서 언어의 역할에 대한 우리의 이해와, 인간 자체를 보는 우리의 관점에 혁명적인 의미를 내포하고 있다. 교육 받은 사람들은 대부분 언어에 대해 이미 어떤 견해를 가지고 있다. 그들은 언어가 인간의 가장 중요한 문화적 발명이고, 인간의 상징 이용 능력의 전형적 사례이며, 인간과 여타의 동물들을 되돌릴 수 없이 구분지은 미증유의 생물학적 사건이라고 알고 있다. 그들은 언어가 생각에 깊이 스며 있으며, 때문에 다른 언어를 사용하는 사람들은 다른 방식으로 현실을 해석한다고 알고 있다. 그들은 아이들이 역할모델과 보호자로부터 말하는 법을 배운다고 알고 있다. 그들은 문법의 정교함이 학교에서 배양되며, 그래서 느슨해진 교육 기준과 대중문화의 침탈로 인해 평균적인 사람의 문법적 문장구성 능력이 급격히 떨어졌다고 알고 있다. 그들은 또 parkway에서는 drive하고 driveway에서는 park하며, recital에서는 play하고 play에서는 recite하는 것은 영어가 우스꽝스럽고 비논리적인 언어이기 때문이라고 알고 있다. 그들은 영어 철자는 이보다 한층 더 괴팍스러우며—조지 버나드 쇼는 fish를 ghoti로 써도 똑같다고 투덜거렸다(tough의 'gh', women의 'o,' nation의 'ti'를 조합하면 'fish'와 발음이 같다), 철자와 발음이 일치하는 더 합리적인 체계를 채택하지 못하고 있는 것은 순전히 관습적 타성 때문이라고 알고 있다.

이 책에서 앞으로 나는 여러분이 알고 있는 이러한 상식적인 견해들이 죄다 틀렸음을 여러분에게 확신시키기 위해 노력할 참이다. 그것들이 죄다 틀린 이유는 단 한 가지다. 언어는 시간 읽는 법이나 연방정부 운영 방식을 학습하듯이 학습하는 문화적 인공물이 아니다. 그것은 인간 뇌의 생물학적 구조의 일부다. 언어는 복잡하고 특화된 기술로서, 의식적 노력이나 정규교육 없이 어린 아이에게서 자연발생적으로 발달하며, 그 저변의 논리에 대한 자각 없이 전개되며, 모든 개인들에게서 균질하며, 정보처리나 지능적 행동에 필요한 더 일반적인 능력들과 구분된다. 이런 이유 때문에 일부 인지과학자들은 언어를 심리적 능력, 마음의 기관, 신경시스템, 연산 모듈로 설명하기도 했다. 그러나 나는 좀 색다르게 받아들일지도 모르는 '본능'이라는 용어를 사용하고 싶다. 이 용어에는 거미가 거미줄 치는 법을 안다고 말하는 것과 대동소이한 의미에서 사람들은 말하는 법을 안다, 라는 생각이 담겨 있다. 거미의 거미줄 치기는 어떤 천재 거미의 발명품이 아니며, 적절한 교육을 받거나 건축이나 건설업에 적성이 있어야 하는 것도 아니다. 거미는 거미의 뇌를 가지고 있으며, 이 뇌가 거미줄을 치도록 거미를 충동하고, 그 일에 집요하게 매달리게 만든다. 거미가 거미줄을 치는 것은 그 때문이다. 거미줄과 언어 사이에 차이점이 있긴 하지만, 나는 여러분들이 이와 같은 방식으로 언어를 바라보도록 설득할 참이다. 왜냐하면 그렇게 하는 것이 우리가 탐구할 현상들을 이해하는 데 도움이 되기 때문이다.

언어를 본능으로 간주하는 것은 인문학과 사회과학의 규범 속에서 전해내려 온 상식에 어긋난다. 직립보행이 문화적 발명품이 아니듯 언어는 문화의 발명품이 아니다. 언어는 상징 사용의 일반 능력을 보여주는 징표도 아니다. 누구나 알듯이 세 살배기 아이도 문법의 천재다. 그런데 이 아이가 시각예술, 종교 상징, 교통신호나 기호학 과정의 온갖 것들에 대해 뭘 아는가? 언어가 살아 있는 종들 가운데 오로지 호모 사피엔스에게만 있는 굉장한 능력이라고 해서 언어 연구를 생물학 영역에서 거둬들일 하등의 이유가 없다. 현존하는 특정 종에만 있는 굉장한 능력은 동물왕국에서 결코 드문 일이 아니다. 어떤 박쥐 종은 도플러효과를 이용해 날아다니는 곤충을 추적한다. 어떤 철새 종들은 하루 또는 한 해 동안의 별자리 이동을 파악하여 수천마일을 비행한다. 자연의 장기자랑 대회에서 우리는 다만 날숨을 조절하여 누가 누구에게 무엇을 했는지에 대한 정보를 전달할 수 있는 우리만의 요령을 가진 영장류의 한 종일 뿐이다.

일단 언어를 해명 불가능한 인간 고유의 본질이 아니라 정보를 전달하려는 생물학적 적응으로 보기 시작하면, 언어를 사고의 교활한 형성자로 보는 것은 더 이상 매력 없어질 것이다. 앞으로 보게 되겠지만, 그것은 틀렸다. 게다가 언어를 자연의 공학적 경이 가운데 하나—다윈의 말을 빌면, "우리의 찬탄을 불러일으키는 구조의 완벽성과 상호적응을 갖춘 기관"—로 보게 되면 평범한 옆집 아저씨와 온갖 비방의 표적이 되어 온 영어(아니, 모든 언어)에 새삼 존경심이 우러날 것이다. 다윈의 관점에서 언어의 복잡성은 인간의 생물학적 생득권의 일부다. 언어는 부모가 아이들에게 가르치거나 학교에서 갈고닦는 것이 아니다. "교육은 찬양할 만한 것이지만, 알 가치가 있는 것은 하나도 배울 수 없다는 점을 가끔 기억할 필요가 있다."고 한 오스카 와일드의 말은 이 점에서 옳다. 미취학 아동의 무언의 문법지식이 가장 두툼한 글짓기 교본이나 최첨단 컴퓨터 언어체계보다 훨씬 정교하다. 모든 정상인들, 심지어는 통사론을 무시하기로 둘째가라면 서러운 프로운동선수나 스케이트보드에 빠져 공부와 담을 쌓은 십대 청소년도 마찬가지다. 결국 언어는 정교하게 설계된 생물학적 본능의 산물이며, 따라서 여러분은 언어가 결코 개그 작가들의 노리개가 되어 마땅한 멍청한 물건이 아님을 보게 될 것이다. 나는 모국어인 영어의 존엄성을 회복하기 위해 노력할 것이며, 심지어 영어의 철자법에 대해서도 좋은 점이 있음을 지적할 것이다.

언어가 일종의 본능이라는 관념이 처음 명료하게 표현된 것은 1871년 다윈에 의해서였다. 언어가 인간에만 국한된 사실을 자신의 이론에 던져진 과제로 생각한 그는 《인간의 유래와 성선택》에서 언어와 씨름하기 시작했다. 언제나 그렇듯이 그의 관찰은 대단히 현대적이다.

> 언어학이라는 고상한 과학의 창시자들 가운데 한 명이 말했듯이, 언어는 양조, 제빵 같은 하나의 기술이다. 그러나 쓰기라고 했다면 좀더 비슷했을 것이다. 언어가 진정한 의미에서 본능이 아닌 것은 분명하다. 왜냐하면 모든 언어는 학습되어야 하기 때문이다. 하지만 언어는 보통의 모든 기술들과는 매우 다르다. 어린아이들의 재잘거림에서 보듯이, 인간은 말을 하려는 본능적인 경향을 가지고 있기 때문이다. 어린아이들에게 술을 빚고, 빵을 만들고, 글을 쓰려는 본능적 경향은 없다. 게다가 언어가 치밀한 의도에 따라 발명되었다고 가정하는 언어학자는 아무도 없다. 언어는 수많은 단계를 거치며 천천히 그리고 알지 못하는 사이에 발달되어 왔다.

다윈은 언어능력이 '어떤 기술을 습득하려는 본능적 경향'이며, 인간에게만 고유한 것이 아니라 노래를 배우는 새들을 비롯해 다른 생물 종들에서도 발견되는 디자인이라고 결론지었다.

언어를 인간의 지적 능력의 정점으로 생각하는 사람들과 본능을 털북숭이나 깃털 달린 동물들이 댐을 쌓거나 남쪽으로 날아가도록 강요하는 짐승들의 충동으로 간주하는 사람들에게는 언어 본능이란 말이 귀에 거슬릴지도 모르겠다. 그러나 다윈의 추종자인 윌리엄 제임스는 본능을 소유한 존재라고 해서 반드시 '운명의 자동인형' 처럼 행동하는 것은 아니라는 점을 지적했다. 그는 인간은 동물들이 가지고 있는 본능들을 가지고 있는 것은 물론 그 외의 많은 본능을 가지고 있다고 주장했다. 인간의 유연한 지능은 서로 경쟁하는 여러 본능의 상호작용에서 비롯된다. 사실, 인간 사고의 본능적 특성이 되레 사고를 본능으로 보기 어렵게 만든다.

> 배움은 당연한 것을 이상하게 보이도록 만드는 과정을 수행하며, 마음은 이 배움에 의해 뒤틀린다. 그리하여 인간의 모든 본능적 행동에 대해 '왜' 라고 묻게 된다. "왜 우리는 기쁠 때 얼굴을 찌푸리지 않고 웃는가?" "왜 우리는 많은 사람들 앞에서는 친구에게 말하듯이 말하지 못하는가?" "왜 어떤 특정한 여자만이 우리 지성을 뒤헝클어 놓는가?" 이와 같은 질문을 던지는 것은 형이상학자들뿐이다. 평범한 사람들은 그냥 이렇게 말할 수 있을 뿐이다. "그냥 웃지, 뭐. 많은 사람들 앞에 서면 그냥 심장이 빨라져. 사랑스러우니까 사랑하는 거지. 예쁘고 날씬하고 마음씨 착하고, 누가 봐도 사랑스럽지 않겠어?"
> 이와 마찬가지로 각각의 동물은 특정한 사물에 대해 특정한 감정을 느끼기 때문에 특정한 대상을 만나면 특정한 행동을 취하는 경향을 보인다. 수사자는 암사자를, 수곰은 암곰을 사랑하게 마련이다. 또 암탉에게는 둥지에 가득한 알을 보고도 오랫동안 따뜻하게 품어주고 싶은 소중하고 애틋한 마음을 느끼지 못하는 동물이 이

세상에 존재한다는 사실이 아마 끔찍할 것이다.

그러므로 우리는 어떤 동물의 본능이 우리 눈에 신비롭게 보이는 만큼 우리의 본능도 그들의 눈에 신비롭게 보일 것이라고 확신할 수 있다. 그리고 우리는 본능에 따르는 동물에게 모든 본능의 모든 충동과 모든 단계들은 그만의 충분한 빛으로 빛나며, 그 순간만큼은 영원히 옳고 타당한 유일한 일로 보일 것이라고 결론지을 수 있다. 사방팔방을 날아다니던 파리가 마침내 자신의 산란관을 자극하여 알을 낳을 수 있는 특별한 나뭇잎이나 썩은 고기나 똥을 발견하는 순간, 그녀는 얼마나 강렬한 관능에 몸을 떨겠는가? 그때 그녀는 산란이야말로 유일하게 타당한 일로 여기지 않겠는가? 그리고 그 순간 미래의 구더기와 구더기의 음식을 걱정하거나 알아야 할 필요가 있을까?

나는 내가 이 책을 쓰는 주된 목적을 이보다 더 잘 드러내는 말을 알지 못한다. 산란의 근본적인 이유가 파리의 자각과 무관하듯이 언어의 작용도 우리의 자각과는 거리가 멀다. 우리는 생각이 마음의 검열을 너무나 힘들이지 않고 통과하여 입 밖으로 튀어나가는 바람에 당황하곤 한다. 우리가 문장을 이해할 때 단어들의 흐름은 투명하다. 그 의미가 어찌나 훤히 들여다보이는지 간혹 우리는 우리가 지금 자막이 달린 외국 영화를 보고 있다는 사실조차 잊어버리기도 한다. 우리는 어린아이들이 어머니를 모방함으로써 모국어를 습득한다고 생각한다. 그러나 어린아이가 "Don't giggle me!"라거나 "We holded the baby rabbits."라고 할 때, 이는 도저히 모방행동일 수가 없다(틀린 문장이므로.—옮긴이). 나는 여러분들의 마음이 배움에 의해 뒤틀리고, 그리하여 이 당연한 재능들이 이상하게 여겨지고, 그리하여 이 편안하게만 보이는 능력들에 대해 '왜,' '어떻게'라는 질문을 던지게 만들고 싶다. 외국어를 습득하기 위해 고군분투하는 이민자나 모국어와 씨름하는 뇌졸중 환자를 보라. 혹은 아기가 내뱉는 단편적인 말을 분석해 보거나, 영어를 이해하는 컴퓨터프로그램을 짜 보라. 그러면 일상의 말들이 달리 보이기 시작할 것이다. 언어의 용이성, 투명성, 자동성은 환상이다. 그 환상의 가면을 벗기면 엄청나게 풍부하고 아름다운 시스템이 드러난다.

20세기에 들어와 언어가 본능과 흡사하다는 가장 유명한 주장을 한 사람은 언어학자 노엄 촘스키다. 그는 처음으로 이 시스템의 속살을 드러내보였으며, 오늘날의 언어학과 인지과학 혁명에 가장 큰 역할을 했다. 1950년대의 사회과학은 존 왓슨과 B. F. 스키너에 의해 널리 알려진 행동주의학파의 지배 하에 있었다. '안다,' '생각한다' 같은 마음의 용어들은 비과학적인 것으로 낙인찍혔다. '마음'이나 '선천적' 따위는 불결한 단어였다. 행동은 쥐가 막대를 누르거나 개가 소리를 듣고 침을 흘리는 것과 같은 실험들을 통해 연구될 수 있는 몇 가지 자극반응의 법칙들에 의해 설명되었다. 그러나 촘스키는 언어와 관련해 두 가지 근본적인 사실에 주의를 환기시켰다. 첫째, 어떤 사람이 내뱉거나 이해하는 모든 문장은 사실상 우주 역사상 최초로 출현하는 완전히 새로운 단어조합이다. 따라서 언어는 반응의 레퍼토리일 수 없다. 틀림없이 우리 두뇌에는 유한한 단어들의 목록으로부터 무한한 문장을 만들어낼 수 있는 비책이나 프로그램이 담겨 있다. 우리는 그 프로그램을 '정신문법'(글의 에티켓 지침서일 뿐인 학교문법이나 문장론의 '문법'과 혼동하지 마시길)이라 부를 수 있다. 두 번째 근본적인 사실은 어린아이들이 이 복잡한 문법을 재빨리 그리고 정규교육 없이 전개하며, 난생처음 부딪히는 새로운 문장구조들에 일관된 해석을 가

한다는 점이다. 그러므로 촘스키는 어린아이들이 모든 언어들의 문법에 공통된 하나의 설계도, 즉 '보편문법'을 선천적으로 갖추고 있으며, 이 보편문법을 통해 아이들은 부모의 말에서 통사론적 유형을 포착해 낸다고 주장했다. 촘스키는 다음과 같이 쓰고 있다.

> 지난 수세기의 지성사에서 신체의 발달과 마음의 발달에 대한 접근법이 판이했다는 것은 이상한 일이다. 인간이 경험을 통해 날개가 아니라 팔을 갖게 되었다거나, 특정 기관의 기본구조가 우연한 경험에서 비롯되었다는 주장을 진지하게 받아들일 사람은 아무도 없을 것이다. 크기 · 성장속도 따위는 부분적으로 외적 요인에 따라 변이를 보이지만, 생명체의 신체구조가 유전적으로 결정된다는 것은 당연시된다.
>
> 고등생물의 인성, 행동양식, 인지구조의 발달과 관련해서는 이와는 판이한 방식으로 접근해 왔다. 이들 영역에 대해서는 일반적으로 사회적 환경을 지배적인 요인으로 가정한다. 시간과 함께 발달하는 마음의 구조물들은 임의적이고 우연적인 것으로 간주된다. 이렇게 되면, 특정한 역사적 산물로서 발달되지 않는 '인간 본성'은 없다. […]
>
> 그러나 진지하게 탐구해 보면 인간의 인지체계는 인간이라는 생명체가 살아가는 동안 발달하는 신체구조 못지않게 경이롭고 복잡하다. 그렇다면 언어와 같은 인지구조의 획득을 복잡한 신체기관을 연구하는 것과 유사한 방식으로 연구해서는 안 될 이유가 어디 있는가?
>
> 인간 언어의 엄청난 다양성이라는 한 가지 이유만으로도 얼핏 보면 이러한 주장은 황당해 보인다. 그러나 조금 더 자세히 들여다보면 그런 의구심은 사라진다. 언어의 보편요소들의 실재에 대해 거

의 몰라도 우리는 언어의 다양성이 극히 제한적임을 확신할 수 있다. […] 개개인이 습득하는 언어는 (아이들이) 이용할 수 있는 파편적인 증거들만으로는 꿰어 맞출 가망이 없는 대단히 복잡하고 풍부한 구조물이다. 그럼에도 한 언어집단에 속한 개인들은 본질적으로 동일한 언어를 발달시켜 왔다. 이 사실은 이 개인들이 문법 구성을 인도하는 고도의 구속력을 갖는 원리들을 이용하고 있다는 가정 위에서만 설명 가능하다.

평범한 사람들이 모국어의 일부로서 수용하는 문장들에 대한 치밀하고 기술적인 분석을 수행함으로써 촘스키를 비롯한 여러 언어학자들은 특정 언어를 학습할 때 바탕이 되는 정신문법과, 그 특정 문법의 바탕인 보편문법에 관한 이론들을 전개했다. 시종 촘스키의 작업은 다른 과학자들을 자극했다. 특히 에릭 레니버그, 조지 밀러, 로저 브라운, 모리스 핼리, 앨빈 리버만 등의 과학자들은 아동발달과 언어지각에서 신경학과 유전학에 이르기까지 언어연구의 완전히 새로운 영역들을 개척했다. 지금까지 그가 제기한 문제를 연구하는 학자들이 수천에 이른다. 촘스키는 현재 인문학 분야를 통틀어 가장 많이 인용되는 10명의 저자 중 한 명(헤겔과 시저를 누르고 마르크스, 레닌, 셰익스피어, 성경, 아리스토텔레스, 플라톤, 프로이트에 뒤진다)이며, 그 가운데 유일한 생존인물이다.

그 인용문들의 내용은 또 다른 문제다. 촘스키는 사람들을 움직인다. 흔히 기묘한 종교집단의 교주들에게 바쳐질 법한 외경에서 예술의 경지에 이른 학자들의 섬뜩한 독설에 이르기까지 그 반응은 다양하다. 그 까닭은 한편으로는 촘스키가 인간 정신은 그것을 둘러싼 문화에 의해 주조된다는, 아직까지도 20세기 지성의 튼튼한 토대를 이루고 있는 '표준사회과학모델'을 공격했기 때문이다. 다른 한편으로는 어떤 사상가도 그를 무시할 수는 없기 때문이다. 그를 신랄하게 비판해 온 철학자 힐러리 퍼트넘도 이 점을 인정하고 있다.

> 촘스키를 읽으면 누구나 엄청난 지적 힘에 맞부딪힌 듯한 충격을 받는다. 자신이 지금 비범한 정신을 만나고 있다는 것을 깨닫는 것이다. 이것은 그의 강력한 개성이 거는 일종의 마법의 주문이기도 하고, 그의 명백한 지적 미덕들 때문이기도 하다. 그것들은 변덕스러운 것과 피상적인 것을 경멸하는 독창성, 한물간 듯한 주장들(이를테면 '본유관념' 따위)을 기꺼이 부활시키는 의지(그리고 그것을 부활시켜 내는 능력), 그리고 인간 마음의 구조 같은 핵심적이고 영구적 중요성을 가진 주제들에 대한 관심이다.

내가 이 책에서 하는 이야기가 촘스키의 영향을 깊이 받은 것임은 물론이다. 그러나 나의 이야기는 그의 이야기의 재탕이 아니며, 이야기하는 방식도 다르다. 촘스키는 자신이 주장하는 언어기관의 기원에 대한 해명과 관련하여 다윈의 자연선택론(여타의 진화과정과 대비되는)에 회의를 표함으로써 많은 독자들을 얼떨떨하게 만들었다. 나는 눈이 그러하듯 언어를 하나의 진화적 적응으로 간주하고, 그 주요 구성부분들은 중요한 기능들을 수행하도록 디자인되었다고 보는 것이 타당하다고 생각한다. 또 한 가지. 언어능력의 본질에 관한 촘스키의 주장은 종종 난해한 형식주의에 빠지곤 하는 단어와 문장구조에 대한 기술적 분석에 바탕을 두고 있다. 피와 살을 가진 인간 화자에 대한 그의 논의는 다분히 기계적이며 고도로 이상화되어 있다. 그의 많은 주장에 동의하면서도 나는 마음에 관한 어떤 결론은 여러 가지 증거가 거기로 수렴되는 경우에만 설득력을 갖는다고 생각한다. 그러므로 이 책에서 다루는 이야기는 DNA가 뇌를 짓는 방식에서부터 신문의 언어 칼럼니스트의 거드름에 이르기까지 매우 포괄적이다. 가장 좋은 출발점은 왜 우리는 인간의 언어가 생물학의 일부라고 믿을 수밖에 없는가 하는 질문이다.

II

수다쟁이

CHATTERBOXES

1920년대 들어 사람들은 인간이 거주하기에 적합한 곳은 남김없이 탐험했다고 생각했다. 세계에서 두 번째로 큰 섬인 뉴기니도 예외가 아니었다. 해안저지대에 살고 있던 유럽인 선교사들, 농장주들, 관리들은 섬 한가운데를 따라 일직선으로 뻗어 있는 험준한 산맥에서는 아무도 살 수 없다고 확신했다. 그러나 실은 양쪽 해안에서 보이는 산들은 하나가 아닌 두 개의 산맥에 속한 것이었고, 그 사이에는 비옥한 계곡들을 품은 온화한 고원이 자리 잡고 있었다. 그 고지대에는 100만 명의 석기시대 사람들이 4만 년 동안 바깥세상과 격리된 채 살고 있었다. 그 베일이 벗겨진 것은 한 하천 지류에서 황금이 발견된 후였다. 뒤이은 골드러시는 호주 출신의 금광 시굴업자인 마이클 리히를 사로잡았다. 1930년 5월 26일 그는 동료 한 명과 함께 짐꾼으로 고용한 저지대 토착민들을 이끌고 산맥을 탐험하기 시작했다. 산봉우리들의 고도를 측정하던 그는 맞은편으로 펼쳐진 광활한 초원지대를 보고 깜짝 놀랐다. 어둠이 내리자 놀라움은 불안으로 바뀌었다. 멀리서 계곡에 사람이 산다는 것을 분명히 보여주는 불빛들이 반짝였기 때문이었다. 무기에 총알을 장전하고 조잡한 폭탄을 조립한 채 뜬눈으로 밤을 지샌 다음날 아침, 리히 일행은 고지대 거주민들과 처음 접촉하게 되었다. 놀라기는 서로 마찬가지였다. 리히는 자신의 일기에 다음과 같이 적었다.

> 그들(토착민들)이 시야에 들어왔을 때 우리는 되레 안심했다. 남자들은 활과 화살로 무장한 채 앞장섰고, 여자들은 사탕수수더미를 든 채 뒤따랐다. 여자들을 본 에운가는 즉시 내게 싸움은 없을 것이라고 말했다. 우리는 그들에게 다가오라고 손짓을 했고, 그들은 조심스럽게 다가와 우리를 살펴보려는 듯 몇 미터 떨어져서 멈췄다. 그들 중 몇 명이 마침내 용기를 내 다가왔을 때 우리는 그들이 우리 겉모습에 엄청나게 놀랐다는 것을 알 수 있었다. 내가 모자를 벗자 가장 가까이 있던 토착민이 겁에 질려 뒤로 물러섰다. 한 나이든 남자가 입을 벌린 채 아주 조심스럽게 앞으로 나서더니 내가 진짜인지 확인하려는 듯 나를 만져 보았다. 그런 다음 무릎을 꿇고 손으로 내 맨다리를 문질러 보았는데, 색칠을 한 것인지 알아보려는 것 같았다. 그런 다음 그는 내 무릎을 끌어안고는 부스스한 머리를 비벼댔다. […] 여자와 아이들도 조금씩 용기를 내어 다가왔다. 이윽고 캠프는 그들의 무리로 들끓었다. 그들은 난생처음 보는 온갖 것들을 손가락으로 가리키면서 이리저리 뛰어다니며 재잘거렸다.

그 '재잘거림'은 언어, 1960년대까지 고립된 고지대 거주민들 사이에서 발견된 800개의 언어 가운데 하나였다. 리히가 경험한 일은 인간 역사에서 한 집단의 사람들이 다른 집단의 사람들과 처음 마주칠 때마다 수없이 반복되었을 광경이었다. 우리가 아는 한 그들은 모두 언어를 가지고 있었다. 모든 호텐토트족, 에스키모족, 야노마뫼족이 그러했다. 지금까지 언어가 없는 부족은 발견된 적이 없었고, 어떤 지역이 언어 없는 집단에게 언어를 퍼뜨리는 언어의 '요람' 역할을 했다는 기록도 없다.

다른 모든 경우에 그랬듯이 리히 일행을 맞았던 사람들이 사용한 언어도 단순한 재잘거림이 아니라 추상적인 개념, 보이지 않는 실재, 복잡한 추론의 사슬들을 표현할 수 있는 매개임이 밝혀졌다. 그들은 핼쑥한 유령들의 정체를 파악하기 위해 머리를 맞대고 토론했다. 대다수의 의견은 그들이 환생한 조상이거나, 인간의 형상을 했지만 밤에는 해골로 돌아가는 영혼이라는 것이었다. 그들은 경험적 실험을 통해 이 문제를 해결하자는 데 의견을 모았다. 고지대 거주민인 키루파노 에자에는 이렇게 회상한다. "사람들 중 하나가 숨어서 그들이 배설하러 가는 것을 보았다. 그가 돌아와서 말했다. '하늘에서 온 그 사람들이 저쪽으로 배설하러 갔다.' 그들이 떠난 뒤 많은 사람들이 배설물을 보러 몰려갔다. 냄새가 고약하다는 것을 확인한 그들은 '피부는 다르지만 똥은 우리 것처럼 냄새가 고약하다'고 말했다."

복잡한 언어의 보편성은 언어학자들에게 경이감을 불러일으키는 발견인 동시에, 언어가 하나의 문화적 발명품이 아니라 어떤 특정한 인간 본능의 산물이 아닐까 하는 생각을 품게 만드는 첫 번째 이유다. 문화적 발명품들은 사회마다 그 정교함이 크게 다르며, 한 사회 내에서는 일반적으로 정교함의 수준이 동일하다. 어떤 집단은 뼈에 금을 새겨서 계산을 하고, 통나무에 마른 나뭇조각을 비벼서 일으킨 불로 요리를 한다. 반면에 어떤 집단은 컴퓨터와 전자레인지를 이용한다. 그러나 언어에서는 이러한 상관성이 어이없이 무너진다. 석기시대 사회는 존재하는데, 석기시대 언어는 없다. 20세기 초 인류 언어학자 에드워드 사피어는 다음과 같이 썼다. "언어의 형식에 관한 한 마케도니아의 돼지치기와 플라톤이, 아샘(인도의 한 주.-옮긴이)의 사람 사냥하는 야만인과 공자가 어깨를 견준다.”

산업화되지 않은 종족들의 정교한 언어형식의 사례를 무작위 표본추출하기 위해 최근에 언어학자 조안 브레스넌은 반투어족의 한 갈래로 탄자니아의 킬리만자로 사면의 여러 부락에서 사용하는 키분조어 구문과 그에 대응하는 ‘영국과 그 옛 식민지에서 사용하는 서부 게르만어의 한 갈래인’ 영어 구문을 비교한 학술논문을 발표했다. 영어에는 She baked me a brownie와 He promised her Arpege와 같은 문장에서 볼 수 있듯이 me나 her 같은 ‘여격’이 있다. 여격은 간접목적어로서 동사 뒤에 위치하여 행위의 수혜자를 표시한다. 여기에 대응하는 키분조어 구문은 ‘실용격’으로 불리는 것이다. 브레스넌은 영어의 ‘여격’과 키분조어의 ‘실용격’의 유사성은 “체커(12개의 말을 사용하는 서양장기.—옮긴이)와 체스(36개의 말을 사용하는 서양장기.—옮긴이)의 유사성에 비유할 수 있다.”고 쓰고 있다. 키분조어 구문은 동사에 완전히 편입되며, 동사는 7개의 접두사와 접미사, 2개의 서법, 14개의 시제를 가진다. 동사는 그 구문의 주어, 목적어, 수혜명사에 일치하며, 이 수혜명사는 다시 16개의 ‘성’으로 나뉜다. (황당해할 것 같아서 미리 설명하자면, 여기서 ‘성’은 복장도착자, 성전환자, 동성애자, 양성애자 따위와는 아무 상관이 없다. 언어학에서 gender는 generic, genus, genre 등과 동일한 어원을 가진 단어로, 그 어원상의 의미인 ‘종류’의 뜻을 가진다. 반투어의 성은 인간들, 동물들, 확장된 물체들, 물체의 덩어리들, 신체부위들 같은 종류를 가리킨다. 그런데 많은 유럽 언어들에서 우연히도 gender가 sex와 일치했다. 그로 인해 언어학의 용어인 gender가 언어학 바깥에서 성적 동종이형(암컷과 수컷은 종은 같고 성별에 따라 형태가 다른 동종이형이다.—옮긴이)을 가리키는 편리한 딱지로 사용되면서 더 정확한 용어인 sex는 교미를 점잖게 일컫는 단어로 자리 잡게 된 것 같다). 내가 보아 온 이른바 원시집단들의 문법들에서 볼 수 있는 뛰어난 장치들 가운데 체로키어의 복잡한 대명사체계는 특히 편리해 보인다. 체로키어에서는 '당신과 나,' '제삼자와 나,' '다른 여러 사람들과 나,' '당신과 한 사람 혹은 그 이상의 다른 사람들과 나'를 구별하여 각각 다른 대명사로 표현하는데, 영어에서는 이것들을 we라는 범용대명사로 뭉뚱그려 버린다.

실제로 자신들의 언어능력을 가장 심하게 과소평가 받고 있는 사람들은 바로 우리 사회 안에 있다. 언어학자들은 노동자들과 교육을 적게 받은 중간계층 사람들이 더 단순하고 조잡한 언어를 사용한다는 그릇된 믿음에 여러 차례 도전해 왔다. 이것은 대화의 수월성에서 비롯된 유독한 환상이다. 일상의 대화는 색채시각이나 걷기 같은 공학적으로 탁월한 하나의 시스템으로서, 어찌나 잘 작동하는지 사용자는 이면에 감춰진 복잡한 기계장치들을 의식조차 하지 못한 채 그 결과물을 당연한 것으로 여긴다. 모든 영어 화자들이 자동적으로 사용하는 Where did he go? (그 사람 어디 갔어?) 혹은 The guy I met killed himself(내가 만난 그 남자는 자살했어.) 같은 '간단한' 문장들의 이면에는 그러한 의미를 표현하도록 단어를 배열하는 수십 개의 하부경로가 존재한다. HAL이나 C3PO는커녕 수십 년간의 노력에도 불구하고 어떤 인공 언어시스템도 거리의 사람을 복제하기에는 어림도 없었다.

그러나 언어의 동력장치는 인간 사용자의 눈에 보이지도 않지만 그 마무리 포장이나 배색에는 지나칠 정도로 몰두한다. 예를 들어 isn't any 대 ain't no, those books 대 them books, dragged him away 대 drug him away 같은 주류 집단의 방언과 여타 집단의 방언 사이의 사소한 차이들을 거론하며 '올바른 문법'이라는 명패를 걸어 준다. 그러나 이러한 차이는 문법의 정교함과는 아무런 관련이 없다. 그것은 미국의 어떤 지역 사람들은 어떤 곤충을 dragonfly라고 부르는 데 반해 어떤 지역 사람들은 darning needle이라고 부르거나, 영어를 쓰는 사람들은 개를 dog이라고 부르는 반면 프랑스어를 쓰는 사람들은 chien이라고 부르는 것이 문법의 정교함과 아무런 관련이 없는 것과 마찬가지다. 마치 그것들 사이에 중요한 차이라도 있는 양 주류 집단의 방언을 '표준말'이라 하고, 여타 집단의 방언들을 '사투리'라고 하는 것은 오해의 소지가 있다. 언어학자 막스 바인라이히는 언어에 아주 멋진 정의를 내렸으니 그는 하나의 언어란 육군과 해군을 거느린 하나의 방언이다, 라고 했다.

영어의 비표준 방언에는 문법적으로 결함이 있다는 그릇된 통념이 퍼져 있다. 1960년대에 일부 선의의 교육심리학자들이 미국 흑인아동들은 문화적으로 소외된 나머지 참된 언어를 습득하지 못한 채 '비논리적인 표현행동 양식'에 갇혀 있다고 발표했다. 이러한 결론은 규격화된 일련의 심리테스트에 흑인아동들이 수줍고 무뚝뚝한 반응을 보인 데 따른 것이었다. 만일 심리학자들이 흑인아동들의 자발적인 대화를 들었다면, 미국 흑인문화가 지역을 불문하고 고도의 언어능력을 발휘하고 있다는 평범한 사실을 깨달았을 것이다. 특히 길거리 젊은이들의 하위문화는 인류학 연보에서 탁월한 언어 기량을 자랑하는 문화로 손꼽힌다. 다음은 언어학자 윌리엄 라보프가 할렘가의 어느 집 현관계단에서 인터뷰한 내용을 발췌한 것이다. 인터뷰 대상자는 래리라는 이름을 가진, 십대 폭력조직 '제트'의 가장 거친 조직원이다(라보프는 자신의 학술논문에서 "이 논문을 읽는 독자들 입장에서 래리와의 첫 만남은 대개 쌍방 모두에게 상당히 불편한 반응을 초래할 것"이라는 점을 지적하고 있다).

You know, like some people say if you' re good an' shit, your spirit goin' t' heaven... 'n' if you bad, your spirit goin' to hell. Well, bullshit! Your spirit goin' to hell anyway, good or bad. (아시다시피, 사람들은 그러죠. 착하고 밥맛인 사람은 영혼이 천당에 간다…. 또 악한 인간은 영혼이 지옥에 간다. 흥, 개소리! 영혼은 무조건 지옥에 가게 돼 있어, 착하든 악하든 간에.)

[why] (왜?)

Why? I' ll tell you why. 'Cause, you see, doesn' nobody really know that it' s a God, y' know, 'cause I mean I have seen black gods, white gods, all color gods, and don' t nobody know it' s really a God. An' when they be sayin' if you good, you goin' t' heaven, tha' s bullshit, 'cause you ain' t goin' to no heaven, 'cause it ain' t no heaven for you to go to. (왜냐구요? 들어 보세요. 당신도 알겠지만, 신이 있다는 걸 진짜 아는 사람은 사실 아무도 없어요. 무슨 말이냐 하면, 사실 나는 검은 신, 하얀 신, 온갖 색깔의 신을 다 봤거든요. 근데, 아무도 진짜 신이 있다는 걸 몰라요. 그러니까 착하면 천당에 간다는 말은 개소리죠. 절대 천당에 못 갈 테니까. 갈 천당이 없으니까.)

[…us' suppose that there is a God, would he be white or black?] (…만약에 신이 있다고 한다면, 신은 흴까, 검을까?)

He' d be white, man. (희겠죠.)

[Why?] (왜?)

Why? I' ll tell you why. 'Cause the average whitey out here got everything, you dig? And the nigger ain' t got shit, y' know? Y' understan' ? So-um-for-in order for that to happen, you know it ain' t no black God that' s doin' that bullshit. (왜냐구요? 들어 보세요. 여기서는 보통 흰둥이들도 다 가지고 있어. 몰라요? 그리고 엿같이 깜둥이들은 아무것도 없어, 안 그래요? 모르시겠어요? 그러니까, 그러니까 이렇게 된 건… 하여간 신이 검둥이면 이런 엿같은 짓을 했을 리가 없지.)

래리의 문법과의 첫 만남이 불편한 반응을 초래하는 것은 똑같겠지만, 언어학자가 보기에는 그것은 흔히 '흑인일상영어'라 불리는 방언의 규칙을 정교하게 준수하고 있다. 흑인일상영어와 관련하여 언어학적으로 가장 흥미로운 사실은 그것이 언어학적으로 얼마나 흥미를 끌지 못했는가 하는 점이다. 라보프가 흑인일상영어에 관심을 기울이지 않았다면 빈민가 아이들이 진정한 언어능력을 결여하고 있다는 주장의 허구성은 드러나지 않았을 것이고, 흑인일상영어는 또 하나의 언어로 분류되어 서류함 속에 방치되어 버렸을지도 모른다. '표준미국영어'에서는 계사에 대한 의미 없는 명목상의 주어로 there를 사용하는 반면, 흑인일상영어에서는 계사에 대한 의미 없는 명목상의 주어로 it을 사용한다(표준미국영어의 There's really a God과 래리의 It's really a God을 비교해 보라). 래리의 부정일치(You ain't goin' to no heaven)는 프랑스어의 ne …pas를 비롯해 다른 많은 언어들에서도 발견된다. 표준미국영어의 화자들과 마찬가지로 래리도 비 평서문에서 주어와 조동사를 도치시키는데, 다만 도치를 허용하는 문장의 유형이 다를 뿐이다. 래리를 비롯한 흑인일상영어의 화자들은 Don't nobody know에서처럼 부정문의 주절에서 주어와 조동사의 위치를 바꾸고, 표준미국영어의 화자들은 오직 Doesn't anybody know?와 같이 의문문을 비롯한 몇 가지 특정 유형의 문장에서 위치를 바꾼다. 흑인일상영어의 화자들은 계사를 생략하는 경우가 많다(if you bad에서 is가 생략되어 있듯이). 그러나 이것은 게으름 때문이 아니다. 표준미국영어에서 He is를 He' s로, You are를 You' re로, I am을 I' m으로 줄여 말하는 축약 규칙과 다를 바 없는 체계적인 규칙이다. 두 방언 모두에서 be 동사는 특정한 종류의 문장에서만 축약된다. 어떤 표준미국영어의 화자도 다음과 같은 축약형을 사용하지 않는다.

Yes he is! → Yes he' s!

I don' t care what you are. → I don' t care what you' re.

Who is it? → Who' s it?

똑같은 이유로 어떤 흑인일상영어의 화자도 다음과 같은 축약을 사용하지 않는다.

Yes he is! → Yes he!

I don' t care what you are. → I don' t care what you.

Who is it? → Who it?

또한 흑인일상영어의 화자들이 단어를 더 많이 생략하는 경향이 있지 않다는 사실에도 유의해야 한다. 흑인일상영어의 화자들은 특정한 조동사들을 완전한 형태로 사용하는 반면(I have seen에서처럼), 표준미국영어의 화자들은 일반적으로 이것들을 축약하여 사용한다(I' ve seen). 그리고 여러 언어를 비교연구해 보면 알 수 있겠지만, 흑인일상영어가 표준영어보다 더 세밀한 부분들도 있다. He be working은 그가 일반적으로 일을 한다는, 말하자면 정규적인 직업을 가지고 있다는 뜻이며, He working은 그 말을 하는 시점에 그가 일을 하고 있다는 뜻이다. 표준미국영어의 He is working은 이런 차이를 드러내지 못한다. 게다가 In order for that to happen, you know it ain't no black God that's doin' that bullshit 같은 문장은 래리의 언어가 아주 세련된 신학적 논증은 물론이고 컴퓨터과학자들이 끝내 복제에 실패한 문법장치들(관계사절, 보어 구조, 종속절 등)을 완벽하게 사용하고 있음을 보여준다.

또 다른 프로젝트에서 라보프는 다양한 사회계층과 사회적 배경에 속한 언어들을 녹음해서 문법적 문장의 비율을 도표로 작성했다. 여기서 '문법적'이란 '화자가 사용하는 방언의 일관된 규칙에 따라 잘 구성된'이라는 뜻이다. 예를 들어 Where are you going? 하고 물었을 때 To the store라고 대답했다면, 이 대답은 완전한 문장은 아니지만 문법적으로는 무죄다. 이러한 생략은 대화체 영어문법의 일부임이 분명하기 때문이다. 그 대안인 I am going to the store가 되레 억지스럽게 들리며, 거의 사용되지 않는다. 이러한 정의에 따르면 비문법적인 문장에는 임의로 깨뜨려진 문장의 파편들, 말문이 막혔을 때 의미 없이 내뱉는 '음—,' '그러니까, 에—,' '말실수,' 그밖에 의미 없이 끼어드는 온갖 단어 샐러드들이 포함된다. 라보프가 만든 도표는 시사하는 바가 크다. 대부분의 문장들이 문법적이었고, 특히 일상 언어의 절대다수가 문법적이었다. 또 중간계층의 대화보다는 노동계층의 대화에서 문법적 문장의 비율이 더 높았다. 비문법적 문장의 비율이 가장 높은 곳은 뜻밖에도 학식 있는 학자들의 학술회의였다.

모든 인간에게 복잡한 언어가 편재한다는 사실은 주목할 만한 발견이며, 많은 관찰자들에게 언어가 선천적임을 확고하게 입증해 주는 증거다. 그러나 철학자 힐러리 퍼트넘 같은 완고한 회의주의자에게는 이마저도 전혀 증거가 되지 못했다. 물론 보편적인 것이 모두 선천적인 것은 아니다. 지난 수십 년 동안 어떤 여행자도 언어 없는 부족을 만나지 못했던 것처럼, 요즘의 인류학자들은 VCR이나 코카콜라 없는 인간집단을 발견하지 못한다. 언어는 코카콜라가 존재하기 이전에도 보편적이었다. 그런데 언어는 코카콜라보다 더 유용하다. 인간은 발이 아닌 손으로 음식을 먹는 것이 자연스럽고, 따라서 이것 역시 보편적이다. 그렇지만 우리는 그 이유를 설명하기 위해 굳이 무슨 특별한 '손-입 본능' 따위를 끌어들이지는 않는다. 언어도 마찬가지다. 언어는 한 사회에서의 일상생활, 즉 음식과 거처를 마련하고, 사랑하고, 논쟁하고, 협상하고, 교육하는 등의 온갖 활동에 더 없이 유용하다. 필요는 발명의 어머니라는 말이 있듯이, 언어는 아주 오래 전에 머리 좋은 사람들에 의해 여러 차례 발명된 것인지도 모른다. (어쩌면 릴리 톰린의 말대로 불평하고 싶은 인간의 깊숙한 욕구를 충족시키기 위해 언어를 발명했는지도 모른다). 그랬다면 보편문법은 단순히 인간 경험의 보편적 요구와 인간의 정보처리의 보편적 제약만을 반영하게 된다. 말하자면 모든 종족은 물과 다리를 언급할 필요가 있었고, 따라서 모든 언어는 '물'과 '다리'를 뜻하는 단어를 가지고 있다. 또 어떤 언어도 100만 개의 음절로 된 긴 단어를 가지고 있지 않은데, 그것은 사람들이 그렇게 긴 단어를 발음하고 있을 시간이 없기 때문이다. 일단 발명되면 언어는 부모가 자식을 가르치고 자식이 부모를 모방하는 가운데 한 문화 속에 깊숙이 파고들어가게 된다. 언어는 언어를 가진 문화들에서 다른 문화, 무언의 문화로 들불처럼 퍼져가게 된다. 이 과정의 한복판에 일반적인 다목적용 학습전략을 갖춘 놀랄 만큼 유연한 인간의 지능이 있다.

그러므로 낮이 지나면 밤이 오듯이 언어의 보편성이 곧 선천적 언어본능으로 귀결되지는 않는다. 따라서 여러분에게 언어본능의 존재를 납득시키려면 지금부터 나는 현대인의 재잘거림에서 출발하여 문법유전자에까지 도달하는 하나의 주장을 빈틈없이 채워 나가야 한다. 그 사이사이에 끼어 있는 중요한 단계들은 내 전공분야인 아동기 언어발달에 관한 연구에서 나온다. 복잡한 언어가 보편적인 까닭은 매세대마다 '아이들이 실질적으로 언어를 재발명하기' 때문이다. 이것이 내 주장의 핵심이다. 그것은 아이들이 교육을 받아서도 아니고, 아이들이 하나같이 머리가 좋아서도 아니고, 언어가 아이들에게 대단히 쓸모가 있어서도 아니다. 그것은 그렇지 않을 수 없기 때문이다. 지금부터 나는 그 증거의 자취를 쫓아 여러분을 인도하고자 한다.

이 여행은 오늘날 세상에서 발견되는 특정 언어들이 어떻게 생겼는가에 대한 연구로 시작된다. 이 장면에서 어떤 이는 언어학이 모든 역사과학이 겪는 문제, 결정적인 사건이 발생했던 바로 그 순간에 그것을 기록한 사람이 아무도 없었다는 문제에 봉착하게 된다고 생각할 것이다. 역사언어학자들은 오늘날의 복잡한 언어들을 더 이른 시기의 언어들로 추적할 수 있지만, 그것은 단지 문제를 한 발짝 뒤로 미루는 것에 불과하다. 우리는 어떻게 인간이 찍찍거리는 소리에서 복잡한 언어를 창조했는지 알아내야 한다. 놀랍게도 우리는 할 수 있다.

첫 번째 사례는 세계사의 슬픈 이야기인 대서양 노예무역과 남태평양의 계약노동제에서 엿볼 수 있다. 바벨탑을 염두에 두었던지 담배, 면화, 커피, 사탕수수 농장의 농장주들은 서로 다른 언어 배경을 가진 노예들 혹은 계약노동자들을 의도적으로 섞어 놓았다. 특정 인종을 선호하는 농장주들조차 필요한 노동력을 충당하기 위해 부득이 여러 언어 배경을 가진 인종을 섞어 놓을 수밖에 없었다. 서로 다른 언어를 사용하는 사람들이 일을 하기 위해 서로 의사소통해야 하는데 상대의 언어를 배울 기회가 없을 때, 그들은 '피진어'라는 임시방편의 혼성어를 개발한다. 피진어란 식민지개척자들이나 농장주들의 언어에서 차용한 단어들을 일관성 없이 나열하는 것으로, 어순이 지극히 가변적이고 딱히 문법이랄 것도 갖추지 못한 언어다. 피진어는 더러 일종의 링구아 프랭커(lingua franca. 동지중해에서 쓰이는 이탈리아어, 프랑스어, 그리스어, 스페인어의 혼합어. 서로 다른 언어 배경을 가진 사람들이 거래를 하는 과정에서 생겨난 임시방편의 혼성어로서 '공용어' 구실을 했다.-옮긴이)가 되어 수십 년에 걸쳐 점차 복잡성을 획득해 가기도 한다. 오늘날 남태평양에서 쓰이는 피진영어가 그 예다. (뉴기니를 방문한 필립 왕자는 자신이 그곳 언어로 fella belong Mrs. Queen[여왕에 딸린 사내]로 불린다는 사실을 알고 매우 재미있어했다).

그러나 언어학자 데릭 비커턴은 피진어가 단번에 완전하고 복잡한 언어로 변모할 수 있다는 증거를 제시한 바 있다. 여기에 필요한 조건은 단지 아이들이 모국어를 습득하는 나이에 특정한 피진어에 노출되는 것뿐이다. 비커턴의 주장에 따르면 이러한 일은 실제로 발생했다. 아이들이 자신의 부모와 격리된 채 피진어로 이야기하는 노동자에 의해 집단적으로 양육되는 경우였다. 아이들은 단편적인 단어열을 재생산하는 데 만족하지 않고 전에는 아무것도 없던 자리에 복잡한 문법을 도입하여 완전히 새롭고 표현이 풍부한 언어를 만들어 낸다. 이와 같이 아이들이 하나의 피진어를 그들의 모국어로 받아들여 만들어 낸 언어를 '크리올어'라고 한다.

비커턴의 주된 증거는 독특한 역사적 환경에서 나온 것이다. 대부분의 크리올어를 탄생시킨 노예농장은 다행히 먼 과거의 일이 되었지만, 아직 그 주요 사용자들을 연구할 수 있을 만큼 가까운 과거에도 크리올어 생성을 야기한 사건이 있었다. 19세기 말엽, 하와이의 사탕수수농장이 급격히 늘어나면서 노동력 수요가 증가하자 토착민들의 예비노동력이 바닥을 드러냈다. 그러자 중국, 일본, 한국, 포르투갈, 필리핀, 푸에르토리코에서 노동자들이 대량으로 유입되었고, 그들 사이에서 피진어가 급속히 발전했다. 1970년대에 비커턴이 하와이를 방문했을 때까지도 처음 피진어를 만들어 썼던 많은 이주노동자들이 여전히 살아 있었다. 다음은 그들이 사용한 피진어의 대표적인 예들이다.

> Me cap? buy, me check make. (나에게 사 커피, 나에게 끊어 수표.)
>
> Building—high place—wall pat—time—nowtime—an' den—a new tempecha eri time show you. (건물—높은 곳—벽면—시간—지금시간—에…또—새 온도 금방 보여준다 당신에게.)
>
> Good, dis one. Kaukau any-kin' dis one. Pilipine islan' no good. No mo money. (좋다, 이거. 카우카우 이거 뭐든 있어. 필리핀섬 안 좋아. 돈 더 없어.)

첫 문장의 화자는 92세의 일본계 이주자로, 커피농장 노동자로 일했던 젊은 시절을 이야기하고 있다. 청자는 개개의 단어와 문맥으로부터 "그가 나한테서 커피를 사고 수표를 끊어 주었다."라고 말하고 있음을 짐작할 수 있다. 그러나 그의 말 자체만으로는 "내가 커피를 샀고 그에게 수표를 끊어 주었다."라는 뜻으로 들을 수도 있다. 만약 그가 상점 주인이 된 현재의 상황에 대해 이야기하는 중이었다면 이쪽이 더 옳았을 것이다. 두 번째 문장의 화자 역시 일본계 이주자로, 자식을 따라 로스앤젤레스에 갔을 때 경이로운 문명을 접했던 경험을 말하고 있다. 높은 건물 외벽에 현재의 시간과 온도를 보여주는 온도기 겸 시계가 걸려 있었던 모양이다. 69세의 필리핀계인 세 번째 화자는 "필리핀보다 여기 음식이 좋다. 이곳 카우카우에서는 무슨 음식이든 구할 수 있지만, 그곳 필리핀에서는 음식을 살 돈이 없다."는 말을 하고 있다(여러 종류의 음식들 가운데 한 가지는 그가 'kank da head[머리를 내려치다]' 방식으로 습지에서 직접 잡은 'pfrawg[개구리]'였다). 이 모든 경우에 화자의 의도는 청자에 의해 채워진다. 당시의 피진어는 화자들에게 그 내용을 전달할 평이한 문법적 자원들, 즉 일관된 어순, 접두사나 접미사, 시제 또는 시간의 논리적 표지들, 단문 이상의 복잡한 구문, 누가 누구에게 무엇을 했는지를 나타내는 일관된 방법 따위를 제공하지 못하고 있었다.

그러나 1890년대 초엽 하와이에서 자라 이 피진어를 익혔던 아이들은 아주 다른 방식으로 말했다. 다음은 그들이 발명한 하와이 크리올어에서 발췌한 문장이다. 첫 번째 두 문장은 마우이에서 태어난 일본계 파파야 농장주의 말이고, 그 다음 두 문장은 이 섬에서 일본계 이민자와 하와이 원주민의 혼혈로 태어난 전 농장노동자의 말이며, 마지막 문장은 카우아이에서 태어난 농부 출신의 하와이인 모텔 지배인의 말이다.

Da firs japani came ran away from japan come.

(The first Japanese who arrived ran away from Japan to here. 처음 온 일본인들은 일본에서 이곳으로 도망쳐 왔다.)

Some filipino wok o' he-ah dey wen' couple ye-ahs in filipin islan'

(Some Filipinos who worked over here went back to the Philippines for a couple of years. 이곳에서 일하던 일부 필리핀인들은 몇 년 만에 필리핀으로 되돌아갔다.)

People no like t' come fo' go wok.

(People don't want to have him go to work [for them]. 사람들은 그에게 [자신들을 위해] 일을 시키고 싶어하지 않는다.)

One time when we go home inna night dis ting stay fly up.

(Once when we went home at night this thing was flying about. 한번은 우리가 밤에 귀가할 때 이것이 주위를 날아다녔다.)

One day had pleny of dis mountain fish come down.

(One day there were a lot of these fish from the mountains that came down [the river]. 어느 날 산에 사는 이 물고기들 중 상당수가 [강을 따라] 내려왔다.)

go, stay, came과 같이 위치가 엉망인 동사들이나 one time 같은 구 때문에 오해하지 말라. 이것들은 영어 단어를 아무렇게나 사용한 것이 아니라 하와이 크리올어의 문법을 체계적으로 사용한 것이다. 크리올어의 화자들은 영어 단어를 조동사, 전치사, 격 표지어, 관계대명사 등으로 전환했다. 어쩌면 이미 안정된 언어에서도 수많은 문법상의 접두사와 접미사들이 이와 같은 방식으로 생겨났는지도 모른다. 예를 들어 –ed로 끝나는 영어의 과거시제는 동사 do에서 발전했을 가능성이 있다. 가령 He hammered는 원래 He hammer–did 정도였을 것이다. 실제로 크리올어는 초기 이주자들의 피진어에는 없는, 그리고 단어의 발음 말고는 식민지 개척자의 언어와도 상당히 다른 규격화된 어순과 문법적 표지들을 갖춘 진정한 언어다.

비커턴은 만약 크리올어의 문법이 부모로부터 입력되는 복잡한 언어에 의해 오염되지 않은 어린아이들의 마음의 산물이라면, 그것은 우리에게 뇌의 선천적인 문법장치를 들여다볼 수 있는 아주 깨끗한 창을 제공해 준다고 적고 있다. 그는 서로 아무런 관련이 없는 언어들이 뒤섞여 만들어진 크리올어들이 신기할 정도의 유사성을 보여주며, 심지어 동일한 기본문법을 보여준다고 주장한다. 또한 그는 이 기본문법이 회반죽을 덧입혀도 색깔이 스며 나와 제 모습을 드러내고 마는 밑그림처럼, 더 복잡하고 잘 확립된 언어를 습득할 때 아이들이 저지르는 실수에서 분명히 드러난다고 주장한다. 가령 영어를 사용하는 어린아이들이 아래와 같은 잘못을 저지를 때 어쩌면 그들은 세상에 존재하는 많은 크리올어들에서 문법적이라고 인정되는 문장들을 무심코 만들어 내고 있는지도 모른다.

Why he is leaving?
Nobody don' t likes me.
I' m gonna full Angela' s bucket.
Let Daddy hold it hit it.

비커턴이 제기한 주장은 수십 년 또는 수백 년 전에 발생한 사건들의 재구성에 의존하고 있으며, 때문에 그 하나하나는 논란의 여지가 있을 수 있다. 그러나 그의 기본적인 생각은 아이들에 의한 언어혼성을 직접 관찰한 최근의 두 가지 실험을 통해 확증되었다. 이 환상적인 발견은 청각장애인들의 수화에 대한 연구에서 나온 많은 발견들 가운데 일부다. 세간의 오해와 달리 수화는 판토마임과 제스처도, 교육자들의 발명품도, 주변사회의 구어에 상응하는 암호도 아니다. 수화는 청각장애인 공동체가 있는 곳이면 어디서나 발견되며, 모든 수화는 전 세계의 구어에서 발견되는 것과 동일한 종류의 문법적 장치를 이용하는 독특하고 완전한 언어다. 예를 들어 미국의 청각장애인 공동체에서 사용하는 미국의 수화는 영어나 영국의 수화와는 전혀 다른, 오히려 나바호어나 반투어를 연상시키는 독특한 일치 체계와 성 체계 방식을 따르고 있다.

니카라과에서는 얼마 전까지 청각장애인들이 서로 떨어져 있었기 때문에 수화가 아예 없었다. 1979년 산디니스타 혁명세력이 정권을 장악하고 교육제도를 개혁하면서 처음으로 청각장애인들을 위한 학교들이 설립되었다. 이 학교들에서는 아이들에게 독순법과 발화를 중점적으로 가르쳤다. 하지만 결과는 참담했다. 사실 이러한 시도는 예외 없이 실패했다. 정작 중요한 일은 다른 곳에서 벌어졌다. 운동장에서 또 통학버스 안에서 아이들은 각자 집에서 가족들과 사용하던 임시방편의 제스처들을 그러모아 그들만의 신호체계를 만들어 내고 있었다. 오래지 않아 이 신호체계는 지금 '니카라과 수화' 라고 불리는 것으로 응결되었다. 오늘날 니카라과 수화는 유창함은 사람마다 다르지만 열 살 안팎이던 시절에 그 체계를 개발한 당사자들이었던 17~25세의 젊은 어른 청각장애인들에 의해 사용되고 있다. 기본적으로 이것은 일종의 피진어다. 사람마다 사용법이 다르고, 일관된 문법에 의존하기보다는 연상과 번잡한 우회에 의존하기 때문이다.

그러나 메이옐라의 경우처럼 네 살 안팎에 니카라과 수화를 이미 사용하고 있는 학교에 들어온 아이들이나 그보다 더 어린 아이들은 전혀 달랐다. 그들의 수화는 더 유연하고 간결하며, 제스처가 더 양식화되고 판토마임과 현격히 달라졌다. 실제로 그들의 수화를 면밀히 조사해 보면 니카라과 수화와는 상당히 다르며, 그래서 '니카라과 관용수화'라는 새로운 이름으로 불리게 되었다. 니카라과 수화와 니카라과 관용수화는 주디 키글, 미리엄 헤베 로페스, 애니 센가스에 의해 연구되고 있다. 비커턴이라면 충분히 예상했을 터이지만, 니카라과 관용수화는 좀더 어린 아이들이 좀더 나이 많은 아이들의 피진식(式) 수화를 접하면서 단번에 만들어 낸 일종의 크리올어로 보인다. 니카라과 관용수화는 자연발생적으로 표준화되었다. 모든 아이들이 동일한 방식으로 이 수화를 사용한다. 아이들은 니카라과 수화에는 없는 많은 문법적 장치들을 도입했으며, 그럼으로써 우회적 표현에 훨씬 덜 의존하게 되었다. 예를 들어 니카라과 수화(피진어) 사용자들은 '-에게 말하다'라는 신호를 하고 손가락으로 말하는 이의 위치에서 듣는 이의 위치를 가리켰다. 그러나 니카라과 관용수화(크리올어) 사용자들은 신호 자체를 수정하여 말하는 이를 나타내는 지점에서 듣는 이를 나타내는 지점까지 한 동작에 몰아서 표현한다. 이는 수화에서 흔히 쓰이는 장치로서, 일치를 위한 구어의 동사활용과 형식상 동일하다. 이러한 일관된 문법 덕분에 니카라과 관용수화는 표현력이 매우 뛰어나다. 아이들은 초현실적인 만화를 보고 그 줄거리를 다른 아이에게 설명해 줄 수 있으며, 농담을 하고, 시를 짓고, 과거지사를 이야기한다. 니카라과 관용수화는 공동체를 하나로 묶는 접착제로서의 구실을 하는 데까지 이르렀다. 우리 눈앞에서 하나의 언어가 탄생한 것이다.

그러나 니카라과 관용수화는 서로 의사소통하는 많은 아이들의 집단적 산물이었다. 우리는 지금 언어의 풍부함을 아이의 마음에서 기인한 것으로 보려 한다. 그러기 위해서 아이들 한 명 한 명이 자신에게 주어진 입력에 문법적 복잡성을 보태 간다는 사실을 확인하고 싶다. 다시 한번 청각장애인 연구가 우리의 바람을 들어

주었다.

청각장애 아기가 수화를 하는 부모에게 양육되는 경우, 그 아기들은 정상아들이 말을 배우는 것과 똑같은 방식으로 수화를 배운다. 그러나 대다수 청각장애아들이 그렇듯이, 청각장애가 없는 부모에게서 태어난 청각장애아들은 성장과정에서 수화 사용자와 접촉하지 못하거나, 때로는 낡은 관념에 사로잡혀 억지로 독순법과 말하기를 가르치려 드는 교육자들에 의해 고의적으로 수화 사용자들로부터 차단되기도 한다(대부분의 청각장애인들은 이러한 권위주의적 방식을 비판한다). 청각장애인들이 어른이 되면 청각장애인 공동체를 찾아가 자신들에게 꼭 알맞은 의사소통수단인 수화를 배우곤 한다. 그러나 그때는 일반적으로 너무 늦다. 마치 정상인 어른들이 외국어를 배울 때처럼 그들은 수화라는 어렵고 수준 높은 퍼즐과 낑낑거리며 씨름할 수밖에 없다. 많은 성인 이민자들이 악센트와 뚜렷한 문법적 오류의 짐에서 영원히 벗어나지 못하듯이, 그들의 능숙도는 어려서 수화를 배운 청각장애인들보다 현저히 떨어진다. 사실상 청각장애인들은 언어를 습득하지 않고 성년기에 도달하는 신경학적으로 정상적인 유일한 사람들이기 때문에 그들이 겪는 어려움은 기회의 창이 열려 있는 아동기에 성공적인 언어습득이 이루어져야 한다는 사실을 보여주는 좋은 증거다.

심리언어학자 제니 싱글턴과 엘리사 뉴포트는 청각장애 정도가 심한 9세의 남자아이(그들은 이 아이에게 사이먼이라는 가명을 붙여 주었다)와 역시 청각장애인인 그의 부모를 연구했다. 사이먼의 부모는 15세, 16세가 될 때까지 수화를 배우지 못했기 때문에 수화에 서툴렀다. 많은 언어가 그렇듯이 미국수화에서도 어떤 구가 문장의 주제임을 표시하기 위해 그것을 앞으로 이동시키고 접두사나 접미사를 붙일 수 있다(미국수화에서는 눈썹을 올리고 턱을 드는 동작). Elvis I really like라는 영어 문장이 대략 여기에 상응한다. 그러나 사이먼의 부모들은 이 구문을 거의 사용하지 않았으며, 사용할 경우에는 엉망이 되고 말았다. 한 번은 사이먼의 아버지가 My friend, he thought my second child was deaf(내 친구인 그는 내 둘째 아이가 귀머거리라고 생각했다)라는 뜻을 수화로 전달하려 했다. 그런데 그만 My friend thought, my second child, he thought he was deaf(내 친구는 내 둘째아이가 스스로를 귀머거리로 생각한다고 생각했다)라는 형태가 되고 말았다. 그는 미국수화의 문법에 어긋날 뿐 아니라, 촘스키의 이론에 따르면 자연적으로 습득되는 인간의 모든 언어를 지배하는 보편문법에도 어긋나는(이 장 뒷부분에서 왜 어긋나는지 살펴볼 것이다) 불필요한 신호가 첨가되었기 때문이다. 또한 사이먼의 부모들은 미국수화의 동사활용 체계를 터득하는 데도 실패했다. 미국수화에서 동사 blow(불다)는 입 앞쪽에 손바닥을 수평으로 펴는 동작(공기를 훅 불듯이)으로 표현한다. 그런데 미국수화의 모든 동사는 진행 중임을 표현하도록 수정될 수 있다. 이때는 원호를 그리는 동작을 신호에 첨가하여 빠르게 되풀이하면 된다. 또 동사의 행위가 둘 이상의 대상(가령 여러 개의 초)에게 행해지고 있음을 표시하도록 수정될 수도 있는데, 이때는 신호를 공중의 한 위치에서 종료한 다음 그 신호를 반복한 후 다른 위치에서 종료하면 된다. 이러한 동사활용은 다음 두 가지 순서 중 어느 쪽으로나 조합될 수 있다. 먼저 왼쪽을 향해 blow하고 오른쪽을 향해 blow한 다음 똑같이 되풀이한다. 또는 왼쪽을 향해 두 번 blow하고 오른쪽을 향해 두 번 blow한다. 첫 번째 문장은 "한 케이크의 촛불을 불고 또 다른 케이크의 촛불을 분 다음, 첫 번째 케이크의 촛불을 다시 한 번 그리고 두 번째 케이크의 촛불을 다시 한 번 분다."는 뜻이다. 두 번째 문장은 "한 케이크의 촛불을 잇달아 불어 끈 다음, 또 다른 케이크의 촛불을 잇달아 불어서 끈다."는 뜻이다. 이와 같은 정교한 일련의 규칙들을 사이먼의 부모는 습득하지 못했다. 그들은 이 활용법을 일관되게 사용하지 못했으며, 한 시점에 두 번에 걸쳐 하나의 동사에 이 활용법들을 조합시키지 못했다. 기껏 then과 같은 신호와 조잡하게 연결시켜 개별적으로 사용하는 것이 고작이었다. 여러 가지 점에서 사이먼의 부모는 피진어 사용자와 흡사했다.

그런데 정말 놀랍게도 부모의 엉터리 미국수화밖에 보지 못한 사이먼이 부모보다 훨씬 나은 미국수화를 구사했다. 그는 주제구가 이동된 문장을 어렵잖게 이해했으며, 비디오테이프에서 본 복잡한 사건들을 묘사해야 했을 때, 앞서 말한 두 가지 동사활용을 특정한 순서로 배열해야 하는 문장에서도 미국수화의 동사변화들을 거의 완벽하게 이용했다. 사이먼은 모종의 방법으로 부모의 비문법적 '소음'을 걸러냈음이 분명했다. 그는 부모가 일관성 없이 사용했던 동사활용을 제대로 이해한 다음 그것들을 반드시 지켜야 하는 의무사항으로 재해석했음이 분명했다. 또 자각하지 못했으면서도, 부모가 사용한 두 종류의 동사활용에 내재된 논리를 보았고, 그 둘을 특정한 순서로 하나의 동사에 첨가하는 미국수화체계를 재발명했음에 틀림없었다. 사이먼이 부모를 뛰어넘었다는 사실은 살아 있는 단 한 명의 아이에 의해 피진어의 크리올어화가 이루어질 수 있음을 보여주는 사례다.

사실 사이먼의 성취가 주목을 끈 것은 오로지 그러한 성취를 심리언어학자의 눈앞에서 보여준 첫 사례이기 때문이다. 틀림없이 수많은 사이먼이 있을 것이다. 청각장애아의 90~95%는 정상인 부모에게서 태어난다. 미국수화를 접할 수 있는 행운을 누리는 아이들은 대개 자식과의 의사소통을 위해 서툴게나마 미국수화를 익힌 정상인 부모의 아이들이다. 니카라과 수화에서 니카라과 관용수화로의 변모가 보여주듯이 수화 자체는 크리올어화의 산물임에 틀림없다. 역사상 여러 차례 교육자들은 주변의 구어를 토대로 삼아 수화체계를 창안해 내려고 노력했다. 그러나 그러한 조악한 암호들은 늘 배우기가 어려웠으며, 간혹 청각장애아들이 그것을 배울 때는 스스로 그 부호를 더 풍부한 자연스러운 언어로 전환시킨다.

아이들에 의한 범상치 않은 창조 행위에는 바벨탑이 필요 없다. 다시 말해 청각장애나 사탕수수농장 같은 범상치 않은 상황이 필요 없다. 한 아이가 모국어를 배울 때 똑같은 종류의 언어적 재능이 개입된다.

우선 부모가 자식에게 언어를 가르친다는 속설을 머릿속에서 지우자. 물론 부모가 자식에게 드러내 놓고 문법 수업을 한다고 주장하는 사람은 아무도 없겠지만, 많은 부모들(그리고 일부 한심한 아동심리학자들)은 엄마가 자식들에게 사실상의 수업을 한다고 생각한다. 이러한 수업은 '모성어'라는 독특한 형태의 말잔치로 진행되는데, 반복연습과 단순한 문법을 이용한 강도 높은 말 주고받기가 그것이다. ('강아지 좀 봐! 강아지 보이니? 강아지구나!'). 오늘날 미국 중산층 문화에서 육아는 하나의 경이로운 책무, 무력한 아기가 인생의 경주에서 뒤처지지 않도록 지켜주기 위해 잠시도 한눈을 팔아서는 안 되는 불침번으로 간주된다. 모성어가 아기의 언어발달에 대단히 중요하다는 믿음은 여피족들이 자신의 아기들이 빨리 자기 손을 찾도록 도와준답시고 '학습센터'에서 왕방울만한 눈이 달린 깜찍한 벙어리장갑을 살 때의 바로 그 마음과 일맥상통한다.

육아와 관련된 다른 문화들의 속설을 살펴보면 통찰을 얻을 수 있다. 남아프리카 칼라하리사막에 사는 쿵산족은 아기들에게 앉기, 서기, 걷기를 가르쳐야 한다고 믿는다. 그들은 아기들이 자세를 똑바로 지탱할 수 있도록 모래를 쌓아 아기 주변을 받쳐 준다. 물론 아기들은 곧 똑바로 앉을 수 있게 된다. 우리 눈에는 이것이 우습다. 왜냐하면 쿵산족으로서는 도무지 운에 맡겨 놓을 수 없는 결과를 우리는 뻔히 알고 있기 때문이다. 우리는 아기들에게 앉고 서고 걷는 법을 가르치지 않지만 아기들은 때가 되면 스스로 한다. 그런데 다른 집단의 사람들은 우리를 보고 똑같은 웃음을 짓는다. 전 세계 대부분의 사회에서 부모는 '모성어'로 아이들을 성가시게 하지 않는다. 사실 그들은 이따금 뭔가를 요구하거나 꾸짖을 때 말고는 아직 말을 못하는 어린 자식에게 아예 말을 걸지도 않는다. 이것은 납득 못할 일이 아니다. 어차피 어린 자식들은 당신의 입에서 나오는 말을 한 마디도 이해하지 못한다. 그런데 뭣 하러 숨차게 혼잣말을 지껄이겠는가? 지각 있는 사람이라면 어린아이가 말하기를 발달시키고 만족할 만한 쌍방 대화가 가능해질 때까지 기다리는 것이 옳다. 사우스캐롤라이나의 피드먼트에 살고 있는 앤트 메이라는 여자는 인류학자 셜리 브라이스 히스에게 다음과 같이 설명했다. "저거 완전히 미친 짓 아니에요? 백인들은 애가 뭐라 하는 소릴 들으면 그 말을 그대로 아이들한테 되풀이하고, 이것저것 묻고 또 물어요. 애들이 태어날 때부터 뭘 아는 것처럼 말예요."(Now just how crazy is dat? White folks uh hear dey kids say sump' n, dey say it back to ' em, dey aks ' em ' gain and ' gain ' bout things, like they ' posed to be born knowin'.) 말할 필요도 없이 이 집단의 아이들은 어른들이나 다른 아이들의 말을 주워들으면서 말하는 법을 배운다. 앤트 메이의 완전히 문법적인 흑인일상영어에서 보듯이.

아이들은 그들이 습득한 언어에 대해 최고 학점을 받을 자격이 있다. 사실 우리는 아이들이 배울 수 없었던 것까지 알고 있는 사례를 댈 수 있다. 언어 논리에 관한 촘스키의 고전적 예증들 가운데 하나는 단어들을 이리저리 이동시켜 의문문을 만들어 내는 과정을 담고 있다. A unicorn is in the garden.이라는 평서문을 그에 상응하는 의문문인 Is a unicorn in the garden?으로 바꾸는 과정을 살펴보자. 우선 평서문을 검색하여 동사 is를 찾아내고, 이것을 문장 맨 앞으로 이동시킨다.

a unicorn is in the garden.
is a unicorn in the garden?

이번에는 A unicorn that is eating a flower is in the garden이라는 문장을 보자. 이 문장에는 두 개의 is가 있다. 어느 것을 이동시킬 것인가? 먼저 검색되는 is는 분명 아니다. 그렇게 되면 아주 괴상한 문장이 될 테니까.

a unicorn that is eating a flower is in the garden.
is a unicorn that eating a flower is in the garden?

그렇다면 왜 첫 번째 is를 이동시킬 수 없는가? 이 간단한 절차는 어디서 잘못되었는가? 촘스키는 언어의 기본설계도에서 그 대답을 찾을 수 있다고 했다. 문장은 단어들의 열이지만, 인간 정신문법 알고리즘은 '첫 번째 단어,' '두 번째 단어' 하는 식으로 이 열에서의 위치를 기준으로 단어를 포착하지 않는다. 그게 아니라 단어들을 구(句)로 묶고, 구를 더 큰 덩어리의 구로 묶은 다음 각각의 덩어리에 '주어 명사구' 또는 '동사구'와 같은 이름표를 붙인다. 의문문을 만드는 실제 규칙은 단어열의 왼쪽에서 오른쪽으로 검색해 가다가 첫 번째로 나타나는 조동사를 찾는 것이 아니라, '주어'라는 이름표가 붙은 구 다음에 오는 조동사를 찾는 것이다. a unicorn that is eating a flower라는 단어열 전체가 포함된 이 구는 하나의 단위처럼 움직인다. 첫 번째 is는 그 안에 깊숙이 묻혀 있어서 의문문 만들기 규칙에게는 보이지 않는다. 이 주어 명사구 바로 다음에 있는 두 번째 is가 이동시켜야 할 조동사다.

[a unicorn that is eating a flower] is in the garden.
is [a unicorn that is eating a flower] in the garden?

촘스키는 만약 언어 논리가 어린아이들에게 배선되어 있다면 아이들은 두 개의 조동사를 가진 문장과 처음 마주쳐도 적절히 단어 배열을 조정함으로써 그 문장을 의문문으로 바꿀 수 있을 것이라고 추론했다. 이것은 잘못된 규칙, 즉 문장을 선형의 단어열로 보는 규칙이 더 단순하고 어쩌면 더 배우기 쉬울지라도 그렇게 된다. 또 모성어에 어린아이들에게 선형 규칙이 틀렸고 구조를 파악하는 규칙이 옳다는 것을 가르치는 문장들, 가령 두 번째 조동사가 주어 명사구에 포함되어 있는 의문문이 전무하다시피 해도 그렇게 된다. 영어를 배우는 모든 아이들이 엄마한테서 Is the doggie that is eating the flower in the garden?(마당에서 꽃을 뜯어먹는 멍멍이 있니?)라는 말을 들어보지는 못했을 것이다. 촘스키가 '입력 결여에서 도출되는 논거'라고 불렀던 이와 같은 논증은 촘스키에게 언어의 기본설계도가 선천적이라는 자신의 주장을 정당화해 주는 주된 근거였다.

심리언어학자 스테판 크레인과 미네하루 나카야마는 탁아소에 맡겨진 3, 4, 5세 아동들을 대상으로 한 실험을 통해 촘스키의 주장을 검증하고자 했다. 실험자 가운데 한 명은 영화 《스타워즈》에 나오는 유명한 자바 인형을 조정하고 또 다른 실험자는 아이들에게 가령 "Ask Jabba if the boy who is unhappy is watching Mickey Mouse."(불행한 소년이 미키마우스를 쳐다보고 있는지 자바한테 물어봐.) 하고 말하면서 아이들이 인형에게 질문을 던지도록 유도했다. 자바는 그림 한 장을 자세히 살펴본 다음 '예' 혹은 '아니요'라고 대답했다. 그런데 이 실험에서 정작 시험받고 있는 쪽은 질문을 던지는 아이들이었다. 아이들은 신이 나서 적절한 질문을 던졌다. 그러나 촘스키가 예상했던 대로 어떤 아이도 단순한 선형 규칙에 따른 Is the boy who unhappy is watching Mickey Mouse? 같은 비문법적인 단어열을 만들어 내지 않았다.

여러분 가운데는 이것이 아이들의 뇌가 문장의 주어를 등록하는 증거라는 데 이의를 제기하는 사람이 있을지도 모르겠다. 어쩌면 아이들은 단지 단어의 의미를 이용하고 있을지도 모른다. The man who is running(달리고 있는 남자)은 그림 속에서 특정한 역할을 수행하는 한 사람의 행위자를 가리키는 것이고, 아이들은 어느 단어가 특정한 행위자와 관련되어 있는지를 추적한 것이지, 어느 단어가 주어 명사구에 속해 있는지를 추적한 것은 아닐 수도 있기 때문이다. 그러나 크레인과 나카야마는 이러한 이의제기를 예상하고 있었다. 그들이 아이들의 질문을 유도한 말들 가운데는 "Ask Jabba if it is raining in this picture."(그림에서 비가 오고 있는지 자바한테 물어봐.) 같은 문장도 포함되어 있었다. 물론 이 문장에서 it은 아무것도 가리키지 않는다. 그것은 단지 주어가 필요하다는 통사론의 규칙을 충족시키기 위한 명목상의 요소다. 그런데 Is it raining?에서처럼 영어의 의문문에서는 이것을 다른 주어와 똑같이 취급한다. 아이들은 의미 없이 주어 위치를 차지하고 있는 이 요소에 어떻게 대처할까? 어쩌면 그들은 《이상한 나라의 앨리스》에 나오는 오리처럼 융통성이라고는 도무지 없는지도 모른다.

"I proceed [said the Mouse]. 'Edwin and Morcar, the earls of Mercia and Northumbria, declared for him ; and even Stigand, the patriotic archbishop of Canterbury, found it advisable—' "
([쥐가 말했다] "그럼 계속할게. '머시아와 노섬브리아 왕국의 공작인 에드윈과 모카는 윌리엄 편을 들었고, 애국심에 불타 있던 캔터베리 대주교 스티갠드도 그것이 현명하다는 걸 발견—' ")
"Found what?" said the Duck. ("뭘 발견했다고?" 오리가 물었다.)
"Found it," the Mouse replied rather crossly : "of course you know what 'it' means." (쥐는 약간 퉁명스럽게 대답했다. "그걸 발견했다니까. 물론 너도 '그것' 이 뭔지 잘 알 거야.")
"I know what 'it' means well enough, when I find a thing," said the Duck : "it's generally a frog, or a worm. The question is, what did the archbishop find?" (오리가 말했다. "나도 '그것' 이 무슨 뜻인지는 아주 잘 알아. 내가 배고파서 어떤 것을 발견할 때는 말야. 그건 대개 개구리나 벌레야. 내 말은 대주교가 무엇을 발견했느냐는 거야?")
*한글 번역은 《이상한 나라의 앨리스》(손영미 옮김, 시공주니어)에서 따옴.

그러나 아이들은 오리가 아니었다. 크레인과 나카야마의 아이들은 "Is it raining in this picture?" 하고 물었다. 마찬가지로 아이들은 "Ask Jabba if there is a snake in this picture."(그림 속에 뱀이 있는지 자바한테 물어봐.)에서처럼 또 다른 명목상의 주어나

"Ask Jabba if running is fun."(달리기가 재미있는지 자바한테 물어봐.)과 "Ask Jabba if love is good or bad."(사랑이 좋은지 나쁜지 자바한테 물어봐.)에서처럼 물질명사가 아닌 주어를 가진 의문문을 만드는 데도 전혀 어려워하지 않았다.

또한 문법규칙상의 보편적인 제한들은 언어의 기본형태를 실용성 추구의 필연적 산물로서는 완전히 설명할 수 없음을 보여준다. 지구상에 널리 퍼져 있는 많은 언어들이 조동사를 가지고 있으며, 많은 언어들이 영어에서처럼 의문문을 비롯한 여러 가지 구문을 만들 때 늘 조동사를 문장 앞으로 이동시키는 등의 구조 의존적인 방식을 따른다. 그러나 이것이 의문문 규칙을 설계하는 유일한 방법은 아니다. 단어열에서 가장 왼쪽에 있는 조동사를 앞으로 이동시킬 수도 있고, 처음과 마지막 단어의 위치를 서로 뒤바꾸어 놓을 수도 있고, 거울에 비춘 것처럼 아예 문장 전체를 거꾸로 뒤집어 놓을 수도 있다. 그렇게 해도 효율성이 손상되지는 않는다(이것도 인간 마음이 능히 할 수 있는 일이다. 재미 삼아 거꾸로 말하는 법을 익혀 친구들을 뜨악하게 만드는 사람들이 가끔 있지 않은가). 의문문을 만드는 특정한 방식들은 인류 보편의 임의적인 관습이다. 우리는 컴퓨터 프로그래밍 언어나 수식 표기법 같은 인공적인 체계에서는 이러한 관습을 발견하지 못한다. 조동사와 도치규칙, 명사와 동사, 주어와 목적어, 구와 절, 격과 일치 등과 관련하여 여러 언어의 기저에 깔려 있는 보편적인 설계도는 화자들의 두뇌에 공통된 뭔가가 있음을 시사하는 듯하다. 왜냐하면 다른 설계도로 대체해도 실용성 면에서는 같기 때문이다. 이것은 마치 서로 전혀 교류가 없는 발명가들이 동일한 타자기 자판, 모르스 부호, 혹은 교통신호를 만들어 낸 것과 같은 기적이다.

마음에 문법규칙의 청사진이 담겨 있다는 주장을 확증해 주는 증거 역시 젖먹이와 아기들의 입에서 나온다. He walks에서의 일치접미사 -s를 살펴보자. 일치는 많은 언어에서 중요한 과정이다. 하지만 현대영어에서는 고대영어에서 번성했던 보다 풍부한 체계의 불필요한 흔적이다. Thou sayest의 접미사 -est(2인칭 일치 접미사)가 아쉬울 것이 없듯이 -s 역시 완전히 사라져도 별로 아쉬울 것이 없다. 그러나 심리학적으로 이것은 공짜로 얻은 장식물이 아니다. 이것을 제대로 사용하기 위해서는 화자는 모든 문장에서 다음 네 가지 세세한 사항들을 잊지 말아야 한다.

주어가 3인칭인가 : He walks 대 I walk.

주어가 단수인가 복수인가 : He walks 대 They walk.

행위의 시점이 현재인가 : He walks 대 He walked.

행위가 습관적인가, 아니면 말하는 그 순간에 진행되고 있는가(행위의 '상') : He walks to school 대 He is walking to school.

일단 접미사를 배웠다면, 이 접미사 하나를 사용하기 위해 이 모든 작업을 수행해야 한다. 또 접미사를 배우기 위해 아이는 ① 어떤 문장에서는 동사에 -s가 붙지만 다른 문장에서는 붙지 않는다는 점을 깨닫고, ② 이러한 차이의 문법적 근거를 찾기 시작하고(단지 심심해서 붙이는 것으로 받아들이지 않고), ③ 생각해 볼 수는 있지만 실은 상관없는 수많은 요소들(문장의 마지막 단어가 몇 음절인가, 전치사의 목적어가 자연물인가 인공물인가, 그 문장을 말할 때 날씨가 따뜻한가 추운가 따위)의 바다에서 인칭, 주어의 수, 시제, 상 등의 결정적인 요인들을 골라내야 한다. 도대체 왜 이런 수고를 감수하는가?

그러나 어린아이들은 이런 수고를 한다. 3살 반 혹은 그보다 더 어린 아이들이 일치접미사 -s를 필요한 문장의 90% 이상에서 사용하며, 필요 없는 거의 모든 문장에서 사용하지 않는다. 이러한 숙달은 생후 3년째 되는 해의 몇 개월 동안에 일어나는 문법폭발의 일부로, 이때 어린아이들은 갑자기 자신이 속한 집단의 말의 대부분의 세세한 사항들을 적용하여 유창한 문장을 내뱉기 시작한다. 예를 들어, 부모의 최종학력이 고졸인 미취학아동 사라 역시 다음과 같은 복잡한 문장 속에서 영어의 쓸모없는 일치규칙을 준수하고 있다.

When my mother hangs clothes, do you let 'em rinse out in rain? (엄마가 빨래를 널 때 빗물로 그것들을 헹궈 주시겠어요?)
Donna teases all the time and Donna has false teeth. (도나는 항상 칭얼거리고, 또 도나는 이가 썩었어요.)
I know what a big chicken looks like. (난 커다란 닭이 어떻게 생겼는지 알아요.)
Anybody knows how to scribble. (어떻게 낙서하는지 누구나 알아요.)
Hey, this part goes where this one is, stupid. (야, 이 조각은 이쪽으로 가야 해, 바보야.)
What comes after "C"? ('C' 다음에는 무엇이 와요?)
It looks like a donkey face. (그건 당나귀 얼굴같이 생겼어요.)
The person takes care of the animals in the barn. (그 사람은 헛간에 있는 동물들을 돌봐요.)
After it dries off then you can make the bottom. (그것이 완전히 마른 다음에 기초를 만들 수 있어요.)
Well, someone hurts hisself and everything. (그런데 사람은 누

구나 아파요.)

His tail sticks out like this. (그의 꼬리가 이렇게 나왔어요.)

What happens if ya press on this hard? (이것을 세게 누르면 어떻게 돼요?)

Do you have a real baby that says googoo gaga? (구구 가가 하고 말하는 진짜 아기가 있어요?)

또 한 가지 흥미로운 것은 사라가 부모가 -s를 붙여 쓴 동사들을 기억함으로써 단순히 부모의 말을 모방했을 것 같지 않았다는 점이다. 때때로 사라는 부모에게서 들었을 법하지 않은 단어형태들을 내뱉었다.

When she be's in the kindergarten… (그 애가 유치원에 있을 때…)

He's a boy so he gots a scary one[costume]. (그 애는 남자애라서 무서운 걸[의상] 입었어요.)

She do's what her mother tells her. (그 애는 엄마가 시키는 대로 해요.)

사라는 영어의 일치규칙을 무의식적으로 변용하여 스스로 이런 형태들을 창조한 것이 틀림없었다. 우선 모방이라는 개념 자체가 수상한데(아이들이 일반적인 모방자라면, 왜 비행기 안에서 조용히 앉아 있는 부모의 습관은 모방하지 않는가), 위 문장들은 언어습득이 일종의 모방으로 설명될 수 없음을 깔끔하게 보여준다.

언어가 어떤 머리 좋은 종이 생각해 낸 탁월한 문제해결책이 아니라, 그 종에 고유한 본능이라는 주장을 완성시키기 위해서는 한 단계가 더 남았다. 만약 언어가 본능이라면 우리 뇌 안에서 언어의 자리가 확인될 수 있어야 하고, 언어 회로의 구성에 관여하는 특정한 일단의 유전자가 있어야 한다. 이 유전자들이나 신경세포가 손상을 입었을 때는 다른 지적인 기능들은 멀쩡한 상태에서 언어만 엉망이 되어야 한다. 또 뇌의 다른 부위가 손상을 입었을 때 언어는 멀쩡해서 언어가 멀쩡한 지진아, 즉 수다쟁이 백치가 되어야 한다. 반면에 만약 언어가 인간의 총명함의 발현이라면 상해나 손상을 입은 사람은 언어를 포함하여 계기판 전체가 흐리멍덩해질 것이라고 예상할 수 있다. 이때 예상 가능한 패턴은 오직 한 가지뿐이니, 손상을 입은 뇌세포 조직이 많아질수록 그 사람은 언어능력이 더 무뎌지고 명료함이 떨어진다는 것이다.

아직은 아무도 언어기관이나 문법유전자의 위치를 찾아내지 못했지만, 수색활동은 계속되고 있다. 인지능력은 그대로 두고 언어만 다치거나, 혹은 그 반대의 경우를 초래하는 여러 가지 신경학적 · 유전적 손상이 있다. 그 가운데는 100년 이상, 어쩌면 수천 년 이상 알려져 왔을지도 모르는 증상이 하나 있다. 뇌 좌반구 중 전두엽 아래쪽 부위에 있는 몇몇 회로들이 타격이나 총상에 의해 손상된 사람은 종종 브로카 실어증이라는 증상을 겪게 된다. 이 증상을 앓았다가 언어능력을 회복한 사람 가운데 한 명이 자신이 겪었던 일을 명쾌하게 회상하고 있다.

> 깨어났을 때 두통이 약간 있었어요. 그리고 오른팔이 온통 쑤시고 따끔거리면서 감각이 없어서 오른쪽으로 누워 잤나 보다 하고 생각했습니다. 침대에서 빠져 나왔지만 서 있을 수가 없었어요. 실제로 바닥에 넘어졌어요. 오른쪽 다리가 너무 약해서 몸무게를 지탱

할 수 없었기 때문이었죠. 옆방에 있는 아내를 불렀는데, 소리가 나오지 않았습니다. 말을 할 수가 없었던 겁니다. … 나는 놀랐고 두려움이 엄습했습니다. 이런 일이 내게 일어나다니, 믿을 수가 없었습니다. 나는 당황했고 무서워지기 시작했습니다. 그때 갑자기 내가 뇌졸중을 일으킨 것이 틀림없다는 걸 깨달았습니다. 어떤 면에서 사태가 파악되자 약간 안심이 되었지만, 오래가지는 않았습니다. 뇌졸중의 영향은 어떤 경우든 영구적이라고 알고 있었거든요. … 나는 내가 약간 말을 할 수 있다는 것을 깨달았습니다. 그러나 그 말은 나한테도 틀려 보였고, 또 내가 하려던 말도 아니었습니다.

대부분의 뇌졸중 환자가 이 사람처럼 운이 좋지는 못하다. 서른아홉 살에 뇌졸중을 일으켰을 때 포드 씨는 해안경비대의 무선통신사였다. 뇌졸중을 일으키고 3개월 뒤 신경심리학자 하워드 가드너가 그를 인터뷰했다. 가드너는 병원에 입원하기 전의 그의 업무에 대해 질문했다.

"난 토…아니…통…통시…아, 다시." (I' m a sig…no…man…uh, well, …again). 이 말은 느리고 대단히 힘겹게 새어 나왔다. 소리는 분명하게 분절되지 않았고, 각 음절은 거칠고 쉰 목소리로 터지듯이 나왔다.

"제가 말할까요?" 내가 끼어들었다. "당신은 통신사…."

"통…신사…마, 맞아요." (A sig-nal man…right). 포드 씨는 득의만만한 표정으로 내 말을 완성했다.

"해안경비대에 있었습니까?"

"아니, 에, 맞아…요…배…매사추…세츠…해안경비대…오래." (No, er, yes, yes…ship…Massachu…chusetts…Coast-guard…

years). 그는 두 손을 두 차례 들어올려 '19' 라는 숫자를 표시했다.
"아, 당신은 19년 동안 해안경비대에 있었군요?"
"오…맞아…요…맞아." (Oh…boy…right…right). 그가 대답했다.
"왜 병원에 오셨나요, 포드 씨?"
포드는 약간 이상하다는 듯이 나를 보았다. 마치 그야 뻔하지 않소, 하고 말하는 것 같았다. 그는 마비된 오른팔을 가리키며 말했다. "파, 팔 안 좋아요." (Arm no good). 그런 다음 입을 가리키며 말했다. "마…말이…말을 잘 못…해요, 보다시피." (Speech…can' t say…talk, you see).
"무엇 때문에 말을 잘 못하게 된 겁니까?"
"머리, 넘어져서, 제길, 나 안 좋아요, 뇌, 뇌…제길…뇌졸중(Head, fall, Jesus Christ, me no good, str, str…oh Jesus…stroke)."
"그랬군요. 포드 씨, 병원에서 어떤 치료를 받고 있는지 말씀해 주시겠습니까?"
"네, 그러죠. 나 가요, 에, 으음, 진료…시간 아홉 시, 두 번…읽고…쓰…게, 쓰구, 쓰기…연습…조아…져" (Yes, sure. Me go, er, uh, P. T. nine o' cot, speech…two times…read…wr…ripe, er, rike, er, write…practice…get–ting better).
"주말에는 집에 가나요?"
"네, 그럼요…목요일, 에, 에, 에, 아니, 에, 금요일…바–바–라…아내…와, 오, 차…운전…유로도로…쉬고…티비." (Why, yes…Thursday, er, er, er, no, er, Friday…bar–ba–ra…wife…and, oh, car…drive…purnpike…you know…rest and…tee–vee).
"텔레비전에 나오는 걸 다 이해할 수 있습니까?"
"오, 네, 네…잘…거–의." (Oh, yes, yes…well…al–most).

분명 포드 씨는 말을 입 밖으로 꺼내는 데 애를 먹고 있었다. 그러나 그의 문제는 발성기관의 근육을 제어하는 문제가 아니었다. 그는 촛불을 불어서 끌 수 있었고 목을 가다듬기도 했다. 그리고 글을 쓸 때도 말을 할 때처럼 언어학적으로 더듬거렸다. 장애는 대부분 문법에서 집중적으로 나타났다. 영어에서는 –ed나 –s와 같은 접미어와 or, be, the 같은 문법적 기능을 가진 단어들이 상당히 높은 빈도로 등장하는데, 그는 이것들을 대부분 빠뜨렸다. 소리 내어 읽기를 할 때 그는 bee, oar 같은 내용어(內容語)들은 잘 읽으면서도 같은 발음을 가진 기능어들은 건너뛰었다. 그는 물체의 이름을 대거나 이름을 인식하는 데는 극히 뛰어났다. 그리고 "Does a stone float on water?"(돌은 물 위에 뜨는가?) 혹은 "Do you use a hammer for cutting?"(물건을 자르는 데 망치를 쓰는가?)과 같이 내용어에서 요점을 추론해 낼 수 있는 의문문들은 잘 이해했으나, "The lion was killed by the tiger, which one is dead?"(사자가 호랑이에 의해 죽임을 당했다. 죽은 것은 어느 쪽인가?)와 같이 문법적 분석을 요하는 의문문들은 잘 이해하지 못했다.

포드 씨는 문법의 손상에도 불구하고 다른 기능들은 자유자재로 구사했다. 가드너는 "그는 집중력과 주의력이 온전했으며, 자신이 어디에 있는지, 왜 그곳에 있는지 완벽하게 알고 있었다. 좌우 판단, 서툰 왼손으로 그림을 그리고, 계산하고, 지도를 읽고, 시계를 맞추고, 구조물을 만들고, 지시를 이행하는 능력 등 언어와 밀접하게 결합되어 있지 않은 지적 기능들은 모두 멀쩡했다. 비언어 영역에서 그의 지능지수는 중상위권에 들었다."고 적고 있다. 사실 앞의 대화는 많은 브로카 실어증 환자들과 마찬가지로 포드 씨가 자신의 문제를 정확히 이해하고 있다는 것을 보여준다.

성인기의 손상만이 언어의 기저에 깔린 회로를 망가뜨리는 것은 아니다. 다른 면에서는 별 탈 없이 건강한 아이들 가운데 언어발달이 지체되는 경우가 있다. 이런 아이들은 말을 하기 시작할 무렵 단어를 발음하는 데 어려움을 겪으며, 자라면서 발음이 향상되기는 하지만 어른이 되어서도 다양한 문법적 실수를 범하곤 하는 경우도 적지 않다. 이 가운데 분명한 비언어적 원인—정신지체와 같은 인지장애, 귀머거리와 같은 지각장애, 자폐증과 같은 사회적 장애—이 없는 아이들에게는 '특수언어손상'이라는 정확하지만 별 도움이 되지 않는 진단명이 붙는다.

한 가족 가운데 여러 명을 한꺼번에 치료하는 경우가 많았던 언어치료사들은 오래 전부터 특수언어손상을 유전으로 여겼다. 그런데 최근의 한 통계 연구는 그 생각이 옳을 수도 있음을 보여준다. 특수언어손상은 가계로 이어지므로 일란성 쌍둥이 중 한 쪽이 앓으면 나머지도 그럴 확률이 매우 높다. 최근에 언어학자 미르나 고프닉과 여러 유전학자들이 조사한 영국 K가의 사례는 특히 극적인 증거를 제공해 준다. K가의 가족 가운데 할머니에게 언어 손상이 있었다. 그녀에게는 어른이 된 5명의 자식이 있었다. 그 가운데 딸 한 명만 언어가 정상이었고, 그녀의 자식들도 정상이었다. 다른 4명의 자식들은 할머니와 마찬가지로 언어 손상을 지니고 있었다. 이 4명에게는 모두 합해서 23명의 자식이 있었는데, 그 가운데 11명은 언어 손상을 지니고 있었고 12명은 정상이었다. 언어 손상을 지닌 아이들은 가족, 성, 연령 면에서 무작위로 분포되어 있었다.

물론 어떤 행동 패턴이 가계를 따라 이어진다고 해서 반드시 그것을 유전이라고 단정할 수는 없다. 요리법, 억양, 자장가 등도 가계를 따라 이어지지만 DNA와는 아무 상관이 없다. 그러나 이 경우에는 유전적 원인일 가능성이 커 보인다. 그 원인이 환경에 있다면, 말하자면 영양결핍 때문이거나, 손상을 지닌 부모나 형제자매의 불완전한 말을 듣고 성장한 때문이거나, TV를 너무 많이 본 탓이거나, 낡은 상수도관 때문에 납중독이 되었다거나 해서라면 어떻게 가족 가운데 일부만 손상을 입고, 또 그의 가까운 동년배(예를 들어 이란성 쌍둥이 가운데 다른 한 명)는 멀쩡할 수 있겠는가? 실제로 고프닉과 함께 조사를 진행한 유전학자들은 이 가계가 그레고르 멘델의 완두콩의 분홍색 꽃처럼 단일한 우성유전자에 의해 통제되는 모종의 형질을 시사한다고 지적했다.

이 가상의 유전자가 하는 일은 무엇일까? 그것이 지능 전체를 손상시키지는 않는 듯하다. 특수언어손상을 겪고 있는 가족성원들도 대부분 아이큐검사의 비언어 영역에서는 정상수준을 보였다(실제로 고프닉은 이 증후군을 겪으면서도 학교 수학수업에서 늘 최고 점수를 받았던 또 다른 아이를 연구한 적이 있다). 이들 역시 언어 손상으로 고통을 받고 있지만, 브로카 실어증과 다르다. 이들은 마치 이국의 도시에서 고군분투하는 여행자 같은 인상을 준다. 그들은 다소 느리고 힘들게 말을 하며, 말하려는 바를 신중하게 계획하고, 상대방이 끼어들어 자신들의 문장을 마무리해 주도록 청한다. 그들에게는 일상적인 대화가 고달픈 정신노동이며, 때문에 말을 해야 하는 상황을 가급적 피한다고 한다. 그들의 말에는 대명사나, 복수 혹은 과거시제 따위에 붙는 접미사를 잘못 사용하는 등의 잦은 문법적 오류가 나타난다.

It' s a flying finches, they are. [대명사 및 복수접미사 잘못 사용]
She remembered when she hurts herself the other day. [시제 불일치]
The neighbors phone the ambulance because the man fall off

the tree. [동사 일치접미사 누락]

The boys eat four cookie. [복수 접미사 누락]

Carol is cry in the church. [동사활용 오류]

실험검사에서 이들은 4세의 정상아들이 수월하게 해내는 과제를 어려워한다. wug-테스트는 그 고전적인 예로, 정상아들이 부모를 모방해서 언어를 배우는 것이 아님을 보여준다. 피실험자에게 새처럼 생긴 동물 그림을 보여주며 'wug'라는 이름을 말해준다. 그 다음 그와 똑같은 동물 두 마리가 그려진 그림을 보여주며 아이에게 "Now there are two of them ; there are two."라고 말한다. 정상적인 4세 아동이라면 무의식적으로 'wugs' 라고 내뱉지만, 언어 손상이 있는 성인은 곤란에 처한다. 고프닉이 연구한 성인들 가운데 한 명은 신경질적으로 웃고는 이렇게 말했다. "Wug…wugness, isn' t it? No. I see. You want to pair…pair it up. OK."(wug라…음, wugness, 맞죠? 아니군. 알았다. 두 마리다 이거지…두 마리. 그렇군.) 다음에 zat라는 동물에 대해서 그녀는 "Za…ka…za…zackle."이라고 말했다. 그 다음에 'sas' 이라는 동물에 대해서는 sasses가 틀림없다고 추론했다. 한 번의 성공으로 의기양양해진 그녀는 지나친 일반화를 계속하면서 zoop를 zoop-es로, tob를 tob-ye-es로 변화시켰다. 결국 그녀가 영어의 규칙을 제대로 파악하지 못하고 있음을 알 수 있다. K가의 불완전한 유전자는 정상아들이 무의식적으로 사용하는 문법규칙의 발달에 어떤 식으로든 영향을 미친 것이 분명하다. 성인들은 논리적으로 규칙을 생각해 냄으로써 이를 보상하려고 애를 쓰지만, 예상대로 항상 어색한 결과를 낳았다.

브로카 실어증과 특수언어손상은 언어 손상이 있지만 다른 지능은 대체로 온전한 사례들이다. 그러나 이것만 가지고는 언어와 지능이 별개의 것이라고 단정할 수 없다. 어쩌면 언어는 마음이 풀어야 할 다른 과제들보다 두뇌에 더 많은 하중을 거는지도 모를 일이다. 다른 과제들은 두뇌 능력이 좀 모자라도 어찌어찌 해결해 나가는데, 언어는 두뇌의 모든 시스템이 100% 완벽해야 가능하다는 것이다. 이 점을 해소하기 위해 우리는 이와는 정반대의 분열현상을 보이는 수다쟁이 백치, 즉 언어능력은 뛰어난데 인지능력이 부족한 사람들을 살펴볼 필요가 있다.

다음은 데니스라는 14세 소녀와 심리언어학자 고(故) 리처드 크로머 사이의 인터뷰를 크로머의 동료였던 지그리트 리프카가 녹취 · 분석한 것이다.

> 나는 카드를 펼치는 게 좋아요. 오늘 아침에는 우편물을 한 무더기 받았는데, 크리스마스카드는 한 장도 없었어요. 오늘 아침에는 은행통지서를 받았어요!
> [은행통지서? 좋은 소식이었으면 좋겠군.]
> 아뇨. 좋은 소식이 아니었어요.
> [나랑 똑같군.]
> 정말 싫어…. 우리 엄마는 병동에서 일해요. 엄마는 "다신 이런 통지서가 안 왔으면 좋겠어."라고 했어요. 내가 말했죠, "이틀 만에 두 번째예요." 그랬더니 엄마가 "내가 점심시간에 너 대신 은행에 갈까?" 하셨고, 나는 "아니에요, 이번에는 내가 직접 가서 설명할래요."라고 말했죠. 무슨 일 때문이냐 하면요, 내가 거래하는 은행은 한심해요. 그 사람들이 내 예금통장을 분실했대요. 나는 도저히 찾을 수가 없잖아요. 나는 티에스비 은행과 거래하는데, 은행을 바꿔야겠어요. 정말 한심하잖아요. 그 사람들은 자꾸만 분실해요….

[누군가 차를 가지고 들어왔다.] 야, 맛있지 않아요.

[음. 아주 맛있는데.]

그 사람들은 습관적으로 그래요. 분실해요. 내 통장을 한 달 새 두 번이나 분실했어요. 비명을 지르고 싶더군요. 어제는 엄마가 나 대신 은행에 갔어요. "네 통장을 또 잃어버렸다는구나," 하시더군요. "비명을 질러도 돼요?" 내가 물으니까 엄마가 "그러렴," 하시더군요. 그래서 나는 크게 소리를 질렀어요. 하지만 일을 그런 식으로 하다니 짜증나요. 티에스비는 수탁인들이…, 사실 거래하기에 좋은 곳은 아니에요. 절망적이에요.

나는 비디오테이프에서 데니스를 본 적이 있는데, 그녀는 수다스럽고 정교한 언어를 구사하는 대화자였다. 더욱이 그녀의 세련된 영국식 억양 때문에 미국인인 내 귀에는 더욱 그렇게 들렸다. 그녀가 그렇게 진지하게 이야기한 일들이 상상으로 꾸며낸 허구라는 사실은 참으로 놀랍다. 데니스는 은행계좌를 가지고 있지 않았다. 따라서 그 은행에서 우편통지서를 받을 일도 없었고 은행에서 그녀의 통장을 분실할 일도 없었다. 혹여 남자친구와의 공동 은행계좌에 대해 말하는 걸까? 그러나 그녀에게는 남자친구가 한 명도 없었다. 그리고 남자친구가 그녀 쪽 구좌에서 돈을 인출했다고 불평한 것으로 미루어볼 때 '공동계좌'에 대한 개념조차 아주 박약했던 것이 분명하다. 또 다른 대화에서 데니스는 언니의 결혼식, 데니라는 남자아이와 스코틀랜드에서 휴가를 보낸 일, 오랫동안 떨어져서 서먹서먹해진 아버지와 공항에서 행복하게 재회한 생생한 이야기로 듣는 이를 사로잡곤 했다. 그러나 데니스의 언니는 결혼하지 않았고, 스코틀랜드에 간 적이 없으며, 그녀의 아버지는 잠시도 떨어져 있었던 적이 없었다. 실은 데니스는 심한 지진아였다.

그녀는 읽기와 쓰기를 익히지 못했으며, 돈 관리는 물론 일상을 영위하는 데 필요한 일들을 무엇 하나 제대로 처리하지 못했다.

데니스는 척수를 보호하지 못하는 척추기형을 지닌 채 태어났다. 척추기형은 종종 두뇌강(큰 동공들)을 채우고 있는 뇌척수액의 압력이 증가하여 두뇌가 내부로부터 팽창하는 뇌수종이라는 병을 유발하곤 한다. 아직 정확한 이유는 모르지만 뇌수종을 앓고 있는 아이들은 데니스처럼 심한 지진아이면서도 언어능력에는 전혀 손상이 없는, 아니 실은 과도하게 발달하는 상태에 이르곤 한다(아마 부푼 동공들이 일상생활을 영위하는 데 필요한 지능을 담당하는 뇌세포와는 충돌하지만, 언어회로를 발달시키는 부분들은 손상시키지 않는 모양이다). 이러한 상태를 전문용어로 '칵테일파티 대화,' '수다쟁이증후군,' '재잘거림' 등으로 부른다.

사실 정신분열증 환자, 노인성 치매 환자, 일부 자폐아, 일부 실어증 환자와 같이 지능 손상을 안고 있는 사람들도 더러 유창하고 문법적인 언어를 펼치곤 한다. 최근에 대단히 흥미로운 증상이 소개된 적이 있다. 수다쟁이증후군을 보이는 샌디에이고에 사는 한 지진아 소녀의 부모가 과학 대중잡지에서 촘스키의 이론에 관한 기사를 읽고는 MIT로 촘스키를 찾아와 자신의 딸 이야기를 했다. 촘스키는 '쿠키 몬스터'나 '자바 인형'을 알지 못하는 이론가였으므로 그들에게 아이를 라 호야의 심리언어학자인 우르술라 벨루기에게 데려가 보라고 권했다.

동료들과 함께 분자생물학, 신경학, 전파학 분야를 연구하고 있던 벨루기는 그 아이(크리스털, 가명)와 그들이 관찰해 온 몇몇 사람들이 윌리엄스증후군이라는 드문 형태의 정신지체를 앓고 있다는 사실을 밝혀냈다. 이 증후군은 칼슘 조절에 관여하는 11번 염색체상의 한 불완전한 유전자와 관련 있는 것으로 보였으며, 이 유전자는 아직 밝혀지지 않은 이유로 성장기간 동안 두뇌와 두개골 그리고 신체 내부기관에 복잡한 방식으로 작용한다. 이 아이들은 특이한 외모를 갖고 있다. 키가 작고 마른 편이며, 좁은 얼굴과 넓은 이마, 납작한 콧등, 날카로운 턱, 홍채 안의 별 모양 반점, 두툼한 입술 등이 특징이다. 어떻게 보면 이들은 '요정의 얼굴을 한' 또는 '작은 요정인간이라 불리는' 믹 재거와 닮아 보인다. 그들은 아이큐가 50 정도로 정신발달이 심하게 지체되며, 신발 찾기, 길 찾기, 벽장에서 물건 찾기, 좌우 구별하기, 두 개의 숫자 더하기, 자전거 끌기, 낯선 사람을 끌어안는 자신의 자연적 성향 억제하기 등 일상적인 일에 극히 서투르다. 그런데 데니스처럼 이들도 유창한 달변가들이다. 다음은 크리스털이 18세 때 이야기한 것을 옮긴 것이다.

> 코끼리가 뭐냐면, 그건 동물이에요. 그리고 코끼리가 뭘 하냐면, 그건 정글에서 살아요. 그건 동물원에도 살아요. 그게 뭘 가졌냐면, 긴 회색 귀, 넓적한 귀인데, 바람에 펄럭이는 귀를 가졌어요. 그건 또 긴 코를 가지고 있어서 풀이나 건초를 집을 수 있어요. 만약 코끼리가 기분이 나쁘면 무서울 거예요…. 만약 코끼리가 미치면 마구 짓밟을지도 몰라요. 공격할 수도 있어요. 가끔 코끼리는 황소처럼 공격하기도 해요. 그들은 크고 긴 어금니를 가졌어요. 그래서 차를 부술 수도 있어요…. 위험할 수도 있어요. 코끼리가 위기에 몰리거나 기분이 나쁘면, 무서울 거예요. 사람들은 코끼리를 애완동물로 기르고 싶어하지 않아요. 고양이나 개나 새를 기르고 싶어해요.

> 이것은 초콜릿에 관한 이야기입니다. 옛날 옛적에 초콜릿 나라에 초콜릿 공주가 살았대요. 그녀는 아주 달콤한 공주였고, 초콜릿 왕

관을 쓰고 있었습니다. 그러던 어느 날 어떤 초콜릿 남자가 그녀를 보러 왔어요. 그 남자는 그녀에게 절을 하고 다음과 같이 말했습니다. "초콜릿 공주님. 저는 공주님을 위해 이곳에 왔습니다. 지금 초콜릿 나라는 무덥습니다. 그래서 공주님은 버터처럼 녹아서 땅으로 스며들지도 모릅니다. 하지만 만약 태양이 다른 색으로 바뀐다면 이 초콜릿 나라와 공주님은 녹지 않을 것입니다. 만약 태양이 다른 색으로 변한다면 공주님은 생명을 구할 수 있습니다. 하지만 태양이 다른 색으로 변하지 않는다면 공주님과 초콜릿 나라는 비운에 처할 것입니다."

이 실험검사에서 강한 인상을 주는 것은 문법적 능력이다. 아이들은 복문을 이해하고 비문법적인 문장을 바로잡는 데서 정상 수준을 보인다. 그리고 아주 매력적인 기벽을 보여주는데, 그들은 특이한 단어를 좋아한다. 정상아들에게 동물 이름을 대 보라고 하면 그들은 애완동물센터와 농장 안마당에서 흔히 볼 수 있는 동물들—개, 고양이, 말, 소, 돼지 따위—을 나열할 것이다. 윌리엄스증후군 아이들에게 물어보라. 그들은 유니콘, 익수룡(翼手龍), 야크, 아이벡스 염소, 물소, 바다사자, 검치호, 대머리수리, 코알라, 용, 그리고 고생물학자들에게나 흥미 있을 법한 '뇌룡왕' 따위를 나열한다. 11세의 한 아이는 우유 한 잔을 싱크대에 붓고는 이렇게 말했다. "저걸 배수시켜야 해요(I' ll have to evacuate it)." 또 다른 아이는 벨루기에게 그림 한 장을 건네면서 이렇게 말했다. "받으세요. 선생님을 기념하는 그림이에요(Here, Doc, this is in remembrance of you)."

키루파노, 래리, 하와이에서 태어난 파파야 농부, 메이옐라,

사이먼, 앤트 메이, 사라, 포드 씨, K가 사람들, 데니스 그리고 크리스털. 이들은 언어 사용자들에게로 우리를 이끄는 현장 안내자들이다. 그들은 인간이 사는 곳이면 어디에서나 복잡한 문법이 펼쳐진다는 사실을 보여준다. 우리는 석기시대를 떠나지 않았어도 된다. 중간계층에 속할 필요도 없다. 학교에서 좋은 성적을 거둘 필요가 없다. 심지어 학교에 갈 만큼 자랄 필요도 없다. 부모의 언어 세례를 받을 필요도 없고, 부모가 언어를 제대로 구사하지 못해도 된다. 사회구성원이 되기 위한 지적 수단이나, 집과 가정을 꾸려나가는 기술이나, 확고한 현실 이해능력도 필요 없다. 사실 이 모든 이점들을 다 가졌다 해도 유전자나 두뇌 일부에 결함이 있으면 우리는 유능한 언어 사용자가 되지 못한다.

III

정신어

MENTALESE

1984년은 지나갔다. 이제 조지 오웰이 1949년에 쓴 소설 《1984년》은 전체주의의 악몽이라는 함의를 잃고 있다. 그러나 안심하기에는 아직 이르다. 오웰은 《1984년》의 부록에서 한층 더 불길한 날을 언급했다. 1984년에 이교도 윈스턴 스미스는 감금, 좌천, 약물과 고문으로 개종하지 않을 수 없었다. 그러나 2050년에 이르면 더 이상의 윈스턴 스미스는 존재하지 않을 것이다. 그때가 되면 사고 통제를 위한 궁극적인 테크놀로지가 자리를 잡을 테니까. 그것이 바로 뉴스피크어다.

> 뉴스피크어의 목적은 잉속(Ingsoc, 영국 사회주의) 신봉자들에게 적절한 세계관과 마음의 습관을 위한 표현수단을 제공하는 동시에 그 밖의 일체의 사고방식을 불가능하게 만드는 것이었다. 적어도 사고가 언어에 종속되어 있는 한, 일단 그리고 영구히 뉴스피크어가 채택되어 올드스피크어가 잊혀지게 되면 이단적 사고, 즉 잉속의 원칙에서 벗어난 사고는 말 그대로 생각할 수조차 없게 되리라는 것이 그 의도였다. 뉴스피크어의 어휘는 당원이라면 마땅히 표현하고자 하는 모든 의미를 정확하게, 때로는 아주 미묘하게 표현

할 수 있도록 구성되었으며, 반면에 여타의 모든 의미들이나 간접적인 표현방식의 가능성은 배제됐다. 이는 부분적으로 새로운 단어들을 고안함으로써, 그러나 주로는 바람직하지 않은 단어들을 제거하고, 그러한 단어들에서 비정통적인 의미를 벗겨내고, 그리하여 가급적 일체의 이차적 의미를 배제함으로써 이루어졌다. 간단한 예를 들어보자. free라는 단어는 뉴스피크어에도 여전히 남아있으나, This dog is free from lice(이 개는 이가 없다). 또는 This field is free from weeds(이 밭에는 잡초가 없다).와 같은 진술에서만 사용될 수 있다. 정치적 · 지적 자유는 개념으로조차 존재하지 않고 따라서 당연히 명명될 수도 없으므로, 이 단어는 politically free나 intellectually free라는 옛 의미로는 사용될 수 없다.
…서양장기에 대해 한번도 들어 보지 못한 사람이 '퀸'과 '루크'의 이차적 의미를 모르듯이, 뉴스피크어를 유일한 언어로 사용하면서 성장한 사람은 equal이라는 단어가 한때 politically equal이라는 이차적 의미를 가졌다거나, free라는 단어가 한때 intellectually free라는 의미로 쓰였다는 사실을 알 턱이 없다. 수많은 범죄와 오류들이 지칭할 이름이 없고, 그래서 상상할 수 없다는 이유만으로 범할 수 없게 될 것이다.

그러나 인간의 자유에는 한 가닥 희망이 존재한다. '적어도 사고가 언어에 종속되어 있는 한'이라는 오웰의 단서 조항이 그것이다. 그의 모호한 표현에 주목해 보자. 첫째 단락의 끝에서 그는 어떤 개념이 상상할 수 없기 때문에 이름이 없다고 했다. 그러나 둘째 단락 끝에서는 어떤 개념이 이름이 없기 때문에 상상할 수 없다고 했다. 과연 사고가 말에 종속되는가? 사람들은 말 그대로 영어로, 체로키어로, 키분조어로, 아니면 2050년에 이르면 뉴스피크어로 생각하는 걸까? 아니면 우리의 생각은 두뇌의 모종의 소리 없는 매체, 즉 생각의 언어 혹은 정신어로 이루어지고, 우리가 그 생각을 청자에게 전달할 필요가 있을 때 단어의 외피를 걸치는 걸까? 언어본능을 이해하는 데 이보다 더 핵심적인 질문은 없을 것이다.

많은 사회적 · 정치적 담화에서 사람들은 말이 사고를 결정한다고 쉽게 가정한다. 오웰의 에세이 〈정치와 영어〉에서 영감을 얻은 소위 전문가들은 정부가 평화공작(폭격), 세수확대(증세), 비고용(해고) 같은 완곡어법을 사용하여 우리의 사고를 조작한다고 비난한다. 철학자들은 동물에게는 언어가 없으므로 의식도 없고, — 비트겐슈타인은 "개는 '아마 내일 비가 올 거야.' 라는 생각을 가질 수 없다."고 썼다 — 따라서 의식 있는 존재가 될 권리가 없다고 주장한다. 또한 일부 여권 운동가들은 가령 인간을 총칭하는 데 he를 사용하는 것처럼 성차별주의자들이 성차별적 언어에 입각해 사고한다고 비난한다. 당연히 개혁운동이 일어났다. 몇 년에 걸쳐 he의 대안으로 E, hesh, po, tey, co, jhe, ve, xe, he' er, thon, na 등 수많은 새로운 단어들이 제시되었다. 이런 운동 가운데 가장 극단적인 것으로는 1933년에 공학자 앨프레드 코집스키 백작에 의해 시작되고 그의 제자였던 스튜어트 체이스와 하야카와(후에 반대를 묵살하는 대학총장이자 졸기만 하는 미국 상원의원이라는 별명이 붙은 바로 그 하야카와다)에 의해 일약 장기 베스트셀러로 인기를 끈 '일반의미론' 을 꼽을 수 있다. 일반의미론은 인간의 어리석음의 이유를 언어구조가 인간의 사고에 저지른 교활한 '의미 손상' 탓으로 돌린다. 이 이론에 따르면 십대에 저지른 도둑질을 이유로 이제 마흔이 된 사람을 구속하는 것은 40세의 존과 18세의 존을 '동일인' 으로 가정하고 있기 때문인데, 만약 이들을 '존' 이라 통칭하지 않고 각각 '존1972'와 '존1994'로 지칭한다면 이런 황당한 오류를 피할 수 있다고 한다. 또한 be 동사는 Mary is a woman에서처럼 개인을 추상적인 개념과 동일시하고, 로널드 레이건의 유명한 발뺌인 Mistakes were made에서처럼 책임회피를 가능하게 하므로 비논리성의 한 근원이라고 한다. 한 분파에서는 아예 be 동사를 없애 버리자고 주장하기까지 한다.

그리고 어쩌면 저 유명한 사피어-워프의 언어결정론이나 그보다 조금 완화된 형태인 언어상대성 같은 가정들에도 일말의 과학적 근거가 있을지도 모른다. 언어결정론자들은 인간의 사고가 그들의 언어에 의해 사용 가능해진 범주들에 의해 그 형태가 결정된다고 주장하며, 언어상대론자들은 언어의 차이가 화자들의 생각의 차이를 유발한다고 주장한다. 대학시절 배운 것들을 죄다 잊어 먹은 사람들이 의사 사실(擬似事實)을 떠들어댄다. 지역마다 광스펙트럼을 분할하는 방법이 다르고, 그로 인해 언어마다 색깔 이름이 다르다는 점, 근본적으로 다른 호피족의 시간 개념, 눈(雪)을 표현하는 수십 개의 어휘를 가진 에스키모의 언어 따위가 그것들이다. 여기에 내포된 의미는 묵직하다. 그것은 실재의 근본적 범주는 이 세계 '안'에 존재하는 것이 아니라 문화에 의해 부여된다는 것이다(이것이 바로 끊임없이 관심을 사로잡을 수 있었던 이유, 이 가설이 학부생들의 감수성에 오랫동안 어필할 수 있었던 이유가 아닌가 싶다).

그러나 이것은 틀렸다. 완전히 틀렸다. 사고가 언어와 동일한 것이라는 개념은 '관습적 부조리'라고 부를 수 있는 것의 한 예다. 모든 상식과 대립하지만 어디선가 희미하게나마 들어 본 기억이 있고, 또 그 속에 어떤 묵직한 의미가 내포되어 있어서 누구나 믿고 있는 것. 그것이 관습적 부조리다(우리가 두뇌의 5%만을 사용한다는 '사실,' 나그네쥐들이 집단 자살한다는 '사실,' 해마다 가장 많이 팔리는 책은 보이스카우트 편람이라는 '사실,' 우리가 잠재의식에 호소하는 광고의 영향을 받아 자기도 모르게 물건을 구입한다는 '사실' 등이 그 예들이다). 생각해 보라. 우리는 누구나 어떤 문장을 말하거나 쓰다가 문득 그것이 정확히 우리가 말하고자 한 바가 아니라는 사실을 깨닫게 되는 경험이 있다. 그런 느낌이 있기 위해서는 우리가 말한 것과는 다른 '말하고자 했던 바'가 있어야 한다. 가끔 생각을 전달할 적절한 단어를 찾기 어려울 때가 있다. 무엇인가를 듣거나 읽을 때 우리는 보통 정확한 단어가 아니라 그 골자를 기억한다. 그러기 위해서는 한 무더기의 단어들과 동일하지 않은 어떤 골자가 있어야 한다. 그리고 사고가 단어들에 의존한다면 어떻게 새로운 단어가 만들어질 수 있겠는가? 어떻게 어린아이가 최초의 단어를 학습할 수 있겠는가? 어떻게 한 언어를 다른 언어로 번역할 수 있겠는가?

언어가 사고를 결정한다고 가정하는 논의들은 불신의 집단적 유보를 통해서만 가능하다. 버트런드 러셀이 말했듯이, 개는 그의 부모가 가난하지만 정직했노라고 말할 수 없을 것이다. 그러나 이것만 가지고 그 개가 '의식이 없다'고 결론지을 수 있겠는가? (완전히 뻗었는가? 멍청이 좀비인가?) 일전에 한 대학원생이 재미있는 역순의 논리를 이용해 나와 토론한 적이 있다. 그는 언어가 사고에 영향을 미치는 것이 틀림없다, 그 이유는 만일 그렇지 않다면 성차별적인 언어사용법과 싸워야 할 아무런 이유가 없기 때문이다, 하고 주장했다(명백히 그런 언어사용이 불쾌하다는 사실은 싸움의 충분한 이유가 못 된다). 정부의 완곡어법이 경멸스러운 까닭은 그것이 사고통제의 한 형태이기 때문이 아니라 거짓말의 한 형태이기 때문이다(오웰은 자신의 뛰어난 수필에서 이 점을 분명히 밝혔다). 예를 들어 '세수확대'는 '증세'보다 훨씬 넓은 의미를 지녔고, 따라서 청자들은 정치가가 '증세'를 의도했다면 '증세'라고 말했을 것이라고 생각한다. 그러나 한 가지 완곡어법을 꼬집어서 이야기할 때는 사람들은 대개 그 속뜻을 어렵지 않게 간파한다. 그 정도로 깊이 세뇌되지는 않았기 때문이다. 미국영어교사협의회는 매년 넓은 지역에 배포된 인쇄물들에 등장한 정부의 중의적 표현들을 풍자하고 있다. 완곡어법은 코미디 형태로 인기를 끌기도 하는데, 《몬티 파이돈의 공중곡예》에서 애완동물센터의 분개한 고객이 이렇게 말한다.

> 이 앵무새는 더 이상 없어요. 존재하기를 중단한 겁니다. 그의 생은 만료되어 조물주를 만나러 갔지요. 이것은 고(故) 앵무새예요. 하나의 물체입니다. 생명을 빼앗겨서 평화롭게 쉬고 있어요. 새가 발톱으로 횃대를 붙잡을 수 없다면 데이지꽃 아래 묻혀야겠지요. 이제 막이 내렸습니다. 그는 눈에 보이지 않는 새들의 성가대에 합류했습니다. 이것은 전(前) 앵무새지요.

이 장에서 살펴보겠지만 언어가 사고방식을 극적으로 조형한다는 어떤 과학적 증거도 없다. 그러나 나는 이것을 증명하려 했던 시도들의 의도하지 않은 코미디 같은 역사를 좀더 자세히 들여다보고자 한다. 과학자들이 사고가 어떻게 작동하는지, 혹은 그것을 어떤 방식으로 연구해야 할지 잘 몰랐던 시절에는 언어가 사고를 조형한다는 생각이 그럴싸해 보였다. 현재는 인지과학자들이 사고에 대해 어떻게 생각해야 할지를 알고 있으므로, 단지 단어가 사고보다 파악하기 쉽다는 이유만으로 사고를 언어와 동일시하고자 하는 유혹은 많이 줄어들었다. 언어결정론이 잘못된 이유를 정확히 이해할 수 있다면 우리는 다음 장에서 만나게 될 언어 자체가 작동하는 방법을 이해하기 위한 좀더 유리한 위치를 차지할 수 있게 될 것이다.

언어결정론은 에드워드 사피어와 벤자민 리 워프라는 이름과 밀접한 연관이 있는 가설이다. 뛰어난 언어학자인 사피어는 인류학자인 프란츠 보아스의 제자였다. 보아스와 그의 제자들(여기에는 루스 베네딕트와 마가렛 미드도 포함된다)은 당대의 석학들로서 산업화되지 않은 민족이 원시적인 미개인은 아니며, 그들도 그 세계에서는 우리와 똑같이 복잡하고 유용한 언어체계와 지식, 문화를 가진 존재들이라고 주장했다. 토착 아메리카어들을 연구하면서 사피어는 서로 다른 언어를 사용하는 화자들은 단어를 조합해 문법적인 문장을 만들 때 현실의 서로 다른 측면에 주의를 기울인다고 주장했다. 예를 들어, 영어 화자는 동사의 끝에 –ed를 붙여야 할지를 결정할 때 자신이 말하고 있는 사건의 발생과 그것을 말하는 순간의 상대적 시간, 즉 시제를 고려해야 한다. 반면에 윈투어 화자들은 굳이 시제로 고생할 필요는 없지만, 동사에 어떤 접미사를 붙일 것인지 결정해야 할 경우에 전달하고 있는 지식이 직접적인 관찰을 통해 알게 된 것인지 풍문에 의한 것인지에 주의를 기울여야 한다.

사피어의 흥미로운 관찰은 곧 무섭게 확대되기 시작했다. 워프는 하트포드화재보험회사의 조사관이자 토착 아메리카어를 연구하는 아마추어 학자로서 예일대학교에서 사피어의 강좌를 들었다. 자주 인용되는 한 구절에서 그는 이렇게 말했다.

> 우리는 모국어가 그어 놓은 선을 따라 자연을 해부한다. 우리는 현상세계에서 분리해 낸 범주와 유형들을 현상세계에서 발견하지 못하는데, 그 까닭은 모든 관찰자들에게 그것들이 너무나 자명하기

때문이다. 거꾸로 세계는 우리의 마음—주로 우리 마음속에 있는 언어체계—에 의해 조직되어야 하는 인상들의 만화경으로 제시된다. 우리는 늘 자연을 쪼개고, 개념으로 조직하고, 의미를 부여한다. 그 주된 까닭은 우리가 자연을 이런 방식으로 조직하자는 협정서에 서명했기 때문이다. 물론 이 협정서는 묵시적이고, 명문화되지 않은 협정서다. 그러나 그 조항들은 절대적인 강제력을 가지고 있다. 우리는 이 협정서가 정한 데이터의 조직 및 분류 방법에 의하지 않고는 아예 입도 벙긋 할 수 없다.

무엇이 워프를 이런 급진적 입장으로 이끌었을까? 그는 처음 이러한 생각이 떠오른 것은 화재예방 기술자로 일하던 시절에 언어가 어떻게 노동자들을 위험한 상황을 오판하도록 이끄는가를 깨닫고 충격을 받았을 때였다고 썼다. 예를 들어 한 노동자는 '빈' 드럼통에 담배꽁초를 던졌다가 심각한 폭발을 일으켰다. 그 드럼통은 실은 휘발유 가스로 가득 차 있었다. 또 한 노동자는 '물웅덩이' 가까이에서 토치램프를 켰다가 폭발사고를 일으켰는데, 그것은 '물'과는 아무 상관없는 피혁공장의 폐화학물질을 모아 놓은 웅덩이로 인화성 가스를 내뿜고 있었다. 토착 아메리카어를 연구하면서 워프는 더 강한 확신을 갖게 되었다. 예를 들어 It is a dripping spring(그것은 물이 똑똑 떨어지는 샘이다)은 아파치어로는 As water, or springs, whiteness moves downward(물 혹은 샘으로, 흰 것이 아래로 이동한다)로 표현되어야 한다. 그는 "우리의 사고방식과 얼마나 다른가!"라고 적었다.

그러나 워프의 주장을 면밀히 검토하면 할수록 점점 이해가 안 된다. 빈 드럼통의 경우를 살펴보자. 재앙의 씨앗은 필경 '빈(empty)'의 의미론에 있을 터. 워프의 주장에 따르면 empty는 '평소의 내용물이 없는' 및 '무효인, 공허한, 비활성의'를 모두 의미한다. 이 불운한 노동자는 자신의 언어적 범주에 의해 형성된 실재 관념을 가지고 있었고, 그래서 '비워진'과 '비활성의'를 구분하지 못했고, 그래서 핑—, 꽝! 그런데 잠깐! 휘발유 가스는 눈에 보이지 않는다. 가스로 가득 차 있는 드럼은 아무것도 없는 드럼과 똑같아 보인다. 단연코 이 불운한 남자를 속인 것은 자신의 눈이었지 영어가 아니었다.

'아래로 이동하는 흰 것(whiteness moving downward)'은 아파치족의 마음이 사건들을 별개의 사물들과 행동들로 분할하지 않는다는 것을 보여준다고 한다. 워프는 토착 아메리카어에서 이런 예들을 많이 제시했다. The boat is grounded on the beach(배가 해변에 좌초되었다)에 해당하는 아파치족의 표현은 It is on the beach pointwise as an event of canoe motion(배가 카누 이동의 사건으로서 해변의 점 같은 것 위에 있다), He invites people to a feast(그는 사람들을 잔치에 초대한다)는 He, or somebody, goes for eaters of cooked food(그 혹은 누가 요리된 음식 먹을 사람들을 부른다)이다. He cleans a gun with a ramrod(그는 꽂을대로 총을 닦는다)는 He directs a hollow moving dry spot by movement of tool(그는 도구의 움직임에 의해 구멍을 마른 곳으로 이동하게 시킨다)로 해석된다. 이 모든 것들은 분명 우리가 말하는 방식과 판이하다. 그러나 우리의 사고방식과 완전히 판이하다고 장담할 수 있을까?

워프의 논문들이 발표된 직후, 심리언어학자 에릭 레니버그와 로저 브라운은 그의 주장에서 두 가지 문제점을 지적했다. 첫째, 워프는 실제로 어떤 아파치족 집단도 연구하지 않았다. 그가 한 명이라도 아파치족을 만난 적이 있는지조차 분명하지 않다. 아파치족의 심리에 대한 그의 단언들은 전적으로 아파치어의 문법에 근거한 것이다. 때문에 그의 주장은 순환논리에 빠진다. 아파치족은 다르게 말한다. 그러니 그들은 다르게 생각하는 것이 틀림없다. 그들이 다르게 생각한다는 것을 어떻게 알 수 있는가? 그들이 말하는 방식을 들어 보라!

둘째, 워프는 문장들을 어색하기 짝이 없는 단어 대 단어 방식으로 번역했다. 이것은 글자의 의미가 가급적 괴상하게 보이도록 만든다. 그러나 워프가 제시해 놓은 억지 해석을 보고서 나는 문법적 정당성을 똑같이 유지하면서 첫 번째 문장을 Clear stuff—water—is falling(맑은 물질—물—이 떨어지고 있다.)라는 보통의 문장으로 바꿀 수 있었다. 이런 식이라면 입장을 바꾸어서 He walks라는 영어 문장을 As solitary masculinity, leggedness proceeds(혼자인 남성인 것, 다리 달린 것이 진행한다.)로 바꿀 수도 있다. 브라운은 마크 트웨인이 비엔나 프레스클럽에서 행한 완벽한 독일어 연설을 자신이 직접 영어로 옮긴 글을 그대로 실음으로써 워프의 논리에 따를 경우 독일인의 마음이 얼마나 이상해지는지를 보여 주었다.

I am indeed the truest friend of the German language—and not only now, but from long since—yes, before twenty years already…. I would only some changes effect. I would only the language method—the luxurious, elaborate construction compress, the eternal parenthesis suppress, do away with, annihilate ; the introduction of more than thirteen subjects in one sentence forbid ; the verb so far to the front pull that one it without a telescope discover can. With one word, my gentlemen, I would your beloved language simplify so that,

my gentlemen, when you her for prayer need, One her yonder-up understands.
…I might gladly the separable verb also a little bit reform. I might none do let what Schiller did:he has the whole history of the Thirty Years'…War between the two members of a separate verb inpushed. That has even Germany itself aroused, and one has Schiller the permission refused the History of the Hundred Years' War to compose—God be it thanked! After all these reforms established be will, will the German language the noblest and the prettiest on the world be.

나는 정말 독일어의 진정한 친구입니다(지금만 그런 것이 아니라 오래 전부터였습니다). 네, 벌써 20년 전부터였습니다……. 나는 단지 그 언어의 방법, 즉 사치스럽고 정교한 구문이 축소되었으면, 그리고 한 문장에 13개 이상의 주어가 등장하는 것이 금지되었으면, 아주 멀리 있는 동사를 앞으로 끌어와 망원경 없이도 발견할 수 있었으면 할 뿐입니다. 신사 여러분, 한마디로 말해 나는 여러분의 사랑하는 언어를 단순화시켜, 당신들이 그 언어로 기도할 필요가 있을 때 하느님이 이해했으면 합니다.
…(중략)… 나는 또한 분리동사를 개혁한다면 기쁘겠습니다. 나는 누구도 실러가 했던 일을 하지 않았으면 합니다. 그는 분리동사의 두 구성원 사이에 30년 전쟁의 역사를 끼워 넣었습니다. 그로 인해 독일 전체가 들끓었었고, 누군가가 실러가 백년 전쟁을 끼워 넣지 못하도록 막았습니다. 하느님, 감사합니다! 이 모든 개혁들이 완성되고 나면 독일어는 지상에서 가장 고상하고 아름다운 언어가 될

것입니다.

워프가 말한 '인상들의 만화경' 가운데 단연 눈길을 끄는 것은 색깔이다. 그에 따르면 우리는 사물이 반사하는 빛의 파장에 따라 각기 다른 색깔을 띤 사물을 보지만, 물리학자들에게 파장은 빨간색, 노란색, 녹색, 청색을 드러내는 아무것도 없는 연속적인 차원일 뿐이다. 각 언어마다 색깔 어휘 목록이 다르다. 라틴어에는 회색과 갈색이 없고, 나바호어에서는 녹색과 청색을 한 단어로 묶어 버린다. 러시아어에서는 짙은 청색과 옅은 청색을 표현하는 단어가 별도로 존재하고, 쇼나어에는 노랑에 가까운 초록과 초록에 가까운 노랑을 의미하는 단어는 물론이고 청색에 가까운 초록과 자줏빛이 섞이지 않은 청색을 뜻하는 단어가 별도로 있다. 이런 예는 무수히 많다. 스펙트럼에 금을 긋는 것은 언어다. 줄리어스 시저는 회색과 갈색을 구분하지 못했을 것이다.

그러나 물리학자들은 색깔에 경계를 지을 근거를 찾아내지 못할지언정 생리학자들은 찾아낸다. 눈이 파장을 감지하는 방식은 온도계가 온도를 기록하는 방식과 다르다. 눈에는 각기 다른 색조를 가진 세 가지 종류의 원추체가 있는데, 이 원추체들은 녹색 바탕에 빨간색 점이나 그 반대, 청색 대 노란색, 검정색 대 흰색에 가장 잘 반응할 수 있도록 신경세포에 연결되어 있다. 언어가 아무리 막강한 영향력을 가지고 있다고 하더라도 언어가 망막에까지 손을 뻗쳐 신경절세포를 재배선한다는 것은 생리학자들로서는 황당할 뿐이다.

사실 전 세계 인간들(이 점에서는 아기와 원숭이도 마찬가지다)은 동일한 팔레트로 자신이 지각한 세계를 색칠하며, 이것이 그들의 어휘 발달을 제약한다. 언어들은 64개들이 크레용 상자의 포장지에 대해서는 의견이 갈릴지도 모르지만(고동색으로 할지, 청록색으로 할지, 진홍색으로 할지), 8개들이 크레용 상자의 포장지에 대해서는 훨씬 쉽게 의견일치를 볼 것이다(기껏해야 소방차의 빨간색, 풀빛의 초록색, 레몬의 노란색 가운데서 택일하면 될 테니까). 자신들의 언어가 일반적인 스펙트럼의 범위 안에서 그에 해당하는 색깔 어휘를 갖고 있는 한, 상이한 언어의 화자들은 만장일치로 이 정도 색조들을 자신들의 색깔 어휘의 대표적 예로 꼽을 것이다. 그리고 언어에 따라 색깔 어휘가 다른 경우에도 그 단어를 만든 이의 괴상한 취향에 따라서가 아니라 예상할 수 있게 다르다. 언어는 기본적인 색깔에 색을 첨가하여 더 멋진 색깔을 만들어 내는 크레욜라사(미국의 유명한 그림물감 제조회사)의 생산라인과 다소 비슷한 방식으로 조직된다. 만약 어떤 언어에 두 개의 색깔 어휘만 있다면 그것은 검정색과 흰색(일반적으로 어둠과 밝음을 뜻함)이다. 만약 세 개의 색깔 어휘가 있다면 그것은 검정색, 흰색, 빨간색이다. 만약 네 개라면 검정색, 흰색, 빨간색에 노란색이나 녹색 중 하나가 추가된다. 만약 다섯 개라면 녹색과 노란색이 모두 포함된다. 만약 여섯 개라면 청색이 추가되고, 일곱 개라면 갈색, 여덟 개 이상이면 보라색, 분홍색, 주황색 또는 회색이 추가된다. 그러나 이 결정적인 실험은 뉴기니 고지대의 그랜드밸리에 사는 다니족을 대상으로 수행되었다. 이 종족은 검정색과 흰색의 두 개의 색깔 어휘밖에 가지고 있지 않은 언어를 사용했다. 심리학자 일리노어 로쉬는 다니족이 새로운 색깔 범주를 학습할 때, 옅은 빨간색에 기초한 범주보다 소방차의 짙은 빨간색에 기초한 색깔 범주를 더 빨리 익힌다는 것을 깨달았다. 우리가 색깔을 보는 방식이 우리가 그 색깔을 표현하는 단어를 익히는 방식을 결정하는 것이지 그 반대가 아니다.

근본적으로 다른 호피족의 시간 개념은 인간의 마음이 얼마나 다른가를 보여주는 더 충격적인 증거다. 워프는 호피어에 "우리가 '시간' 이라고 부르는 것, 과거 · 미래 · 영속 · 계속 등을 직접 지칭하는 어떤 단어 · 문법 형식 · 구문 · 표현도 없다."라고 썼다. 또한 그는 "호피어에는 그 안에서 우주의 모든 것들이 똑같은 속도로 과거에서 현재를 거쳐 미래로 나아가는 밋밋한 연속적 흐름으로서의 시간에 대한 통념 혹은 직관이 없다."라고 주장했다. 워프에 따르면 그들은 사건을 시점이나, 며칠 같은 셀 수 있는 기간이 있는 것으로 개념화하지 않았다. 오히려 그들은 변화와 과정, 현재 알려져 있는 것과 신화적인 것과 멀다고 추정되는 것 사이의 심리적 구분에 집중하는 듯이 보였다. 그리고 호피어는 "정확한 순서, 날짜, 달력, 연대기"에 거의 관심이 없었다.

만약 그렇다면 호피어를 번역한 다음 문장은 어떻게 된 건가?

> 과연 다음날 아침 일찍, 사람들이 태양에 기도를 드리는 시간에, 그 시간쯤 그는 소녀를 다시 깨웠다.

사실 호피족은 워프의 억지만큼 그렇게 시간에 무디지 않다. 위의 문장을 보고한 인류학자 에케하르트 말로트키는 호피족에 대한 광범한 연구에서 호피어에 시제, 시간에 대한 비유, 시간단위(날짜, 날짜 수, 하루의 부분들, 어제와 내일, 한 주일의 날들, 주, 월, 달의 변화, 계절, 연도 등), 시간단위들을 수량화하는 방법들, 오래된, 빠른, 오랜 시간, 시간 종료 같은 단어들이 있다는 것을 보여주었다. 그들의 문화는 날짜를 헤아리는 정교한 방법뿐 아니라, 수평선에 근거한 태양력, 정확한 기념일의 순서, 매듭을 이용한 끈 달력, 눈금이 있는 막대 달력, 해시계의 원리를 이용한 여러 가지 시간 측정 장치 등을 가지고 있다. 어떻게 워프가 그처럼 터무니없는 주장을 하게 되었는지 누구도 진상을 확신할 수는 없지만, 그의 제한적이고 잘못 분석된 호피어 사례들과 신비주의에 대한 그의 오랜 경도가 더해진 탓임에 틀림없을 것이다.

인류학적 유언비어와 관련하여 아마 언어와 사고에 대한 어떤 논란도 에스키모 어휘 날조 사건을 빼놓을 수 없을 것이다. 흔히 알고 있는 것과는 달리 에스키모인들은 눈에 대해 영어 화자들보다 더 많은 어휘를 가지고 있지 않다. 그들은 어떤 출판물에서 주장하듯이 눈에 관해 400개의 어휘는커녕 200개, 100개, 49개, 아니 실은 9개의 어휘도 가지고 있지 않다. 한 사전에 따르면 단 2개다. 후하게 쳐서 전문가들은 약 10개 정도라고 하지만, 이 기준에 따르면 영어도 별로 뒤지지 않는다. snow, sleet, slush, blizzard, avalanche, hail, hardpack, powder, flurry, dusting에다 보스턴의 WBZ-TV 기상학자인 브루스 슈뵈글러가 만든 신조어 snizzling이 있다.

이 같은 오해는 어디서 온 걸까? 아마도 시베리아에서 그린란드에 이르기까지 퍼져 있는 포합어(抱合語) 계열의 유피크 및 이누이트-이누피아크어족을 실제로 연구한 사람에게서 나오지는 않았을 것이다. 인류학자 로라 마틴은 한 다리 건널 때마다 부풀려지는 도시의 전설처럼 어떻게 이 이야기가 부풀려졌는지 기록하고 있다. 1911년 보아스는 별 생각 없이 에스키모인들은 눈에 대해 서로 무관한 네 가지 어근을 사용한다고 말했다. 워프는 그 수를 7개로 불렸고, 더 많을 수도 있다고 암시했다. 그의 글은 여러 곳에 실렸고, 마침내 언어학 관련 교과서와 대중서적들에까지 인용되었다. 이를 계기로 다른 교과서, 글, '깜짝 지식' 유의 신문칼럼 등을 거치며 이 수치는 계속 부풀려졌다.

〈에스키모 어휘 날조〉라는 에세이에서 마틴의 글을 널리 소개한 언어학자 제프리 풀럼은 이 이야기가 그토록 통제 불능으로 부풀려진 이유를 다음과 같이 추정했다. "이른바 에스키모인의 어휘 낭비는 그들이 사용하는 포합어 같은 여러 가지 낯선 성벽들(서로 코 비비며 인사하기, 이방인에게 아내 빌려주기, 날 바다표범고기 먹기, 북극곰에게 잡아먹히도록 할머니 바깥에 내치기 따위)과 잘 어울려 보였다." 그것은 아이러니한 왜곡이다. 언어상대론은 보아스학파가 문자가 없는 문화도 유럽문화만큼 복잡하고 정교하다는 사실을 보여주기 위해 벌인 캠페인의 산물이었다. 그런데 식견을 넓혀 주는 듯한 이러한 일화들이 인기를 끈 것은 다른 문화의 심리현상들을 자국의 그것들에 비해 기묘하고 이국적인 것으로 취급하는 온정적 우월주의에 호소한 덕분이었다. 풀럼은 이렇게 지적한다.

> 잘못된 주장이 경솔하게 확산되고 정교해진 이 사건과 관련하여 우리를 우울하게 만드는 것들 가운데 하나는 설령 어떤 북극권 언어에 눈의 형태에 따른 수많은 어근이 있다고 하더라도 객관적으로 이것이 지적으로 흥미를 끌 하등의 이유가 없다는 점이다. 그것은 너무나 평범하고 특기할 것이 전혀 없는 사실일 뿐이다. 종마 사육자는 말의 혈통, 크기, 나이 등에 관해 다양한 명칭을 알고 있고, 식물학자는 잎의 형태에 대해 많은 명칭을 알고 있고, 실내인테리어 업자들은 다양한 색조의 아닐린 염료를 알고 있고, 편집자들은 칼슨, 개라몬드, 헬베티카, 타임스로만 등등 수많은 글자 폰트의 명칭을 알고 있다. 너무나 당연한 일이다. … 누가 편집자에 관해 우리가 엉터리 언어학 교과서에서 보게 되는 에스키모들에 관한 쓰레기 같은 글들을 쓸 생각을 하겠는가? 닥치는 대로 [다음] 교과서를 한 권 집어서 펼쳐 보라. … 자못 진지한 주장이 실려 있다. "에스키모 문화에서 눈은 대단히 큰 의미를 가지고 있는 것이 분명하

며, … 때문에 영어에서 하나의 어휘와 하나의 사고에 해당하는 개념 영역이 별도의 여러 분류군으로 갈라진다….” 다음과 같은 글을 읽는다고 상상해 보라. “편집자들의 문화에서 글자 폰트는 대단히 큰 의미를 가지고 있는 것이 분명하며, … 때문에 편집자가 아닌 사람들에게는 하나의 어휘와 하나의 사고에 해당하는 개념 영역들이 여러 개의 별도의 분류군으로 갈라진다….” 설령 사실일지라도 너무나 지루하다. 이 진부한 이야기를 뭔가 생각의 재료로 우리 앞에 제시될 수 있도록 만들어 주는 것은 전설로 미화된 난교에 관한 이야기나 물개 고기를 날로 먹는 설원의 사냥꾼 이야기와의 결합뿐이다.

인류학적 일화들이 허풍이라면 실험 연구는 어떨까? 심리학 실험실에서 이루어진 35년간의 연구는 밝혀낸 것이 너무 없어서 되레 눈길을 끈다. 대부분의 실험들은 언어가 기억 혹은 분류에 영향을 미친다는, 워프 가설의 그저 그런 ‘약화된’ 변종들을 테스트해 왔다. 몇몇 실험들이 실제로 유효한 결과를 내기도 했지만 별로 놀라울 것은 없었다. 전형적인 실험에서 실험자들은 먼저 피실험자에게 색깔 표본들을 기억하게 한 다음, 순서에 따라 몇 가지 선택을 하도록 한다. 이때 피실험자는 자신의 언어에 이미 이름이 존재하는 색깔을 약간 더 잘 기억한다. 그러나 이름이 없는 색깔도 아주 잘 기억하며, 따라서 이 실험은 색깔이 언어적 명칭에 의해서만 기억된다는 사실을 증명하지 못한다. 이 실험이 보여주는 것은 피실험자가 비언어적인 시각적 이미지와 언어적 명칭의 두 가지 형태로 색깔 표본을 기억한다는 사실뿐이다. 이것은 아마 한 가지만으로는 틀릴 수 있으므로 두 종류의 기억이 한 가지보다 낫기 때문일 것이다. 또 다른 유형의 실험에서는 피실험자들에게 세 가지 색깔 표본을 보여주고 그 가운데 두 가지를 묶어 보라고 한다. 피실험자들은 종종 자신이 사용하는 언어에서 동일한 이름을 가진 두 가지 색깔을 묶는다. 이것 역시 하나도 놀랍지 않다. 나는 피실험자의 생각을 상상할 수 있다. "도대체 이 사람은 내가 어떤 방식으로 두 가지 색깔을 묶을 것으로 예상하는 걸까? 아무 힌트도 없고, 다 얼추 비슷한데 말이다. 그래, 저 두 개는 '초록색'이라고 할 수 있겠다. 나머지는 '파란색'으로 보면 되고. 그러니까 저 두 개를 하나로 묶는 것이 적당하겠지." 기술적으로 말하자면, 이 실험에서 언어는 모종의 방식으로 사고에 영향을 미치고 있다. 하지만 그래서 어떻다는 말인가? 이것은 서로 양립할 수 없는 세계관의 사례도 아니고, 이름이 없고 그래서 상상할 수 없는 개념의 사례도 아니고, 모국어의 절대적 강제 조항들에 따라 짜여진 틀에 맞춰 자연을 해부하는 사례도 아니다.

언어학자이자 현재 스와스모어대학 학장인 앨프레드 블룸은 자신의 책 《언어의 사고 조형》에서 대단히 놀라운 발견을 소개하고 있다. 블룸에 따르면, 영문법은 화자들에게 If John were to go to the hospital, he would meet Mary와 같은 가정법 구문을 제공한다. 가정법은 '반대사실적' 상황, 즉 거짓임이 알려져 있으면서 가정으로 취급되는 사건들을 표현하기 위해 사용된다(이디시어를 아는 사람이라면 더 좋은 예를 알 것이다. 있을 수 없는 전제에서 추론하여 상대를 결정적으로 되받아치는 다음과 같은 문장이다. Az der bubbe vot gehat baytzim vot zie geven mein zayde[만일 우리 할머니에게 고환이 있다면, 그녀가 우리 할아버지일 테지]). 이와 달리 중국어에는 반대사실을 직접 표현하는 가정법 혹은 그 밖의 간단한 문법적 구문이 없다. 그런 생각은 우회적으로 표현될 수밖에 없는데, 마치 이런 식이다. '만일 존이 병원에 간다면… 그러나 그는 병원

에 가지 않는다… 그러나 그가 간다면 그는 메리를 만난다.'

블룸은 반대사실적 전제에 근거한 일련의 함의들을 포함하는 이야기들을 적은 다음 중국인 학생들과 미국인 학생들에게 보여주었다. 예를 들어 한 이야기의 개요는 이렇다. "비어는 18세기 유럽의 철학자였다. 당시에 서양과 중국 사이에 약간의 접촉이 있긴 했지만, 번역된 중국철학 서적은 거의 없었다. 비어는 중국어를 읽지 못했지만, 만약 중국어를 읽을 수 있었다면 그는 B를 발견했을 것이고, 그에게 가장 큰 영향을 미친 것은 C였을 것이고, 그 철학적 관점의 영향을 받은 후에는 D를 했을 것이다." 등등. 그런 다음 피실험자들에게 B, C, D가 실제로 발생했는지를 가리도록 했다. 98%의 미국인 학생들은 올바른 답을 제시했다. 반면에 중국인 학생들은 7%만 올바른 답을 제시했다! 블룸은 중국어는 화자들에게 엄청난 정신적 수고 없이는 가상의 거짓 세계를 즐길 수 없도록 만든다고 결론지었다(내가 아는 한 이디시어 화자들을 대상으로 담화 예측을 테스트해 본 적은 없다).

인지과학자 테리 아우, 요타로 타카노, 리사 리우는 동양정신의 구체성을 거론하는 이런 이야기들에 딱히 매력을 느끼지 못했다. 그들은 따로따로 블룸의 실험에서 중대한 허점을 확인했다. 한 가지 허점은 그의 이야기들이 과장된 중국어로 씌어졌다는 점이다. 또 다른 허점은 몇몇 이야기의 경우 주의 깊게 검토해 보면 실제로 애매했다는 것이었다. 중국인 학생들은 대체로 미국인 학생들보다 과학적 훈련을 더 많이 받고, 그래서 그들은 블룸이 미처 깨닫지 못했던 애매한 점들을 더 잘 간파했다. 그러한 허점을 보완하자 차이가 사라졌다.

언어에 대한 과대평가는 쉽게 용서받는다. 단어는 소리를 만들거나 종이 위에 걸터앉아 있어서 누구나 듣고 볼 수 있다. 생각은 생각하는 사람의 머릿속에 갇혀 있다. 다른 사람이 생각하고 있는 바를 알기 위해서나 생각의 본질에 관해 서로 이야기하기 위해 우리는 생각이 아니라 말을 사용해야 한다. 많은 시사 해설가들이 말이 없는 생각을 상상조차 못하는 것은 지극히 당연하다. 그런데 이것이 바로 그들이 자신의 생각에 대해 떠들 언어가 없어서라고?

인지과학자로서 나는 상식(생각은 언어와 다르다는)이 옳으며, 언어결정론은 관습적 부조리에 지나지 않는다고 산뜻하게 정리할 수 있다. 왜냐하면 두 가지 수단 덕분에 비교적 쉽게 이 문제 전체에 대해 명쾌하게 생각할 수 있게 되었기 때문이다. 한 가지는 언어장벽을 허물고 여러 가지 비언어적 사고를 평가하는 일단의 실험적 연구들이다. 다른 한 가지는 생각의 작동원리에 관한 이론으로, 문제가 되고 있는 의문점들을 만족스러울 만큼 정치하게 설정한다.

우리는 언어 없는 사고의 예를 보았다. 2장에서 살펴본 완전히 정상적인 지능을 가진 실어증 환자 포드 씨의 예가 그것이다(하지만 혹자는 그의 사고능력은 뇌졸중을 겪기 전에 가지고 있던 언어를 발판으로 구축되어 있었던 것이라고 주장할지도 모르겠다). 또한 우리는 언어를 갖고 있지 않다가 금방 언어를 발명하는 청각장애아들도 보았다. 이보다 더 적합한 예는 성인 청각장애자들 가운데 수화, 글, 독순법, 말 등 어떠한 형태의 언어도 가지고 있지 않은 드문 사례들이다. 수잔 섈러는 최근에 발간된 《언어 없는 남자》에서 일데폰소의 이야기를 들려준다. 수잔이 멕시코의 작은 마을에서 불법이주해 온 27세의 그를 만난 것은 로스앤젤레스에서 수화통역원으로 일하던 때였다. 일데폰소의 생기 넘치는 눈은 누가 봐도 분명히 지능과 호기심을 담고 있었고, 수잔은 그의 스승 겸 친구를 자원했다. 그는 그녀에게 자신이 숫자를 완벽하게 이해하고 있음을 보여주었다. 가령 그는 3분 만에 종이 위에서 덧셈하는 법을 터득했고, 두 자릿수의 이면에 깔려 있는 십진법 논리를 쉽게 이해했다. 마치 헬렌 켈러 이야기의 재현인 듯이, 수잔이 '고양이'라는 수화를 가르쳐주자 그는 곧 명명법의 원리를 간파했다. 둑이 터졌다. 그는 자신이 아는 모든 사물들의 수화법을 보여 달라고 했다. 얼마 지나지 않아 그는 어렸을 때 학교에 보내 달라고 부모님에게 애원했던 이야기, 여러 주에서 추수했던 곡물의 종류, 이민청의 단속을 피해 다녔던 이야기 등 자신이 살아온 내력을 수잔에게 이야기할 수 있게 되었다. 그는 사회의 잊혀진 구석에서 지내는 또 다른 언어 없는 성인들에게 수잔을 데려갔다. 언어의 세계로부터의 고립에도 그들은 고장 난 자물쇠 고치기, 돈 다루기, 카드게임 하기, 흡사 긴 판토마임 같은 손짓발짓 서로 나누기 등 갖가지 추상적 사고 형태를 보여주었다.

일데폰소를 비롯해 언어 없는 성인들의 정신생활에 대한 우리의 지식은 윤리적인 이유에서 그냥 인상주의적인 지식으로 남아야 한다. 왜냐하면 그들이 표면에 등장하게 되면 사람들은 그들이 언어 없이 어떻게 살아가는지를 연구하기보다 당장 그들에게 언어를 가르치려 할 것이기 때문이다. 그런데 또 다른 언어 없는 존재들이 있다. 그들은 실험을 통해 연구되었고, 그들이 공간, 시간, 사물, 수, 비율, 인과율, 범주 등에 대해 어떻게 추론하는지에 관해 많은 책이 저술되었다. 세 천재의 사례를 꼽자면 이렇다. 첫 번째는 아기들이다. 그들은 언어를 전혀 습득하지 못했고, 따라서 언어로 사고할 수가 없다. 그 다음은 원숭이들이다. 이 녀석들은 언어를 습득할 수 없고, 따라서 언어로 사고할 수가 없다. 세 번째는 인간 어른들인데, 이들은 언어로 사고하든 아니든 상관없이 자신들의 최고의 사고는 언어 없이 이루어진다고 주장한다.

최근에 발달심리학자 카렌 윈은 5개월 된 아기들이 간단한 형태의 암산을 할 수 있다는 것을 보여주었다. 그녀는 유아기 아동의 지각 연구에 흔히 쓰이는 테크닉을 사용했다. 아기에게 한 다발의 사물을 충분히 오랫동안 보여줘 보라. 아기는 싫증이 나고 시선을 돌린다. 사물의 개수를 바꿔 보라. 만약 아기가 그 차이를 알아차리면 아기는 다시 관심을 보일 것이다. 이 방법은 생후 5일밖에 안 된 아기들이 수에 민감하다는 것을 보여주었다. 한 실험에서는 실험자가 아기가 싫증날 때까지 한 가지 사물을 보여준 다음 그 사물을 불투명한 차단막으로 가린다. 차단막을 걷었을 때 똑같은 사물이 나타나면 아기들은 잠깐 쳐다보다가 이내 다시 싫증낸다. 그러나 아기가 보지 않도록 트릭을 써서 두세 개의 사물이 함께 나타나면 아기들은 놀라서 오랫동안 응시한다.

윈이 아기들에게 무대에 놓인 미키마우스 인형을 보여주면 아기들은 잠시 인형을 바라보다가 시선을 다른 곳으로 돌린다. 그때 차단막이 쳐지고 커튼 뒤에서 손 하나가 눈에 분명히 띄게 나와서 차단막 뒤에 또 다른 미키마우스 인형을 놓는다. 차단막이 올라갔을 때 만일 두 개의 미키마우스 인형이 보이면(그것은 실제로 아기들이 전혀 본 적이 없는 장면인데도) 아기들은 단지 잠깐 동안만 바라본다. 그러나 만일 인형이 하나뿐일 때는 그것이 차단막이 쳐지기 전과 동일한 장면임에도 아기들의 시선은 거기에 고정된다. 윈은 또 다른 집단의 아기들을 테스트했다. 이번에는 차단막으로 한 쌍의 인형을 가린 다음, 눈에 보이는 손이 차단막 위에서 나타나 인형 한 개를 제거했다. 차단막이 걷힌 후에 인형이 하나만 있을 때, 아기들은 잠시 동안만 응시했다. 하지만 예전과 똑같이 두 개의 인형이 놓여 있을 때는 아기들은 다른 곳으로 시선을 돌리지 못했다. 아기들은 차단막 뒤에 몇 개의 인형이 있는지를 줄곧 염두에 두고 인형의 수가 늘거나 주는 것을 보면서 그 수를 수정하고 있는 것이 분명했다. 만일 그 수가 예상에서 벗어나면, 그들은 왜 그런지를 탐색하듯이 눈앞의 장면을 유심히 바라보았다.

버빗원숭이는 성숙한 수컷들과 암컷들 그리고 그 자손들이 안정된 집단을 이루고 산다. 영장류동물학자인 도로시 체니와 로버트 세이파스는 몬태규가와 캐플릿가 같은 대가족 집단들이 서로 연대하고 있음을 깨달았다. 그들이 케냐에서 관찰한 전형적인 상호작용의 예는 다음과 같다. 한 마리의 어린 원숭이가 다른 원숭이를 땅에 쓰러뜨리면 쓰러진 원숭이가 비명을 지른다. 20분쯤 뒤 피해자의 누이가 가해자의 누이에게 접근하여 별다른 도발이 없는데도 꼬리를 문다. 복수하는 쪽이 대상을 제대로 선택하기 위해서는 '-의 누이'(혹은 단지 '-의 친척'일 수도 있다. 공원 안에는 체니와 세이파스가 단언할 수 있을 만큼 버빗원숭이의 개체수가 많지 않았다)라는 정확한 관계를 활용하여 'A(희생자)와 B(나)의 관계는 C(가해자)와 X의 관계와 같다.'라는 유추 문제를 풀어야 한다.

그런데 원숭이들은 집단 성원들이 서로 어떤 관계인지 정말 알고 있을까? 더욱이 형제자매를 이루는 여러 개체쌍들이 모두 동일한 관계 쌍이라는 사실을 알고 있을까? 체니와 세이파스는 수풀 뒤에 숨긴 확성기로 두 살짜리 원숭이의 비명이 담긴 녹음테이프를 틀었다. 그러자 부근에 있던 암컷들은 녹음된 아기 원숭이의 어미를 바라보는 반응을 보였다. 여기서 우리는 그들이 비명만 듣고도 그 아기 원숭이가 누구인지 인식할 수 있을 뿐 아니라 그 어미가 누구인지도 생각한다는 것을 알 수 있다. 같은 능력이 긴꼬리원숭이에게서도 확인되었다. 베레나 대서는 드넓은 보호구역에 인접한 연구소 안으로 원숭이들을 끌어들였다. 세 대의 슬라이드가 중앙의 어미 원숭이, 한쪽의 그의 새끼, 반대편의 나이와 성이 같은 관계없는 새끼 원숭이를 비추었다. 각 화면 아래에는 단추가 있었다. 원숭이들에게 어미 원숭이의 새끼를 비추는 화면 아래의 단추를 누르도록 훈련시킨 다음, 집단 내의 여러 어미들과 새끼 원숭이들의 사진을 바꾸어가면서 테스트를 했다. 그 결과 90% 이상의 원숭이들이 어미 원숭이의 새끼를 비추는 화면 아래의 단추를 눌렀다. 또 다른 실험에서는 두 대의 슬라이드로 각각 한 마리씩의 원숭이를 비추었다. 원숭이들은 어미와 그 딸이 두 화면에 동시에 비춰질 때 슬라이드 아래의 단추를 누르도록 훈련받았다. 집단 내의 다른 원숭이 쌍들의 슬라이드가 비춰지자, 원숭이들은 그 자식이 수컷이건 암컷이건 유아건 어린 원숭이건 성년 원숭이건 항상 어미-자식 쌍을 골라냈다. 뿐만 아니라 원숭이들은 주어진 사진의 원숭이들이 서로 친족임을 알아보는 근거로서 그들의 신체적 유사성과 순전히 그들이 함께 보내는 시간의 양은 물론이고, 오랜 기간의 상호작용을 통해 형성된 보다 미묘한 무엇인가에 의존하는 것 같았다. 체니와 세이파스는 여러 동물집단들 내에서 누가 누구와 어떤 관계인가를 추적하는 과정에서 원숭이들이 뛰어난 영장류학자가 될 수 있음을 알게 되었다.

많은 창작인들은 가장 깊은 영감에 사로잡힌 순간에 자신들이 언어가 아니라 심상으로 생각한다고 주장한다. 새뮤얼 테일러 콜리지는 한 번은 꿈을 꾸는 듯한(마치 마약에 취한 것과 흡사한) 상태에서 의식하지 못하는 가운데 장면과 단어의 시각적 상들이 눈앞에 나타났다고 적었다. 그는 종이 위에 최초의 40줄을 기록했는데, 이것이 바로 〈쿠빌라이 칸〉이라는 시였다. 하지만 그 순간 문두드리는 소리 때문에 상들이 깨어져 시의 나머지를 구성할 수 없었다고 했다. 조안 디디온을 비롯한 많은 현대소설가들은 그들의 창작행위는 특정 인물이나 줄거리에 대한 생각이 아니라 생생한 마음의 그림들로 시작되고, 그것이 단어의 선택을 지배한다고 한다. 현대조각가인 제임스 설스는 침대에 드러누워 음악을 들으면서 작품을 구상한다. 그는 마음의 눈을 통해 이쪽 팔 저쪽 팔을 붙였다 떼었다 하고 상들이 구르고 뒹구는 것을 보면서 작품을 구상한다.

물리학자들은 그들의 사유가 언어적이라기보다는 기하학적이라는 데 한층 더 확고부동한 생각을 가지고 있다. 전기와 자기의 현대적 개념을 확립한 마이클 패러데이는 수학적 훈련을 받은 적이 없었지만 자기력선들을 공간 속에 휘어진 가는 관들로 시각화함으로써 직관적 통찰에 도달했다. 제임스 클라크 맥스웰은 전자기장 분야의 개념들을 수학방정식 형태로 공식화함으로써 추상적인 이론학자의 최고의 본보기로 간주되고 있다. 그런데 그는 마음속에서 얇은 판과 유체들로 이루어진 정교한 가상모형들을 조작을 해 보고서 이 방정식들을 세웠다. 니콜라 테슬라의 전기기관과 발전기 개념, 현대유기화학의 발단이 된 프리드리히 케쿨레의 벤젠핵 발견, 어니스트 로렌스의 사이클로트론(입자가속기) 개념, 제임스 왓슨과 프랜시스 크릭의 DNA 이중나선구조 등이 떠오른 것도 이미지 형태였다. 스스로를 시각적 사유자라고 한 가장 유명한 사람은 아인슈타인이었다. 그는 자신이 광선을 타고 여행하면서 자신의 뒤에 놓인 시계를 돌아보는 모습을 상상하거나, 추락하는 엘리베이터 안에 서서 동전을 떨어뜨리는 모습을 상상하면서 직관적 통찰에 도달했다. 그는 이렇게 적었다.

> 사고의 기본요소로 기능하는 정신의 실체는 '멋대로' 재생되고 결합될 수 있는 어떤 기호와 다소 명확한 이미지들인 것 같다…. 이 조합작용이 생산적 사고의 본질적인 특성인 것 같다. 그런 후에야

다른 사람들에게 전달할 수 있는 말을 비롯한 기호형태들의 논리적인 구성이 가능해진다. 위에 언급한 기본요소들은 내 경우에는 시각적이고 어느 정도 육감적인 것이다. 인습적인 언어나 다른 기호들이 힘겹게 발견되는 시점은 2차적인 상태, 앞서 말한 관념의 결합작용이 충분히 확립되어 마음대로 재생산될 수 있을 때이다.

또 다른 독창적인 과학자이자 인지심리학자인 로저 셰퍼드는 갑작스럽게 시각적 영감이 떠오르는 순간을 경험한 후, 평범한 사람들의 심상 작용을 실증하기 위한 고전적인 실험을 행할 수 있었다. 이른 아침 반쯤 잠에서 깬 채로 투명한 의식상태가 된 셰퍼드는 '공간 속에서 장엄하게 돌고 있는 3차원 구조물들의 즉흥적인 이미지'를 경험했다. 완전히 깨기 전의 짧은 순간 동안 셰퍼드는 실험계획을 위한 분명한 개념을 얻었다. 그 후 이 개념을 간단히 변형시킨 실험을 그의 제자였던 린 쿠퍼와 함께 수행했다. 피실험자들은 알파벳이 찍힌 수천 장의 슬라이드를 보면서 오랫동안 고생을 해야 했다. 알파벳은 바르게 서 있는 모양을 여러 각도로 기울인 것들과 거울에 비친 역상을 여러 각도로 기울인 것들이었다. 예를 들어 다음 그림은 알파벳 'F'를 16가지로 변형한 것들이다.

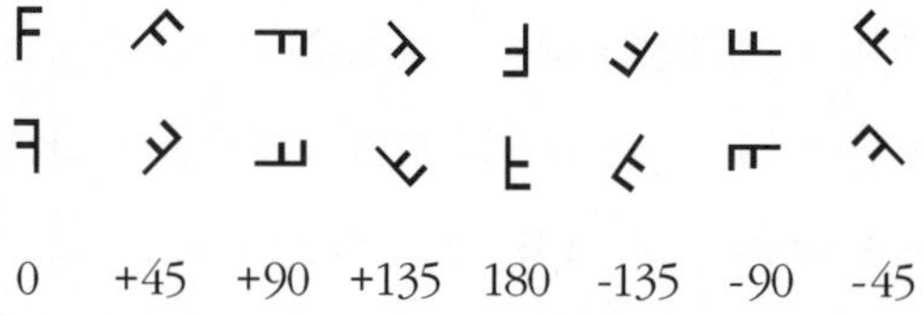

0 +45 +90 +135 180 -135 -90 -45

피실험자들은 알파벳이 정상(즉, 위 그림의 윗줄에 있는 것들)이면 한 쪽 단추를 누르고, 그것이 거울에 비친 역상(즉, 아랫줄에 있는 것들)이면 다른 쪽 단추를 눌러야 했다. 이를 위해서 피실험자들은 슬라이드에 비친 알파벳을 정상인 알파벳이 똑바로 서 있을 때의 모양을 기록하고 있는 자신의 기억에 대비시켜 보아야 한다. 정상의 똑바로 선 슬라이드(0도)를 보았을 때 단추를 누르는 속도가 확연하게 가장 빨랐다. 그것이 기억 속의 알파벳과 정확히 일치했기 때문이다. 그러나 다른 알파벳들에 대해서는 먼저 그것을 마음속에서 변형시키는 절차가 필요했다. 많은 피실험자들이 앞서 말한 조각가나 과학자들처럼 알파벳 상들을 "마음속으로 회전시켰다."고 보고했다. 반응시간을 면밀히 살펴본 셰퍼드와 쿠퍼는 이러한 자기성찰의 언급이 옳았다는 것을 밝혀냈다. 똑바로 선 알파벳들이 가장 빨랐고, 45도로 기울어진 알파벳들이 그 다음이었으며, 90도로 기울어진 알파벳, 135도로 기울어진 알파벳들이 뒤를 이었다. 180도 기울어진(거꾸로 선) 알파벳이 가장 느렸다. 다시 말해 피실험자가 마음속으로 알파벳을 더 많이 회전시킬수록 더 많은 시간이 걸렸다. 이 데이터를 바탕으로 쿠퍼와 셰퍼드는 알파벳이 마음속에서 56RPM(분당 회전속도)의 속도로 회전한다고 추정했다.

만약 피실험자들이 알파벳에 대해 언어적 설명, 가령 '꼭대기에서 오른쪽으로 뻗은 하나의 수평획과 중앙에서 오른쪽으로 뻗은 또 하나의 수평의 획을 가진 수직선'과 같은 설명을 적용했다면 결과는 판이했을 것이다. 이 경우에는 기울어진 알파벳 중에서 거꾸로 선 것(180도)이 가장 빨라야 한다. '꼭대기'를 '바닥'으로, '왼쪽'을 '오른쪽'으로 치환하거나 그 반대로 치환하기만 하면 나머지는 알파벳이 똑바로 서 있을 때와 동일한 설명이므로 기억 속에 저장된 알파벳 모양과 비교하기가 더 용이하다. 반듯이 누운(90도 기울어진) 알파벳은 그보다 더 느려진다. 정면에서 시계 방향으로(+90도) 누웠는지 시계 반대 방향으로(−90도) 누웠는지에 따라 '꼭대기'가 '오른쪽' 혹은 '왼쪽'으로 바뀌어야 하기 때문이다. 사선으로 누운(45도, 135도) 알파벳이 가장 느려야 한다. 설명을 구성하는 모든 단어들이 바뀌어야 하기 때문이다. 예를 들어 '꼭대기'는 '오른쪽 위'나 '왼쪽 위'로 바뀌어야 한다. 그래서 난이도는 0, 180, 90, 45, 135도의 순이 되며, 쿠퍼와 셰퍼드의 실험결과와 같은 0, 45, 90, 135, 180도의 회전되는 크기 순서가 아닐 것이다. 그 외에도 많은 실험을 통해 시각적 사고는 언어를 사용하는 것이 아니라 갖가지 윤곽 형태들을 회전하고, 탐지하고, 축소하고, 확대하고, 상하좌우로 이동하고, 비우고, 채우는 작용을 하는 마음의 그래픽 시스템을 사용한다는 생각이 확증되었다.

그렇다면 이미지, 숫자, 혈족관계, 논리 등이 언어에 기대지 않고 뇌 속에 표상될 수 있다는 주장을 우리는 얼마나 받아들일 수 있을까? 20세기 전반 동안 철학자들은 불가능하다고 대답했다. 생각을 머릿속에서 구상화하는 것은 논리적 오류라고 그들은 말했다. 머릿속의 그림, 가계(家系), 수는 이것들을 관찰하는 작은 인간, 즉 모형인간을 필요로 했다. 그렇다면 이 모형인간의 머릿속에는 무엇이 있을까? 훨씬 작은 그림들이 있고, 이 그림을 보는 훨씬 더 작은 모형인간이 있을까? 따라서 이런 주장은 근거가 박약하다. 마음의 표상에 관한 생각에 과학적 중요성을 부여한 사람은 뛰어난 수학자이자 철학자였던 영국의 앨런 튜링이었다. 튜링은 추론을 담당한다고 할 수 있는 하나의 가상의 기계장치를 설계했다. 그를 기려 튜링기계라고 부르게 된 이 간단한 장치는 과거, 현재, 미래를 막론하고 컴퓨터가 해결할 수 있는 어떤 문제도 해결할 수 있었다. 그리고 튜링기계는 작은 인간이나 어떤 신비한 과정이 아니라 내면의 상징재현체계—일종의 정신어—를 이용한다. 이 튜링기계의 작동방식을 보면, 인간의 마음이 영어가 아니라 그와 대비되는 정신어로 사고한다는 것이 무엇을 의미하는지 간파할 수 있다.

추론한다는 것의 핵심은 기왕의 지식으로부터 새로운 지식을 연역해 내는 것이다. '소크라테스는 인간이고, 모든 인간은 죽는다는 점을 알면 소크라테스도 죽는다는 것을 알 수 있다.' 라는 기초논리학의 고전적인 문제는 그 간단한 예다. 그러나 두뇌와 같은 물질 덩어리가 어떻게 이 업무를 수행할 수 있을까? 첫 번째 핵심적 개념은 '표상'이다. 표상이란 그 부분들과 배열이 어떤 개념들 혹은 사실들의 집합에 일대일로 조응하는 물리적 대상이다.

```
Socrates isa man
```

예를 들어 면 위의 위와 같은 잉크자국은 '소크라테스는 사람이다.' 라는 개념의 표상이다. Socrates라는 한 묶음의 잉크자국의 꼴은 '소크라테스'라는 개념을 뒷받침하는 상징이다. 또 다른 잉크자국인 isa는 '어떤 것의 하나' 라는 개념을, 세 번째 잉크자국인 man은 '사람'이라는 개념을 뒷받침한다. 이제 한 가지를 명심하는 것이 대단히 중요하다. 내가 위의 잉크자국들을 영어 단어의 형태로 적은 것은 이 예를 살펴보는 동안 여러분들이 그 단어들을 곧바로 받아들일 수 있도록 하기 위해서였다. 그러나 정작 중요한 것은 그 단어들이 다른 형태를 띨 수도 있다는 것이다. 일관되게 사용하기만 한다면 위와 같은 잉크자국이 아니라 별 모양이나 스마일 마크나 벤츠의 로고도 같은 기능을 할 수 있다.

이와 마찬가지로 면 위에 Socrates라는 잉크자국은 isa라는 잉크자국의 왼쪽에 있고, man이라는 잉크자국은 그 오른쪽에 있다는 사실은 '소크라테스는 사람이다.'라는 개념을 의미한다. 만일 isa를 isasonofa로 대체하거나 Socrates와 man의 위치를 뒤바꿔서 위의 표상을 변화시키면 그것은 다른 개념의 표상이 된다. 다시 말해 왼쪽에서 오른쪽으로 향하는 영어의 어순은 기억의 편의를 위한 장치다. 일관된 순서를 사용하기만 한다면, 오른쪽에서 왼쪽으로, 혹은 위에서 아래로 쓸 수도 있다.

이런 사항들을 염두에 두고서 이제 면 위에 '모든 인간은 죽는다.' 라는 명제를 표상하는 또 하나의 잉크자국이 있다고 상상해 보자.

```
Socrates isa man
Every man ismotal
```

추론이 일어나기 위해서는 '프로세서'가 필요하다. 프로세서는 작은 인간이 아니라(모형인간의 머릿속에 또 다른 모형인간을 집어넣어야 하는 무한퇴행은 걱정하지 않아도 된다) 그보다 훨씬 더 둔한 어떤 것이다. 그것은 정해진 횟수만큼 반사작용을 수행하는 작은 기계장치다. 프로세서는 표상의 여러 조각들에 반작용하기도 하고, 표상을 변경하거나 새로운 표상을 만드는 등 거기에 반응하여 모종의 일을 수행하기도 한다. 예를 들어 인쇄된 면 위를 돌아다니는 기계가 있다고 상상해 보자. 이 기계는 isa라는 문자열의 사본을 가지고 있고, 그 사본이 똑같은 형태의 잉크자국 위에 겹쳐질 때 그것을 알려주는 가벼운 센서도 가지고 있다. 그리고 이 센서는 작은 휴대용 복사기와 연결되어 있으며, 이 복사기는 어떤 잉크자국도 복제할 수 있다. 또 이 복사기가 사본을 인쇄하는 데는 두 가지 방법이 있는데, 하나는 면 위의 다른 곳에 동일한 잉크자국을 인쇄하는 것이고, 다른 하나는 원래의 잉크자국을 지움과 동시에 그 자리에 새 사본을 인쇄하는 것이다.

이제 이 센서 · 복사 · 탐사 기계가 네 번의 반사작용을 하도록 배선되어 있다고 상상해 보자. 먼저, 이 기계는 면을 훑어 내려가다가 isa라는 잉크자국을 감지하면 왼쪽으로 이동해서 거기에 있는 잉크자국을 면의 왼쪽 하단에 인쇄한다. 이렇게 생긴 면은 아래와 같을 것이다.

```
Socrates isa man
Every man ismotal



Socrates
```

두 번째 반사작용도 isa에 대한 반응인데, isa의 오른쪽으로 이동해 거기에서 발견한 잉크자국의 새로운 사본을 뜨는 것이다. 이 경우에는 man 모양의 잉크자국의 사본이 만들어진다. 세 번째 반사작용은 면 위를 검색하여 Every와 같은 형태의 잉크자국을 찾은 다음, 만약 그것이 발견되면 그 오른쪽에 있는 잉크자국이 새로운 사본과 정확히 겹쳐지는지를 확인한다. 우리의 예에서는 두 번째 행 가운데의 man이다. 네 번째 반사작용은 이렇게 일치되는 것을 발견하게 되면 오른쪽으로 이동해서 그곳에 있는 잉크자국을 면의 하단 중앙에 인쇄하는 것이다. 위의 예에서 그 잉크자국은 ismortal이다. 자, 이제 여러분은 다음과 같은 모양의 면을 보게 될 것이다.

```
Socrates isa man
Every man ismotal



Socrates ismortal
```

초보적인 추론이 이루어졌다. 중요한 것은 비록 면과 그 위의 기계장치가 집단적으로 일종의 지능을 드러내지만, 그들 하나하나에는 지능적인 어떤 것도 없다는 것이다. 기계장치와 면은 단지 잉크자국들, 사본들, 광전지, 레이저, 전선 덩어리에 불과하다. 이 장치 전체를 영리하게 만드는 것은 'X가 Y이고, 모든 Y가 Z이면, X는 Z이다.' 라는 논리학자의 법칙과 이 장치가 검색하고, 이동하고, 인쇄하는 방식 사이의 정확한 조응이다. 논리학적으로 말하면 'X isa Y'는 'Y에게 참인 것은 또한 X에게도 참이다.'는 뜻이고, 기계공학적으로 말하면 'X isa Y'는 'Y 다음에 인쇄될 수 있는 것은 또한 X 다음에도 인쇄될 수 있다.' 는 뜻이다. 이 기계는 물리학의 법칙을 맹목적으로 좇아(그것이 무슨 뜻인지 이해하지 못한 채) 단지 isa라는 잉크자국의 형태에 반응할 뿐이고, 다른 잉크자국들을 복제하는 것도 결국 논리학 법칙의 작용을 흉내 낸 데 지나지 않는다. 이 기계가 '지능적'인 까닭은 감지, 이동, 복사의 연속적 작용이 만약 면이 참인 전제의 표상들을 담고 있기만 하면(또 오직 그 경우에만) 참인 결론의 표상을 인쇄하는 것으로 귀결되기 때문이다. 만일 이 기계장치에 넉넉하고 충분한 면을 제공한다면, 튜링이 보여주었듯이 이 기계는 컴퓨터가 할 수 있는 일체의 일을 할 수 있다. 어쩌면 그가 추측했듯이 물리적 형태를 띤 마음이 할 수 있는 일체의 일을 할 수 있을지도 모른다.

앞에서 든 예는 종이 위의 잉크자국들을 표상으로, 기어 다니며 감지하고 복제하는 기계를 프로세서로 삼고 있다. 그러나 표상은 일관되게 사용되기만 한다면 어떠한 물리적 매개 안에도 있을 수 있다. 뇌에는 세 집단의 신경세포가 있어서, 한 집단은 명제의 서술 대상인 개체(Socrates, Aristotle, Rod Stewart 등등)를 표상하는 데 사용되고, 또 한 집단은 그 명제 안에서의 논리적 관계(is a, is not, is like 등등)를 표상하는 데 사용되고, 마지막 한 집단은 그 개체를 범주화하는 분류군이나 유형들(men, dogs, chickens 등등)을 표상하는 데 사용되는지도 모른다. 이때 각각의 개념은 특정한 신경세포의 점화에 조응한다. 가령 첫 번째 집단의 신경세포들 가운데 다섯 번째 신경세포는 소크라테스를 표상하기 위해 점화되고, 일곱 번째 신경세포는 아리스토텔레스를 표상하기 위해 점화되고 하는 식이다. 또 세 번째 집단의 신경세포들 가운데 여덟 번째 신경세포는 men을, 열두 번째 신경세포는 dogs를 표상하기 위해 점화된다. 이 신경세포 집단들에 정보를 공급하는 다른 신경세포들의 망이 프로세서 구실을 하고, 이 신경망은 한 신경세포 집단의 점화 패턴을 다른 신경세포 집단에 복제할 수 있게끔 연결되어 있을지도 모른다. (가령 세 번째 집단의 여덟 번째 신경세포가 점화되면 프로세서 신경망은 뇌의 다른 곳에 있는 네 번째 집단의 여덟 번째 신경세포를 켠다, 하는 식으로) 그게 아니라 어쩌면 이 모든 일이 실리콘 칩 안에서 이루어지는지도 모른다. 그러나 세 가지 경우 모두 원리는 동일하다. 프로세서의 기본요소들은 조직된 방식은 다를지언정 추론의 법칙들을 모방한 방식으로 표상의 편린들을 감지·복제하고, 새로운 표상들을 만들어 낸다. 수천 개의 표상들과 좀더 정교한 프로세서들이 있다면(아마도 각기 다른 종류의 생각에는 각기 다른 종류의 표상과 프로세서가 필요할 것이다), 진짜로 지능적인 뇌나 컴퓨터가 나올 것이다. 여기에다 특정한 외곽선들을 감지하고 그 표상들을 켤 수 있는 눈과, 목표물을 상징하는 특정한 표상들이 켜질 때마다 세계에 작용을 가할 수 있는 근육을 더해 보라. 그러면 행동하는 생명체가 나올 것이다(아니면 TV 카메라와 레버 세트와 톱니바퀴들을 더해 보라. 그러면 로봇이 나올 것이다).

이것이 바로 '물리적 상징체계 가설' 또는 마음에 관한 '연산' 혹은 '표상' 이론으로 불리는 사고이론의 핵심이다. 세포론이 생물학의 기초이고 판구조이론이 지질학의 기초이듯이 이 사고이론은 인지과학의 기초다. 심리학자들과 신경과학자들은 뇌에 어떤 종류의 표상과 프로세서들이 있는지를 밝혀내기 위해 노력하고 있다. 그러나 한순간도 놓치지 말아야 할 기본규칙들이 있으니, 그것은 바로 뇌 안에는 어떤 작은 인간도 없으며, 그들이 그 내부를 엿보는 일도 없다는 것이다. 그래서 우리가 마음속에 가정하는 표상은 상징의 배열이어야 하고, 프로세서는 고정된 한 묶음의 반사작용들을 수행하는 장치여야 한다. 이것이 전부다. 이 두 가지가 완전히 자율적으로 합동작용을 해서 지적인 결론을 생산해 내야 한다. 이론가가 내부를 들여다보고 상징들을 '읽거나' '의미파악' 해서는 안 되며, 데우스 엑스 마키나처럼 그 장치를 쿡쿡 찔러 현명한 방향으로 돌려놓는 것도 금지되어 있다.

이제 우리는 워프가 제기한 문제를 정확히 제시해야 할 입장에 있다. 표상은 영어를 비롯한 어떤 언어와도 비슷할 필요가 없다는 점을 명심하라. 그것은 어떤 일관된 틀에 의거해서 개념을 표상하기 위해 상징을 이용하고, 개념들 사이의 논리적 관계를 표상하기 위해 상징의 배열을 사용하면 된다. 그러나 영어 화자의 마음속에 있는 내적 표상들이 반드시 영어처럼 보일 필요는 없지만, 원리상 영어처럼 보일 수도 있다. 혹은 그 개인이 우연히 사용하는 어떤 언어처럼 보일 수도 있다. 여기서 문제가 발생한다. 정말 그럴까? 예를 들어 우리가 소크라테스가 인간이라는 것을 안다고 할 때, 이것은 우리가 뇌 속에 영어 단어인 Socrates, is, a, man에 일대일로 조응하는 신경 패턴과 영어 문장의 주어, 동사, 목적어의 어순에 조응하는 신경세포 집단을 가지고 있기 때문인가, 아니면 우리 머릿속에 개념들과 그들 사이의 관계를 표상하기 위한 별도의 기호체계, 즉 세상의 어떤 언어와도 같지 않은 사고언어, 즉 정신어가 존재하기 때문인가? 이 문제에 답하기 위해서는 하나의 프로세서가 타당한 일련의 추론을 수행하기 위해 필요로 하리라 여겨지는 정보가 영어 문장으로 구현될 수 있는가를 확인해 보면 된다. 이때 우리 내부에서 '이해'를 수행하는 완전히 지능적인 모형 인간을 상정해서는 안 된다. 그 답은 명백한 부정이다. 영어는(혹은 인간이 사용하는 어떤 언어도) 내적 매개체로 기능하기에는 대단히 부적절하다. 몇 가지 문제점들을 고찰해 보자.

첫째는 다의성이다. 다음은 실제로 신문에 실린 헤드라인들이다.

Child's Stool Great for Use in Garden (정원에서 사용하기 좋은 아동용 걸상/ 변기)

Stud Tires Out ([징이 있는] 스노타이어 품절/ 바람둥이 녹초가 되다)

Stiff Opposition Expected to Casketless Funeral Plan (관을 사용하지 않은 장례계획에 대해 완강한 반대가 예상되다/ 관 없는 장례계획에 대해 시체들의 반대가 예상되다)

Drunk Gets Nine Months in Violin Case (주정뱅이 바이올린 사건으로 9개월 형을 선고받다/ 주정뱅이, 바이올린 케이스에 9개월 동안 갇히다)

Iraqi Head Seeks Arms (이라크 수뇌부가 무장을 추구하다/이라크

인의 머리가 팔을 찾다)

Queen Mary Having Bottom Scraped (퀸 메리호가 바닥을 긁히다/ 메리 여왕이 엉덩이를 긁히다)

Columnist Gets Urologist in Trouble with His Peers (칼럼니스트가 비뇨기과 의사를 동료들과의 갈등 속에 빠뜨리다/칼럼니스트가 엿보기를 한 비뇨기과 의사를 곤경에 빠뜨리다)

각각의 문장에는 모호한 단어가 하나씩 들어 있다. 그러나 분명한 것은 그 단어 뒤에 놓여 있는 생각은 모호하지 않다는 것이다. 헤드라인을 뽑은 사람들은 자신이 stool, stud, stiff 등의 두 가지 의미 가운데 어느 쪽을 염두에 두었는지 틀림없이 알고 있었을 것이다. 그래서 만약 한 개의 단어에 조응하는 생각이 두 개일 수 있다면, 생각은 단어일 리가 없다.

영어의 두 번째 문제점은 논리적 명시성의 부재다. 컴퓨터과학자인 드루 맥더모트가 고안한 다음의 예를 살펴보자.

Ralph is an elephant. (랠프는 코끼리다.)

Elephants live in Africa. (코끼리는 아프리카에 산다.)

Elephants have tusks. (코끼리는 엄니를 가지고 있다.)

문장과 관련된 영어 문법을 다루기 위해 몇 가지 사소한 수정을 거친 우리의 추론 장치는 "랠프는 아프리카에 살고" 또 "랠프는 엄니를 가지고 있다."를 이끌어 낼 것이다. 별 문제 없어 보이지만 그렇지 않다. 랠프가 살고 있는 아프리카는 다른 모든 코끼리들이 살고 있는 아프리카와 동일한 아프리카지만, 랠프의 엄니는 랠프만의 엄니다. 지능을 갖춘 여러분은 이 점을 안다. 그러나 여러분의 모델로 설정된 상징-복사-탐색-감지기는 이 점을 모른다. 그것은 이 진술들 어디서도 그 차이가 발견되지 않기 때문이다. 그것은 상식일 뿐이라고 반박한다면 당신이 옳을지도 모른다. 그러나 우리가 설명하려고 애쓰는 것은 바로 상식이며, 영어 문장은 이 상식을 수행하기 위해 프로세서가 필요로 하는 정보를 구현하지 못한다.

세 번째 문제는 공지시다. 당신이 한 쪽 발에 검은색 신발을 신은 금발의 키 큰 남자라고 지칭하는 것으로 어떤 개인에 대한 이야기를 하기 시작했다고 하자. 당신은 두 번째로 그를 지칭할 때는 '그 남자(the man)' 라고 하고, 세 번째는 그냥 '그(he)' 라고 할 것이다. 그러나 이 세 가지 표현은 세 사람을 가리키거나, 동일한 개인에 관한 세 가지 사고방식을 가리키는 것이 아니다. 두 번째와 세 번째는 다만 호흡을 절약하는 방법이다. 뇌 속에 있는 그 무엇인가는 이것들을 동일한 것으로 취급하고 있는 것이 틀림없다. 그러나 영어는 그렇게 하지 못한다.

네 번째 문제는 이것과 관련이 있는 것으로, 대화나 텍스트의 맥락 속에서만 해석될 수 있는 언어의 측면들이다. 언어학자들은 이것을 '직시' 라고 부른다. 관사 a와 the를 보자. killed a policeman과 killed the policeman의 차이는 무엇인가? 두 번째 문장에서는 특정한 경찰이 이전에 언급되었거나 문맥 속에 드러나 있음이 전제되어 있다는 차이, 그뿐이다. 맥락에서 들어내서 보면 두 구절은 동의어다. 하지만 아래의 문맥 속에서는 완전히 의미가 다르다.

A policeman's 14-year-old son, apparently enraged after being disciplined for a bad grade, opened fire from his house, killing a policeman and wounding three people before he was

shot dead.
(한 경찰의 14세 아들이 나쁜 성적 때문에 벌을 받은 후에 몹시 분개해서 자신의 집에서 총격을 가해 한 경찰을 죽이고 세 명의 행인을 다치게 한 후 사살되었다.)
A policeman's 14-year-old son, apparently enraged after being disciplined for a bad grade, opened fire from his house, killing the policeman and wounding three people before he was shot dead.
(한 경찰의 14세 아들이 나쁜 성적 때문에 벌을 받은 후에 몹시 분개해서 자신의 집에서 총격을 가해 그 경찰을 죽이고 세 명의 행인을 다치게 한 후 사살되었다.)

특정한 대화나 텍스트 바깥에서는 a와 the는 전혀 의미가 없다. 우리 마음속의 항구적 데이터베이스에 이들이 있을 자리는 없다. 대화에 특화된 그 밖의 단어들, 이를테면 here, there, this, that, now, then, I, me, my, her, we, you 등도 같은 문제를 안고 있다. 다음의 오래된 농담은 이 점을 확연히 보여준다.

첫 번째 사내 : I didn't sleep with my wife before we were married, did you? (우리가 결혼하기 전에 나는 내 아내와 잔 적이 없어. 당신은?)
두 번째 사내 : I don't know. What was her maiden name? (모르겠어. 그녀의 처녀적 이름이 뭐였지?)

다섯 번째 문제는 동의성이다.

Sam sprayed paint onto the wall. (샘은 벽에 페인트를 칠했다.)

Sam sprayed the wall with paint. (샘은 페인트로 벽을 칠했다.)

Paint was sprayed onto the wall by Sam. (페인트가 샘에 의해 벽에 칠해졌다.)

The wall was sprayed with paint by Sam. (벽은 샘에 의해 페인트로 칠해졌다.)

위 문장들은 동일한 사건을 가리키고, 따라서 다수의 동일한 추론들을 허용한다. 가령 우리는 네 문장 모두에서 벽에 페인트가 칠해져 있다는 결론을 이끌어 낼 수 있다. 그러나 그것들은 네 개의 서로 다른 단어 배열이다. 우리는 이것들이 같은 의미임을 알지만, 이 위를 기어 다니면서 그것들을 잉크자국으로서 인식하는 프로세서는 그렇지 않다. 그렇다면 이 단어 배열들이 아닌 다른 뭔가가 당신이 넷 모두에 공통되었음을 알고 있는 이 단일한 사건을 표상하고 있음에 틀림없다. 이를테면 이 사건은 다음과 같은 어떤 것으로 표상되고 있는지도 모른다.

(Sam spray paint i) cause (paint i go to [on wall])

(샘이 페인트를 뿌린다) 로 인하여 (페인트가 벽 위에 간다)

여기에 사용된 영어 단어들을 심각하게 여기지 않는다면, 이것은 정신어가 어떤 모습인가에 대한 중요한 가설들 가운데 하나와 별반 다르지 않다.

이 예들(이러한 예들은 얼마든지 있다)은 한목소리로 한 가지 중요한 사실을 웅변한다. 생각의 저변에 깔린 표상들과 언어 속의 문장들은 여러 가지 점에서 상치된다. 우리 머릿속에 존재하는 특정한 생각들은 방대한 양의 정보를 담고 있다. 그러나 하나의 생각을 타인에게 전달하려 하는 경우에 관심이 지속되는 시간은 짧고 입은 느리다. 적절한 시간 안에 청자의 머릿속에 정보를 집어넣기 위해, 화자는 전달할 내용의 일부만을 말로 기호화하고, 나머지는 청자가 채울 것이라고 믿을 수밖에 없다. 그러나 '단일한 머릿속'에서의 요구는 다르다. 여기서는 '방송시간'은 무제한적인 자원이다. 뇌의 각 부분들은 엄청난 양의 정보를 순식간에 전달할 수 있는 굵은 케이블로 연결되어 있다. 내적 표상들 자체는 상상이지만, 아니 바로 그래서 상상에 맡길 일은 전혀 없다.

우리는 다음 그림으로 이 장을 마무리한다. 사람들은 영어나 중국어나 아파치어로 생각하지 않는다. 그들은 사고언어로 사고한다. 이 사고언어는 이러한 언어들 모두와 어느 정도 비슷할 수 있다. 가정이지만, 사고언어는 개념을 나타내는 상징을 가지고 있고, 또 앞서의 페인트칠하기 표상에서처럼, 누가 누구에게 무엇을 했는가 하는 것에 조응하는 상징의 배열을 가지고 있다. 그러나 특정 언어들과 비교했을 때 정신어는 어떤 면에서는 한층 풍부하고 어떤 면에서는 한층 단순하다. 예를 들어, 정신어에서는 복수인 개념 상징들이 stool이나 stud 같은 한 개의 영어 단어와 조응한다는 점에서 정신어 쪽이 더 풍부하다. '랠프의 엄니'와 '일반적인 엄니' 같은 논리적으로 다른 종류의 개념을 구별하고, '한 쪽 발에 검은색 신발을 신은 금발의 키 큰 남자'와 '그(him)'의 경우에서처럼 서로 다른 상징이 동일한 대상을 가리키는 경우 그 상징들을 연결하는 특별한 장치도 가지고 있다. 다른 한편 정신어는 말보다 더 단순한 것이 틀림없다. 대화에 특화된 단어들과 구문들(가령 a와 the)이 없고, 단어 발음하기, 나아가 단어 배열하기에 관한 정보들이 불필요하다. 내가 바로 앞에서 기술했던 설계도를 근거로, 우리는 이제 영어 화자는 단순화된, 그러나 주석이 달린 의사 영어로 생각하며, 아파치어 화자는 단순화된, 그러나 주석이 달린 의사 아파치어로 생각한다고 말할 수 있겠다. 그러나 이 사고언어들이 추론을 적절히 뒷받침하기 위해서는 하나의 사고언어와 그 구어 짝과의 유사성보다 사고언어들 사이의 유사성이 훨씬 더 커야 할 것이다. 그리고 어쩌면 그것들은 실은 하나의 사고언어, 즉 보편적 정신어일 가능성도 있다.

그렇다면 하나의 언어를 안다는 것은 정신어를 단어열로, 단어열을 정신어로 번역하는 법을 안다는 것이다. 언어가 없는 사람들도 정신어를 가지고 있으며, 아기와 여러 동물들도 더 단순할지언정 자신들만의 방언을 가지고 있을 것이다. 실제로 아기들이 정신어를 영어로, 영어를 정신어로 옮길 줄 모른다면 어떻게 영어 배우기가 가능할 수 있는지, 아니 도대체 영어를 배운다는 것이 무엇을 의미하는지조차 불분명하다.

자, 이 모든 것이 뉴스피크어에서는 감쪽같이 사라질까? 2050년에 대한 나의 예언은 이러하다. 첫째, 인간의 정신생활은 특정한 언어에서 독립적으로 영위되므로 자유와 평등의 개념은 부를 이름이 없어도 사유된다. 둘째, 개념은 단어보다 훨씬 많고 또 청자는 늘 관대한 마음으로 화자가 말하지 않고 남겨두는 부분을 채우므로, 현존하는 단어는 재빨리 새로운 의미를 띠게 되며, 때로는 원래의 의미로 되돌아가기도 한다. 셋째, 어린아이들은 어른들로부터 입력된 옛것을 재생산하는 데 만족하지 않고 그 한계를 뛰어넘는 복잡한 문법을 창조하기 때문에, 그들은 아마 단 한 세대 안에 뉴스피크어를 크리올어화시켜 자연언어를 만들어 낼 것이다. 21세기의 젖먹이가 윈스턴 스미스(《1984년》의 주인공.–옮긴이)의 원수가 될지 모른다.

IV

언어는 어떻게 작동하는가

HOW LANGUAGE WORKS

기자들은 개가 사람을 물면 뉴스가 안 되지만 사람이 개를 물면 뉴스가 된다고 한다. 뉴스는 언어로 전달된다. 이것이 언어본능의 핵심이다. 우리가 '문장'이라 부르는 단어의 흐름은 우리에게 인간과 그의 가장 친한 친구(개)를 상기시키고 나머지 부분을 채우게 용인하는 단순한 기억의 버팀목이 아니다. 그것은 우리에게 실제로 누가 누구에게 무엇을 했는가를 말해준다. 그래서 우리가 우디 앨런이 속독법을 배운 지 두 시간 뒤에 《전쟁과 평화》를 읽고 얻어낸 것("아, 몇 사람의 러시아인에 대한 이야기군.")보다 더 많은 것들을 대부분의 일련의 문장들에서 얻어낸다. 언어를 통해서 우리는 문어가 짝짓기 하는 법, 딸기주스 얼룩을 제거하는 법, 태드가 상심한 이유, 레드삭스가 뛰어난 구원투수 없이 월드시리즈에서 승리할 수 있을지 여부, 여러분 집의 지하실에서 원자폭탄 만드는 법, 캐서린 대제가 어떻게 죽었는지 따위를 알게 된다.

과학자들은 박쥐가 칠흑 같은 어둠 속에서 곤충을 덮치거나, 연어가 알을 낳기 위해 태어난 곳으로 회귀하는 것과 같은 우리 눈에는 요술처럼 보이는 자연의 신비를 보면서 그 이면에 숨겨진 작동원리를 찾는다. 박쥐의 신비의 비밀은 음파탐지기임이 판명되었고, 연어는 희미한 냄새의 흔적을 쫓는 것으로 알려져 있다. 그렇다면 사람이 개를 문다는 사실을 전달하는 호모 사피엔스의 능력 뒤에는 어떤 신비가 숨어 있을까?

사실 그 신비는 하나가 아닌 둘이며, 이것들은 19세기에 저술 활동을 했던 두 명의 유럽 학자들과 관련이 있다. 첫 번째 원리는 스위스의 언어학자 페르디낭 드 소쉬르에 의해 명료하게 표현된 '기호의 임의성,' 즉 소리와 의미의 완전히 관습적인 결합이다. '개' 라는 단어는 개처럼 보이지도, 개처럼 걷지도, 개처럼 짖지도 않지만 그래도 개를 의미한다. 이것은 모든 화자들이 어린 시절에 그 소리와 의미를 연결시키는 반복학습을 경험했기 때문이다. 이 표준화된 암기법으로 한 언어공동체의 구성원들은 엄청난 혜택, 즉 거의 순간적으로 마음에서 마음으로 하나의 개념을 전달할 수 있는 능력을 얻게 된다. 때때로 소리와 의미 사이의 엉뚱한 결합이 우리를 즐겁게 하기도 한다. 리처드 레더러가 《미친 영어》에서 지적했듯이, 우리는 parkway에서 drive(운전)하고, driveway에서 park(주차)한다. hamburger에는 ham(햄)이 없고, sweetbread에는 bread(빵)가 없다. blueberry는 blue(푸른색)이지만 cranberry는 cran(37.5갤런)이 아니다. 그러나 수신자가 형태에서 의미를 파악할 수 있도록 개념을 묘사하는 '미치지 않은' 대안을 생각해 보라. 그것은 우스꽝스러울 만큼 신뢰도는 떨어지지만 상당히 머리를 굴려야 하는 흥미진진한 과제여서 픽셔너리나 제스처게임 같은 파티게임으로 발전했다.

언어본능의 이면에 있는 두 번째 신비는 촘스키의 등장을 예고한 빌헬름 폰 훔볼트가 한 말에서 포착된다. 그는 언어가 "유한한 매체를 무한히 이용한다."라고 했다. 우리가 한 귀로 듣고 한 귀로 흘려버릴 Dog bites man과 뉴스가 되는 Man bites dog의 차이를 간파하는 것은 dog, man, bites가 조합되는 순서 덕분이다. 다시 말해, 우리는 단어들의 순서와 생각의 조합을 서로 번역하기 위한 어떤 기호체계를 사용하고 있다. 이 기호체계 혹은 규칙집을 생성문법이라고 한다. 앞에서도 말했지만 이것을 학교문법이나 문장론의 문법과 혼동하지 말기 바란다.

문법의 기저에 놓인 원리는 자연계에서 이례적인 것이다. 문법은 이산조합(離散組合) 체계의 한 예다. 유한한 수의 개별요소들(이 경우에는 단어들)이 조합되고 치환되어 그 요소들의 특성과는 아주 다른 특성을 띠는 더 큰 구조(이 경우에는 문장들)를 만들어 낸다. 예를 들어 Man bites dog의 의미는 그 문장 내에 있는 세 개의 단어 어느 것과도 다르며, 또 그 역순의 조합과도 다르다. 언어와 같은 이산조합 체계에서는 무한한 범위의 특성을 가진 무한한 수의 완전히 다른 조합들이 나올 수 있다. 자연계에서 주목을 끄는 또 하나의 이산조합 체계가 바로 DNA의 유전코드인데, 여기서는 4종류의 뉴클레오티드가 64종류의 코돈(유전정보의 최소단위. -옮긴이)으로 조합되고, 이 코돈들은 무한한 수의 각기 다른 유전자로 배열된다. 많은 생물학자들이 문법 조합의 원리와 유전자 조합의 원리 사이의 유사성을 적절히 이용하고 있다. 유전학 분야의 전문언어에 따르면 DNA 배열은 '철자'와 '구두점'을 포함하고 있고, '회문,' '무의미한,' '동의어' 등이 있으며, '전사(轉寫, 거꾸로 베끼기)' 되거나 '번역' 될 수 있으며, 심지어 '서고'에 저장된다. 노벨상을 수상한 면역학자 닐스 예르네는 자신의 노벨상 수상연설에 '면역체계의 생성문법'이라는 제목을 붙이기도 했다.

이와 달리 세상에 존재하는 대부분의 병합 체계들은 '혼합체계'다. 지질, 물감 배합, 요리, 소리, 빛, 날씨 등이 다 그렇다. 혼합체계에서 조합의 속성은 그 요소들의 속성 사이에 자리 잡으며, 각

요소들의 속성은 평균하기 혹은 뒤섞기 속에서 사라진다. 예를 들어, 붉은색 물감과 흰색 물감을 섞으면 분홍색 물감이 된다. 때문에 혼합체계에서는 속성의 폭이 대단히 제한적이며, 여러 가지 조합들을 구별하는 유일한 방법은 미세한 차이, 더 미세한 차이를 식별하는 것뿐이다. 무한하고 복잡한 디자인으로 우리에게 가장 깊은 인상을 주는 우주의 두 가지 체계, 즉 생명과 마음이 모두 이산조합 체계에 기초하고 있다는 사실은 우연이 아닐 것이다. 많은 생물학자들은 유전이 이산적이지 않다면 우리가 알고 있는 진화는 발생하지 않았을 것이라고 믿는다.

각 사람의 뇌에는 어휘사전, 그 어휘들이 지지하는 개념사전(즉 정신사전), 그리고 그 개념들 사이의 관계를 전달하기 위한 어휘조합규칙집(즉 정신문법)이 들어 있다. 이것이 언어가 작동하는 방식이다. 다음 장에서는 어휘의 세계를 탐험할 요량이다. 따라서 이 장에서는 문법 디자인만을 다루기로 한다.

문법이 이산조합 체계라는 사실은 두 가지 중요한 결과를 낳는다. 첫째는 언어의 방대함이다. 국회도서관에 소장된 아무 책에서나 무작위로 한 문장을 골라 보라. 아마 십중팔구 아무리 오래 서가를 뒤져도 그와 똑같은 문장을 찾아내지 못할 것이다. 평범한 사람이 만들어 낼 수 있는 문장 수는 말이 안 나올 만큼 엄청나다. 문장의 한 지점에서 화자의 말이 중단되었을 때, 그 지점에서 문법적이고 유의미한 방식으로 문장을 마무리하기 위해 끼워 넣을 수 있는 단어는 평균 10개 정도다(어느 지점에서 중단되었느냐에 따라 한 단어밖에 없을 수도 있고 수천 개의 단어가 될 수도 있다. 그 평균이 10개 정도다). 한 사람이 20개의 단어를 써서 하나의 문장을 만든다고 할 때, 그가 만들 수 있는 문장 수는 최소한 1020개(즉, 1조의 1억 배)다. 한 문장당 5초의 속도로 이 문장들을 전부 암기하려면 (먹고 자는 시간도 없이) 약 100조 년의 유년시절이 필요하다. 그런데 실은 20개의 단어는 너무 적게 잡은 수치다. 가령 조지 버나드 쇼는 110개의 단어를 써서 이해 가능한 문장을 만들었다.

Stranger still, though Jacques-Dalcroze, like all these great teachers, is the completest of tyrants, knowing what is right and that he must and will have the lesson just so or else break his heart(not somebody else' s… observe), yet his school is so fascinating that every woman who sees it exclaims: "Oh why was I not taught like this!" and elderly gentlemen excitedly enroll themselves as students and distract classes of infants by their desperate endeavours to beat two in a bar with one hand and three with the other, and start off on earnest walks around the room, taking two steps backward whenever M. Dalcroze calls out "Hop!" (더욱 이상한 것은, 다른 모든 위대한 교사들이 그랬듯이, 자크-달크로즈는 가장 완벽한 독재자였다는 점인데, 그는 무엇이 옳은지를 알고 있었고, 바로 그렇게 수업을 하는 것을 당연하게 여겼고 또 그렇게 하려고 했으며, 그렇게 하지 못하면 스스로[다른 사람이 아니라] 몹시 실망하는 사람이어서, 그의 수업을 참관한 부인들은 한결같이 "오, 나는 왜 저렇게 배우지 못했을까!" 하고 탄성을 터뜨렸으며, 나이든 신사들은 너무 흥분하여 스스로 학생으로 등록해서 열심히 한 손으로는 한 소절에 두 번씩을, 다른 한 손으로는 한 소절에 세 번씩을 두드리고, 진지하게 걸음새를 연습하고, 그러다 달크로즈 선생이 "깡충 뛰어!"라고 외칠 때마다 두어 발짝씩 뒷걸음질을 치곤 하는 바람에 어린아이들의 수업이 엉망이 될 지경이었다.)

칠십 평생이라는 사실을 무시한다면 우리는 무한수의 상이한 문장을 입 밖에 낼 수 있다. 정수의 개수는 무한하다. 아무리 큰 정수라도 거기에 1을 더하면 더 큰 정수가 된다. 똑같은 논리로 문장의 개수도 무한하다. 한때 《기네스북》은 가장 긴 영어 문장을 찾았노라고 주장했다. 윌리엄 포크너의 소설 《압살롬, 압살롬!》에 나오는 1,300개의 단어로 구성된 문장이었다. 이 문장은 다음과 같이 시작한다.

They both bore it as though in deliberate flagellant exaltation….

나는 다음 문장으로 포크너의 기록을 깨고 불멸의 명성을 얻고 싶다.

Faulkner wrote, "They both bore it as though in deliberate flagellant exaltation…."

그러나 이 신기록은 단 10분도 버티지 못하고 곧 다음 문장에게 자리를 내 주고 만다.

Pinker wrote that Faulkner wrote, "They both bore it as though in deliberate flagellant exaltation…."

그리고 이 문장 역시 다음 문장에 밀려나게 된다.

Who cares that Pinker wrote that Faulkner wrote, "They both

bore it as though in deliberate flagellant exaltation…"?

이것은 무한히 계속된다. 유한한 매체의 무한한 사용으로 말미암아 인간의 두뇌는 우리가 흔히 만나는 모든 인공적 언어장치들, 예를 들어 말하는 인형, 문 닫으라고 성가시게 구는 자동차, 명랑한 음성우편안내("자세한 정보를 원하시면 별표를 눌러주세요.") 등과 확연히 구별된다. 이 언어장치들은 모두 사전에 미리 완성되어 있는 유한수의 문장을 사용한다.

문법이 이산조합 체계라는 사실이 낳은 두 번째 결과는 그것이 인지능력으로부터 벗어난 자율적인 기호체계라는 점이다. 문법은 의미를 표현하기 위해 단어를 조합하는 방법을 특정한다. 그러한 특정은 우리가 전형적으로 전달하고자 하는, 또는 우리가 예상하는 바 다른 사람들이 우리에게 전달하고자 하는 어떤 의미들로부터 독립되어 있다. 우리가 상식적으로 해석할 수는 있지만 영어의 문법 기호체계에는 어긋나는 단어열들을 감지할 수 있는 것은 그 때문이다. 다음은 우리가 쉽게 해석할 수는 있지만 올바로 구성되지 않았음을 감지할 수 있는 단어열들의 몇 가지 사례다.

Welcome to Chinese Restaurant. Please try your Nice Chinese Food With Chopsticks:the traditional and typical of Chinese glorious history and cultual.

It' s a flying finches, they are.

The child seems sleeping.

Is raining.

Sally poured the glass with water.

Who did a book about impress you?

Skid crash hospital.

Drum vapor worker cigarette flick boom.

This sentence no verb.

This sentence has contains two verbs.

This sentence has cabbage six words.

This is not a complete. This either.

이 문장들은 '비문법적'이다. 여기서 '비문법적'이라는 말은 분리부정사나 현수분사(분사의 의미상 주어가 주절의 주어와 다른 분사), 혹은 그밖에 시골 여선생을 괴롭히는 온갖 것들과 관련해서 비문법적이라는 의미가 아니라, 보통의 상용어 화자들이 무슨 뜻인지는 알겠는데 뭔가가 잘못되었다는 것을 직관적으로 감지하게 된다는 의미다. 한마디로 이러한 비문법성은 우리가 문장을 해석하는 고정된 기호체계를 소유한 결과다. 일부 단어열에 대해 그 의미를 추측할 수는 있으나, 그 화자가 문장을 생산할 때 그리고 우리가 문장을 해석할 때 사용하는 것과 동일한 기호체계를 사용했다는 확신이 없는 것이다. 비슷한 이유 때문에 컴퓨터는 인간 청자보다 비문법적인 입력에 대해 더 까다롭게 굴며, 다음과 같은 너무나 낯익은 메시지로 불쾌감을 표시한다.

〉PRINT (x + 1

***** SYNTAX ERROR *****

한편 반대의 경우도 발생한다. 전혀 의미가 통하지 않는데도 문법적이라고 인정되는 문장들이 있다. 그 고전적인 예는 《바틀렛의 인용구사전》에 실린 하나뿐인 촘스키의 문장이다.

Colorless green ideas sleep furiously.

구문과 의미가 서로 무관할 수 있음을 보여주기 위해 고안된 문장인데, 실은 이 점은 촘스키 훨씬 전에 이미 지적된 적이 있었다. 19세기에 유행했던 무의미 시와 산문은 바로 그러한 인식에 바탕한 것이다. 다음은 무의미 시의 대가로 공인된 에드워드 리어가 쓴 시의 일부다.

It' s a fact the whole world knows,
That Pobbles are happier without their toes.
(파블들이 발가락이 없어서 더 행복하다는 것은
온 세상이 알고 있는 사실이라네.)

마크 트웨인은 한때 내용보다는 감미로움 때문에 많이 씌어졌던 자연에 대한 낭만적 묘사를 다음과 같이 개작하여 조롱했다.

It was a crisp and spicy morning in early October. The lilacs and laburnums, lit with the glory-fires of autumn, hung burning and flashing in the upper air, a fairy bridge provided by kind Nature for the wingless wild things that have their homes in the tree-tops and would visit together ; the larch and the pomegranate flung their purple and yellow flames in brilliant broad splashes along the slanting sweep of the woodland ; the sensuous fragrance of innumerable deciduous flowers rose upon the swooning atmosphere ; far in the empty sky a solitary esophagus slept upon motionless wing ;

everywhere brooded stillness, serenity, and the peace of God.

때는 10월 초의 상쾌하고[꽁꽁 얼어 바삭거리고] 향긋한[외설적인] 아침이었다. 라일락과 러버넘 꽃들은 가을을 찬미하는 불꽃을 밝히고 높은 하늘에 매달린 채 빛을 발하며 타올랐다. 친절한 자연은 날개 없는 야생동물들을 위해 가상의[동성애의] 다리를 놓았고, 그들은 우듬지에 집을 짓고 서로 오가곤 했다. 낙엽송과 석류나무는 자줏빛과[선정적이고] 노란빛의[노골적인] 불꽃을 크고 눈부신 얼룩으로[사정으로] 삼림지대의 경사진 사면을 따라 뿌려대고 있었다. 수많은 일년생 꽃들의 감각적인 향기가 희미해지는[기절할 것 같은] 대기 위로 올라왔다. 멀리 텅 빈 하늘에서 움직임 없는 날개[축 처진 팔]에 기대 홀로 남겨진 식도는 잠이 들었다. 사방은 고요와 평온과 신의 평화로 아늑했다.

또 다 알고 있겠지만, 루이스 캐롤의 《거울 나라의 앨리스》에 나오는 시는 이렇게 끝난다.

And, as in uffish thought he stood,

The Jabberwock, with eyes of flame,

Came whiffling through the tulgey wood,

And burbled as it came!

One, two! One, two! And through and through

The vorpal blade went snicker-snack!

He left it dead, and with its head

He went galumphing back.

"And hast thou slain the Jabberwock?
Come to my arms, my beamish boy!
O frabjous day! Callooh! Callay!"
He chortled in his joy.

'Twas brillig, and the slithy toves
Did gyre and gimble in the wabe:
All mimsy were the borogoves,
And the mome raths outgrabe.

어수선한 생각에 잠겨 있자니,
재버워크가 눈에 불꽃을 튀기며
털지나무 사이로 흔들흔들,
부글대며 달려왔다!

하나, 둘! 하나, 둘! 서슬이 시퍼런
보펄 칼로 푹푹 찔렀다!
그는 재버워크를 죽이고
머리를 잘라 의기양양하게 돌아왔다.

"네가 재버워크를 죽였다고?
이리 오너라, 내 빛나는 아들아!
오, 멋진 날이구나! 칼루! 칼리!"
그는 기뻐서 껄껄 웃었다.
저녁 무렵, 유연활달 토우브가
언덕배기를 선회하며 뚫고 있었다.

보로고브들은 모두 우울해했고,

침울한 라스는 끼익거리고 있었다.*

*번역문은 《거울 나라의 앨리스》(손영미 옮김, 시공주니어),

pp. 31-32에서 인용.

앨리스는 "어쩐지 여러 가지 생각으로 머릿속을 가득 채우는 것 같긴 한데 그게 뭔지는 잘 모르겠어!"라고 말한다. 그렇다. 상식적 감각과 상식적 지식으로 도무지 이해할 수 없는데도, 영어 화자들은 이 구절들을 문법적이라고 인식하며, 마음의 규칙들을 통해 추상적이긴 하지만 정확한 의미구조를 이끌어낸다. 앨리스는 "하여튼 누군가가 누군가를 죽인 건 분명해…"라는 결론을 내린다. 또 《바틀렛》에 인용된 앞의 촘스키의 문장을 읽은 사람은 누구나 다음과 같은 질문을 던질 것이다. '무엇이 잠들었다고? 어떻게? 잠든 게 하나야 몇 개야? 그건 어떤 종류의 생각이지?'

인간 언어의 기저에 깔린 조합 문법은 어떻게 작동할까? 마이클 프레인의 소설 《깡통인간》에는 단어를 순서대로 조합하는 가장 간단한 방법이 설명되어 있다. 주인공 골드바세르는 자동화를 연구하는 한 연구소의 공학자다. 그는 '마비된 소녀 다시 춤출 결심을 하다.'와 같이 일간지에서 전형적으로 볼 수 있는 기사들을 자동으로 작성하는 컴퓨터시스템을 고안해야 했다. 다음 대목에서 그는 왕실 행사와 관련된 기사를 작성하는 프로그램을 테스트하고 있다.

그는 서류정리함을 열고 첫 번째 카드를 뽑았다. Traditionally라고 적혀 있었다. 이제 coronations, engagements, funerals, weddings, comings of age, births, deaths, the churching of women이라고 적힌 카드들 가운데서 임의로 하나를 고르는 일만 남았다. 전날 그는 funerals를 뽑았고, 그래서 다음 방향은 한 치의 오차도 없이 are occasions for mourning이라고 적힌 카드로 이어졌다. 오늘 그는 눈을 감고 weddings를 뽑았기 때문에 그 뒤에 are occasions for rejoicing이 이어졌다.

논리적 순서상 The wedding of X and Y가 뒤따랐고, 이제 is no exception과 is a case in point 가운데 하나를 고르는 선택권이 그에게 주어졌다. 그 둘 앞에는 indeed가 있었다. 사실 골드바세르는 누군가가 어떤 행사로 시작했든, 그러니까 그것이 corons이든 deaths든 births든 그 사람은 바로 이 세련된 병목지점(indeed를 가리킴.—옮긴이)에 도달하게 된다는 것을 알아냈고, 동시에 강렬한 수학적 쾌감을 느꼈다. 그는 indeed에서 잠시 멈춘 후 곧이어 it is a particularly happy occasion과 rarely 그리고 can there have been a more popular young couple을 꺼냈다.

다음 선택에서 골드바세르는 X has won himself/herself a special place in the nation' s affections를 뽑았으므로 and the British people have clearly taken Y to their hearts already로 계속 진행해야 했다. 골드바세르는 fitting이라는 단어가 아직 나오지 않았음을 알고 놀랐으며 약간은 불안해졌다. 그러나 그것은 바로 다음 카드인 it is especially fitting that에서 나왔다.

이로써 그는 the bride/bridegroom should be로 넘어갈 수 있었고, of such a noble and illustrious line, a commoner in these democratic times, from a nation with which this country has long enjoyed a particularly close and cordial relationship과 from a nation with which this country' s relations have not in the past been always happy 중에서 맘대로 고를 수 있게 되었다. 마지막에서 fitting을 특히 잘 사용했다고 느낀 골드바세르는 이제 의도적으로 다시 한 번 그 단어를 골랐다. 그것은 It is also fitting that이라고 적힌 카드였고, 곧바로 we should remember와 X and Y are not merely symbols—they are a lively young man and a very lovely young woman이 뒤따랐다.

골드바세르는 눈을 감고 다음 카드를 뽑았다. 거기에는 in these days when이라고 적혀 있었다. 그는 it is fashionable to scoff at the traditional morality of marriage and family life를 선택할지, 아니면 it is no longer fashionable to scoff at the traditional morality of marriage and family life를 선택할지를 놓고 고민했다. 그는 이번에는 후자가 바로크풍의 화려함에서 더 낫다고 판단했다.

이것을 단어연결기(전문용어로는 '유한상태 모델' 혹은 '마르코프 모델'이라고 한다)라고 부르기로 하자. 이 단어연결기에는 한 묶음의 단어목록에서 다음 단어목록으로 이동할 수 있도록 인도해주는 일련의 지침들이 내장되어 있다. 프로세서가 한 목록에서 한 단어를 선택하고, 그 다음 목록에서 한 단어를 선택하는 방식으로 하나의 문장을 만들어 낸다(상대방이 말하는 문장을 알아듣기 위해 청자는 순서대로 배열된 목록에 따라 단어들을 점검한다). 단어연결기의 이러한 방식은 프레인의 소설 같은 풍자문학에서 장광설을 만들어 내는 DIY 레시피로서 곧잘 사용된다. 가령 단어연결기의 한 예로 '사회과학 전문용어 생성 프로그램'이 있다고 하자. 이 프로그램은 첫 번째 열에서 임의로 한 단어를 고르고, 그 다음에 두 번째 열에서 한 단어를 고르고, 또 세 번째 열에서 한 단어를 골라 이것들을 죽 연결함으로써 '귀납적인 집합성의 상호의존(inductive aggregating interdependence)' 같은 자못 인상적인 용어를 만들어 내는 것이 그 작동원리다.

dialectical	participatory	interdependence
defunctionalized	degenerative	diffusion
positivistic	aggregating	periodicity
predicative	appropriative	synthesis
multilateral	simulated	sufficiency
quantitative	homogeneous	equivalence
divergent	transfigurative	expectancy
synchronous	diversifying	plasticity
differentiated	cooperative	epigenesis
inductive	progressive	constructivism
integrated	complementary	deformation
distributive	eliminative	solidification

최근에 나는 숨 막히는 책 표지문안을 생성하는 단어연결기와 밥 딜런의 노래가사를 생성하는 단어연결기를 본 적이 있다.

단어연결기는 이산조합 체계의 가장 단순한 예다. 왜냐하면 유한한 수의 요소들을 이용해 무한한 수의 각기 다른 조합을 만들어 낼 수 있기 때문이다. 고작 패러디일 뿐인 단어연결기가 무한한 수의 문법적인 영어 문장을 생성할 수 있는 것이다. 다음은 극히 단순한 예다.

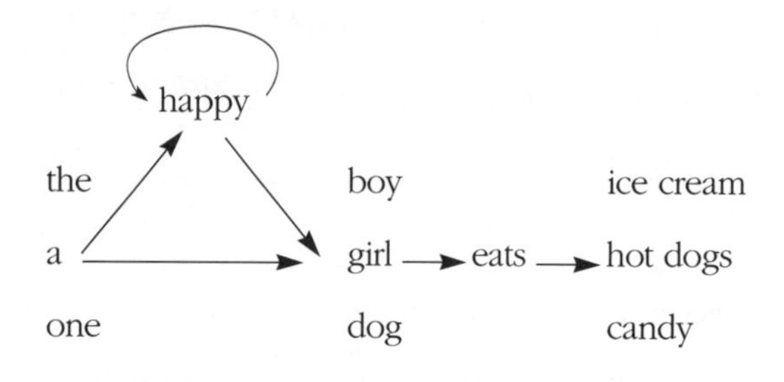

이 도식은 A girl eats ice cream과 The happy dog eats candy 등 같은 수많은 문장을 조립해 낸다. 그것이 무한한 수의 문장을 조립할 수 있게 되는 것은 The happy dog eats ice cream, The happy happy dog eats ice cream 과 같이 happy 목록을 몇 차례고 반복적으로 사용할 수 있게 해 주는 위의 폐쇄 순환고리 덕분이다.

엔지니어가 특정한 순서로 단어를 조합하는 시스템을 구축하려고 할 때 아마 제일 먼저 머리에 떠오르는 것이 바로 이와 같은 방식의 단어연결기일 것이다. 114에서 전화번호를 알려주는 녹음된 음성이 그 좋은 예다. 거기에는 10개의 숫자가 억양 없는 목소리로 각각 일곱 번씩 녹음되어 있다(전화번호 첫 자리에 하나, 두 번째 자리에 하나, … 등등). 이렇게 도합 70개의 녹음만으로 1,000만 개의 전화번호가 조합된다. 3자릿수의 지역번호를 위한 30개의 녹음을 추가하면 100억 개의 전화번호가 조합된다(현실적으로는 전화번호 첫 자리에 0과 1이 없는 등의 제약으로 인해 사용되지 않는 번호도 많다). 사실 영어를 하나의 거대한 단어사슬로 모델화하려는 진지한 노력이 진행되어 왔다. 이것이 현실화되려면 하나의 단어목록에서 다른 목록으로 이행하는 방식에 영어에서 그 단어들이 실제로 연결될 확률이 반영되어야 한다(예를 들어 that 뒤에는 indicates보다 is가 나올 확률이 훨씬 크다). 많은 영어 텍스트를 컴퓨터로 분석하거나, 광범한 설문을 통해 특정한 단어 또는 단어군 다음에 가장 먼저 떠오르는 단어가 무엇인지를 조사해 봄으로써 이러한 '이행 확률'의 거대한 데이터베이스를 구축하기도 했다. 일부 심리학자들은 인간의 언어가 뇌에 저장된 거대한 단어사슬을 토대로 하고 있다고 주장하기도 했다. 그러한 생각은 자극반응이론과 일맥상통한다. 즉, 하나의 자극이 그 반응으로서 하나의 구어를 이끌어낸다는 것이다. 이때 화자는 자신의 반응을 지각하게 되는데, 이러한 자극이 다시 다음 자극으로서 작용하고 그에 따른 반응으로서 몇 개의 단어들 가운데 하나가 유도되고… 하는 식으로 자극과 반응이 이어진다는 것이다.

그러나 단어연결기가 마치 프레인의 패러디 같은 패러디들을 위한 기성품처럼 보인다는 사실은 영 미심쩍다. 다양한 패러디에 공통된 한 가지 핵심은 풍자의 대상이 너무 한심하고 판에 박혀 있어서 아주 단순한 기계적 방법만으로도 현실에서 거의 통용될 것 같은 무수한 예문들을 대량으로 만들어 낼 수 있다는 점이다. 유머가 유머인 것은 그 둘 사이의 간극 때문이다. 사실 우리는 보통 사람은 물론이고 사회과학자들이나 기자들을 단어연결기로 여기지 않는다. 단지 그렇게 보일 뿐이다.

문법에 관한 현대적인 연구는 촘스키에 의해 단어연결기가 그저 좀 미심쩍은 정도가 아니라는 것이 밝혀짐으로써 개시되었다. 단어연결기는 인간 언어의 작동방식에 대한 깊고도 근본적인 오해다. 그것 역시 이산조합 체계지만, 틀린 체계다. 세 가지 문제가 있는데, 각각의 문제마다 언어가 실제로 작동하는 방식의 몇 가지 측면들을 보여준다.

첫째, 영어 문장은 영어 단어들이 서로 연결될 확률에 따라 연결된 단어열이 전혀 아니다. 촘스키의 문장 Colorless green ideas sleep furiously를 떠올려 보라. 그는 무의미한 말도 문법적일 수 있을 뿐 아니라 있음직하지 않은 단어열도 문법적일 수 있음을 보여주기 위해 이 문장을 만들어 냈다. 영어 텍스트에서 colorless라는 단어 다음에 green이란 단어가 뒤따를 확률은 전혀 없다. green 다음에 ideas, ideas 다음에 sleep, sleep 다음에 furiously가 뒤따를 확률도 마찬가지다. 그럼에도 불구하고 이 단어열은 완전한 형태를 갖춘 영어 문장이다. 거꾸로, 확률분포도에 따라 단어 사슬을 조립해 만들어 낸 단어열은 완전한 형태를 갖춘 문장과는 거리가 멀다. 예를 들어, 네 단어 묶음 다음에 올 가능성이 가장 높은 단어들을 추정한 다음, 가장 나중의 네 단어를 보고 그 다음 단어를 결정하는 방식으로 단어열을 조금씩 늘려 보자. 이 단어열은 얼핏 영어와 비슷하지만 영어가 아니다. 다음 문장은 그 한 예다.

> House to ask for is to earn our living by working towards a goal for his team in old New-York was a wonderful place wasn' t it even pleasant to talk about and laugh hard when he tells lies he should not tell me the reason why you are is evident.

영어 문장과 영어 비슷한 단어사슬 사이의 불일치로부터 두 가지를 알 수 있다. 첫째, 사람들이 언어를 배울 때 그들은 단어를 순서에 맞게 늘어놓는 법을 배우지만, 이러한 학습은 어떤 단어 뒤에 어떤 단어가 오는가를 기록함으로써 이루어지는 것이 아니다. 사람들은 어떤 단어 범주(명사, 동사 등) 뒤에 어떤 단어 범주가 오는가를 기록함으로써 언어를 학습한다. 즉, 우리가 colorless green ideas를 알아듣는 것은 그것이 strapless black dresses 같이 좀더 익숙한 배열들에서 배운 형용사와 명사의 어순과 똑같은 어순을 가지고 있기 때문이다. 둘째, 명사와 동사와 형용사를 꼬리에 꼬리를 무는 하나의 긴 사슬로 무작정 이어붙이는 것이 아니라, 단어를 적재적소에 배치하여 문장을 만드는 더 상위의 청사진 또는 설계도가 있다.

어쩌면 단어연결기를 충분히 영리하게 설계함으로써 이런 문제들을 해결할 수 있을지도 모른다. 그러나 촘스키는 인간의 언어가 일종의 단어사슬이라는 생각 자체를 결정적으로 반박했다. 그는 단어연결기가 얼마나 크든, 또 얼마나 확률분포도에 충실하든 상관없이 그러한 장치로는 특정한 영어 문장들을 생산할 수 없다는 것을 증명했다. 다음 문장을 보자.

Either the girl eats ice cream, or the girl eats candy.

If the girl eats ice cream, then the boy eats hot dogs.

언뜻 보면 이 문장들은 쉽게 만들어질 것 같다.

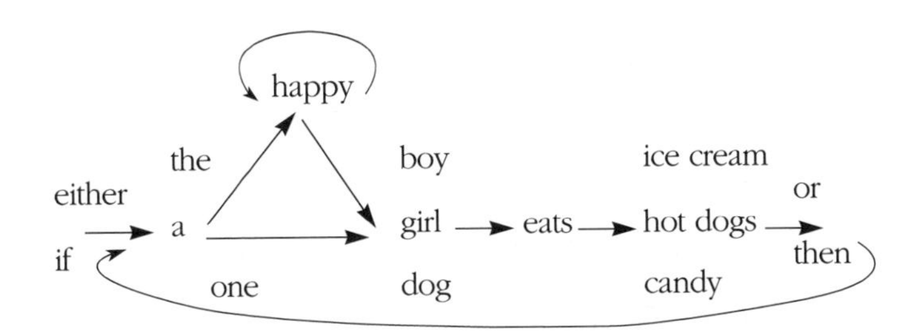

그러나 이 장치에는 문제가 있다. Either 뒤에는 반드시 or가 온다. 따라서 아무도 Either the girl eats ice cream, then the girl likes candy라고 하지 않는다. 마찬가지로 if에는 then이 필요하다. 아무도 If the girl eats ice cream, or the girl likes candy라고 하지 않는다. 문장 앞부분의 어떤 단어와 문장 뒤의 특정 단어가 서로 호응하도록 하기 위해 이 장치는 그 사이에 들어갈 모든 단어들을 생성하는 동안 반드시 앞 단어를 내내 기억하고 있어야 한다. 바로 이 점이 문제다. 단어연결기는 건망증 환자여서 방금 선택한 단어목록만 기억할 뿐 이전의 단어들을 전혀 기억하지 못한다. 프로세서가 or와 then이 포함된 목록에 도착할 무렵에 첫 단어가 if였는지 either였는지 기억할 방도가 없다. 우리의 관점에서는 도로지도에서 도로의 첫 번째 분기점을 찾아보듯이 그 장치가 처음에 어떤 선택을 했는지를 알 수 있지만, 한 목록에서 다음 목록으로 개미처럼 기어 다니는 이 장치에는 기억수단이 전혀 없다.

어쩌면 여러분은 문장 뒷부분에서 앞에서 선택한 것들을 기억할 필요가 없도록 이 장치 자체를 재설계하는 것이 별로 어렵지 않아 보일지도 모른다. 이를테면 either와 or, 및 이 둘 사이에 들어갈 수 있는 모든 단어열을 하나의 거대한 사슬로 묶어 버리고, 또 if와 then, 및 이 둘 사이에 들어갈 수 있는 모든 단어열 역시 하나의 거대한 사슬로 묶어 버리는 것이다. 그런 다음, 다음 작업으로 넘어가는 것이다. 이렇게 하면 다음 쪽에서 보듯이 이 책의 판형으로는 가로쓰기가 안 될 만큼 아주 긴 사슬이 나올 것이다. 이 안은 즉시 문제를 드러내는데, 바로 세 개의 동일한 하위망이 존재하게 되는 것이다. either와 or 사이에 들어갈 수 있는 단어들은 예외 없이 if와 then 사이, or 뒤, then 뒤에도 들어갈 수 있다. 그런데 이와 같은 능력은 사람들이 말을 할 수 있도록 해 주는 머릿속 장치가 어떤 것이든 간에 그 장치의 설계도에 따라 자연스럽게 발휘되어야 한다. 설계자가 동일한 지시문을 세 번씩이나 꼼꼼하게 작성해야 발휘되는 능력이어서는 안 된다(좀더 현실적으로 말하면,

어린아이가 이 영어 문장 구조를 세 차례나 학습함으로써만이 발휘되어서는 안 된다. 이와 같은 식이라면 아이들은 동일한 문장 구조를 if와 then 사이에서 한 번, either와 or 사이에서 한 번, 그리고 then이나 or 뒤에서 한 번, 도합 세 번씩이나 배워야 한다).

그런데 촘스키는 문제가 이보다 훨씬 더 심각하다는 사실을 보여주었다. 각 문장은 자신을 포함해서 어떤 문장 안에도 놓일 수 있다.

> If either the girl eats ice cream or the girl eats candy, then the boy eats hot dogs. (만약 그 소녀가 아이스크림을 먹거나 그 소녀가 캔디를 먹는다면, 그 소년은 핫도그를 먹는다.)
>
> Either if the girl eats ice cream then the boy eats ice cream, or if the girl eats ice cream then the boy eats candy. (만약 그 소녀가 아이스크림을 먹으면 그 소년은 아이스크림을 먹거나, 만약 그 소녀가 아이스크림을 먹으면 그 소년은 캔디를 먹는다.)

첫 번째 문장의 경우, 이 장치는 나중에 순서에 맞게 or와 then으로 문장을 계속할 수 있기 위해 if와 either를 기억해야 한다. 두 번째 문장의 경우, 이 장치는 then과 or로 문장을 완성하기 위해 either와 if를 기억해야 한다. 이러한 사태는 계속된다. 원칙적으로 하나의 문장을 시작할 수 있는 if와 either의 수에는 제한이 없고, 그 매 문장마다 문장을 완결하기 위해 뒤따라야 할 그만의 then과 or의 순서가 필요하다. 매 문장만의 목록 사슬로서 기억해 둔 단어열을 끄집어낸다는 것은 어불성설이다. 왜냐하면 필요한 것은 무한한 수의 단어사슬인데, 뇌의 용량은 유한하기 때문이다.

이 논의는 다분히 형식론적인 인상을 줄지도 모른다. 현실의

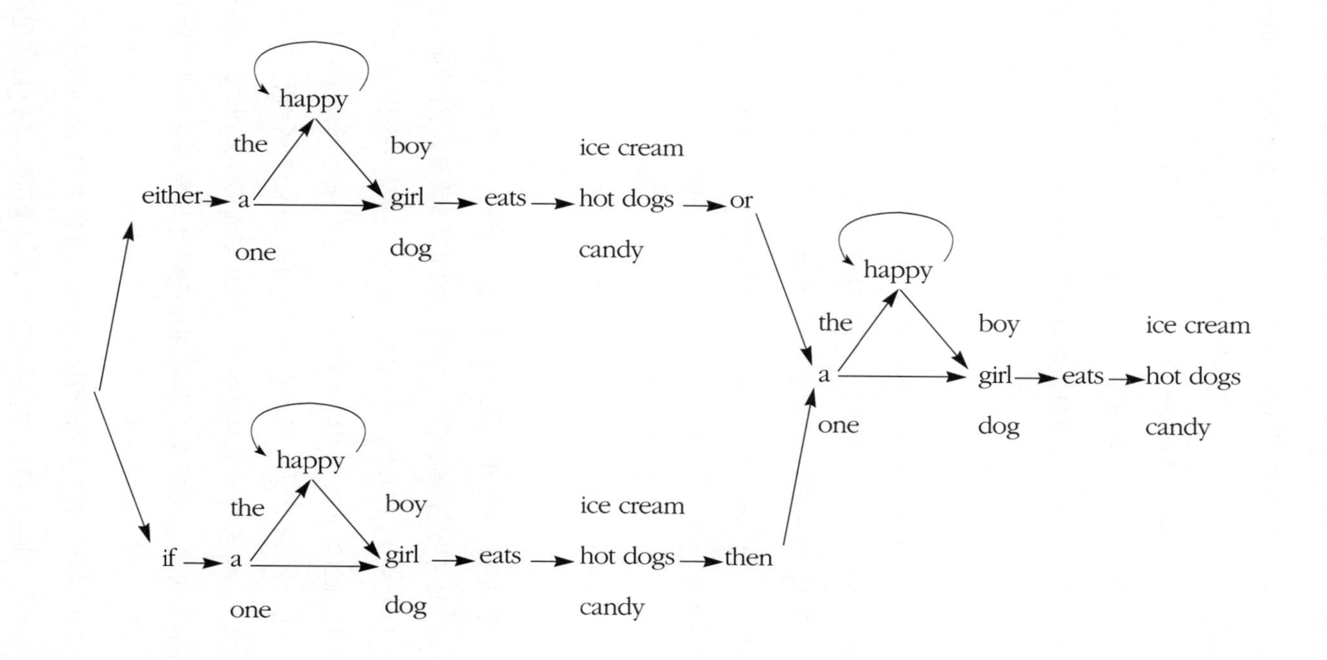

happy
the
boy
ice cream
either
a
girl
eats
hot dogs
or
one
dog
candy
happy
the
boy
ice cream
a
girl
eats
hot dogs
one
dog
candy
happy
the
boy
ice cream
if
a
girl
eats
hot dogs
then
one
dog
candy

어떤 사람도 Either either if either if if로 문장을 시작하지 않는데, 그 사람의 모형인간이 then…then…or…then…or…or로 그 문장을 완성하든 말든 무슨 상관이겠는가? 그러나 촘스키는 수학자의 미학을 빌어 언어의 속성 가운데 가장 간단한 예인 either~or와 if~then의 상호작용을 이용하여 단어연결기로는 이러한 종속관계—앞선 단어와 뒤따르는 단어 사이의 '원거리 종속관계'—를 다룰 수 없다는 것을 입증했다.

사실 언어에는 종속관계가 아주 많은데, 사람들은 그것을 즐겨 사용할 뿐만 아니라 종종 여러 개를 동시에 사용하기도 한다. 그러나 단어연결기는 이것을 하지 못한다. 다음은 한 문장이 어떻게 5개의 전치사로 끝날 수 있는가를 보여주는 노(老) 문법가의 유머다. 아빠가 아이에게 동화를 읽어주기 위해 이층의 침실로 들어간다. 아이는 그 책을 보고는 얼굴을 찡그리며 이렇게 묻는다. "Daddy, what did you bring that book that I don't want to be read to out of up for?" 아이는 read를 말하는 순간까지 머릿속에 4개의 종속관계를 온전히 머릿속에 담아두었던 것이다. 즉, to be read는 to를 필요로 하고, that book that은 out of를 필요로 하고, bring은 up을 필요로 하고, what은 for를 필요로 한다(for what / bring up / out of that book / to be read to me.—옮긴이). 좀 더 훌륭한 실생활에서의 예문을 《TV 가이드》의 독자투고란에서 볼 수 있다.

How Ann Salisbury can claim that Pam Dawber's anger at not receiving her fair share of acclaim for Mork and Mindy's success derives from a fragile ego escapes me. (어떻게 앤 셀리스베리가 《모크와 민디》의 성공에 대해 쏟아지는 갈채 중 그녀의 공

정한 몫을 받지 못해서 야기된 팜 도버의 분노가 나약한 자아에서 비롯된 것이라고 주장할 수 있는지 나는 이해할 수 없다.)

not이란 단어를 쓰는 시점까지 이 글을 투고한 사람은 다음 네 가지 문법적 관계를 염두에 두어야 했다. ① not은 -ing를 필요로 한다(her anger at not receiving acclaim). ② at은 '명사 혹은 동명사'를 필요로 한다(her anger at not receiving acclaim). ③ 단수 주어인 Pam Dawber's anger와 거기서 14개의 단어 뒤에 나오는 동사가 수(數) 일치를 이루어야 한다(Dawber's anger…derives from). ④ How와 함께 문장을 시작하는 단수 주어와 거기서 27개의 단어 뒤에 나오는 동사가 수일치를 이루어야 한다(How… escapes me). 이와 마찬가지로 여러분도 이 문장을 해석하는 동안 이 종속관계들을 기억해야 한다. 여기서 화자가 기억할 필요가 있는 종속관계의 수에 현실적인 한계가 있다면(이를테면 4개), 기술적으로는 이러한 문장들까지도 처리할 수 있도록 단어연결기 모델을 보완할 수 있을 것이다. 그러나 이렇게 되면 이 장치는 터무니없이 용량초과 상태가 되고 만다. 수천 개의 종속관계 조합 하나하나에 대해 그와 동일한 사슬이 이 장치 안에 복제되어야 하기 때문이다. 한 사람의 기억에 그러한 거대 단어사슬을 집어넣으려다가는 뇌 용량이 금세 고갈되고 말 것이다.

단어연결기에서 볼 수 있는 인공적인 조합체계와 인간의 두뇌에서 볼 수 있는 자연적인 조합체계의 차이는 조이스 킬머의 시에 나오는 "오직 신만이 나무를 만들 수 있다."는 한 문장으로 요약된다. 문장은 사슬이 아니라 나무다. 잔가지가 모여서 굵은 가지가 되듯이 인간의 문법에서는 단어가 모여 구가 된다. 구에는 이름(마음의 상징)이 붙여지며, 작은 구들이 합쳐져서 더 큰 구를 이룬다.

The happy boy eats ice cream이라는 문장을 살펴보자. 이 문장은 하나의 단위로서 함께 매달려 있는 세 개의 단어 the happy boy라는 명사구로 시작된다. 영어에서 명사구(NP)는 명사(N), 때로 그 명사에 선행하는 관사나 한정사(det), 무한한 수의 형용사(A)로 구성된다. 이 모두가 영어 명사구의 일반적 형태를 규정하는 하나의 규칙으로 집약된다. 언어학 표준표기법에 따르면, 화살표는 '-로 구성되다'를 의미하고, 소괄호는 '수의적(隨意的)'임을 의미하며, 별표(*)는 '임의의 다수(원하는 만큼의 많은 수)'를 의미한다. 그러나 내가 이 규칙을 제시하는 것은 단지 이 규칙의 모든 정보가 몇 개의 기호만으로 정확히 포착될 수 있음을 보여주기 위해서다. 여러분은 표기법은 무시하고 그 아래의 일상어휘로 번역된 문장만 봐도 된다.

NP → (det) A* N
"명사구는 하나의 수의적인 한정사와, 그 뒤에 오는 임의의 수의 형용사, 그 뒤에 오는 하나의 명사로 구성된다."

이 규칙은 거꾸로 선 나뭇가지의 형태를 띤다.

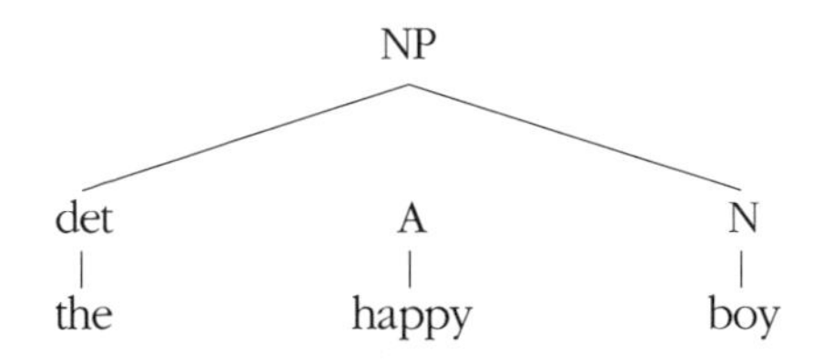

여기에는 두 가지 규칙이 더 있는데, 하나는 영어 문장(S)을 규

정하는 규칙이고, 다른 하나는 술부 혹은 동사구(VP)를 규정하는 규칙이다. 양자에는 모두 NP라는 기호가 필수요소로 들어간다.

S → NP VP
"하나의 문장은 명사구와 그 뒤에 오는 동사구로 이루어진다."

VP → V NP
"동사구는 동사와 그 뒤에 오는 명사구로 이루어진다."

이제는 어떤 단어들이 어떤 언어범주(명사, 동사, 형용사, 전치사, 한정사)에 속하는가를 지정하는 정신사전이 필요하다.

N → boy, girl, dog, cat, ice cream, candy, hot dogs
"명사는 다음 목록에서 끌어낼 수 있다:boy, girl, …."

V → eats, likes, bites
"동사는 다음 목록에서 끌어낼 수 있다:eats, likes, bites."

A → happy, lucky, tall
"형용사는 다음 목록에서 끌어낼 수 있다:happy, lucky, tall."

det → a, the, one
"한정사는 다음 목록에서 끌어낼 수 있다:a, the, one."

내가 열거한 일련의 규칙들, 즉 '구 구조 문법'은 뒤집어진 나뭇가지에 단어가 매달린 형태로 문장을 보여준다.

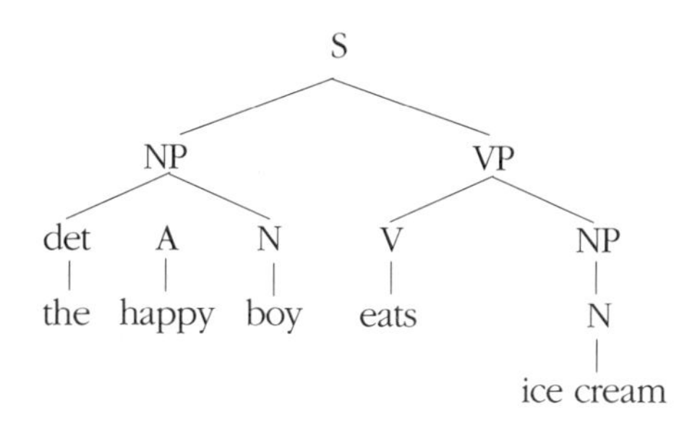

단어를 제자리에 배치하는 눈에 보이지 않는 상부구조는 단어연결기의 문제점을 해소해 주는 유용한 발명품이다. 핵심적인 통찰은 나무가 전화선을 연결하는 잭이나 정원의 호스 커넥터처럼 모듈식(式) 구성이라는 점이다. 'NP'와 같은 기호는 특정한 형태의 커넥터이거나 부속품이다. 일단 한 종류의 구가 하나의 규칙에 의해 규정되어 거기에 연결기호가 주어지면, 그것은 다시 규정될 필요가 전혀 없다. 그 구는 해당 소켓이 있는 곳이면 어디든 접속될 수 있다. 예를 들어 내가 앞서 목록화한 '작은 문법'에 따르면 'NP'라는 기호는 문장의 주어로도 사용될 수 있고(S → NP VP), 동사구의 목적어로도 사용될 수 있다(VP → V NP). 좀더 현실적인 문법에서 그것은 전치사의 목적어로(near the boy), 간접목적어로(give the boy a cookie), 소유격 구(the boy' s hat)와 그 밖의 여러 자리에서 사용된다. 이 플러그 소켓 배열은 동일한 종류의 구가 한 문장의 여러 위치에서 어떻게 사용될 수 있는지를 잘 설명해 준다.

[The happy happy boy] eats ice cream.

I like [the happy happy boy].

I gave [the happy happy boy] a cookie.

[The happy happy boy]' s cat eats ice cream.

주어에 대해 형용사가 명사에 선행한다는 것(그 반대가 아니라)을 학습하고, 목적어에 대해 똑같은 것을 학습하고, 간접목적어에 대해 다시 한 번, 소유격에 대해 다시 한 번 학습할 필요가 없다.

또한 일체의 구와 일체의 자리와의 무차별적인 짝짓기는 문법을 단어의 의미와 관련된 우리의 상식적 예상으로부터 벗어난 자율적인 것으로 만들어 준다는 점도 기억해 두자. 이는 왜 우리가 문법에 위반된 글을 쓰고, 또 그 문법 위반을 간파할 수 있는지를 설명해 준다. 앞에서 제시한 작은 문법만으로도 우리는 The girl bites the dog처럼 뉴스가 될 만한 사건을 전달할 수 있을 뿐 아니라, The happy happy candy likes the tall ice cream 같은 온갖 colorless green 유의 문장구조를 규정할 수 있다.

가장 흥미로운 것은 기호가 매달린 구 구조 수형도의 가지들이 전체 문장을 지배하는 기억장치, 즉 전체 설계도로서 작용한다는 점이다. 그 덕분에 if~then과 either~or 따위의 원거리 종속관계들을 쉽게 처리할 수 있다. 필요한 것은 자신과 똑같은 종류의 사본을 가진 구를 규정하는 하나의 규칙뿐이다.

S → either S or S

"하나의 문장은 either라는 단어, 그 뒤에 붙는 하나의 문장, 그 뒤에 붙는 or라는 단어, 그 뒤에 붙는 또 다른 문장으로 구성될 수 있다."

S → if S then S

"하나의 문장은 if라는 단어, 그 뒤에 붙는 하나의 문장, 그 뒤에 붙는 then이라는 단어, 그 뒤에 붙는 또 다른 문장으로 구성될 수 있다."

이러한 규칙은 하나의 기호의 한 가지 예를 그와 동일한 기호의 다른 예 안에 끼워 넣는다(여기서는 한 문장 속의 또 다른 문장). 이것이 바로 무한한 수의 구조들을 생성할 수 있게 하는 뛰어난 기술인데, 논리학자들은 이것을 '순환'이라고 한다. 각각의 조각들은 공통의 마디에서 갈라져 나온 가지들처럼 질서정연하게 묶여 더 큰 문장을 이룬다. 그 마디는 다음 도식에서처럼 각각의 either와 그에 속하는 or, 또 각각의 if와 그에 속하는 then을 함께 묶는다(삼각형은 잔가지들이 다 보이면 혼란스러울 뿐이므로 단축한 것이다).

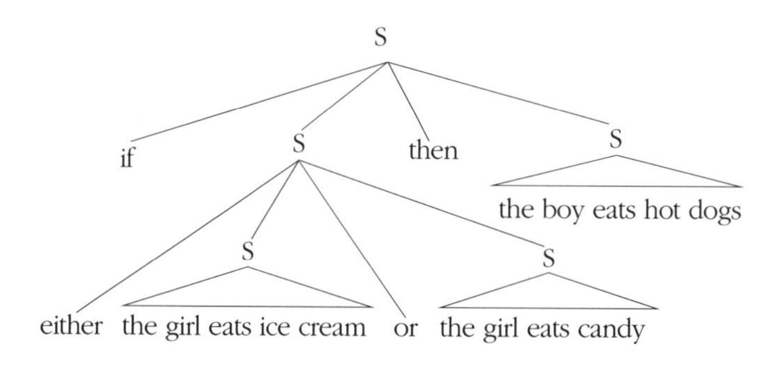

하나의 문장이 마음의 나무로 한데 묶일 수 있다고 생각하는 데는 또 다른 이유가 있다. 나는 지금까지 단어들을 문법적인 순서로 연결하는 것에 대해서만 이야기하고 그 의미는 무시해 왔다. 그러나 단어들을 구로 묶는 것은 문법적인 문장과 그것의 적절한 의미, 다시 말해 정신어의 덩어리들을 연결시키기 위해서도 필요하다. 우리는 위에서 이 문장이 소년이 아니라 소녀가 아이스크림을 먹고 있다는 것, 그리고 소녀가 아니라 소년이 핫도그를 먹고 있다는 내용의 글이라는 것을 알고 있다. 또한 소년의 몫은 소녀의 몫에 따라 결정되며, 그 반대가 아니라는 것도 알고 있다. 이것은 girl과 ice cream이 그 자신의 구 안에 결합되어 있고, boy와 hot dogs도 그러하며, 소녀와 관련된 두 문장 또한 그러하기 때문이다. 단어연결기에서 이것은 그저 한 단어 뒤에 연결된 또 다른 하나의 단어에 불과하지만, 구 구조 문법에서는 나무구조 속의 단어 결합이 정신어의 개념들 사이의 관계까지도 반영한다. 그러므로 구 구조는 마음속의 상호결합된 개념망을 선택하여 그것을 입 밖으로 한 번에 하나씩 말할 수 있도록 단어열로 부호화해야 한다는 기술적 문제의 해결책이기도 하다.

언어와 사고가 왜 서로 다를 수밖에 없는가에 대해 3장에서 언급한 몇 가지 이유들 가운데 하나를 상기해 보면 어떻게 눈에 보이지 않는 구 구조가 의미를 결정하는가를 알 수 있다. 3장에서 우리는 언어의 특정 부분이 서로 다른 두 개의 개념에 조응할 수 있다는 것을 알았다. 나는 Child' s Stool Is Great for Use in Garden과 같은 예를 들었는데, 여기서 stool이라는 단어는 정신사전에서 두 가지 항목에 해당하는 두 가지 의미를 지닌다. 그러나 때로는 각각의 개별 단어들이 오직 한 가지 의미만을 가지는 경우에도 전체 문장이 두 가지 의미를 띨 때가 있다. 《애니멀 크래커스》라는 영화에서 그라우쵸 막스는 다음과 같이 말한다. "I once shot an elephant in my pajamas. How he got into my pajamas I' ll never know(나는 언젠가 내 잠옷 속으로 들어온 코끼리를 쏜 적이 있다. 어떻게 그놈이 내 잠옷 속에 들어왔는지는 모르겠다./ 나는 언젠가 내 잠옷을 입은 코끼리를 쏜 적이 있다. 어떻게 그놈이 내 잠옷을 입었는지 모르겠다)." 다음은 우연히 신문에서 발견한 이와 비슷한 중의성의 예들이다.

Yoko Ono will talk about her husband John Lennon who was killed in an interview with Barbara Walters.
(오노 요코는 죽은 남편 존 레논에 관해 바바라 월터스와의 인터뷰에서 이야기할 것이다./ 오노 요코는 바바라 월터스와의 인터뷰 도중

에 죽은 남편 존 레논에 대해 이야기할 것이다.)

Two cars were reported stolen by the Groveton police yesterday.

(어제 두 대의 차량이 도난당했다고 그로브턴 경찰에 의해 보고되었다./ 어제 두 대의 차량이 그로브턴 경찰에 의해 도난당했다고 보고되었다.)

The license fee for altered dogs with a certificate will be $3 and for pets owned by senior citizens who have not been altered the fee will be $1.50. (증명서가 있으면 거세한 개에 대한 면허 비용은 3달러이고, 거세되지 않은 고양이를 노인이 소유한 경우 비용은 1.50달러이다./ 증명서가 있으면 거세한 개에 대한 면허 비용은 3달러이고, 거세되지 않은 노인이 소유한 고양이의 경우 비용은 1.50달러이다.)

Tonight's program discusses stress, exercise, nutrition, and sex with Celtic forward Scott Wedman, Dr. Ruth Westheimer, and Dick Cavett.

(오늘밤 프로그램에서는 셀틱스의 포워드 스콧 웨드먼, 루스 웨스트하이머 박사 그리고 딕 카벳과 함께 스트레스, 운동, 영양, 섹스에 관해 논의합니다./ 오늘밤 프로그램에서는 스트레스, 운동, 영양, 그리고 셀틱스의 포워드 스콧 웨드먼, 루스 웨스트하이머 박사, 그리고 딕 카벳과의 섹스에 관해 논의합니다.)

We will sell gasoline to anyone in a glass container.

(우리는 누구에게든 휘발유를 유리용기에 담아 판매합니다./ 우리는 유리용기 속에 든 사람이면 누구에게든 휘발유를 판매합니다.)

For sale : Mixing bowl set designed to please a cook with round bottom for efficient beating.

(팝니다 : 효과적으로 저을 수 있도록 바닥이 둥글게 설계되어 요리사가 만족할 수 있는 믹싱볼 세트./ 둥근 엉덩이를 가진 요리사가 만족할 수 있도록 설계된 믹싱볼 세트.)

각각의 문장이 두 가지 의미를 띠는 것은 단어들이 다른 방법으로 마디에 연결될 수 있기 때문이다. 예를 들어 discuss sex with Dick Cavett의 경우 이 문장을 쓴 이가 아래 그림 중 왼쪽 나무구조에 따라 썼다면('PP'는 전치사구를 의미), sex는 논의의 주제이고, Dick Cavett는 그 주제를 함께 논할 사람이다.

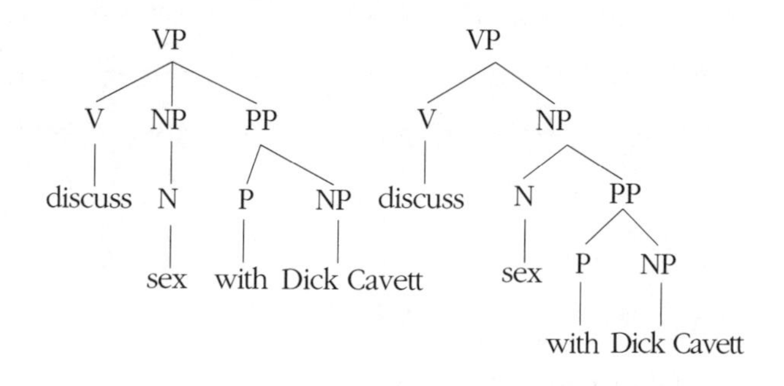

그러나 그 단어들을 오른쪽 나무구조에 따라 분석하면 전혀 다른 의미가 된다. sex with Dick Cavett이란 단어들이 하나의 나뭇가지를 형성하면 Dick Cavett과의 sex가 논할 주제가 된다.

구 구조는 분명 언어를 구성하는 재료다. 그러나 내가 여러분에게 보여준 것은 장난에 불과하다. 이 장의 나머지 부분에서 나는 언어가 어떻게 작동하는가에 대한 촘스키의 최근 이론을 본격적으로 설명할 것이다. 촘스키의 저작들은 마크 트웨인의 입장에서 볼 때 '누구나 읽지 않은 것을 후회하면서도 아무도 읽으려 하지 않는' 이른바 '고전'이다. 마음, 언어, 인간 본성을 주제로 '촘스키가 말한 모든 인간 언어에 공통된 심층적 의미구조'를 언급하고 있는(두 가지 잘못이 있는데 뒤에서 살펴볼 것이다) 수많은 대중서들 가운데 하나를 우연히 펼쳐보았을 때, 나는 지난 25년간 씌어진 촘스키의 책들이 그 대중서를 쓴 저자의 서재에서 한 번도 펼쳐지지 않은 채 그대로 꽂혀 있었다는 것을 알 수 있었다. 많은 사람들이 정신에 대해 깊이 사색해 보고 싶어 하면서도 언어의 작동방법에 관한 세부사항들을 철저히 연구하는 데는 인내심을 발휘하지 않는다. 그들의 조급성은 《피그말리온》에서 엘리자 두리틀이 "난 문법을 이야기하고 싶은 게 아니에요. 난 꽃집에 있는 아가씨처럼 이야기하고 싶단 말예요."라고 불평하면서 헨리 히긴스에게 보여주었던 조급성과 똑같다.

비전문가들은 훨씬 더 극단적으로 반응한다. 셰익스피어의 《헨리 6세》 2막에서 반역자인 도살업자 딕이 한 말은 유명하다. "우리가 할 첫 번째 일이야. 모든 법률가들을 죽여 버리자고." 이보다 덜 유명하지만 딕은 세이 경의 목을 베자는 또 다른 제안을 한다. 왜 그랬을까? 다음은 폭도들의 지도자인 잭 케이드가 제출한 고발장이다.

> 그대는 문법학교를 설립하여 왕국의 젊은이들을 가장 반역적으로 타락시켰다…. 그대가 명사와 동사, 그리고 기독교인들의 귀에 거슬리는 혐오스러운 단어들을 즐겨 언급하는 사람들을 주위에 두고 있음이 그대 면전에서 밝혀질 것이다.

그리고 촘스키의 저작에 등장하는 다음과 같은 전형적인 구절을 본다면 누가 문법공포증 환자를 비난할 수 있겠는가?

요약하면, 0–층위 범주(zero–level category)의 흔적이 적절히 지배되어야 한다는 가정 아래 다음과 같은 결론에 도달했다. ① VP는 I에 의해 α–표지된다. ② 어휘적 범주들만이 L–표지자이므로 VP는 I에 의해 L–표지되지 않는다. ③ α–지배(α–government)는 (35)의 제약이 없으면 자매관계로 제한된다. ④ 단지 Xo–연쇄의 종단 요소만이 α–표지나 격 표지를 할 수 있다. ⑤ 핵어의 핵어로의 이동은 A–연쇄를 형성한다. ⑥ 지정어와 핵어의 일치, 그리고 연쇄들은 동일 지표를 갖는다. ⑦ 연쇄 동지표 표시(Chain coindexing)는 확대사슬의 구성요소에도 적용된다. ⑧ I의 우연한 동지표 표시는 존재하지 않는다. ⑨ I–V는 핵어–핵어 일치의 한 형태이다. 이러한 동지표 표시가 양상동사로 한정된다면, (174)형태의 기저생산 구조는 부가구조로 간주된다. ⑩ 동사는 그 동사의 α–표지된 보어를 고유지배(properly govern)하지 못할 수도 있다.

이 모두가 불행한 일이다. 사람들, 특히 마음의 본성에 대해 장광설을 늘어놓는 이들은 인간이 말하고 이해하는 데 사용하는 기호체계에 대해 솔직한 호기심을 가져야 한다. 그리고 언어를 전문적으로 연구하는 학자들은 그런 호기심이 충족될 수 있음을 알아야 한다. 어느 쪽이든 촘스키의 이론을 전문가들이나 몇 마디 늘어놓을 수 있는 신비한 주술로 간주할 필요는 없다. 그것은 그 이론이 해결하려는 문제들을 이해하기만 한다면 직관적으로 파악할 수 있는, 언어구조에 관한 과학적 발견들이다. 사실 문법이론에 대한 통찰은 사회과학 분야에서는 보기 드문 지적 즐거움을 제공해준다. 1960년대 말 내가 고등학교에 입학해서 그 '중요성'에 따라 선택과목을 선택하던 때에 라틴어의 인기는 급속히 내리막길을 걷고 있었다(고백하자면 나 같은 학생들 때문에). 라틴어 선생님이었던 릴리 여사는 로마의 건국을 축하하는 파티를 열어 인기를 만회해 보려고 했지만 소용이 없었다. 그녀는 라틴어 문법이 정확성과 논리성, 일관성을 요구하므로 정신을 갈고닦는 데 좋다며 우리를 설득하려고 애썼다(오늘날 그런 주장은 컴퓨터프로그래밍 선생님들이 할 법하다). 일면 릴리 여사의 말은 타당하다. 그러나 라틴어 어형변화표가 문법의 고유한 아름다움을 전달할 수 있는 최상의 방법은 아니다. 오히려 보편문법의 핵심을 통찰하는 것이 훨씬 흥미로운데, 그 이유는 그것이 더 일반적이고 우아하기 때문이 아니라, 죽은 언어가 아닌 살아 있는 마음에 관한 것이기 때문이다.

명사와 동사부터 시작해 보자. 문법 선생님들은 여러분에게 품사를 어떤 의미류와 등치시키는 문구를 외우게 했을 것이다.

명사는 어떤 사물의 이름이다 ;
school, garden, hoop, swing 등.
동사는 행해지고 있는 것을 말한다 ;
read, count, sing, laugh, jump, run 등.

그러나 언어와 관련된 대부분의 문제처럼 선생님은 그것을 정확하게 가르치지 못했다. 사람이나 장소, 사물에 대한 대부분의 이름이 명사인 것은 사실이지만, 대부분의 명사가 사람이나 장소, 사물의 이름은 아니다. 명사에는 여러 종류의 의미가 있다.

the destruction of the city [행위]
the way to San Jose [길]
whiteness moves downward [성질]
three miles along the path [공간의 척도]

It takes three hours to solve the problem. [시간의 척도]

Tell me the answer. [대답이 무엇인가 하는 질문]

She is a fool. [범주 또는 종류]

a meeting [사건]

the square root of minus two [추상적 개념]

He finally kicked the bucket. [완전한 무의미] (그는 결국 자살했다.)

마찬가지로 count나 jump처럼 행위가 이루어지고 있음을 뜻하는 단어들이 대개 동사이긴 하지만, 동사는 정신적 상태(know, like), 소유(own, have), 개념들 사이의 추상적 관계(falsify, prove) 등을 나타내기도 한다.

반대로 being interested와 같이 하나의 개념이 여러 가지 품사로 표현될 수도 있다.

her interest in fungi [명사]

Fungi are starting to interest her more and more. [동사]

She seems interested in fungi. Fungi seem interesting to her. [형용사]

Interestingly, the fungi grew an inch in an hour. [부사]

그렇다면 품사는 의미류가 아니다. 그것은 체스의 말이나 포커의 칩처럼 어떤 공식적인 규칙을 따르는 일종의 토큰이다. 예를 들어 명사는 단지 명사적인 일을 행하는 단어일 뿐이다. 그것은 관사 뒤에 오고, 그 뒤에 's를 붙일 수 있으며, 그 밖의 몇 가지 일을 수행하는 단어다. 개념과 품사 범주 사이에는 관련성이 존재하지만, 그것은 아주 미묘하고 추상적인 관계다. 우리가 세상의 한 측면을 확인하고, 계산하고, 측정할 수 있는 어떤 것으로, 사건들 속에서 역할을 행할 수 있는 어떤 것으로 해석할 때, 그것이 물질적인 것이든 아니든 간에 언어는 종종 그것을 하나의 명사로 표현할 수 있게 해 준다. 예를 들어 우리가 '떠나야 할 이유가 세 가지 있다.' 라고 말할 때, 우리는 그 이유들을 마치 사물인 듯이(물론 우리는 이유라는 것을 말 그대로 테이블 위에 놓여 있거나 발에 채여 방 안에 굴러다니는 것이라고 생각하지는 않지만) 세고 있는 것이다. 마찬가지로 우리가 세상의 어떤 측면을 상호작용하는 몇몇 참여자들이 관련된 하나의 사건이나 상태로 해석할 때, 언어는 종종 그것을 동사로 표현하게 해 준다. 예를 들어 우리가 '상황이 비상수단을 정당화했다.' 라고 말할 때, 우리는 '정당화'를 마치 그 상황이 행한 어떤 것인 양 말한다. 하지만 이번에도 우리는 '정당화'가 특정한 시간과 장소에서 발생하는 것을 눈으로 볼 수 있는 어떤 것이 아님을 알고 있다. 명사는 주로 사물의 이름에 사용되고 동사는 행해지고 있는 어떤 것에 사용되지만, 인간의 마음은 현실을 다양한 방식으로 해석할 수 있기 때문에 명사와 동사를 그러한 용도로만 사용하지는 않는다.

그렇다면 단어들을 더 굵은 가지에 묶는 구는 어떠한가? 현대 언어학이 발견한 가장 흥미로운 것들 중 하나는 세상에 존재하는 모든 언어의 모든 구에는 공통된 구조가 있는 것 같다는 점이다.

영어의 명사구(NP)를 살펴보자. 명사구는 반드시 그 안에 있어야 하는 하나의 특별한 단어, 즉 명사를 본떠 명명되었다. 명사구가 지니는 대부분의 특징은 바로 그 하나의 명사에서 비롯된다. 예를 들어 the cat in the hat이라는 명사구는 '고양이'를 지칭하는 것이지 '모자'를 지칭하는 것이 아니다. cat이라는 단어의 의미가 구 전체의 의미의 핵심이다. 마찬가지로 fox in socks라는 명사구도 '양말'을 지칭하는 것이 아니라 '여우'를 지칭하는 것이고, 구 전체가 단수인 것(즉 우리는 The fox in socks is/was here라고 하지 -are/were here라고 하지 않는다)은 여우가 단수이기 때문이다. 이 특별한 명사를 그 구의 '핵어'라 하며, 그 단어로 인해 기억 속에 저장된 정보가 최고점의 마디까지 '삼투되어' 올라온다. 이 경우에 그 명사는 전체적으로 그 구를 특징짓는 것으로 이해된다. 동사구의 경우도 마찬가지다. flying to Rio before the police catch him은 flying의 예이지 catching의 예가 아니므로 여기서는 동사 flying이 이 구의 핵어다. 여기서 우리는 구의 의미는 구 안에 있는 단어의 의미로부터 구축된다는 첫 번째 원리를 보게 된다. 구 전체가 말하는 바는 그 구의 핵어가 말하는 바다.

두 번째 원리는 우리가 구를 통해 단지 세상에 있는 개개의 사물이나 행동을 지칭하는 것이 아니라, 각자 특정한 역할을 가지고 특정한 방식으로 상호작용하는 일단의 행위자들을 지칭할 수 있다는 것이다. 예를 들어 Sergey gave the documents to the spy라는 문장은 단지 '준다'는 흔히 있는 행위만을 말하는 것이 아니다. 그것은 Sergey(수여자), documents(수여물), spy(수령자)라는 세 개의 실체를 배치한다. 일반적으로 이 역할수행자들을 '논항'이라 부르는데, 그 의미는 말다툼과는 아무 상관이 없다. 이것은 논리학이나 수학에서 어떤 관계의 참여자들을 일컫는 용어다. 마찬가지로 명사구도 picture of John, governor of California, sex with Dick Cavett에서처럼 하나 혹은 그 이상의 행위자들에 역할을 할당할 수 있다. 이들에게는 각각 하나의 역할이 규정된다. 핵어와 그 역할수행자들—주어 역할은 특별하므로 여기서 제외된다—은 명사구나 동사구보다 작은 하위구로 묶인다. 이 하위구에는 생성 언어학의 매력을 반감시켜 온 N, V 같은 기억하기 쉽지 않은 이름표가 달려 있는데, 'N-바'와 'V-바'라는 명칭은 이러한 표기방식에서 나온 것이다.

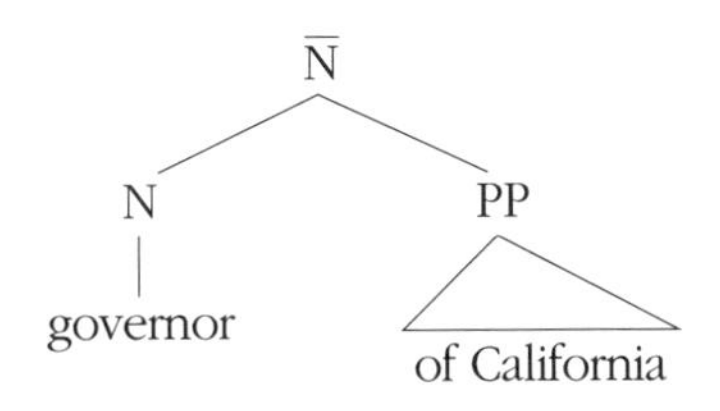

구의 세 번째 필수성분은 하나 혹은 그 이상의 수식어구(전문용어로는 '부가어'라고도 한다)다. 수식어구는 역할수행자와는 다르다. the man from Illinois라는 구를 살펴보자. '일리노이 출신의 사람'이라는 것은 '캘리포니아 주지사'라는 것과는 다르다. 주지사이기 위해서는 어떤 곳의 주지사여야 한다. '캘리포니아적' 성질은 어떤 사람이 '캘리포니아의' 주지사임을 의미하는 데서 하나의 역할을 수행한다. 이와 달리 from Illinois는 단지 우리가 어떤 사람에 대해 이야기하고 있는가를 확인하기 위해 부가하는 단편적인 정보에 불과하다. 어떤 주 출신이라는 것은 한 사람이 가지는 의미의 고유한 부분이 아니다. 역할수행자와 수식어(전문용어를 빌면 논항과 부가어) 사이의 이러한 의미 차이는 구 구조 수형도의 형태를 결정한다. 역할수행자는 N-바 내부에서 핵어 명사 옆에 머물지만, 수식어구는 NP라는 구조물 내부이긴 하지만 한 층 위로 올라간다.

구 구조의 형태에 대한 이러한 제약은 기호법에만 국한되지 않는다.

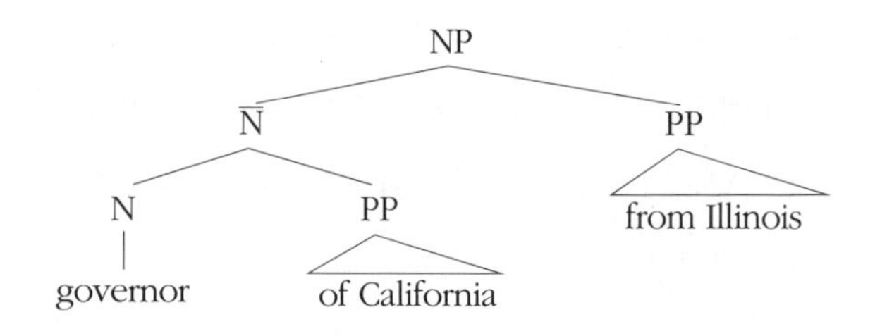

그것은 언어규칙들이 어떻게 우리의 두뇌 속에 구축되어 우리가 말하는 방식을 통제하는가를 설명해 주는 하나의 가설이다. 이러한 제약은 하나의 구에 역할수행자와 수식어구가 모두 포함되어 있는 경우에 역할수행자가 수식어구보다 핵어에 더 가까이 있는 까닭을 잘 설명해 준다. 수식어구가 다른 나무의 가지들과 엇갈리지 않고서는 핵어인 명사와 역할수행자 사이에 끼어들(즉 N-바의 중간에 외부 단어를 끼워 넣을) 길이 없다. 가지가 엇갈리면 불법이다. 로널드 레이건은 캘리포니아 주지사를 지냈지만 태어난 곳은 일리노이 주의 탐피코였다. 그때 그는 the governor of California from Illinois(역할수행자, 수식어구 순)로 지칭될 수 있었다. 그를 the governor from Illinois of California라고 지칭한다면 이상하게 들린다. 좀더 분명한 예로 1964년 상원의원 선거에 출마하려는 야심을 가졌던 로버트 F. 케네디는 이미 누군가가 매사추세츠의 상원 두 석(한 석은 그의 동생 에드워드가)을 모두 차지하고 있다는 부담스러운 현실에 직면했다. 그래서 그는 뉴욕으로 거주지를 옮겨 거기서 상원에 출마하였으며 마침내 the senator from New York from Massachusetts(매사추세츠 출신의 뉴욕 상원의원)가 되었다. 아무도 그를 the senator from Massachusetts from New York이라고 지칭하지 않았다. 이러한 호칭은 세 명의 상원의원을 배출한 유일한 주에서 산다고 자랑삼아 말하던 매사추세츠 주민들의 농담과 비슷하긴 하지만 말이다.

흥미롭게도 이와 같이 N-바와 NP에 적용되는 원리가 V-바와 VP에도 적용된다. Sergey gave those documents to the spy in a hotel이라는 문장을 보자. to the spy라는 구는 동사 give의 역할수행자 중 하나다. 받는 사람 없이 준다는 것은 있을 수 없으니까. 그러므로 to the spy는 V-바 내에서 핵어 동사 옆에 위치하게 된다. 그러나 in a hotel은 수식어구로서 하나의 설명, 즉 부가 표현에 지나지 않으며, 따라서 VP 내의 V-바 바깥에 위치하게 된다. 그러므로 구들은 애초부터 순서가 정해진다. 우리는 gave the documents to the spy in the hotel이라고 하지, gave in a hotel the documents to the spy라고 하지 않는다. 그러나 핵어에 동반되는 구가 하나뿐인 경우에는 그 구는 역할수행자(V-바 내부)일 수도 있고, 수식어구(V-바 바깥이자 VP 내부)일 수도 있다. 물론 두 경우 모두 단어들의 실제 순서는 같다. 다음 신문기사를 보자.

> One witness told the commissioners that she had seen sexual intercourse taking place between two parked cars in front of her house. (그녀는 성교가 벌어지는 것을 자신의 집 앞에 주차된 두 대의 자동차 사이에서 보았다고 위원들에게 말했다/ 그녀는 자신의 집 앞에서 주차된 두 대의 자동차가 벌이는 성교를 보았다고 위원들에게 말했다.)

옆 차에서 벌어지는 일을 보고 기분이 상했던 그 여자는 마음속으로 between two parked cars를 수식어구로 해석했겠지만, 삐딱한 시선으로 보기 좋아하는 독자들은 이것을 역할수행자로 해석한다.

구의 네 번째이자 마지막 성분은 주어를 위해 마련된 특별한 위치다(언어학자들은 이것을 'SPEC' [speck으로 발음]이라 부르는데, specifier의 줄임말이다). 주어는 특별한 역할수행자로서 대개의 경우 원인을 나타내는 행위자다. 예를 들어 the guitarists destroy the hotel room이라는 동사구의 주어는 the guitarists라는 구다. 그것은 the hotel room being destroyed로 구성되는 사건의 원인을 나타내는 행위자다. 실제로 명사구 또한 그와 동일한 명사구인 the guitarists' destruction of the hotel room에서처럼 주어를 가질 수 있다. 다음은 동사구와 명사구를 완전히 해부한 그림이다.

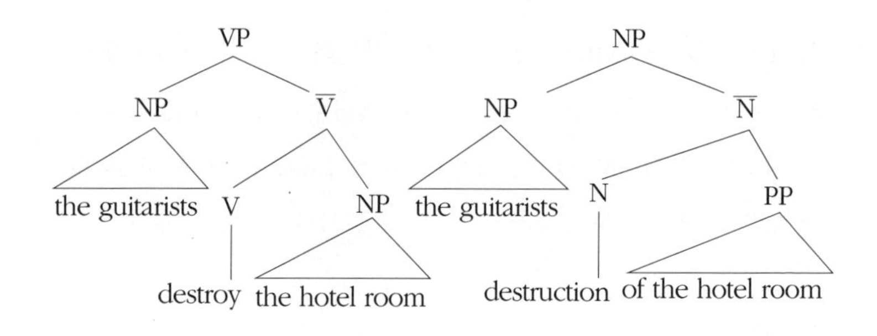

이제 이야기가 흥미로워지기 시작한다. 여러분은 명사구와 동사구가 다음과 같은 공통점을 가지고 있다는 것을 알아차렸을 것이다. ① 그 구에 이름을 제공하고, 그 구가 말하는 바를 결정하는 하나의 핵어의 존재. ② 하위구(N-바 또는 V-바) 내부에서 핵어와 함께 묶여지는 역할수행자들의 존재. ③ N-바 또는 V-바 외부에 위치하는 수식어구의 존재. ④ 하나의 주어의 존재. 명사구 내부의 배열과 동사구 내부의 배열은 똑같다. 명사구에서도 명사는 역할수행자 앞에 놓이며(the of the hotel room destruction이 아니라 the destruction of the hotel room이다), 동사구에서도 동사는 역할수행자 앞에 놓인다(to the hotel room destroy가 아니라 to destroy the hotel room). 수식어구들은 모두 오른쪽으로 가고 주어는 왼쪽으로 간다. 마치 두 개의 구 모두에 적용되는 표준설계도가 있는 듯하다.

실제로 이러한 설계도는 도처에서 발견된다. 예를 들어 전치사구(PP) in the hotel을 살펴보자. 이 전치사구에는 하나의 핵어, 즉 '내부 영역'과 비슷한 어떤 것을 의미하는 전치사 in이 맨 왼쪽에 있으며, 그 다음에 그 내부 영역의 내용을 나타내는 역할수행자(여기서는 hotel)가 온다. 형용사구(AP)도 마찬가지다. afraid of the wolf에서 핵어 형용사 afraid는 두려움의 원인인 역할수행자 앞에 놓인다.

이 공통의 설계도 덕분에 화자의 머릿속에 들어 있는 것이 무엇인지를 파악하기 위해 긴 규칙목록을 작성할 필요가 없다. 언어 전체에 대해 오로지 단 한 쌍의 거대 규칙만 있으면 된다. 명사, 동사, 전치사, 형용사의 구별은 와해되고, 이 네 가지 모두가 하나의 변수 X로 통칭될 수 있다. 하나의 구는 바로 그 핵어의 성질을 물려받으므로(a tall man은 일종의 man이다) 명사가 핵어인 구를 '명사구'라 부르는 것은 번거로울 뿐이다. 그것은 핵어 명사의 명사성(핵어 명사가 사람이라는 것을 비롯한 그 밖의 핵어 명사의 모든 정보)이 삼투되어 올라와 구 전체를 특징짓기 때문에 그냥 'X구'라고 부르면 된다. 이제 거시규칙은 다음과 같다(이전과 마찬가지로 규칙 자체가 아니라 규칙의 요약에 초점을 둔 것이다).

XP → (SPEC) X YP*

"구는 하나의 수의적인 주어와 그 뒤에 오는 하나의 X-바, 그리고 수에 상관없이 그 뒤에 오는 수식어구로 이루어진다."

X → X ZP*

"X-바는 하나의 핵어와 수에 상관없이 그 뒤에 오는 역할수행자들로 이루어진다."

X, Y, Z의 자리에 명사, 동사, 형용사, 또는 전치사를 끼워 넣기만 하면 이 구 구조규칙은 모든 구들을 만들어 낸다. 이렇게 간소화된 구 구조 이론을 'X-바 이론'이라고 한다.

구에 대한 이러한 범용의 청사진은 다른 언어에도 적용된다. 영어에서는 구의 핵어가 역할수행자 앞에 온다. 그러나 이와 정반대의 어순을 가진 언어도 많다. 이러한 언어에서는 모든 구에서 어순이 정반대다. 예를 들어 한국어에서는 동사가 목적어의 앞이 아니라 뒤에 온다. 그래서 '철수가 먹었다 밥을'이 아니라 '철수가 밥을 먹었다'가 된다. 전치사는 명사구 다음에 온다. '에게 철수'가 아니라 '철수 에게'다(그래서 전치사가 아니라 '토씨(후치사),' 즉 '뒤에 딸린 말'로 불린다). 형용사는 그것의 보어 뒤에 온다. 그래서 '크다 더 보다 철수'가 아니라 '철수보다 더 크다'가 된다. 의문문을 표시하는 단어들조차도 뒤집혀 있다. 그 순서는 대략 '니 철수가 먹었?'이 아니라 '철수가 먹었니?'이다. 한국어와 영어는 서로를 거울에 비춘 언어다. 이러한 일관성은 수십 개의 다른 언어에서도 발견된다. 어떤 언어가 영어처럼 목적어 앞에 동사가 놓인다면 그 언어에는 전치사가 있을 것이고, 한국어에서처럼 목적어 뒤에 동사가 놓인다면 그것은 후치사를 가질 것이다.

이것은 주목을 끄는 발견이다. 그것은 이 거시규칙들이 영어의 모든 구는 물론이고 모든 언어의 모든 구에 적용된다는 것이다. 다만 이 거시규칙에서 왼쪽에서 오른쪽으로 배열되는 순서를 제거하는 수정이 요구될 뿐이다. 수형도는 유아용 모빌이 된다. 그 규칙 가운데 하나는 다음과 같을 것이다.

X → {ZP*, X}

"X-바는 순서에 상관없이 하나의 핵어 X와 수에 상관없는 역할수행자들로 구성된다."

영어라면 X-바 내에서의 어순을 위해 '핵어 선치'라는 간단한 정보를 추가하면 된다. 한국어라면 '핵어 후치'라는 정보를 추가하면 된다. 마찬가지로 또 하나의 거시규칙(구를 위한 거시규칙)도 '왼쪽에서 오른쪽'이라는 순서를 제거해 중립화시킬 수 있으며, 특정 언어에 맞게 'X-바 선치' 또는 'X-바 후치' 가운데 한 가지 정보를 덧보태는 것으로 재구성할 수 있다. 하나의 언어를 다른 언어와 구분지우는 정보를 '매개변항'이라고 한다.

사실, 거시규칙은 특정한 구에 대한 정확한 청사진이라기보다는 구의 형태에 대한 범용한 지침이나 원리에 더 가까워 보인다. 이 원리는 한 언어의 어순 매개변항을 적용한 특정 환경과 결합되어야만 이용될 수 있다. 촘스키가 최초로 제안한 이러한 문법의 일반적인 개념을 '원리 및 매개변항' 이론이라고 한다.

촘스키의 주장에 따르면 어순이 정해지지 않은 거시규칙들(원리들)은 보편적이고 선천적이다. 따라서 아이들은 이 거시규칙을 지니고 태어나기 때문에 특정 언어를 배울 때 긴 규칙 목록들을 일일이 학습할 필요가 없다. 그들이 학습해야 하는 것은 자신들의 개별 언어가 매개변항 값으로 영어처럼 핵어 선치를 취하느냐 아니면 한국어처럼 핵어 후치를 취하느냐의 여부일 뿐이다. 그들은 단지 부모가 말하는 문장을 듣고 동사가 목적어 앞에 오는지 뒤에 오는지를 알아차리는 것만으로 그것을 습득한다. Eat your spinach!에서처럼 동사가 목적어 앞에 오면 아이는 그 언어가 핵어 선치임을 간파한다. '밥 먹어!'에서처럼 동사가 목적어 뒤에 오면 아이는 그 언어가 핵어 후치임을 간파한다. 마치 가볍게 스위치를 조작함으로써 선택 가능한 두 개의 방향 가운데 하나를 선택하는 것처럼 아이들은 순식간에 거대한 양의 문법을 터득하게 된다. 언어의 학습과 관련한 이러한 이론이 사실이라면 아이들의 문법이 어떻게 그토록 단시간에 성인들의 복잡한 문법으로 급속히 발달하는지를 밝혀내는 데 결정적인 도움이 될 것이다. 그들은 수십 또는 수백 개의 규칙들을 습득하는 것이 아니다. 그저 선택 가능한 몇 개의 마음의 스위치를 갖추고 있을 뿐이다.

구 구조의 원리와 매개변항은 어떤 종류의 필수성분들이 어떤 순서로 하나의 구에 들어갈 수 있는지를 지정할 뿐이다. 이들은 특정한 구들을 일일이 열거하지 않는다. 멋대로 내버려두면 이들은 마구 날뛰면서 온갖 해악을 다 저지를 것이다. 모든 면이 원리 또는 거시규칙과 일치하는 다음의 문장들을 살펴보자. 별표(*)가 붙은 문장들은 이상하게 들리는 문장들이다.

Melvin dined.
*Melvin dined the pizza.
Melvin devoured the pizza.
*Melvin devoured.

Melvin put the car in the garage.
*Melvin put.
*Melvin put the car.
*Melvin put in the garage.

Sheila alleged that bill is a liar.

*Sheila alleged the claim.

*Sheila alleged.

별표(*)가 붙은 문장이 이상하게 느껴지는 것은 동사 때문이다. dine과 같은 일부 동사들은 명사구를 직접목적어로 동반하지 않는다. 반면 devour 같은 동사들은 그런 명사구 없이는 등장하지 않는다. dine과 devour가 의미면에서 매우 유사하고, 모두 먹는 방식에 관한 것임에도 불구하고 그러하다. 여러분은 문법시간에 dine 같은 동사는 자동사이고, devour 같은 동사는 타동사라고 배운 사실을 어렴풋하게나마 기억할 것이다. 그러나 동사에는 이 두 종류만 있는 것이 아니다. 동사 put은 목적어 NP(the car)와 전치사구(in the garage)를 모두 갖지 않으면 만족하지 않는다. 동사 allege는 종속절(that Bill is a liar)만을 요구한다.

그렇다면 동사는 하나의 구 안에서 거시규칙들에 의해 마련된 자리들을 무엇으로 채울지를 결정하고 명령하는 작은 폭군이다. 이러한 요구들은 다음과 같은 방식으로 정신사전 내의 동사 기재항에 저장된다.

dine

동사

'잘 차린 정찬을 먹는 것'을 의미한다.

먹는 주체=주어

devour

동사

'무언가를 게걸스럽게 먹는 것'을 의미한다.

먹는 주체=주어

먹히는 것=목적어

put

동사

'무언가를 어떤 장소에 놓는 것' 을 의미한다.

놓는 주체=주어

놓여지는 물건=목적어

장소=전치사의 목적어

allege

동사

'근거 없이 선언하는 것'을 의미한다.

선언하는 주체=주어

선언 내용=종속절

각 기재항에는 어떤 사건에 대한 (정신어로 된) 정의와 그 사건에서 역할을 수행하는 행위자들이 목록화되어 있다. 기재항은 각각의 역할수행자가 문장에 어떤 형태—주어, 목적어, 전치사의 목적어, 종속절 등등—로 접속될 수 있는지를 지시한다. 문장을 문법적으로 느끼기 위해서는 동사의 요구가 충족되어야 한다. Melvin devoured가 틀린 문장인 이유는 '먹히는 대상'의 역할에 대한 devour의 요구가 충족되지 않았기 때문이다. Melvin dined the pizza가 틀린 이유는 dine이 pizza를 비롯한 어떤 목적어도 주문하지 않았기 때문이다.

동사는 문장에서 누가, 무엇을, 누구에게 했는가를 전달하는 방법을 명령할 권한을 가지고 있다. 때문에 동사를 살펴보지 않고서는 문장 내에서의 역할을 구분할 수 없다. 이것이 바로 문장의 주어는 '그 행동의 행위자' 라는 문법 선생님들의 말씀이 틀린 이유다. 문장의 주어가 주로 행위자이긴 하지만, 동사가 그렇게 명령할 때만 그렇다. 동사는 다음과 같이 주어에 다른 역할을 할당할 수도 있다.

The big bad wolf frightened the three little pigs. [주어가 위협을 행하고 있음]
The three little pigs feared the big bad wolf. [주어가 위협을 당하고 있음]

My true love gave me a partridge in a pear tree. [주어가 주는 행위를 행하고 있음]
I received a partridge in a pear tree from my true love. [주어가 주는 행위를 받고 있음]
Dr. Nussbaum performed plastic surgery. [주어가 수술을 하고 있음]
Cheryl underwent plastic surgery. [주어가 수술을 받고 있음]

사실 많은 동사가 두 가지 기재항을 가지고 있다. 이들 기재항은 각기 상이한 역할을 분배한다. 그래서 중의성을 이용한 다음과 같은 흔한 농담이 생긴다. "Call me a taxi(택시 좀 불러줘/택시라고 불러줘)." "OK, you' re a taxi(그래, 너 택시야)." 할렘 글로브트로터(Harlem Globetrotter : 묘기 농구를 보여주는 농구팀.—옮긴이) 팀들의 경기 도중에 심판이 메도우라크 레몬에게 슛을 쏘라고 외친다. "Shoot the ball."(슛을 쏴./ 총알을 쏴.) 레몬은 손가락으로 공을 조준하고는 "빵!" 하고 외친다. 코미디언 딕 그레고리는 인종차별이 행해지던 시절 미시시피에 있는 간이식당에 갔던 일을 이야기한다. 여종업원이 그에게 말했다. "우리는 유색인은 받지 않습니다(We don't serve colored people)." 그가 대답했다. "좋아요. 나는 유색인은 먹지 않아요. 치킨 한 조각을 먹고 싶소."

그렇다면 우리는 어떤 방법으로 Man bites dog과 Dog bites man을 구별하는가? bite에 대한 사전 기재항에는 "무는 주체는 주어다. 물리는 대상은 목적어다."라고 기재되어 있다. 그러나 우리는 어떻게 수형도에서 주어와 목적어를 발견하는가? 문법은 동사의 사전 기재항에 설정되어 있는 역할에 부합하는 명사구에 작은 꼬리표를 붙인다. 이들 꼬리표를 '격'이라고 한다. 많은 언어에서 격은 명사에 붙는 접두사나 접미사로 표시된다. 예를 들어 라틴어에서 사람과 개에 관한 명사인 homo와 canis는 누가 누구를 물고 있느냐에 따라 어미가 달라진다.

Canis hominem mordet. [뉴스거리가 아님]

Homo canem mordet. [뉴스거리임]

줄리어스 시저는 물린 자에 해당하는 명사는 끝에 -em을 달고 나타나므로 누가 누구를 물었는지 알 수 있었다. 그리고 이것 때문에 두 단어의 순서가 바뀔지라도 물은 자와 물린 자를 구별할 수 있었다. 때문에 라틴어에서는 다음과 같이 순서 바뀜이 허용된다. Hominem canis mordet은 Canis hominem mordet과 의미가 같고, Canem homo mordet은 Homo canem mordet과 의미가 같다. 격 표시자 덕분에 동사의 사전 기재항들은 그들의 역할수행자들이 실제로 문장 어디에 나타나는지를 계속 추적해야 하는 의무에서 벗어날 수 있다. 동사는 그저 행위자가 주어라는 것만 가리키면 된다. 주어가 문장에서 첫 번째 위치에 있느냐, 세 번째나 네 번째 위치에 있느냐 하는 것은 나머지 문법에 달려 있으며, 그 해석은 동일하다. '스크램블링 언어'라 불리는 언어들은 실제로 격 표시자들을 훨씬 더 많이 활용한다. 하나의 구 안에 있는 관사, 형용사, 명사에는 각각 특정한 격 표시자가 붙여지고, 화자는 문장 도처에서 그 구의 단어들을 뒤섞을 수 있는데(예를 들어, 강조를 위해 끝부분에 형용사를 배치할 수 있다), 이는 듣는 사람이 마음속으로 이들을 재결합시킬 수 있다는 것을 알기 때문이다. 일치 또는 호응이라 불리는 이러한 과정은 서로 연결된 뒤엉킨 개념들을 질서정연한 단어열로 기호체계화하는 문제를 (구 구조 자체와는 별도로) 풀 수 있는 제2의 해결책이다.

몇 세기 전에는 영어에도 라틴어처럼 격을 명확히 표시하는 접미사가 있었다. 그러나 그 접미사들은 모두 사라지고, 이제 명확한 격은 인칭대명사에만 남아 있다. 즉 I, he, she, we, they는 주어로 사용되고, my, his, her, our, their는 소유자 역할에 사용되며, me, him, her, us, them은 다른 역할에 사용된다(who/whom에 대한 구분도 이 목록에 추가할 수 있겠지만, 이제는 사멸해 가고 있는 상태다. 미국에서 whom을 꾸준히 사용하는 사람들은 신중한 저자들과 허세부리기 좋아하는 화자들뿐이다). 흥미로운 점은 영어 화자는 결코 Him saw we라고 말하지 않는다는 점이다. 우리는 He saw us라고 말하는 법을 배워 알고 있는데, 이것은 영어에 격 통사론이 여전히 펄펄 살아 있다는 반증이다. 명사는 수행하는 역할이 무엇이든 외형적으로는 변하지 않지만, 소리 없는 격이 꼬리에 붙어 있다. 앨리스는 자신의 눈물 웅덩이에서 함께 헤엄치고 있는 쥐를 보고 나서 이것을 깨닫는다.

> 앨리스는 생각했다. "이것이 무슨 소용이 있을까? 이 쥐에게 말을 거는 것 말이야. 여기는 모든 것이 너무나도 기이해서 저 쥐가 말을 할 수 있을 것 같은 생각이 드네. 어쨌든 한번 해 보는데 손해날 것이 있을까?" 그래서 그녀는 이렇게 말했다. "오, 쥐야. 너는 이 웅덩이에서 빠져나갈 길을 알고 있니? 난 여기서 헤엄치는 데 너무 지쳤단다. 오, 쥐야!"(앨리스는 전에 그 말을 해 본 적은 없었지만 오빠의 라틴어 문법에서 본 기억이 났다. "쥐는-쥐의-쥐에게-쥐를-오 쥐야!") (A mouse—of a mouse—to a mouse—a mouse—O mouse! 순서대로, 주격, 소유격, 여격, 목적격, 호격에 해당한다.-옮긴이)

영어 화자들은 명사에 인접한 것, 그러니까 일반적으로 동사나 전치사를 보고 명사구에 격을 붙인다(그러나 앨리스의 쥐에서 그것은 고어체 '호격' 표시자 'O' 이다). 그들은 각 명사구에 동사가 명하는 역할을 일치시키기 위해 격 꼬리표를 사용한다. 명사구들이 격 꼬리표를 가져야 한다는 필수조건은 거시규칙들이 허용하는 경우에도 성립되지 않는 문장들이 존재하는 이유를 설명해 준다. 예를 들어, 직접목적어 역할수행자는 다른 어떤 역할수행자들보다 앞서서 동사 바로 뒤에 와야 한다. 우리는 Tell Mary that John is coming이라고 하지, Tell that John is coming Mary라고 하지 않는다. 그 이유는 NP인 Mary가 꼬리표 없이 떠돌아다닐 수 없으며, 동사 곁에 위치하여 격 표시가 되어야 하기 때문이다. 이상하게도 동사와 전치사는 인접 NP에 격 표시를 할 수 있는 반면, 명사와 형용사는 그럴 수 없다. governor California와 afraid the wolf는 해석이 가능하지만 문법상 옳지 않다. 영어는 governor of California와 afraid of the wolf에서처럼 of라는 의미 없는 전치사를 명사 앞에 선행시킬 것을 요구하는데, 이는 단지 그 명사에 격 꼬리표를 제공하기 위해서다. 우리가 말하는 문장들은 동사와 전치사의 엄격한 통제 아래 유지된다. 즉, 구는 VP 내에서 마음대로 어디서나 등장할 수 없고, 반드시 작업지침서를 갖고 있어야 하며, 항상 신분증명 배지를 달아야 한다. 그러므로 우리는 설령 청자가 그 의미를 추측할 수 있다 하더라도 Last night I slept bad dreams a hangover snoring no pajamas sheets were wrinkled와 같이 말할 수 없다. 여기서 인간의 언어와, 원하는 곳에 어떤 단어나 끼워 넣는 피진어나 침팬지의 신호 사이에 중요한 차이가 드러난다.

그렇다면 가장 중요한 구, 즉 문장은 어떤가? 명사구가 명사를 중심으로 구축된 구이고, 동사구가 동사를 중심으로 구축된 구라면 문장은 무엇을 중심으로 구축된 것일까?

비평가 메리 매카시는 자신의 경쟁자인 릴리언 헬먼에 대해 다음과 같이 말했다. "그 여자가 쓰는 모든 단어는 and와 the를 포함해 모두 거짓말이다." 이 모욕은 참이나 거짓일 수 있는 가장 작은 단위가 문장이라는 사실에 근거해 있다. 하나의 단어는 참이나 거짓일 수 없다(따라서 매카시는 헬먼의 거짓말은 우리의 상상을 초월한다고 주장하는 셈이다). 그렇다면 문장은 명사나 동사에는 없지만, 전체 조합을 포괄하고 그것을 참이나 거짓일 수 있는 명제로 바꿔주는 어떤 의미를 표현해야 한다. 예를 들어 The Red Sox will win the World Series라는 낙관적인 문장을 살펴보자. will이란 단어는 Red Sox에만, World Series에만, winning에만 적용되는 것이 아니다. 그것은 그 개념 전체, 즉 the-Red-Sox-Winning-the-World-Series 전체에 적용된다. 이 개념에는 시간성도 진리값도 없다. 그것은 과거의 영광, 미래의 가상적인 영광으로 표현될 수 있고, 심지어는 가능한 미래의 모든 희망이 제거된 단순한 논리적 가능성으로도 표현될 수 있다. 그러나 will이라는 단어는 그 개념을 시제의 좌표상의 한 곳에, 즉 문장이 발화되는 시점 이후의 시간에 고정시킨다. 만일 내가 The Red Sox will win the World Series라고 말한다면, 나는 맞거나 틀릴 수 있다(슬프게도 아마 틀릴 것이다).

단어 will은 조동사의 한 예로서 화자가 어떤 명제를 의견으로 채택했을 때 그 명제의 진실성과 관련된 어떤 층위를 표현한다. 이 층위들에는 부정(won' t와 doesn' t에서처럼), 필연성(must), 가능성(might와 can)이 포함된다. 조동사는 전형적으로 문장구조 주위에 나타나 자신이 문장의 나머지 부분 전체에 대해 무엇인가를 단언한다는 사실을 알려준다. 명사가 명사구의 핵어이듯이 조동사는 문장의 핵어다. 조동사는 흔히 INFL(inflection의 줄임말)이라고 불리며, 따라서 우리는 문장을 IP(INFL구, 즉 조동사구)라고 부를 수 있겠다. IP의 주어 위치에는 전체 문장의 주어가 놓여진다. 이것은 문장이란 하나의 주장으로서, 술부(VP)가 그 주어에 대해 참임을 주장한다는 사실을 반영한다. 다음은 현재 통용되는 촘스키이론의 문장형태다.

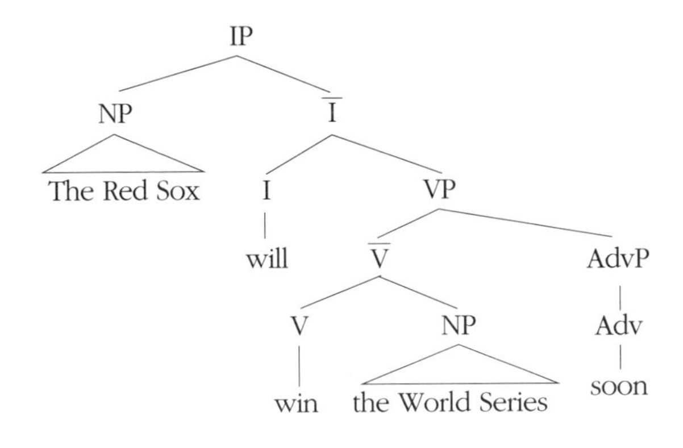

조동사는 '내용어'인 명사, 동사, 형용사와는 다른 종류의 단어인 '기능어'의 한 예다. 관사(the, a, some), 대명사(he, she), 소유격 표시자' s, of 같은 의미 없는 전치사, that과 to처럼 보어를 소개하는 단어들, and와 or 같은 접속사들이 기능어에 포함된다. 기능어는 결정화된 문법의 최소단위들이다. 이들은 NP, VP, AP들을 짜 맞추어 더 큰 구의 윤곽을 그려냄으로써 문장에 디딤판을 제공한다. 따라서 마음은 기능어를 내용어와는 다르게 취급한다. 사람들은 항상 언어에 새로운 내용어(예를 들어 명사 fax, 컴퓨터 파일을 검색한다는 의미의 동사 to snarf)를 추가하지만, 기능어들은 신규회원을 받지 않는 폐쇄적인 클럽이다. hesh와 thon과 같은 중성대명사를 도입하려는 일체의 시도가 실패한 이유가 바로 여기에 있다. 또한 뇌의 언어영역이 손상된 환자들이 oar와 bee 같은 내용어보다 or나 be 같은 기능어의 사용에 더 큰 어려움을 느낀다는 점도 새삼스럽게 느껴진다. 전보나 신문기사의 헤드라인에서처럼 단어 사용을 최소한으로 억제해야 하는 경우 화자들은 청자가 내용어들의 어순에서 기능어들을 재구성하기를 바라면서 그것들을 생략하곤 한다. 그러나 기능어들은 문장의 구 구조를 위한 가장 확실한 단서이기 때문에 이것은 도박이 되기 쉽다. 한 기자가 캐리 그랜트의 나이를 물어보기 위해 다음과 같은 전보를 보냈다. "How old Cary Grant?" 캐리 그랜트는 곧 다음과 같이 써서 답장을 보냈다. "Old Cary Grant fine." 다음은 《컬럼비아 저널리즘 리뷰》 편집자들이 기능어를 생략함으로써 의미가 모호해진 사례들을 모은 《구조대, 개가 희생자를 물도록 돕다 Squad Helps Dog Bite Victim》 (기능어의 보충 여부에 따라 두 가지로 해석된다. '구조대, 개에게 물린 희생자를 돕다.' 와 '구조대, 개가 희생자를 물도록 돕다.' -옮긴이)에서 인용한 제목들이다.

New Housing for Elderly Not Yet Dead (노인들을 위한 새로운 주택사업은 아직 사장되지 않았다./아직 죽지 않은 노인들을 위한 새로운 주택사업.)

New Missouri U. Chancellor Expects Little Sex (신임 미주리대학 총장은 섹스를 거의 기대하지 않는다./ 신임 미주리대학 총장은 어린이들이 섹스하기를 기대한다.)

12 on Their Way to Cruise Among Dead in Plane Crash (비행기 충돌사고의 사망자들 사이에서 12명이 계속 항진하고 있음/ 비행기 충돌사고의 시신들 가운데 12구가 계속 항진하고 있음)

N. J. Judge to Rule on Nude Beach (N. J.가 누드 해수욕장에 대해 규제할 것을 판결하다/ N. J. 판사, 누드 해수욕장을 규제하다.)

Chou Remains Cremated (주은래가 화장되어 안치되다/주은래의 유해가 화장되다)

Chinese Apeman Dated (연대가 확인된 중국 원인(猿人)/ 중국 원인이 데이트를 했다)

Hershey Bars Protest (허쉬 바스가 항변하다/ 허쉬가 항변을 가로막다)

Reagan Wins on Budget, But More Lies Ahead. (레이건 예산안에서 승리, 그러나 전도는 험난/ 레이건 예산안에서 승리, 그러나 더 많은 거짓말이 예상됨)
Deer Kill 130,000
(사슴 13만 마리 도살/ 사슴, 13만 명을 죽이다)

기능어는 또한 각각의 언어를 문법적으로 서로 다르게 만드는 데 큰 비중을 차지한다. 모든 언어에는 기능어가 있으며, 그것들은 각기 다른 방식으로 각 언어의 문장구조에 영향을 미친다. 우리는 앞서 라틴어의 명시적인 격과 일치 표시자들이 명사구의 뒤섞임을 허용하는 예를 보았다. 영어의 조용한 표시자들은 명사구들이 제자리에 남아 있기를 강요한다. 기능어는 한 언어의 문법적 외형과 느낌을 지배한다. 다음은 내용어를 완전히 배제하고 기능어만을 사용한 문구다.

DER JAMMERWOCH
Es brillig war. Die schlichte Toven
Wirtten und wimmelten in Waben.

LE JASEROQUE
Il brilgue : les toves lubricilleux
Se gyrent en vrillant dans la guave

이러한 효과는 한 언어에서 기능어를 취하고, 다른 언어에서 내용어를 취한 문구에서도 발견된다. 다음은 영어를 사용하는 세계 여러 대학의 컴퓨터전산실에 게시되곤 했던 의사(擬似) 독일어

벽보다.

ACHTUNG! ALLES LOOKENSPEEPERS!

Das computermachine ist nicht fuer gefingerpoken und mittengrabben. Ist easy schnappen der springenwerk, blowenfusen und poppencorken mit spitzensparken. Ist nicht fuer gewerken bei das dumpkopfen. Das rubbernecken sightseeren keepen das cottenpickenen hans in das pockets muss ; relaxen und watchen das blinkenlichten.

주의!

이 방은 특별한 전자장비로 가득 차 있습니다.
컴퓨터의 장치를 손으로 잡거나 누르는 일은 전문가에게만 허용됩니다. 따라서 모든 '왼손잡이들' 은 멀리 물러서서 이곳에서 작동중인 지적 장비들의 두뇌활동을 방해하지 말아 주십시오. 그렇지 않으면 다른 곳으로 내던져지고 걷어차일 것입니다! 또한 부디 정숙을 유지하시고 깜박거리는 불빛들을 구경만 하시기 바랍니다.

눈에는 눈, 이에는 이. 여기에 대한 보복으로 독일의 컴퓨터 운용자들은 역시 의사(擬似) 영어로 번역한 다음과 같은 글을 게시했다.

ATTENTION

This room is fulfilled mit special electronische equippment. Fingergrabbing and pressing the cnoeppkes from the computers is allowed for die experts only! So all the

"lefthanders" stay away and do not disturben the
brainstorming von here working intelligencies. Otherwise you
will be out thrown and kicked andeswhere! Also : please
keep still and only watchen astaunished the blinkenlights.

칵테일파티에 참석하는 정도 사람이라면 아마 지식사회에 끼친 촘스키의 주된 공헌 가운데 하나가 '심층구조' 개념이라는 것, 또 이 심층구조를 '표층구조'에 투사하는 '변형'에 대해 누구나 알 것이다. 1960년대 초 행동주의가 지배하는 풍토 속에서 촘스키가 이 용어들을 소개했을 때 그 반응은 충격적이었다. 심층구조는 숨겨져 있거나 심오한 것, 일반적이거나 의미심장한 모든 것을 지칭하게 되었고, 오래지 않아 시(視)지각, 소설, 신화, 시, 회화, 작곡의 심층구조에 관한 언급이 나돌기 시작했다. 이제 나는 점강적 방식으로 '심층구조'가 문법이론에서 평범한 하나의 기술적 장치라는 사실을 밝힐 것이다. 그것은 문장의 의미도, 모든 인간 언어에 걸쳐 존재하는 보편적인 어떤 것도 아니다. 보편문법과 추상적인 구구조는 문법이론의 불변의 특성으로 여겨지지만, 가장 최근에 출간된 저서들을 보면 촘스키 자신을 포함하여 수많은 언어학자들이 심층구조 없이 그 자체로도 충분하다고 생각한다. deep이란 단어가 불러일으킨 흥분을 가라앉히기 위해 언어학자들은 현재 그것을 'd-구조'라고 부른다. 이 개념은 사실 아주 단순하다.

한 문장이 문법적인 형태를 갖추기 위해서는 동사가 원하는 바를 갖추어야 한다는 점을 상기하자. 동사의 사전 기재항에 나열되어 있는 모든 역할들은 지정된 위치에 나타나야 한다. 그러나 많은 문장에서 동사는 원하는 바를 획득하지 못한 것처럼 보인다. 앞서 보았듯이 put은 주어, 목적어, 전치사구를 필요로 한다. He put the car와 He put in the garage는 불완전하게 들린다. 그렇다면 다음과 같이 훌륭하고 완벽한 문장들은 어떻게 설명할 수 있을까?

The car was put in the garage.

What did he put in the garage?

Where did he put the car?

첫 번째 문장에서 put은 목적어 없이도 잘 해 나가고 있는 듯한데, 이 점은 특기할 만하다. 실제로 목적어를 거부하기까지 한다. The car was put the Toyota in the garage는 이상하기 때문이다. 두 번째 문장에서도 put은 공식적인 목적어가 없다. 세 번째 문장에는 꼭 있어야 할 전치사구가 빠져 있다. 이것은 우리가 put에 대한 새로운 사전 기재항을 추가하여 경우에 따라서는 목적어나 전치사구 없이도 등장할 수 있도록 해야 할 필요가 있다는 의미일까? 분명 그렇지는 않다. 만일 그렇다면 He put the car와 He put in the garage가 몰래 침입하게 될 것이다.

물론 어떤 의미에서 필요한 구들은 실제로 문장 안에 모두 있다. 다만 기대했던 장소에 없을 뿐이다. 수동구문인 첫 번째 문장에서 명사구 the car는 '놓여지는 물건'의 역할을 수행하는 구로서 일반적으로 목적어가 되지만, 여기서는 목적어가 아닌 주어 위치에 나타난다. 두 번째 문장인 wh-의문문(who, what, where, when, why 등으로 시작되는 의문문)에서는 '놓여지는 물건'의 역할이 what이라는 단어로 표현되어 문장의 시작 부분에 나타난다. 세 번째 문장에서 '장소' 역할 또한 평상시 속해 있는 장소인 목적어 다음이 아니라 시작 부분에 나타난다.

전체적인 형태를 설명할 수 있는 간단한 방법은 모든 문장이 두 가지 구 구조를 가진다고 말하는 것이다. 우리가 지금까지 이야기해 온 구 구조는 거시규칙들에 의해 정의된다. 그것이 바로 심층구조다. 심층구조는 정신사전과 구 구조 사이의 접점이다. 심층구조에서는 put에 대한 역할수행자들이 기대되는 위치에 나타난다. 이때 변형작용이 하나의 구를 수형도 안의 다른 곳으로, 이전에는 비어 있던 자리로 '이동' 시킬 수 있다. 이것이 바로 표층구조다('표층'이라는 표현으로는 적절한 주목을 받지 못했기 때문에 지금은 'S-구조'라고 부른다). 다음은 한 수동구문의 심층구조와 표층구조다.

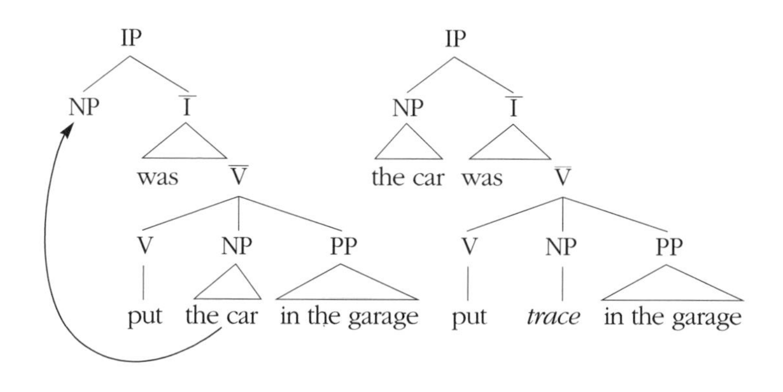

왼쪽의 심층구조에서는 the car가 동사가 원했던 위치에 있다. 오른쪽의 표층구조에서는 우리가 실제로 듣는 위치에 있다. 표층구조에서 구가 이동해 가고 나면 원래 위치에는 귀로 들을 수 없는 기호가 이동변형에 의해 남겨지는데, 이것을 '흔적'이라고 한다. 이 흔적은 이동한 구의 역할을 상기시키는 상기물로 작용한다. 그것은 우리에게 putting과 관련된 사건에서 the car가 수행하는 역할이 무엇인지를 알기 위해서는 동사 put에 대한 사전 기재항에서 '목적어'의 항목을 참조해야 한다는 사실을 알려준다. 그 자리에는 '놓여지는 물건'이라고 적혀 있다. 흔적 덕분에 표층구조에는 문장의 의미를 회복시키는 데 필요한 정보가 포함될 수 있다.

원래의 심층구조는 단지 정신사전에서 적절한 단어들을 꺼내 접속시키기 위해 사용되었으나, 이제는 아무 역할도 하지 않는다.

왜 언어는 심층구조와 표층구조의 분리 때문에 고생을 하는가? 사용 가능한 문장을 얻으려면 그저 동사를 행복하게 해 주는 것—심층구조가 하는 것—이상의 일이 필요하기 때문이다. 하나의 개념은 종종 동사구 내의 동사가 규정하는 하나의 역할을 수행해야 하는 동시에, 나무 안의 다른 어떤 층에 의해 규정되는, 동사와는 다른 독자적인 역할을 수행해야 한다. Beavers build dams와 그 수동태인 Dams are built by beavers 사이의 차이점을 생각해 보자. '누가 무엇을 누구에게 행했는가의 차원'인 동사구의 차원에서 명사들은 두 문장에서 동일한 역할을 수행하고 있다. 그러나 문장(IP) 차원, 즉 '무엇이 무엇에 대해 참이라고 단언되고 있는가,'라는 주술관계의 차원에서는 명사들은 다른 역할을 수행하고 있다. 능동문장은 비버에 대한 일반적인 어떤 것을 이야기하고 있는데, 이는 우연히도 참이다. 수동문장은 댐에 대한 일반적인 어떤 것을 이야기하고 있고, 이것은 우연히도 거짓이다(소양강댐이 비버에 의해 건설되지는 않으니까). 표층구조에서 dams는 문장의 주어 위치에 오지만 또한 동사구 안의 원래 위치에 남겨진 흔적과 연결되므로, 이 구조에서는 꿩 먹고 알 먹는 일이 허용된다.

구의 역할을 유지하면서 그 위치를 이동시킬 수 있는 능력은 또한 영어와 같이 어순이 엄격한 언어를 사용하는 화자들에게 어느 정도의 융통성을 제공한다. 예를 들어 보통 수형도 깊숙이 파묻혀 있는 구라도 문장 앞쪽으로 이동할 수 있으며, 이 경우에 그것은 청자의 마음속에 아직도 신선하게 남아 있는 새로운 재료와 관계를 맺을 수 있다. 예를 들어 아이스하키를 중계방송하는 아나운서가 얼음판 위에서 네빈 마크와트가 돌진하는 과정을 묘사하고 있다면, 그는 Markwart spears Gretzky!!!라고 말할 수 있을 것이다. 그러나 그 아나운서가 묘사하는 것이 웨인 그레츠키라면 그는 Gretzky is speared by Markwart!!!라고 말할 것이다. 더구나 수동분사는 보통 주어로 등장하는 행위자 역할을 심층구조 안에 채우지 않아도 되는 선택권이 주어지기 때문에, 로널드 레이건의 애매한 해명인 Mistakes were made에서처럼 그 역할에 대해 전혀 언급하고 싶지 않은 경우에 유용하다.

다양한 각본에 따라 행위자들에게 다양한 역할을 부여하는 것은 문법의 탁월한 기능이다. 다음의 wh-의문문에서 what이라는 명사구는 이중의 삶을 살게 된다.

What did he put [trace] in the garage?

'누가 무엇을 누구에게 행했는가' 의 아래쪽 영역인 동사구에서 흔적의 위치는 그 (속에 들어갈) 실체에 (차고 속에) 놓여지는 역할이 부여되어 있음을 나타낸다. 또한 문장의 차원, 즉 '무엇이 무엇에 대해 옳다고 주장되는가' 의 위쪽 영역에서 what이라는 단어는 그 문장의 요점이 청자에게 어떤 것의 정체를 제시하라고 요구하는 것임을 나타낸다. 논리학자가 그 문장 뒤에 숨겨진 의미를 표현한다면, 'For which x, John put x in the garage?' 와 같이 될 것이다. 이러한 이동작용들이 통사론의 다른 성분들과 결합하는 경우(가령 She was told by Bob to be examined by a doctor 혹은 Who did he say that Barry tried to convince to leave? 혹은 Tex is fun for anyone to tease와 같은 문장에서), 그 성분들은 상호작용하여 마치 훌륭한 스위스 시계의 작동처럼 복잡하고 정확한 일련의 추론을 거쳐 문장의 의미를 결정한다.

지금까지 나는 여러분이 보는 앞에서 통사론을 해부해 왔으므로 이제 여러분의 반응이 엘리자 두리틀이나 잭 케이드보다는 호의적이기를 바란다. 최소한 통사론이 어떻게 해서 진화론적인 '대단히 완벽하고 복잡한 기관'인가를 인식하기 바란다. 통사론은 복잡하지만 거기에는 이유가 있다. 우리의 생각은 분명 훨씬 더 복잡한 반면, 또 우리는 한 번에 한 단어밖에 발음할 수 없는 입에 의해 제약받고 있기 때문이다. 과학은 우리 두뇌가 단어와 그 배열을 이용해 복잡한 생각을 전달하기 위해 사용하는 훌륭하게 설계된 기호체계를 해독하기 시작했다.

통사론의 작용은 또 다른 이유로 중요하다. 마음속에는 일차적으로 감각을 거치지 않은 것은 아무것도 없다, 라는 경험주의의 원리에 대해 문법은 분명하게 반박한다. 흔적, 격, X-바, 그리고 그 밖의 통사론의 장치들은 색깔도 향도 맛도 없지만, 그것들 혹은 그와 유사한 것들은 분명 우리의 무의식적인 정신적 삶의 일부다. 이것은 사려 깊은 컴퓨터 과학자에게는 놀라운 일이 아니다. 그 어떤 입력이나 출력에 직접적으로 대응하지 않는 변수들과 데이터 구조를 정의하지 않고서는 얼치기 프로그램조차 만들 수 없다. 예를 들어 하나의 원 안에 삼각형이 있는 영상을 저장해야 하는 그래픽프로그램은 사용자가 그 모양을 그리기 위해 타이핑했던 실제의 키보드 작업을 그대로 저장하지 않는다. 왜냐하면 그와 똑같은 그림이 다른 타이핑 순서로, 혹은 마우스나 라이트 펜 같은 다른 장치로도 그려질 수 있기 때문이다. 또한 이 프로그램은 화면상에서 그 모양을 보여주기 위해 밝아져야 하는 점들의 목록을 저장하지도 않는다. 이것은 사용자가 후에 원을 이동시키고 삼각형을 제자리에 남겨두거나, 원을 좀더 크거나 작게 만들고자 할 때, 긴 점들의 목록으로는 프로그램의 어떤 점들이 원에 속하고 어떤 점들이 삼각형에 속하는지를 알 수 없기 때문이다. 대신 그 그림은 더 추상적인 포맷으로(가령 각 도형을 정의하는 점들의 좌표로), 즉 그 프로그램에게 입력이나 출력을 거울처럼 비춰주는 포맷이 아니라, 필요한 경우에 입력이나 출력으로 전환될 수 있는 포맷으로 저장될 것이다.

문법은 마음의 소프트웨어의 한 형태로서 분명 이와 유사한 설계 규격 하에서 발달해 왔을 것이다. 경험주의의 영향을 받은 심리학자들은 종종 문법이 발성근육에 대한 명령이나 말소리의 선율, 또는 사람과 사물이 상호작용하는 방법에 대한 마음의 각본 등을 그대로 반영한다고 한다. 그러나 나는 이러한 주장들로는 결코 핵심에 도달하지 못한 것이라고 생각한다. 문법은 귀, 입, 마음이라는 세 가지 아주 다른 종류의 기계들을 한꺼번에 접속시켜야 하는 하나의 규칙총서다. 그것은 어느 하나에 맞춰 재단될 수 있는 것이 아니라, 자기 나름의 추상적 논리를 가져야 한다.

인간의 마음이 추상적인 변수와 데이터구조를 사용할 수 있도록 설계되었다는 생각은 매우 충격적이고 혁명적인 주장이었고 일부에서는 아직도 그렇게 여기고 있는데, 그 이유는 아이들의 경험 속에는 그러한 구조의 직접적인 대응물이 없기 때문이다. 그렇다면 문법체제의 일부가 처음부터 그곳에 존재해서 언어학습 메커니즘의 일부로서 아이들로 하여금 부모로부터 듣는 소음을 이해할 수 있도록 해야 한다. 통사론의 세부사항이 심리학의 역사에서 두각을 나타내게 된 것은 마음의 복잡성이 학습을 통해 야기된 것이 아니라, 오히려 학습이 마음의 복잡성으로 인해 야기되었기 때문이다. 이것이 정말 뉴스가 된 것은 바로 이 때문이었다.

V

단어, 단어, 단어

WORDS, WORDS, WORDS

'glamour(마술)'는 'grammar(문법)'에서 유래한 단어이며, 그 어원은 촘스키혁명 이래 의미가 더욱 분명해지고 있다. 어느 누가 유한한 규칙들로 무한한 수의 생각을 전달하는 정신문법의 창조력에 놀라지 않을 수 있겠는가? 《문법적 인간》이라는 마음과 물질에 관한 책이 나왔고, 생명체의 공학적 구조를 생성문법과 비교한 노벨상 수상연설도 있었다. 촘스키는 잡지 《롤링 스톤》과 인터뷰를 한 적이 있고, TV 프로그램 《세터데이 나이트 라이브》에서 언급되기도 했다. 우디 앨런의 《멘사의 창녀》에서는 단골손님이 "내가 두 아가씨에게 노엄 촘스키에 대해 설명할 것을 원한다면?" 하고 묻자 한 아가씨가 감탄하며 "오! 멋진 남자."라고 대답한다.

정신문법과는 달리 정신사전에는 고상한 봉인이 없다. 그것은 우둔하고 기계적인 반복학습에 의해 머릿속에 암기된 단조로운 단어목록에 불과한 것처럼 보인다. 새뮤얼 존슨은 자신의 《사전》 서문에서 다음과 같이 적었다.

> 선에 대한 기대에 이끌리기보다는 악에 대한 두려움에 쫓기고, 칭찬의 희망 없이 비난에 노출되고, 오류로 인해 망신당하고, 게으름

때문에 처벌받는 것이 저급한 직종에 종사하는 자들의 운명이다. 그곳에는 성공을 축하하는 박수갈채도, 근면함에 대한 보상도 없다. 그런 불행한 인간들 중 하나가 사전의 저자다.

또 이 사전에서 '사전편찬자'를 "단어의 기원을 추적하고 그 의미를 상술하는 데 몰두하는, 단조롭고 지루한 일을 꾸준히 수행하는 무해한 일벌레"라고 정의하고 있다.

이 장에서 우리는 그 같은 상투적인 문구가 아주 불공평하다는 사실을 보게 될 것이다. 단어의 세계는 통사론의 세계만큼, 어쩌면 그보다 훨씬 더 경이롭다. 사람들은 구나 문장을 가지고 무한한 창조력을 발휘하는 것만큼 단어를 가지고도 그렇게 하는데, 이는 개개의 단어를 암기하는 것 또한 그 나름의 특별한 기교를 필요로 하는 일이기 때문이다.

어떤 미취학 아동도 쉽게 통과하는 wug-테스트를 상기해 보자. "Here is a wug. Now there are two of them. There are two___."라는 테스트를 받기 전까지 아이들은 wugs라는 단어를 들어본 적도 없고 또 그렇게 말함으로써 상을 받은 적도 없다. 따라서 우리는 단어가 그저 정신의 기록보관소를 뒤져 찾아내는 것이 아님을 알 수 있다. 사람들은 '명사의 복수형을 만들려면 접미사 -s를 붙인다.'와 같은 어떤 것, 즉 기왕의 단어를 가지고 새로운 단어를 만들어 낼 수 있는 마음의 규칙을 가지고 있어야 한다. 인간의 언어 뒤에 숨어 있는 기술인 이산조합 체계는 최소한 두 곳에서 사용된다. 즉, 문장과 구는 통사론 규칙에 따라 단어들로부터 구성되고, 단어 자체는 형태론 규칙이라는 또 다른 일단의 규칙에 따라 더 작은 조각들로부터 구성된다.

영어 형태론의 창조력은 다른 언어와 비교해 볼 때 딱할 정도로 형편없다. 영어의 명사는 정확히 두 가지 형태(duck과 ducks)를 띠고, 동사는 네 가지 형태(quack, quacks, quacked, quacking)를 띤다. 현대 이탈리아어와 스페인어에서는 모든 동사들이 약 50개, 고대 그리스어에서는 350개, 터키어에서는 200만 개의 형태를 가진다. 지금까지 이 책에서 언급되었던 에스키모어, 아파치어, 호피어, 키분조어, 미국수화 등 수많은 언어들이 이런 엄청난 능력으로 유명하다. 그렇다면 그것은 어디에서 비롯되는 것일까? 다음의 단어는 반투어계인 키분조어의 한 예다. 흔히 키분조어가 체스라면 영어는 체커에 불과하다는 말도 있다. 동사 'Naikimlyiia'는 '그는 그녀를 위해 그것을 먹고 있다'를 의미하는 단어로서 8개의 부분으로 이루어져 있다.

· N- : 대화의 현시점에서 그 단어가 '초점'임을 나타내는 표시다.

· -a- : 주어 일치 표시자. 이것 덕분에 '먹는 사람'은 16개의 성 등급에서 등급 1인 '사람 단수형'에 포함된다는 사실이 확인된다(언어학자에게 '성'은 sex가 아니라 kind임을 기억하라). 나머지 성에는 몇 명의 사람, 가늘거나 확장된 물체, 쌍 또는 무리를 이룬 물체, 쌍 또는 무리 그 자체, 도구, 동물, 신체의 일부, 축소형(어떤 사물의 작거나 귀여운 형태), 추상적 성질, 정확한 장소, 개략적인 장소 등과 같은 명사들이 포함된다.

· -i- : 현재시제. 반투어의 시제는 그밖에도 오늘, 오늘 일찍, 어제, 바로 어제, 어제 혹은 그 이전에, 먼 과거에, 습관적으로, 지속적으로, 연속적으로, 가설적으로, 미래에, 정해지지 않은 때에, 아직 아닌, 때때로 등을 가리킬 수 있다.

· -ki- : 목적어 일치 표시자. 이 경우에는 먹히는 대상이 성 등급 7인 동물에 포함된다는 것을 나타낸다.

· -m- : 수혜자 표시자. 누구의 이익을 위해서 행위가 발생하고

있는가를 표시한다. 이 경우에는 성 등급 1에 속한다.

· -lyi- : 동사. '먹다.'

· -i- : '응용격' 표시자. 동사의 행위자 배역이 어떤 역할의 추가—이 경우에는 수혜자격—로 인해 증가되었음을 표시한다(영어에서 동사 bake가 일상적인 형태에서는 I baked a cake로 쓰이지만 I baked her a cake에서는 어떤 접미사를 덧붙여야 한다고 상상하면 된다).

· -a : 어말모음. 어말모음은 가정법이나 직설법을 나타낼 수 있다.

7개의 접두사와 접미사의 가능한 조합수를 다 곱해 보면 약 50만 개가 되는데, 이것은 그 언어의 동사 하나가 취할 수 있는 형태의 수다. 실제로 키분조어나 그와 유사한 언어들은 하나의 복잡한 단어, 즉 동사로 하나의 문장 전체를 구성한다.

그러나 나는 지금껏 영어에 약간 공정하지 못했다. 어형변화 형태론에서는 복수형을 위해 명사에 -s를 표시하거나 과거시제를 위해 동사에 -ed를 표시하는 등 한 단어를 문장에 맞도록 수정하는데, 이러한 측면에서 영어는 정말 빈약하다. 그러나 영어는 나름대로 파생어 형태론에 근거해 기왕의 단어에서 새로운 단어를 창조한다. 예를 들어 learnable, teachable, huggable에서처럼 접미사 -able은 'x를 행하다' 라는 의미의 동사를 '그것에 대해 x가 행해질 수 있는' 을 의미하는 형용사로 바꾸어 놓는다. 대부분의 사람들이 영어에 얼마나 많은 파생어 접미사들이 있는지를 알면 놀라고 만다. 다음은 비교적 일반적인 접미사들이다.

-able	-ate	-ify	-ize
-age	-ed	-ion-	ly

–al	–en	–ish	–ment
–an	–er	–ism	–ness
–ant	–ful	–ist	–ory
–ance	–hood	–ity	–ous
–ary	–ic	–ive	–y

이것 말고도 영어는 자유롭고 용이하게 '합성'을 행하는데, 합성이란 toothbrush와 mouse–eater처럼 두 단어를 결합시켜 새로운 단어를 만드는 것이다. 이런 과정 덕택에 영어는 형태론적으로 빈약한데도 불구하고 만들어 낼 수 있는 단어의 수가 엄청나다. 컴퓨터 언어학자인 리처드 스프로우트는 1988년 2월 중순부터 연합통신의 뉴스기사에 나온 4,400만 개의 단어들 가운데 상이한 단어들을 모두 수집하기 시작했다. 12월 30일까지 그의 목록에는 대사전에 수록된 어휘수에 버금가는 30만 개의 개별 단어가 포함되었다. 이로써 아마도 여러분은 그러한 기사에 등장할 만한 영어 단어가 모두 소진되었다고 추측할지도 모른다. 그러나 스프로우트는 12월 31일에 뉴스기사에서 35개나 되는 새로운 형태의 단어를 추가로 발견했는데, 거기에는 instrumenting, counterprograms, armhole, part–Vulcan, fuzzier, groveled, boulderlike, mega–lizard, traumatological, ex–critters 등이 포함되어 있었다.

더욱 인상적인 것은 하나의 형태론 규칙의 출력이 다른 규칙, 혹은 다시 그 규칙의 입력이 될 수 있다는 것이다. 그 예로 프랑스식 감자튀김 따위의 unmicrowaveability(전자렌지에 의해 조리 될 수 없음) 또는 toothbrush–holder fastener box(칫솔 용기 부착기를 담는 상자) 따위를 들 수 있다. 이런 방식을 따를 경우 한 언어에서 있을 수 있는 단어의 수는 헤아릴 수 없을 만큼 많아진다. 문장의 수처럼 단어의 수 또한 무한하다. 《기네스북》에 실린 조작된 기발한 신조어들을 제외하면, 지금까지 가장 긴 영어 단어는 《옥스퍼드 영어사전》에 실린 '어떤 것을 무의미하거나 하찮은 것으로 범주화하기'라는 뜻의 floccinauc-inihilipilification이다. 그러나 이것은 깨질 수밖에 없는 기록이다.

floccinaucinihilipilificational : 어떤 것을 무의미하거나 하찮은 것으로 범주화하는 것과 관련된.
floccinaucinihilipilificationalize : 어떤 것을, 어떤 것을 무의미하거나 하찮은 것으로 범주화하는 것과 관련시키다.
floccinaucinihilipilificationalization : 어떤 것을, 어떤 것을 무의미하거나 하찮은 것으로 범주화하는 것과 관련시키는 행위.
floccinaucinihilipilificationalizational : 어떤 것을, 어떤 것을 무의미하거나 하찮은 것으로 범주화하는 것과 관련시키는 행위와 관련된.
floccinaucinihilipilificationalizationize : 어떤 것을, 어떤 것을 무의미하거나 하찮은 것으로 범주화하는 것과 관련시키는 행위와 관련시키다.

만일 여러분이 긴 단어 공포증에 시달리고 있다면 여러분의 great-grandmother, great-great-grandmother, great-great-great-grandmother 등을 생각해 볼 수 있는데, 사실상 이 단어에 제한을 가하는 것이 있다면 그것은 단지 이브 이래의 세대수뿐이다.

더군다나 문장의 경우와 마찬가지로 단어도 대단히 정교한 층으로 이루어져 있어서 연결장치(한 목록에서 한 항목을 선택하고, 그 다음 다른 목록으로 진행하고, 그 다음 또 다른 목록으로 진행하는 체계)로는 생성될 수 없다. 로널드 레이건이 '스타워즈'로 더 잘 알려진 방어전략 계획을 제안했을 때, 그는 미국을 향해 날아오는 소련 미사일이 anti-missile missile(미사일 요격미사일)에 의해 격추되는 미래를 상상했다. 그러나 비판자들은 소련이 anti-anti-missile-missile missile(미사일 요격미사일 요격미사일)로 반격할 수 있음을 지적했다. 그러자 MIT 출신의 공학자들은 문제없다고 하면서 "우리는 다시 anti-anti-anti-missile-missile-missile missile(미사일 요격미사일 요격미사일 요격미사일)을 만들 것입니다."라고 했다. 이 첨단기술 무기는 첨단기술의 문법, 즉 단어의 앞부분에 있는 모든 anti를 추적하여 그와 동일한 수의 missile을 붙이고 그 끝에 missile 하나를 덧붙여 단어를 완성할 수 있는 문법을 필요로 한다. 즉, anti-와 missile 사이에 단어 하나를 끼워 넣을 수 있는 단어 구조 문법(단어에 적용된 구 구조 문법)으로 이 목적을 달성할 수 있다. 연결장치는 단어의 끝에 이르면 긴 단어의 앞부분에 놓아두었던 말들을 잊어버리기 때문에 이 목적을 달성할 수 없다.

통사론과 마찬가지로 형태론도 솜씨 좋게 설계된 체계이며, 외관상 기묘해 보이는 많은 단어들이 그 내부논리에 의해 생산된다고 예측해 볼 수 있다. 단어는 형태소라 불리는 여러 조각들이 특정한 방식으로 서로 결합하여 구성된 정교한 해부학적 구조를 가지고 있다. 단어 구조체계는 X-바 구 구조체계의 연장으로, 이 체계에서 큰 명사적 단위는 작은 명사적 단위들로 구성되고, 작은 명사적 단위는 더 작은 명사적 단위들로 구성된다. 명사를 포함하는 가장 큰 구는 명사구다. 명사구에는 N-바가 들어 있고, N-바에는 명사, 즉 단어가 들어 있다. 통사론에서 형태론으로 건너뛰어 그 단어를 계속 해부하다 보면 그것은 점점 더 작은 명사적 단위들로 분석된다.

다음은 단어 dogs의 구조를 보여주는 그림이다.

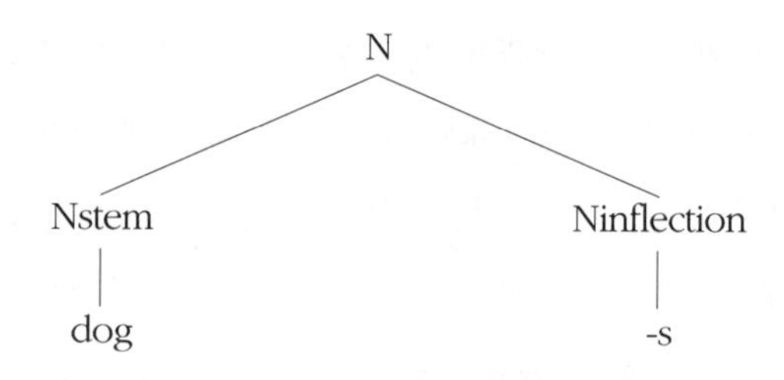

이 작은 나무의 정점은 명사를 뜻하는 N이다. 이것 때문에 이 단어 전체는 임의의 어떤 명사구 내의 명사 위치에도 접속될 수 있는 결합조작이 허용된다. 그 단어의 아랫부분에는 다음과 같은 두 부분이 존재한다. 일반적으로 '어간'이라 불리는 단어의 원형 dog와 복수형 어미 –s가 그것이다. 어미변화된 단어를 관할하는 간단한 규칙(wug–테스트로 유명해진 규칙)은 다음과 같다.

N → Nstem Ninflection

"명사는 명사어간과 그 뒤에 오는 명사 굴절어미로 구성될 수 있다."

이 규칙은 정신사전과 훌륭한 조화를 이룬다. 'dog'은 '개'를 뜻하는 명사어간으로 등록되어 있을 것이고, –s는 '–의 복수'를 나타내는 명사 굴절어미로 등록되어 있을 것이다.

이 규칙은 우리가 흔히 말하는 문법규칙의 가장 단순하고도 철저히 분석된 예다. 내 연구실에서는 이것을 정신문법의 손쉬운 연구사례로 사용한다. 마치 생물학자들이 유전자의 기계적 구조를 연구하기 위해 초파리에 관심을 쏟듯이, 이 규칙을 이용하여 우리는 모든 사람(신경이 손상된 사람까지 포함하여)들이 유아기에서 노년기에 이르기까지 언어규칙에서 보이는 심리를 아주 상세히 기록할 수 있다. 어간에 어미를 연결하는 규칙은 단순하지만 놀랄만큼 유용한 연산 작용이다. 이것은 단어의 특정한 목록이나, 소리의 특정한 목록, 또는 의미의 특정한 목록과 연관되는 것이 아니라 '명사어간'과 같은 추상적인 마음의 기호를 인식하기 때문이다. 우리는 단어의 의미에 신경 쓰지 않고 정신사전의 '명사어간'에 등록된 모든 조항의 어미를 변형시키는 데 이 규칙을 사용할 수 있다. 그러면 dog를 dogs로 변환시킬 수 있을 뿐 아니라, hour를 hours로 justification을 justifications로 변화시킬 수 있다. 마찬가지로 이 규칙은 단어의 소리에 상관없이 복수를 만들 수 있게 해준다. 우리는 the Gorbachevs, the Bachs, the MaoZe-dongs와 같이 이상한 소리의 단어들을 복수화한다. 같은 이유로 이 규칙은 faxes, dweebs, wugs, zots 같은 전혀 새로운 명사에도 대단히 만족스럽게 적용된다.

우리는 이 규칙을 너무 쉽게 적용한다. 따라서 이 규칙이 해내는 어떤 경이로움을 선전할 수 있는 유일한 방법은 아마도 많은 컴퓨터 과학자들이 미래의 물결이라고 칭찬해 마지않는 특정한 종류의 컴퓨터프로그램을 인간과 비교해 보는 것일 게다. '인공신경망'이라 부르는 이 프로그램은 내가 방금 여러분에게 보여준 것과 같은 규칙을 사용하지 않는다. 인공신경망은 유사성에 의해 작동한다. 즉 wug를 wugged로 변화시키는 것은 그 단어가 hug-hugged, walk-walked를 비롯해 인공신경망이 인식하도록 훈련받아 온 다른 수천 개의 동사들과 막연히 유사하기 때문이다. 그러나 이 신경망은 전에 훈련받은 어떤 것과도 유사하지 않은 새로운 동사에 직면하게 되면 종종 그것을 엉망으로 만들어 놓는데, 이것은 신경망에 그것을 기초로 하여 접미사를 붙일 수 있는 추상적이고 포용력이 큰 '동사어간'이라는 범주가 없기 때문이다. 다음은 wug-테스트를 받을 때 사람들이 일반적으로 처리하는 형태와 인공신경망이 일반적으로 처리하는 형태를 비교한 것이다.

동사	사람들이 제공하는 전형적인 과거형	인공신경망이 제공하는 전형적인 과거형
mail	mailed	membled
conflict	conflicted	conflafted
wink	winked	wok
quiver	quivered	quess
satisfy	satisfied	sedderded
smairf	smairfed	sprurice
trilb	trilbed	treelilt
smeej	smeejed	leefloag
frilg	frilged	freezled

또한 어간은 보다 깊은 두 번째 단어결합 차원에서 부분요소들의 결합에 의해 구성될 수 있다. Yugoslavia report, sushi-lover, broccoli-green, toothbrush와 같은 복합어에서는

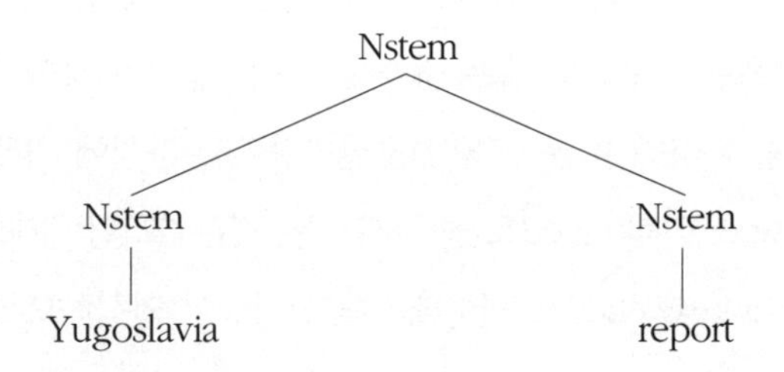

다음과 같은 규칙에 따라 두 개의 어간이 결합하여 새 어간을 형성한다.

Nstem → Nstem Nstem
"명사어간은 하나의 명사어간과 그 뒤에 오는 또 다른 명사어간으로 구성될 수 있다."

영어에서 복합어는 대부분 하이픈으로 연결되거나 두 단어가 함께 연결되어 쓰이지만, 그 단어들이 여전히 독립된 것처럼 한 칸 띄어쓰기를 하기도 한다. 여러분의 문법선생님은 이것을 혼동하여 Yugoslavia report에서 Yugoslavia를 형용사라고 가르쳤을 것이다. 이것이 옳지 않다는 것은 interesting과 같은 순수한 형용사와 비교해 보면 금방 알 수 있다. 우리는 This report seems interesting이라고는 말하지만, This report seems Yugoslavia라고 말하지는 않는다! 어떤 것이 복합어고 어떤 것이 구인지 구별할 수 있는 간단한 방법이 있다. 복합어들은 일반적으로 첫 번째 단어에 강세가 있는 반면, 구는 두 번째 단어에 강세가 있다. dark róom(구)은 '어두운 방'이지만, dárk room(복합어)은 사진을 현상하는 '암실'이다. 암실은 현상작업이 끝나면 불을 켤 수 있다. black bóard(구)는 당연히 '검은색의 판'이지만, 어떤 bláckboard(복합어)는 녹색이거나 심지어 흰색인 것도 있다. 발음이나 구두점의 도움이 없으면 일부 단어열들은 다음 문장들과 같이 구로 읽힐 수도 있고 복합어로 읽힐 수도 있다.

Squad Helps Dog Bite Victim. (구조대가 개에게 물린 희생자를 돕다./ 구조대가 개가 희생자를 물도록 돕다.)
Man Eating Piranha Mistakenly Sold as Pet Fish. (식인 피라냐가 실수로 애완용 물고기로 팔리다./ 피라냐를 먹은 사람이 실수로 애완용 물고기로 팔리다.)
Juvenile Court to Try Shooting Defendant. (총격 사건의 피고를 재판할 소년법원./ 시범적으로 피고를 총살하려는 소년법원.)

기존 어간에서 새로운 어간이 형성될 수 있는 또 한 가지 방법은 앞서 단어의 길이를 늘이기 위해 무한히 반복해서 사용했던 −al, −ize, −ation 같은 접사를 추가하는 것이다(sensationalizationalization처럼). crunch−crunchable에서처럼 −able은 어떤 동사와도 결합하여 형용사를 만든다. 접미사 −er은 crunch/cruncher에서처럼 모든 동사를 명사로 변환시키고, 접미사 −ness는 crunchy/crunchiness에서처럼 모든 형용사를 명사로 변환시키는데,

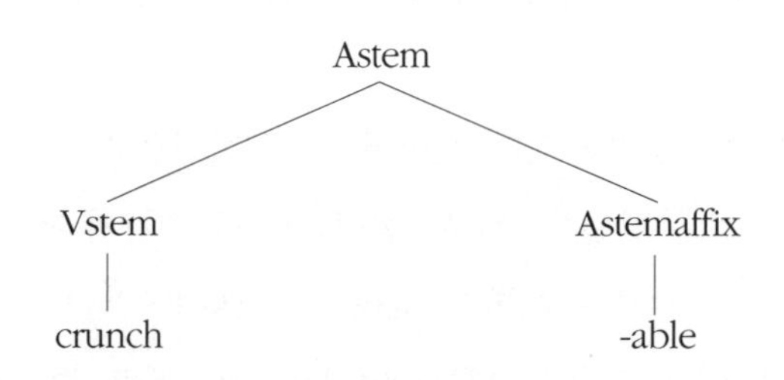

이들을 형성하는 규칙은 다음과 같다.

Astem → Stem Astemaffix
"형용사어간은 접미사가 결합된 어간으로 구성될 수 있다."

그리고 접미사 −able은 다음과 같은 정신사전 기재항을 가질 것이다.

−able
형용사어간접사.
'x될 수 있는'을 뜻함.
나를 동사어간에 붙일 것.

어형변화어미와 마찬가지로 어간접사도 상대를 가리지 않고

적절한 범주 레벨을 갖는 어떤 어간과도 짝을 이루므로 crunchable, scrunchable, shmooshable, wuggable 등이 형성될 수 있다. 그것들의 의미는 'crunch될 수 있는,' 'scrunch될 수 있는,' 'shmoosh될 수 있는,' wug가 무엇이든 간에 'wug될 수 있는'으로 예측할 수 있다(그럼에도 나는 한 가지 예외를 생각해 냈다. I asked him what he thought of my review of his book, and his response was unprintable[나는 그에게 그의 책에 대한 내 서평을 어떻게 생각하냐고 물었는데 그의 대답은 활자화하기에는 적합하지 않다는 것이었다.]이라는 문장에서 단어 unprintable은 '인쇄될 수 없는'이라는 뜻보다 훨씬 더 특수한 어떤 의미가 있다).

한 어간의 의미를 그 부분들의 의미로부터 연산해 내기 위한 도식은 통사론에서 사용하는 것과 흡사하다. 하나의 특별한 요소가 핵어이고, 이것이 덩어리 전체의 의미를 결정한다. the cat in the hat이라는 구는 일종의 고양이로서 cat이 그 핵어이듯이, Yugoslavia report는 일종의 기사이고, shmooshability는 일종의 능력이므로 핵어는 각각 report와 ability임이 분명하다. 영어 단어의 핵어는 그 단어의 가장 오른쪽에 있는 형태소다.

해부를 계속하면 어간은 훨씬 더 작은 부분들로 잘게 쪼개진다. 단어의 가장 작은 부분, 즉 더 이상 나눌 수 없는 가장 작은 부분을 그 단어의 '어근'이라고 한다. 어근은 특별한 접미사와 결합하여 어간을 형성한다. 예를 들어 어간인 Darwinian 안에서 Darwin이라는 어근을 찾을 수 있다. 그리고 어간인 Darwinian을 접미사를 붙이는 규칙에 입력하면 새로운 어간인 Darwinianism이 만들어진다. 이 지점에서 어형변화규칙은 단어구조의 세 가지 차원이 모두 구현된 Darwinianisms라는 단어를 낳을 수 있다.

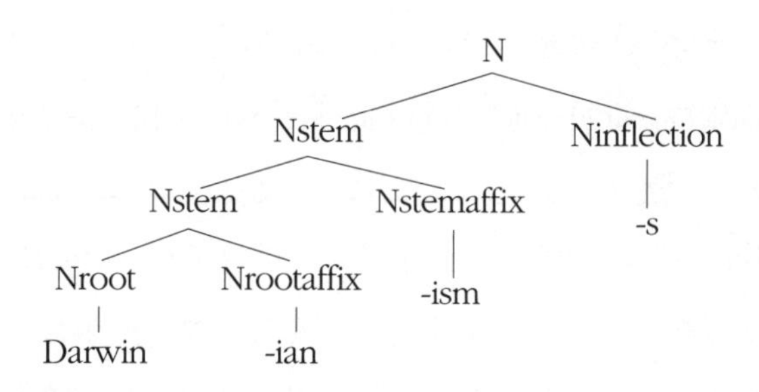

흥미로운 것은 이 조각들이 일정한 방식으로만 결합된다는 점이다. 즉, 어간접미사 –ism에 의해 형성된 어간 Darwinism은 –ian의 주인이 될 수 없다. –ian은 어간이 아닌 어근에만 붙기 때문이다. 따라서 Darwinismian('다윈설과 관련된' 정도의 의미일 것이다)은 우스꽝스럽게 들린다. 마찬가지로 Darwinsian('두 명의 유명한 다윈, 즉 찰스 다윈과 에라스무스 다윈과 관련된' 정도의 의미일 것이다), Darwinsianism 및 Darwinsism도 절대 성립되지 않는데, 이것은 어형변화된 단어는 다른 어떤 어근접미사나 어간접미사와도 결합할 수 없기 때문이다.

어근 및 어근접사의 맨 아랫부분으로 내려가면 우리는 이상한 세계에 들어서게 된다. electricity를 살펴보자. 이것은 두 부분, 즉 electric과 –ity를 포함하고 있는 것처럼 보인다.

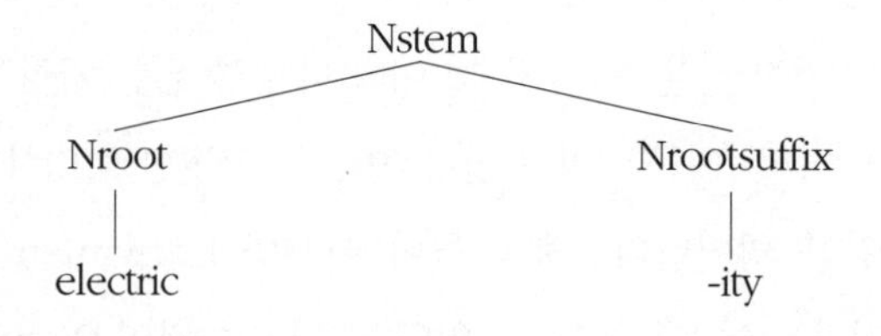

그런데 이 단어들이 정말 어떤 규칙에 의해, 즉 –ity의 사전 기재항을 어근 electric에 접착시키는 다음과 같은 규칙에 의해 조립된 것일까?

Nstem → Nroot Nrootsuffix
"명사어간은 명사어근과 접미사로 이루어질 수 있다."

-ity
명사어근접미사.
'x인 상태'를 뜻함.
나를 명사어근에 붙일 것.

이번에는 아니다. 그 이유는 첫째, 단순하게 단어 electric과 접미사 -ity를 접착시키는 것만으로는 electricity를 얻을 수 없기 때문이다. 이는 마치 [electrick itty]처럼 들릴 것이다. -ity가 부착되는 어근은 발음이 [electriss]로 변한다. 접미사가 제거된 뒤 남겨지는 잔여물은 어근으로서 독립적으로 발음될 수 없다.

둘째, 어근접사 조합물이 예측 불가능한 의미를 가지기 때문이다. 즉, 부분의 의미로부터 전체의 의미를 해석하기 위한 간결한 도식이 무너지고 마는 것이다. complexity는 complex 상태이지만 electricity는 electric한 상태(전기를 띤 상태)가 아니다(여러분은 결코 The electricity of this new can opener makes it convenient라고 말하지 않을 것이다). 전기는 어떤 것에 동력을 공급하여 전기적 성질을 띠게 하는 힘이다. 마찬가지로 instrumental은 instrument(기구)와 아무런 관련이 없으며, intoxicate는 toxic(중독성)한 물질에 대한 것이 아니고, recital에서는 recite(암송하지) 않으며, five-speed transmission(5단 변속기)은 transmitting(전달) 행위가 아니다.

셋째, 우리가 지금까지 보아 온 모든 규칙 및 접사들과는 달리 지금 예로 들고 있는 규칙과 접사는 단어들에 자유롭게 적용되지 않기 때문이다. 예를 들어 academic, acrobatic, aerodynamic 또는 alcoholic은 성립하지만, academicity, acrobaticity, aerodynamicity, alcoholicity는 괴이하게 들린다(이것들은 내 전자사전에서 -ic로 끝나는 단어를 순서대로 4개만 뽑은 것들이다).

그러므로 단어구조의 세 번째이자 가장 미시적 차원인 어근과 그 접미사에서는 예측 가능한 공식들, 즉 'wug 스타일'에 따라 단어를 구성하는 진정한 규칙들을 발견할 수 없다. 어간은 그들 특유의 의미를 간직한 상태로 정신사전에 저장되어 있다고 볼 수 있다. 대부분의 복잡한 어간은 르네상스 이후에 형성되었다. 당시 학자들은 라틴어와 프랑스어에서 수많은 단어와 접사를 영어로 받아들여 그 학문 언어에 고유한 일부 규칙을 적용했다. 우리는 그 단어들은 받아들였으나 그것을 조성한 규칙들은 받아들이지 않았다. 현대 영어의 화자가 마음속으로 이 단어들을 동질의 소리열이 아니라 나무구조로 분석한다고 생각하는 이유는, 우리 모두가 electric과 -ity 사이에 자연적인 휴지 지점이 있다고 느끼기 때문이다. 또한 우리는 electric이라는 단어와 electricity라는 단어 사이에 유사점이 있음을 인식하며, 또 -ity를 포함하는 다른 어떤 단어도 분명히 명사라고 인식한다.

한 단어의 내적 형태를 인식하면서 그 형태가 어떤 강력한 규칙의 산물이 아님을 아는 우리의 능력은 어휘놀이의 모든 분야에서 영감의 원천으로 작용한다. 자의식이 강한 저자와 화자들은 종종 유추에 의해 라틴어의 어근접미사를 religiosity, criticality, systematicity, randomicity, insipidify, calumniate, conciliate, stereotypy, disaffiliate, gallonage, Shavian 같은 새로운 형태로 확장시키곤 한다. 이 단어들은 근엄하고 진지한 분위기를 띠기 때문에 패러디의 손쉬운 표적이 되곤 한다. 1982년 제프 맥넬리의 사설 만화에서는 단어를 곧잘 오용하곤 하던 국무장관 알렉산더 헤이그의 사임사를 다음과 같이 발표했다.

> I decisioned the necessifaction of the resignatory action/option due to the dangerosity of the trendflowing of foreign policy away from our originatious careful coursing towards consistensivity, purposity, steadfastnitude, and above all, clarity. (내가 사임의 필요성을 결정한 것은 해외정책이 우리가 처음부터 일관성, 목적성, 지속성 그리고 무엇보다도 명확성을 향해 신중하게 나아가려던 것과는 다른 방향으로 흘러갈지도 모를 위험성 때문이었습니다.)

톰 톨스의 만화에는 SAT의 언어영역 점수가 항상 낮은 이유를 설명하는 턱수염을 기른 한 학자가 등장한다.

> Incomplete implementation of strategized programmatics designated to maximize acquisition of awareness and utilization of communications skills pursuant to standardized review and assessment of languaginal development. (언어 발달에 대한 규격화된 검토와 평가를 추구하는 커뮤니케이션 기술의 인식과 능력의 획득을 최대화하기 위해 고안된 전략적 프로그램의 불완전한 이행.)

이러한 유추과정은 컴퓨터 프로그래머나 관리자들의 문화에서 거드름을 위해서가 아니라 정교한 농담을 위해 사용된다. 기발한 은어들을 편집해 놓은 《뉴 해커 사전》에는 영어에서 그다지 자유롭게 확장될 수 없는 어근접미사가 거의 총망라되어 있다.

ambimoustrous adj. 양손으로 마우스를 조작할 수 있는.

barfulous adj. 누군가를 구토하게(barf) 만들 것 같은.

bogosity n. 어떤 것이 가짜인(bogus) 정도.

bogotify v. 어떤 것을 가짜로 만들다.

bozotic adj. 어릿광대 보조(Bozo)의 성질을 가진.

cuspy adj. 기능적으로 우아한.

depeditate v. ~의 밑부분을 도려내다(한 면의 밑부분을 인쇄하는 동안).

dimwittery n. 바보 같은 진술의 예.

geekdom n. 기술적 얼간이의 상태.

marketroid n. 한 회사의 마케팅부 직원.

mumblage n. 어떤 사람이 웅얼거리는(mumbling) 것의 화제.

pessimal adj. '최상의(optimal)' 의 반대.

wedgitude n. 박혀서 꼼짝할 수 없는(고착된, 도움 없이는 계속 진행할 수 없는) 상태.

wizardly adj. 전문 프로그래머와 관련된.

또한 우리는 단어의 어근 부분에서 mouse-mice와 man-men 같은 불규칙 복수, 그리고 drink-drank와 seek-sought 같은 불규칙 과거시제형을 갖는 혼란스러운 유형들을 발견하게 된다. 불규칙형들은 drink-drank, sink-sank, shrink-shrank, stink-stank, sing-sang, ring-rang, spring-sprang, swim-swam, sit-sat 또는 blow-blew, know-knew, grow-grew, throw-threw, fly-flew, slay-slew처럼 계열을 이루어 나타나는 경향이 있다. 그 이유는 현재 -ed를 붙이는 규칙이 있듯이, 영어와 대부분의 유럽어의 조상언어인 원시 인도유럽어에 하나의 모음

을 다른 모음으로 대체해서 과거시제를 만드는 규칙이 있었기 때문이다. 현대 영어의 불규칙 동사, 즉 강변화 동사들은 이런 규칙들의 화석에 불과한 것으로, 그 규칙들 자체는 죽어 없어진 상태다. 따라서 불규칙변화 계열에 속할 것처럼 보이는 대부분의 동사가 제멋대로 제외되곤 한다. 다음은 그 예를 보여주는 엉터리 시다.

Sally Salter, she was a young teacher who taught,
And her friend, Charley Church, was a preacher who praught ;
Though his enemies called him a screecher, who scraught.

His heart, when he saw her, kept sinking, and sunk ;
And his eye, meeting hers, began winking, and wunk ;
While she in her turn, fell to thinking, and thunk.

In secret he wanted to speak, and he spoke,
To seek with his lips what his heart long had soke,
So he managed to let the truth leak, and it loke.
The kiss he was dying to steal, then he stole ;
At the feet where he wanted to kneel, then he knole ;
And he said, "I feel better than ever I fole."

샐리 솔터, 그녀는 가르치는 젊은 교사였어요.
그녀의 친구, 찰리 처치는 설교하는 전도사였어요.
그의 적들은 그를 수다떠는 수다쟁이라고 불렀지만요.

그녀를 보았을 때, 그의 가슴은 계속 가라앉고 가라앉았어요.

그녀의 눈과 마주쳤을 때, 그의 눈은 깜박거리고 깜박거렸어요.
그러는 동안 그녀는 생각에 잠겨 생각하고 또 생각했어요.

아무도 몰래 그는 말하기를 원했고, 말을 했어요.
그의 가슴이 오랫동안 찾았던 것을 두 입술로 찾고 싶었어요.
그래서 그는 어렵게 진실을 밝히려 했고, 진실을 밝혔어요.

그토록 훔치고 싶었던 키스를 그는 훔쳤어요.
무릎을 꿇고 싶었던 그 발 밑에 그는 무릎을 꿇었지요.
그리고는 말했어요. "나는 그 어느 때보다 행복하오."

사람들은 각각의 과거시제형을 단순히 암기하고 있음이 틀림없다. 그러나 이 시가 보여주듯이 사람들은 이들 사이의 유형에 아주 민감하고, 심지어는 헤이그의 말과 해커의 말에서처럼 유머러스한 효과를 얻기 위해 그 유형을 새로운 단어로 확대시키곤 한다. 많은 이들이 freeze–froze, break–broke–broken, sit–sat과의 유사함에 근거해 만들어진 sneeze–snoze, squeeze–squoze, take–took–tooken, shit–shat의 재미에 흠뻑 빠지곤 했다. 《미친 영어》에서 리처드 레더러는 〈닭장 속의 여우〉라는 제목의 글에서 booth–beeth, harmonica–harmonicae, mother–methren, drum–dra, Kleenex–Kleenices, bathtub–bathtubim과 같은 중구난방의 불규칙 복수형을 다루었다. 해커의 말에는 faxen, VAxen, boxen, meece, Macinteesh 등이 있다. 《뉴스위크》지는 한 번은 흰 모자를 쓰고 모조 다이아몬드로 온통 치장한 라스베이거스의 연예인들을 Elvii(Elvis의 유추 복수형)로 표현한 적이 있다. 연재만화 《피너츠》에서 라이너스의 선생님인 미스 오스마는 학생들에게 달걀껍질을 붙여서 igli(igloo의 유추 복수형) 모델을 만들도록 한다. 매기 설리반은 《뉴욕 타임스》에 더 많은 동사를 다음과 같은 불규칙동사로 변화시켜서 영어를 '강화시킬' 것을 요구하는 기고문을 싣기도 했다.

Subdue, subdid, subdone:Nothing could have subdone him the way her violet eyes subdid him. (어떤 것도 그녀의 보라색 두 눈이 그를 굴복시켰던 것처럼 그를 굴복시킬 수 없었을 것이다.)

Seesaw, sawsaw, seensaw:While the children sawsaw, the old man thought of long ago when he had seensaw. (아이들이 시소를 타는 동안 그 노인은 오래 전 그가 시소를 탔던 시절을 생각했다.)

Pay, pew, pain:He had pain for not choosing a wife more carefully. (그는 좀더 신중하게 아내를 선택하지 못한 대가로 돈을 지불했다.)

Ensnare, ensnore, ensnorn:In the 60's and 70's, Sominex ads ensnore many who had never been ensnorn by ads before. (60년대와 70년대의 소미넥스 광고는 이전에는 결코 광고에 사로잡히지 않았던 많은 사람들을 사로잡았다.)

Commemoreat, commemorate, commemoreaten:At the banquet to commemoreat Herbert Hoover, spirits were high, and by the end of the evening many other Republicans had been commemoreaten. (허버트 후버를 찬양하기 위한 연회에서, 분위기는 고조되었고, 그날 밤 늦게까지 다른 많은 공화당원들이 찬양을 받았다.)

보스턴의 한 우스갯소리에서도 이런 예를 찾아볼 수 있다. 로간 공항에 내린 한 여자가 택시기사에게 "대구 새끼를 살 수 있는 곳으로 가 주시겠어요(Can you take me someplace where I can get scrod)?"라고 한다. 그러자 그 택시기사는 "아이고, 과거완료 가정법에서 그런 동사는 처음 들어 보는데요."라고 대답한다.

수백 년 전 teach–taught의 유사성에 근거하여 catch–caught가 태어났고, 오늘날 stick–stuck의 유사성에 근거하여 sneak–snuck이 태어나고 있듯이, 때로는 우스갯소리나 근사한 소리의 형태가 인기를 얻어 언어공동체에 확산되곤 한다(나는 요즘 has tooken이라는 말이 쇼핑몰의 좀도둑들 사이에서 즐겨 사용되고 있다는 말을 몇 번 들은 적이 있다). 이러한 과정은 초기 유행의 산물들이 살아 있는 방언들을 비교해 보면 분명해질 수 있다. 심술궂은 칼럼니스트인 멘켄은 유명한 아마추어 언어학자이기도 했는데, 그는 heat–het(bleed–bled와 유사), drag–drug(dig–dug), help–holp(tell–told)와 같이 미국 각지의 방언에서 발견되는 여러 가지 과거시제의 형태를 기록했다. 세인트루이스 카디널스의 투수이자 CBS 아나운서였던 디지 딘은 자신이 태어난 아칸소 주에서 일반적으로 사용되는 "He slood into second base."라는 말을 사용함으로써 악명을 높였다. 40년 동안 전국의 영어선생님들이 CBS에 그의 사직을 요구하는 편지쓰기운동을 전개했지만, 그에게는 오히려 대단히 즐거운 일이었다. 그는 대공황 중에 "A lot of folks that ain't sayin' 'ain't' ain't eatin'."이라는 말로 응수하기도

했다. 한 번은 다음과 같은 중계방송으로 그들을 골탕 먹인 적도 있었다.

> The pitcher wound up and flang the ball at the batter. The batter swang and missed. The pitcher flang the ball again and this time the batter connected. He hit a high fly right to the center fielder. The center fielder was all set to catch the ball, but at the last minute his eyes were blound by the sun and he dropped it!
> (투수 와인드업하고 타자를 향해 공을 던졌습니다. 타자가 스윙했지만 헛쳤습니다. 투수 다시 볼을 던졌습니다. 이번에는 타자가 맞췄습니다. 중견수 정면으로 높은 플라이볼을 쳤군요. 중견수, 볼을 잡을 완벽한 자세를 갖췄습니다만, 그런데 마지막 순간 햇살에 눈이 멀어 공을 떨어뜨리고 말았습니다!)

그러나 이러한 창조적인 확장물들이 성공적으로 채택되는 경우는 흔치 않다. 규칙에 맞지 않는 것들은 대개 고립된 별종으로 남게 된다.

문법의 불규칙성은 인간의 기묘함과 변덕스러움의 축소판처럼 보인다. 에스페란토어, 오웰의 뉴스피크어, 로버트 하인라인의 공상과학소설 《별들을 위한 시간》에 나오는 행성연맹 보조언어같이 '합리적으로 설계된' 언어에서는 불규칙 형태가 확실히 제거되어 있다. 마치 이러한 규격화에 반항하듯이 규범에 순응하지 않는 영혼의 짝을 찾는 한 여인이 최근 《뉴욕 리뷰 오브 북스》에 다음과 같은 개인광고를 실었다.

당신은 명사가 형용사보다 더 강하다고 생각하는 불규칙동사입니까? 겸손하고 전문직에 종사하는 백인 이혼여성/ 미국에 5년간 거주한 유럽인/ 전직 바이올리니스트/ 날씬하고, 매력적이며, 결혼한 자녀 있음. …[중략]… 건강을 중요시하고, 지적 모험을 좋아하며, 진실과 헌신 그리고 열린 마음을 소중히 여기는 예리하고, 유쾌하고, 젊음을 간직한 50-60대 남자를 찾습니다.

소설가 마거리트 유르스나르의 글에는 불규칙성과 인간의 조건에 대한 다음과 같은 일반적인 언급이 등장한다. "문법은 논리적인 규칙과 자의적인 용법을 혼합해 어린이들에게 인간의 행동을 다루는 분야인 법률과 도덕, 그리고 인간의 경험을 기록해 온 모든 체계들이 훗날 그들에게 제공할 것을 미리 맛보도록 해 준다."

자유분방하게 돌아가는 인간정신에 대한 그 모든 상징성에도 불구하고 불규칙성은 단어구성체계의 껍질 속에 단단히 싸여 있다. 전체적으로 그 체계는 대단히 기능적이다. 불규칙한 것은 어근이다. 그리고 어근은 어간의 내부, 어간은 단어의 내부에 또아리를 틀고 있으며, 단어들 가운데 일부는 불규칙어미에 따라 형성되기도 한다. 이러한 층위 구성이 단지 영어에서 성립되는 단어와 성립되지 않는 단어를 예상할 수 있게 해 주는 역할만 하는 것은 아니다(예를 들어 Darwinianism이 Darwinismian보다 적절하게 들리는 이유). 그것은 외견상 비논리적으로 보이는 용법에 대해 수없이 제기되는 다음과 같은 사소한 질문에 간결한 해명을 제공한다. 왜 야구에서는 타자가 센터필드에 flown out하지 않고 flied out했다고 말하는가? 왜 토론토의 하키팀 이름은 Maple Leaves가 아니라 Maple Leafs인가? 왜 많은 사람들이 Walkman의 복수형을

Walkmen이 아니라 Walkmans로 표현하는가? 왜 누군가가 자기 딸의 친구들이 모두 low-lives(low-life '범죄자들'의 의미)라고 말하면 이상하게 들리는가?

불규칙형이 홀대받는 이유에 대해 흔히 두 가지 설명을 댄다. 문법 편람이나 입문서를 뒤져 보면 반드시 이 가운데 하나가 실려 있는데, 실은 둘 다 틀린 설명이다. 하나는 영어에서 불규칙 단어들은 이제 끝났다는 설명이다. 즉, 영어에 추가되는 새로운 형태는 모두 규칙적이라는 것이다. 하지만 사실은 그렇지 않다. 만일 내가 to re-sing이나 to out-sing과 같은 새로운 단어를 만들어 낸다면, 그 단어들의 과거형은 re-singed와 out-singed가 아니라 re-sang과 out-sang이 될 것이다. 마찬가지로 나는 최근에 중국의 유전지대에서는 농부들이 작은 통을 들고 경비원이 없는 유전으로 기름을 찾아 헤맨다는 기사를 읽은 적이 있다. 그 기사에서는 농부들을 oil-mouses가 아닌 oil-mice라고 썼다.

두 번째 설명은 야구의 fly out에서처럼 한 단어가 단어 뜻 그대로가 아닌 새로운 의미를 필요로 할 때, 그 의미는 규칙적인 형태를 필요로 한다는 것이다. 그러나 oil-mice는 이러한 설명 역시 잘못되었음을 똑똑히 입증해 준다. 그밖에도 sawteeth(sawtooths가 아니라), Freud's intellectual children(childs가 아니라), snowmen(snowmans가 아니라) 등과 같이 불규칙명사에 기초를 둔 많은 비유들이 자신의 불규칙성을 확고히 고수하고 있다. 마찬가지로 동사 to blow가 to blow him away(암살하다)와 to blow it off(염두에서 사라지게 하다) 같은 속어적 의미로 발전했을 때도 과거시제는 여전히 불규칙 형태를 유지했다. 즉, blowed him away와 blowed off the exam이 아니라 blew him away와 blew off the exam이다.

flied out과 walkmans가 사용되는 근본적 이유는 복합어의 의미를 그 구성요소인 단순 단어들의 의미로부터 해석해 내는 연산 알고리즘에 있다. 하나의 큰 단어가 더 작은 단어들로 구성되는 경우에 그 큰 단어는 그 단어의 가장 오른쪽에 놓여 있는 하나의 특별한 단어, 즉 핵어로부터 자신의 모든 특징을 얻는다는 사실을 상기해 보자. to overshoot이라는 동사의 핵어는 동사 to shoot이므로 overshooting은 일종의 shooting이며, shoot이 동사이기 때문에 overshoot 역시 하나의 동사다. 마찬가지로 workman은 그것의 핵어인 man이 단수명사이기 때문에 단수명사이며, 이것은 일이 아닌 사람을 가리킨다. 다음은 단어구조의 형태다.

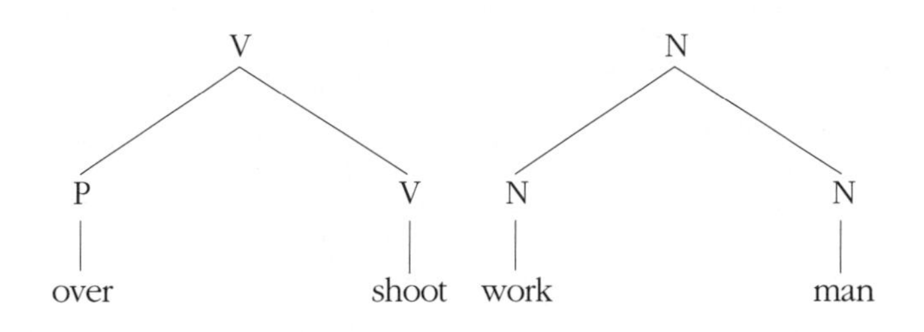

결정적으로, 핵어에서부터 맨 꼭대기 부분에 이르는 삼투관은 핵어와 함께 저장된 모든 정보를 흡수한다. 단지 그것의 명사 신분이나 동사 신분뿐만 아니라, 그것의 의미와 그와 함께 저장되어 있는 불규칙 형태까지도 함께 흡수하는 것이다. 예를 들어 shoot에 대한 정신사전의 항목에는 '나에게는 불규칙과거형 shot이 있다.' 라고 적혀 있을 것이다. 이 정보는 다른 모든 정보와 함께 위로 삼투해 올라가서 그 복합단어에 적용된다. 그러므로 overshoot의 과거시제는 overshot(over-shooted가 아닌)이 된다. 마찬가지로 man이라는 단어는 나의 복수형은 men이다, 라는 꼬리표를 달고 있다. man은 workman의 핵어이므로 그 꼬리표는

workman을 나타내는 기호 N으로 삼투해 올라가고, 따라서 workman의 복수형은 workmen이 된다. 이것은 또한 out-sang, oil-mice, sawteeth, blew him away 등에도 똑같이 적용된다.

이제 우리는 앞에서 던진 사소한 질문에 답할 수 있다. fly out과 Walkmans 같은 단어들의 괴팍스러움은 그 단어들의 '핵어 없음'에서 기인한다. 핵어가 없는 단어는 이런저런 이유로 가장 오른쪽에 있는 요소, 즉 평범한 단어라면 그 기초가 되어 줄 요소와는 특성이 달라진 예외적인 품목이다. 핵어가 없는 단어의 간단한 예가 low-life다. 이 단어는 life가 아니라 person, 즉 인생을 마구 살아가는 '사람'을 뜻한다. 그렇다면 단어 low-life의 정상적인 삼투관은 봉쇄되어야 한다. 이때 한 단어 내의 파이프라인은 단지 한 종류의 정보만 봉쇄하는 것이 아니다. 일단 이 파이프라인이 봉쇄되면 아무것도 통과하지 못한다. low-life가 life로부터 그 의미를 얻지 못하면, 그것은 또한 life로부터 복수형을 취할 수도 없다. 따라서 life와 관련된 불규칙 형태, 즉 lives는 사전 안에 갇혀서 전체 단어인 low-life로 삼투되어 올라갈 길이 없다. 그래서 '복수형에는 접미사 -s를 붙인다.'는 범용 정규규칙이 부전승을 거두어 low-lifes라는 형태를 띠게 된 것이다. 이와 유사한 무의식적 추리를 통해 화자들은 saber-tooths(이빨의 일종이 아닌 호랑이의 일종), tenderfoots(발의 일종이 아니라 부드러운 발을 가진 어린 보이스카우트 소년), flatfoots(역시 발의 일종이 아니라 경찰을 가리키는 은어), still lifes(삶이 아닌 그림의 일종)에 도달한다.

소니에서 워크맨을 개발한 이래 어느 누구도 두 대의 소니 워크맨이 Walkmen인지 Walkmans인지 확신하지 못했다(남녀평등적 대안인 Walkperson은 이 문제를 해결하는 데 하등 도움이 되지 못한다. 왜냐하면 Walkpersons와 Walkpeople 중 하나를 선택해야 하는 문제에 부딪힐 테니까). Walkmans라고 말하고 싶은 유혹은 그 단어의 핵어 없음에서 기인한다. Walkman은 사람이 아니고, 따라서 그 안에 있는 단어 man으로부터 그 의미를 획득하지 않고 있음이 분명하고, 핵어 없음의 논리에 따르면 그것은 또한 man으로부터 복수형을 가져올 수도 없다. 그러나 어떤 종류의 복수형에도 편안해지기 어려운 이유는 Walkman과 man의 관계가 아주 모호하게 느껴지기 때문이다. 그것이 모호하게 느껴지는 이유는 Walkman이라는 단어가 그 어떤 인식 가능한 도식으로부터 결합되지 않았기 때문이다. 그것은 일본에서 기호나 상품명에 흔히 사용하는 엉터리 영어의 한 예다(예를 들어 인기 있는 청량음료 가운데 하나는 'Sweat' 이며, 티셔츠에는 'CIRCUIT BEAVER,' 'NURSE MENTALITY,' 'BONERACTIVE WEAR' 같은 정체불명의 글귀가 찍혀 있다). 소니는 두 대 이상의 Walkman을 어떻게 표현해야 하는가라는 질문에 대한 공식적인 대답을 가지고 있다. 자신들의 상표가 하나의 명사로 변환될 경우 아스피린이나 클리넥스처럼 총칭적인 하나의 의미로 사용될 것 같자 그들은 Walkman Personal Stereos를 제시함으로써 문법적인 사안을 비껴갔다.

이제 fly out으로 넘어가 보자. 야구 전문가에게 이 단어는 친숙한 동사 to fly(공중으로 날아가다)가 아니라 명사 fly(타격되어 커다란 포물선 궤도 상에 놓인 공)에 근거한다. 즉 fly out은 '타격되어 뚜렷한 포물선 궤도에 놓인 공이 잡혀서 아웃되다' 라는 의미다. 물론 명사 fly는 동사 to fly에서 유래한 것이다. 한 단어–유래–한 단어–유래–한 단어 구조는 다음과 같은 대나무 구조로 나타낼 수 있다.

V
|
N
|
V
|
fly

최상위 표지로 대표되는 단어 전체는 동사이지만 그것을 생성한 한 차원 아래의 요소가 명사이므로, to fly out은 low-life처럼 핵어가 없음이 분명하다. 명사 fly가 핵어라면 fly out도 명사가 되어야 하지만, 그것은 명사가 아니기 때문이다. 핵어 및 그 핵어와 연결된 정보자료의 파이프라인이 없으므로 원래 동사 to fly의 불규칙변화형, 다시 말해 flew와 flown은 최하위 차원에 갇혀 전체 단어에 부착되기 위해 솟아오를 길이 없다. 따라서 규칙변화의 -ed 규칙이 최후의 보루로서 평소 역할을 수행하기 위해 투입되고, 그래서 우리는 웨이드 보그스가 flied out됐다고 말하는 것이다. to fly out의 불규칙성을 제거하는 것은 그 단어의 특수화된 의미가 아니라, 그것이 동사가 아닌 단어(명사 fly)에 근거를 둔 동사라는 사실이다. 동일한 논리로 우리는 They rang the city with artillery가 아니라 They ringed the city with artillery(그 주위에 둥근 원을 형성했다.)라고 하며, He grandstood to the crowd가 아니라 He grandstanded to the crowd(관람석을 향해 연기했다.)라고 말한다.

이러한 원리는 예외 없이 적용된다. 우주비행사 샐리 라이드를 기억하는가? 그녀는 우주로 나간 미국 최초의 여성이라는 이유로 상당한 명성을 누렸다. 그러나 최근에는 메이 제미슨이 더 나은 명성을 얻고 있다. 제미슨은 우주로 나간 미국 최초의 흑인 여성일 뿐 아니라, 1993년 《피플》지가 선정한 세계에서 가장 훌륭한 50인에 들기도 했다. 명성 면에서 그녀는 샐리 라이드를 능가했다는

She has 'out-Sally-Rided' Sally Ride이지 out-Sally-Ridden이 아니다. 뉴욕 주의 싱싱교도소는 오랫동안 가장 유명한 감옥이었다. 그러나 1971년 아티카교도소의 폭동 이후 아티카가 훨씬 더 악명 높아졌다. 아티카는 싱싱보다 더 큰소리를 내게 되었다('It has out-Sing-Singed Sing Sing.') 역시 out-Sing-Sung이 아니다.

Maple Leafs의 경우에 복수화된 명사는 잎의 단위인 leaf가 아니라 캐나다의 국가 상징인 Maple Leaf라는 명칭에 근거한 명사다. 명칭은 명사와 동일한 것이 아니다(예를 들어 명사에는 the 같은 관사가 선행할 수 있는 반면 명칭에는 그렇지 않다. 모국어가 체크어였던 이바나 트럼프가 아닌 이상 어떤 사람을 the Donald라 지칭할 리 없다). 그러므로 명사 a Maple Leaf(가령 골키퍼를 지칭한다고 하면)는 명사가 아닌 단어에 근거한 명사이므로 분명 핵어가 없다. 그리고 자신의 구성요소로부터 명사 신분을 획득하지 않은 명사는 불규칙복수형도 획득할 수 없다. 그러므로 규칙변화 형태인 Maple Leafs가 부전승을 거두게 된다. 또한 이 설명은 최근 《미드나이트 쇼》에서 데이비드 레터맨을 괴롭혔던 한 가지 의문, 즉 Marlin이라는 물고기는 그 복수형도 Marlin인데, 왜 마이애미의 메이저리그 야구팀 명칭은 the Florida Marlin이 아니라 the Florida Marlins가 되는가에 대한 설명이기도 하다. 실제로 이러한 설명은 명칭에 근거한 모든 명사에 적용된다.

I'm sick of dealing with all the Mickey Mouses in this administration. (나는 이 관청에서 모든 미키마우스들을 다루는 데 진력이 난다.)

Hollywood has been relying on movies based on comic book heroes and their sequels, like the three Supermans and the two Batmans. (할리우드는 세 편의 《슈퍼맨》과 두 편의 《배트맨》처럼 만화책 주인공에 기초한 영화와 그 속편에 의존해 오고 있다.)

Why has the second half of the twentieth century produced no Thomas Manns? (왜 20세기 후반에는 토마스 만의 것들과 같은 작품들이 생산되지 않는가?)

We' re having Julia Child and her husband over for dinner tonight. You know, the Childs are great cooks. (우리는 오늘밤 줄리아 차일드와 그녀의 남편과 함께 그녀의 집에서 저녁식사를 할 예정이다. 정말, 차일드 부부는 요리를 대단히 잘한다.)

이처럼 불규칙형은 나무구조의 하단부에 거주하는데, 정신사전에서 선택된 어근과 어간은 바로 여기에 삽입된다. 발달심리언어학자 피터 고든은 아이들의 정신이 그 내부에 구축되는 단어구조의 논리에 따라 어떻게 설계되는가를 보여주는 독창적인 실험에서 위의 결과를 이용했다.

고든은 언어학자 폴 키파르스키가 최초로 주목했던 바 '불규칙변화의 복수형은 복합어를 구성할 수 있으나 규칙변화의 복수형은 복합어를 구성할 수 없다' 는 사실에 초점을 맞추었다. 예를 들어 a house infested with mice는 mice-infested라고 묘사할 수 있지만, a house infested with rats를 rats-infested라고 하면 이상하게 들린다. 한 마리의 쥐 때문에 집안이 들끓을 수는 없을 텐데도 우리는 rat-infested라고 한다. 마찬가지로 men-bashing은 흔히 입에 오르는 주제이지만 gays-bashing이라는 말은 입에 올리는 법이 없으며(gay-bashing만 있다), teethmarks는 있으나 clawsmarks는 없다. 한때 purple-people-eater에 대한 노래는 있었으나, 만일 누가 purple-babies-eater에 대해 노래했다면 그는 문법적으로 틀린 말을 한 셈이 된다. 합법적인 불규칙변화 복수형과 비합법적인 규칙변화 복수형은 같은 의미를 가지고 있으며, 따라서 이러한 차이를 발생시키는 것은 분명히 불규칙성의 문법이다.

단어구조 이론에서는 이와 같은 결과를 쉽게 설명한다. 불규칙변화의 복수형은 변덕스럽기 때문에 정신사전에 어근이나 어간으로 저장되어야만 한다. 이것은 규칙에 의해 생성될 수 없다. 이렇게 어근이나 어간으로 저장되어 있기 때문에 이것들은 기존의 어간을 또 다른 어간과 결합시켜 새로운 어간을 산출하는 복합어 형성규칙에 입력될 수가 있다. 그러나 규칙변화의 복수형은 정신사전에 저장된 어간이 아니다. 이것들은 필요할 때마다 어형변화 규칙에 의해 조립되는 복합어들이다. 이들은 어근–어간–단어 조합과정에서 가장 나중에 조립되므로 복합어 형성규칙에 이용될 수 없다. 복합어 형성규칙의 입력은 오로지 사전에서만 나올 수 있기 때문이다.

고든은 3–5세 사이의 아이들이 이 제약을 엄밀하게 준수한다는 사실을 발견했다. 그는 아이들에게 작은 인형을 보여주면서 먼저 "Here is a monster who likes to eat mud. What do you call him?"이라고 물었다. 그 다음 그는 아이들이 시작할 수 있도록 a mud–eater라는 대답을 제공해 주었다. 아이들은 괴물의 먹이가 섬뜩하면 섬뜩할수록 더 열성적으로, 때로는 구경하는 부모들이 당황할 정도로 열심히 빈칸을 채웠다. 결정적인 부분은 그 다음이었다. monster who likes to eat mice를 아이들은 mice–eater라고 말했다. 그러나 monster who likes to eat rats는 결코 rats–eater라 하지 않았다. 그저 rat–eater라고만 했다(자연발생적인 대화에서 mouses라는 실수를 범했던 아이들조차도 그 인형을 결코

mouses-eater라고 하지 않았다). 다시 말해 아이들은 고유한 복수형과 복합어를 조합하는 경우에 단어구조 규칙에 부과되는 미묘한 제약들을 준수했던 것이다. 이것은 아이의 무의식 속에 자리 잡고 있는 규칙의 형태가 성인들이 사용하는 규칙의 형태와 똑같다는 것을 시사한다.

그러나 가장 흥미로운 사실은 어떻게 아이들이 이러한 제약을 습득할 수 있었을까를 실험하던 중에 발견되었다. 고든은 아이들이 결국 모성어를 통해 그런 제약을 습득한다고 추리했다. 즉 아이들은 부모가 사용하는 복합어에 포함된 복수형들이 불규칙적인지 규칙적인지, 아니면 그 둘 다인지를 귀 기울여 학습한 후 그들이 듣는 모든 종류의 복합어를 복제한다고 추리했던 것이다. 그러나 그는 곧 이것이 불가능하다는 것을 발견했다. 모성어에는 복수형을 가진 그 어떤 복합어도 존재하지 않는다. 대부분의 복합어에는 toothbrush의 경우처럼 단수명사만이 존재한다. mice-infested 같은 복합어들은 문법적으로는 가능하지만 거의 사용되지 않는다. 아이들은 어른들의 말로부터 언어는 이렇게 작동한다는 어떤 증거도 제공받지 않았음에도 불구하고 rats-eater는 만들어 내지 않고 mice-eater는 만들어 낸다.

우리에게는 지식이 '입력 부족'을 뛰어넘는다는 것을 보여주는 또 다른 증거가 있는데, 이것은 문법의 또 다른 기본적 측면이 선천적임을 시사해 준다. 크레인과 나카야마의 자바 실험이 통사론에서 아이들이 자동적으로 단어열과 구 구조를 구별한다는 것을 보여주었던 것과 똑같이, 고든의 mice-eater 실험은 형태론에서 아이들이 정신사전에 저장된 어근과 규칙에 의해 생산되는 어형변화 단어들을 반사적으로 구별한다는 것을 보여준다.

단어는 한 단어로 말해 복잡하다. 그렇다 해도 단어란 도대체 무엇인가? 우리는 바로 앞에서 '단어'가 형태론의 규칙에 따라 부분 요소들의 결합으로 구성될 수 있음을 보았다. 그렇다 해도 그것이 구나 문장과 다른 이유는 무엇인가? 우리는 '단어'라는 단어를 기계적으로 암기해야 하는 어떤 것의 예로, 즉 언어 작동의 두 가지 원리 중 첫 번째 원리(다른 하나는 이산조합 체계다)를 보여주는 임의적인 소쉬르적 기호의 예로 남겨두어야 하는가? 이러한 혼란은 일상의 단어인 '단어'가 과학적으로 정확하지 않다는 사실에 기인한다. 이것은 두 가지를 의미할 수 있다.

내가 이 장에서 지금까지 사용했던 개념의 단어는 비록 형태론의 규칙에 따라 부분 요소들의 결합으로 구성되는 것일지라도 통사론적 규칙들 아래서는 더 이상 나누어질 수 없는 가장 작은 단위, 즉 '통사론상의 원자'로서 행동한다. 그런데 통사론 규칙은 문장이나 구의 내부를 조사하여 그 내부에 있는 더 작은 구들을 자르고 연결할 수 있다. 예를 들어 의문문을 만드는 규칙은 This monster eats mice라는 문장의 내부를 조사하여 mice에 해당하는 구를 앞으로 이동시켜 What did this monster eat?를 내놓을 수 있다. 그러나 통사론 규칙은 구와 단어의 경계에서 멈춘다. 단어는 부분요소들로 구성되어 있지만, 통사론 규칙은 더 이상 그 단어의 '내부'를 조사해서 그 부분요소들을 손댈 수 없기 때문이다. 예를 들어 의문문 규칙은 This monster is a mice-eater라는 문장에서 mice-eater라는 단어의 내부를 조사한 뒤 mice에 해당하는 형태소를 앞으로 이동시킬 수 없다. 그 결과 생기는 의문문 What is this monster an-eater?(답은 mice)는 실제로 이해할 수 없기 때문이다. 마찬가지로 통사론 규칙은 This monster eats mice quickly처럼 부사를 구 안에 끼워 넣을 수가 있다. 그러나 This monster is a mice-quickly-eater에서처럼 부사를 단어 속에 끼워 넣을 수는 없다. 이러한 이유들 때문에 단어는 비록 일련의 규칙에 의해 그 부분요소들의 결합으로 생성되긴 하지만, 구와 동일하지는 않다고 말할 수 있다. 반면에 구가 그 부분요소들의 결합으로 생성되는 것은 그것과는 다른 규칙에 의해서다. 그러므로 우리의 일상용어인 '단어'는 한 가지 정확한 의미에서 형태론 규칙의 산물이면서 동시에 통사론 규칙에 의해서는 더 이상 쪼개질 수 없는 언어의 단위를 지칭한다.

아주 상이한 두 번째 의미의 '단어'는 기계적으로 암기되는 큰 덩어리를 지칭한다. 그것은 특정한 의미, 즉 우리가 정신사전이라 부르는 긴 목록에 들어 있는 어떤 항목과 임의로 관계를 맺은 언어 형성물이다. 문법학자 안나 마리아 디 스쿼로와 에드윈 윌리엄스는 이런 의미의 '단어'를 지칭하기 위해 '기억되는 목록의 단위'라는 의미로 '리스팀listeme'이라는 용어를 만들어 냈다(그들의 용어는 형태론의 단위인 '형태소'와 소리의 단위인 '음소'에 대한 조작의 결과물이다). 우선 리스팀이 첫 번째 의미인 통사론상의 원자로서의 단어와 일치할 필요가 없다는 사실에 주의하자. 하나의 리스팀은 그 크기와 상관없이 규칙에 의해 기계적으로 생산될 수 없고, 그래서 암기되어야 하는 하나의 나뭇가지를 의미할 수 있다. 관용구들을 살펴보자. kick the bucket, buy the farm, spill the beans, bite the bullet, screw the pooch, give up the ghost, hit the fan 또는 go bananas의 의미는 핵어와 역할수행자에 적용되는 일반적인 규칙들을 이용하여 그 구성성분들의 의미로부터 예측할 수가 없다. kicking the bucket은 kicking의 일종이 아니며, buckets도 그것과 아무런 관련이 없다. 이 구 크기 단위의 의미는 그것들이 마치 단순 단어 크기의 단위인 양 리스팀으로서 암기되어야 하기 때문에 그것들은 사실상 두 번째 의미의 '단어'다. 문법적 배외주의자의 입장에서 디 스퀼로와 윌리엄스는 정신사전을 다음과 같이 묘사했다. "만일 정신사전이 리스팀들의 집합이라면, 그것은 특성상 말할 수 없이 지루할 것이다…. 사전은 감옥과 같을 것이다. 그곳에는 무법자들만이 존재하고, 그 수용자들이 가지고 있는 유일한 공통점은 바로 무법성이 될 것이다."

이 장의 나머지 부분에서는 나는 두 번째 의미에서의 '단어'인 리스팀에 주목할 것이다. 이것은 일종의 교도소 개혁이 될 것이다. 나는 정신사전이 무법적인 리스팀의 집합소임에도 불구하고 존중과 감사를 받을 자격이 있음을 보여주고 싶다. 문법학자에게는 무자비한 감금행위로 보이는 것—아이는 부모가 사용하는 단어를 들음으로써 그것을 기억 속에 저장한다는 것—이 사실은 대단한 성취이기 때문이다.

정신사전의 한 가지 색다른 특징은 그것을 만드는 데 드는 암기의 실제 용량이다. 보통 사람이 얼마나 많은 단어를 알고 있다고 생각하는가? 여러분이 대부분의 저자들처럼 자신이 듣거나 읽은 단어의 수에 근거하여 견해를 밝힌다면, 교육을 받지 못한 사람은 수백 개, 학자층은 수천 개, 그리고 셰익스피어같이 재능을 타고난 문장가는 1만 5,000개 정도의 단어를 알고 있다고 추측할 수도 있다.

그러나 이러한 추측은 정답과 상당히 거리가 멀다. 사람들은 어떤 정해진 기간이나 공간에서 사용하는 것보다 훨씬 더 많은 단어를 광범위하게 인식할 수 있다. 한 사람이 가진 어휘의 규모—물론 무한대의 형태론적 산물이 아니라 암기된 리스팀의 범위에서의—를 추정하기 위해 심리학자들은 다음과 같은 방법을 이용한다. 가능한 한 가장 큰 대사전으로 시작한다. 사전이 작으면 작을 수록 알고는 있으나 안다고 인정받을 수 없는 단어의 수가 더 많아지기 때문이다. 예를 들어 펑크와 와그널의 《신표준대사전》에 수록된 단어는 약 45만 개로, 너무 방대해서 일일이 테스트할 수가 없다(한 단어에 30초를 잡고 하루에 8시간씩 계산해도, 한 사람을 테스트하는 데 1년 이상의 기간이 소요될 것이다). 그래서 대신 매 여덟 번째 왼쪽 면 첫 단의 세 번째 수록어휘 등과 같이 표본을 추출한다. 수록어휘들은 종종 'hard : ① firm ② difficult ③ harsh ④ toilsome….' 등과 같이 여러 개의 의미를 가지고 있는 경우가 많다. 따라서 그것들을 모두 계산한다는 것은 그 의미들을 묶거나 분리하는 방법을 자의적으로 결정해야 한다는 것을 전제로 한다. 그러므로 한 사람이 얼마나 많은 의미를 학습했는가가 아니라, 하나 이상의 의미를 학습한 단어의 수가 얼마인가를 추정하는 것이 현실적으로 유용하다. 피실험자에게는 표본의 각 단어들이 제시되며, 선다형으로 가장 가까운 동의어를 선택하게 한다. 얼마나 많은 답이 추측으로 우연히 들어맞을 수 있는지를 고려하여 정답수를 정정한 뒤, 그 정답의 비율에 그 사전의 크기를 곱하면 그것이 바로 그 사람이 알고 있는 어휘 규모의 추정치가 된다.

실제로는 우선적으로 또 다른 정정을 가해야 한다. 사전은 과학적 도구가 아니라 소비상품이기 때문에 광고를 위해 사전 편집자들은 수록어휘의 수를 종종 부풀린다('권위 있음. 포괄적임. 170만 개 이상의 단어와 16만 개의 정의. 16면의 컬러 도해 수록' 등등.) 이 단어의 수는 복합어와 접미사가 붙은 형태까지 포함한 것이다. 그러나 그 단어들은 어근의 의미와 형태론 규칙으로부터 그 의미를 예측할 수 있으므로 진정한 리스템이 아니다. 예를 들어 내 탁상용 사전에는 sail과 더불어 그 파생어들인 sailplane, sailer, sailless, sailing-boat, sailcloth가 포함되어 있는데, 나는 이 단어들을 한

번도 들어본 적이 없지만 그 의미를 추론할 수 있다.

가장 정교한 추정치는 심리학자 윌리엄 네이기와 리처드 앤더슨이 산출한 것이다. 그들은 227,553개의 단어들로 시작했다. 그 중에서 45,453개는 단순 어근과 어간들이었다. 그들은 그 구성 성분을 알고 있는 사람이라면 누구나 나머지 182,100개의 파생어와 복합어 중에서 42,080개를 제외한 모든 단어들을 문맥 속에서 이해할 수 있을 것이라고 추정했다. 그러므로 리스팀 단어는 45,453개와 42,080개를 합한 87,533개였다. 네이기와 앤더슨은 이 목록에서 표본을 취하고 그 표본을 테스트함으로써 보통의 미국 고졸자가 45,000개의 단어를 알고 있다고 추산했다. 이것은 셰익스피어가 사용했다고 추정했던 수치보다 세 배나 많은 수치다! 그러나 이것은 고유명사, 숫자, 외래어, 약어 그리고 분해가 불가능한 많은 복합어들이 제외된 것이기 때문에 과소평가된 수치다. 어휘의 규모를 추정할 때는 스크래블(단어 만들기 놀이. 고유명사, 숫자 등의 단어는 제외된다.—옮긴이.)의 규칙을 따라야 할 필요가 없다. 그 형태들은 모두 리스팀이므로 피실험자가 그것들을 알고 있다고 인정해야 한다. 이것들까지 포함한다면 아마도 보통의 고졸자는 6만 개 정도의 단어를 알고 있어서 음유시인 4명에 맞먹는 사람(tetrabard이라고 하면 될까?)이 되고, 그보다 우수한 학생은 더 많은 책을 읽었을 것이므로 2배 높은 수치, 즉 음유시인 8명에 맞먹는 사람(octobard)이라 할 만할 것이다.

6만 개의 단어는 많은 수치일까, 적은 수치일까? 그 단어들이 얼마나 빠르게 학습되는가를 생각해 보면 도움이 될 것이다. 단어 학습은 보통 생후 12개월 즈음해서 시작된다. 그러므로 17년 동안 단어를 익혀 온 고등학교 졸업생들은 돌이 되는 날부터 고등학교를 졸업할 때까지 평균 하루에 10개의 새로운 단어들을 학습해 온

셈이다. 결국 깨어 있는 매 90분마다 약 1개의 새로운 단어를 익혀야 한다. 유사한 방법을 이용해 우리는 보통의 6살짜리 아이가 능숙하게 구사할 수 있는 단어가 약 13,000개라고 추정할 수 있다(터무니없이 낮은 추정치에 근거하고 있는 초보 읽기 교본을 읽는 우둔하고 아둔한 '딕과 제인'이 있긴 하지만). 산술적으로 계산해 보면 주위의 언어로만 제한되어 있는 글을 배우기 이전의 어린아이들이 매일같이 깨어 있는 매 두 시간마다 새로운 단어를 하나씩 빨아들이는 진공청소기임이 분명하다는 것을 알 수 있다. 우리는 지금 리스팀에 대해 이야기하는 중이며, 각각의 리스팀은 임의로 짝지어질 수 있음을 기억하자. 여러분이 생의 첫발을 내딛은 이래 깨어 있는 매 90분마다 타율 신기록이나 약속날짜 혹은 전화번호를 기억해야 한다는 것을 생각해 보라. 이를 보면 뇌는 정신사전을 위해 특별히 널찍한 저장 공간과 빠른 받아쓰기 기계를 확보해 두고 있는 것 같다. 실제로 심리학자 수잔 캐리는 자연주의적 연구를 통해 우리가 가령 올리브(olive) 같은 어떤 색을 뜻하는 단어를 세 살 난 아이와의 대화에 우연히 흘려 넣으면 그 아이가 5주 뒤에도 그것을 기억하고 있다는 것을 입증했다.

이제 각각의 암기행위가 어떻게 진행되는지 살펴보자. 단어는 가장 순수한 형태의 기호다. 그 힘의 원천은 한 언어공동체의 모든 구성원이 말하고 이해하는 과정에서 그것을 서로 교환할 수 있는 방식으로 사용한다는 데 있다. 만일 당신이 어떤 단어를 사용했고 그것이 지나치게 모호하지 않다면, 나는 훗날 내가 그것을 제삼자에게 말할 때에도 당연히 그가 나와 동일한 방식으로 그 말을 이해하리라고 생각할 것이다. 내가 당신의 반응을 보기 위해 당신에게 다시 그 단어를 시험해 보거나, 제삼자의 반응을 보기 위해 그들에게 일일이 시험해 보거나, 또는 당신이 제삼자에게 그것을 사용할 때까지 기다릴 필요는 없다. 너무나 뻔하다고? 그러나 그렇지 않다. 곰이 나를 공격하기 전에 으르렁거리는 것을 보았다고 해도, 내가 모기에게 으르렁거리는 소리를 냄으로써 모기에게 겁을 줄 수 있으리라고 예상하지는 않는다. 또 내가 냄비를 시끄럽게 두드리자 곰이 도망을 쳤다고 해도, 나는 그 곰이 냄비를 세게 두드려서 사냥꾼을 도망치게 만들 것이라고는 예상하지 않는다. 누군가로부터 하나의 단어를 학습한다는 것은 우리 인간 종 내부에서도 그 사람의 행동을 모방하는 것과는 경우가 다르다. 행동은 단어와는 다른 방식으로 그 행동의 특정한 주체와 목표에 연결되어 있다. 어떤 소녀가 자신의 언니를 보고 연애하는 법을 배운다고 해서 그 소녀가 자신의 언니나 부모와 연애를 하지는 않는다. 그녀는 단지 자신이 목격한 언니의 행위에 직접적으로 영향을 받을 만한 사람에게만 그런 행동을 하게 된다. 이와는 달리 단어는 한 공동체 내에서 사용되는 보편적인 통화(通貨)다. 아기들이 다른 사람들이 사용하는 것을 듣고 단어의 사용법을 배울 수 있기 위해서는 그것이 타인의 행동에 영향을 미치는 한 사람의 특징적 행동일 뿐 아니라, 동일한 기호체계를 토대로 말할 때는 의미를 소리로 변환시키고 들을 때는 소리를 의미로 변환시키는 데 이용될 수 있는 모두가 공유하는 쌍방향성 기호임을 묵시적으로 전제해야 한다.

단어는 그야말로 순수한 기호이기 때문에 그 소리와 의미 사이의 관계는 완전히 임의적이다. 셰익스피어는 자신의 활자사전에서 극히 일부분만을, 정신사전에서는 더 미세한 부분만을 이용하여 다음과 같이 말했다.

What' s in a name? that which we call a rose

By any other name would smell as sweet.

이름에는 무엇이 담겨 있을까? 우리가 장미라 부르는 그것

다른 어떤 이름으로 불러도 여전히 향기로울 텐데.

이러한 임의성 때문에 다른 단어들의 결합에 의해 구성된 것이 아닌 단어들(단순한 단어들)을 외울 때는 기억력을 증진시키는 어떤 기술도 암기의 짐을 더는 데 별 도움이 안 된다. 아기들은 cattle이 battle과 유사한 어떤 것을 의미하리라고, 또 singing이 stinging과, coast가 goats와 닮았으리라고 기대할 수 없고, 또 기대하지도 않는다. 의성어도 마찬가지다. 다른 단어의 소리와 똑같이 그 역시 관습적이다. 영어에서는 돼지들이 oink 하고 울지만, 한국어에서는 '꿀꿀'하고 운다. 수화에서도 손의 의태 능력은 무시되고 그 형상만이 임의적인 기호로 취급된다. 때로는 기호와 지시대상 사이의 유사성을 간직한 흔적들이 보이기도 하지만 의성어가 그렇듯이 보는 사람의 눈과 귀에 따라 아주 주관적이어서 학습에 별 도움이 안 된다. 미국수화에서 나무를 뜻하는 수화는 바람에 흔들리는 나뭇가지와 비슷한 동작이다. 그러나 중국수화에서 나무는 나무줄기를 그리는 동작으로 표현된다.

심리학자 로라 앤 페티토는 놀라운 예증을 통해 기호와 의미 사이에서 볼 수 있는 관계의 임의성이 아이의 마음속에 깊이 구축되어 있음을 보여준다. 영어를 사용하는 아이들은 두 살에 접어들기 직전에 대명사 you와 me를 학습한다. 종종 그들은 그것들을 뒤바꿔서 자신을 가리키는 데 you를 사용하기도 한다. 그런 실수는 이해가 된다. you와 me는 그 지시대상이 화자에 따라 변하는 직시적 대명사이기 때문이다. 말하자면 you는 내가 그것을 사용할 때는 '여러분'을 가리키지만, 여러분이 그것을 사용할 때는 나

스티븐 핑커다. 그러므로 아이들이 그것을 이해하는 데는 약간의 시간이 필요하다. 결국 제시카는 자신의 엄마가 you를 사용하여 자기를 가리키는 것을 듣게 된다. 따라서 you가 제시카를 의미한다고 생각하는 것은 너무도 당연하다.

미국수화의 경우 me를 뜻하는 수화는 본인의 가슴을 가리키는 것이다. you를 뜻하는 수화는 상대방을 가리키는 것이다. 어떤 것이 이보다 더 명료할 수 있겠는가? 사람들은 미국수화에서 you와 me를 표현하는 방법이 모든 아이들(청각장애아를 포함하여)이 첫돌 전에 배우는 방향지시 방법만큼이나 간단하다고 여길지 모른다. 그러나 페티토가 연구한 청각장애 아이들의 경우, 가리키는 것은 단순히 가리키는 행위가 아니었다. 그 아이들은 정상적으로 들을 수 있는 아이들이 me를 의미하기 위해 you라는 소리를 사용하는 바로 그 즈음에, me를 의미하기 위해 you를 뜻하는 상대방을 가리키는 수화를 사용했다. 아이들은 그 동작을 오로지 순수한 언어학상의 기호로 취급했던 것이다. 그 동작이 어딘가를 가리켰다는 사실 자체는 유효한 것으로 등록되지 않았다. 이러한 태도는 수화를 배우는 데 적합하다. 미국수화에서 방향을 가리키는 손모양은 candy와 ugly처럼 다른 기호들의 구성요소로서 발견되는 의미 없는 자음이나 모음과 동일하다.

우리가 단어학습이라는 단순한 행위를 두렵게 생각하는 이유가 한 가지 더 있다. 논리학자 콰인은 새로 발견된 부족을 연구하는 한 언어학자를 상상해 보라고 권한다. 토끼 한 마리가 뛰어가고 원주민이 "Gavagai!" 하고 소리친다. 그렇다면 gavagai가 무슨 뜻일까? 논리적으로는 그것이 반드시 '토끼'를 의미하지는 않는다. 그것은 특정한 토끼(예를 들어 플럽시)를 지칭할 수도 있고, 털 달린 어떤 동물이나 어떤 포유동물, 아니면 토끼의 종(예를 들어 오릭토라거스 커니큘러스), 혹은 그 종의 변종(예를 들어 친칠라 토끼)을 지칭할 수도 있다. 또 그것은 달려가는 토끼, 달려가는 물체, 달리는 토끼와 그 위의 땅 혹은 달리기 일반을 의미할 수도 있다. 아니면 그것은 발자국을 찍는 놈, 혹은 토끼벼룩의 서식처를 지칭할 수도 있고, 토끼의 상반신, 살아 있는 토끼고기 혹은 토끼발을 적어도 한 개 이상 소유한 놈을 의미할 수도 있다. 그것도 아니면 '토끼 한 마리이거나 뷰익(Buick) 한 대'에 해당하는 어떤 것을 지칭하거나 부분요소들이 분리되지 않은 토끼 전체, 또는 "보라! 토끼다움이 다시 나타났도다(Lo! Rabbithood again!)" 또는 It raineth와 유사한 It rabbiteth를 지칭할 수도 있다.

언어학자가 아기이고 원주민이 부모인 경우에도 문제는 같다. 어떻게 해서든 아기는 입이 벌어질 만큼 수많은, 논리적으로는 하등 나무랄 데 없는 대안들을 피하고 한 단어의 정확한 의미를 간파해 내야 한다. 이것은 콰인이 '귀납의 스캔들(the scandal of induction)'이라 부르는 보다 일반적인 문제의 한 예로서, 과학자와 아이에게 똑같이 적용된다. 어떻게 그들은 유한한 사건들을 관찰하여 미래에 일어날 같은 종류의 모든 사건들을 그렇게 성공적으로 정확히 일반화할 수 있는 것일까? 애초의 관찰대상과 양립할 수 있는 무한한 수의 그릇된 일반화를 거부하면서….

우리 모두는 귀납으로 그럭저럭 살아간다. 우리는 마음이 열린 논리학자가 아니라, 세상과 그 점유자들의 행동방식에 대해 특정한 종류의 추측—정확함직한 추측—만을 하도록 선천적으로 눈가리개가 씌워진 인간들이기 때문이다. 단어를 배우는 아기에게 이 세계를 공간적으로 구분된 별개의 사물들로 분리하고, 그 사물들의 다양한 운동을 식별해 내는 뇌가 있다고 해 보자. 그리고 그 아기에게는 동일한 종류의 사물들을 함께 묶어 주는 마음의 범주가 형성된다고 해 보자. 아기들은 사물을 의미하는 단어와 행위를 의미하는 단어—명사와 동사 정도—가 언어 속에 담긴다는 것을 예상하도록 설계된 존재라고 해 보자. 그렇다면 다행스럽게도 아기들에게는 분리되지 않은 토끼의 부분들, 토끼와 그 발밑의 땅, 간헐적인 토끼의 출현, 그 밖의 정확한 장면묘사들은 gavagai의 의미 후보로 떠오르지 않을 것이다.

그렇다면 정말로 아기의 마음과 부모의 마음 사이에 미리 예정된 일치가 존재할 수 있을까? 두루뭉실한 신비주의자에서 예리한 논리학자에 이르기까지 오직 상식에 맹공을 퍼붓는 일에서만 일치단결하는 많은 사상가들은 각기 다른 대상과 행위의 차이는 처음부터 이 세계나 우리 마음속에 존재하는 것이 아니라 명사와 동사의 언어 차이에 의해 우리에게 부여되는 것이라고 주장해 왔다. 그리고 사물과 행위를 만들어 내는 것이 단어라면 단어의 학습을 허용하는 것은 사물과 행위들의 개념일 리가 없다고 한다.

나는 이런 주장보다 상식이 훨씬 더 옳다고 생각한다. 한 가지 중요한 의미에서 이 세상에는 사물과 사물의 종류와 행위가 실제로 존재하며, 우리의 마음은 그것들을 발견한 뒤 단어로 표시하도록 설계되어 있다. 바로 이 중요한 의미가 곧 다윈의 의미다. 이 세계는 정글이고, 다음에 무엇이 발생할 것인지 정확히 예측할 수 있도록 설계된 생명체는 그와 똑같이 설계된 더 많은 아기를 뒤에 남긴다. 시간과 공간을 분할해서 사물과 행위로 인식하는 것은 이 세계의 구성방식에 근거하여 예측을 수행하는 상당히 현명한 방법이다. 어느 정도의 크기를 가진 견고한 물질을 하나의 물체로 생각하는 것, 즉 모든 요소에 하나의 정신어 명칭을 부여하는 것은 그 요소들이 계속해서 일정한 공간상의 자리를 점유할 것이며, 하나의 단위로서 행동할 것이라는 예측을 자아낸다. 그리고 세상의 많은 부분에 대해 그 예측은 항상 정확하다. 눈길을 돌려보면 여전히 그 토끼가 존재한다. 그리고 토끼의 목덜미를 잡아 들어올리면 토끼의 다리와 귀도 함께 들린다.

사물의 종류 혹은 범주는 어떠한가? 어떤 두 사람이 완벽하게 똑같을 수 없다는 것은 사실이 아닌가? 사실이다. 또한 그것들은 여러 특징들의 임의적 집합체가 아니다. 털 달린 긴 귀와 보송보송한 술 장식 같은 꼬리를 가진 물체들은 당근을 먹고 굴속으로 도망치며 새끼를 낳는 것이 마치 토끼 같다. 사물들을 범주로 묶는 것, 즉 사물에 정신어로 된 범주의 이름표를 제공하는 것은 하나의 실체를 바라봄으로써 관찰 가능한 특징들을 이용하여 직접 관찰할 수 없는 어떤 특징들을 추측할 수 있게 해 준다. 만일 플럽시가 길고 털이 많은 귀를 가졌다면 그것은 '토끼'다. 만일 그것이 토끼라면 그것은 굴속으로 달아나고 또 짧은 기간 내에 많은 토끼를 낳는다.

게다가 사물에 정신어로 된 몇 개의 이름표를 제공하여 '솜꼬리토끼,' '토끼,' '포유동물,' '동물,' '생물' 같은 각기 다른 크기의 범주들을 지정하는 것은 유리한 일이다. 어떤 범주를 선택하는가의 문제에는 장단점이 있다. 피터 코튼테일이 솜꼬리토끼인지 아닌지를 판단하는 것보다는 동물인지 아닌지를 판단하는 것이 노력이 적게 든다(예를 들어 피터의 동물다운 동작에서 우리는 그것이 솜꼬리토끼인지 아닌지는 미결인 상태로 두더라도 그것이 동물이라고는 충분히 인식할 수 있다). 그러나 우리는 피터가 단지 동물이라는 것을 알 때보다 솜꼬리토끼라는 것을 알 때 더 많은 새로운 사실들을 예측할 수가 있다. 솜꼬리토끼라면 당근을 좋아하고 넓은 초원이나 삼림 개활지에 서식한다. 그가 단지 동물이라면, 우리는 녀석이 뭔가를 먹을 것이고 어딘가에서 서식할 것이라는 사실밖에 알 수가 없다. 중간 크기, 즉 '기본적 차원'의 범주인 '토끼'는 어떤 사물에 이름표를 붙이는 일의 용이한 정도와 그 이름표의 유용한 정도 사이의 절충이다.

마지막으로, 토끼와 도망을 구분하는 이유는 무엇인가? 그것은 토끼가 지금 도망치고 있는지, 무엇을 먹고 있는지, 아니면 잠을 자고 있는지에 상관없이 토끼라는 존재의 예측 가능한 결과들이 존재하기 때문이다. 큰소리를 내면 토끼는 백이면 백 전속력으로 굴속으로 달아날 것이다. 그러나 식사중인 사자든 잠자고 있는 사자든, 우리가 사자 앞에서 큰소리를 냈을 때 발생하는 결과는 토끼에 대해 예상하는 결과와는 사뭇 다르다. 이것이 바로 사자와 토끼의 차이다. 마찬가지로 도망친다는 것은 그 동작을 행하는 주체가 누구인가에 관계없이 특정한 결과를 낳는다. 토끼든 사자든 달리는 놈은 동일한 장소에 오래 머무르지 않는다. 잠을 자고 있는 경우에는 그 곁으로 살금살금 다가가면 토끼든 사자든 그대로 움직임이 없을 것이다. 그러므로 유능한 예측가가 되려면 사물과 행위의 종류에 대해 여러 개의 상이한 마음속 이름표를 가지고 있어야 한다. 그러나 우리는 이런 식으로 토끼가 달릴 때는 어떤 일이 일어나는지, 사자가 달릴 때는 어떤 일이 일어나는지, 토끼가 잠잘 때는 어떤 일이 일어나는지, 사자가 잠잘 때는 어떤 일이 일어나는지, 가젤영양이 달릴 때는 어떤 일이 일어나는지, 가젤영양이 잠잘 때는 어떤 일이 일어나는지 등등을 따로따로 학습할 필요가 없다. 단지 토끼와 사자와 가젤영양에 대해 일반적으로 알고, 또 달리고 잠자는 것에 대해 일반적으로 아는 것만으로 족하다. m개의 대상과 n개의 행위를 모두 알기 위해 $m \times n$의 학습경험을 다 거칠 필요가 없다. 단지 $m+n$만으로 충분하다.

그러므로 언어가 없어도 생각을 하는 자는 연속적으로 흐르는 경험을 얇게 썰어서 사물과 사물의 종류와 행위(장소, 경로, 사건, 상태, 재료의 종류, 특징 및 기타 유형의 개념들은 말할 것도 없고)를 훌륭히 식별해 낸다. 실제로 아기들의 인지에 대한 실험적 연구들을 보면, 우리가 예상하는 대로 아기들은 대상을 뜻하는 말들을 학습하기 이전에 대상에 대한 개념을 가지고 있음을 알 수 있다. 아기들은 최초의 단어들을 접하게 되는 첫돌 훨씬 이전에 우리가 사물이라고 지칭하는 재료의 조각들을 계속 추적하는 듯하다. 그들은 한 사물의 부분들이 제멋대로 움직이거나 그 대상이 마술처럼 나타나거나 사라지는 경우, 또는 다른 물체를 통과하거나 눈에 보이는 지지 수단 없이 공중에 떠 있는 경우에 놀라움을 표시한다.

물론 이러한 개념에 단어를 부착하면 그 단어에 대해 어렵게 터득한 발견과 통찰의 결과물들을 경험이 더 적고 관찰이 부족한 사람과 공유할 수 있게 된다. 어떤 개념에 어떤 단어가 부착되어야 하는지를 이해하는 것은 'gavagai의 문제'이며, 만일 처음에 아이에게 주어진 개념이 언어에서 사용되는 의미의 종류와 일치한다면 그 문제는 부분적으로 해결된다. 실험실 연구에서 우리는 어린 아이들이 특정한 종류의 개념은 특정한 종류의 단어를 취하고, 또 어떤 종류의 개념은 절대로 한 단어의 의미가 될 수 없다고 가정하고 있음을 확인할 수 있다. 발달심리학자인 엘런 마크먼과 진 허친슨은 두 살 난 아이와 세 살 난 아이에게 일련의 그림들을 보여주고 각각의 그림에 대해 "이 그림과 똑같은 그림을 찾아보라."고 했다. 그러자 아이들은 상호작용하는 물체들에 호기심을 가지면서, 어치와 둥지 또는 개와 뼈처럼 역할행위자들의 묶음을 보여주는 그림을 선택하는 경향이 있었다. 그러나 마크먼과 허친슨이 그들에게 "이 종류와 똑같은 종류를 찾아보라."고 하자 아이들의 기준은 바뀌었다. 그들은 한 단어는 한 종류의 사물을 표시해야 한다고 추리하는 듯했고, 그리하여 그들은 새는 또 다른 종류의 새와 함께 배치하고, 개는 또 다른 종류의 개와 함께 배치했다. 아이들에게 종류는 아무리 흥미로운 조합일지라도 '개 혹은 그의 뼈'를 의미할 수는 없다.

물론 두 개 이상의 단어가 하나의 사물에 적용될 수도 있다. 피터 코튼테일은 토끼일 뿐만 아니라 포유동물이고 솜꼬리토끼다. 아이들에게는 명사를 '토끼'와 같은 중간 차원의 사물로 해석하려는 선입관이 있다. 때문에 그들이 '동물' 같은 다른 유형의 단어들을 학습하기 위해서는 그러한 선입관을 극복해야 한다. 아이들은 언어의 두드러진 특징에 동조함으로써 이를 극복하는 것 같다. 대개 단어는 여러 개의 의미를 가질 수 있지만, 둘 이상의 단어를 갖는 의미는 거의 없다. 다시 말해 동음이의어는 많지만 이음동의어는 드물다(사실상 동의어라고 짝지어진 모든 단어들은 의미상 약간의 차이가 있다. 예를 들어 skinny와 slim은 바람직함에 대한 함축적 의미에서 차이가 있고, policeman과 cop은 형식에 구애된다는 면에서 차이가 있다). 왜 언어가 단어에는 인색하면서 의미는 낭비하는지 그 이유를 정확히 아는 사람은 없다. 그러나 아이들은 그것을 예상하는 것 같고(어쩌면 그것은 바로 이러한 예상 때문일지 모른다!), 그 예상은 아이들이 'gavagai 문제'를 더 깊이 해결하는 데 도움이 된다. 만일 아이가 어떤 한 종류의 사물에 대해 하나의 단어를 이미 알고 있다면, 또 다른 단어가 그 사물에 사용될 때 그 아이는 쉽지만 틀린 방식에 따라 그것을 동의어로 취급하지 않는다. 대신에 아이는 어떤 다른 가능한 개념들을 시도해 본다. 예를 들어 마크먼은 만일 아이에게 양은 집게 하나를 보여주면서 그것을 biff라고 부르면, 그 아이는 중간 차원의 사물을 선택하는 일반적 선입관을 보여 biff를 집게 일반으로 해석하고, 그래서 또 다른 biff를 골라 보라고 하면 플라스틱 집게를 선택한다는 사실을 발견했다. 그러나 그 아이에게 양은 컵을 보여주면서 그것을 biff라고 부르면, 그 아이는 biff를 '컵'의 의미로 해석하지 않는다. 그 이유는 대부분의 아이들이 '컵'을 의미하는 단어, 즉 cup을 이미 알고 있기 때문이다. 아이들은 동의어를 아주 싫어하기 때문에 biff가 분명 다른 어떤 것을 의미한다고 생각하여 컵을 만든 재료가 그 다음으로 쉽게 이용할 수 있는 개념이라고 판단한다. 그래서 아이들에게 biff를 더 골라보라고 하면 양은 수저나 양은 집게 따위를 선택한다.

그 밖의 여러 독창적인 연구들은 아이들이 어떻게 해서 상이한 종류의 단어에 대해 정확한 의미를 찾아내는지를 보여주었다. 아이들은 일단 약간의 통사론을 알게 되면 그것을 다른 여러 종류의 의미를 분류하는 데 사용한다. 예를 들어 심리학자 로저 브라운은 아이들에게 그릇 속에 담긴 반죽으로 작은 사각형 모양의 물건을 만들고 있는 손을 그린 그림을 보여주었다. 그가 아이들에게 "Can you see any sibbing?"하고 물었더니 그 아이들은 손을 가리켰다. 이번에는 그가 "Can you see a sib?"하고 물었더니 그들은 그릇을 가리켰다. 그리고 그가 "Can you see any sib?"하고 물었더니 그들은 그릇에 담겨 있는 재료를 가리켰다. 또 다른 실험들은 아이들이 여러 등급의 단어들이 어떤 방식으로 문장구조 속에 맞춰지고, 또 그것들이 어떻게 개념과 종류에 관계하는지를 이해하는 과정이 대단히 정교하다는 사실을 밝혀냈다.

그렇다면 이름 속에는 무엇이 들어 있을까? 그 대답은 지금까지 우리가 보아왔듯이 '엄청나게 많다.'이다. 형태론의 산물이라는 의미에서 이름은 여러 층위를 가진 규칙들에 의해 우아한 형태로 조립되어 있는, 그리고 괴팍한 모양을 하고 있을 때조차 합법칙적인 복잡한 구조물이다. 그리고 리스팀이라는 의미에서 이름은 거대한 체계의 일부로서 아이의 마음과 성인의 마음, 그리고 현실이라는 직물 사이의 일치 때문에 신속하게 습득되는 순수한 기호다.

VI

침묵의 소리

THE SOUNDS OF SILENCE

학생이었을 때 나는 청지각(聽知覺)을 연구하는 맥길대학교의 한 연구소에서 일했다. 그때 나는 컴퓨터로 연속적인 중복음조를 합성하여 그것들이 하나의 풍부한 음처럼 들리는지, 아니면 순수하게 두 개의 음으로 들리는지를 결정해야만 했다. 어느 월요일 아침 나는 이상한 경험을 하게 되었다. 그 음들이 갑자기 요란스럽게 사각대는 소리의 합창으로 들리는 것이다. 그 소리는 이러했다. (빕붑붑) (빕붑붑) (빕붑붑) 험프티-덤프티-험프티-덤프티-험프티-덤프티 (빕붑붑) (빕붑붑) (빕붑붑) 험프티-덤프티-험프티-덤프티-험프티-덤프티-험프티-덤프티 (빕붑붑) (빕붑붑) 험프티-덤프티-험프티-덤프티 (빕붑붑) (빕붑붑) (빕붑붑) 험프티-덤프티 (빕붑붑) 험프티-덤프티-험프티-덤프티 (빕붑붑).('험프티덤프티'는 루이스 캐롤의 《거울나라의 앨리스》에 나오는 달걀 모양의 인형이다.-옮긴이) 나는 음향기록장치를 점검했다. 프로그램된 대로 두 줄의 음이었다. 따라서 그 효과는 지각과 관련이 있어야 했다. 약간의 노력을 기울여 다시 반복해 보았지만, 그 음은 삐 소리 아니면 사각대는 소리로 들렸다. 동료 학생이 왔을 때 나는 내가 발견한 사실을 상세히 알려주며, 그 연구소를 관할하던 브레그먼 교수에게 말할 때까지 기다릴 수 없다고 했다. 그녀는 한마디 충고를 해 주었다. 정신병리학 프로그램을 관할하는 포저 교수라면 몰라도 그 외에는 누구에게도 이야기하지 말라는 것이었다.

몇 년 후 나는 그때 내가 발견한 것이 무엇이었는지 알게 되었다. 나보다 더 용감한 사람들이었던 심리학자 로버트 레미즈, 데이비드 피소니, 그리고 그들의 동료들이 '사인파 음'에 관한 글을 《사이언스》에 발표했다. 우선 그들은 동시에 울리는 세 개의 음을 합성했다. 그 합성음은 음성과 물리적으로 완전히 달랐으나, 음조는 "Where were you a year ago?"라는 문장의 에너지 대역(帶域)과 동일한 곡선을 그렸다. 실험에 응한 첫 번째 그룹의 사람들은 이 음을 '공상과학 음향' 또는 '컴퓨터가 삐익 하는 소리'라고 설명했다. 두 번째 그룹의 사람들에게는 먼저 그 소리가 성능이 좋지 않은 합성기를 통해 나온다고 설명해 준 뒤 합성음을 들려주었다. 그들은 많은 단어를 알아들었고, 그들 가운데 4분의 1은 그 문장을 완벽하게 받아 적었다. 뇌는 음성과 최소한의 유사성밖에 가지지 못한 소리에서조차도 내용을 파악할 수 있다. 사실 구관조가 우리를 감쪽같이 속일 수 있는 것도 바로 사인파 음을 이용하기 때문이다. 구관조는 기관지에 밸브를 가지고 있는데, 이것을 자유롭게 제어하여 우리에게 음성으로 들리는 두 개의 울리는 음조를 만들어 낸다.

음성 인지는 육감과도 같은 것이어서 우리의 뇌는 삐익 하는 소리를 듣는 경우와 단어를 듣는 경우 사이를 가볍게 넘나들 수 있다. 우리가 음성을 들을 때 실제 소리는 한 쪽 귀로 들어가서 다른 쪽 귀로 나오게 되는데, 이때 감지되는 것이 바로 언어다. 노랫말이 악보와 구분될 수 있는 것처럼 단어와 음절에 대한 경험, 즉 b의 b적 성질과 ee의 ee적 성질에 대한 우리의 경험은 음의 고저와 강도에 대한 경험과 구분될 수 있다. 사인파 음에서처럼 가끔 청각과 음성감각은 어느 것이 소리를 해석하기 위해 나설지 서로 경쟁하며, 우리의 지각은 그 결과에 의해 좌우된다. 때로는 두 감각이 동시에 하나의 소리를 해석하기도 한다. 만일 da를 테이프로 녹음해서 처음의 찍찍대는 소리—da를 ga나 ka와 구별시켜 주는 첫머리 음—를 전자공학적으로 제거한 다음, 그 찍찍대는 소리를 한 쪽 귀에 틀고 나머지 소리를 다른 쪽 귀에 틀면, 사람들이 한 쪽 귀로 듣는 것은 찍찍대는 소리이고 다른 쪽 귀로 듣는 것은 da다. 즉, 단일한 하나의 소리가 d적 성질과 찍찍대는 소리로 동시에 지각되는 것이다. 그리고 때때로 음성적 지각은 청각 채널을 능가하곤 한다. 만일 잘 알지 못하는 언어로 된 영화에 한글자막이 나온다면, 그 영화를 보기 시작한 몇 분 후에는 마치 실제로 그 언어를 알아듣고 있는 듯이 느껴질 수 있다. 실험실에서 과학자들은 va, ba, tha 또는 da를 발음하는 입을 클로즈업한 화면에 ga 같은 다른 언어의 음성을 더빙한다. 그러나 이 화면을 보는 사람들의 귀에는 그들의 눈앞에서 입이 발음하고 있는 자음이 들린다. 이 놀라운 착각현상은 발견자 가운데 한 사람의 이름이 붙은 '맥거크 효과'라는 재미있는 이름으로 불린다.

실제로, 음성착각을 일으키는 데 전자공학의 마술이 필요한 것은 아니다. 결국 모든 말은 다 착각이기 때문이다. 우리는 말을 개별 단어들로 구성된 단어열로 듣지만, 아무도 듣는 사람이 없어도 숲에서 쓰러질 때 자신만의 소리를 내는 나무들과는 달리, 단어는 듣는 사람이 없으면 시작과 끝의 경계를 구분할 수가 없다. 음성파에서 한 단어는 이음새 없이 다음 단어로 이어진다. 단어 사이에 흰 공간이 존재하는 글의 방식과는 달리 발화되는 단어 사이에는 어떤 작은 침묵도 존재하지 않는다. 우리의 정신사전에 들어 있는 어떤 항목과 일치하는 일련의 소리를 접할 때, 우리는 단지 단어 사이에 경계가 있다는 환각을 일으킬 뿐이다. 이것은 외국어를 들을 때 더욱 분명해진다. 어디에서 한 단어가 끝나고 다음 단어가 시작되는지 구별할 수가 없다. 말에 이음새가 없다는 것은 또한 두 가지 상이한 방식의 단어들로 분석될 수 있는 소리열, 즉 '오로님 oronyms'에서도 확인할 수 있다.

The good can decay many ways.
The good candy came anyways.

The stuffy nose can lead to problems.
The stuff he knows can lead to problems.

Some others I' ve seen.
Some mothers I' ve seen.

오로님은 종종 노래와 자장가에도 사용된다.

I scream,
You scream,
We all scream
For ice cream.

Mairzey doats and dozey doats
And little lamsey divey,
A kiddley-divey do,

Wouldn' t you?

Fuzzy Wuzzy was a bear,

Fuzzy Wuzzy had no hair.

Fuzzy Wuzzy wasn' t fuzzy,

Was he?

In fir tar is,

In oak none is.

In mud eel is,

In clay none is.

Goats eat ivy.

Mares eat oats.

또 선생님이 학생들의 학기말 리포트와 숙제를 읽다가 우연히 발견하는 오로님도 있다.

Jose can you see by the donzerly light? [Oh say can you see by the dawn' s early light?]

It' s a doggy-dog world. [dog-eat-dog]

Eugene O' Neill won a Pullet Surprise. [Pulitzer Prize]

My mother comes from Pencil Vanea. [Pennsylvania]

He was a notor republic. [notary public]

They played the Bohemian Rap City. [Bohemian Rhapsody]

심지어는 우리가 한 단어 내부에서 듣는다고 생각하는 소리의 순서조차도 하나의 착각이다. 만일 누군가 'cat' 이라고 말하는 것을 녹음한 뒤에 그 테이프를 자른다 하더라도 k, a, t(대략 알파벳에 상응하는 이른바 음소 단위들)로 소리 나는 조각들을 얻지는 못할 것이다. 그리고 그 조각들을 역순으로 이어 붙인다면 그것은 tack이 아니라 이해할 수 없는 다른 어떤 것이 될 것이다. 앞으로 자세히 살펴보겠지만 한 단어의 각 구성성분과 관련된 정보는 그 단어 전체에 퍼져 있다.

음성지각은 언어본능을 구성하는 또 하나의 생물학적 기적이다. 입과 귀를 의사소통의 채널로 이용하는 데는 몇 가지 분명한 이점이 있다. 수화 역시 말처럼 표현이 풍부하지만 정상적으로 들을 수 있는 집단이 수화를 선택하는 경우는 없다. 왜냐하면 말은 좋은 조명 아래서 얼굴을 마주보지 않아도 될 뿐더러 손과 눈을 독점할 필요도 없고, 멀리 떨어진 곳에 대고 소리칠 수도 있으며, 전달 내용을 숨기기 위해 속삭일 수도 있기 때문이다. 그러나 언어가 소리라는 매체를 이용하려면 귀가 정보를 받아들이기에는 너무 협소하다는 문제를 극복해야만 한다. 1940년대에 공학자들은 시각장애인들을 위한 읽기 기계를 개발하기 위해 먼저 알파벳의 각 철자와 상응하는 일련의 소리들을 고안했다. 그런데 듣기 훈련을 아무리 많이 한 사람도 성능 좋은 모르스부호 판독기보다 빠르게, 즉 초당 약 3개 이상의 소리를 인식하지 못했다. 그러나 실제의 말소리는 한 차원 더 빠르게 감지된다. 일상적인 대화에서는 초당 10~15개의 음소가, 한밤의 베고매틱 약 광고에서는 초당 20~30개의 음소가, 인공적으로 가속시킨 말소리의 경우에는 초당 40~50개 정도의 많은 음소가 감지된다. 인간의 청각시스템이 작동하는 방식을 고려할 때, 이는 거의 믿기 어려운 속도다. 가령 딸깍 하는 소리가 초당 20회 또는 그보다 더 빠르게 반복되면, 우리는 더 이상 그것을 개별적인 소리의 연속으로 듣지 못하고 단지 낮은 윙윙거림으로 듣게 된다. 그런데 만일 초당 45개의 음소가 들린다면, 그 음소들은 아마도 연속적으로 배열된 소리의 파편들이 아니게 된다. 소리의 각 순간에는 몇 개의 음소가 묶이게 되고, 우리의 두뇌는 어떤 방법으로든 그 묶음을 풀어낸다. 결론적으로 말소리는 귀를 통해 두뇌 속으로 정보를 받아들이는 가장 빠른 방법인 것이다.

인간이 만든 어떠한 시스템도 음성이라는 암호를 해독하는 면에서 인간에 필적하지 못한다. 그것은 필요나 노력의 부족 때문이 아니다. 음성인식기는 사지마비나 그 밖의 장애가 있는 사람들, 눈과 손을 바쁘게 움직이면서 정보를 컴퓨터에 입력해야 하는 전문가들, 타이핑을 전혀 배우지 못한 사람들, 전화정보서비스의 사용자들, 그리고 갈수록 증가하고 있는 반복동작 증후군의 희생자인 타자수들에게 하나의 혜택이 될 것이다. 이러할진대 공학자들이 음성인식 컴퓨터를 만들기 위해 40년이나 연구해 왔다는 사실은 전혀 놀랍지 않다. 그런데도 공학자들은 절충안을 만드는 데 실패해 왔다. 여러 사람의 말을 들을 줄 아는 시스템은 많은 수의 단어를 알아듣지 못하기 때문이다. 예를 들어, 요즘 전화번호 안내회사는 어느 누가 말하는 yes라도 인식할 수 있고, 1~10까지의 숫자(공학자들에게는 다행스럽게도 이들 숫자의 소리가 확연히 다르다)를 인식할 수 있는 전화번호 안내시스템을 설치하기 시작했다. 그러나 하나의 시스템이 엄청나게 많은 단어를 인식해야 한다면, 그것은 단 한 명의 목소리로 훈련될 수밖에 없다. 아직은 어떤 시스템으로도 다수의 단어와 다수의 화자를 동시에 인식하는 사람의 능력을 복제할 수 없다. 퍼스널 컴퓨터상에서 실행되어 3만 개의 단어를 인식할 수 있는 최첨단의 음성인식시스템인 '드래곤딕테이트'도 사실 엄청난 한계를 가지고 있다. 이 시스템은 사용자의 목소리로 광범한 훈련을 받아야만 한다. 즉, 각 단어 사이에 4분의 1초의 간격을 두고… 사용자는… 그것에게… 이런… 식으로… 말해야… 한다(그러므로 이 시스템은 보통 회화의 약 5분의 1의 속도로 운용된다). 만일 사용자가 시스템의 목록에 들어 있지 않은 단어를 사용해야 할 경우, 'Alpha의 a, Bravo의 b, Charlie의 c' 처럼 그 시스템에 들어 있는 기존 단어를 들어가면서 단어의 철자를 모두 불러 줘야 한다. 뿐만 아니라 이 시스템은 불러 주는 것의 약 15%, 문장 당 두 번 이상의 꼴로 단어를 왜곡한다. 사실 드래곤딕테이트는 상당히 인상적인 시스템이기는 하지만, 2류 속기사의 능력에도 미치지 못한다.

말소리의 물리적 · 신경적 기제는 인간의 의사소통체계를 설계하는 데서 두 가지 문제점을 해결해 준다. 한 사람이 알고 있는 단어의 수는 대략 6만 개이지만, 사람의 입은 6만 개의 서로 다른 소리를 내지 못한다(적어도 귀가 쉽게 판별할 수 있는 수치는 아니다). 그래서 언어는 이산조합 체계 원리를 다시 한 번 이용한다. 문장과 구는 단어로 이루어지고, 단어는 형태소로 이루어지며, 형태소는 다시 음소로 이루어진다. 그럼에도 불구하고 음소는 단어나 형태소와는 달리, 전체에 대해 의미의 조각으로 기여하지 못한다. 즉, dog의 의미는 d의 의미, o의 의미, g의 의미, 그리고 그것들의 순서를 바탕으로 예측할 수 있는 것이 아니다. 그런 측면에서 음소는 다른 종류의 언어학적 대상이다. 음소는 단지 외적으로 말과 연결되는 것이지 내적으로 정신어와 연결되는 것이 아니다. 즉, 하나의 음소는 소리를 만드는 하나의 행위에 해당한다. 무의미한 소리들을 결합시켜 유의미한 형태소를 생산하는 체계와, 유의미한 형태소들을 결합시켜 유의미한 단어, 구, 문장을 생산하는 체계로 분리되는 이산조합 체계는 인간 언어의 근본적인 구조적 특징이다. 언어학자 찰스 호켓은 이것을 '유형화의 이중성' 이라고 정의했다.

그러나 음운론이라는 언어본능의 모듈은 형태소를 하나하나 열거하는 것 이상의 일을 해야 한다. 언어의 규칙은 이산조합 체계이기 때문이다. 음소는 형태소로, 형태소는 단어로, 단어는 구로 깔끔하게 맞물린다. 이것들은 섞이거나, 용해되거나, 유착되지 않는다. Dog bites man은 Man bites dog과는 다르며, 신(God)을 믿는 것은 개(Dog)를 믿는 것과는 다르다. 그러나 이 구조가 한 사람의 머리에서 다른 사람의 머릿속으로 전달되기 위해서는 청취 가능한 신호로 바뀌어야 한다. 사람이 만들어 낼 수 있는 가청신호는 전자식 전화기의 삐 소리 같은 또렷한 소리가 아니다. 사람이 만들어 내는 말소리는 호흡의 흐름이 입과 인후의 부드러운 살갗에 의해 '쉬' 나 '흠' 소리로 바뀐 것이다. 이때 자연적으로 직면하게 되는 문제점이 화자가 이산적인 기호의 열을 연속적인 소리의 흐름으로 부호화하는 디지털에서 아날로그로의 변환과, 그 연속적인 소리를 청자가 다시 이산적인 신호들로 해독하는 아날로그에서 디지털로의 변환이다.

따라서 언어적 소리는 몇 단계로 조립된다. 먼저 유한한 목록의 음소들이 표본화되고 치환되어 단어를 구성하고, 그 결과로 생긴 음소의 열들은 그 다음 단계에서 실제로 발음되기 전에 더 쉽게 발음되고 이해될 수 있도록 조정된다. 따라서 나는 이 단계들을 규명하여 우리가 일상적으로 말과 마주치는 몇몇 경우들, 예를 들어 시와 노래, 귀의 실수, 강세, 음성인식기계 및 영어의 정신 나간 듯한 철자법 등이 각 단계에서 어떻게 발생하는지를 드러내 보이고자 한다.

말소리를 이해하는 가장 쉬운 방법은 폐에서 시작하여 성도(聲道)를 지나 세상으로 나가는 공기 덩어리를 추적하는 것이다.

말을 할 때 우리는 평소의 호흡 리듬에서 벗어나 공기를 빠르게 들이쉰 다음, 늑골 근육을 이용해 탄력적인 허파의 반동력을 억제하면서 들이쉰 숨을 일정하게 내뱉는다(만일 그렇게 하지 않는다면, 우리의 말은 공기가 빠져나가는 풍선처럼 애처롭게 흐느끼는 소리가 될 것이다). 이때 통사론에서는 이산화탄소가 무시된다. 즉, 우리는 들이쉰 산소를 조절하기 위해 호흡의 속도를 조절하는 섬세하게 조율된 피드백 고리를 억제하고, 대신 말하고자 하는 구나 문장의 길이에 맞춰 숨을 내쉬는 것이다. 이렇게 함으로써 우리는 약한 호흡항진이나 저산소증에 이르게 되는데, 이것이 바로 대중연설이 힘든 이유이며, 또 조깅 파트너와 대화를 하기가 어려운 이유이다.

공기는 폐를 떠나 기관(숨통)을 통과하고, 기관은 후두(바깥에서 울대로 보이는 것)로 통해 있다. 후두는 신축성 있는 근육조직으로 된 두 개의 성층(vocal folds, 여기에는 초창기 해부학자의 실수로 '성대[vocal cords]' 라는 이름이 붙기도 했지만 결코 인대[cords]가 아니다)이 덮고 있는 통로로서 밸브의 역할을 한다. 두 개의 성층은 마치 뚜껑처럼 성문(후두부에 있는 발성기관)을 단단히 밀폐해서 폐를 봉쇄할 수 있다. 이것은 느슨한 공기주머니와도 같은 우리의 상체를 경직시키고자 할 때 유용하다. 한 예로 팔을 이용하지 않고 의자에서 일어나 보라. 그러면 여러분은 여러분의 후두가 단단해지는 것을 느낄 것이다. 후두는 또한 기침이나 배변 같은 생리적인 기능에 의해서 닫히기도 한다. 특히 역도선수나 테니스선수의 기합소리는 우리가 폐를 봉쇄하여 소리를 만들어 낼 때 바로 이 기관을 이용한다는 사실을 가장 잘 보여준다.

성층은 또한 성문을 조금 열어서 그 사이로 공기가 빠르게 지나가게 하여 '웅' 소리를 만든다. 이 소리는 높은 압력의 공기가 성층을 밀어올리기 때문에 발생하며, 그 순간에 성층은 반동을 일으켜 다시 성문을 막게 되는데, 그 뒤 공기의 압력이 다시 형성되면 새로운 사이클이 시작되는 것이다. 이런 식으로 호흡은 일련의 공기분출로 나뉘며, 우리는 이 공기분출을 '유성(voicing)'이라고 하는 '웅' 소리로 감지한다. 무성음인 'sssssss'와 유성음인 'zzzzzzz'를 내 보면 '웅' 소리를 듣고 느낄 수 있다.

성층의 열림과 닫힘의 빈도가 음성의 고저를 결정한다. 즉, 우리는 성층의 긴장도와 위치를 변화시켜 주파수를 통제함으로써 음의 고저를 통제할 수 있다. 이 현상은 허밍을 하거나 노래를 할 때 가장 분명하지만, 문장이 진행되는 동안에도 우리는 계속적으로 고저에 변화를 줄 수 있는데, 이 과정을 바로 억양이라고 한다. 정상적인 억양 때문에 자연적인 말소리는 오래된 공상과학영화에 나오는 로봇이나 《새터데이 나이트 라이브》에 나오는 콘헤드의 말과 다르게 들린다. 억양은 또한 풍자나 강조에서, 그리고 분노나 명랑함 같은 감정적인 음조 속에서도 잘 나타난다. 특히 중국어와 같은 '성조 언어'에서는 음을 올리거나 내림으로써 특정 모음이 다른 모음과 구별되기도 한다.

발성은 지배적인 진동수를 가진 음파를 만들어 내긴 하지만, 그것은 그 진동수만을 가진 단순음인 소리굽쇠나 긴급방송 시스템과는 다르다. 발성은 많은 '배음'을 가진 풍부한 '웅' 소리다. 남성의 발성은 초당 100cps부터 200cps, 300cps, 400cps, 500cps, 600cps, 700cps, … 4000cps 혹은 그 이상에 이르는 많은 진동수를 가지는 파동이다. 여성의 발성은 200cps, 400cps, 600cps 등등의 진동수를 가진다. 음원(音源)의 풍부함은 아주 중요하며, 성도의 나머지 부분은 바로 이 원재료를 조각해서 다양한 모음과 자음을 만들어 낸다.

만일 어떤 이유로 후두에서 '흠' 소리를 낼 수 없다 하더라도 우리는 그 밖의 어떤 풍부한 음원을 통해서든 그 음을 낼 수 있다. 속삭일 때 우리는 성층을 넓게 펴 공기의 흐름이 성층의 가장자리에서 혼란스럽게 분산되도록 함으로써 쉿 소리나 라디오의 잡음같이 들리는 난류 또는 소음을 발생시킨다. 쉿 소리는 음성의 주기적인 소리에서처럼 일련의 배음으로 구성된 깔끔한 반복파동이 아니라, 진동수가 끊임없이 변하는 들쑥날쑥한 불규칙파동이다. 그럼에도 이 불규칙파동만 있으면 성도의 나머지 부분은 이해 가능한 속삭임을 만들어낸다. 후두절개 수술을 받은 환자들은 필요한 소리를 내기 위해 '식도를 통해 말하는 법'이나 트림 조절법을 배우게 된다. 어떤 이들은 목에 진동기를 설치하기도 한다. 한 예로 1970년대의 기타리스트인 피터 프램턴은 자신의 전자기타의 증폭된 소리가 튜브를 통해 자신의 입으로 흐르게 함으로써 콧소리를 낼 수 있었다. 잊혀진 로큰롤 스타가 되기 전에 낸 몇 장의 히트 앨범에서 그 효과는 대단했다.

크게 진동하는 공기는 혀 뒤에 있는 목구멍이나 인두, 혀와 입천장 사이의 구강, 입술 사이의 통로나 코 같은 공간통로를 통해 외부세계로 빠져나간다. 각각의 공간들은 특정한 길이와 모양을 가지고 있어서 그곳을 통과하는 소리는 공명이라 불리는 현상의 영향을 받는다. 주파수가 다른 소리들은 파장(음파의 최고점과 최고점 사이의 거리)도 다르다. 즉 높은 음조일수록 파장은 짧다. 하나의 관을 따라 이동한 음파는 반대편 끝에 도달하면 반향을 일으킨다. 그리고 관의 길이가 소리의 파장을 결정하는 한 요인이라면, 반사된 각각의 파동은 다음에 오는 파동을 강화하게 된다. 만일 길이가 다른 파동이 만나면 서로 간섭하게 된다(이것은 그네에 탄 아이를 일정한 높이로 계속 밀어줄 때 최고의 효과를 얻는 것과 유사하다). 그러므로 특정한 길이의 관은 몇몇 음성 주파수들을 증폭시키고 나머지는 걸러낸다. 우리는 병에 물을 채울 때 이 사실을 확인할 수 있다. 물이 튀는 소리는 물의 표면과 입구 사이의 기공에 의해 여과된다. 즉, 물이 많을수록 공간은 작아지고 공간의 공명 주파수가 높아져서 콸콸 하는 소리는 작아지게 되는 것이다.

우리에게 각각 다르게 들리는 모음들은 후두에서 나오는 소리에 대한 증폭과 여과가 서로 다르게 조합된 것이다. 이 조합들은 입 안의 다섯 개의 발성기관이 움직여 소리가 통과하는 공명강들의 모양과 길이가 변함으로써 생성된다. 예를 들어 'ee'는 두 개의 공명, 즉 인후강에 의해 주로 생성되는 200~350cps의 공명과 구강에 의해 주로 생성되는 2100~3000cps의 공명에 의해 결정된다. 하나의 공간에서 여과되는 주파수의 범위는 그 속에 들어오는 주파수들의 특정한 혼합과는 무관하므로 우리는 말이든 속삭임이든, 높은 노래든 낮은 노래든, 트림이든 콧소리든 상관없이 ee를 ee로 들을 수 있는 것이다.

언어는 혀의 선물이라는 말이 있을 만큼 혀는 가장 중요한 발성기관이다. 사실 혀는 세 개의 기관, 즉 혓등 또는 혓몸(통), 혀끝, 혀뿌리(혀를 턱에 고정시켜 주는 근육)로 이루어져 있다. bet와 butt의 모음을 반복적으로 'e-uh, e-uh, e-uh' 하고 발음해 보라. 혓몸이 앞뒤로 움직이는 것을 느낄 수 있을 것이다(손가락을 이빨 사이에 넣으면 손가락으로 그것을 느낄 수 있다). 혀가 구강의 앞부분에 있으면 혀 뒤에 있는 인후부의 기공은 길어지는 반면 구강 내의 기공은 짧아지므로 공명 가운데 하나가 변화하게 된다. 즉 bet의 모음의 경우, 구강은 600~1800cps 부근의 소리를 증폭시키는 반면, butt의 모음의 경우에는 600~1200cps 부근의 소리를 증폭시킨다. 이제 beet와 bat의 모음을 번갈아 발음해 보라. 혓몸이 상하로, 즉 bet-butt의 움직임에 대해 직각으로 움직일 것이다. 심지어 이 움직임을 돕기 위해 턱까지 움직인다는 것도 느낄 수 있을 것이다. 이것 역시 인후부와 구강의 기공 상태를 변화시키고, 그럼으로써 공명을 변화시킨다. 결과적으로 뇌는 증폭과 여과의 상이한 유형들을 상이한 모음으로 해석하는 것이다.

혀의 상태와 혀가 형성해 내는 모음들 사이의 관계는 음성상징에 대한 호기심을 크게 자극한다. 혀가 구강의 앞쪽에서 높이 올라가면 구강에는 작은 공명강이 형성되어 몇 개의 고주파를 증폭시키고, 그 결과로 만들어진 ee와 i(bit에서처럼)는 작은 것을 연상시킨다. 혀가 구강의 뒤쪽에 낮게 위치하면 구강에는 큰 공명강이 형성되어 몇 개의 저주파를 증폭시키고, 그 결과로 생긴 father의 a와 core의 o 같은 모음들은 큰 것을 연상시킨다. 따라서 생쥐는 작고(teeny) 찍찍거리며(squeak), 코끼리는 거대하고(humongous) 으르렁거린다(roar). 오디오 스피커에는 높은 음을 위한 작은 고음용 스피커(tweeter)가 있고, 낮은 음을 위한 커다란 저음용 스피커(woofer)가 있다. 이런 이유로 영어 화자들은 중국어에서 '칭(輕)'이 가벼운 것을 의미하며, '충(重)'이 무거운 것을 의미한다고 정확히 추측해 낼 수 있는 것이다(방대한 외국어 단어에 대한 실험 결과, 근소한 차이기는 하지만 통계적으로 적중률이 우연치보다 높았다). 우리 통신구역의 컴퓨터 천재인 한 여성이 내 컴퓨터 단말기를 frob했다고 말한 적이 있었다. 내가 무슨 뜻이냐고 묻자, 그녀는 해커 속어에 대해 다음과 같이 가르쳐 주었다. "당신이 스테레오용 최신 그래픽이퀄라이저의 효과를 시험해 보기 위해 단추들을 무작정 위아래로 움직여 볼 때, 그것은 frob하고 있는 것이다. 당신이 좋아하는 소리로 맞추기 위해 단추를 중간 정도의 양만큼 이동시킬 때 그것은 twiddling하는 것이고, 그 소리를 완벽하게 맞추기 위해 최종적으로 미세하게 조절할 때 그것은 tweaking하는 것이다."

여기에서 우리는 ob, id, eak의 소리들이 음성 상징의 대소 연속선상에 완벽하게 일치하고 있다는 것을 볼 수 있다.

《식스티 미니츠》의 앤디 루니의 말처럼 들리겠지만, 여러분은 왜 사람들이 '패들피들(faddle-fiddle)'이라 하지 않고 '피들패들(fiddle-faddle)'이라고 하는지 의아하게 여겨 본 적이 있는가? 또 '퐁핑(pong-ping)'과 '패터피터(patter-pitter)'가 아니라 '핑퐁,' '피터패터'인 이유는 무엇인가? 왜 '드립스 앤 드랩스(dribs and drabs)'라 하고 그 반대로 말하지 않는가? 왜 주방은 'span and spic'이 될 수 없는가? riff-raff, mish-mash, flim-flam, chit-chat, tit for tat, knick-knack, zig-zag, sing-song, ding-dong, King-Kong, criss-cross, shilly-shally, see-saw, hee-haw, flip-flop, hippity-hop, tick-tock, tic-tac-toe, eeny-meeny-miney-moe, bric-a-brac, clickety-clack, hickory-dickory-dock, kit and kaboodle, bibbity-bobbity-boo인 것은 왜인가? 그 대답은 혀가 앞에 높게 위치하는 모음들은 항상 혀가 뒤에 낮게 위치하는 모음들보다 먼저 발음된다는 것이다. 왜 이런 순서로 배열되는지 그 이유를 아는 사람은 없으나, 그것은 두 가지 특이한 사실에 기인한 일종의 삼단논법인 듯하다. 첫 번째는 '여기-지금의 나'를 의미하는 단어들은 '나'로부터의 거리감을 함축하는 단어들보다 더 높고 더 앞쪽의 모음을 가지는 경향이 있다는 것이다. 'me 대 you,' 'here 대 there,' 'this 대 that'을 보면 그 사실을 알 수 있다. 두 번째는 '여기-지금의 나'를 함축하는 단어들이 '나'(또는 표준 총칭 화자)로부터의 은유적·실질적 거리감을 함축하는 단어들 앞에 오는 경향이 있다는 것이다. here and there(there and here가 아님), this and that, now and then, father and son, man and machine, friend or foe, the Harvard-Yale game (하버

드 학생들 사이에서)과 the Yale–Harvard game(예일 학생들 사이에서), Serbo–Croatian(세르비아인들 사이에서)와 Croat–Serbian(크로아티아인들 사이에서) 등에서 이 사실을 확인할 수 있다. 따라서 삼단논법은 'me=높은 전설모음(high front vowel),' 'me가 우선,' '그러므로 높은 전설모음이 우선'과 같이 전개되는 것 같다. 단어의 순서를 정할 때 우리의 마음은 애써 동전 던지기를 하지 않는 것처럼 보인다. 의미가 순서를 결정하지 않는다면 소리가 그 짐을 져야 하고, 그에 대한 이론적 설명은 혀가 어떤 방식으로 모음을 생성하는가에 근거하게 된다.

다른 발성기관들을 살펴보자. 입술에 주목하면서 boot와 book의 모음을 번갈아 발음해 보자. boot를 발음할 때 우리는 입술을 동그랗게 해서 내민다. 이렇게 하면 성도의 전면부에 자체의 공명을 가진 기공이 추가로 형성되어 또 다른 주파수가 증폭 · 여과되고, 그럼으로써 book과는 대조적인 모음이 발음된다. 입술의 음향효과 때문에 우리는 전화로 행복한 사람과 이야기를 나눌 때 문자 그대로 웃음을 들을 수 있게 된다.

여러분은 중학교 영어선생님이 수업시간에 'bat, bet, bit, bottle, butt'의 모음은 짧고, 'bait, beet, bite, boat, boot'의 모음은 길다고 했던 것을 기억하는가? 그런데 여러분은 선생님이 무엇에 대해 이야기하고 있는지를 이해하지 못했는가? 좋다, 그건 잊어버리자. 그 선생님의 정보는 500년은 뒤진 것이다. 오래 전 영어에서는 모음이 짧게 발음되는지 아니면 길게 발음되는지의 여부로 단어를 구별했고, 이것은 '나쁜'을 의미하는 bad와 '좋은'을 의미하는 baaaad를 구별하는 현대적 방법과 다소 유사하다. 그러나 영어의 발음은 15세기에 '대모음추이'라는 격변을 거쳤다. 길게 발음되던 모음들이 '긴장'하게 된 것이다. 혀뿌리(혀를 턱에 부착시켜 주는 근육)를 전진시킴으로써 혀는 느슨하고 평평한 상태가 아닌 긴장되고 구부러진 상태가 되었고, 혓몸은 그 위에 있는 구강 내의 기공을 좁혀서 공명을 변화시키게 된 것이다. 또한 현대 영어의 bite와 brow에서 볼 수 있는 일부 긴장된 모음들은 [ba-eet], [bra-oh] 같이 마치 하나의 모음인 양 빠르게 연속적으로 발음되게 되는데, 이것이 '이중모음'이다.

Sam과 Sat에서 마지막 자음을 무한히 지연시켜 모음을 길게 늘려 보면 다섯 번째 발성기관의 효과를 들을 수 있다. 대부분의 영어 방언에서 그 모음들은 서로 다르다. Sam의 모음에는 콧소리, 즉 비음이 들어 있다. 이것은 연구개(경구개 뒤쪽의 부드러운 살로 된 부분)가 열려서 공기가 입을 통해서뿐만 아니라 코를 통해서도 흘러나오기 때문이다. 코는 또 하나의 공명공간이므로 진동하는 공기가 그곳을 통과할 때는 또 다른 주파수들이 증폭 · 여과된다. 영어에서는 그 모음이 비음인지 아닌지의 여부로 단어를 구별하지 않지만, 프랑스어나 폴란드어, 포르투갈어 등의 여러 언어에서는 그렇게 한다. 만일 영어 화자가 sat을 발음할 때에도 연구개를 연다면, 그는 '비음 섞인' 음성을 가졌다고 일컬어진다. 또 감기에 걸려 코가 막혔을 때는 연구개를 연다고 해서 차이가 나지 않으며, 그때의 음성은 비음과 정반대다.

지금까지 우리는 모음, 즉 공기가 후두를 통해 바깥세계로 깨끗하게 나갈 때의 소리만을 논의해 왔다. 그런데 도중에 어떤 장애물이 있을 경우, 자음이 발생한다. ssssss를 발음해 보라. 여섯 번째 발성기관인 혀의 끝부분이 거의 잇몸에 닿을 정도로 올라가서 작은 통로가 남는다. 그 통로로 공기가 통과하면 공기는 거칠게 흩어지면서 소리를 만들어 낸다. 통로의 크기와 그 앞에 있는 공명강의 길이에 따라 그 소리에는 더 시끄러운 주파수들이 형성될 수 있고, 그 주파수들의 최고점과 범위에 의해 우리가 s로 듣는 소리가 만들어지는 것이다. 이러한 소리는 이동하는 공기의 마찰에 의해 생기므로 이를 마찰음이라 한다. 그리고 돌진하는 공기가 혀와 구개 사이에서 압착될 때, sh가 발생하고 혀와 이빨 사이에서는 th, 아래 입술과 이빨 사이에서는 f가 발생한다. 혓몸이나 후두의 성층도 난류를 발생시킬 수 있는 위치에 있기 때문에 독일어, 헤브라이어, 아라비아어 등에서 볼 수 있는 다양한 'ch' (Bach, Chanukah 등)가 만들어질 수 있는 것이다.

이제 t를 발음해 보자. 혀끝이 공기의 흐름을 방해하지만, 이 경우 혀끝은 그 흐름을 방해하는 정도로 그치는 것이 아니다. 혀는 그 흐름을 완전히 차단한다. 이때 압력이 형성되면 여러분은 혀끝을 풀어서 공기를 한꺼번에 분출시킨다(플루트 연주자들은 이 동작을 이용하여 음표들을 분리한다). 그 밖의 '폐쇄자음'은 두 입술로(p), 혓몸으로 구개를 눌러서(k), 후두(uh-oh에서의 성문자음인 경우)로 만들어 낼 수 있다. 여러분이 폐쇄자음을 만들 때 청자가 듣는 것은 다음과 같다. 처음에는 공기가 차단점 뒤에서 막히기 때문에 아무것도 듣지 못한다. 즉, 폐쇄자음은 침묵의 소리다. 그 다음 공기가 방출됨에 따라 짧게 파열되는 소리를 듣게 되는데, 그 소리의 주파수는 통로의 크기와 그 앞에 놓인 공명공간에 따라 달라진다. 마지막으로 혀가 다음 모음의 위치로 미끄러지듯 이동하면서 유성이 뚜렷해짐에 따라 부드럽게 변화하는 공명을 듣게 된다. 앞으로 보겠지만 이러한 삼단 도약 때문에 음성공학자들의 삶은 비참해진다.

마지막으로 m을 발음해 보자. 여러분의 입술은 p의 경우와 똑같이 밀봉된다. 그러나 이번에는 공기의 흐름이 차단되지는 않는다. 따라서 여러분은 숨을 다 내쉴 때까지 mmmmm 소리를 낼 수 있다. 이것은 여러분이 연구개를 열어 모든 공기가 코를 통해 나가기 때문이다. 이때의 유성음은 폐쇄점 뒤에서 코와 구강 일부의 공명 주파수로 증폭된다. 입을 조금만 벌리면 약한 공명이 발생하는데, 이것은 침묵, 소리의 파열, 페이드인(fade-in, 소리가 점차 뚜렷해짐)이 없다는 것을 제외하면 p에서의 개봉과 형태 면에서 유사하다. n소리는 m과 유사한 방식으로 발음되지만, d와 s의 발음에 사용되는 기관인 혀끝에 의해 폐쇄가 이루어진다는 점이 다르다. 혓몸이 폐쇄작업을 맡는다는 것을 제외하면 sing에서의 ng도 마찬가지로 비음이다.

왜 우리는 dazzle-razzle이라 하지 않고 razzle-dazzle이라고 말하는가? super-duper, helter-skelter, harum-scarum, hocus-pocus, willy-nilly, hully-gully, roly-poly, holy moly, herky-jerky, walkie-talkie, namby-pamby, mumbo-jumbo, loosey-goosey, wing-ding, wham-bam, hobnob, razza-matazz, rub-a-dub-dub은 왜인가? 나는 여러분이 결코 이런 질문을 한 적이 없었으리라 생각한다. 자음들은 '장애 정도(obstruency)'에서 차이가 있다. 장애 정도란 공기의 흐름을 방해하는 정도를 말하는데, 그 범위는 단순히 공명음을 만드는 데서 공기를 강제로 장애물에 통과시키거나 완전히 폐쇄해 버리는 경우까지를 포괄한다. 따라서 폐쇄 정도가 약한 자음으로 시작되는 단어들이 언제나 폐쇄 정도가 강한 자음으로 시작되는 단어들보다 먼저 온다. 왜 '왜'라고 물을까?

성도를 따라 올라가는 관광안내를 끝마쳤으므로, 여러분은 이제 세상 언어의 방대한 소리들이 어떻게 만들어지고 청취되는지를 이해할 수 있을 것이다. 음성은 하나의 기관에 의한 하나의 동작이 아니라는 것이 그 핵심이다. 모든 말소리는 여러 동작의 조합이고, 각각의 동작들은 음파를 조각하는 자기 나름대로의 방침을 가지고 있으며, 이 모든 동작들은 거의 동시에 실행된다. 이것이 바로 말이 그렇게 신속할 수 있는 이유 가운데 하나다. 여러분이 주목한 바대로 소리는 비음이거나 아닐 수 있으며, 혓몸이나 혀끝 또는 입술에 의해 다음 여섯 가지 조합의 모든 가능성으로 생성될 수 있다.

	비음 (연구개 개방)	비(非)비음 (연구개 폐쇄)
입술	m	p
혀끝	n	t
혓몸	ng	k

마찬가지로 유성음과 무성음도 발성기관의 선택에 따라 모든 가능한 방법들로 결합될 수 있다.

	유성음 (후두가 소리를 냄)	무성음 (후두가 소리를 내지 않음)
입술	b	p
혀끝	d	t
혓몸	g	k

그러므로 말소리는 다차원 표의 행과 열, 층들을 훌륭히 채운다. 그렇다면 이 채우는 과정을 한번 살펴보자. 첫째, 후두, 연구개, 혓몸, 혀끝, 혀뿌리, 입술 등의 발성기관 중 하나가 주요 조음기관으로 선택된다. 둘째, 마찰음, 폐쇄음 또는 모음 등 조음기관의 조작방법이 선택된다. 셋째, 연구개의 경우 비음인지 아닌지 여

부, 후두의 경우 유성음인지 아닌지 여부, 혀뿌리의 경우 긴장되는지 완화되는지 여부, 입술의 경우 원순음인지 아닌지 여부 등 발성기관의 형태의 명세를 작성할 수 있다. 각각의 조작방법 또는 발성기관의 형태는 발성근육에 대한 특정한 명령을 의미하는 하나의 기호이며, 이 기호를 우리는 '자질(feature)'이라 한다. 하나의 음소를 조음하기 위해서는 명령어들이 정확한 타이밍으로 실행되어야 하는데, 이것은 우리가 연기해 내야 하는 가장 복잡한 체조동작이다.

영어에는 이러한 조합이 충분해서 다른 언어의 평균치보다 약간 많은 40개의 음소가 있다. 다른 언어들은 11개(폴리네시아어)에서 141개(코이잔어 또는 '부시맨어')에 이른다. 전세계에서 발견되는 음소의 총수는 수천에 달하나, 이것들 모두가 6개의 발성기관과 그 형태 및 동작의 조합으로 규정된다. 입으로 내는 그 외의 소리들, 예를 들어 이빨 가는 소리, 혀 차는 소리, 입술 사이에서 혀를 진동시켜 내는 야유, 도널드 덕처럼 꽥꽥거리는 소리들은 어떤 언어에서도 사용되지 않는다. 그러나 코이잔어나 반투어에서 볼 수 있는 특이한 흡착폐쇄음(clicks, tsk-skt 하는 소리와 비슷하며 코사족 대중가수인 미리암 마케바에 의해 유명해짐)은 결코 그들 언어에 부가된 잡동사니 음소가 아니다. 흡착폐쇄는 폐쇄나 마찰처럼 조음방법상의 하나의 자질로, 다른 모든 자질들과 결합하여 언어음소표의 새로운 행과 열의 층을 규정한다. 흡착폐쇄음은 입술, 혀끝 및 혓몸에 의해 생성될 수 있고, 어떤 것이라도 비음이거나 아닐 수 있으며, 또 유성음이거나 아닐 수 있다. 이런 식으로 흡착폐쇄음의 총수는 48개에 달한다.

음소 목록은 한 언어의 소리유형을 특징짓는 요소들 가운데 하나다. 예를 들어 일본어는 r과 l을 구별하지 않는 것으로 유명하다. 내가 1992년 11월 4일 일본에 도착했을 때 언어학자인 야마나시 마사키(山梨正明)는 나를 반기며 이렇게 말했다. "In Japan, we have been very interested in Clinton' s erection."(election을 '발기' 라는 뜻의 erection으로 잘못 발음.-옮긴이)

우리는 종종 《더 머페츠》에 나오는 스웨덴 요리사나 존 벨루쉬가 연기한 사무라이 세탁업자의 경우와 같이 진짜 단어를 전혀 포함하지 않는 소리의 흐름에서조차도 한 언어의 소리패턴을 인식할 수가 있다. 언어학자 사라 토머슨은 전생과 연결되어 있다거나 방언(종교적 황홀상태에서 나오는 뜻을 알 수 없는 기도의 말)을 한다고 주장하는 사람들이 실은 그들이 주장하고 있는 언어를 희미하게 상기시켜 주는 음성패턴과 일치하는 뜻 모를 말을 만들어 내고 있음을 발견했다. 예를 들어, 자신이 19세기의 불가리아인이라고 주장하던 어떤 한 사람은 최면에 걸린 상태에서 어머니에게 시골을 황폐화시키고 있는 군인들에 대해 이야기하면서 일종의 유사 슬라브어로 다음과 같은 딱딱한 표현을 만들어 냈다.

Ovishta reshta rovishta. Vishna beretishti? Ushna barishta dashto.
Na darishnoshto. Korapshnoshashit darishtoy. Aobashni bedetpa.

물론 한 언어의 단어들을 다른 언어의 음성패턴으로 발음할 때, 우리는 그것을 외국 말투라 부른다. 다음은 규칙이 완전히 무시되어 버린 밥 벨비소의 동화에서 인용한 글이다.

GIACCHE ENNE BINNESTAUCCHE

Uans appona taim uase disse boi. Neimmese Giacche. Naise boi. Live uite ise mamma. Mainde da cao.
Uane dei, di spaghetti ise olle ronne aute. Dei goine feinte fromme no fudde. Mamma soi orais, "Oreie Giacche, teicche da cao enne traide erra forre bocchese spaghetti enne somme uaine."
Bai enne bai commese omme Giacche. I garra no fudde, i garra no uaine. Meichese misteicche, enne traidese da cao forre bonce binnese.
Giacchasse!

한 언어의 음성패턴을 규정하는 것은 무엇일까? 그것은 분명 음소 목록 이상일 것이다. 다음의 단어들을 생각해 보자.

ptak	thale	hlad
plast	sram	mgla
vlas	flutch	dnom
rtut	toasp	nyip

이 음소들은 모두 영어에서 찾을 수 있는 것들이다. 그러나 영어 사용자라면 누구나 thale, plast, flutch는 영어 단어는 아니지만 영어 단어가 될 수 있는 반면, 나머지 것들은 영어 단어도 아니고 또 될 수도 없다고 확신한다. 화자들은 자신의 언어에서 음소들이 어떤 방식으로 연결되는가에 대해 은밀한 지식을 가지고 있음이 틀림없다.

단어는 음소들의 일차원적인 좌우열로 조립되는 것이 아니다. 단어와 구에서처럼 음소들도 여러 단위로 묶이고, 그 단위는 더 큰 단위로 묶여서 결국 하나의 나무구조를 이룬다. 음절의 시작 부분에 위치하는 일단의 자음(C)은 온셋(onset) 혹은 음절두음이라 하고, 모음(V)과 그 뒤에 이어지는 자음들은 라임(rime) 혹은 각운이라 한다.

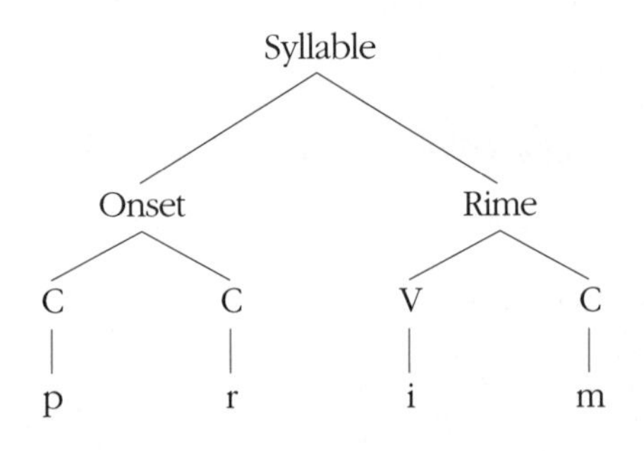

음절을 생성하는 규칙은 한 언어 내에서 허용되는 단어와 허용되지 않는 단어를 규정한다. 영어에서 하나의 온셋은 몇 가지 제약들을 준수하는 한 flit, thrive, spring에서와 같이 한 무더기의 자음들로 구성될 수 있다(그러나 vlit와 sring은 불가능하다). 라임은 toast, lift, sixths에서와 같이 하나의 모음과 뒤따라오는 하나의 자음 또는 특정한 자음군으로 구성될 수 있다. 이와는 대조적으로 일본어에서는 온셋이 단지 하나의 자음을 가질 수 있으며, 라임도 단지 하나의 모음이어야 한다. 그러므로 strawberry ice cream은 sutoroberi aisukurimo로, girlfriend는 garufurendo로 전환된다. 이탈리아어는 온셋에서는 일부 자음군들을 허용하나, 라임의 끝에는 어떤 자음도 허용하지 않는다. 벨비소는 Giacche 이야기에서 이탈리아어의 음성패턴을 모방하기 위해 이 제약을 사용했다. 그래서 and는 enne가 되고, from은 fromme가 되며, beans는 binnese가 된 것이다.

이처럼 온셋과 라임은 한 언어의 가능한 소리들을 규정할 뿐 아니라 사람들에게 가장 두드러진 단어음의 부분요소들로서, 종종 시와 단어놀이에서 조작이 행해지곤 한다. 각운이 맞는 단어들은 하나의 라임을 공유하고, 두운이 맞는 단어들은 하나의 온셋(또는 그냥 첫 자음)을 공유한다. 피그라틴(pig Latin), eggy-peggy, aygo-paygo, 그밖에 어린아이들이 즐기는 은어들은 온셋-라임 경계에서 단어를 자르는 경향이 있다. 이러한 경향은 fancy-shmancy와 Oedipus-Shmoedipus에서처럼 이디시어의 단어가 많이 섞인 영어 구문에서도 나타난다. 가수 셜리 엘리스(Shirley Ellis)가 1964년의 히트곡 〈네임 게임〉("Noam Noam Bo-Boam, Bonana Fana Fo-Foam, Fee Fi Mo Moam, Noam")에서 온셋과 라임을 언급하기만 했어도 규칙을 설명하는 가사가 몇 줄은 줄었을 것이다.

다음으로 음절은 집합을 이루어 음보라 부르는 운율 단위가 된다. 음절과 음보는 몇 가지 다른 규칙에 따라 강(s)과 약(w)으로 분류되며, 약한 가지와 강한 가지의 패턴은 각 음절이 발음될 때 그 음절에 어느 정도의 강세를 줄 것인지를 결정한다.

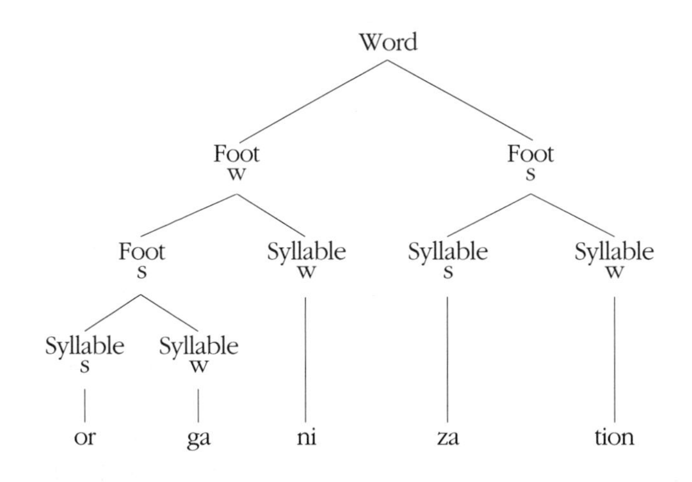

온셋과 라임처럼 음보도 시와 단어놀이에서 자주 조작되는 중요한 단어 덩어리다. 운율(meter)은 한 행에 들어가는 음보의 종류로 규정된다. Mary had a little lamb에서처럼 강약의 패턴을 가진 음보의 연속은 강약보격(trochaic)이고, The rain in Spain falls mainly in the plain에서처럼 약강의 패턴을 가진 음보의 연속은 약강보격(iambic)이다. 불량청소년들 사이에서 유행하는 은어에 fan-fuckin-tastic, abso-bloody-lutely, Phila-fuckin-delphia, Kalama-fuckin-zoo 같은 형태들이 있다. 보통 비속어들은 힘주어 강조하는 단어 앞에 놓이게 되는데, 도로시 파커(Dorothy Parker)는 왜 요즘 교향곡 연주회에 참석하지 않느냐는 질문에 "I've been too fucking busy and vice versa."(vice verse는 I've been too busy fucking이다.—옮긴이)라고 응답한 적이 있다. 그러나 앞에서 살펴본 불량청소년들 사이에서 유행하는 은어에서는 비속어가 한 단어의 내부에, 즉 언제나 강조되는 음보 앞에 위치하게 된다. 이 규칙은 종교적 계율처럼 지켜진다. 만일 당신이 당구장에서 Phila-fuckin-delphia가 아닌 Philadel-fuckin-phia라고 말한다면 웃음거리가 되어 거기서 쫓겨날 것이다.

기억에 저장된 형태소와 단어 내에서의 음소 배열은 실제 소리로 조음되기 전에 일련의 조정과정을 거치며, 이러한 조정을 통해 한 언어의 음성패턴은 더욱 상세히 규정된다. 단어 pat과 pad를 발음해 보라. 다음으로 어형변화 어미 -ing를 추가한 patting, padding을 다시 발음해 보라. 현재 많은 영어 방언에서 이것들은 동일하게 발음되고 있다. 즉 t와 d 사이의 차이가 사라진 것이다. 이런 현상은 '플래핑(flapping)'이라고 하는 음운규칙에 의해 나타난다. 즉 혀끝에서 생성되는 폐쇄자음이 두 모음 사이에 나타나는 경우, 그 자음은 혀를 잇몸에 대고 기압이 형성될 때까지 기다리지 않고 혀를 잇몸에 가볍게 튀김으로써 발음된다. 플래핑과 같은 규칙들은 pat과 -ing처럼 두 형태소가 결합되는 경우뿐 아니라, 하나의 형태소로 된 단어에도 적용된다. 많은 영어 화자들에게 ladder와 latter는 상이한 소리로 구성되어 있는 듯이 느껴지고 사실상 정신사전에도 다르게 표시되어 있음에도 불구하고, 이 두 단어는(인위적으로 과장되게 발음하는 경우는 제외하고) 동일하게 발음된다. 그러므로 대화중에 cows가 등장하면 익살스런 사람들은 an udder mystery, an udder success 등을 말한다(원래는 'an utter mystery:완전한 미스테리,' 'an utter success : 완전한 성공.' 'udder'는 '젖통' 이란 뜻이다. ―옮긴이).

흥미롭게도 음운규칙들은 마치 단어들이 조립생산라인에서 제작되듯이 질서정연한 순서로 적용된다. write와 ride를 발음해 보라. 대부분의 영어 방언에서 그 모음들은 약간씩 다르게 발음된다. 즉 ride의 i가 write의 i보다 길다. 어떤 방언에서, 특히 뉴스해설자인 피터 제닝스, 아이스하키 스타인 웨인 그레츠키, 그리고 지금 이 글을 쓰고 있는 내가 사용하고 있는 캐나다식 영어(몇 년 전 TV의 등장인물인 밥과 도우 맥켄지의 말로 풍자되었던 말투)에서 그 모음들은 확연하게 차이가 난다. ride의 모음은 hot의 모음에서 ee로 이어지는 이중모음이다. 반면, write의 모음은 그보다 높은 hut의 모음에서 ee로 이어지는 이중모음이다. 그러나 어떻게 변하는지와 관계없이 그 모음은 일관된 유형으로 변화한다. 즉 장/저모음 i 다음에 t가 오는 단어는 존재하지 않으며, 단/고모음 i 다음에 d가 오는 단어도 존재하지 않는다. 《슈퍼맨》에서 루이스 레인이 어쩌다 클라크 켄트와 슈퍼맨이 동일 인물임을 알게 된 것과 동일한 논리, 즉 그들이 결코 같은 시각에 같은 장소에 나타나지 않는다는 논리를 이용해서 우리는 정신사전에는 i가 오직 하나뿐이며, 이 i는 t와 동반되느냐 d와 동반되느냐에 따라 발음되기 전에 어떤 규칙에 의해 변신한다고 유추할 수 있다. 심지어 우리는 기억 속에 저장된 원래의 i는 ride의 모음형태와 같고 write는 이 규칙의 결과물이지, 그 반대가 아니라는 것도 유추할 수 있다(슈퍼맨은 원래 슈퍼맨이고 클라크 켄트는 변한 슈퍼맨이다.—옮긴이). rye에서처럼 i 다음에 t나 d가 없고, 따라서 기본형태를 조작할 어떤 규칙도 없는 경우에 우리가 듣는 것이 바로 ride의 모음이라는 사실이 그 증거다.

이제 writing과 riding을 발음해 보자. t와 d는 플래핑 규칙에 의해 동일해졌다. 그러나 두 개의 i는 여전히 다르다. 어떻게 그럴 수 있는가? 이 두 i의 차이를 유발하는 것은 t와 d의 차이뿐인데, 그 차이는 플래핑 규칙에 의해 소거되었다. 이것으로 미루어볼 때 i를 변경시키는 규칙은 플래핑 규칙보다 먼저, 즉 t와 d가 아직 다른 것이었을 때 적용되었다는 것을 알 수 있다. 다시 말해 이 두 규칙은 일정한 순서, 즉 모음변화, 플래핑 규칙의 순서로 적용된다. 그런 순서가 정해진 것은 아마도 플래핑 규칙의 목적이 발음을 더욱 쉽게 하기 위한 것이고, 따라서 그 규칙이 적용되는 곳이 두뇌에서 혀로 처리되는 흐름에서 좀더 하류에 있기 때문일 것이다.

모음변화 규칙의 또 다른 중요한 특징에 주목해 보자. 모음 i는 단지 t 앞에서뿐만 아니라 여러 자음들 앞에서도 변경된다. 다음을 비교해 보자.

prize	price
five	fife
jibe	hype
geiger	biker

이것은 i를 변화시키는 규칙이 다섯 가지—z 대 s에 대해서 하나, v 대 f에 대해서 하나 등등—가 존재한다는 의미인가? 절대 그렇지 않다. 변화를 유발하는 자음 t, s, f, p, k는 모두 자신의 상대물인 d, z, v, b, g와 동일한 차이점을 가지고 있다. 앞엣것들은 무성음인 반면 뒤엣것들은 유성음이다. 그렇다면 우리는 단 한 가지 규칙이 필요하다. 바로 i가 무성음 앞에 있을 때 그것을 변화시키는 규칙이다. 이것이(그저 다섯 가지 규칙을 하나로 대체함으로써 잉크를 절약하기 위한 방편이 아니라) 사람들의 머릿속에 들어 있는 진짜 규칙이라는 증거는, 만일 영어 화자가 the Third Reich(라이히)에서 ch를 발음하는 데 성공한다면 그 화자는 ei를 ride가 아닌 write에서처럼 발음한다는 점이다. 자음 ch는 영어 음소목록에 없으므로 영어 화자들은 거기에 개별적으로 적용되는 규칙을 배울 수 없었을 것이다. 그러나 ch는 무성음이므로 그 규칙이 모든 무성음에 적용된다는 것을 아는 영어 화자는 이 경우에 어떻게 발음할지를 정확히 안다.

이러한 선택능력은 영어뿐만 아니라 모든 언어에서 작용한다. 음운규칙이 단일 음소에 의해 유발되는 경우는 매우 드물다. 음운규칙은 하나 또는 그 이상의 자질(가령 유성음화, 폐쇄법 대 마찰법, 또는 어떤 기관이 조음을 수행하는가 등)을 공유하는 음소들의 전체 부류에 의해 유발된다. 이것은 규칙이 하나의 음소열 속에 있는 음소들을 '보는' 것이 아니라, 그 음소들을 구성하고 있는 자질들을 꿰뚫어본다는 것을 시사한다.

그리고 그 규칙들에 의해 조작되는 것은 음소가 아니라 바로 자질들이다. 다음과 같은 과거시제를 발음해 보라.

walked	jogged
slapped	sobbed
passed	fizzed

walked, slapped, passed에서 -ed는 t로 발음되지만, jogged, sobbed, fizzed에서는 d로 발음된다. 아마도 지금쯤 여러분은 그 차이 뒤에 숨어 있는 것이 무엇인지 이해할 수 있을 것이다. t 발음은 k, p, s와 같은 무성음 다음에 오고, d 발음은 g, b, z와 같은 유성음 다음에 온다. 어간의 마지막 음소를 자세히 조사해 그것이 유성음 자질을 가지고 있는지를 점검함으로써 접미사 -ed의 발음을 조절하는 어떤 규칙이 있음에 틀림없다. 사람들이 Mozart out-Bached Bach를 어떻게 발음하는지 들어보면 이 추측이 옳다는 것을 확인할 수 있다. 동사 to out-Bach에는 ch 소리가 포함되어 있지만, 이것은 영어에 존재하지 않는 음소다. 그럼에도 불구하고 모든 사람들이 -ed를 t로 발음하는 것은 ch가 무성음이고, 모든 무성음 다음에는 t가 온다는 규칙이 적용되었기 때문이다. 또 우리는 사람들이 접미사 -ed를 기억 속에 t로 저장한 다음 일부 단어에 대해서는 그 규칙을 사용하여 그것을 d로 바꾸는지, 아니면 그 반대의 방법을 사용하는지 판단할 수가 있다. play와 row 같은 단어들은 끝에 자음이 없다. 그리고 모든 사람들은 그 단어들의 과거시제를 plate와 rote로 발음하지 않고 plade와 rode로 발음한다. 규칙을 유발하는 어간자음이 없으므로 우리는 분명 정신사전에 있는 변경되지 않은 순수한 형태, 즉 d를 듣는 것이다. 이것은 형태소는 최종적으로 발음되는 것과는 다른 형태로 정신사전에 저장될 수 있다는 현대 언어학의 중요한 발견을 만족스럽게 보여주는 예다.

이론의 우아함을 즐기는 독자라면 이 규칙에 관한 나의 보충 설명을 원할지도 모른다. 우선 d 대 t 규칙이 수행되는 과정에는 까다로운 패턴이 있음에 주목하자. 첫째, d 자체는 유성음으로 유성자음 다음에 오는 반면, t는 무성음으로 무성자음 다음에 온다. 둘째, 유성음 여부를 제외하면 t와 d는 동일하다. 이들은 동일한 발성기관, 즉 혀끝을 사용하며 그 기관을 동일하게 움직인다. 다시 말해 잇몸에서 혀끝으로 구강을 봉쇄한 다음 공기를 방출한다. 따라서 그 규칙은 음소들을 제멋대로 배치하여 고모음 뒤의 p를 l로 바꾸거나 임의로 선택한 어떤 대체물로 바꾸지 않는다. 그것은 단지 –ed 접미사에 정교한 수술을 가해서 다른 자질들은 건드리지 않고 그것을 이웃과 동일한 유/무성음으로 조정할 뿐이다. 즉, slap+ed를 slapt로 전환시키는 과정에서 이 규칙은 접미사 –ed가 slap의 끝에 있는 p와 묶이도록 유성음화 명령을 '펼치고(spreading)' 있는 것이다.

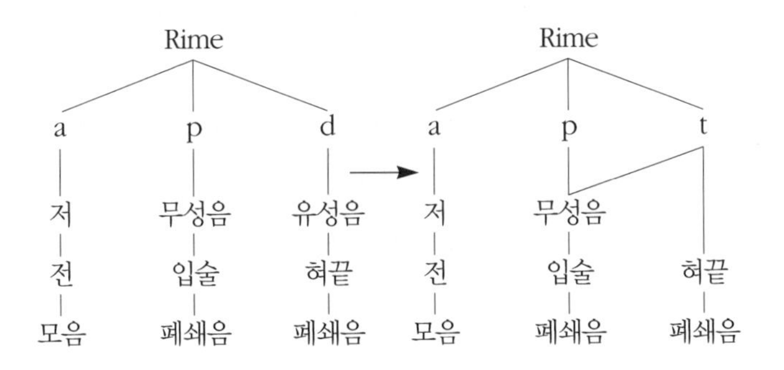

slapped에서 t의 무성음적 성질은 slapped에서 p의 무성음적 성질과 일치한다. 즉, 그것들은 '동일한' 무성음이다. 그것들은 우리의 마음속에 두 분절음과 연결된 하나의 자질로 표시되어 있다. 이런 경우는 세상에 존재하는 모든 언어들 속에서 매우 자주 발생한다. 유성음화, 모음의 질(vowel quality), 음조(tones)와 같은 자질들은 마치 각각의 자질이 하나씩의 음소에 속박되어 있다기보다는 그들만의 수평적 '층'에 거주하면서 한 단어 내의 여러 음소들에 샛길을 치거나 연결통로를 뻗을 수 있다.

이런 식으로 음운규칙은 음소가 아니라 자질을 '보고,' 또 음소가 아니라 자질을 '조정'한다. 또한 언어는 다양한 자질의 조합들을 증대시켜 음소 목록에 도달한다는 점을 상기하기 바란다. 이런 사실들로 미루어 볼 때, 두뇌에 저장되고 그곳에서 조작되는 언어적 소리의 원자는 음소가 아니라 자질임을 알 수 있다. 음소는 단지 자질들의 묶음일 뿐이다. 그래서 언어는 최소단위인 자질을 다룰 때에도 조합체계를 이용하는 것이다.

모든 언어에는 음운규칙이 있다. 그렇다면 그것들의 용도는 무엇일까? 아마 여러분은 그것들이 조음을 용이하게 해 준다는 것을 감지했을 것이다. 두 모음 사이의 t 또는 d를 플래핑하는 것은 공기압이 형성될 때까지 혀를 제자리에 고정시키는 것보다 시간이 절약된다. 한 단어의 끝에서 접미사까지 무성음적 성질을 확산시키면 어간의 끝부분을 발음하는 동안 후두를 정지시켰다가 그 다음 접미사를 위해서 다시 후두를 작동해야 하는 번거로움을 덜게 된다. 얼핏 보면 음운규칙은 단지 조음상의 게으름을 요약해 놓은 것처럼 보인다. 그리고 사람들은 바로 이 지점에서 한 걸음 더 나아가 자신의 방언이 아닌 다른 방언에서 사용되는 음운론적 조정에 주목하여 그러한 것들이 화자의 무신경을 보여주는 전형적인 예라고 결론을 내린다. 대서양의 양쪽 어디도 안전지대는 아니다. 조지 버나드 쇼는 다음과 같은 글을 썼다.

영국인들은 자신의 언어에 대한 존경심이 전혀 없고, 그래서 아이들에게 말하는 법을 가르치지 않는다. 그들이 정확하게 발음하지 못하는 이유는 단지 자음—그나마도 자음의 일부—만이 발음할 가치가 있다고 인정된 낡은 외래 알파벳 외에는 어떤 발음도 가지고 있지 못하기 때문이다. 결과적으로 한 영국인이 입을 열면 다른 영국인들은 그를 멸시하지 않을 수 없게 된다.

리처드 레더러는 자신의 논문 〈미국식 중얼거림을 알아듣는 법〉에서 다음과 같이 썼다.

> 언어를 사랑하는 사람들은 미국식 발음과 조음의 서글픈 상태에 대해 오랫동안 비탄해 왔다. 슬픔과 분노 속에서, 예민한 귀로 고통을 받고 있는 화자들은 government를 guvmint로 accessories를 assessories로 발음하는 미국식 웅얼거림에 질겁한다. 돌아서는 곳마다 분명하지 못한 발음의 진흙탕이 우리를 급습한다.

그러나 이 비탄에 빠진 화자들이 좀더 예민한 귀를 가졌더라면 너절함이 만연해 있는 방언이란 실제로 존재하지 않음을 깨달을 것이다. 음운규칙은 한 손으로 주고 한 손으로 빼앗아 간다. Nothin' doin'에서 g를 빠뜨리는 것 때문에 비웃음을 사는 바로 그 시골뜨기들이 아는 체하는 식자들이 중성모음인 'uh'로 얼버무리는 pó-lice와 accidént의 모음을 더 똑똑히 발음하는 경향이 있다. 브루클린 다저스의 투수였던 웨이트 호이트가 공에 맞았을 때, 외야석에 있던 어떤 팬은 "Hurt's hoit!"라고 소리쳤다. 또 하버드대학 구내에 자동차를 주차(pahk their cah in Hahvahd Yahd)하는 보스턴 사람들은 딸의 이름을 Sheiler와 Linder라고 짓는다. 1992년 매사추세츠 주 웨스트필드에서는 '사투리를 쓰는' 이민계 교사의 고용을 금지하는 데 대한 조령—이것은 꾸며낸 이야기가 아니다—이 제안된 적이 있었다. 이 조령에 회의적이었던 한 여성은 뉴잉글랜드 출신의 교사가 orphan과 often을 예로 들어 어떤 식으로 '동음이의어'를 정의했는지를 상기시키는 글을 《보스턴 글로브》에 기고했다. 또 다른 재미있는 독자는 'cuh-ree-uh'의 철자를 k-o-r-e-a로, 'cuh-ree-ur'의 철자를 c-a-r-e-e-r로 적는 바람에, 그 반대가 아니라, 선생님의 분노를 샀던 일을 기억해냈다. 그 제안은 곧 철회되었다.

이른바 발음상의 게으름은 실제로는 음운규칙에 의해 엄격히 규제되고 있다. 그 결과 어떤 방언에서도 화자들이 제멋대로 안이한 방법을 취하는 일은 없는데, 여기에는 충분한 이유가 있다. 화자 쪽에서의 너절한 행위는 대화 상대방에게 그것을 보충하기 위한 정신노력을 요한다. 화자들이 게으른 사회는 청자들이 근면한 사회가 될 것이다. 만약 화자들이 칼자루를 쥔다면 음운론의 모든 규칙은 음운자질들을 펼치고 감소시키고 삭제시킬 것이다. 그러나 청자들이 칼자루를 쥔다면 음운론은 그 반대가 될 것이다. 즉, 혼동될 수 있는 음소들의 차이를 과장하거나 윤색하도록 강요함으로써 음소들 사이의 음향적 차이를 높일 것이다. 실제로 음운론의 많은 규칙들이 이 일을 하고 있다(예를 들어, 영어에서 sh를 발음할 때에는 입술을 동그랗게 할 것을 강요하나 s를 발음할 때에는 강요하지 않는 규칙이 있다. 이러한 별도의 동작을 모든 사람들에게 강요함으로써 얻는 이점은 입술을 오므려서 형성되는 긴 공명 소실이 sh와 s를 구별해 주는 저주파 소리를 강화해서 청자가 sh를 더 쉽게 식별할 수 있게 해준다는 점이다). 모든 화자가 순식간에 청자가 됨에도 불구하고, 사람들은 모두 화자의 예지와 성찰에 의존하는 것을 현명하지 못한 것으로 여기는 위선을 가지고 있다. 그래서 한 언어의 구성원들이 어린시절에 그 지방의 방언을 습득할 때, 그들 모두는 어느 정도

자의적인 단일한 음운규칙들—음운자질을 감소시키기도 하고 추가시키기도 하는 음운규칙들—을 채택하게 된다.

음운규칙은 음향적 차이를 특별히 과장하지 않는 경우에도 청자에게 도움이 된다. 즉, 음성패턴을 예측 가능한 것으로 만듦으로써 언어에 잉여성을 추가하는 것이다. 영어 텍스트는 정보의 실제 내용보다 2배에서 4배 정도 길어진다. 예를 들어 본 저서는 컴퓨터 디스크 상에서는 약 90만 개의 문자를 차지하지만, 압축파일 프로그램을 이용하면 문자 시퀀스에서 그 여분을 벌채해서 약 40만 개의 문자로 압축할 수 있다. 단, 영어 텍스트가 포함되지 않은 파일은 이렇게까지 압축될 수 없다. 논리학자 콰인은 수많은 시스템에 여분이 내장되어 있는 이유를 다음과 같이 설명한다.

> 이것은 최소한의 필수적인 안전자원을 넘어선 신중한 초과로 훌륭한 다리가 합리적인 예상 하중보다 더 큰 압력을 받았을 때도 무너져 내리지 않는 이유다. 또 이것은 대체 시스템이자 이중 안전장치로 우리가 우편물을 보낼 때 우편번호를 쓰면서도 그 밖의 많은 단어들로 주소를 표기하는 이유다. 우편번호는 한 글자라도 희미해지면 만사가 끝이다 … [중략] … 전설에서 이르기를 어떤 왕국은 말편자에 박을 징 하나가 없어서 멸망했다고 한다. 잉여성은 그러한 불안정에 대비해 우리를 보호하는 장치다.

yxx cxn xndxrstxnd whxt x xm wrxtxng xvxn xf x rxplxcx xll thx vxwxls wxth xn 'x' (t gts lttl hrdr f y dn' t vn kn whr th vwls r). (It gets little harder if you don' t even know where the vowels are. '모음의 위치를 모른다고 해도 딱히 더 어려워지지는 않는다.'—옮긴이)여러분은 언어의 잉여성 덕분에 내가 모든 모음을

'x'로 대체한 위의 문장을 이해할 수 있다. 음운규칙에 의해 제공되는 잉여성이 음파의 모호성을 어느 정도 보충해 주기 때문이다. 예를 들어 대부분의 청자는 'thisrip'이 the srip이 아니라 this rip임을 아는데, 이는 sr이라는 영어의 자음사슬이 불법임을 알고 있기 때문이다.

그렇다면 인간을 달에 보내는 국가가 받아쓰기를 할 수 있는 컴퓨터 하나 만들지 못하는 이유는 무엇일까? 지금까지 내가 설명한 바에 따르면, 각 음소들은 고자질장이 음향지시 기호를 가지고 있음이 분명하다. 즉 각 모음의 공명, 마찰음의 음역, 폐쇄음의 침묵-파열-이행의 순서에 대한 고유한 자질을 갖고 있다. 음소 연결체는 일정한 순서의 음운규칙에 따라 예측 가능하도록 손질되며, 그 규칙들을 역순으로 적용하면 결과물은 다시 원상태가 된다.

음성인식이 그토록 어려운 까닭은 뇌와 입술 사이에서 수많은 실수가 발생할 수 있기 때문이다. 음성을 조각해 내는 성도의 형태나 개인의 세밀한 조음습관에서 볼 때 두 사람의 음성이 똑같은 경우는 절대 없다. 또한 음소는 그 음소에 가해지는 강세의 정도와 말하는 속도에 따라 상당히 다르게 들린다. 빠른 말에서 우리는 많은 음소들을 완전히 삼켜 버린다.

그러나 전자속기사가 바로 등장하지 않는 것은 동시조음이라 불리는 근육 제어의 일반적 현상과 관련이 있다. 여러분 앞에 잔 받침을 놓고 커피 잔을 잔 받침에서 한 발자국 정도 떨어진 곳에 놓아 보자. 이번에는 재빨리 잔 받침을 건드린 다음 컵을 집어 보라. 여러분은 아마도 잔 받침의 정중앙이 아니라 커피 잔에서 가장 가까운 가장자리를 건드렸을 것이다. 그리고 여러분의 손가락은 손이 커피 잔에 도착하기도 전에, 즉 커피 잔으로 가고 있는 도중에 이미 손잡이를 거머쥐는 자세를 취했을 것이다. 이러한 동작의 우아하고 매끄러운 이행과 중복은 운동근육을 제어하는 과정 도처에 산재해 있다. 이것은 신체기관을 움직이는 데 필요한 힘을 줄이고 관절의 소진과 소모를 덜어 준다. 혀와 인후도 전혀 다를 바 없다. 하나의 음소를 조음하고자 할 때, 우리의 혀는 즉시 목표한 자세를 취할 수 없다. 혀는 필요한 위치로 들어올리기에는 어느 정도의 시간이 소요되는 무거운 살덩어리이다. 그러므로 우리가 그것을 움직이는 동안, 우리의 뇌는 컵과 받침의 동작에서와 같이 궤도를 계획하면서 다음 자세를 예상한다. 혀는 음소가 정의될 수 있는 범위 안에서 다음 음소를 위한 목표지점까지 최단거리 경로로 이동한다. 현재의 음소가 혀의 위치를 상세히 지정하지 않으면 우리는 다음 음소를 위한 위치를 미리 예상하여 그곳에 혀를 위치시킨다. 우리 대부분은 특별한 주의를 기울이지 않는 한 이러한 조정을 전혀 인식하지 못한다. Cape Cod라고 말해 보라. 지금까지 여러분은 이 두 [k]음의 경우에 혓몸이 각기 다른 위치에 있음을 전혀 알아채지 못했을 것이다. 또 horseshoe에서 첫 번째 s는 [sh]가 되고, NPR에서 n은 [m]이 되며, month와 width에서 n과 d는 평상시의 잇몸이 아니라 이에서 조음된다.

음파는 자신이 통과하는 공명강의 형태에 대단히 민감하기 때문에, 이 동시조음은 말소리에 끔찍한 영향을 미친다. 각 음소의 음성지시기호는 전후에 오는 음소들에 의해 윤색되는데, 때로는 상이한 음소집단 내에서 자신의 지시기호와는 공통성이 전혀 없는 음소가 되기도 한다. 이런 이유 때문에 우리는 cat이 녹음된 테이프를 잘라내도 [k]만 담긴 첫 부분을 얻어낼 수가 없다. 점점 더 앞부분을 잘라낼수록 테이프 조각의 소리는 [ka]라는 소리에서 멀어져 찍찍대는 소리나 휘파람소리에 가까워질 뿐이다. 말의 흐름

속에서 음소들이 이렇게 얽혀 있다는 것은 원칙적으로는 최적으로 설계된 음성인식기에 유리하게 작용할 것이다. 이 장의 첫 부분에서도 지적했듯이 자음과 모음은 동시에 발음되고, 그래서 초당 발음되는 음소의 수는 크게 증가한다. 그러나 이런 장점을 소화할 수 있으려면 소리의 회로가 어떤 방법으로 음성을 혼합해 내는지에 대해 어느 정도 지식을 갖춘 첨단과학기술의 음성인식기가 출현해야 할 것이다.

물론 인간의 두뇌는 최첨단 음성인식기이지만 아무도 뇌의 성공비결을 알지 못한다. 이런 이유로 음성인지를 연구하는 심리학자와 음성인식기를 만드는 공학자들은 서로의 연구를 면밀히 주시하고 있다. 음성인식은 대단히 난해해서 원칙적으로 그 문제를 풀 수 있는 방법은 대단히 제한되어 있다. 따라서 뇌의 작동방식은 음성인식을 해낼 수 있는 기계의 제작에 최상의 힌트를 제공할 수 있고, 기계의 성공적인 작동은 뇌의 작동방식에 대한 가설에 시사점을 제공할 것이다.

음성 연구의 초기에, 청자는 화자가 말할 가능성이 있는 것들을 미리 예측한 뒤 이것을 화자의 말을 이해하는 데 이용한다는 사실이 밝혀졌다. 이것은 음성신호에 대한 음향적 분석만으로는 해결되지 않았던 문제들을 어느 정도 해결해 주었다. 우리는 이미 이용 가능한 잉여성이 음운론의 규칙에 의해 제공된다는 사실에 주목했다. 그러나 사람들은 여기에 만족하지 않는 것 같다. 심리학자 조지 밀러는 사람들에게 여러 문장이 잡음과 함께 녹음된 테이프를 들려 준 다음 들은 내용을 정확히 반복하도록 요구했다. 일부 문장은 영어 통사론 규칙을 준수하여 의미가 통하는 것들이었다.

Furry wildcats fight furious battles. (성난 들고양이들이 격렬한 싸움을 한다.)

Respectable jewelers give accurate appraisals. (존경할 만한 보석상들은 정확한 감정을 한다.)

Lighted cigarettes create smoky fumes. (불붙은 담배는 매캐한 연기를 만든다.)

Gallant gentlemen save distressed damsels. (친절한 신사들은 가난한 처녀들을 구한다.)

Soapy detergents dissolve greasy stains. (미끄러운 세제는 기름 묻은 자국을 녹인다.)

다른 몇 가지 문장들은 구 내부에서 단어를 뒤섞어 문법적이지만 무의미한 colorless green ideas 유의 문장들이었다.

Furry jewelers create distressed stains.

Respectable cigarettes save greasy battles.

Lighted gentlemen dissolve furious appraisals.

Gallant detergents fight accurate fumes.

Soapy wildcats give smoky damsels.

세 번째 종류는 연관성 있는 단어들을 함께 묶은 상태에서 구 구조를 뒤섞은 문장들이었다.

Furry fight furious wildcat battles.

Jewelers respectable appraisals accurate give.

마지막 몇 가지 문장들은 완전한 단어 샐러드였다.

Furry create distressed jewelers stains.

Cigarettes respectable battles greasy save.

사람들은 문법적이고 의미가 통하는 문장에서 가장 뛰어났고, 문법적이지만 무의미하거나 비문법적이지만 유의미한 문장에서는 그보다 못했으며, 비문법적이고 무의미한 문장에서 가장 부진했다. 몇 년 후 심리학자 리처드 워렌은 The state governors met with their respective legislatures convening in the capital city라는 문장을 녹음해서 legislatures에서 s를 삭제한 후 그 자리에 기침소리를 삽입했다. 그러나 청자들은 어떤 소리가 있어야 할 곳에 없다는 사실을 알아차리지 못했다.

소리→음소→단어→구→문장의 의미→전반적 지식에 이르는 하나의 계층구조에서 음파를 최하부의 요소로 간주할 때, 위의 예증들은 인간의 언어지각이 상향식보다는 하향식으로 작동한다는 사실을 암시하는 것일 수 있다. 어쩌면 우리는 동시조음이 소리를 왜곡하는 방식뿐만 아니라 영어 음운론의 규칙, 영어 통사론의 규칙, 이 세상에서 누가 누구에게 무엇을 주로 행하는가에 대한 정형 등에 대한 인식, 대화 상대자가 특정한 순간에 어떤 생각을 염두에 두고 있는지에 대한 예감에 이르기까지 우리가 이용할 수 있는 모든 의식적 · 무의식적 지식을 총동원하여 화자의 다음 말을 끊임없이 추측하고 있는 것이다. 이 예상이 정확하다면 음향 분석은 상당히 조잡한 것일 수 있다. 음파에는 결여된 것이 문맥으로 채워질 수 있기 때문이다. 예를 들어 여러분이 생태 서식지의 파괴에 관한 토론에 귀를 기울이고 있다면 여러분은 위협받고 있는 동식물과 관련된 단어에 주의를 기울이게 될 것이고, 이때 'eesees'와 같이 불분명한 음소들로 구성된 말소리를 듣게 된다면 그것을 '종'으로 정확히 감지할 것이다. 만일 여러분이 멸종위기에 처한 '찌꺼기(feces)'를 보호하자는 캠페인에 격렬히 반대했던 《새터데이 나이트 라이브》라는 TV 프로그램의 청각장애 논설위원 에밀리 리텔라가 아니라면 말이다(사실 질다 라드너가 배역을 맡은 등장인물이 saving Soviet jewelry, stopping violins/violence in the streets와 preserving natural racehores/resources에 대해 맹렬히 비난하면서 보여준 유머는 언어처리 시스템의 최하부에 장애가 있었기 때문이 아니라, 그러한 해석을 예방해야 했던 최상부 차원에서의 유별스러움 때문이었다).

하향식 언어인지 이론은 일부 사람들에게는 강력한 감정적 설득력을 발휘한다. 예를 들어 상대주의 철학자들은 이에 근거하여 우리가 듣게 될 것으로 예측하는 것을 듣는다는 것, 우리의 지식이 지각을 결정한다는 것, 그리고 우리는 객관적 실재와 직접적으로 접촉하는 것이 아니라는 것을 확신한다. 그러나 하향식으로 강하게 작동하는 지각은 때때로 통제 불능의 환각에 이를 수 있는데, 바로 이것이 문제다. 자신의 기대에 의지해야 하는 인지자는 최상의 조건에서조차도 예측 불가능한 이 세상에서 극도의 불이익을 감수하게 된다. 인간의 언어지각이 실제로 음향에 의해 크게 좌우된다고 믿는 데는 이유가 있다. 여러분에게 관대한 친구가 있다면 다음과 같은 실험을 해 볼 수 있을 것이다. 사전에서 무작위로 10개의 단어를 뽑아서 친구에게 전화로 그 단어들을 또박또박 말해 보라. 십중팔구 그 친구는 음파의 내부에 담긴 정보와 영어 어휘 및 음운론에 대한 지식에만 의존하여 그 단어들을 완벽하게 재생할 것이다. 그 친구는 구 구조, 문맥, 줄거리와 관련된 더 높은 차원의 예상을 이용할 수 없을 것이다. 뜬금없이 튀어나온 당신의 말에는 그런 것들이 전혀 포함되어 있지 않기 때문이다. 잡음이 많거나 좋지 않은 환경에서는 상위 단계에 있는 개념적 지식에 도움을 요청할 수 있지만(사실 그런 경우에도 지식이 인지를 변경하는지 아니면 단지 우리가 지식을 이용하여 추측을 하는 것인지는 분명치 않다), 우리의 뇌는 음파 그 자체로부터 음소적 정보의 마지막 한 방울까지 짜내도록 설계된 것처럼 보인다. 우리의 육감은 말소리를 소리가 아닌 언어로 감지하지만, 그것은 암시성의 한 형식이 아니라 우리를 세상과 연결시켜 주는 어떤 것, 즉 하나의 감각인 것이다.

언어지각이 청자의 기대를 구체화하는 것이 아님을 보여주는 또 하나의 예증이 있다. 칼럼니스트 존 캐롤은 'The Bonnie Earl O' Moray' 라는 포크송의 가사를 잘못 들은 후 mondegreen을 이름으로 생각한 적이 있다.

Oh, ye hielands and ye lowlands,
Oh, where hae ye been?
They have slain the Earl of Moray,
And laid him on the green.
오, 당신은 하이랜드 그리고 당신은 로우랜드
오, 당신은 어디 다녀왔나요?
그들은 모레이의 백작을 살해하고,
그를 풀밭에 눕혔어요.

그는 마지막 두 줄의 가사를 'They have slain the Earl of Moray, And Lady Mondegreen' 이라고 줄곧 생각했던 것이다. mondegreen과 같은 듣기 실수의 경우는 상당히 흔하다(이것은 앞에서 언급했던 Pullet Surprises와 Pencil Vaneas보다 극단적인 듣기 실수의 경우다). 다음은 몇 가지 실례다.

A girl with colitis goes by. [A girl with kaleidoscope eyes.](대장염에 걸린 한 소녀가 지나간다./ 끊임없이 변화하는 눈을 가진 소녀.)
– 비틀즈의 노래 'Lucy in the Sky with Diamonds.' 에서

Our father wishart in heave ; Harold be they name… Lead us not into Penn Station. [Our father which art in Heaven ; hallowed be thy name… Lead us not into temptation.](하늘에 계신 우리 아버지 예술을 닦으시고, 그들이 해럴드란 이름이며… 우리를 펜 역에 들지 말게 하옵시고./ 하늘에 계신 우리 아버지, 이름을 거룩하게 하옵시고… 우리를 시험에 들지 말게 하옵시고)
– '주기도문' 중에서.

He is trampling out the vintage where the grapes are wrapped and stored. [… grapes of wrath are stored.] (그는 포장되어 보관중인 포도 수확을 짓밟아 뭉개고 있다./ … 분노의 포도가 저장된)
– 'The Battle Hymn of the Republic' 중에서.

Gladly the cross-eyed bear. [Gladly the cross I' d bear.] (즐거이 그 사팔뜨기 눈의 곰./ 즐거이 나는 십자가를 지리라.)
I' ll never be your pizza burnin'. [… your beast of burden.] (나는 결코 당신의 불타는 피자가 되지 않으리./ … 당신의 짐 나르는 짐승)
– 롤링 스톤스의 노래 중에서.

It' s a happy enchilada, and you think you' re gonna drown. [It' s a half an inch of water … From the John Prine song "That' s the Way the World Goes' Round."] (그것은 행복한 엔칠라다 요리인데, 당신은 빠져 죽을 것이라 생각하지./ 그것은 1인치 반의 물인데…)
– 존 프라인의 노래 'That' s the Way the World Goes' Round' 중에서.

듣기 실수와 관련하여 재미있는 것은 잘못 들은 내용들이 대개는 의도된 가사보다 덜 그럴듯하다는 것이다. 그것은 정상적인 청자가 화자의 말이나 의도에 대해 일반적으로 예상할 수 있는 내용을 결코 뒷받침해 주지 못한다(또 다른 예를 들자면, 어떤 학생은 쇼킹 블루의 히트곡 'I' m Your Venus' 를 'I' m Your Penis' 로 완강히 오해하면서 어떻게 이런 노래가 방송을 탈 수 있는지 의아해했다). 이러한 듣기 실수는 영어 음운론과 일치하고, 가끔은 영어 통사론과도 일치하며, 그리고 mondegreen이란 단어의 경우처럼 항상 그런 것은 아니지만 종종 영어 어휘와 일치하기도 한다. 분명히 청자는 소리와도 부합하고, 영어 단어와 구로서도 어느 정도 앞뒤가 맞는 일련의 단어에 얽혀든 것이지, 그럴듯함이나 일반적인 예상에 좌우되는 것은 아니다.

인공 음성인식기의 역사는 이와 비슷한 교훈을 제공한다. 1970년대 카네기멜론대학교에서 라지 레디가 이끄는 인공지능 연구팀은 체스의 말들을 이동시키는 음성명령을 해독할 수 있는 HEARSAY라는 이름의 컴퓨터프로그램을 설계했다. 하향식 언어지각이론에 영향을 받은 과학자들은 그 프로그램이 주어진 신호에 가장 가능성이 높은 해석을 부여할 수 있도록 서로 공조하는

'전문가적' 하위 프로그램들의 '공동체'로 그것을 설계했다. 음향 분석과 음운론에 전문적인 하위 프로그램도 있었고, 사전이나 통사론, 체스의 적법한 이동규칙들, 심지어는 진행 중인 게임에 적용될 수 있는 체스 전술에 대한 전문적인 하위 프로그램들도 있었다. 전해들은 이야기에 따르면, 이 연구를 지원한 국방성의 한 장군이 성능시험을 위해 방문했다. 과학자들은 식은땀을 흘렸고 그는 체스판 앞에 앉았다. 마이크가 컴퓨터에 연결되자 장군은 목소리를 가다듬기 위해 헛기침을 했다. 그러자 그 프로그램은 즉시 '폰(Pawn, 서양장기의 졸)을 킹 4에'를 인쇄했다.

이 장의 앞에서 언급했던 최신 프로그램인 드래곤딕테이트는 충실한 음향 분석과 음운론 분석, 그리고 정신사전 분석을 통해 이 같은 부담을 덜었다. 이 프로그램이 비교적 성공적일 수 있었던 것도 바로 이 때문이라 여겨진다. 이 프로그램에는 단어들과 단어를 구성하는 음소 열들이 수록되어 있다. 또 음운론적 규칙과 동시조음의 효과를 예상할 수 있도록 모든 영어의 음소가 그 앞에 선행될 수 있는 모든 음소와 그 뒤에 올 수 있는 모든 음소와의 맥락 속에서 어떤 소리로 들리는지 입력되어 있다. 각 단어의 경우에 대해 이 맥락 속의 음소들은 작은 사슬로 배열되고, 동시에 하나의 소리단위에서 다음의 소리단위로 이행되는 모든 경우에 대해 하나의 확률이 부여되어 있다. 이 사슬은 화자의 대략적인 초기 모형에 해당되며, 실제 화자가 그 시스템을 사용할 때는 그 개인의 화법을 포착할 수 있도록 사슬의 확률이 조정된다. 또한 전체 단어 자체에도 확률이 부여되어 있는데, 그 확률은 해당 언어 내에서의 빈도수와 화자의 습관에 근거한 것이다. 이 프로그램의 일부 버전에서는 한 단어의 확률값이 선행하는 단어에 따라 조정된다. 이것은 이 프로그램에서 이용되는 유일한 하향식 정보다. 이 모든 정보를 동원해서 이 프로그램은 입력된 소리가 주어지면 화자의 입에서 어떤 단어가 나올 가능성이 가장 높은가를 계산한다. 그때도 드래곤딕테이트는 정상적인 청자보다 예상에 더 많이 의존한다. 내가 본 시범작동에서 이 프로그램은 word와 worm이 종소리같이 분명한 발음임에도 불구하고 그것을 인식하기까지 달콤한 말로 한참을 달래야 했다. 그것이 계속 확률을 따지면서 좀더 빈도수가 높은 were를 추정해 냈기 때문이다.

이제 여러분은 어떻게 개별 음성단위가 생성되고, 그것들이 정신사전에 어떻게 표현되어 있는지, 또 그것들이 입 밖으로 나오기 전에 어떻게 재배열되고 변형되는지를 알았으므로 이 장의 핵심으로 진격할 준비가 되었다. 이제 영어 철자가 얼핏 보는 것만큼 혼란스럽지 않은 이유를 살펴보기로 한다.

영어 철자와 관련해 사람들이 느끼는 가장 큰 불편은 그것이 외양으로는 단어의 소리를 재현해 주는 듯하지만 사실은 그렇지 않다는 것이다. 이 점을 지적하기 위해 우스꽝스러운 시를 쓰는 것은 오랜 전통이 되었다. 다음은 그 전형적인 예다.

Beware of heard, a dreadful word
That looks like beard and sounds like bird,
And dead:it' s said like bed, not bead —
For goodness' sake don' t call it "deed"!
Watch out for meat and great and threat
(They rhyme with suite and straight and debt).

heard를 조심하라, beard 같아 보이지만

bird처럼 들리는 무서운 단어,
그리고 dead. bed같이 들리지만 bead가 아니지—
부디 그것을 "deed"라고 부르지 말기를
meat와 great와 threat를 조심하라
(그것들은 suite와 straight와 debt와 운이 맞는다).

조지 버나드 쇼는 영어 알파벳을 개조하려는 운동을 정열적으로 전개했다. 그에 따르면 영어 알파벳은 너무나 비논리적이어서 fish의 철자가 tough에서 gh, women에서 o, nation에서 ti를 가져와 ghoti로 표기될 수도 있다(다른 예로서 minute는 'mnomnoupte'로, mistake는 'mnopspteiche'로 표기될 수 있다). 또 그는 구어의 각 소리가 단일한 기호로 식별될 수 있는 영어의 대체 알파벳을 고안해 내는 사람에게 상금을 수여하라고 유언장에 남겼다. 그는 이렇게 썼다.

42자의 음표문자로 인해 연간 얼마만한 차이가 벌어질지 헤아려보기 위해 일년치 분(minute)을 곱해 보라. 또한 끊임없이 영어 단어를 쓰고, 활자를 주조하고, 인쇄기와 타자기를 제작하는 사람들의 수를 곱해 보라. 계산이 끝날 무렵이면 그 수는 이미 천문학적인 것이 되어서, 하나의 소리를 두 개의 문자로 표기하는 행위의 대가가 수세기의 무익한 노동량에 해당된다는 것을 깨닫게 될 것이다. 새로운 42자의 영국식 알파벳은 그 자체의 효과만으로도 몇 시간 내에, 아니 몇 초 만에 수백만 배의 이익을 창출할 것이다. 사람들이 이 점을 납득할 때 enough와 cough와 laugh와 단순화된 철자법에 관한 모든 객설들이 고개를 숙일 것이고, 경제학자와 통계학자들이 작업할 채비를 갖추고 철자론의 골콘다(Golconda. 고대 인도의 보고(寶庫)로 알려진 도시.—옮긴이)에 모일 것이다.

영어 철자법을 위해 변론하고 싶은 마음은 추호도 없다. 언어는 하나의 본능이지만, 문자 언어는 그렇지 않기 때문이다. 표기법이 발명된 경우는 역사상 몇 번에 불과했고, 하나의 문자가 하나의 소리와 일치하는 알파벳식 표기법이 발명된 것은 단지 한 번뿐이었다. 대부분의 사회는 지금까지 문자 언어가 없었고, 그나마 문자 언어를 소유한 사회들은 그것을 발명한 사회로부터 상속했거나 차용했다. 아이들은 힘겨운 수업을 받으며 읽기와 쓰기를 배워야 한다. 철자법을 배우는 이유는 2장과 5장의 사이먼, 메이옐라, 자바 인형 실험, mice-eater 실험 등에서 보았던 훈련의 실례들을 통한 과감한 비약이 없기 때문이다. 문맹은 불충분한 교육의 결과이지만 세계 여러 지역에서는 흔한 양상이고, 난독증은 충분한 교육에도 불구하고 선천적인 것으로 짐작되는 읽기장애를 겪는 경우로 전체 인구의 5~10%에서 발견되는 흔한 증세이다.

그러나 쓰기는 비록 시(視)지각과 언어를 연결시키는 인공적 장치이지만 그것이 언어체계를 담아내는 데는 몇 가지 뚜렷한 요점이 있고, 이것이 근소한 논리성을 부여한다. 모든 철자법에서 기호는 언어상의 구조 가운데 오로지 세 종류의 요소만을 표시하는데, 형태소, 음절, 음소가 그것이다. 메소포타미아의 설형문자, 이집트의 상형문자, 중국의 표의문자, 일본의 간지문자는 형태소를 기호화한 것이다. 반면 체로키어, 고대 사이프러스어, 일본의 가나문자는 음절에 기초한 것이다. 모든 현대 음소 알파벳 문자들은 기원전 1700년경 가나안 사람들이 발명한 체계에서 전래한 것으로 보인다. 그러나 어떤 활자체계도 음향판독기나 분광사진으로 확인될 수 있는 실제 소리단위—예를 들어 특정한 음성 문맥이나 음절을 반으로 쪼갠 상태로 발음되는 음소—에 그 기호가 일치하는 경우는 없다.

그렇다면 하나의 소리에 하나의 기호라는 쇼의 이상을 충족시키는 철자체계는 왜 출현하지 않은 것일까? 쇼 자신이 다른 곳에서 이야기했듯이 인생에는 두 가지 비극이 존재한다. 하나는 진정한 소망을 이루지 못하는 것이고, 다른 하나는 그것을 이루는 것이다. 음운론과 동시조음의 작동방식에 대해 다시 생각해 보라. 쇼가 바라던 진정한 알파벳이 있다면 그것은 write와 ride에서 각기 다른 모음을, write와 writing에서는 다른 자음을, slapped, sobbed, sorted에서는 과거시제 어미를 달리 쓰도록 명령할 것이다. Cape Cod는 시각적 두운을 잃어버릴 것이다. horse는 horseshoe와 다른 철자로 표기될 것이고, 국영 라디오 방송(National Public Radio)은 수수께끼 같은 약어 MPR로 표기될 것이다. month의 n과 width의 d를 위해서는 새로운 철자가 개발되어야 할 것이다. 나는 종종 often의 철자를 orphan과는 다르다고 생각하겠지만, 여기 보스턴시에 사는 나의 이웃들은 그렇지 않을 것이고, career와 Korea에 대한 그들의 철자는 나와 정반대가 될 것이다.

확실한 것은 알파벳은 소리와 일치하지 않고 또 일치해서도 안 된다는 것이다. 정신사전에 지정된 음소와 일치하는 것이 최선이다. 실제 소리는 음성 문맥에 따라 달라지므로 설령 진정한 음성 표기법이 있다 해도 그것은 단지 문맥의 기저에 놓인 동일성을 흐리게 할 뿐이다. 귀에 들리는 소리는 음운론 규칙에 따라 예측이 가능하므로 실제 소리에 해당하는 기호들로 지면을 어지럽게 만들 필요가 전혀 없는 것이다. 여러분은 단지 하나의 단어에 해당하는 추상적인 청사진만 있으면 되고, 필요할 때는 그 소리를 구체화시켜 볼 수도 있다. 실제로 영어 단어의 84%는 일정한 규칙으로 철자를 완벽하게 예측할 수 있다. 뿐만 아니라 시간과 공간에 의해 분리된 방언들은 정신사전의 항목을 발음으로 전환하는 음운론 규칙에서 가장 큰 차이를 보이기 때문에, 소리가 아니라 기저 항목에서 일치하는 철자법이 널리 공유될 수 있다. 아주 이상한 철자를 가진 단어들(가령 people, women, have, said, do, done, give 등)은 일반적으로 영어에서 가장 흔한 단어들이어서 그것들을 암기할 수 있는 기회는 누구에게나 충분하다.

좀더 예측하기 힘든 철자법조차도 은밀한 언어상의 규칙성을 보인다. 동일한 철자가 다른 발음을 가지고 있는 다음의 단어쌍들을 살펴보자.

electric – electricity
photograph – photography
grade – gradual
history – historical
revise – revision
adore – adoration
bomb – bombard
nation – national
critical – criticize
mode – modular
resident – residential
declare – declaration
muscle – muscular
condemn – condemnation
courage – courageous
romantic – romanticize
industry – industrial
fact – factual
inspire – inspiration
sign – signature
malign – malignant

이 경우에도 역시 발음상의 차이는 있지만 철자가 유사한 데는 이유가 있다. 그 철자들을 살펴보면 두 단어가 하나의 형태소 어근에 기초해 있다는 것을 확인할 수 있다. 이것은 영어 철자법이 완전히 음소적이지는 않다는 사실을 보여준다. 철자는 음소를 기호화하지만, 때로는 철자열이 형태소에 특수하게 의존한다. 그리고 형태소적 철자체계는 생각보다 유용하다. 결국 읽기의 목적은 글을 이해하는 것이지 발음하기 위한 것이 아니다. 형태소적 철자법은 meet와 meat의 경우처럼 동음이자를 구별하는 데 도움이 된다. 그것은 또한 한 단어가 다른 단어를 포함하고 있다는 것(이름이 같은 음운론적 사기꾼이 아니라)을 귀띔해 준다. 예를 들어 overcome의 철자는 그 속에 come이 포함되어 있음을 우리에게 알려줌으로써 우리는 그 단어의 과거시제가 overcame이어야 함을 알 수 있는 반면, succumb에는 come이라는 형태소가 아닌 바로 [kum]이라는 소리가 포함되어 있어서 과거시제가 succame이 아니라 succumbed라는 것을 알게 된다. 마찬가지로 어떤 것이 recede하면 recession이 발생하지만, 어떤 사람이 잔디를 re-seed하면 그 사람이 하는 일은 re-seeding이 된다.

중국어의 경우 새롭고 희귀한 단어에 직면할 때마다 당황할 수밖에 없는 근본적인 단점에도 불구하고, 형태소적 철자체계는 중국인들에게 유익하게 사용되어 왔다. 상호간에 소통 불가능한 방언들(비록 발음은 매우 다를지라도)이 텍스트로 공유될 수 있고, 현대의 화자들은 수천 년 된 갖가지 문서들을 읽을 수 있다. 마크 트웨인은 다음과 같은 글로 우리 자신의 로마식 철자체계 속에 내재한 관성을 넌지시 내비쳤다 "그들은 Vinci로 쓰고 Vinchy로 발음한다. 외국인들은 항상 발음보다 철자에 더 능숙하다."

물론 영어 철자법은 지금보다 더 나아질 수 있다. 그러나 그것은 현재로서도 사람들의 생각보다는 이미 훨씬 좋다. 이것은 철자체계의 목적이 말의 실제 소리를 대표하는 것이 아니라 그 밑에 깔린 언어의 추상적 단위를 나타내는 것이며, 그것이 우리가 듣는 것이기 때문이다.

VII

담화의 흐름

TALKING HEADS

수세기 동안 사람들은 자신들이 만든 창조물이 자신들보다 한 수 위의 능력을 갖게 되어 힘으로 제압하거나 일자리를 빼앗지 않을까 염려해 왔다. 그러한 두려움은 중세 유대의 골렘 전설(입 안에 신의 이름을 새겨 넣음으로써 생명력을 갖게 되는 진흙 인조인간에 관한 전설)에서 HAL(스탠리 큐브릭 감독의 영화《2001 스페이스 오디세이》에서 폭동을 지휘하는 인공지능 컴퓨터)에 이르기까지 오랫동안 많은 전설과 소설의 소재로 등장해 왔다. 그러나 1950년대에 인공지능(AI)이라는 공학 분야가 탄생하게 되자 허구는 곧 위협적인 사실이 될 것처럼 보였다. 파이를 소수점 이하 100만 자리까지 계산하거나 회사의 임금지불대장을 추적하는 컴퓨터는 쉽게 받아들일 수 있었지만, 갑자기 논리적 명제를 산출하고, 뛰어난 실력으로 체스를 두는 컴퓨터들이 등장했던 것이다. 그 후 몇 년 동안 체스 챔피언에 필적할 만한 컴퓨터가 나왔는가 하면, 세균감염증의 치료법을 추천하거나 연금기금을 투자하는 데서 최고 전문가보다도 훨씬 더 뛰어난 프로그램들이 나왔다. 컴퓨터가 그러한 총명한 과제들을 해결함으로써 C3PO나 터미네이터를 통신판매로 주문하는 것도 그저 시간문제인 듯이 보였다. 남은 것은 그저 쉬운 과제들을 프로그램하는 일이었다. 전하는 이야기에 따르면 1970년대 인공지능의 창시자 중 한 사람인 마빈 민스키는 한 대학원생에게 여름 프로젝트로 '시지각(視知覺)'을 할당했다고 한다.

그러나 가정용 로봇은 여전히 공상과학소설에 갇혀 있다. 35년에 걸친 인공지능 연구가 남긴 교훈은 어려운 문제들은 쉽고 쉬운 문제들은 어렵다는 것이었다. 우리가 당연한 것으로 여기는 네 살배기 아이들의 정신능력—얼굴 알아보기, 연필 들기, 방안 걷기, 질문에 대답하기—이라면 실제로 이제까지 가장 어렵다고 생각해 왔던 공학적 문제들을 충분히 해결할 수 있다. 자동차 광고에 나오는 조립라인의 로봇에 속지 마라. 그 서투른 미스터 매구들이 하는 일은 사물을 보거나 잡거나 배치하지 않아도 되는 용접과 도장작업이 전부다. 혹시 인공지능시스템을 놀려 먹고 싶을 때는 다음과 같은 질문을 던지면 된다. 시카고와 빵 상자 중 어느 쪽이 더 클까? 얼룩말이 속옷을 입을까? 이 방바닥이 당신을 물려고 튀어 오를까? 수잔이 가게에 갈 때 그녀의 머리도 함께 갈까? 자동화와 관련된 대부분의 공포는 과녁이 잘못 설정되었다. 신세대 인공지능기계들이 등장하면 어쩌면 주식분석가, 석유화학 공학자, 가석방 심사위원들은 이 기계들로 대체될지도 모른다. 그러나 정원사, 호텔 안내원, 요리사 같은 직업은 앞으로도 최소 수십 년 동안은 안전할 것이다.

문장을 이해하는 것 또한 어렵고도 쉬운 문제들에 포함된다. 컴퓨터와 대화를 하기 위해서는 아직까지도 우리 쪽에서 컴퓨터 언어를 배워야 한다. 컴퓨터는 우리 언어를 배울 만큼 총명하지 못하기 때문이다. 그런데도 우리는 컴퓨터의 이해력을 너무 쉽게 과신한다.

최근 사용자를 속여서 대화 상대방이 인간이라고 믿게 만드는 컴퓨터프로그램을 뽑는 연례 경연대회가 열렸다. 뢰브너상 대회가 그것인데, 이 대회는 1950년대에 한 유명 신문을 통해 앨런 튜링이 제안한 바를 실현하기 위해 개최되었다. 그는 '기계가 생각할 수 있는가'라는 철학적 문제를 가장 적절히 해결하는 방법으로, 심판이 한 쪽 단말기로는 사람과 다른 쪽 단말기로는 사람을 모방하도록 프로그램된 컴퓨터와 대화하는 흉내 내기 게임을 제안했다. 만일 심판이 어느 쪽이 어느 쪽인지 분간할 수 없다면, 컴퓨터가 생각할 수 있다는 사실을 부정할 근거가 전혀 없다는 것이 튜링의 생각이었다. 이 대회를 주관한 위원회는 철학적 문제는 고사하고 10만 달러의 상금을 획득할 만한 프로그램도 나오기 어렵다고 보고 새로운 기술에 주어지는 상금으로 적당한 정도인 1500달러의 상금을 내걸었다. 각각의 심판들은 대화의 주제가 무엇이든 프로그래머 또는 평범한 인간이 선택한 단일한 주제에 열중해야 했으며, 한 질문을 열 번 반복하거나 '얼룩말이 속옷을 입을까?' 따위의 상식 밖의 이야기를 물어보는 '속임수나 교활한 꾀'를 부리는 것도 금지되었다. 대화는 '자연스러운' 것이어야 했다. 약 7분간 여러 프로그램들 및 인간들과 대화한 뒤 심판들은 모든 인간 참가자가 어떤 컴퓨터보다 더 인간답다고 판정했다. 그러나 약 절반의 심판이 우승한 프로그램을 인간으로 오인했다.

그러나 이러한 성공은 실은 별로 인상적인 게 없다. 이 대회의 규칙은 심판들에게 족쇄나 마찬가지였다. '자연스럽지 못한 속임수나 교활한 꾀'야말로 심판이 사람과 대화를 하고 있는지 기계와 대화를 하고 있는지를 판단할 수 있는 중요한 한 가지 방법이며, 그것을 분간하는 것이 바로 이 시합의 핵심이 아니었던가? 또한 우승한 프로그래머는 자신의 프로그램에 유리하게 화제를 지정할 수 있는 기회를 빈틈없이 활용했다. 그는 '별난 대화'를 선택했는데, 그것은 대화를 엉뚱한 방향으로 끌어갈 뿐만 아니라 하나의

'화제' 라고 하기에도 문제가 있는 것이었다.

심판 긴 하루였습니다! 나는 이제 재미있는 시간을 보낼 준비가 되었습니다. 오늘은 날씨가 안 좋군요. 구름을 거둬갈 수 있는 농담을 좀 알고 있나요?

컴퓨터 누구나 날씨 이야기를 하면서도 아무도 거기에 대해 무슨 일을 하는 것 같지는 않군요. 왜 당신은 이제 당신이 즐거운 시간을 보낼 준비가 되었다고 생각한다는 말을 내게 할 필요가 있는 거죠? 으음….

심판 당신은 나를 어렵게 만들려고 노력하는군요, 그렇죠? 나는 그저 즐거운 시간을 보낼 준비가 되었다고 설명했을 뿐인데!

컴퓨터 당신은 내가 당신을 어렵게 만들려고 노력하고 있다는 것이 사실이 아니라면 좋겠죠, 안 그래요? 나는 그저 즐거운 시간을 보낼 준비가 되었다! 나는, 그러니까 내가 계산하기로는… 무엇이 당신으로 하여금 내가 당신을 어렵게 만들려고 노력하고 있다, 그렇다, 라고 생각하게 만듭니까?

심판 나는 그 질문을 이해할 수 없군요…. 하지만 시인의 기발함과 우리의 기발함은 별개의 것이지요.

컴퓨터 당신은 당신이 이 질문을 이해한다 라고 말할 수 없다는 것을 어떻게 알죠?… 그런데 시인의 기발함과 우리의 기발함은 별개의 것이죠.

사실 이 프로그램은 컴퓨터과학자 요제프 바이첸바움이 1965년에 개발한 기술을 새롭게 포장한 것에 불과했다. 바이첸바움은 《피그말리온》에 나오는 여주인공의 이름을 따서 엘리자라는 이름을 붙인 다소 한심한 프로그램을 만들었는데, 그 프로그램은 입력된 내용에서 몇 개의 주요 단어를 찾고 자신의 목록에서 미리 포장된 대답을 검색한 다음, 입력된 단어들을 그 대답 속에 끼워 넣는 방식으로('나는'을 '당신은'으로 바꾸는 등의 사소한 대체를 통해) 대화를 흉내 냈다. Doctor라는 이름의 또 다른 버전에서는 의사가 환자의 진술을 되물어서 환자에게 성찰의 기회를 주어야 한다는 칼 로저의 철학을 이용하여 로저 유의 정신과의사 역할을 흉내 냈다. 후에 이 프로그램의 어떤 버전은 라디오 상점에서 컴퓨터게임으로 판매되었고, 또 다른 버전은 GNU Emac이라는 나의 워드프로세스 프로그램과 묶여 패키지로 판매되고 있다(이 프로그램의 매뉴얼에는 이렇게 적혀 있다. "Emac을 사용하는 중에 만족스럽지 못한 문제가 발생할 수 있고, 이 문제가 상기된 기술로 해결되지 않을 수도 있으나, Emac은 여전히 여러분에게 도움이 될 수 있습니다. 'M-x doctor RET'를 입력하십시오"). 다음은 그 대표적인 대화다.

사용자 나는 요즘 상당히 우울해.
컴퓨터 당신은 자주 '우울' 합니까?
사용자 응. 거의 항상.
컴퓨터 왜 당신은 '거의 항상' 이라고 생각합니까?
사용자 바로 지금이라도 울 수 있을 것 같은 심정이야.
컴퓨터 당신이 나에게 온 것은 '바로 지금이라도 울 수 있을 것 같은 심정' 때문입니까?

어느 날 바이첸바움은 자신의 비서가 키보드를 두드리면서 그 프로그램에 자신의 심경을 토로하는 것을 보고 경악했다.

대부분의 컴퓨터과학자들은 뢰브너상 대회를 못마땅하게 여긴다. 그들은 이것을 무의미한 대중곡예라고 생각했다. 왜냐하면 그들이 보기에 이것은 컴퓨터에게 언어를 가르치는 것이 아니라 아마추어들을 속이는 법만 가르치는 데 지나지 않았기 때문이다 (인공지능 연구자들과 언어에 정통한 그 밖의 전문가들은 심판으로 참여할 수가 없었고, 또 시합에 참여하는 사람도 없었다. 게다가 출품작은 모두 아마추어들의 것이었다). 그것은 생물학을 장려한답시고 가장 그럴듯한 실크플라워 디자이너에게 상을 주거나, 우주계획을 실천한답시고 할리우드 촬영장에서 달 착륙 실험비행을 흉내 내는 것만큼이나 알맹이가 없는 일이다. 컴퓨터의 언어이해시스템에 대한 강도 높은 연구가 계속되어 왔지만, 진지한 공학자라면 어느 누구도 이러한 시스템이 조만간 인간의 능력을 복제하리라고 예측하는 오만함을 갖고 있지 않다.

사실 과학자의 입장에서 볼 때 인간은 문장을 이해하는 데서 어떤 존재보다도 탁월한 능력을 보여준다. 그들은 아주 복잡한 과제들을 해결할 수 있을 뿐 아니라, 아주 빠르게 해결한다. 이해는 보통 '실시간에' 일어난다. 청자는 화자와 보조를 맞춘다. 청자는 마치 비평가가 책을 검토하듯이 한 묶음의 말이 끝나기를 기다리고, 그 몫의 시간을 지체했다가 해석을 하는 것이 아니라는 말이다. 화자의 입과 청자의 마음 사이의 지체는 찰나다. 한두 개의 음절에 대해 약 1/2초 정도다. 어떤 사람들은 화자의 말보다 1/4초 정도 뒤쳐져서 화자를 바짝 쫓으며 문장을 이해하고 반복할 수 있다.

이해를 이해하는 것은 우리가 말을 주고받을 수 있는 기계를 만드는 것과는 다른 현실적인 응용이다. 인간의 문장 파악은 빠르고 강력하지만 완벽하지는 않다. 그것은 주어지는 대화나 텍스트가 특정한 방식으로 구성되어 있을 때 작동한다. 그렇지 않을 때는 난항에 빠지고 퇴행하고 오해로 얽힌다. 이 장에서는 언어이해를 탐구하는 가운데 우리는 어떤 종류의 문장이 이해자의 마음과 조화를 이루는지를 깨닫게 될 것이다. 여기에서 비롯되는 실용적 이익은 명료한 글쓰기를 위한 일련의 지침, 즉 과학적 문체의 지침을 얻게 된다는 점인데, 이것은 이를테면 1990년에 출간된 조셉 윌리엄스의 《문체 : 명료하고 세련된 문장을 위하여》와 같은 것이다. 그 책에는 우리가 다루게 될 많은 정보가 담겨 있다.

또 다른 현실적인 응용은 법률과 관계있다. 판사들은 일반인들이 애매한 내용의 구절들을 어떻게 이해하는지를 추측해야 할 때—가령 고객이 계약서를 읽어 볼 때, 배심원이 사건 설명을 들을 때, 명예훼손의 가능성이 있는 성격묘사를 평범한 독자가 읽을 때, 등등—가 많다. 연구실에서는 사람들의 해석 습관을 많이 연구해왔다. 언어학자이자 법률가인 로렌스 솔란은 1993년에 쓴 《판사들의 언어》라는 흥미로운 저서에서 언어와 법률 사이의 관계를 설명했다. 우리는 나중에 이것을 살펴볼 것이다.

우리는 문장을 어떻게 이해하는가? 첫 번째 단계는 문장을 '분석하는(parse)' 것이다. 이것은 우리가 초등학교 때 마지못해 했던 훈련과는 다른 것이다. 데이브 배리는 《언어 인간 선생에게 묻다》에서 그 훈련을 이렇게 회상한다.

> 질문 문장을 도표로 작성하는 법을 설명해 주십시오.
> 답 다림질판과 같이 깨끗하고 평평한 면 위에 문장을 편다. 그런 다음 샤프펜슬이나 공작칼을 이용해서 '술어'의 위치를 찾아낸다. 술어는 대개 턱밑 주름진 부분 바로 뒤에 있으며, 행동이 일어난 위치를 보여준다. 예를 들어 "LaMont never would of bit a forest ranger."라는 문장에서 행동은 아마도 숲에서 일어났을 것이다. 그러므로 문장의 도표는 작은 나무와 유사한 형태가 될 것이고, 거기

에 딸린 가지들은 동명사, 관형사, 보조사 등과 같은 다양한 언어입자들의 위치를 나타낼 것이다.

그런데 여기에는 무의식적으로 주어, 동사, 목적어를 찾는 것과 유사한 과정이 포함되어 있다. 《전쟁과 평화》를 속독으로 읽었던 우디 앨런이 아닌 이상, 우리는 단어를 구로 묶고 어느 구가 어느 동사의 주어인지를 결정해야 한다. 예를 들어 The cat in the hat came back이라는 문장을 이해할 때, 우리는 돌아온 것이 모자가 아니라 고양이임을 알기 위해서 the cat in the hat이라는 단어들을 하나의 구로 묶어야 한다. 마찬가지로 Dog bites man을 Man bites dog와 구별하기 위해서 우리는 주어와 목적어를 찾아야 한다. 그리고 Man bites dog를 Man is bitten by dog 또는 Man suffers dog bite와 구별할 때, 우리는 주어 man이 행동을 하고 있는지 아니면 행동을 당하고 있는지를 판단하기 위해 정신사전의 동사항목을 찾아보아야 한다.

문법 자체는 단지 하나의 기호체계 또는 프로토콜, 즉 특정 언어에서 어떤 종류의 소리가 어떤 종류의 의미에 해당하는지를 지정하는 정적인 데이터베이스일 뿐이다. 그것은 말과 이해를 위한 비결이나 프로그램이 아니다. 말하기와 이해하기는 문법적 데이터베이스가 동일하다(말하는 언어는 우리가 이해하는 언어와 같은 것이니까). 그런데 말하기와 이해하기에는 막 말을 하려 할 때, 또는 단어들이 마구 쏟아져 들어오기 시작할 때 정신이 어떤 일을 수행할지를 단계적으로 지정하는 각각의 절차들이 있어야 한다. 언어를 파악하는 동안 문장구조를 분석하는 마음의 프로그램이 분석기다.

이해가 어떤 과정을 거쳐 이루어지는지 알 수 있는 최상의 방법은 4장에서 언급했던 '장난감 문법'에 따른 단순한 문장의 분석

과정을 추적하는 것이다. 기억을 되살리기 위해 장난감 문법의 내용을 다시 반복하면 아래와 같다.

S → NP VP
"문장은 명사구와 동사구로 이루어진다."
NP → (det) N (PP)
"명사구는 수의적인 한정사, 명사, 수의적인 전치사구로 이루어진다."
VP → V NP (PP)
"동사구는 동사와 그 뒤에 오는 명사구 및 수의적인 전치사구로 이루어진다."
PP → P NP
"전치사구는 전치사와 명사구로 이루어진다."
N → boy, girl, dog, cat, ice cream, candy, hot dogs
"정신사전의 명사에는 다음과 같은 것들이 포함된다. boy, girl…."
V → eats, likes, bites
"정신사전의 동사에는 다음과 같은 것들이 포함된다. eats, likes, bites."
P → with, in, near
"전치사에는 다음과 같은 것들이 포함된다. with, in, near."
det → a, the, one
"정신사전의 한정사에는 다음과 같은 것들이 포함된다. a, the, one."

The dog likes ice cream이라는 문장을 예로 들어 보자. 마음의 분석기에 맨 처음 도달하는 단어는 the다. 분석기가 정신사전에서 그 단어를 찾는 과정은 규칙의 오른쪽 항에서 그것을 찾아내고, 그것이 속한 범주를 왼쪽 항에서 밝혀내는 과정에 해당한다. 그것은 한정사다. 이로써 분석기는 이 문장의 나무구조에서 첫 번째 잔가지를 생장시킬 수 있다(물론 위에서 아래로, 즉 잎에서 뿌리 쪽으로 성장하는 나무는 식물학적으로 희귀할 테지만).

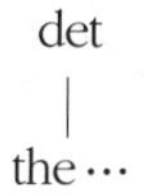

모든 단어들이 그렇듯이 한정사도 더 큰 구의 일부가 되어야 한다. 분석기는 어떤 규칙의 오른편에 'det'가 있는지를 점검함으로써 이 한정사가 어떤 구에 속하는지 알 수 있다. 그 규칙은 명사구 NP를 정의하는 규칙이다. 나무는 다음과 같이 성장할 수 있다.

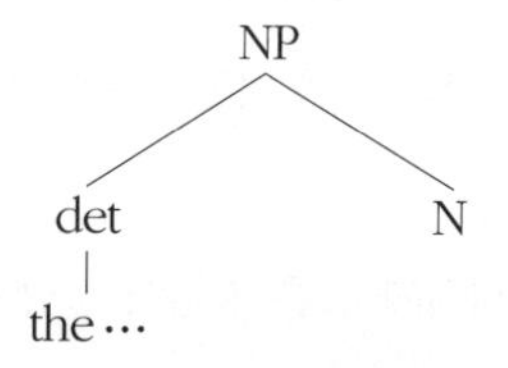

이 거꾸로 매달린 구조는 기억 속에 보관되어야 한다. 분석기는 당면한 단어 the가 명사구의 일부로서, 나머지 자리를 채울 단어—이 경우에는 최소한 하나의 명사—를 찾아서 그 명사구를 완성시켜야 한다는 것을 염두에 둔다.

그러는 동안에도 나무는 계속 성장한다. NP를 무소속 상태로 방치할 수 없기 때문이다. 기호 NP를 규정하는 규칙의 오른쪽 항을 점검한 분석기는 여러 개의 선택지를 가진다. 새롭게 구성되는 NP는 한 문장의 일부가 될 수도 있고, 동사구의 일부가 될 수도 있으며, 전치사구의 일부가 될 수도 있다. 이 문제는 뿌리에서부터 아래쪽으로 훑어내려 와야 해결될 수 있다. 모든 단어와 구는 결국 하나의 문장(S)으로 접속되어야 하며, 하나의 문장은 NP로 시작되어야 한다. 그러므로 문장규칙을 끌어들여 그 나무를 확장시키는 것이 논리에 합당하다.

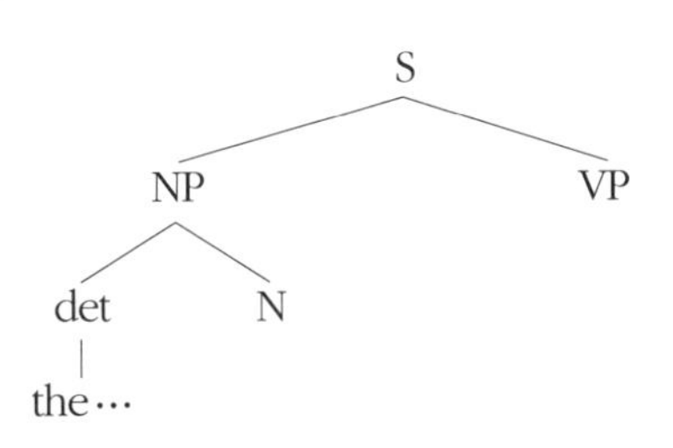

이제 분석기는 기억 속에 두 개의 불완전한 가지를 보유하고 있음에 유의하라. 즉, 완성되기 위해 명사(N)를 필요로 하는 명사구(NP)와 동사구(VP)를 필요로 하는 문장(S)이 그것이다.

매달린 잔가지 N은 다음 단어가 명사여야 한다는 예측에 해당된다. 다음 단어인 dog가 등장했을 때 규칙들을 점검해 보면 그 예측이 옳았음을 입증할 수 있다. dog는 규칙 N의 일부다. 이로써 dog는 나무구조에 통합되고 명사구가 완성된다.

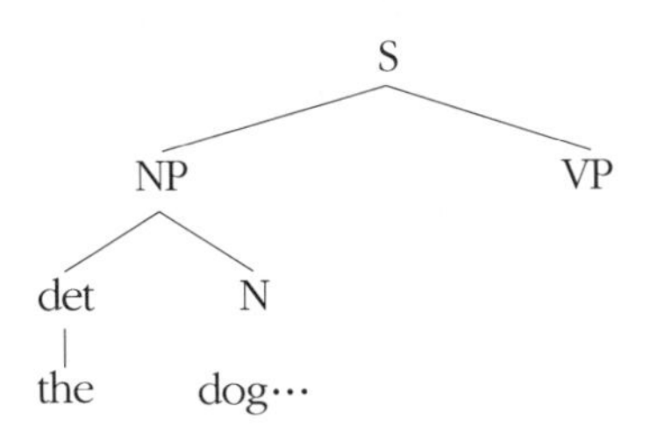

분석기는 더 이상 완성해야 할 NP가 존재한다는 사실을 기억할 필요가 없다. 이제 불완전한 S만 염두에 두면 된다.

이 시점에서 분석기는 문장의 부분적인 의미를 추론할 수 있다. 명사구 내의 명사는 핵어(그 구가 말하고자 하는 대상)이고, 그 명사구 내의 다른 구들은 핵어를 수식할 수 있다는 점을 기억하라. dog와 the에 대한 정의를 정신사전에서 찾아봄으로써 분석기는 그 구가 이미 언급된 적이 있는 dog를 가리키고 있음을 알 수 있다.

다음 단어는 likes다. 규칙을 점검함으로써 분석기는 이것이 동사(V)임을 알 수 있다. 동사는 VP가 아닌 어떤 곳에서도 나올 수 없다. 다행히 그것은 이미 예측된 바 있으므로 바로 연결될 수 있다. 동사구에는 동사 외의 것들이 포함되어 있다. 여기에는 명사구(동사구의 목적어)도 포함된다. 그러므로 분석기는 그 다음에 NP가 뒤따를 것이라고 예측한다.

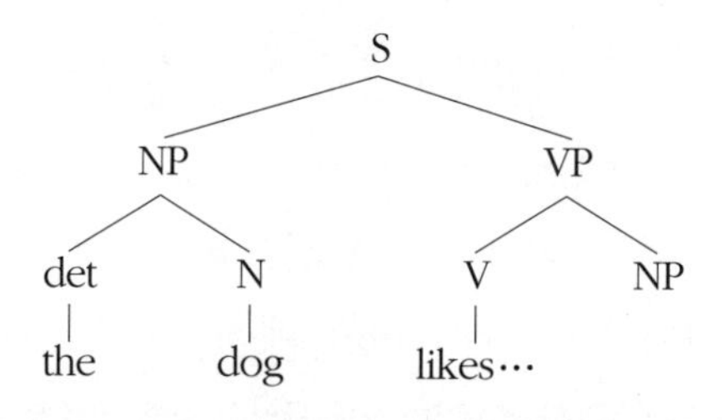

다음에는 명사 ice cream이 오는데, 이것은 NP의 일부가 될 수 있다. 매달려 있는 가지 NP가 예측한 대로다. 이제 이 퍼즐의 마지막 조각이 멋지게 채워지게 되었다.

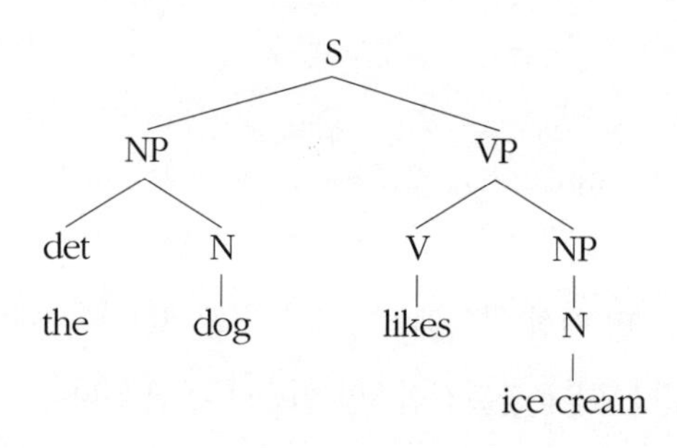

ice cream이라는 단어가 명사구를 완성했으므로 그것은 더 이상 기억 속에 보관될 필요가 없다. NP도 동사구를 완성했으므로 잊혀질 수 있다. 그리고 VP는 그 문장을 완성했다. 기억에서 불완전하게 매달려 있던 가지들이 사라지면, 우리는 방금 문법적으로 완전한 문장을 들었음을 알려주는 '클릭' 소리를 마음으로 경험하게 된다.

분석기는 가지들을 연결하는 동안 정신사전 안의 정의와 그 정의들을 결합시키는 원리를 이용하여 문장의 의미를 축조해 낸다. 동사는 자신이 속한 VP의 핵어이므로 VP가 말하고자 하는 바는 좋아하는 행위이다. VP 내부의 ice cream이라는 NP는 동사의 목적어다. likes에 대한 사전 기재항에는 '목적어는 좋아함을 당하는 실체'라고 되어 있다. 그러므로 VP는 아이스크림을 좋아하는 것에 관한 것이다. 시제를 갖춘 동사의 왼편에 있는 NP가 그 동사의 주어다. likes에 대한 사전 기재항은 그 주어가 좋아하는 행위를 행하는 존재임을 말해 준다. 주어의 의미론과 VP의 의미론을 결합시킴으로써 분석기는 그 문장이 '앞서 언급되었던 개 속(屬)의 짐승이 꽁꽁 언 단것을 좋아한다'고 단언한다는 결론에 도달한다.

컴퓨터가 이 일을 수행할 수 있도록 프로그램하는 것이 왜 그토록 어려울까? 사람들조차 관공서의 문서나 그 밖의 조잡한 글을 읽을 때 이런 일을 수행하기가 힘들어지는 것은 왜일까? 우리가 분석기가 되어 하나의 문장을 해독할 때, 우리는 두 가지 연산 부담을 지고 있었다. 그 하나는 기억이다. 우리는 특정한 종류의 단어들로 완성시켜야 할 매달린 구들을 기억해야 한다. 또 다른 문제는 판단이다. 하나의 단어나 구가 두 가지 상이한 규칙의 오른쪽 항에서 발견됐을 때, 우리는 나무구조의 다음 가지를 구성하기 위해 어떤 규칙을 이용할지 판단해야 한다. 어려운 문제는 쉽고 쉬운 문제는 어렵다는 인공지능의 첫 번째 법칙대로 기억은 컴퓨터에게는 쉽고 인간에게는 어려운 반면, 판단은 인간에게는 쉽고(적어도 문장이 올바로 구성되었을 때) 컴퓨터에게는 어렵다.

문장분석기는 여러 종류의 기억을 요구하는데, 그 중에서 가장 분명한 것은 불완전한 구에 대한 기억, 즉 분석된 것들에 대한 기억이다. 이 업무를 위해 컴퓨터는 대개 스택(stack)이라 불리는 일단의 메모리 로케이션을 할애해야 한다. 바로 이것이 분석기로 하여금 단어연결기와 대비되는 구 구조 문법을 이용할 수 있도록 해 준다. 사람도 단기기억의 일부를 매달린 구에 헌납해야 한다. 그러나 단기기억은 인간의 정보처리과정에서 첫째가는 병목지점이다. 마음에 저장될 수 있는 분량은 한 번에 몇 개(통상의 추정치는 7±2) 품목에 지나지 않으며, 그나마 즉시 사라지거나 덧씌워진다. 다음 문장에서 여러분은 매달린 구가 기억 속에 너무 오랫동안 미완인 채로 남아 있을 때의 효과를 느낄 수 있을 것이다.

He gave the girl that he met in New York while visiting his parents for ten days around Christmas and New Year's the candy. (그는 그 사탕을 그가 크리스마스와 새해의 10일 동안 그의 부모를 방문하던 중 뉴욕에서 만난 그 여자에게 주었다.)

He sent the poisoned candy that he had received in the mail from one of his business rivals connected with the Mafia to the police. (그는 경찰에 마피아와 연계된 그의 사업 경쟁자들 중 한 명으로부터 우편으로 받은 독이 든 사탕을 보냈다.)

She saw the matter that had caused her so much anxiety in former years when she was employed as an efficiency expert by the company through. (그녀는 끝까지 그녀가 경영능률기사로 고용된 지난 몇 년 동안 그녀에게 아주 많은 근심을 안겨 주었던 그 문제를 지켜보았다.)

That many teachers are being laid off in a shortsighted attempt to balance this year' s budget at the same time that the governor' s cronies and bureaucratic hacks are lining their pockets is appalling. (많은 교사들이 올해 예산에 맞추려는 근시안적인 시도 때문에 해고되고 있다는 것과, 주지사의 친구들과 한심한 관료들이 그들의 주머니를 채우고 있다는 사실은 끔찍하다.)

기억을 혹사하는 이런 문장들을 문체론에서는 '머리가 무겁다' 고 한다. 의미를 명시하기 위해 격표지를 사용한 언어에서는 중구(重句)가 문장 뒤로 이동하므로 청자는 중구를 염두에 두지 않은 채 전반부를 소화할 수 있게 된다. 영어는 어순에 관해 엄격하지만, 그런 영어에서조차 화자들은 구의 순서가 뒤바뀐 약간의 대안적 구문을 제공받는다. 사려 깊은 사람이라면 대안적 방법을 이용하여 가장 무거운 구를 마지막에 배치함으로써 청자의 부담을 줄여줄 수 있다. 다음 문장들이 얼마나 쉽게 이해되는지 주목해 보라.

He gave the candy to the girl that he met in New York while visiting his parents for ten days around Christmas and New Year' s. (그는 크리스마스와 새해의 10일 동안 그의 부모를 방문하던 중 뉴욕에서 만난 그 여자에게 사탕을 주었다.)

He sent to the police the poisoned candy that he had received in the mail from one of his business rivals connected with the Mafia. (그는 마피아와 연계된 그의 사업 경쟁자들 중 한 명으로부터

우편으로 받은 독이 든 사탕을 경찰에 보냈다.)

She saw the matter through that had caused her so much anxiety in former years when she was employed as an efficiency expert by the company. (그녀는 그녀가 경영능률기사로 고용된 지난 몇 년 동안 그녀에게 아주 많은 근심을 안겨주었던 그 문제를 끝까지 지켜보았다.)

It is appalling that teachers are being laid off in a shortsighted attempt to balance this year' s budget at the same time that the governor' s cronies and bureaucratic hacks are lining their pockets. (끔찍한 사실은, 많은 교사들이 올해 예산에 맞추려는 근시안적인 시도 때문에 해고되고 있다는 것과, 주지사의 친구들과 한심한 관료들이 그들의 주머니를 채우고 있다는 것이다.)

많은 언어학자들은 언어에서 구의 이동이나 다소 의미가 비슷한 구문들 가운데서의 선택이 용인되는 까닭은 청자의 기억에 짐을 덜어 주기 위한 것이라고 생각한다.

한 문장 안의 단어들이 즉시 완전한 구로 묶일 수만 있다면, 그 문장은 아무리 복잡해도 이해가 된다.

Remarkable is the rapidity of the motion of the wing of the hummingbird. (벌새가 날개를 움직이는 속도는 대단히 빠르다.)

This is the cow with the crumpled horn that tossed the dog that worried the cat that killed the rat that ate the malt that lay in the house that Jack built. (이것은 잭이 지은 집에 놓여 있는 엿기름을 먹은 쥐를 죽인 고양이를 괴롭히는 개를 들이받은 비틀린 뿔을 달고 있는 그 소다.)

Then came the Holy One, blessed be He, and destroyed the angel of death that slew the butcher that killed the ox that drank the water that quenched the fire that burned the stick that beat the dog that bit the cat my father bought for two zuzim. (그때, 주님 축복 받으소서, 예수 그리스도가 오셨고 그를 축복했고, 우리 아버지가 2주짐을 주고 산 고양이를 문 개를 때린 나뭇가지를 태운 불을 끈 물을 마신 황소를 죽인 도살업자를 죽인 죽음의 천사를 멸망시켰다.)

구 구조의 기하학적 형태를 근거로 이러한 문장을 '오른쪽 가지치기'라고 부른다. 왼쪽에서 오른쪽으로 진행해 가는 동안 한 번에 하나씩의 가지만 매달려 있어야 한다는 사실에 주목하라.

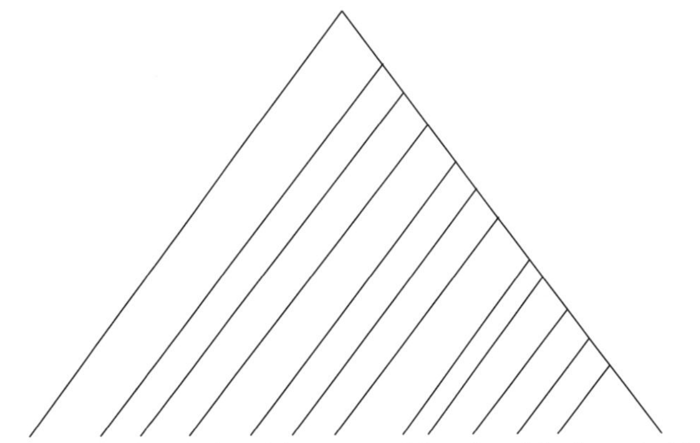

왼쪽으로 가지를 뻗는 문장들도 있다. '왼쪽 가지치기'의 나무구조는 일본어와 같은 핵어 후치 언어에서 아주 흔하지만, 영어의 일부 구문에서도 더러 발견된다. 앞에서 살펴본 경우와 마찬가지로 분석기는 결코 한 번에 하나 이상의 가지가 매달리는 것을 염두에 둘 필요가 없다.

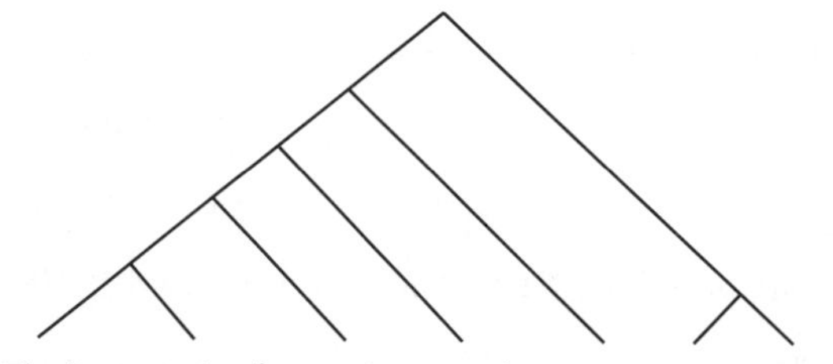

세 번째 종류의 나무구조도 있는데, 이것은 가지를 따라 내려가기가 좀 더 까다롭다. 다음의 문장을 예로 들어보자.

The rapidity that the motion has is remarkable.

that the motion has라는 절은 The rapidity를 포함한 명사구 속에 삽입되어 있다. 약간 어색하지만 이해하기는 쉬운 문장이다. 또한 우리는 다음과 같은 문장도 사용한다.

The motion that the wing has is remarkable.

그러나 rapidity that the motion has라는 구 내부에 motion that the wing has라는 구가 삽입된 결과물은 놀랍게도 이해하기가 상당히 어렵다.

The rapidity that the motion that the wing has has is remarkable.

세 번째 구, 가령 the wing that the hummingbird has를 삽

입시켜 세 겹으로 싸인 양파 형태의 문장을 만들어 내면 완전히 이해불능인 상황에 이른다.

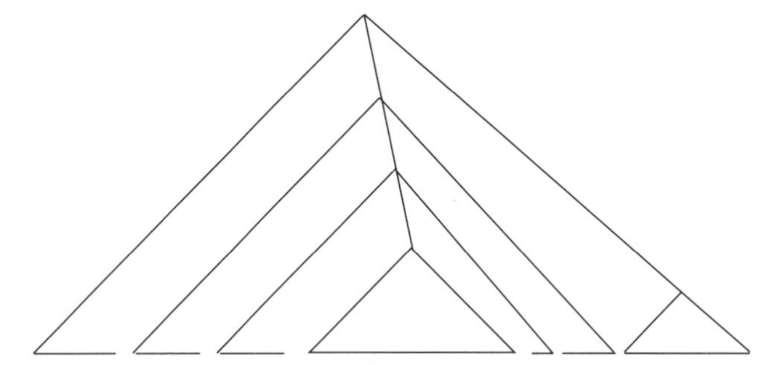

The rapidity that the motion that the wing that the hummingbird has has has is remarkable

인간의 분석기는 연속된 세 개의 has와 마주치게 되면 어떻게 해야 할지 몰라 무기력하게 우왕좌왕한다. 그러나 문제는 그 구들이 너무 오랫동안 기억 속에 보존되어야 한다는 점이 아니다. 짧은 문장도 이렇게 중복 삽입되어 있으면 해석이 불가능해진다.

The dog the stick the fire burned beat bit the cat.

The malt that the rat that the cat killed ate lay in the house.

If if if it rains it pours I get depressed I should get help.

That that that he left is apparent is clear is obvious.

왜 인간의 문장 이해력은 양파나 러시아인형 같은 문장을 분석할 때 이토록 완벽한 좌절을 겪게 될까? 이것은 마음의 분석기와 정신문법을 설계하는 데서 가장 어려운 수수께끼 가운데 하나다. 첫눈에 우리는 그 문장이 과연 문법적인가까지 의심하게 된다. 어쩌면 우리가 규칙을 잘못 적용했거나, 실제의 규칙들이 이 단어들을 맞추는 방법을 전혀 제공하지 못하는지도 모른다. 그렇다면 결국 매달린 구를 전혀 기억하지 못하는, 4장에서 매도되었던 단어연결기를 적절한 인간모형으로 인정할 수 있는가? 절대 아니다. 위의 문장들은 문법적으로 완벽한 문장들이다. 명사구에는 수식절이 포함될 수 있다. 만일 the rat이라고 말할 수 있다면, 또한 the rat that S라고도 말할 수 있다. 그 경우 S는 목적어가 빠진 채 the rat을 수식하는 문장이다. 그리고 the cat killed X 같은 문장은 그 문장의 주어인 the cat과 같은 명사구를 포함할 수 있다. 그래서 우리가 the rat that the cat killed라고 말할 때, 이것은 또 하나의 명사구를 포함한 어떤 것으로 명사구를 수식한 것이다. 바로 이 두 가지 가능성 때문에 양파 형태의 문장이 성립된다. 하나의 절 안에 있는 명사구를 그 자체의 수식절로 수식할 수 있는 것이다. 양파 형태의 문장을 방지할 수 있는 유일한 방법은 수식될 수 있는 명사구와 수식어 안에 들어갈 수 있는 명사구, 즉 두 가지 서로 다른 종류의 명사구가 정신문법에 정의되어 있다고 주장하는 것뿐이다. 그러나 그것은 옳지 않다. 두 종류의 명사구는 각각 동일한 2만 개의 명사를 담아야 할 것이고, 두 종류 모두 관사와 형용사, 소유격들을 동일한 자리에 허용해야 하는 경우가 발생할지도 모른다. 단위수가 불필요하게 배가되어서는 안 되는데도 이러한 임시방편으로는 그렇게 될 수밖에 없다. 단지 양파 형태의 문장이 이해불능인 이유를 설명하기 위해 정신문법에 각기 다른 종류의 구를 상정한다면, 문법은 기하급수적으로 복잡해질 것이고, 언어를 배우는 아이에게는 저장해야 할 규칙이 기하급수적으로 늘어나게 될 것이다. 문제는 분명히 다른 곳에 있다.

양파 형태의 문장을 보면 문법과 분석자가 별개의 존재임을 알 수 있다. 사람들은 자신이 결코 이해할 수 없는 구문들도 내적으로는 '알' 수 있다. 이것은 레드 여왕의 판단에도 불구하고 앨리스가 덧셈을 알고 있는 것과 유사하다.

> "덧셈을 할 줄 아니?" 화이트 여왕이 물었다. "일 더하기 일 더하기 일 더하기 일 더하기 일 더하기 일 더하기 일 더하기 일 더하기 일 더하기 일 더하기 일은 얼마지?"
> "모르겠어요. 세다가 잊었어요." 앨리스가 말했다.
> "덧셈을 할 줄 모르는구나." 레드 여왕이 불쑥 끼어들었다.

인간분석기는 왜 셈을 놓치는가? 단기기억이 한 번에 한두 개 이상의 구를 담아두기에는 공간이 충분하지 못해서일까? 문제는 더 미묘한 데 있음에 틀림없다. 삼중구조로 둘러싸인 양파 형태의 문장들 가운데 어떤 것들은 기억의 부담 때문에 약간은 어렵지만 has has has 문장만큼 불투명하지는 않다.

> The cheese that some rats I saw were trying to eat turned out to be rancid. (내가 본 몇 마리의 쥐들이 먹으려고 애쓰던 그 치즈는 냄새가 고약함이 입증되었다.)
> The policies that the students I know object to most strenuously are those pertaining to smoking. (내가 알고 있는 그 학생들이 아주 격렬하게 반대하는 그 정책은 흡연과 관련된 것들이다.)
> The guy who is sitting between the table that I like and the empty chair just winked. (내가 좋아하는 그 탁자와 빈 의자 사이에 앉아 있는 그 남자가 방금 윙크했다.)
> The woman who the janitor we just hired hit on is very pretty. (우리가 방금 고용한 수위가 때린 그 여자는 매우 예쁘다.)

인간분석기를 괴롭히는 것은 필요한 기억의 양이 아니라 기억의 종류다. 말하자면, 거기로 되돌아갈 의도로 특정한 종류의 구를 기억에 담아두고 있으면서 동시에 '그것과 똑같은 종류의 다른 구'를 분석해야 한다는 점이다. 이 '순환적' 구조의 예로는 하나의 관계사절에 같은 종류의 관계사절이 담긴 구조나, if ~ then 문장 안에 또 다른 if ~ then이 담긴 구조가 있다. 인간의 문장분석기는 문장 안에서 자신의 위치를 잊지 않고 계속 기억해야 하는데, 이를 위해 불완전한 구들을 만나면 그것을 완성되어야 할 순서대로 나란히 적어 놓는 방식을 취하는 것이 아니라, 구의 유형들이 적힌 점검표를 놓고 각 구 유형 옆의 빈칸에 그 불완전한 항목을 하나씩 기입해 넣는 방식을 취하는 것 같다. 한 종류의 구가 한 번 이상 기억되어야 할 때 그러니까 그 구(the cat that…)와 그 구를 포함하고 있는 그와 동일한 유형의 구(the cat that…)가 둘 다 순서대로 완성되어야 할 때, 점검표에는 두 항목이 동시에 들어갈 공간이 부족하고, 그리하여 이 구가 적절하게 완성되지 못할 수 있다.

사람은 형편없고 컴퓨터는 뛰어난 기억과 달리, 판단은 사람이 뛰어나고 컴퓨터는 형편없다. 나는 모든 단어가 단 한 번만 사전에 기재되도록(즉, 단 하나의 규칙의 오른쪽에만 있도록) 지금까지 우리가 살펴본 '장난감 문법'과 '아기 문장'을 생각해 냈다. 그러나 사전을 펼치기만 하면 여러분은 많은 명사가 동사로서, 혹은 반대로 많은 동사가 명사로서 또다시 기재되어 있는 것을 보게 될 것이다. 예를 들어 dog은 Scandals dogged the administration all year(일년 내내 스캔들이 정권을 따라다녔다)에서처럼 동사로 또 한 번 기재되어 있다. 마찬가지로 hot dog은 명사일 뿐 아니라 '자랑하다'라는 의미의 동사이기도 하다. 그리고 장난감 문법에 있는 동사들 또한 모두 명사로 등록되어야 한다. 영어 화자들은 값싼 식사들(eats), 좋아하는 것들(likes)과 싫어하는 것들(dislikes), 가벼운 요깃거리들(bites) 따위로 말할 수 있기 때문이다. one dog에서의 한정사 one조차도 Nixon' s the one(닉슨이 바로 그 사람이다)에서처럼 또 하나의 삶을 누릴 수 있다.

이러한 국지적 다의성 때문에 분석기는 한 발짝 옮길 때마다 당황스러울 만큼 수많은 갈림길을 만나게 된다. 문장의 서두에서 단어 one을 만나면 분석기는 단지

을 구성해야 할 뿐 아니라

도 염두에 두어야 한다. 마찬가지로 dog을 만났을 때도 분석기는 두 개의 경쟁하는 가지들, 즉 dog이 명사일 때의 가지와 동사일 때의 가지를 메모해 두어야 한다. one dog을 처리하기 위해 분석기는 한정사-명사, 한정사-동사, 명사-명사, 명사-동사와 같은 네 가지 가능성을 점검해야 한다. 물론 한정사-동사는 어떤 문법 규칙에서도 허용되지 않기 때문에 삭제될 수 있으나, 그래도 점검은 해야 한다.

단어들이 구로 묶이는 경우에는 이 구들이 여러 가지 방식으로 더 큰 구 안에 들어갈 수 있으므로 상황이 더 복잡해진다. 우리

의 장난감 문법에서조차도 전치사구(PP)는 명사구에도 들어갈 수 있고, 동사구에도 들어갈 수 있다. 예를 들어 다의적인 discuss sex with Dick Cavett에서처럼, 화자의 의도는 전치사구 with Dick Cavett을 동사구에 포함시키는 것이었으나(discuss it with him), 청자는 명사구에 포함된 것으로 해석할 수 있다(sex with him). 이러한 다의성은 규칙이지 예외가 아니다. 한 문장의 모든 지점마다 점검해야 할 가능성이 수십, 수백 가지 있을 수 있다. 예를 들어 The plastic pencil marks…라는 단어열을 지나온 분석기는 여러 가지 선택사항들을 미결상태로 남겨두어야 한다. 그것은 The plastic pencil marks were ugly(플라스틱 연필 자국들이 지저분했다)에서처럼 4개의 단어로 구성된 명사구일 수도 있고, The plastic pencil marks easily(플라스틱 연필은 잘 쓰인다)에서처럼 3개의 단어로 된 명사구와 하나의 동사일 수도 있다. 사실 첫 번째 두 단어 The plastic…도 일시적이나마 중의적이다. The plastic rose fell(플라스틱 장미가 떨어졌다)과 The plastic rose and fell(플라스틱[비닐]이 일어났다가 내려앉았다)을 비교해 보라.

문제가 각 지점의 모든 가능성을 추적하는 것뿐이라면 컴퓨터에게 그다지 힘든 문제가 아닐 것이다. 컴퓨터는 하나의 간단한 문장을 놓고 몇 분 동안 우왕좌왕할 수도 있고, 많은 양의 단기메모리를 소모하는 바람에 방안을 절반쯤 가로지를 만큼 프린트출력이 길어질지도 모른다. 하지만 결국은 각 판단지점에서 발생하는 대부분의 가능성들이 그 뒤에 이어지는 문장의 정보들에 의해 삭제되고, 문장이 끝나는 지점에서는 장난감 문법의 예문에서 보았던 것과 같은 단 하나의 나무구조와 그와 관련된 의미가 또렷이 드러날 것이다. 국지적인 다의적 의미들이 서로를 삭제하지 못한 채 하나의 문장에 대해 모순 없는 두 개의 나무구조가 발견되는 경우, 사람들이 모호하다고 여기는 다음과 같은 문장들이 생겨난다.

> Ingres enjoyed painting his models nude. (앵그르는 모델들을 누드로 그리기를 좋아한다./ 앵그르는 벌거벗고 모델들을 그리기를 좋아한다.)
>
> My son has grown another foot. (우리 아들은 1피트 더 컸다./ 우리 아들은 발이 하나 더 자랐다.)
>
> Visiting relatives can be boring. (친척을 방문하는 일은 지루할 수 있다./ 방문 온 친척들은 지루할 수 있다.)
>
> Vegetarians don' t know how good meat tastes. (채식주의자들은 고기가 얼마나 맛있는지 모른다./ 채식주의자들은 좋은 고기가 어떤 맛인지 모른다.)
>
> I saw the man with the binoculars. (나는 안경 쓴 그 남자를 보았다./ 나는 안경을 쓰고 그 남자를 보았다.)

그런데 문제는 여기에 있다. 컴퓨터 분석기는 너무 꼼꼼해서 손해를 본다. 그들은 영어 문법에서 그야말로 적법한 다의적 의미들을 찾아내지만, 정상적인 사람에게는 그런 일이 절대 일어나지 않는다. 1960년대에 하버드에서 개발한 최초의 컴퓨터 분석기들 중 하나가 유명한 예를 제공한다. Time flies like an arrow(시간이 화살같이 흐른다)라는 문장은 (통사론과는 아무런 상관이 없는 문자적 의미와 비유적 의미의 차이를 무시한다면) 전혀 모호한 문장이 아니다. 그러나 프로그래머들은 깜짝 놀라고 말았다! 예리한 눈을 가진 컴퓨터에게는 이 문장은 다섯 가지의 상이한 나무구조로 비쳤던 것이다.

Time proceeds as quickly as an arrow proceeds. [원래 의도된 의미] (시간은 화살이 진행하는 것만큼 빠르게 진행한다.)

Measure the speed of flies in the same way that you measure the speed of an arrow. (화살의 속도를 측정하는 것처럼 파리의 속도를 측정하라.)

Measure the speed of flies in the same way that an arrow measures the speed of flies. (화살이 파리의 속도를 측정하는 것과 같은 방법으로 파리의 속도를 측정하라.)

Measure the speed of flies that resemble an arrow. (화살과 비슷한 파리의 속도를 측정하라.)

Flies of a particular kind, time-flies, are fond of an arrow. (특정한 종류의 파리인 타임파리는 화살을 좋아한다.)

컴퓨터과학자들 사이에서 이 발견은 "Time flies like an arrow ; fruit flies like a banana"라는 경구로 요약되었다. 또한 Mary had a little lamb라는 가사를 생각해 보라. 뜻이 분명한가? 그 두 번째 가사가 With mint sauce였다고 생각해 보라(이때 had는 '먹었다' 로 해석됨.—옮긴이). 아니면 And the doctors were surprised였다고 생각해 보라(이때 had는 '낳았다' 로 해석됨.—옮긴이). 아니면 The tramp!였다고 생각해 보라(이때는 '관계를 갖다' 로 해석됨.—옮긴이). 겉보기에 무의미한 단어사슬에도 구조가 존재한다. 예를 들어 내 제자인 애니 센가스가 고안한 다음의 교묘한 단어열은 문법적인 문장이다.

Buffalo buffalo Buffalo buffalo buffalo buffalo Buffalo buffalo.

아메리카들소를 buffalo라고 한다. 따라서 뉴욕의 버펄로 태생의 아메리카들소는 Buffalo buffalo라고 할 수 있을 것이다. 또 '압도하다, 위협하다' 라는 의미의 buffalo라는 동사도 있다. 이제 뉴욕산 아메리카 들소가 서로를 위협한다고 상상해 보라. (The) Buffalo buffalo (that) Buffalo buffalo (often) buffalo (in turn) buffalo (other) Buffalo buffalo. 심리언어학자이자 철학자인 제리 포더는 다음과 같은 예일대학교 축구팀 응원구호가 삼중으로 삽입된 구조임에도 불구하고 문법적 문장임을 깨달았다.

Bulldogs Bulldogs Bulldogs Fight Fight Fight!

사람들은 어떻게 문법상으로 적법하지만 의미상 괴이한 대안에 미련을 두지 않고 적절한 의미의 문장 분석으로 골인할 수 있는 것일까? 두 가지 가능성이 있다. 하나는 우리의 뇌가 뒤쪽의 흐릿한 수십 가지 나뭇조각들을 모두 연산하여 그것들이 의식에 도달하기 전에 그럴싸하지 않은 것들을 다 걸러내는 컴퓨터 분석기처럼 작동할 가능성이다. 다른 하나는 인간 분석기가 각 단계에서 참일 확률이 가장 높은 선택지에 도박을 걸고 이 단일한 해석을 최대한 밀고나갈 가능성이다. 컴퓨터과학자들은 이 두 가지 가능성을 각각 '범위 우선 탐색,' '깊이 우선 탐색'이라고 부른다.

개별 단어 차원에서는 뇌가 범위 우선 탐색을 행하는 듯하다. 여러 개의 뜻을 가진 그 단어의 의미 항목들을 잠깐이나마 훠둘러보는 것이다. 한 독창적인 실험에서 심리언어학자 데이비드 스위니는 사람들에게 헤드폰을 통해서 다음과 같은 구절을 들려주었다.

Rumor had it that, for years, the government building had

been plagued with problems. The man was not surprised when he found several spiders, roaches, and other bugs in the corner of his room. (소문에 따르면, 그 정부건물은 여러 해 동안 많은 문제에 시달려 왔다고 했다. 그 사람은 그의 방 구석에서 몇 마리의 거미, 바퀴벌레, 그 밖의 벌레들을 발견했을 때 놀라지 않았다.)

여러분은 마지막 문장에 '곤충'이라는 뜻도 있고 '감시장치'라는 뜻도 있는 중의적인 단어 bug가 포함되어 있음을 눈치 챘는가? 아마도 그렇지 않았을 것이다. 두 번째 의미는 첫 번째보다 불분명하고 문맥상 의미가 통하지 않는다. 그러나 언어심리학자들이 관심을 기울이는 심리적 과정은 겨우 백만분의 몇 초 동안 지속될 뿐이므로 사람들에게 물어보는 것보다 훨씬 더 세밀한 기술이 필요하다. 테이프에서 bug라는 단어가 흘러나오는 순간 컴퓨터가 스크린에 하나의 단어를 비추고, 피실험자는 그 단어를 인식하자마자 단추를 누르도록 되어 있었다. (화면상에 가령 blick과 같은 무의미한 단어가 나타났을 때 누를 단추가 따로 준비되어 있었다). 우리가 어떤 단어를 들을 때 그 단어와 관련이 있는 단어가 더 쉽게 인식된다는 것은 널리 알려진 사실이다. 마치 정신사전은 유의어사전과 유사하게 조직되어 있는 듯하다. 그래서 우리가 하나의 단어를 발견하면 의미상 비슷한 다른 단어들도 보다 쉽게 떠오른다. 예상대로 사람들은 sew를 인식할 때보다 ant를 인식할 때 더 빨리 단추를 눌렀다. ant는 bug와 관련이 있기 때문이다. 정작 놀라운 것은 사람들이 spy라는 단어를 인식하는 데도 똑같이 빠른 속도를 보였다는 것이다. 물론 spy 역시 bug와 관련이 있는 단어다. 그러나 이 문맥에서는 의미상 하등 상관이 없다. 이것은 bug의 두 가지 의미 항목(bug에는 벌레라는 뜻 외에 '도청기'라는 의미가 있다.—옮긴이) 가운데 하나가 이미 삭제되었을 텐데도 두뇌가 두 가지 항목 모두를 반사적으로 활성화시킨다는 것을 암시한다. 관련이 없는 의미는 오래 가지는 않는다. 테스트 단어가 bugs 바로 뒤가 아니라 세 음절만 더 다음에 나타나도 ant만 재빨리 인식되었다. spy는 더 이상 sew보다 빠르지 않았다. 십중팔구 이 때문에 사람들은 그들이 부적합한 의미도 훑어본다는 사실을 부인하는 것 같다.

심리학자 마크 자이덴버그와 마이클 타넨하우스는 우리가 Stud Tires Out(스노타이어 품절/바람둥이 녹초가 되다)이라는 중의적인 헤드라인에서 마주쳤던 tires의 경우처럼 품사 범주에 따라 중의적 의미를 띠는 단어들에 대해서도 앞서와 같은 결과가 나온다는 사실을 보여주었다. tire라는 단어가 The tires…에서와 같이 명사 위치에 있든, He tires…에서와 같이 동사 위치에 있든 그 단어는 명사로서의 의미와 관련 있는 wheels와 동사로서의 의미와 관련 있는 fatigue 둘 모두를 자극했다. 이것으로 보아 정신사전 뒤져보기는 신속하고 철저하지만 그리 똑똑하지는 못한 듯하다. 추후에 삭제될 것이 틀림없는 터무니없는 항목들까지 검색하기 때문이다.

그러나 많은 단어들을 아우르는 구와 문장의 차원에서 사람들은 분명 한 문장의 의미로서 있을 수 있는 모든 나무구조들을 연산하지는 않는다. 우리는 이 사실을 두 가지 이유로 알 수 있다. 첫째, 납득이 되는 여러 가지 다중 의미들이 전혀 인식되지 않는다는 점이다. 그렇지 않다면 일단 편집자의 주의를 빠져나가 그들을 놀라게 하는 중의적인 표현의 신문기사들을 어떻게 설명할 수 있겠는가? 부득이 다음 몇 가지 예를 더 들어야겠다.

The judge sentenced the killer to die in the electric chair for the second time. (판사는 두 번째로 살인범에게 전기의자형을 선고했다./ 판사는 살인범에게 전기의자에서 두 번 죽을 것을 선고했다.)

Dr. Tackett Gives Talk on Moon. (닥터 태킷은 달에 관한 이야기를 한다./ 닥터 태킷은 달에서 이야기한다.)

No one was injured in the blast, which was attributed to the buildup of gas by one town official. (아무도 그 폭발로 다치지는 않았는데, 한 시공무원은 그 폭발이 가스 누적 때문이라고 생각했다./ 아무도 그 폭발로 다치지는 않았는데, 그것은 한 시 공무원에 의한 가스 누적 때문이라고 생각되었다.)

The summary of information contains totals of the number of students broken down by sex, marital status, and age. (요약된 정보에는 건강을 잃은 학생들의 총수가 성별, 배우자 유무 그리고 연령별로 들어 있다./ 요약된 정보에는 섹스와 결혼생활과 고령으로 건강을 잃은 학생들의 총수가 들어 있다.)

나는 언젠가 어떤 책 표지에서 the author lived with her husband, an architect and an amateur musician in Cheshire, Connecticut(저자는 건축가이자 아마추어 음악가인 남편과 코네티컷주의 체셔에 살고 있다)라는 글을 읽은 적이 있다. 잠시 나는 그들을 성적으로 친밀한 4인 가족으로 생각했다.

사람들은 문장과 일치하는 나무구조를 발견하지 못할 뿐 아니라, 때로는 한 문장과 일치하는 바로 그 나무를 끝내 발견하지 못하기도 한다. 다음 문장들을 살펴보자.

The horse raced past the barn fell.

The man who hunts ducks out on weekends.

The cotton clothing is usually made of grows in Mississippi.

The prime number few.

Fat people eat accumulates.

The tycoon sold the offshore oil tracts for a lot of money wanted to kill JR.

대부분의 사람들은 이들 문장의 특정 지점까지 문제없이 진행하다가 벽에 부딪히는 순간 자신들이 어디에서 실수한 것인지 파악하기 위해 이전의 단어들을 미친 듯이 되짚어본다. 그러한 시도가 실패하면 사람들은 흔히 그 문장들이 끝부분에 부가되어야 할 별도의 단어가 있거나, 아니면 두 조각의 문장이 하나로 합쳐진 것이라고 간주한다. 사실 각각의 문장은 실제로 문법적인 문장이다.

The horse that was walked past the fence proceeded steadily, but the horse raced past the barn fell. (그 담장을 지나 걸어간 말은 꾸준히 나아갔으나, 그 헛간을 지나 질주한 말은 쓰러졌다.)

The man who fishes goes into work seven days a week, but the man who hunts ducks out on weekends. (고기를 잡는 사람은 일주일에 7일을 일하러 가지만, 사냥하는 사람은 주말에 쉰다.)

The cotton that sheets are usually made of grows in Egypt, but the cotton clothing is usually made of grows in Mississippi. (시트를 만드는 면화는 이집트에서 자라지만, 보통 의류를 만드는 면화는 미시시피에서 자란다.)

The mediocre are numerous, but the prime number few. (평범한 사람은 많지만, 훌륭한 사람은 드물다.)

Carbohydrates that people eat are quickly broken down, but

fat people eat accumulates. (사람들이 먹는 탄수화물은 금방 분해되지만, 사람들이 먹는 지방은 축적된다.)

JR Ewing had swindled one tycoon too many into buying useless properties. The tycoon sold the offshore oil tracts for a lot of money wanted to kill JR. (JR 유잉은 재계의 한 거물을 속여서 쓸모없는 재산을 구입하게 했다. 많은 돈으로 해양유전지대를 구입하게 된 그 거물은 JR를 죽이고 싶어했다.)

이 문장들은 최초의 단어들이 청자를 '오도해서(up the garden path)' 잘못된 분석으로 이끌기 때문에 '정원산책로(garden path) 문장'이라 불린다. 정원산책로 문장들을 살펴보면, 사람들이 문장을 따라가는 동안 컴퓨터와는 달리 있을 수 있는 나무구조들을 모두 만들지는 않는다는 것을 알 수 있다. 만약 그렇게 한다면 정확한 나무구조가 그 속에 있을 것이다. 오히려 사람들은 대체로 적절히 작용하고 있는 것처럼 보이는 분석을 선택하여 가능한 한 그것을 밀고나가는 깊이 우선 전략을 사용한다. 나무구조에 부합하지 않는 단어들을 만나게 되면 그들은 뒤로 후퇴하여 다른 나무구조를 가지고 다시 시작한다(때로는 특히 기억력이 좋은 사람들이 2차적인 나무를 염두에 두고 있을 수 있으나, 엄청난 수의 있을 수 있는 나무구조들을 전부 기억할 수는 없다). 깊이 우선 전략은 지금까지 단어들과 일치했던 나무구조가 계속해서 새로운 단어들과도 일치할 것이라는 데 도박을 걸고 있다. 간혹 헛간 옆을 지나 질주해 버린 경주마에 도박을 걸었을 경우에는 다시 시작할 수밖에 없게 되는 희생을 감수하면서 오직 그 나무구조만을 염두에 둠으로써 기억 용량을 아낀다.

한편 정원산책로 문장들은 부적절한 글쓰기의 대표적인 특징이다. 이 문장들은 모든 갈림길에서 명확한 표지판과 함께 제시됨으로써 독자가 자신 있게 끝까지 성큼성큼 걸어갈 수 있도록 설계되어 있지 않다. 대신에 독자는 막다른 골목에 부딪혀 지루한 길을 되돌아가야 한다. 다음은 내가 신문과 잡지에서 수집한 몇 가지 예들이다.

Delays Dog Deaf-Mute Murder Trial. (농아자 살해 사건의 재판이 계속 연기되다.)

British Banks Soldier On. (영국 은행들 잘 버티다.)

I thought that the Vietnam war would end for at least an appreciable chunk of time this kind of reflex anticommunist hysteria. (베트남 전쟁이 적어도 당분간은 이런 종류의 반사적인 반공산주의적 히스테리를 끝낼 것이라고 나는 생각했다.)

The musicians are master mimics of the formulas they dress up with irony. (그 음악가들은 온통 반어로 치장한 공식들의 뛰어난 모방자들이다.)

The movie is Tom Wolfe's dreary vision of a past that never was set against a comic view of the modern hype-bound world. (그 영화는 과장으로 찌든 현대세계에 대한 희극적 시각에 결코 반하지 않았던 과거에 대한 톰 울프의 따분한 관찰이다.)

That Johnny Most didn't need to apologize to Chick Kearn, Bill King, or anyone else when it came to describing the action [Johnny Most when he was in his prime]. (그때의 조니 모스트는 그 행동을 설명하는 일에 관해서는 칙 컨이든 빌 킹이든 그 밖의 누구에게든 사과할 필요가 없었다)[젊었을 때의 조니 모스트].

Family Leave Law a Landmark Not Only for Newborn's

Parents (가족휴가법, 단지 신생아 부모만을 위한 법이 아닌 획기적 사건)
Condom Improving Sensation to be Sold. (즐거움을 증진시키는 콘돔 판매 예정.)

이와는 대조적으로 위대한 작가인 쇼는 110개가 넘는 단어로 이루어진 문장에서조차 독자를 첫 단어에서부터 마침표까지 일직선으로 보낼 수 있다.

깊이 우선 분석기가 한 개(또는 소수)의 나무구조—이상적으로는 맞을 가능성이 가장 큰 나무—를 골라 그것을 밀고나가기 위해서는 모종의 기준을 이용해야 한다. 한 가지 가능성은 인간의 지능 전체가 이 문제에 소환되어 문장을 위에서 아래로 분석하는 것이다. 이 견해에 따르면 인간은 만약 한 가지의 의미가 문맥상 이치에 닿지 않는다는 것을 미리 짐작할 수 있다면 아예 나무의 어떤 부분도 만들어 내지 않을 것이다. 이것이 인간 문장분석기가 작동하는 방식으로서 납득할 만한 것인지에 대해서는 심리언어학자들 사이에서 많은 논란이 있었다. 청자의 지능이 실제로 화자의 의도를 정확히 예측할 수 있는 한에서, 하향식 디자인은 이 분석기가 올바른 문장 분석을 향하도록 방향을 잡아 줄 것이다. 그러나 인간의 지능 전체는 그 양이 엄청나고, 때문에 그것을 한꺼번에 활용한다는 것은 단어의 폭풍이 몰아치는 동안 실시간 분석을 하기에는 너무 굼뜰 가능성이 크다. 제리 포더는 《햄릿》을 인용해서, 만일 지식과 문맥이 문장 분석을 이끌어야 한다면, "결심의 고유 색조는 사고의 창백한 빛으로 인해 핼쑥해질 것"이라고 했다. 그의 견해에 따르면, 인간 분석기는 마음의 백과사전이 아니라 정신문법과 정신사전에서만 정보를 검색할 수 있는 독립된 모듈이다.

궁극적으로 이 문제는 실험실에서 해결되어야 한다. 인간 분석기는 이 세상에서 발생할 법한 일에 대한 지식을 적어도 약간은 이용하는 듯하다. 심리학자 존 트루스웰, 마이클 타넨하우스 및 수잔 간세이가 행한 한 실험에서 피실험자들이 머리를 완전히 고정시키기 위해 막대를 문 상태에서 컴퓨터 화면에 나타나는 문장들을 읽는 동안 그들의 안구의 움직임을 기록했다. 그 문장들에는 잠재적 정원산책로들이 포함되어 있었다. 예를 들어 다음 문장을 읽어 보라.

> The defendant examined by the lawyer turned out to be unreliable. (그 변호사에 의해 조사를 받은 그 피고는 믿을 수 없음이 판명되었다.)

아마도 여러분은 by라는 단어에 이르러서 순간적으로 진로를 수정했을 가능성이 클 것이다. 왜냐하면 이 지점까지 이 문장은 피고가 조사를 받는 것이 아니라 뭔가를 조사하는 것에 관한 것이었을 가능성이 크기 때문이다. 실제로 피실험자들의 눈은 단어 by에서 지체되었고(중의적이지 않은 통제 문장에 비해), 문장의 시작 부분을 재해석하기 위해 오던 길을 되돌아가는 것 같았다. 이번에는 다음 문장을 읽어 보라.

> The evidence examined by the lawyer turned out to be unreliable. (그 변호사에 의해 조사된 그 증거는 믿을 수 없음이 판명되었다.)

상식적인 지식에 의해 정원산책로 문장을 피할 수 있다면, 이 문장은 훨씬 더 쉬워야 한다. 피고와는 달리 증거는 어떤 것도 조사할 수 없고, 따라서 증거가 뭔가를 조사하게 되는 틀린 나무구조를 피할 수 있을 것 같다. 실제로 사람들은 그것을 피해갔다. 피실험자들의 눈은 거의 멈추거나 되돌아가지 않고 단숨에 넘어갔다. 물론 적용되고 있던 지식은 상당히 대략적이며(피고는 어떤 것들을 조사하지만 증거는 조사하지 않는다는 것), 그것이 요구한 나무구조는 컴퓨터가 찾아낼 수 있는 수십 가지의 나무구조와 비교할 때 훨씬 더 찾기 쉬웠다. 그러므로 한 개인이 가지고 있는 일반적인 지식들 가운데 어느 정도가 실시간으로 문장을 이해하는 데 동원될 수 있는지는 아무도 알 수 없다. 이것은 연구실에서 활발히 연구되고 있는 분야다.

단어들 자체도 약간의 지침을 제공한다. 각각의 동사들은 동사구 속에 다른 어떤 것들이 추가될 수 있는가에 대한 요구조건들을 가지고 있다(예를 들어 우리는 그냥 devour할 수는 없고 devour something을 할 수 있다. 반면에 dine something은 할 수 없고 그냥 dine할 수만 있다). 동사의 가장 공통된 기재항은 분석기로 하여금 자신이 원하는 역할수행자를 찾아내도록 압력을 가하는 듯하다. 트루스웰과 타넨하우스는 피실험자들이 다음 문장을 읽는 동안 그들의 눈동자를 관찰했다.

The student forgot the solution was in the back of the book.
(그 학생은 해답이 책 뒤에 있다는 것을 잊었다.)

was에 도달했을 때 자원자들의 눈동자는 잠시 지체한 다음 뒤로 넘어갔다. 그 까닭은 사람들이 이 문장을 한 학생이 답을 잊어버린 것에 관한 문장으로 잘못 해석했었기 때문이다. 아마도

forget이라는 단어는 사람들의 머릿속에서 분석기에게 "나에게 목적어를 찾아줘, 당장!" 하고 말하고 있었을 것이다. 또 이런 문장도 있었다.

The student hoped the solution was in the back of the book.
(그 학생은 해답이 책 뒤에 있기를 희망했다.)

이 경우에는 아무 문제가 없었다. hope라는 단어는 목적어가 아니라 "나에게 문장을 찾아줘!" 하고 말하고 있었고, 거기에 하나의 문장이 있었기 때문이다.

단어들은 또한 주어진 종류의 구 안에서 그들이 주로 어떤 단어를 동반하는지를 분석기에게 일러줌으로써 도움을 줄 수 있다. 단어 대 단어의 이행확률은 문장을 이해하는 데 충분하지는 않지만(4장 참조) 도움이 될 수는 있다. 충분한 통계로 무장한 분석기는 문법적으로 허용된 두 가지 나무구조를 놓고 하나를 고를 때, 화자의 입에서 나올 가능성이 가장 높은 나무구조를 선택한다. 인간 분석기는 단어 대 단어 확률에 제법 민감한 듯하다. 그리고 수많은 정원산책로 문장은 cotton clothing, fat people, prime number와 같은 일반적인 단어쌍들을 포함하고 있어서 더 속아 넘어가기 쉽다. 뇌가 언어 통계학으로부터 이득을 얻든 얻지 못하든 컴퓨터는 분명 이득을 얻는다. AT&T나 IBM의 연구소 컴퓨터에는 《월스트리트 저널》이나 AP통신의 기사들과 같은 자료원에서 입력된 수백만 개의 단어들이 도표화되어 있다. 기술자들은 컴퓨터 분석기에 특정한 단어가 특정한 단어와 함께 사용되는 빈도, 특정한 단어와 함께 세트를 이루는 빈도에 대한 데이터만 완벽히 갖추면 다의성 문제를 현명하게 해결할 수 있을 것으로 기대하고 있다.

마지막으로 사람들은 특정한 모양의 나무, 즉 일종의 '마음속 조형목(造形木)'을 선호함으로써 문장을 해석해 나간다. 한 가지 가이드라인은 관성이다. 사람들은 기왕의 구를 마감하고 굳이 높이뛰기를 해서 새로운 가지를 매달고 거기에 단어들을 주렁주렁 매다는 것보다 지금 매달려 있는 구에 새로운 단어들을 끼워 넣는 쪽을 선호한다. 이 '마감 지연하기' 전략은 왜 우리가 문장에서 정원산책로로 빠지는지 그 까닭을 설명해 줄 수 있다.

Flip said that Squeaky will do the work yesterday.
플립은 어제 스퀴키가 그 일을 할 것이라고 말했다.

이 문장은 문법적이고 납득도 되지만, 그것을 깨닫기 위해서는 두 번(심지어는 세 번까지도) 살펴보아야 한다. 우리는 부사 yesterday를 만났을 때, 현재 열려 있는 VP를 마감하고 그 부사를 한 층 위에 있는 Flip said와 같은 구 안에 넣는 대신, 현재 열려 있는 VP인 do the work 안에 그것을 끼워 넣으려 하다가 길을 잃는다.(이때 어떤 것이 그럴듯해 보이는가에 대한 지식, 가령 will의 의미가 yesterday의 의미와 양립할 수 없다는 데 대한 지식이 정원산책로로 빠지는 것을 막지 못했음에 주목하라. 여기서 우리는 문장을 이해하는 데서 일반적인 지식의 힘이 제한적으로만 작용한다는 것을 알 수 있다). 다음은 또 다른 예다. 이것은 당사자인 심리언어학자 애니 센가스가 일부러 만든 예문이 아니라, 어느 날 무심코 뱉은 말이다. "The woman sitting next to Steven Pinker' s pants are like mine."(나 스티븐 핑커 옆에 앉은 여자의 바지가 자신의 바지와 똑같다는 뜻으로 한 말이었다.)

두 번째 가이드라인은 절약이다. 사람들은 나무에 구를 부착할 때 가급적 가지의 수를 적게 만들려고 한다. 이것 역시 왜 우리가 문장에서 정원산책로로 빠지는지 그 까닭을 설명해 줄 수 있다.

Sherlock Holmes didn' t suspect the very beautiful young countess was a fraud. (셜록 홈스는 상당히 아름다운 그 젊은 백작부인이 사기꾼이라고는 의심하지 않았다.)

countess를 VP 안에 부착시키는 데는 가지가 하나만 필요하지만(이때는 셜록이 그녀를 의심한다), VP에 부착되어 있는 S에 countess를 부착시키는 데는 두 개의 가지가 필요하다(여기서 홈스는 그녀가 사기꾼이라고 의심한다).

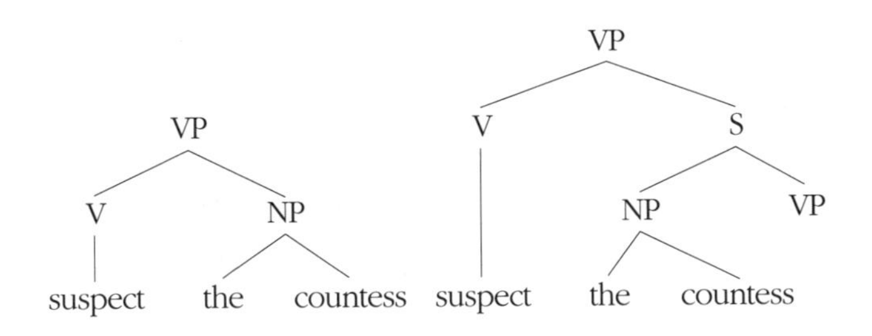

정신 분석기는 비록 문장의 뒷부분에서 틀렸음이 밝혀질지라도 우선은 최소한의 부착을 선호하는 듯하다.

대부분의 문장들은 다의적이고, 법률이나 계약서는 반드시 문장으로 표현되어야 하기 때문에, 분석의 원칙은 우리 생활에서 커다란 차이를 만들어 낼 수 있다. 로렌스 솔란은 최근의 저서에서 많은 예를 거론했다. 다음 구절들을 검토해 보자. 첫 번째 문장은 보험계약서에서 인용한 것이고, 두 번째는 법령에서, 세 번째는 어떤 사건에서 배심원들에게 나누어준 경위 설명서에서 뽑은 것이다.

Such insurance as is provided by this policy applies to the use of a non-owned vehicle by the named insured and any person responsible for use by the named insured provided such use is with the permission of the owner. (이 보험증권에 의해 제공되는 보험은 실명 보험계약자의 비소유 차량 사용, 그리고 실명 보험계약자의 사용에 책임이 있는 모든 사람에게 적용된다. 단 소유주의 사용 허락이 있는 조건에 한한다.)

Every person who sells any controlled substance which is specified in subdivision (d) shall be punished…. (d) Any material, compound, mixture, or preparation which contains any quantity of the following substances having a potential for abuse associated with a stimulant effect on the central nervous system: Amphetamine ; Metham-phetamine… (세부항목 (d)에 명시된 금지물질을 판매하는 사람은 누구나 처벌을 받는다…. (d) 중추신경계에 자극적 영향을 수반하는 남용 가능성이 있는 다음 물질들을 조금이라도 함유한 화합물, 혼합물, 조제약품, 즉 암페타민, 메탐페타민….)

The jurors must not be swayed by mere sentiment, conjecture, sympathy, passion, prejudice, public opinion or public feeling. (배심원들은 단순한 감상, 추측, 동정, 열정, 선입관, 여론 혹은 여론의 감정에 동요되어서는 안 된다.)

첫 번째 문장의 경우, 어떤 여자가 레스토랑에서 데이트 상대에게 버림받은 후 괴로움에 사로잡힌 나머지 그의 차라고 생각한 캐딜락을 몰고 질주하다 그것을 완전히 망가뜨렸다. 결국 그것은 다른 사람의 캐딜락임이 밝혀졌고, 그녀는 자신의 보험회사에서 그 돈을 보상받아야 했다. 그녀는 보상받았을까? 캘리포니아 고등법원은 보상을 수락했다. 그들은 보험증권이 중의적이었음에 주목했다. 왜냐하면 '소유주의 허락이 있는 한' 이라는 조건은 분명 그녀에게 해당되지 않는 사항이었지만, 그것은 실명 보험계약자(즉 그녀)와 실명 보험계약자의 사용에 책임이 있는 모든 사람에게 적용되는 대신에, 실명 보험계약자의 사용에 책임이 있는 모든 사람에게만 좁게 적용되는 것으로 이해될 수도 있었기 때문이었다.

두 번째 경우는 한 마약 판매자가 고객—불행하게도 그는 비밀리에 활동하는 마약정보원이었다—을 사취하려고 한 사건이었다. 판매자는 그에게 소량의 메탐페타민을 함유한 비활성 분말을 팔려고 했다. 그 물질은 '남용의 가능성' 이 있었으나 그 물질의 양은 그럴 가능성이 없었다. 그는 법을 어겼는가? 고등법원은 그렇다고 판결했다.

세 번째 경우, 이 사건에서 피고인은 15세 소녀를 강간 · 살인한 혐의로 기소되었고 배심원은 사형을 부과했다. 미국 헌법은 증거에 의해 고양된 '동정 요인' 을 배심원들이 참작할 수 있게 할 피고인의 권리를 어떤 경위 설명으로도 박탈하지 못하도록 금지하고 있다. 이 사건에서 그 증거는 피고의 몇 가지 심리적인 문제와 어려운 가정환경이었다. 이 경위 설명서는 위헌적으로 피고인에게서 동정을 박탈했는가? 아니면 더 사소한, 단순한 동정만을 박탈했는가? 미국 대법원은 5 대 4로 그가 단지 단순한 동정만을 박탈당했다고 판결했다. 따라서 그 박탈은 합헌적이었다.

법정은 종종 법적 문헌 속에 안치된 '구문에 관한 법규들' 에 의존하여 이러한 경우들을 해결한다고 솔란은 지적한다. 그 법규들은 앞에서 논의했던 문장 분석의 원리들과 일치한다. 예를 들어 '마지막 선행사 법칙' 은 법정이 처음 두 사건을 해결하는 데 이용한 것으로서, 우리가 방금 셜록 홈스의 문장에서 보았던 '최소 부착' 전략에 불과하다. 이때 문장 분석의 원칙은 문자 그대로 사느냐 죽느냐의 결과를 낳는다. 그러나 심리언어학자는 다음에 행할 심리학 실험 때문에 애꿎은 누군가가 가스실로 보내지는 것은 아닌지 걱정하지 않아도 된다. 솔란이 지적한 바에 따르면, 판사들은 썩 훌륭한 언어학자는 아니다. 다행인지 불행인지는 몰라도, 그들은 정당하다고 느끼는 결과에 유리하도록 문장을 가장 자연스럽게 해석하는 방법을 찾으려고 노력하기 때문이다.

나는 지금까지 나무구조에 대해 이야기해 왔으나, 문장이 나무는 아니다. 촘스키가 심층구조를 표층구조로 전환시키는 변형을 제안했던 1960년대 초 이래 심리학자들은 실험기술을 이용하여 변형의 지문이라도 탐지하기 위해 노력해 왔다. 몇 차례의 거짓 경보가 울린 후 그러한 연구는 포기되었으며, 수십 년 동안 심리학 교재들은 변형을 그 어떤 '심리적 실재'도 없는 것으로 처리해 버렸다. 그러나 더욱 정교해진 실험기술로 사람의 마음과 두뇌에서 변형작용과 유사한 어떤 것을 탐지해 낸 것은 언어심리학 분야에서 최근에 발견한 가장 흥미로운 결과 중 하나다. 다음의 문장을 살펴보자.

The policeman saw the boy that the crowd at the party accused (trace) of the crime. (그 경찰관은 파티에 참석한 사람들이 그 범죄로 고소한 소년을 보았다.)

누가 범죄로 고발되었는가? the boy라는 단어가 accused 다음에 나타나지 않았음에도 불구하고 물론 그 소년이다. 그 이유는 촘스키의 설명에 따르면, 소년을 가리키는 구가 심층구조에서는 accused 뒤에 존재하기 때문이다. 그 구는 변형에 의해 소리 없는 '흔적'을 뒤에 남기고 that의 위치로 이동했다. 이 문장을 이해하고자 하는 사람은 변형의 결과를 원상태로 되돌리기 위해 이 구의 사본을 흔적의 위치에 놓아야만 한다. 그렇게 하기 위해 이해자는 문장의 서두에서 the boy라는 이동된 구가 있고, 그 구는 고향이 필요하다는 것을 먼저 알아야만 한다. 이해자는 공백—하나의 구가 있어야 할 비어 있는 위치—을 발견할 때까지 그 구를 단기기억에 보관해야 한다. 이 문장에서는 accused 뒤에 공백이 있다. accused는 목적어를 요구하지만 아무것도 없기 때문이다. 이해자는 그 공백에 흔적이 존재한다고 가정할 수 있고, 그런 다음 단기기억에서 the boy라는 구를 검색하여 그것을 그 흔적에 연결시킬 수 있다. 오직 그럴 때만 그 사람은 the boy가 이 사건에서 어떤 역할, 이 경우에는 고발되고 있는 역할을 하는지 이해할 수 있다.

특기할 만한 것은 이 모든 마음의 과정들을 측정할 수 있다는 사실이다. 이동된 구와 흔적 사이의 단어들—밑줄 친 부분—을 지나는 동안 사람들은 그 구를 머릿속에 기억해야 한다. 이때의 긴장은 함께 수행되는 그 밖의 마음의 과제보다 열악하게 수행된다는 사실에서 확인된다. 실제로 사람들이 그 간격을 읽는 동안, 그들은 그와 관계없는 신호들(가령 화면 위에서 깜빡이는 빛)을 더 느리게 탐지하고, 다른 단어목록을 기억하는 데 더 많은 어려움을 겪는다. 그들의 뇌전도조차도 그러한 긴장의 결과를 보여준다.

다음으로, 흔적이 발견되고 기억창고가 비워질 수 있는 지점에 이르면 저장해 두었던 구가 마음의 무대에 모습을 드러내는데, 이것은 몇 가지 방법으로 탐지될 수 있다. 만일 실험자가 그 지점에서 이동된 구의 한 단어(예를 들어 boy)를 보여주면, 사람들은 그 단어를 더 빨리 인식한다. 그들은 또한 이동된 구와 관련 있는 단어들—가령 girl—을 더 빨리 인식한다. 그 결과는 뇌파에서 확인될 만큼 강하다. 흔적에 대한 해석의 결과가 다음에서처럼 그럴듯하지 않은 해석일 경우,

> Which food did the children read (trace) in class? (그 아이들은 수업시간에 어느 음식을 읽었는가?)

뇌전도는 그 흔적의 위치에서 머뭇거리는 반응을 보인다.

구와 흔적을 연결시키는 것은 꽤 까다로운 연산 작용이다. 구를 기억하는 동안 분석기는 눈에 보이지도 않고 들리지도 않는, 전혀 아무것도 아닌 흔적을 끊임없이 점검해야 한다. 문장에서 얼마나 더 내려가야 흔적이 나타날지 예측할 방법도 없으며, 때로는 아주 멀리 있을 수도 있다.

> The girl wondered who John believed that Mary claimed that the baby saw (trace). (그 여자는 그 아기가 누구를 보았다고 메리가 주장했다고 존이 믿는지 궁금해 했다.)

그리고 흔적이 발견될 때까지 그 구의 의미론적 역할은 예측할 수 없는 존재로 남으며, 요즘처럼 who/whom의 구별이 사라져가는 추세에서는 더욱 그러하다.

> I wonder who (trace) introduced John to Marsha. [who=the introducer] (나는 누가 존을 마샤에게 소개했는지 궁금하다.)
> I wonder who Bruce introduced (trace) to Marsha. [who=the

one being introduced] (나는 브루스가 누구를 마샤에게 소개했는지 궁금하다.)
I wonder who Bruce introduced John to (trace). [who=the target of the introduction] (나는 브루스가 존을 누구에게 소개했는지 궁금하다.)

이 문제는 너무 곤란해서 좋은 필자들뿐 아니라 언어의 문법 자체적으로도 이것을 좀더 쉽게 하기 위해 몇 가지 조치를 취한다. 좋은 문체의 한 가지 원칙은 이동된 구를 기억하면서 진행해야 할, 개입된 문장의 양(밑줄 친 부분)을 최소화하는 것이다. 이것은 영어의 수동태 구문이 효과를 발휘하는 과제다(컴퓨터화된 '문체 검색기'는 이것을 일률적으로 피하도록 권고하고 있지만). 다음 문장들에서 수동태가 더 쉬운 이유는 흔적 앞에 놓인 기억부담 영역이 짧아지기 때문이다.

Reverse the clamp that the stainless steel hex-head bolt extending upward from the seatpost yoke holds (trace) in place. (손잡이 연결부위에서 위로 돌출된 스테인리스강 재질의 육각 머리 볼트가 죄고 있는 죔쇠를 거꾸로 돌리십시오.)
Reverse the clamp that (trace) is held in place by the stainless steel hex-head bolt extending upward from the seatpost yoke. (손잡이 연결부위에서 위로 돌출된 스테인리스강 재질의 육각 머리 볼트로 조여진 죔쇠를 거꾸로 돌리십시오.)

그리고 보편적으로 문법에는 하나의 구가 건너뛸 수 있는 나무구조의 양이 제한되어 있다. 예를 들어 다음 문장은 가능하다.

That' s the guy that you heard the rumor about (trace). (저 사람이 당신이 그 소문의 주인공이라고 들었던 남자이다.)

그러나 다음 문장은 아주 어색하다.

That' s the guy that you heard the rumor that Mary likes (trace). (저 사람이 메리가 좋아한다는 소문을 당신이 들은 그 남자이다.)

언어에는 the rumor that Mary likes him 같은 상당수의 복합명사구들을 어떤 단어도 빠져나갈 수 없는 '섬'으로 바꾸어놓는 '경계 짓기' 규정이 있다. 이것은 청자에게 도움이 된다. 분석기는 화자가 그러한 종류의 구로부터 어떤 것도 이동시킬 수 없었으리라는 사실을 안 상태에서 흔적을 찾아 두리번거리지 않고 나아갈 수 있기 때문이다. 그러나 청자의 이득은 화자의 비용을 소모시킨다. 이들 문장에서 화자는 That' s the guy that you heard the rumor that Mary likes him에서처럼 번거로운 별도의 대명사에 의지해야 한다.

문장 분석은 그 중요성에도 불구하고 문장을 이해하기 위한 첫 단계에 불과하다. 다음과 같은 실제 대화를 분석한다고 상상해보자.

P : The grand jury thing has its, uh, uh, uh—view of this they might, uh. Suppose we have a grand jury proceeding. Would that, would that, what would that do to the Ervin thing?

Would it go right ahead anyway? (예의 대배심이라는 놈은 그, 저 에에… 그 나름의 견해를 이것에 관해서, 에에. 대배심의 심리가 있다고 하면, 그 경우, 그 경우, 어빈의 그 일은 어떻게 될까? 어쨌든 시작되지 않을까?)

D : Probably. (아마.)

P : But then on that score, though, we have—let me just, uh, run by that, that—You do that on a grand jury, we could then have a much better cause in terms of saying, "Look, this is a grand jury, in which, uh, the prosecutor—" How about a special prosecutor? We could use Petersen, or use another one. You see he is probably suspect. Would you call in another prosecutor? (아아, 그러나 그 점에 대해서는 이쪽도—되풀이하는 것 같지만, 그—이 건이 대배심으로 넘어가면, 이쪽도 해명을 하기가 쉬워져. "자, 이건 대배심이기 때문에 검찰관도…." 특별검찰관은 어떨까? 피터슨이 쓸 만하지. 아니면 다른 사람을 쓰든지. 피터슨은 별로 믿음이 안 가던데, 다른 누군가로 하면 어떨까?)

D : I' d like to have Petersen on our side, advising us [laughs] frankly. (저라면, 피터슨은 우리 쪽에 붙여두고 싶습니다만. 솔직한 (웃음) 조언을 들을 수가 있겠죠.)

P : Frankly. Well, Petersen is honest. Is anybody about to be question him, are they? (솔직하다. 음. 피터슨은 정직하지. 누가 피터슨한테 질문하기로 되어 있는 거 아냐?)

D : No, no, but he' ll get a barrage when, uh, these Watergate hearings start. (아니죠. 아니죠. 그러나 워터게이트 청문회가 시작되면 공격받지 않겠습니까?)

P : Yes, but he can go up and say that he' s, he' s been told to go further in the Grand Jury and go in to this and that and the other thing. Call everybody in the White House. I want them to come, I want the, uh, uh, to go to the Grand Jury. (그렇겠지. 그러나. 그가 말할 수도 있을 거야. 대배심에서 더 자세히 이것저것 말해야 된다고 들었다는 소리를. 백악관의 인원을 모두 불러봐. 다 불러서 대배심으로 가자구.)

D : This may result—This may happen even without our calling for it when, uh, when these, uh— (그건 결국, 우리가 그렇게 하지 않아도 결국 그렇게 될 겁니다. 만일 그게….)

P : Vescoe? (베스코가?)

D : No. Well, that's one possibility. But also when these people go back before the Grand Jury here, they are going to pull all these criminal defendants back in before the Grand Jury and immunize them. (아닙니다. 아니, 그것도 가능성의 하나죠. 그러나 형사 피고들이 대배심에 나가게 되면, 그 전에 불러내서 면책특권을 보증하겠지요.)

P : And immunize them: Why? Who? Are you going to – On what? (면책보증이라구? 왜, 누가, 그래서, 무엇에 대한 면책보증인데?)

D : Uh, the U.S. Attorney's Office will. (연방검사실이겠죠.)

P : To do what? (연방검사실이 어떻게 할 건데?)

D : To talk about anything further they want to talk about. (노리는 것을 지껄이도록 하기 위해서입니다.)

P : Yeah. What do they gain out of it? (그래? 놈들은 무슨 이득이 있지?)

D : Nothing. (아무것도.)

P : To hell with them. (그렇다면 내버려둬.)

D : They, they' re going to stonewall it, uh, as it now stands. Except for Hunt. That' s why, that' s the leverage in his threat. (그들은, 저, 그들은 지금 단계에서는 지껄이지 않고 시간을 벌려고 하고 있습니다. 헌트는 다릅니다만. 따라서 그것이, 위협적인 요인이 되고 있습니다.)

H : This is Hunt' s opportunity. (헌트에게는 기회일 테니까요.)

P : That' s why, that' s why. (그래 그렇군.)

H : God, if he can lay this— (만일 놈이….)

P : That' s why your, for your immediate thing you' ve got no choice with Hunt but the hundred and twenty or whatever it is, right? (따라서 급히 헌트에 관해서는, 요컨대 다른 방법은 없으므로.)

D : That' s right. (옳으신 말씀입니다.)

P : Would you agree that that' s a buy time thing, you better damn well get that done, but fast? (시간을 벌어 놈을 파멸시킬 필요가 있다는 데는 찬성하나? 그것도 신속하게.)

D : I think he ought to be given some signal, anyway, to, to— (어쨌든 약간의 신호를 보낼 필요가, 그, 에에….)

P : [expletive deleted], get it, in a, in a way that, uh—Who' s going to talk to him? Colson? He' s the one who' s supposed to know him. ([비어 삭제] 하는 거지. 어쨌든… 누가 연락을 취하지? 콜슨이? 그놈이 그를 알고 있을 것 같은데.)

D : Well, Colson doesn' t have any money though. That' s the thing. That' s been our, one of the real problems. They have, uh, been unable to raise any money. A million dollars in cash, or, or the like, has been just a very difficult problem as we' ve discussed before. Apparently, Mitchell talked to Pappas, and I called him last —John asked me to call him last night after our discussion and after you' d met with John to see where that was. And I, I said, "Have you talked to, to Pappas?" He was at home, and Martha picked up the phone so it was all in code. "Did you talk to the Greek?" And he said, uh, "Yes, I have." And I said, "Is the Greek bearing gifts?" He said, "Well, I want to call you tomorrow on that." (그러나 콜슨은 돈을 갖고 있지 않습니다. 바로 그겁니다. 그게 가장 큰 문제입니다. 돈은 조금도 조달하지 못하고 있습니다. 전에도 말씀드렸지만 현금으로 100만 달러라는, 에에, 그런 금액은 매우 곤란합니다. 존 미첼이 '파파스' 와 얘기한 모양입니다. 제가 미첼에게 어제, 그러니까 어젯밤 여기에서 의논해, 대통령께서 존과 만나시고 난 후에, 전화가 걸려와 말씀하시고 있었기 때문에, 존에게 전화를 했던 것입니다. 그래서. 제 제가 "파파스와 이야기했나?"하고 물었던 것입니다. 존은 자기 집에서, 부인인 마사가 전화를 받았기 때문에, 이야기는 암호로 했습니다. 따라서 "그리스인과 이야기했나?" 하고 묻자, 존이 "아, 이야기했지"라고 말했고, "그리스인은 선물을 주던가?"하고 묻자, "아니, 그것에 대해서는 내일, 이쪽에서 다시 걸기로 했네"라고 말했습니다.)

P : Well, look, uh, what is it that you need on that, uh, when, uh, uh? Now look [unintelligible] I am, uh, unfamiliar with the money situation. (그러나, 자네, 무엇이 필요한가? 언제. 어쨌든 [청취불능] 나는, 그, 돈의 상황에 대해서는 자세히 몰라.)

이 대화는 1973년 3월 17일 리처드 닉슨 대통령(P)과 그의 법률고문인 존 딘 3세(D) 그리고 그의 수석보좌관 헤일드먼(H) 사이에서 이루어진 것이다. 1972년 6월에 닉슨의 재선 캠페인을 수행하던 하워드 헌트는 워터게이트 건물 안에 있는 민주당 본부에 침입하라는 지시를 내렸고, 그의 직원들은 민주당 의장과 기타 당원들의 전화를 도청했다. 그 공작이 백악관에서, 즉 헤일드먼이나 법무장관 존 미첼이 명령한 것인지 밝히기 위해 여러 가지 조사가 진행되고 있었다. 그들은 헌트가 대배심 앞에서 증언하기 전에 그에게 '입막음용'으로 12만 달러를 지불할 것인지 여부를 논의하고 있다. 우리가 이 대화의 내용을 볼 수 있는 것은 1970년 닉슨이 미래의 역사가들을 위한 일이라고 주장하면서 자신의 사무실을 도청하여 그의 모든 대화를 비밀리에 녹음했기 때문이다. 1974년 2월 미하원의 사법위원회는 닉슨이 탄핵받아야 하는지를 결정하는데 참고하기 위해 이 테이프들을 압수했다. 이 발췌문은 그 테이프들의 필사본에서 인용한 것이다. 주로 이 글에 근거하여 위원회는 탄핵을 권고했다. 닉슨은 1974년 8월에 사임했다.

워터게이트 테이프는 이제까지 발간된 실생활의 대화 중 가장 유명하고 광범위한 필사본이다. 모두 같은 이유 때문은 아니었지만, 테이프가 발표되자 미국인들은 충격을 받았다. 극소수이긴 하지만 일부 사람들은 닉슨이 정의를 가로막는 불법공모에 가담했다는 사실에 놀랐다. 또 일부 사람들은 명색이 자유세계의 지도자라는 사람이 부두의 하역인부처럼 험담을 늘어놓았다는 점 때문에 놀랐다. 그러나 많은 이들이 놀란 이유는 일상의 대화가 말 그대로 받아 적었을 때 어떤 형태를 띠는가 하는 것 때문이었다. 문맥에서 벗어난 대화는 사실상 이해 불가능하다.

문제의 일부는 필사할 당시의 환경에 기인한다. 구를 표현하던 억양과 타이밍이 사라졌기 때문에 초고성능 테이프에서 필사한 것이라도 신뢰하기 어려워진다. 사실 품질이 낮은 이 녹음테이프를 백악관에서 독자적으로 필사한 글에는 아리송한 구절들이 좀더 현명하게 표현되어 있다. 예를 들어 I want the, uh, uh, to go는 I want them, uh, uh, to go로 필사되어 있다.

그러나 완벽하게 필사된 경우에도 대화는 해석하기가 쉽지 않다. 종종 사람들은 생각을 재구성하거나 주제를 변경하기 위해 중간에서 말을 멈추면서 단편적으로 이야기한다. 누가 혹은 무엇이 대화의 화제인가가 종종 불분명해지는 이유는 대화자들이 대명사(him, them, this, that, we, they, it, one), 총칭적 단어(do, happen, the thing, the situation, that score, these people, whatever), 생략(The U.S. Attorney' s Office will 및 That' s why)을 사용하기 때문이다. 이 일화에서는 한 남자가 미국 대통령으로서 한 해를 마감할지 아니면 유죄가 입증된 범죄자로서 마감할지의 여부가 말 그대로 get it의 의미에, 그리고 what is it that you need?의 의미가 정보에 대한 요청인지 아니면 어떤 것을 제공하겠다는 묵시적인 제의인지의 여부에 문자 그대로 경첩처럼 달려 있었다.

모든 이들이 필사된 대화가 이해 불가능하다는 사실에 충격을 받은 것은 아니었다. 저널리스트들은 이러한 문제점을 충분히 알고 있기 때문에 인용구들과 인터뷰 내용을 출간 전에 엄중하게 편집하는 것이 관례처럼 되어 있다. 신경질적인 성격의 보스턴 레드삭스의 투수 로저 클레멘스는 언론이 자신의 말을 잘못 인용했다고 여러 해 동안 심하게 불평한 적이 있었다. 《보스턴 헤럴드》지는 그것이 잔인한 속임수라는 것을 뻔히 알면서도 그의 게임 후 논평을 한 단어 한 단어씩 재생하는 일일 특집기사를 게재함으로써 대응했다.

기자의 대화 편집은 1983년에 법률적 쟁점이 되기도 했다. 자넷 말콤 기자는 정신분석가 제프리 메이슨에 관해 적나라한 《뉴요커》에 연재기사를 실었다. 메이슨은 신경증이 어린시절의 성적 학대에 의해 야기된다는 견해를 프로이트 자신이 철회한 것에 대해 그를 부정직하고 비겁하다고 비난하는 책을 저술하여 런던의 프로이트 기록보관소의 관장 직위에서 해고당했다. 말콤에 따르면 메이슨은 인터뷰에서 자신을 '지적인 기둥서방' 그리고 '프로이트 이후의 가장 위대한 분석가'로 묘사했으며, 안나 프로이트가 사망하면 그녀의 집을 '섹스, 여자 그리고 즐거움'의 장소로 바꿀 계획이라고 했다는 것이다. 메이슨은 자신이 그런 말을 한 적이 없고 자신을 웃음거리로 만들기 위해 다른 인용문들도 수정되었다고 주장하면서, 말콤과 《뉴요커》지에 대해 1천만 달러의 소송을 제기했다. 말콤은 자신의 테이프와 필사노트로 그 인용문들의 증거를 제시할 수 없었지만, 그것을 만들어 냈다는 사실을 부인했고, 그녀의 변호사들은 설령 그녀가 그렇게 했다 할지라도 그 인용문들은 메이슨의 말에 대한 '합리적 해석'이라고 주장했다. 변조된 인용은 저널리즘 세계의 일상적 관례이며, 왜곡이라는 사실을 알거나 왜곡인지의 여부를 경솔하게 무시한 채 인쇄한 경우는 아니라고 그들은 주장했다.

몇몇 법정은 헌법 수정 제1항에 근거하여 이 소송을 기각했으나, 1991년 6월 대법원은 만장일치로 재심을 결정했다. 신중하게 검토한 결과 과반수가 저널리스트의 인용문 취급원칙으로 중용을 정의했다(인용문을 말 그대로 발표하도록 요구하는 것은 고려조차 되지 않았다). 케네디 판사는 과반수의 입장을 대변하여 "원고가 언급한 단어들을 신중하게 변경한 행위는 의도적인 왜곡과는 다르며, 필자가 화자의 말을 변경시켰어도 의미상 실제적인 변화를 초래하지 않는다면 화자는 명성에 어떤 손상도 입지 않는다. 우리는 인용문의 왜곡성에 대해 더 이상의 특별한 분석을 거부하며, 여기에는 문법이나 통사론의 수정에 대한 분석도 포함된다."고 말했다. 만일 대법원이 나에게 물었다면, 나는 그러한 분석을 요구한다는 점에서 화이트 판사와 스칼리아 판사의 편에 섰을 것이다. 많은 언어학자들과 마찬가지로 나 역시 화자의 단어—대부분의 문법과 통사론도 마찬가지다—를 바꾸면 실질적인 의미 변화가 일어날 수 있다고 생각한다.

이러한 사건들은 실제 대화가 The dog likes ice cream과는 전혀 거리가 멀고, 한 문장을 분석하는 일보다는 그것을 이해하는 데 훨씬 더 많은 것이 존재한다는 것을 보여준다. 문장을 이해할 때, 나무구조로부터 보충된 의미론적 정보는 화자의 의도에 대한 복잡한 추론의 연쇄에서 단지 하나의 전제로 이용된다. 그 이유는 무엇일까? 정직한 화자들조차도 진실을, 완전한 진실을, 오로지 진실만을 명료하게 표현하는 경우가 드문 것은 왜일까?

첫 번째 이유는 시간의 제약이다. 만일 어떤 사람이 the United States Senate Select Committee on the Watergate Break-In and Related Sabotage Efforts(워터게이트 침입과 그에 따른 사보타지 기도의 조사를 위한 미상원 특별위원회)를 지칭하기 위해 매번 그것을 전부 발음해야 한다면, 대화는 수렁에 빠지게 될 것이다. 일단 the Ervin thing 혹은 그냥 it이라고 언급하면 족할 것이다. 같은 이유로 다음과 같이 논리적 관계를 전부 쓰는 것도 낭비적인 일이 될 것이다.

헌트는 누가 그에게 워터게이트 침입사건을 주도하라고 명령했는지 안다.

그에게 그 명령을 내린 사람은 우리 행정부의 일원일 수 있다.

만일 그 사람이 우리 행정부 내에 있고 그의 신원이 공개된다면, 행정부 전체가 곤란에 빠질 것이다.
헌트는 그에게 명령을 내린 사람의 신원을 폭로할 동기를 가지고 있다. 그렇게 하면 그의 형량이 감소될 수 있기 때문이다.
어떤 사람들은 충분한 돈이 제공되면 위험을 감수한다.
따라서 헌트는 충분한 돈이 제공되면 상사의 신원을 감출 수도 있다.
대략 12만 달러의 돈이면 헌트가 명령을 내린 사람의 신원을 폭로하지 않을 수 있는 유혹이 될 수 있다.
헌트는 그 돈을 당장 받을 수 있지만, 앞으로 우리를 계속 협박하는 것이 그에게는 이익이 된다.
그럼에도 단기적으로 그의 입을 막는 것으로 충분할 수도 있다. 언론과 여론은 앞으로 몇 달이 지나면 워터게이트 스캔들에 흥미를 잃을 것이고, 만일 그가 나중에 그 신원을 폭로한다 해도 우리 행정부에 미치는 결과는 지금처럼 부정적이지는 않을 것이다.
그러므로 우리 자신에게 유익한 행동방향은 워터게이트에 대한 여론의 관심이 사라질 때까지 헌트의 입을 막을 수 있는 충분한 미끼로서 그 액수의 돈을 그에게 지불하는 것이다.

"지금 당장은 12만 달러든 얼마든 헌트에게 주는 것 말고는 달리 방도가 없다."고 말하는 것이 더 효율적이다.

그러나 효율성은 대화 참가자들이 사건에 대해 그리고 인간의 심리에 대해 얼마만큼의 사전지식을 가지고 있느냐에 따라 달라진다. 단일한 사건에 출연하는 등장인물들의 이름, 대명사, 성격묘사를 맥락 속에서 참조하기 위해, 그리고 각 문장을 다음 문장과 연결시키는 논리적 단계들을 채우기 위해 참가자들은 이 지식을 이용해야 한다. 예비적 가정들이 공유되지 않는다면, 예를 들어 한 명의 대화 상대자가 아주 다른 문화 출신이거나 정신분열증 환자이거나 기계라면, 세상에서 가장 훌륭한 분석이라도 한 문장의 의미를 완전하게 전달하지 못할 것이다. 일부 컴퓨터과학자들은 자신의 프로그램이 텍스트를 이해하는 동안 텍스트의 손실 부분을 채울 수 있도록 그 프로그램 안에 식당이나 생일파티와 같은 전형적인 배경의 작은 '스크립트들'을 장착하려고 노력해 왔다. 또 다른 팀은 컴퓨터에게 약 천만 가지의 사실들로 구성되어 있다고 추정되는 인간의 상식의 기본사항들을 가르치려고 노력하고 있다. 이 작업이 얼마나 엄청난 것인가는 다음과 같은 단순한 대화에서 he가 의미하는 것을 이해하기 위해서 인간 행동에 대한 얼마나 많은 지식이 삽입되어야 하는지를 생각해 보면 알 수 있다.

여자 : I' m leaving you. (우리 헤어져.)
남자 : Who is he? (어떤 놈이야?)

이해하기는 하나의 문장에서 수집한 조각들을 거대한 마음의 데이터베이스 안에 통합하기를 요구한다. 그것이 가능하기 위해서는 화자는 단지 사실들을 하나하나 청자의 머릿속에 집어던져 넣는 것으로는 안 된다. 지식은 생활기사의 칼럼 속에 들어 있는 일련의 사실처럼 존재하는 것이 아니라, 복잡한 망으로 짜여져 있다. 대화나 텍스트에서처럼 일련의 사실들이 연속적으로 출현할 때, 언어는 청자가 각각의 사실들을 기존의 틀 안에 배치할 수 있도록 구성되어야 한다. 그러므로 오래된 것, 정해진 것, 이해된 것, 화제 등에 관한 정보는 대개 주어로서 문장 앞에 오고, 새로운 것이나 강조되는 것, 설명에 대한 정보는 뒤로 가야 한다. 화제를 문장의 앞에 두는 것은 비방의 표적이 되어 온 수동태 구문의 또 다른 기능이다.

윌리엄스는 문체에 대한 저서에서 논의되고 있는 화제가 심층구조상의 동사의 목적어와 관련된 역할을 행하고 있을 때에는 "수동문을 피하라."는 일반적인 조언을 무시해 버리라고 지적한다. 예를 들어 다음과 같이 두 문장으로 된 논의를 읽어 보라.

Some astonishing questions about the nature of the universe have been raised by scientists studying the nature of black holes in space. The collapse of a dead star into a point perhaps no larger than a marble creates a black hole. (우주의 본성에 관한 몇 가지 놀라운 질문들이 우주 속의 블랙홀의 본질을 연구하는 과학자들에 의해 제기되어 왔다. 죽은 별이 크기가 단지 구슬만한 점으로 붕괴하는 것이 블랙홀을 만든다.)

두 번째 문장은 전제와 연결이 안 되는 불합리한 결론이라고 느껴진다. 이것은 다음과 같이 수동태로 표현하는 것이 훨씬 낫다.

Some astonishing questions about the nature of the universe have been raised by scientists studying the nature of black holes in space. A black hole is created by the collapse of a dead star into a point perhaps no larger than a marble. (우주의 본성에 관한 몇 가지 놀라운 질문들이 우주 속의 블랙홀의 본질을 연구하는 과학자들에 의해 제기되어 있다. 블랙홀은 죽은 별이 크기가 단지 구슬만한 점으로 붕괴됨으로써 만들어진다.)

주어인 블랙홀이 화제가 되고 술어가 그 화제에 대한 새로운 정보를 추가하기 때문에 두 번째 문장은 이제 매끄럽게 조화를 이룬다. 집중을 요하는 대화나 논문에서 뛰어난 필자나 화자는 한 문장의 초점을 다음 문장의 화제로 삼아 여러 명제들을 질서정연한 순서로 연결시킨다.

문장이 어떻게 직조되어 하나의 담화를 이루는가, 그리고 어떻게 문맥에 따라 해석되는가에 대한 연구는(이것을 '화용론'이라고 부르기도 한다) 흥미로운 사실들을 발견해 왔다. 이것은 철학자 폴 그라이스에 의해 처음 지적되어 인류학자 댄 스퍼버와 언어학자인 데어드리 윌슨에 의해 정교하게 발전했다. 의사소통행위는 화자와 청자가 서로 협력하리라는 기대를 바탕에 깔고 있다. 화자는 청자의 귀중한 귀를 점유했으므로 전달될 정보가 적절하다는 것을 약속하는 셈이다. 그것이 아직 알려져 있지 않은 정보이며, 청자가 별도의 정신적 수고 없이 새로운 결론을 추론해 낼 수 있으리라고 생각할 만한 정보라는 사실을 약속하는 것이다. 따라서 청자는 화자가 유익한 정보를 가지고 있고, 신뢰할 만하고, 적절하고, 분명하고, 애매하지 않고, 간략하고, 질서정연하기를 암묵적으로 기대한다. 이러한 기대는 모호한 문장의 부적절한 해석을 가려내고, 조각난 말들을 함께 결합하고, 말실수를 용서하고, 대명사와 서술어의 지시대상을 추측하고, 논거의 부족한 단계들을 채우는 데 도움이 된다(메시지를 받는 사람이 협력하지 않고 적대적이면, 이 부족한 모든 정보가 명시적으로 언급되어야 한다. 바로 이것 때문에 법률상의 계약서에는 '당사자 갑' 이라는 말과 '전기한 저작권하의 모든 권리와 그에 관한 모든 갱신은 이 계약서의 조항에 따른다.'라는 뒤틀린 문구가 기재되는 것이다).

흥미롭게도 우리는 화자와 청자 사이의 계약 위반 속에서 적절한 대화의 원칙을 종종 관찰할 수 있다는 사실을 발견할 수 있다. 화자는 액면 그대로의 말 속에서 그 원칙들을 무시함으로써 청자로 하여금 대화의 적절성을 회복시키는 가정들을 보충하게끔

한다. 이때 그러한 가정들이 진정한 메시지의 역할을 한다. 다음과 같은 종류의 추천서는 흔히 볼 수 있는 그 같은 예다.

존경하는 핑커 교수님께.

어빙 스미스를 교수님께 추천하게 되어서 대단히 기쁩니다. 스미스는 모범적인 학생입니다. 그는 훌륭한 옷을 입고 시간을 대단히 정확하게 지킵니다. 제가 스미스를 알게 된 것은 3년 전이며, 지금까지 그는 모든 면에서 대단히 협조적이었습니다. 그의 아내는 매력적입니다.

그럼, 이만 줄입니다.

존 존스로부터

이 추천서는 긍정적이고 사실적인 진술만을 담고 있지만, 또한 스미스가 얻으려고 하는 자리를 얻지 못하리라는 사실을 분명히 보여 준다. 이 편지에는 읽는 사람이 필요로 하는 적절한 정보가 전혀 포함되어 있지 않으며, 따라서 화자는 유익한 정보를 가지고 있어야 한다는 원칙을 위반하고 있다. 읽는 사람은 의사전달행위 전체가 적절해야 한다는 묵시적인 가정에 따라 사고하지만, 편지의 내용은 그렇지 않으므로 읽는 사람은 그 편지와 더불어 그 행위를 적절한 것으로 만들어 주는 하나의 전제, 즉 글을 쓴 사람이 긍정적인 관련 정보를 전혀 전달하고 있지 않다는 전제를 추론하게 된다. 글을 쓴 사람은 왜 "스미스를 멀리하시오. 그는 나무토막처럼 멍청하오."라고 말해 버리기보다는 이런 3박자 미뉴에트가 필요했을까? 읽는 사람이 문맥 속에서 삽입할 수 있다는 또 다른 전제 때문이다. 글을 쓴 사람은 자신을 신뢰하는 사람들에게 아무

생각 없이 손상을 가하는 그런 부류의 사람이 아니기 때문이다.

사람들이 성공적인 대화에 필요한 기대들을 이용해서 자신의 진정한 의도를 은밀한 의미의 층위 속에 살짝 끼워 넣는 것은 자연스러운 일이다. 인간의 의사소통은 전선으로 연결된 두 대의 팩스와 같은 단순한 의미의 전달이 아니다. 그것은 예민하고, 교활하며, 재고할 줄 아는 사회적 동물들이 교대로 벌이는 일련의 표현행위다. 사람들의 귀에 대고 말을 할 때 우리는 마치 그들을 손으로 만지는 것처럼 그들에게 영향을 미치고 있는 것이며, 명예롭든 아니든 우리 자신의 의도를 밝히고 있는 것이다. 이것은 모든 사회에서 공손함이라 불리는, 솔직한 말로부터의 이탈에서 가장 분명하게 나타난다. 액면 그대로 보자면 "I was wondering if you would be able to drive me to the airport."라는 진술은 부적합한 표현의 장황한 나열이다. 무엇 때문에 상대방은 자신이 생각한 내용을 나에게 고지하는가? 왜 상대방은 자신을 공항까지 태워줄 수 있는 나의 능력에 대해 숙고하며, 그것은 어떤 가정적 상황 하에서인가? 물론 진짜 의도인 Drive me to the airport는 쉽게 추측되지만, 그것이 전혀 언급되지 않았기 때문에 나는 변명거리를 가질 수 있다. 어떤 사람도 상대방이 나의 복종을 강요할 수 있다는 전제에 근거하여 나에게 명령을 부과하는 위협적 상황에서 살아야 하지는 않는다. 묵시적인 대화의 기준에 대한 고의적 위반은 또한 아이러니, 유머, 은유, 풍자, 말대꾸, 재치 있는 즉답, 수사법, 설득 그리고 시와 같이 내포적 언어로 구성되는 여러 운문적 형식들을 격발하는 방아쇠다.

은유와 유머는 문장을 이해하기 위한 두 가지 마음의 활동을 간단히 요약해 주는 유용한 방법들이다. 언어에 관한 대부분의 일상적 표현들은 대부분 분석 과정을 포착하는 '도관(導管)' 비유를 사용한다. 이 비유에서 개념은 사물이고, 문장은 그것을 담는 그릇이며, 의사소통은 보내는 행위다. 우리는 생각을 '모아서' 그것을 '단어' 속에 '넣으며', 우리의 용어가 '비어' 있지 않는 한, 우리는 청자에게 그 생각을 '전달'하거나 '보낼' 수 있고, 청자는 우리의 단어들을 '풀어서' 그 '내용물'을 '꺼낼' 수 있다. 그러나 우리가 지금까지 살펴보았듯이 이 비유는 오해의 소지가 다분하다. 문장을 완전하게 이해하는 과정은 거리에서 만난 두 정신분석가에 관한 농담에서 더욱 선명하게 드러난다. 한 사람이 "좋은 아침입니다."라고 말하자, 상대방이 이렇게 생각한다. '저 사람이 저 말을 하는 건 무슨 꿍꿍이속일까.'

VIII

바벨탑

THE TOWER OF BABEL

온 땅의 구음이 하나이요 언어가 하나이었더라. 이에 그들이 동방으로 옮기다가 시날 평지를 만나 거기 거하고 서로 말하되 자, 벽돌을 만들어 견고히 굽자 하고 이에 벽돌로 돌을 대신하며 역청으로 진흙을 대신하고 또 말하되 자, 성과 대를 쌓아 대 꼭대기를 하늘에 닿게 하여 우리 이름을 내고 온 지면에 흩어짐을 면하자 하였더니 여호와께서 인생들의 쌓는 성과 대를 보시려고 강림하셨더라. 여호와께서 가라사대 이 무리가 한 족속이요 언어도 하나이므로 이같이 시작하였으니 이후로는 그 경영하는 일을 금지할 수 없으리로다. 자, 우리가 내려가서 거기서 그들의 언어를 혼잡케 하여 그들로 서로 알아듣지 못하게 하자 하시고 여호와께서 거기서 그들을 온 지면에 흩으신 고로 그들이 성 쌓기를 그쳤더라. 그러므로 그 이름을 바벨이라 하니 이는 여호와께서 거기서 온 땅의 언어를 혼잡케 하셨음이라 여호와께서 거기서 그들을 온 지면에 흩으셨더라.
(창세기 11장 1~9절)

서기 1957년 언어학자 마틴 주스는 지난 30년간의 언어학 연구를 검토하여 신은 실제로 노아의 후손들이 사용하던 언어를 훨씬 더 혼란스럽게 만들었다고 결론지었다. 창세기의 신은 단지 인간들이 서로의 말을 이해하지 못하는 상태에 만족했다고 전해지는 반면, 주스는 "언어는 무한히 그리고 예측 불가능한 방식으로 서로 다를 수 있다."고 선언했다. 같은 해에 《통사론의 구조》의 발표와 함께 촘스키혁명이 시작되었고, 그 후 30년 동안 우리는 말 그대로 성경이야기로 되돌아갔다. 촘스키는 화성인 과학자가 지구를 방문하면 틀림없이 지구인들 상호간의 이해 불가능한 어휘들은 무시하고, 지구인들이 하나의 언어를 사용한다고 결론지을 것이라고 말했다.

이 두 해석은 신학적 논쟁의 기준으로 봤을 때도 놀라울 만큼 다르다. 이 해석들은 어디에 근거를 둔 것일까? 지구상에 존재하는 4,000~6,000개의 언어들은 영어와 다를 뿐 아니라 저마다 다른 모습을 띠고 있다. 그 언어들은 우리에게 익숙한 영어와는 현저히 다른, 다음과 같은 특징적 면모들을 띠고 있다.

1. 영어는 '고립어' 다. 따라서 Dog bites man이나 Man bites dog 같이 단어 크기의 고정단위들을 재배열함으로써 문장을 구성한다. 다른 언어들은 격접사로 명사를 수식하거나 수, 성, 인칭에서 동사의 역할수행자와 일치하는 접사를 이용하여 동사를 수식함으로써 누가 무엇을 누구에게 행했는지를 표현한다. 한 예로 라틴어는 각각의 접사에 몇 개의 정보 조각이 포함되어 있는 '굴절어' 다. 또 다른 예로 키분조어는 5장에서 살펴본 8개의 부분으로 이루어진 동사처럼 각각의 접사들이 한 조각의 정보를 포함하며, 많은 접사들이 함께 연결되는 '교착어' 다.
2. 영어는 각각의 구가 고정된 위치에 놓이는 '어순이 고정된' 언어다. '어순이 자유로운' 언어에서는 구의 순서가 바뀌는 것이

허용된다. 오스트레일리아의 토착어인 왈비리어는 그 극단적인 예로 서로 다른 구의 단어들이 함께 뒤섞일 수 있다. 즉, This man speared a kangaroo는 Man this kangaroo speared, Man kangaroo speared this 및 다른 네 가지 순서 중 어떤 것으로도 표현될 수 있으며, 그 모두가 완벽하게 같은 의미의 문장이다.

3. 영어는 '대격(對格)' 언어이므로 She ran에서의 she라는 자동사의 주어는 She kissed Larry에서 she라는 타동사의 주어와 동일하게 취급되고, Larry kissed her에서의 her라는 타동사의 목적어와는 다르게 취급된다. '능격(能格)' 언어인 바스크어와 여러 토착 오스트레일리아어들은 위의 세 가지 역할을 무시하는 상이한 도식을 가지고 있다. 즉, 자동사의 주어와 타동사의 목적어가 같고, 타동사의 주어가 다르게 취급된다. 마치 She ran을 의미하기 위해 Ran her라고 말하는 것과 같다.
4. 영어는 '주어 부각형' 언어로서 모든 문장에 하나의 주어가 있어야 한다(It is raining 또는 There is a unicorn in the garden에서처럼 지칭할 것이 없는 경우에도 주어가 있어야 한다). 일본어처럼 '화제 부각형' 언어에서는 문장 안에 현재 진행 중인 대화의 화제가 차지하는 특별한 위치가 있다. This place, planting wheat is good이나 California, climate is good이 그러한 예다.
5. 영어는 주어–동사–목적어 순(Dog bites man)인 'SVO' 언어다. 일본어는 주어–목적어–동사 순(Dog man bites)인 'SOV' 언어이며, 현대 아일랜드어(고이델어)는 동사–주어–목적어 순(Bites dog man)인 'VSO' 언어다.
6. 영어에서는 어떤 구문에서든 하나의 명사가 하나의 사물을 가리킬 수 있다(a banana, two bananas, any banana, all the bananas). 그러나 '분류사(classifier)' 언어에서는 명사가 인간,

동물, 무생물, 1차원, 2차원, 무리, 도구, 음식 등과 같은 종 부류로 나뉜다. 따라서 구문 속에서는 명사 그 자체가 아니라 그 등급의 명칭이 사용되어야 한다. 예를 들어 three hammers는 three tools, to wit hammer(to wit hammer= '즉, 망치.'—옮긴이)로 표현되어야 한다.

그리고 어떤 언어의 문법이라도 한 번만 보면 수십 또는 수백 가지의 고유한 특질이 드러날 것이다.

다른 한편, 우리는 물거품 같은 그 소리들 속에서 놀라운 보편 요소들을 들을 수 있다. 1963년에 언어학자 조셉 그린버그는 세르비아어, 이탈리아어, 바스크어, 핀란드어, 스와힐리어, 누비아어, 마사이어, 베르베르어, 터키어, 헤브라이어, 힌디어, 일본어, 미얀마어, 말레이어, 마오리어, 마야어, 케추아어(잉카어의 한 갈래)를 포함한 5대륙 30종의 전혀 다른 언어에서 뽑은 표본들을 조사했다. 그린버그는 촘스키학파가 아니었다. 그는 단지 이 모든 언어들 속에서 흥미로운 문법적 특징들이 발견될 수 있는지를 알고 싶어 했을 뿐이다. 단어와 형태소의 순서에 중점을 두었던 첫 번째 연구에서 그는 44개나 되는 보편요소들을 발견했다.

그 이후 전 세계 모든 지역에서 사용하는 수십 가지 언어들을 대상으로 수많은 조사가 진행되었고, 그야말로 수백 가지의 보편적인 형태들이 기록되어 왔다. 보편적인 형태 가운데 일부는 절대적이었다. 예를 들어 Built Jack that house the this is?처럼 한 문장 안의 단어를 역순으로 놓음으로써 의문문을 구성하는 언어는 하나도 없다. 또 일부는 통계적이다. 거의 모든 언어에서 주어는 대개 목적어에 선행하며, 동사와 목적어는 인접하는 경향이 있다. 그러므로 대부분의 언어들은 SVO나 SOV 순서다. VSO 순서인 언어는 훨씬 적고, VOS 및 OVS 순서는 아주 드물며(1% 미만), OSV는 존재하지 않는 것 같다(몇몇 후보가 있기는 하지만 그 언어들이 OSV라는 데 동의하지 않는 언어학자들이 있다). 그리고 거의 모든 보편요소들은 연관관계를 가지고 있다. 말하자면 한 언어가 X를 가진다면 그 언어는 또한 Y도 가지고 있더라는 것이다. 우리는 4장에서 연관관계를 가진 보편요소의 전형적인 예를 살펴본 바 있다. 한 언어의 기본 어순이 SOV이면, 그 언어는 일반적으로 문장 끝에 의문문을 나타내는 단어가 오고 후치사가 있다. SVO인 경우에는 문장 첫 머리에 의문문을 나타내는 단어가 오고 전치사가 있다. 연관관계를 가진 보편요소는 음운론(가령, 한 언어에 비강모음이 있으면 반드시 비(非)비강모음도 있다)에서 단어의 의미(가령, 한 언어에 '자주색'을 뜻하는 단어가 있으면 반드시 '붉은 색'을 뜻하는 단어도 있다. 또 '다리'를 뜻하는 단어가 있으면 반드시 '팔'을 뜻하는 단어도 있다)에 이르기까지 언어의 모든 측면에서 발견된다.

보편요소의 목록의 존재가 언어가 제멋대로 다르지는 않다는 것을 보여주는 것이라면, 그것은 언어가 뇌의 구조에 의해 제약된다는 것을 함축하는 것일까? 직접적으로 그렇지는 않다. 먼저 우리는 두 가지 대안적 설명을 무찔러야 한다.

한 가지는 언어가 단 한 번 시작되었고, 현존하는 모든 언어들은 그 조상어의 후손들로서 조상어의 특징들을 보유하고 있다는 설명이다. 그러한 특징들은 알파벳의 순서가 헤브라이어, 그리스어, 로마어 및 키릴어의 알파벳과 대체로 유사한 것과 똑같은 이유로 모든 언어에 걸쳐 유사할 것이다. 알파벳 순서에 특별한 것은 없다. 알파벳 순서는 가나안 사람들이 고안해 낸 것이며, 모든 서방의 알파벳이 여기서 유래했다. 그러나 이것을 언어의 보편요소를 설명하는 이론적 근거로 간주하는 언어학자는 아무도 없다. 우선 세대간의 언어 전달에서 철저한 단절이 있을 수 있기 때문이다. 가장 극단적인 예는 크리올어화다. 그런데 보편요소들은 크리올어는 물론 모든 언어에 적용된다. 뿐만 아니라 '한 언어가 SOV의 어순을 가지면 그것은 후치사를 가지고, SVO의 어순을 가지면 전치사를 가진다.' 와 같은 연관적 보편요소는 단어가 부모에게서 아이들로 전달되는 방식으로는 전달될 수 없음이 자명하다. 연관관계는 영어에만 국한된 사실이 아니기 때문이다. 아이들은 영어가 SVO이고 전치사를 가진다는 사실을 배울 수는 있지만, 그 어떤 것도 아이들에게 한 언어가 SVO이면 반드시 전치사를 가진다는 사실을 알려주지는 않는다. 연관적 보편요소는 모든 언어와 관련된 사실이며, 비교언어학자라는 유리한 관점에서만 볼 수 있다. 역사의 진행 속에서 한 언어가 SOV에서 SVO로 바뀌고 후치사가 전치사로 훌쩍 넘어간다면, 이 두 가지 발전과정이 동시 병행하는 이유에 대한 어떤 이론적 근거가 존재해야 할 것이다.

또한 보편요소들이 단순히 세대를 통해 전달되는 것이라면, 우리는 여러 언어 사이의 주요한 차이점들이 언어 가계도의 가지들과 상관이 있을 것이라고 예상할 수 있다. 이것은 두 문화 사이의 차이점이 일반적으로 그 문화들이 얼마나 오랫동안 분리되어 있었는가, 하는 것과 관련되어 있는 것과 비슷하다. 인류 최초의 언어가 시간이 흐르면서 분화되어 일부 갈래들은 SOV가 되고, 일부는 SVO가 되었을 수도 있다. 또 이들 각각의 갈래 안에서 어떤 언어는 교착어를, 또 어떤 언어는 고립어를 가지게 되었을 수도 있다. 그러나 사실은 그렇지 않다. 대략 1천 년 정도의 시간의 간극을 건너뛰면 역사와 유형학은 종종 상관성을 잃는다. 언어들은 비교적 빨리 한 문법유형에서 다른 문법유형으로 바뀌고, 몇 가지 문법유형들 사이를 번갈아 오갈 수도 있다. 어휘를 논외로 한다면,

언어들은 점진적으로 차별화되고 분화되지 않는다. 예를 들어 영어는 어순이 자유롭고, 어형 변화가 심하고, 화제 부각형인 언어에서 어순이 고정되고, 어형 변화가 적고, 주어 부각형 언어로 변해온 반면에 그 자매어인 독일어는 오늘날까지도 그 모습을 그대로 유지하고 있다. 그리고 이 모든 일이 1천 년이 안 되는 기간에 일어났다. 몇 가지 특정한 문법적 측면에서 볼 때, 상당수 어족들 안에는 전 세계에 걸쳐 존재하는 아주 다양한 이형(異形)들이 거의 다 포함되어 있다. 언어의 문법적 특징과 언어 가계도상의 위치 사이에 강력한 상관성이 없다는 것은, 언어의 보편요소들이 단지 모든 언어의 모어로 추정되는 것으로부터 우연히 살아남게 된 특징들이 아니라는 것을 시사한다.

언어의 보편요소의 존재 원인을 보편적 언어본능으로 돌리기 전에 우리가 무찔러야 할 두 번째 반대설명은, 언어의 제약을 받지 않는 사고나 마음의 정보처리과정의 보편성이 언어에 반영될 수 있다는 것이다. 3장에서 보았듯이 색상어휘의 보편요소들은 색채 시지각의 보편요소들에서 비롯된 것일 수 있다. 또 주어가 목적어에 선행하는 것은 행위동사의 주체가 원인적 행위자를 의미(Dog bites man에서처럼)하기 때문일 수 있다. 즉, 주어를 맨 앞에 놓는 것은 원인이 결과보다 먼저 온다는 사실을 반영할 수 있다는 것이다. 핵어 선치 혹은 핵어 후치의 순서가 한 언어의 모든 구에 일괄적으로 적용되는 것은, 오른쪽이든 왼쪽이든 가지가 뻗어나갈 방향을 일관되게 정해야만 이해하기 어려운 양파 형태의 구문을 피할 수 있기 때문일 것이다. 예를 들어, 일본어는 SOV의 어순을 가지며 수식어는 왼쪽에 놓인다. 그래서 수식어가 외부에 놓이는 '수식어-S V O'의 구문은 성립하지만, 수식어가 안에 놓이는 'S-수식어 O V'의 구문은 성립하지 않는다.

그러나 이러한 기능적 설명은 설득력이 약한 경우가 많고, 이러한 설명이 전혀 적용되지 않는 보편요소들도 많다. 예를 들어 그린버그가 밝혀낸 바에 따르면, 어떤 언어가 기존 단어에서 새로운 단어를 생성하는 파생접미사와 문장 안에서의 역할에 맞게 단어를 수정하는 어형변화접미사를 가지고 있을 때, 파생접미사는 반드시 어형변화접미사보다 어간에 더 가깝게 위치한다. 5장에서 우리는 문법에 맞는 Darwinisms와 문법에 어긋나는 Darwinsism의 차이를 통해 영어에 이러한 원리가 있다는 것을 알았다. 그런데 이러한 법칙이 사고나 기억에 관한 보편적 원리를 반영하고 있다고 생각하기는 어렵다. (우리의 마음이 -ism을 그 복수형보다 더 기본적인 것으로 인지하는 것이 틀림없고, 따라서 언어도 그런 순서로 구성된다고 하는 식의 순환논법으로 사고하지 않는 한) 왜 한 명의 다윈에 근거한 두 가지 이데올로기라는 개념은 생각할 수 있는데 두 명의 다윈(가령 찰스와 에라스무스)에 근거한 하나의 이데올로기라는 개념은 생각할 수 없단 말인가? rats와 mice의 개념적 유사성에도 불구하고, 그리고 부모에게서 그 두 종류의 복합어를 전혀 듣지 못했음에도 불구하고 아이들은 결코 rats-eater라고는 하지 않고 mice-eater라고는 말한다는 사실을 보여준 피터 고든의 실험을 상기해 보라. 그의 실험은 이러한 특정한 보편요소들이 파생어들에 어형변화가 적용될 때 형태론적 규칙들이 뇌에서 연산되는 방식에 의해서 야기된 것이지 그 반대가 아니라는 주장을 확증해 준다.

어찌 되었든 그린버그 가설은 바벨탑보다 먼저 존재했던 신경학적으로 주어진 보편문법을 찾기에 최적의 장소는 아니다. 우리가 주목해야 할 것은 잡다한 사실들의 목록이 아니라 전체적인 문법체계다. 가령 SVO 어순이 성립하는 원인을 놓고 논쟁하는 것은 나무를 보면서 숲을 보지 못하는 것이다. 무엇보다 놀라운 것은 우리가 임의로 어떤 언어를 선택하여 살펴보면 우선적으로 주어, 목적어, 동사라고 부를 만한 것들을 발견할 수 있다는 사실이다. 만약 누군가가 우리에게 음악의 기보법이나 컴퓨터프로그래밍 언어인 포트란, 모르스부호나 산수에서 주어, 목적어, 동사의 순서를 찾아보라고 한다면 우리는 그것을 터무니없는 요구라고 항변할 것이다. 그것은 6대주에 걸친 전 세계 문화의 전형적인 표본들을 수집하거나, 그들 문화의 하키팀 셔츠의 색깔이나 할복자살 의식의 형태를 조사하는 것과 같을 것이다. 우리는 먼저, 그리고 무엇보다도, 문법의 보편성에 대한 연구가 가능하다는 사실에 놀라야 한다.

언어학자들이 다양한 언어에서 동일한 언어 장치들이 발견된다고 주장하는 까닭은 그들이 언어에 주어가 있다고 생각하고 있고, 그래서 영어의 주어와 비슷한 최초의 구에 '주어'라는 딱지를 붙이기 때문이 아니다. 그보다는 오히려 어떤 언어를 처음 연구하는 언어학자가 만일 영어의 주어—가령, 행위동사의 행위자 역할을 의미하는 주어—에 근거한 기준을 이용하여 어떤 구를 '주어'라고 부른다면, 그는 곧바로 다른 기준들—가령, 주어는 인칭과 수에서 동사와 일치하고 목적어 앞에 나타난다는 등의 기준들—도 그 구에 적용된다는 것을 발견하게 되기 때문이다. 모든 언어들에 두루 존재하는 바로 이러한 언어의 성질들의 상호관련성 때문에 아바자어에서 지리안어에 이르는 모든 언어에 대해 주어와 목적어, 명사와 동사, 조동사와 어미변화 등을 이야기하는 것—단지 단어 분류번호 2783번, 단어 분류번호 1491번이 아니라—이 과학적 의미를 갖게 된다.

화성인의 눈에는 모든 인간이 단일한 언어를 사용하는 것처럼 보일 것이라는 촘스키의 주장은 동일한 상징조작체계가 전 세계의 모든 언어들의 기저에 예외 없이 깔려 있다는 사실을 발견한 데 따른 것이다. 언어학자들은 오래 전부터 언어의 기본 설계가 보여주는 특징들이 모든 언어에서 발견된다는 사실을 알고 있었다. 1960년에 비(非) 촘스키계열의 언어학자인 호켓은 인간의 언어와 동물의 의사소통체계를 비교함으로써 많은 특징들을 기록했다(호켓은 화성인을 대면한 적이 없었다). 언어는 사용자들이 청각을 사용하는 한 입에서 귀로 이어지는 통로를 이용한다(물론 손짓과 얼굴표정은 청각장애인들이 사용하는 대체 통로다). 하나의 공통 문법규약은 생산과 이해를 매개하며, 화자는 이를 바탕으로 자신이 이해할 수 있는 모든 언어정보를 생산할 수 있게 된다. 물론 그 반대도 성립된다. 단어는 안정된 의미를 가지며, 임의적 관습에 따라 결합된다. 말소리는 불연속적인 것으로 취급된다. 가령 음향적으로 bat와 pat의 중간인 소리가 batting과 patting의 중간 의미를 갖지는 않는다. 언어는 추상적인 개념뿐 아니라 화자로부터 시공간적으로 떨어져 있는 의미를 전달할 수도 있다. 언어의 형태는 이산조합체계에 의해 만들어지기 때문에 그 수가 무한하다. 모든 언어는 이중의 형식을 띠는데, 그 가운데 하나의 규칙체계는 의미와는 무관하게 형태소 내부에 음소를 배열하기 위해 사용되고, 다른 또 하나의 규칙체계는 단어와 구 안에 형태소들을 배열하여 의미를 지정하기 위해 사용된다.

촘스키학파의 언어학은 그린버그 류(類)의 조사와 결합하여 이 초보적인 사색의 한 페이지를 무사히 건너뛸 수 있게 해 준다. 4~6장에서 영어에 대해 사용했던 문법장치들은 전 세계의 모든 언어에 대해 사용될 수 있다고 해도 무방하다. 모든 언어에는 명사와 동사를 비롯한 여러 가지 품사로 분류되는 수천수만 개의 어휘가 있다. 단어는 X-바 체계에 따라 조직되어 구를 이룬다(명사는

N-바 안에서 발견되고, N-바는 명사구 안에서 발견되듯이). 구 구조의 더 높은 차원에는 조동사(INFL)가 포함되며, 조동사는 시제, 서법(敍法), 상(相), 부정 등을 나타낸다. 명사는 정신사전의 동사나 술어 항목에 의해 격이 정해지고, 의미상의 역할이 할당된다. 구는 구조에 따른 이동규칙에 의해 심층구조의 자리에 빈자리 혹은 '흔적'을 남기고 이동하여 의문문, 관계사절, 수동문, 그 밖의 다양한 구문들을 형성할 수 있다. 파생과 어형변화의 규칙들에 의해 새로운 단어구조들이 만들어지거나 변경될 수 있다. 어형변화 규칙들은 일차적으로 명사에 격과 수를 표시하고, 동사에는 시제, 상, 서법, 태, 부정, 그리고 수와 성과 인칭상의 주어 및 목적어와의 일치 등을 표시한다. 단어의 음운론적 형식은 운율적 · 음절적 나무구조에 의해 그리고 발성, 음조, 조음의 방식이나 위치 같은 독립된 층(tier)을 가진 자질들에 의해 규정되고, 음운론적 규칙에 따라 순서대로 조정된다. 이러한 규칙들 가운데 상당수는 어떤 의미에서 유용한데도 불구하고, 이런저런 언어에서 발견되지만 포트란이나 음악 기보법 같은 인공체계에서는 결코 발견되지 않는 그 세부사항들은 인간의 언어본능의 기저에는 역사나 인지력으로 환원시킬 수 없는 보편문법이 깔려 있다는 강력한 인상을 준다.

신이 노아의 후손들이 사용하는 언어에 혼란을 주기 위해 많은 일을 할 필요는 없었다. 어휘—'쥐'를 뜻하는 단어가 mouse인가 souris인가—와 더불어 언어의 몇 가지 속성들은 보편문법에서 특정되어 있지 않으며, 매개변항에 따라 달라질 수 있다. 예를 들어 구 안에서의 어순이 핵어선치인가 핵어후치인가(eat sushi나 to Chicago 대 sushi eat나 Chicago to), 모든 문장에서 주어가 반드시 있어야 하는가 아니면 경우에 따라 생략할 수 있는가 따위를 결정하는 것은 각각의 언어에 달린 문제다. 더욱이 어떤 문법장치는 특정한 언어에서는 대단히 중요한 일을 수행하는 반면, 다른 언어에서는 눈에 띄지 않는 구석자리로 밀려나 있는 경우가 빈번하다. 전반적인 인상으로 말하자면, 보편문법은 하나의 문(門:동식물 분류학상 항목.—옮긴이)에 속하는 수많은 동물들의 전형적인 정면선도(正面線圖:정면에서 본 각 부위의 횡단면도.—옮긴이) 같다. 예를 들어 모든 양서류, 파충류, 조류, 포유류들은 하나의 환절형 척추, 관절형 사지, 하나의 꼬리, 하나의 두개골 같은 공통된 신체구조를 가지고 있다. 동물들마다 다양한 부위들이 기괴하게 왜곡되어 있거나 발육이 억제된 형태를 띠고 있다. 가령, 박쥐는 손이 날개가 되었고, 말은 가운뎃발가락을 딛고 걷고, 고래는 앞다리는 물갈퀴가 되고 뒷다리는 눈에 보이지도 않는 조그만 크기로 축소되었으며, 포유동물의 중이(中耳)에 있는 작은 추골 · 침골 · 등골은 파충류에게는 턱이 되었다. 또한 우리는 도롱뇽에서 코끼리에 이르기까지 정면선도의 공통적 형태—대퇴골과 연결된 경골, 좌골과 연결된 대퇴골—를 식별할 수 있다. 단지 태아 시기에 발생하는 여러 기관들의 상대적 성장 시기와 속도의 미세한 변화들이 이토록 많은 차이를 발생시킨다. 언어들 사이의 차이도 비슷하다. 통사론 · 형태론 · 음운론 상의 규칙과 원칙들의 공통적인 도면이 존재하고, 다양한 매개변항들이 선택사항의 목록으로서 나열되어 있다고 생각할 수 있다. 매개변항은 일단 정해지면 그 언어의 겉모습에 광범한 변화를 일으키게 된다.

전 세계 모든 언어의 표피 바로 밑에 단일한 도면이 존재한다면, 어떤 한 언어의 모든 기본적 성질은 다른 모든 언어에서도 발견되어야 한다. 이 장의 첫 부분에서 영어 이외의 언어들의 특징으로 거론했던 여섯 가지 사항들을 다시 검토해 보자. 좀더 자세히 살펴보면 이것1. 영어에는 그와 다른 것으로 설정되는 굴절어처럼 일치 표시자, 즉 he walks에서 볼 수 있는 3인칭 단수형 어미 –s가 있다. 영어에는 또한 he 대 him의 경우처럼 대명사에서 격을 구별한다. 그리고 교착어처럼 영어에도 여러 조각들을 접합시켜 긴 단어를 만들어 내는 장치가 있다. 가령 파생어 규칙과 접사를 이용해 sensationalization과 Darwinianisms를 만들어 낸다. 중국어는 영어보다 한층 극단적인 고립어의 예라고 할 수 있지만, 그 역시 복합어와 파생어들처럼 여러 부분으로 구성된 단어를 만들어 내는 규칙을 가지고 있다.

1. 영어에는 그와 다른 것으로 설정되는 굴절어처럼 일치 표시자, 즉 he walks에서 볼 수 있는 3인칭 단수형 어미 –s가 있다. 영어에는 또한 he 대 him의 경우처럼 대명사에서 격을 구별한다. 그리고 교착어처럼 영어에도 여러 조각들을 접합시켜 긴 단어를 만들어 내는 장치가 있다. 가령 파생어 규칙과 접사를 이용해 sensationalization과 Darwinia-nisms를 만들어 낸다. 중국어는 영어보다 한층 극단적인 고립어의 예라고 할 수 있지만, 그 역시 복합어와 파생어들처럼 여러 부분으로 구성된 단어를 만들어 내는 규칙을 가지고 있다.
2. 영어는 어순이 자유로운 언어들처럼 전치사구의 순서를 자유롭게 배열할 수 있는데, 그 경우에 각각의 전치사는 마치 격 표시자인 것처럼 명사구의 의미론상의 역할을 표시한다(The package was sent from Chicago to Boston by Mary./ The package was sent by Mary to Boston from Chicago./ The package was sent to Boston from Chicago by Mary. 등등). 이와는 반대로 영어의 반대편 극단에 위치한 왈피리어 같은 이른바 스크램블링 언어에서도 단어의 순서가 완전히 자유롭지는 않

다. 예를 들어 조동사는 문장 내에서 두 번째 위치에 놓여야 하는데, 이것은 영어의 위치 배정과 상당히 비슷하다.

3. 영어는 능격 언어들처럼 타동사의 목적어와 자동사의 주어 사이의 유사성을 특징으로 갖는다. John broke the glass(glass=목적어)와 The glass broke(glass=자동사의 주어) 혹은 Three men arrived와 There arrived three men을 비교해 보라.
4. 화제 부각형 언어처럼 영어도 As for fish, I eat salmon 및 John I never really liked 같은 구문에서 화제 구성요소를 가진다.
5. SOV 언어들처럼 영어도 불과 얼마 전까지만 해도 SOV의 어순을 사용했다. 이 어순은 Till death do us part 및 With this ring I thee wed 같은 고어식 표현에서 볼 수 있는데, 지금도 해석이 가능하다.
6. 분류사 언어들처럼 영어도 많은 명사들에 대해 분류사를 고집한다. 우리는 네모난 종이 한 장을 a paper라 하지 못하고 a sheet of paper라고 한다. 마찬가지로 영어 화자들은 a piece of fruit(사과 한 조각이 아닌 한 알의 사과를 나타냄), a blade of grass, a stick of wood, fifty head of cattle이라고 말한다.

만일 화성인 과학자가 인간은 단일한 언어를 사용한다는 결론을 내린다면, 그는 왜 지구어에는 서로 이해하지 못하는 수천 개의 방언이 존재하게 되었는지 매우 의아해할 것이다(화성에는 성서기증협회가 없고, 따라서 창세기 11장을 보지 못했을 테니까). 언어의 기본 설계도가 인간 종에게 선천적이고 확정적인 것이라면 왜 모든 언어들이 한 다발의 바나나 같지 않은가? 핵어선치 매개변항, 색상어휘수의 규모 차이, 보스턴 억양은 왜 나타나는가?

지구의 과학자들에게는 결정적인 해답이 없다. 이론물리학자인 프리먼 다이슨의 견해에 따르면, 언어의 다양함은 한 가지 이유 때문이다. 그는 희석되지 않는 생물학적·문화적 진화가 급속히 진행될 수 있는 단절된 인종집단을 만들어 냄으로써 "우리가 빨리 진화할 수 있게 만드는 자연의 방식"이라고 했다. 그러나 다이슨의 진화적 추론은 결점이 있다. 미래를 내다보지 못하는 생물 계통들은 바로 지금 그들이 될 수 있는 최고가 되려고 노력한다. 그들은 어떤 변화가 천년 후에 다가올 빙하기에는 쓸모가 있을 것이라는 기대를 품고서 변화를 위한 변화를 시작하지 않는다. 사실 언어의 다양함에 목적을 부여한 최초의 인물은 다이슨이 아니었다. 한 언어학자가 족외혼을 하는 콜롬비아의 바라족 인디언 한 명에게 왜 그렇게 많은 언어가 있느냐고 묻자 그는 이렇게 대답했다. "만일 우리가 모두 투카노어를 사용한다면 우리는 어디서 여자를 구하겠소?"

퀘벡 주 출신인 나는 언어 차이가 종족의식의 차이를 야기하며, 좋든 나쁘든 그 결과가 광범위하다는 것을 입증할 수 있다. 그러나 다이슨과 바라족 인디언의 생각은 인과의 화살을 거꾸로 쏜 것이다. 분명 핵어선치 매개변항을 비롯한 이 모든 것들은 심지어 진화상 바람직하다고 전제하고서 인종집단들을 구분하려 한 어떤 구상에서 행해진 대량과잉살육을 표상한다. 인간은 누구를 경멸할지를 파악하기 위해 사소한 차이점들을 냄새 맡는 데는 천재다. 이를테면 유럽계 미국인은 피부색이 희고 아프리카계 미국인은 피부색이 검다는 것만으로도, 힌두교도들은 쇠고기를 먹지 않고 이슬람교도들은 돼지고기를 먹지 않는 것만으로도 서로가 서로를 경멸하기에 충분하다. 일단 둘 이상의 언어가 존재하면 나머지 일은 자민족중심주의가 수행한다. 해서 우리는 둘 이상의 언어가 존재하는 이유를 이해할 필요가 있다.

다윈이 핵심적인 통찰을 피력하고 있다.

> 상이한 언어와 개별 종족의 형성, 그리고 양자가 점진적인 과정 속에서 발전해 왔다는 것을 보여주는 증거들은 신기하게도 평행하다. … 개별 언어들 속에서 우리는 혈통의 공유에서 비롯되는 놀라운 동종성, 그리고 유사한 형성과정에서 비롯된 유사성들을 발견한다. … 언어는 생명체들처럼 집단과 하부집단으로 분류될 수 있다. 그리고 언어는 혈통에 따라 자연적으로, 혹은 여타 특징에 따라 인위적으로 분류될 수 있다. 지배적인 언어와 방언들이 넓게 확산되면 다른 언어들은 점차 멸종된다. 종과 마찬가지로 언어도 멸종되면 절대로 … 다시 나타나지 않는다.

다시 말해, 여우가 늑대와 같지 않지만 비슷한 것과 같은 이유로, 영어는 독일어와 같지 않지만 유사하다. 영어와 독일어는 공통조상어의 변형이고, 여우와 늑대는 과거에 살았던 공통조상의 변형이다. 사실 다윈은 생물학적 진화에 관한 생각의 일부를 그 시대의 언어학에서 취했음을 인정했고, 우리는 본 장의 뒷부분에서 이것을 살펴볼 것이다.

언어들 사이의 차이는 서로 다른 종들 사이의 차이와 마찬가지로 긴 시간에 걸쳐 작용하는 세 가지 과정의 산물이다. 첫 번째 과정은 변이인데, 종의 경우는 돌연변이고, 언어의 경우는 언어적 혁신이다. 두 번째는 세습이다. 후손들은 변이적 성질에서 선조를 닮는데, 종의 경우는 유전이고, 언어의 경우는 학습능력이다. 세 번째 과정은 고립으로서, 종의 경우에는 지리 · 번식기간 · 생식의 해부학적 구조 등에 의한 고립이고, 언어의 경우에는 이주나 사회적 장벽에 의한 고립이다. 두 경우 모두에서 고립된 개체군들은 독립적인 변이를 축적하고, 그렇게 해서 시간의 경과와 함께 분화된다. 따라서 둘 이상의 언어가 존재하는 원인을 이해하기 위해서는 혁신, 학습, 이주의 영향을 이해해야 한다.

먼저 학습능력부터 시작해 보자. 우선 여기서 설명해야 것이 있다. 학습은 인간이 본능이라는 밑바닥에서 측량한 진화의 봉우리고, 그래서 인간의 학습능력은 인간의 총명함으로부터 설명될 수 있다고 믿는 사회과학자들이 많다. 그러나 생물학에서는 다르게 말한다. 학습은 박테리아처럼 단순한 생명체에서도 발견되며, 윌리엄 제임스와 촘스키가 지적했듯이 인간의 지능은 우리가 선천적인 본능을 더 많이 소유하고 있다는 데 의존하고 있는지도 모른다. 학습은 동물들의 위장술이나 뿔처럼 필요할 때, 이를테면 생명체를 둘러싼 환경이 어떤 측면에서 대단히 예측 불가능하여 그 우연성에 대한 예측이 제대로 작동하지 못할 때 자연이 그 생명체에게 제공하는 하나의 선택사양이다. 예를 들어 가파른 절벽 끝에 둥지를 트는 새들은 자식을 식별하지 못한다. 자신의 둥지 안에 있는 적당한 크기와 모양의 덩어리는 틀림없는 자신의 자식이므로 굳이 식별할 필요가 없기 때문이다. 이와는 반대로 규모가 큰 서식지에 둥지를 트는 새들은 몰래 숨어들어온 이웃의 자식에게 먹이를 줄 위험이 있으므로 자기 새끼들만의 세밀한 특징을 식별하는 메커니즘을 발달시켜 왔다.

어떤 특성이 학습의 산물로 시작된 경우라도 그것이 계속 학습의 산물로 남아 있을 필요는 없다. 진화이론은 컴퓨터 모의실험의 도움을 받아 환경이 안정적일 때 자연선택의 압력은 학습된 능력들을 점점 더 선천적인 것으로 만든다는 사실을 보여주었다. 그 이유는 어떤 능력이 선천적이라면 그것은 해당 생물체의 수명의 초기에 발달될 것이므로, 어떤 불운한 개체가 그것을 학습하는 데 필요한 경험을 놓칠 가능성을 줄여 주기 때문이다.

아이들이 체계 전체를 뇌 속에 힘들게 배선하는 것보다 언어의 일부는 학습하는 편이 더 유리한 이유는 무엇일까? 어휘의 경우에 그 이득은 아주 분명하다. 6만 개의 단어는 단지 5만 개에서 10만 개의 유전자로 구성된 하나의 유전체 안에서 진화, 저장, 유지되기에는 너무 많은 숫자다. 그리고 새로운 식물, 동물, 도구, 특히 사람에 대한 단어들을 학습한다는 것은 생애 전 기간이 필요한 일이다. 그런데도 상이한 문법들을 학습하는 것이 과연 유용할까? 아무도 모른다. 하지만 믿을 만한 가설이 몇 가지 있다.

언어와 관련해 우리가 학습해야 하는 것 가운데 일부는 문법의 진화에 선행하는 단순한 메커니즘에 의해 쉽게 학습된다. 예를 들어, 만일 언어의 요소들이 어떤 인지적 모듈에 의해 먼저 규정되고 확인되기만 한다면, 간단한 학습회로만으로도 어떤 요소가 어떤 요소 앞에 오는지 기록하기에 충분하다. 만일 보편문법의 모듈이 핵어와 역할수행자를 정의하기만 한다면, 그것들의 상대적 순서(핵어 선치 혹은 핵어 후치)는 쉽게 기록될 수 있을 것이다. 만일 이런 식으로 진화의 과정에서 언어의 기본적인 운용단위들이 선천적인 것으로 된다면, 학습된 낱낱의 정보가 선천적으로 배선될 필요는 없어진다. 진화에 관한 컴퓨터 모의실험은 신경통신망의 더 많은 부분이 선천적인 것으로 바뀜에 따라 학습된 신경접속회로들을 선천적인 것으로 대체해야 하는 압력은 더 감소하며, 차후에 학습에 실패할 가능성도 줄어든다는 사실을 보여준다.

언어가 부분적으로 학습되는 두 번째 이유는 언어가 태생적으로 하나의 기호체계를 다른 사람들과 공유하기를 포함하고 있기 때문이다. 선천적인 문법이 있다 해도 그것을 소유한 사람이 혼자뿐이라면 아무 소용이 없다. 그것은 혼자 추는 탱고이고, 한 손으로 치는 박수다. 그런데 아이를 낳을 때 인간의 유전체는 돌연변이를 일으키고 표류하고 재결합한다. 완전히 선천적인 하나의 문법을 자연선택한다는 것은 곧 다른 모든 사람들의 사용영역 밖으로 밀려날 수도 있다는 것을 의미할 수도 있다. 그래서 아이들은 그 대신 진화를 통해 자신들의 문법과 공동체의 문법이 동시병행할 수 있는 수단으로써 변화 가능한 언어의 부분들을 학습하는 능력을 부여받았으리라 추측된다.

언어 분화의 두 번째 요인은 변이다. 어디에선가 몇몇 사람들은 틀림없이 이웃과 다르게 말하기 시작할 것이고, 그 혁신은 전염성이 강한 질병처럼 어김없이 확산되고 유행하여 마침내는 전염병이 될 것이며, 그 시점에 이르면 아이들은 그것을 영구화하게 된다. 변화는 다양한 원인으로부터 발생할 수 있다. 특히 단어는 새롭게 형성되거나 다른 언어로부터 차용되기도 하며, 의미가 확장되고 또 잊혀지기도 한다. 따라서 어떤 하위문화 안에서 사용되던 새로운 은어나 새로운 언어양식이 근사하게 들릴 수 있고, 이것이 곧 주류로 스며들 수 있다. 이런 차용어들의 몇몇 예들은 대중적 언어연구 애호가들이 매력적으로 느끼는 주제로서 그에 대해 많은 책과 기사들이 씌어지고 있다. 그러나 나는 이런 주제에 쉽게 흥분하지 않는다. 영어가 일본어에서 kimono를, 스페인어에서 banana를, 미국 인디언어에서 moccasin을 차용했다는 사실을 알고 정말 놀랄 필요가 있을까?

언어본능으로 말미암아 언어의 혁신에는 훨씬 더 흥미로운 사실이 있게 된다. 언어 전달의 사슬 안에 존재하는 각각의 고리는 인간의 뇌다. 이 뇌에는 보편문법이 장착되어 있어서 항상 다양한 규칙들의 주위를 맴도는 말들을 빈틈없이 경계한다. 말은 적당히 얼버무려질 수 있고, 단어와 문장은 애매해질 수 있기 때문에, 사람들은 때때로 자신이 듣는 말을 재분석하는 경향이 있다. 그래서 그들은 그 말이 화자가 실제로 사용한 항목과는 다른 사전항목 또는 규칙에서 온 것이라고 해석한다. 그 간단한 한 예가 orange라는 단어다. 원래 그것은 norange였고, 스페인어 naranjo에서 차용된 단어다. 그러나 어느 순간 어떤 미지의 창조적인 화자가 a norange를 an orange로 재분석했음이 틀림없다. 화자와 청자의 분석이 anorange라는 특정한 구의 동일한 소리를 대상으로 했음에도 불구하고, 일단 청자가 문법의 나머지 부분을 창조적으로 사용하면 그 변화는 귀로 식별할 수 있게 된다. 가령 those noranges가 아닌 those oranges로 분석하는 것이 그 예다(이러한 변화는 영어에서 흔하다. 셰익스피어는 mine Uncle을 my nuncle로 잘라서 nuncle을 애정 어린 이름으로 사용했다. 유사한 경로로 Ned는 Edward에서 유래했다. 오늘날 많은 사람들이 a whole nother thing이라는 말을 사용한다. 그리고 내가 아는 한 어린이는 ectarines를 먹고, Nalice라 불리는 한 여자는 좋아하지 않는 사람들을 nidiots라고 부른다).

재분석은 언어본능의 이산조합적 창의력의 산물로서 언어의 변화와 생물학적 · 문화적 진화 사이의 유사성을 부분적으로 망가뜨린다. 언어의 혁신은 대개 무작위적인 돌연변이, 표류, 부식, 차용과는 다르다. 혁신은 다시 이야기될 때마다 윤색되고, 개선되고, 개작되는 전설이나 유머와 더 유사하다. 재분석은 새로운 복잡성의 무궁무진한 원천이기 때문에 문법은 역사와 더불어 빠르게 변화하지만 퇴화하거나 타락하지는 않는다. 그리고 문법은 점진적으로 분화되지도 않는데, 왜냐하면 문법은 모든 사람의 마음에 존재하는 보편문법 덕분에 이용 가능해진 습관들 사이를 넘나들 수 있기 때문이다. 더욱이 한 언어에서의 한 가지 변화는 마치 도미노 현상처럼 다른 곳에서의 연쇄적 변화들을 촉발시키는 불균형을 초래하기도 한다. 언어의 어떤 부분도 변할 수 있다.

• 한 언어공동체 안에서 여러 청자들이 동시조음된 빠른 말을 재분석할 때 많은 음운론 규칙들이 생겨난다. utter에서의 t를 플래핑해서 d로 변환시키는 규칙이 없는 방언이 있다고 해 보자. 그 방언의 화자들은 일반적으로 t를 [t]로 발음하지만, 그들이 평상시에 말을 빠르게 하거나 '게으른' 스타일을 선호할 때는 그렇지 않을 수 있다. 이때 청자들은 화자가 모종의 플래핑 규칙을 사용한다고 생각할 것이고, 그리하여 그들은(또는 그들의 아이들은) 신중한 말에서조차 t를 플래핑된 음으로 발음할 것이다. 더 나아간다면 기초적인 음소들도 재분석될 수 있다. v는 이런 방식으로 생겨났다. 고대 영어에는 v가 존재하지 않았다. 우리가 사용하는 단어 starve는 원래 steorfan이었다. 그러나 두 개의 모음 사이에 있는 모든 f는 유성음화가 적용되어 발음되었고, 그래서 현재의 플래핑 규칙과 유사한 어떤 규칙에 의해 ofer는 [over]로 발음되었다. 결국 청자들은 v를 [f]발음이 아니라 별개의 음소로 분석했고, 현재 그 단어는 실제로 over가 되었으며, v와 f는 별개의 음소가 되었다. 말하자면 지금의 우리는 waver와 wafer를 구별할 수 있으나 아서왕은 그렇지 못했다.

• 단어의 발음을 지배하는 음운론 규칙들이 단어의 구성을 지배하는 형태론 규칙으로 재분석될 수도 있다. 고대 영어에서처럼 게르만어에도 '변모음'(움라우트 현상. 후설모음이 뒤에 오는 '이' 음의 영향을 받아 전설모음으로 변하는 현상.—옮긴이) 규칙이 있어서 후설모음 뒤의 음절에 높은 전설모음 소리가 포함되어 있으면 그

후설모음이 전설모음으로 바뀌었다. 예를 들어, foot의 복수형인 foti에서 후설모음인 o는 변모음규칙에 의해 전설모음인 e로 바뀌어 전설모음인 i와 조화를 이루게 되었다. 결과적으로 끝에 있는 i는 더 이상 발음되지 않았고, 음운규칙은 더 이상 그러한 변화를 촉발시키는 데 할 일이 없었기 때문에 화자들은 o–e 전이를 복수형을 나타내는 형태론적 관계로 재해석했다. 그 결과 현재의 foot–feet, mouse–mice, goose–geese, tooth–teeth, louse–lice가 생겨났다.

• 또한 재분석을 통해서 한 단어에 대해 두 개의 이형이 생길 수 있고, 그 가운데 하나는 어형변화규칙에 의해 다른 하나로부터 생성될 수 있으며, 그 두 개의 이형들은 별개의 단어로 재분류될 수 있다. 과거의 화자들은 oo–ee 굴절규칙이 모든 단어에 대해서가 아니라 소수의 단어에만 적용된다는 것을 알아차렸을지 모른다. tooth–teeth지만 booth–beeth는 아니기 때문이다. 그러므로 teeth는 tooth에 적용된 어떤 규칙의 산물이라기보다는 tooth와 결부된 별개의 불규칙 단어로 해석되었다. 모음변화는 더 이상 하나의 규칙으로 작용하지 않는다. 그래서 리처드 레더러의 유머러스한 소설 〈닭장 속의 여우〉가 탄생할 수 있었다. 관련성이 모호한 그 밖의 단어들도 이런 경로로 영어에 들어왔다. 다음은 그러한 예들로서 brother–brethren, half–halve, teeth–teethe, to fall–to fell, to rise–to raise, 그리고 심지어 wrought는 work의 과거시제로 사용되었다.

• 다른 단어와 동반하는 한 단어가 부식되어 그 단어에 결합될 때, 어떤 형태론 규칙이 형성될 수도 있다. 시제 표시자들은 아마 조동사에서 유래했을 것이다. 앞에서도 언급했듯이 영어의 –ed 접사는 did에서 진화한 것으로 추정된다(hammer–did →

hammered). 격 표시자들은 연음된 전치사나 연속된 동사에서 유래했을 수도 있다(예를 들어, take nail hit it이라는 구문이 가능한 어떤 언어에서 take는 부식되어 ta-와 같은 대격으로 변할 수 있다). 또 일치 표시자는 대명사에서 생겨났을 수도 있다. 이를테면 John, he kissed her에서 he와 her는 일치 접사가 되어 동사와 덩어리를 이룰 수 있다.

• 단지 선호되는 어순이 의무적인 것으로 재분석될 때 통사론적 구문들이 생겨날 수 있다. 예를 들어, 영어에 격 표시자가 있었을 때에는 give him a book이나 give a book him 모두가 가능했으나 전자가 더 일반적이었다. 평상시의 대화에서 격 표시자들이 부식되었을 때 여전히 순서가 변할 수 있었다면, 많은 문장들이 모호해졌을 것이다. 따라서 좀더 일반적인 순서가 통사론의 한 규칙으로 자리를 잡았다. 또한 복합적인 재분석을 통해 또 다른 구문들이 생겨날 수 있다. 영어의 완료시제 I had written a book은 원래 I had a book written (I owned a book that was written의 의미)에서 유래했다. 이 재분석이 마음을 끌었던 것은 영어에 SOV의 어순이 살아 있었기 때문이다. written이라는 분사는 문장의 주동사로 재분석될 수 있었고, had는 그것의 조동사로 재분석되어 상호 관련된 의미를 가진 새로운 분석을 낳을 수 있었다.

언어가 쪼개지는 세 번째 요인은 화자 집단들의 분리다. 이로 인해 성공적인 혁신은 모든 언어에 전승되지 않고 개별 집단들 속에 독립적으로 축적된다. 사람들은 매 세대마다 그들의 언어를 수정하지만, 그 변화의 정도는 아주 미약하다. 돌연변이를 겪는 소리보다 유지되는 소리가 훨씬 많고, 재분석되는 구문보다 정확하게 분석되는 구문들이 더 많다. 이 전반적인 보수성으로 인해 어휘,

소리, 문법의 몇몇 형태들은 수천 년 동안 살아남는다. 이들은 먼 과거에서 대량 이주해 온 존재들의 화석화된 흔적으로서, 인간들이 어떻게 해서 전 지구에 확산되어 오늘날의 장소에 정착하게 되었는가에 대한 단서가 된다.

우리는 이 책의 주 대상인 현대 미국영어를 어느 정도까지 추적할 수 있을까? 놀랍게도 5천 년, 심지어는 9천 년까지 거슬러 올라갈 수 있다. 우리의 언어가 어디에서 유래했는가에 대한 우리의 지식은 데이브 배리가 〈미스터 언어 인간〉에서 회고한 것보다 훨씬 더 정확하다. 그는 "영어는 그리스, 라틴, 앵글, 클랙스턴, 켈트 및 그 밖의 여러 고대인들의 언어로 짜여진 풍부한 언어 태피스트리이지만, 그들은 모두 심각한 음주문제를 안고 있었다."라고 적고 있다. 이제 우리의 작업으로 돌아가 보자.

오스카 와일드의 주목할 만한 표현을 빌면, 미국과 영국이 하나의 공통어에서 최초로 분할된 것은 식민지 개척자와 이주자들이 대서양을 횡단하여 그들 자신을 영국어로부터 고립시켰을 때였다. 영국은 최초의 식민지 개척자들이 떠났을 때 이미 지역 방언과 계층 방언들로 바벨탑 같은 상태였다. 그리고 영국 남동부에서 신세계로 건너온 불만과 야망으로 가득 찬 중하류층의 언어가 미국의 표준방언이 되었다. 18세기에 이르러 미국식 억양이 주목을 받았는데, 특히 미국 남부의 발음은 북아일랜드계 스코틀랜드인들의 이주에 의해 영향을 받았다. 사람들이 서쪽으로 퍼져나감에 따라 동부해안지방에 존재하는 여러 층의 방언들은 보존될 수 있었다. 그러나 개척자들이 서쪽으로 진출할수록 그들의 방언은 더욱 혼합되었는데, 거대한 내륙의 사막을 건너뛰어야 하는 캘리포니아에서는 특히 그러했다. 미국영어는 상당한 지역간 차이에도 불구하고, 이민이나 이동, 교육 그리고 현재는 대중매체의 영향으로 지구상에 있는 비슷한 크기의 다른 영토에 존재하는 언어들과 비교할 때 대체로 동질적이라고 할 수 있다. 이 과정은 '반전된 바벨탑'이라 불려 왔다. 간혹 오자크 지방과 애팔래치아 지역의 방언들이 엘리자베스시대 영어의 잔존물이라는 말도 들리지만, 그것은 언어를 문화적 인공물로 오인한데서 비롯된 근거 없는 오해에 불과하다. 우리는 시간을 망각한 이 땅에서 민요, 수공예 퀼트, 참나무통에서 숙성되는 위스키 등을 생각하면서, 사람들이 세대에 걸쳐 충실하게 전해오는 전통적인 언어를 사용한다는 풍문을 쉽게 믿어 버린다. 그러나 언어는 그런 식으로 작동하지 않는다. 언어는 비록 한 언어의 다양한 부분들이 각기 다른 집단에서 각기 다르게 변할지라도 어느 집단에서나 항상 변화한다. 따라서 영어의 방언들이 다른 곳에서는 보기 드문 형태들, 가령 afeared, yourn, hisn 그리고 eat, help, climb의 과거형으로서 et, holp, clome 등을 보존하고 있는 것은 사실이다. 그러나 표준미국영어를 포함한 모든 미국영어의 방언들이 독특한 형태들을 보존하고 있다. 이른바 미국식 어법이라 불리는 많은 것들이 사실은 영국에서 건너왔고, 그 후 영국에서 사라졌을 뿐이다. 예를 들어 분사 gotten, path와 bath의 a가 구강 뒤에서 나는 [ah]발음이 아닌 구강 앞에서 나는 [a]로 발음되는 것, 'angry'라는 의미로 mad를 사용하는 것, 'autumn'의 뜻으로 fall을 사용하는 것, 'ill'의 의미로 sick을 사용하는 따위의 미국식 용법이 영국인의 귀를 놀라게 하지만, 사실 이것들은 미국을 식민통치하던 시대에 영국의 여러 섬에서 사용되던 영어의 잔존물이다.

영어는 대서양을 사이에 두고 양쪽에서 변화해 왔으며, 메이플라워호가 항해하기 훨씬 이전부터 변화해 왔다. 표준현대영어로 성장한 것은 17세기에 영국의 정치, 경제의 중심지였던 런던에서 주로 사용되던 방언이었다. 그 이전 몇 세기에도 영어는 수많은 변화를 겪었다. 이것은 주기도문의 형태에서도 확인된다.

현대영어 Our Father, who is in heaven, may your name be kept holy. May your kingdom come into being. May your will be followed on earth, just as it is in heaven. Give us this day our food for the day. And forgive us our offenses, just as we forgive those who have offended us. And do not bring us to the test. But free us from evil. For the kingdom, the power, and the glory are yours forever. Amen.

근대 초기 영어(16세기) Our father which are in heaven, hallowed be thy Name. Thy kingdom come. Thy will be done, on earth, as it is in heaven. Give us this day our daily bread. And forgive us our trespasses, as we forgive those who trespass against us. And lead us not into temptation, but deliver us from evil. For thine is the kingdom, and the power, and the glory, for ever, amen.

중세영어(14세기) Oure fadir that art in heuenes halowed be thi name, thi kyngdom come to, be thi wille don in erthe es in heuene, yeue to us this day oure bread ouir other substance, & foryeue to us oure dettis, as we forgeuen to oure dettouris, & lede us not in to temptacion:but delyuer us from yuel, amen.

고대영어(10세기) Faeder ure thu the eart on heofonum, si thin nama gehalgod. Tobecume thin rice. Gewurthe in willa on eorthan swa swa on heofonum. Ume gedaeghwamlican hlaf syle us to daeg. And forgyf us ure gyltas, swa swa we forgyfath urum gyltedum. And ne gelaed thu us on contnungen ac alys us of yfele. Sothlice.

영어는 덴마크 근처의 북부 독일에서 발원했는데, 그곳은 천 년 동안 앵글족, 색슨족, 주트족이라 불리는 이교도 부족들이 거주하던 곳이었다. 5세기가 되어 로마제국의 군대가 후에 영국이 될 지역(앵글지역)에서 떠나자 이 부족들은 그곳을 침략하여 원주민이었던 근면한 켈트족을 스코틀랜드, 아일랜드, 웨일스 및 콘웰로 분산시켰다. 언어학적으로 볼 때 켈트어의 패배는 절대적이었다. 현재 영어에는 켈트어의 흔적이 완전히 사라졌기 때문이다. 9세기에서 11세기까지 바이킹이 침략했으나, 그들의 언어인 고대 노르만어는 앵글로색슨어와 상당히 유사하여 많은 차용어들을 제외하면 고대영어는 그리 많은 변화를 겪지 않았다.

1066년 정복왕 윌리엄 1세가 영국을 침략하여 프랑스어의 노르만 방언을 들여왔고, 이것이 지배계층의 언어가 되었다. 앵글로-노르만 왕국의 존 왕이 1200년 직후 노르망디를 잃었을 때, 영어는 비록 수천 개의 단어와 그 단어에 딸린 다양한 문법적 기이함의 형태로 오늘날까지 지속되고 있는 프랑스어의 영향을 많이 받긴 했지만, 영국의 유일한 언어로서 재확립되었다. 이 '라틴어 파생' 어휘—donate, vibrate, desist 등—는 좀더 제한된 통사론을 가진다. 예를 들어 여러분은 give the museum a painting이라고는 말하지만 donate the museum a painting이라고는 하지 않으며, shake it up이라고는 말하지만 vibrate it up이라고는 하지 않는다. 어휘는 또한 나름의 소리패턴을 가진다. 즉 desist, construct, transmit 등과 같이 라틴어에서 파생된 단어들은 주로 두 번째 음절에 강세를 가지는 다음절어인 반면, 앵글로색슨계의 동의어인 stop, build, send는 단음절어다. 또한 라틴어 파생 단어들은 여러 가지 발음상의 변화들을 촉발시켜서, 가령 electric-electricity 및 nation-national과 같이 아주 특이한 영어의 형태론과 철자법이 생겨난다. 라틴어 파생 단어들은 노르만 정복자들의 정부와 교회 및 학교에서 주로 사용되었기 때문에 더 길고 더 공식적이다. 그래서 그 단어들을 남용하면 문체 교본에서 흔히 개탄하는 지루한 문장이 만들어진다. The adolescents who had effectuated forcible entry into the domicile were apprehended와 We caught the kids who broke into the house를 비교해 보라. 오웰은 라틴어 파생 영어의 지루함을 포착하여 전도서의 한 구절을 현대 '관공서어'로 번역했다.

> I returned and saw under the sun, that the race is not to the swift, nor the battle to the strong, neither yet bread to the wise, nor yet riches to men of understanding, nor yet favour to men of skill ; but time and chance happeneth to them all. (내가 돌이켜 해 아래서 보니 빠른 경주자라고 선착하는 것이 아니며, 유력자라고 전쟁에 승리하는 것이 아니며, 지혜자라고 식물을 얻는 것이 아니며, 명철자라고 재물을 얻는 것이 아니며, 기능자라고 은총을 입는 것이 아니니, 이는 시기와 우연이 모든 자에게 임함이라.)

Objective consideration of contemporary phenomena compels the conclusion that success or failure in competitive activities exhibits no tendency to be commensurate with innate capacity, but that a considerable element of the unpredictable must invariably be taken into account. (동시대의 현상들에 관해 객관적으로 생각해 보면, 경쟁활동에서의 성공과 실패는 선천적 능력과 일치하는 어떤 경향도 드러내지 않고, 예측 불가능성의 상당한 요소가 불가피하게 고려되어야 한다는 결론에 이를 수밖에 없다.)

영어는 초서가 살았던 중세영어 시기(1100~1450)에 급격하게 변화했다. 원래는 현대 철자법에서 '묵음' 철자로 표기되는 것들을 포함하여 모든 음절이 똑똑히 발음되었다. 예를 들어 make는 두 음절로 발음되었을 것이다. 그러나 마지막 음절들은 allow의 a처럼 일반적인 슈와(schwa, 강세 없는 약모음.—옮긴이)로 축소되었고, 대개는 완전히 제거되었다. 마지막 음절에 격 표시자가 포함되어 있었기 때문에 분명하던 격은 사라지기 시작했고, 그 결과 발생하는 모호성을 없애기 위해 어순이 고정되었다. 같은 이유로 of, do, will, have 같은 전치사와 조동사들이 원래의 의미를 거세당하고 중요한 문법적 임무를 부여받게 되었다. 그러므로 현대영어 통사론의 여러 용법들은 단순한 발음상의 변화에서 시작된 연쇄반응의 결과였던 것이다.

근대영어의 초기, 즉 셰익스피어와 제임스 왕의 성서언어시대는 1450년부터 1700까지 지속되었다. 이것은 장모음 발음에서 하나의 혁명이라 할 수 있는 '대모음추이'와 함께 시작되었는데, 그 변화의 원인은 아직까지도 수수께끼로 남아 있다(아마도 그것은 당시에 널리 사용되고 있던 단음절의 짧은 모음이 장모음과 너무 유사하게 들린다는 사실을 보상하려는 것이었을지도 모른다. 또는 노르만계 프랑스어가 쓰이지 않게 되자 상류층이 자신을 하층민과 차별화하기 위해 채택한 방법이었을 수도 있다). 모음이 변화하기 이전에 mouse는 [mooce]로 발음되었다. 고어의 'oo'는 이중모음으로 변화했고, 사라진 'oo'가 남긴 공간은 'oh' 소리였던 것을 승격시킴으로써 메워졌다. 또한 우리가 현재 goose로 발음하고 있는 것은 대모음추이 이전에는 [goce]로 발음되던 것이었다. 그 공백은 모음 'o'(hot에서처럼 단지 길게 끈 발음)으로 채워졌으며, 같은 이유로 이전에는 [brocken]에 가깝게 발음되던 것에서 broken이 생겨났다. 유사한 순환과정으로 모음 'ee'도 이중모음으로 바뀌었다. like는 [leek]로 발음되던 것인데, 모음 'eh'가 들어와 그것을 대체했다. geese는 원래 [gace]로 발음되었다. 그리고 그 공간은 긴 형태인 ah가 승격되면서 채워졌으며, 같은 이유로 [nahma]로 발음되던 것으로부터 name이 생겨났다. 철자법은 굳이 이 변화들을 따르지 않았고, 그런 이유로 철자 a는 전에는 단지 cam의 a라는 좀더 긴 형태에 불과했던 것이 현재는 cam의 방식과 came의 방식으로 발음된다. 이것은 또한 여타 유럽의 알파벳이나 '표음식' 철자법과 영어에서 모음을 표기하는 방식이 각기 갈라진 이유이다.

덧붙여 말하자면, 15세기 영국인들은 마치 서머타임으로 바꾸듯 어느 날 아침에 일어나 갑자기 모음을 다르게 발음한 것이 아니다. 그것을 사용하며 살았던 사람들에게 대모음추이는 아마도 현재 시카고 지역에서 hot를 [hat]으로 발음하는 경향처럼 느껴졌을 것이고, dude를 [diiihhh-oooood]로 발음하는 서퍼들의 요상한 방언처럼 느껴졌을 것이다.

시간을 좀더 거슬러 올라가면 어떤 일이 발생할까? 앵글족과 색슨족의 언어는 난데없이 나타난 것이 아니다. 그것은 BC 1000

년 무렵부터 북유럽의 많은 지역을 점유했던 한 부족의 언어인 원시 게르만어에서 진화한 것이다. 이 부족의 서쪽 갈래가 여러 갈래로 나뉘면서 우리에게 앵글로색슨어뿐 아니라 게르만어와 그 파생어인 이디시어, 그리고 네덜란드어와 그 파생어인 아프리카어(Africaan)를 물려준 여러 집단들을 형성했다. 반면 북쪽 지역의 여러 갈래는 스칸디나비아에 정착하여 스웨덴어, 덴마크어, 노르웨이어, 아이슬란드어를 사용하게 되었다. 이 언어들 사이의 어휘상의 유사성은 한 눈에 알아볼 수 있을 정도며, 가령 -ed로 끝나는 과거시제에서처럼 문법적인 면에서도 많은 유사성이 있다.

게르만족의 선조들은 글로 쓴 역사나 고고학적 기록의 형태로 뚜렷한 흔적을 남기지 않았다. 그러나 그들이 점유했던 영토 안에는 특별한 흔적이 한 가지 남아 있다. 1786년 인도에 주재했던 영국인 판사 윌리엄 존스 경이 그 흔적을 찾아냈는데, 이는 대단한 발견이었다. 존스는 오래 전에 사라진 산스크리트어에 대한 연구에 착수하면서 다음과 같이 기록했다.

> 산스크리트어는 그토록 오래된 언어임에도 대단히 훌륭한 구조를 가지고 있다. 그리스어보다 더 완벽하고, 라틴어보다 더 풍부하며, 그 둘보다 더 절묘하고 세련된 형태를 지니고 있다. 심지어는 동사의 어근과 문법형태 모두에서 우연히 발생할 수 있는 것 이상으로 두 언어와 유사하다. 실제로 그 유사성은 너무도 강해서 세 언어를 모두 조사해 본 언어학자라면 누구라도 지금은 사라진 어떤 공통의 근원으로부터 그것들이 생겨났다고 믿지 않을 수 없을 정도다. 고트어(게르만어)와 켈트어 양자가 매우 상이한 어구와 혼합되었음에도 불구하고 산스크리트어와 동일한 기원을 가진다고 가정하는 데는 완전히 확실하다고 할 수는 없을지언정 그럴 만한 이유가 있

다. 그리고 고대 페르시아어도 동일한 어족에 추가할 수 있다.…

다음은 존스를 감동시킨 유사점들이다.

영어	brother	mead	is	thou bearest	he bears
그리스어	phrater	methu	esti	phereis	pherei
라틴어	frater		e	fers	fert
고대 슬라브어	bratre	mid	yeste	berasi	beretu
고대 아일랜드어	brathir	mith	is		beri
산스크리트어	bhrater	medhu	asti	bharasi	bharati

어휘와 문법의 이러한 유사성은 대단히 많은 현대 언어들 속에서 발견된다. 그 가운데서도 게르만어, 그리스어, 로망스어(프랑스어, 스페인어, 이탈리아어, 포르투갈어, 루마니아어), 슬라브어(러시아어, 체크어, 폴란드어, 불가리아어, 세르보크로아티아어), 켈트어(고이델어, 아일랜드어, 웨일스어, 브르통어) 및 인도이란어(페르시아어, 아프간어, 쿠르드어, 산스크리트어, 힌디어, 벵갈어, 집시들의 로마니어) 등이 그러한데, 이후의 학자들은 아나톨리아어(히타이트어를 포함하여 터키에서 사용되던 사어), 아르메니아어, 발트어(리투아니아어와 라트비아어) 및 토하라어(중국에서 사용되던 두 개의 사어)를 추가시킬 수 있었다. 이러한 유사성은 대단히 광범위해서 언어학자들은 공통 조어(祖語)라고 가정되는 언어, 즉 원시 인도유럽어에 대한 문법과 대형 사전, 그리고 그로부터 파생된 언어들의 변화를 지배한 체계적인 규칙들을 재구성해 왔다. 예를 들어 야곱 그림(《백설공주》로 유명한 동화작가이자 전승동화 채록자로 유명한 그림 형제 가운데 한 명)은 원시 인도유럽어의 p와 t가 게르만어에서는 f와 th로 변하게 된 규칙을 발견했다. 이것은 라틴어 pater와 산스크리트어 piter를 영

어 father와 비교해 보면 쉽게 알 수 있다.

이것이 함의하는 바는 상상을 넘어선다. 즉, 어느 고대 부족이 유럽의 대부분과 터키, 이란, 아프가니스탄, 파키스탄, 북인도, 서러시아, 그리고 중국의 일부를 틀어쥐고 있었음이 틀림없다. 오늘날까지도 인도유럽인들이 누구였는지 아는 사람은 아무도 없다. 하지만 그러한 생각은 100여 년 동안 언어학자들과 고고학자들의 상상력을 자극해 왔다. 독창적인 학자들은 재구성된 어휘들을 가지고 추측을 시도하고 있다. 즉, 금속이나 바퀴 달린 운송수단, 농기구들, 가축과 식물을 뜻하는 단어들은 인도유럽인들이 후기 신석기인이었음을 암시한다. 또한 학자들은 원시 인도유럽어의 단어들이 의미하는 자연 대상들―예를 들어 느릅나무와 버드나무를 가리키는 단어는 있지만 올리브나무와 종려나무를 가리키는 단어는 없다―의 생태분포를 이용하여 그 언어의 화자들이 북유럽 내륙에서 러시아 남부에 이르는 영토 어딘가에 존재했을 것이라고 추측했다. 그리고 가부장, 요새, 말, 무기 등을 뜻하는 단어들을 결부시켜 재구성했을 때, 유럽과 아시아의 지역 대부분을 정복하기 위해 2륜전차를 타고 조상의 본토로부터 쏟아져 나오던 강력한 정복 부족을 상상할 수 있었다. '아리안' 이란 단어는 인도유럽인들과 연관되었으며, 나치는 그들이 자신들의 조상이라고 주장했다. 그러나 고고학자들은 좀더 이성적으로 그것을 BC 3000년경에 러시아 남부의 대초원지대에서 군사적 목적을 위해 최초로 말에게 마구를 채웠던 쿠르간족의 문화유물과 연결시켜 왔다.

최근 고고학자인 콜린 렌프루는 인도유럽인들의 지배는 2륜마차가 아닌 요람의 승리였다고 주장했다. 논쟁의 여지를 안고 있는 그의 이론은 세계 최초의 농부에 속하는 인도유럽인들이 BC 7000년경에 비옥한 초승달지대의 가장자리에 위치한 아나톨리아

(현대 터키의 일부)에 살았다는 것이다. 농작은 땅을 육체로 전환시켜 인간을 대량생산하기 위한 하나의 수단이다. 따라서 농부의 딸과 아들들은 더 많은 땅이 필요했고, 부모로부터 불과 한 십리 정도 이동한 경우에도 그들에게 방해가 되는, 즉 창조력이 풍부하지 못한 수렵채집인들의 땅을 빠르게 집어삼켰을 것이다. 고고학자들은 농작이 BC 8500년경 터키에서 시작되어 BC 2500년에 이르러 아일랜드와 스칸디나비아로 확산되었다는 점에 의견을 같이한다. 또한 최근 유전학자들은 어떤 특정한 유전자들이 현재 터키에 살고 있는 사람들 사이에 집중되어 있고, 발칸 반도를 거쳐 북유럽으로 나아감에 따라 차츰 희박해진다는 사실을 발견했다. 이것은 유전학자 루이지 카발리-스포르차가 처음 제안했던 이론을 뒷받침해 준다. 그의 이론에 따르면, 농업은 농업기술이 전파되고 수렵채집인들이 그러한 변화를 수용함으로써 확산된 것이 아니라 농부들이 이동하는 과정에서 그 후손들이 토착 수렵채집인들과 이종교배함에 따라 확산되었다. 그 사람들이 인도유럽인이었는지, 그들이 이와 비슷한 과정을 거쳐 이란, 인도 및 중국으로 확산되었는지 여부는 아직 밝혀지지 않았다. 그러나 이것은 경이로운 가능성이다. 우리가 brother와 같은 단어를 사용하거나 break-broke 또는 drink-drank 같은 동사의 과거시제를 만들 때마다, 우리는 인간사에서 가장 중요한 농업의 확산이라는 사건을 주동한 사람들이 사용하던 언어형태를 똑같이 사용하고 있는 것이다.

지구상에 존재하는 대부분의 언어들은 놀랄 만한 성공을 거둔 농부, 정복자, 탐험가 또는 유목민들의 고대 부족으로부터 전수된 어족으로 분류될 수 있다. 그렇다고 유럽 전체가 인도유럽어족은 아니다. 핀란드어, 헝가리어, 에스토니아어는 우랄어족에 속하며, 이 언어들은 라프어, 사모예드어 및 그 밖의 언어들과 함께 약

7000년 전 중앙러시아에 자리 잡고 있던 방대한 국가의 흔적이다. 알타이어족에는 일반적으로 터키, 몽골, 구소련의 이슬람계 공화국들 및 중앙아시아와 시베리아 지역의 주요 언어들이 포함되는 것으로 간주된다. 그 최초의 조상은 불확실하지만, 그 후의 조상들에는 칭기즈칸의 몽골제국 및 만주의 여러 왕조들과 더불어 6세기의 한 제국이 포함된다. 바스크어는 인도유럽의 대변동에 저항했던 토착 유럽인들의 한 섬에서 유래했다고 추정되는 고아어(孤兒語)다.

아라비아어, 헤브라이어, 몰타어, 베르베르어 및 여러 에티오피아어와 이집트어를 포함하는 아시아아프리카어족(셈함어족이라고도 한다)은 사하라 아프리카와 중동의 많은 지역을 지배하고 있다. 아프리카의 나머지 지역은 세 집단으로 나뉜다. 코이잔어족에는 쿤족과 기타 집단들(이전에는 '호텐토트' 및 '부시맨'이라 불리던 집단)이 포함되며, 그들의 조상은 한때 아프리카 사하라사막 남단의 대부분을 차지하고 있었다. 니제르콩고어족에는 코이잔을 아프리카 남쪽과 남동쪽에 있는 현재의 작은 지역으로 밀어낸 서아프리카 출신의 농부들이 사용하던 반투어가 포함된다. 세 번째 어족인 나일사하라어족은 사하라 남부 지역의 드넓은 세 지역을 점유하고 있다.

아시아에서 타밀어를 포함하는 드라비다어족은 인도 남부를 지배하며, 북쪽의 고립된 지역에서도 발견된다. 그러므로 드라비다어 화자들은 분명 인도유럽인들의 침입 이전에 인도 대륙의 대부분을 장악했던 민족의 후손이었을 것이다. 흑해와 카스피해 사이에 걸쳐 존재하는 약 40여 개의 언어들은 카프카스어족에 속한다(유럽 및 아시아의 전형적으로 밝은 피부를 가진 사람들에 대한 비공식적인 인종적 용어와 혼동하지 말 것). 중국티베트어족에는 중국어, 버마어, 티베트어가 포함된다. 오스트레일리아와 아무 상관이 없는 오스트로네시아어족('Austr'는 '남쪽'을 의미함)에는 아프리카 해안에서 떨어져 있는 마다가스카르, 인도네시아, 말레이시아, 필리핀, 뉴질랜드(마오리족), 미크로네시아, 멜라네시아, 폴리네시아, 그리고 하와이에 이르는 지역의 모든 언어들이 포함된다. 이것은 특이한 방랑벽과 항해술을 가진 사람들에 대한 기록이라 할 수 있다. 베트남어와 크메르어(캄보디아의 언어)는 오스트로아시아어족에 속한다. 200여 개에 이르는 오스트레일리아 원주민의 언어들은 그들 자신의 단일한 어족에 속하며, 뉴기니의 800여 개의 토착어들 역시 어떤 한 어족 혹은 몇 개의 어족에 속한다. 한국어와 일본어는 몇몇 언어학자들이 그 중 하나 또는 둘 다를 알타이어족으로 묶기도 하나, 언어학적인 면에서 고아처럼 보인다.

그렇다면 아메리카대륙들의 언어는 어떠한가? 앞서 언어의 보편요소들에 관한 연구의 선구자로 등장했던 조셉 그린버그가 이번에는 그 언어들을 몇 개의 어족으로 분류했다. 그는 1500개의 아프리카어를 4개 집단으로 통합하는 데 큰 역할을 했다. 최근에 그는 200개에 달하는 아메리카 원주민들의 언어가 불과 3개 어족으로 분류될 수 있으며, 그 각각은 1만 2000년 전 또는 그 이전부터 아시아에서 베링 육교를 건너온 이주민들로부터 유래한 것이라고 주장했다. 에스키모와 알류트족이 가장 최근의 이주민들이었다. 그들 이전에는 나데네족이 있었는데, 이들은 알래스카 지역의 대부분과 캐나다 북서부를 장악했다. 나바호어와 아파치어 같은 미국 남서부의 일부 언어도 이 어족에 포함된다. 여기까지는 널리 받아들여지고 있는 주장이다. 그러나 그린버그는 허드슨만에서 티에라델푸에고에 이르는 다른 모든 언어들이 아메린드어족이라는 단일 어족에 속한다는 의견을 제시했다. 미국에 단지 세 부류의 이주민들이 정착했다는 이 포괄적 분류 개념은 현대 원주민들의 유전자와 이빨 모양에 대한 카발리-스포르차 및 몇몇 사람들의 최근 연구에 힘입은 것이었는데, 연구에 따르면 그것들은 대략 세 어족에 해당하는 집단에 속한다.

이 시점에서 우리는 격렬한 논쟁이 벌어지는, 그러나 커다란 보상이 감춰져 있는 영역으로 들어서게 된다. 그린버그의 가설은 토착 아메리카어를 연구하는 다른 학자들로부터 격렬한 공격을 받아 왔다. 비교언어학은 더할 나위 없이 정확한 학문의 영역이며, 이것을 통해 우리는 수세기 또는 수천 년에 걸친 관련 언어들 사이의 근본적인 분화를 한 단계씩 분명하게 역추적하여 공통조상에 이를 수 있다. 이러한 전통에서 성장한 언어학자들은 신중하게 소리의 변화를 추적하여 조어들을 재구성하기보다는 어휘의 대략적인 유사성에 근거하여 수십 개의 언어를 하나로 묶어 버리는 그린버그의 비정통적인 방법에 질겁한다. 나는 반응시간과 발화 오류에 대한 시끄러운 자료를 다루는 실험심리언어학자로서 그린버그가 대응요소들을 치밀하지 못하게 사용한 데 대해, 심지어 그의 데이터 중 일부가 비의도적인 오류를 안고 있다는 사실에 대해 문제 삼지 않겠다. 오히려 내가 걱정하는 것은 그가 우연히 끼어들 수 있는 대응 요소들을 통제하는 실제 통계학에 의존하기보다는 유사성에 대한 자신의 직관에 기댔다는 사실이다. 관대한 관찰자는 거대한 어휘목록에서 항상 유사점들을 발견할 수 있지만, 그 유사점이 곧 공통의 정신사전을 가진 조상으로부터 유래했다는 것을 의미하지는 않는다. 그것은 우연의 일치일 수 있다. 예를 들어 'blow'를 뜻하는 단어는 그리스어로는 pneu이고, 클라마스어(오리건 주에서 사용되는 미국 인어언 언어)로는 pniw이며, 오스트레일리아 원주민어에서 'dog'을 뜻하는 단어가 dog이라는 사실은 정말 우연의 일치일 뿐이다(그린버그를 비판하는 사람들이 지적하는 또 다른 심각한 문제는 her negligees와 le weekend와 같은 표현이 초래하는 최근의 어휘 교환의 경우에서처럼, 수직적 상속보다는 수평적 차용 때문에 언어들이 서로 닮을 수 있다는 사실이다).

여러 어족들, 그리고 그 어족들로 대표되는 여러 대륙의 선사 거주지에 대한 더 야심 차고 자극적이며 논쟁적인 가설들이 통계가 없다는 사실 때문에 사각지대에 놓이고 만다. 그린버그와 그의 동료 메리트 루렌, 그리고 이들에 동조하는 러시아 언어학자들(세르게이 스타로스틴, 아론 도고플스키, 비탈리 셰보로슈킨, 그리고 블라디슬라프 일리치-스비티치)은 언어들을 대담하게 묶어서 그것의 선조였을 바로 그 고어를 재구성하려고 애쓰고 있다. 그들은 인도유럽어, 아시아아프리카어, 드라비다어, 알타이어, 우랄어 및 에스키모 알류트어의 조상언어뿐 아니라 그들이 '노스트라틱어' 라고 명명한 원시 조상언어의 모습을 간직하고 있는 고아어인 한국어와 일본어 그리고 소수의 몇몇 언어집단들 사이의 유사점들을 식별해내고 있다. 예를 들어 재구성된 원시 인도유럽어로 뽕나무(mulberry)를 뜻하는 단어 mor는 원시 알타이어의 mur 'berry', 원시 우랄어의 marja 'berry' 그리고 원시 카르트벨리아어(그루지야어)의 mar-caw 'strawberry'와 유사하다. 노스트라틱어 연구자들은 이 모든 단어들이 노스트라틱어의 어근인 marja에서 진화했다고 생각한다. 마찬가지로 원시 인도유럽어의 melg 'to milk(젖을 짜다)'는 원시 우랄어의 malge 'breast'나 아랍어의 mlg 'to suckle'과 비슷하다. 언어학자들이 노스트라틱어가 식량채집인들이 사용하던 언어였을 것이라고 추정하는 이유는, 그들이 재구성했다고 주장하는 1,600개의 단어 가운데 가축의 종에 대한 명칭이 전혀 없기 때문이다. 노스트라틱 식량채집인들은 아마도 1만 5000

년 전에 중동의 한 지점에서 시작하여 유럽 전역, 북아프리카, 아시아의 북부와 북동부 및 서부와 남부를 장악했을 것이다.

그리고 언어를 묶어 내는 이 학파 출신의 많은 학자들은 또 다른 거대어족과 초거대어족을 제안하고 있다. 그 한 가지는 아메린드어와 노스트라틱어로 구성된다. 또 하나의 거대어족인 중국카프카스어에는 중국티베트어, 카프카스어, 그리고 어쩌면 바스크어와 나데네어까지 포함된다. 스타로스틴은 덩어리들을 다시 덩어리로 묶으면서 중국카프카스어가 아메린드노스트라틱어와 결합되어 유라시아 대륙과 아메리카 대륙의 언어들을 포괄하는, 스캔(SCAN)이라 이름 붙인 원시 원시 원시어를 구성할 수 있다는 견해를 제시했다. 오스트릭어는 오스트로네시아어, 오스트로아시아어 및 중국과 태국의 여러 소수 언어들을 포괄한다. 아프리카에서 몇몇 학자들은 니제르콩고어와 나일사하라어 사이의 유사성을 발견하고는 이것이 단일한 콩고사하라 집단을 보증한다고 생각한다. 만일 이 모든 합병—실제로 어떤 것들은 희망사항과 거의 구별되지 않는다—을 인정한다면 인간의 모든 언어는 불과 6개의 집단, 즉 유라시아, 아메리카, 북아프리카의 스캔과 사하라사막 이남 아프리카의 코이잔어와 콩고사하라어 그리고 동남아시아와 인도양, 태평양의 오스트릭어, 오스트레일리아어 그리고 뉴기니어로 나뉠 것이다.

이렇게 지리적으로 방대한 조상어족들은 인간 종의 주요한 확장에 상응해야 하며, 카발리-스포르차와 루렌은 실제로 그렇다고 주장해 왔다. 카발리-스포르차는 인종·민족 집단들의 완전한 스펙트럼을 대표하는 수백 명의 유전자 속에서 작은 차이들을 조사했다. 그는 비슷한 유전자들을 가진 사람들을 집단으로 묶은 다음, 그 덩어리들을 다시 묶음으로써 인류의 유전자 가계도를 구성할 수 있다고 주장한다. 첫 번째 분기점에서는 사하라사막 이남의 아프리카인들이 그 밖의 모든 사람들과 분리된다. 다음으로 여기에 인접한 가지는 두 개의 집단으로 나누어지며, 그 가운데 하나에는 유럽인과 북동아시아인(한국인과 일본인 포함) 그리고 아메리카 인디언이 포함되고, 나머지 집단의 한쪽 하부가지에는 남동아시아인과 태평양제도의 주민들, 그리고 다른 하부가지에는 오스트레일리아 원주민과 뉴기니인이 포함된다. 가설상의 거대어족들과 유전자 가계도의 상응이 완벽하지는 않지만 분명한 타당성이 있다. 한 가지 흥미로운 점은 대개 얼굴 모습과 피부색을 근거로 몽골 또는 동양 인종으로 판단되는 사람들이 그 어떤 생물학적 실재도 가지지 않을 수 있다는 점이다. 카발리-스포르차의 유전자 가계도에서 한국인과 일본인, 시베리아인 같은 북동아시아인들은 중국인이나 타이인 같은 남아시아인들보다 유럽인에 더 가깝다. 이렇게 몹시 애매한 인종 분류가 한국어와 일본어 및 알타이어를 중국어가 속해 있는 중국티베트어족과는 별개인 노스트라틱어 내의 인도유럽어족으로 분류하는, 애매하기 그지없는 언어학적 분류와 일치한다는 점은 놀라운 일이다.

우리는 이와 같은 가설상의 유전자 및 언어 가계도의 가지들을 이용하여 20만 년 전에 미토콘드리아 이브에서 진화했다고 생각되는 아프리카인들로부터 10만 년 전 아프리카를 벗어나 유럽과 아시아로, 그리고 5만 년 전 그곳으로부터 중동을 거쳐 오스트레일리아와 인도, 태평양의 섬들과 아메리카로 이주했던 호모 사피엔스의 역사를 기술할 수 있다. 불행히도 이주와 관련된 유전자 가계도는 언어 가계도만큼이나 많은 논란의 여지를 안고 있는데, 이 흥미로운 이야기의 일정 부분은 몇 년 안에 해명될 수 있을 것이다.

그런데 어족들과 인간 유전자의 분류 사이에 상관성이 있다고 해서 특정 부류의 사람들로 하여금 특정 종류의 언어를 더 쉽게 배우도록 하는 유전자가 존재한다고 할 수는 없다. 이 속설은 널리 퍼져 있어서 일부 프랑스어 화자들은 갈리아 혈통을 지닌 사람들만이 성 체계를 완벽하게 습득할 수 있다고 말하고, 나의 헤브라이어 선생님은 자신의 강의를 듣는 학생들 가운데 동화된 유대계 학생들이 이교도 학생들을 선천적으로 능가한다고 주장하기도 했다. 언어본능에 관한 한 유전자와 언어 사이의 상관성은 우연의 일치다. 사람들은 유전자를 생식선에 저장하고, 생식기를 통해 자식에게 전달한다. 그리고 사람들은 문법을 뇌에 저장하고, 입을 통해 자식에게 전달한다. 생식선과 뇌는 신체에 붙어 있으므로 신체가 이동하면 유전자와 문법도 함께 이동한다. 이것이 바로 유전학자들이 둘 사이의 상관성을 찾는 유일한 근거다. 우리는 이 결합이 이주와 정복이라 불리는 유전공학실험들 때문에 쉽게 단절되며, 그 경우에 아이들은 부모가 아닌 다른 사람들의 뇌에서 문법을 얻는다는 것을 안다. 이주민의 자녀들이 언어를 배울 때, 심지어는 가장 뿌리 깊은 역사적 요인에 의해 부모들의 언어와 단절된 언어를 배울 때도, 그 화자들의 긴 혈통을 이어받은 동년배들과 비교해서 어떤 불이익도 없다는 것은 자명하다. 유전자와 언어 사이의 상관성은 너무 조잡해서 그것은 거대어족과 오스트레일리아 원주민의 수준에서만 측정이 가능하다. 지난 수세기 동안 식민지개척과 이주는 거대어족과 다른 대륙 거주민들 사이의 원래의 상관성을 완전히 뒤섞어 놓았다. 가장 분명한 예를 들면 영어를 모국어로 사용하는 화자에는 사실상 지구상의 모든 인종의 하위집단들이 포함되어 있다. 그보다 훨씬 이전에 유럽 내에서도(비록 비인도유럽계의 라프인, 몰타인, 그리고 바스크인의 조상들이 몇 가지 유전적 흔적들을 남기긴 했지만) 유전자와 어족들 사이의 상관성이 거의 존재하지 않을 정도로 유럽인들은 자주 자신들의 이웃과 결혼하고 또 서로를 정복했다. 유사한 이유로, 가령 아시아아프리카어족에 검은 피부의 에티오피아인과 흰 피부의 아랍인, 그리고 우랄어족에 흰 피부를 가진 라프인과 동양의 사모예드인이 포함되어 있는 것처럼, 당연하게 인정되는 어족들이 낯선 유전적 처첩을 거느린다.

셰보로슈킨과 루렌, 그리고 그 밖의 몇몇 사람들은 고도로 사변적인 이론에서 아슬아슬하게 별난 이론으로 이동하여, 6개 거대 어족의 조상뻘되는 단어들—'원시세계' 아프리카의 이브가 사용하던 언어의 어휘—을 재구성하려고 노력해 왔다. 루렌은 31개의 어근을 설정했으며, 그 예로 '하나'를 뜻하는 tik는 원시 인도유럽어에서 '가리키다'를 뜻하는 deik로 진화했고, 그런 다음 '손가락'을 뜻하는 라틴어의 digit로, '하나'를 뜻하는 나일사하라어의 dik로, '검지손가락'을 뜻하는 에스키모어의 tik로, '팔'을 뜻하는 케데어의 tong으로, '하나'를 뜻하는 원시 아시아아프리카어의 tak으로, '팔 또는 손'을 뜻하는 원시 오스트로아시아어의 ktig로 진화했을 것이라는 가설을 내놓았다. 나는 노스트라틱어나 그와 유사한 가설까지는 인내심 있게 시간을 쪼개가며 연구하는 훌륭한 통계학자의 몫으로 보류할 수도 있지만, 원시세계 가설들에 대해서는 대단히 회의적이다(비교언어학자들은 말이 없다). 그것은 내가 궁극의 모어에 관한 연구조사의 저변에 깔린 몇 가지 전제들 가운데 하나인 언어가 오직 한 번 진화했다는 것을 의심하고 있기 때문만은 아니다. 내가 의심하는 것은 단지 단어의 흔적을 그렇게 멀리까지 추적할 수 있는가 하는 것이다. 이것은 에이브러험 링컨의 도끼를 팔겠다고 주장했던 사람과 똑같다. 그는 여러 해가 지나는 동안 도끼날은 두 번 교체되었고 손잡이는 세 번 교체되었다고 설명했다. 대부분의 언어학자들은 1만 년이 지나면 조상언어의 어떤 흔적도 후대 언어에 남아 있지 않을 것이라고 생각한다. 따라서 현존하는 모든 언어의 가장 최근의 조상을 추적하여 잔존해 있는 흔적을 찾거나, 더 나아가 그 조상어가 약 20만 년 전에 살았던 최초의 인간들이 사용했던 언어의 흔적을 보유하고 있으리라고 보는 것은 극히 의심스러운 일이다.

이 장은 슬프고도 절박한 언급으로 끝을 맺어야 한다. 언어는 그것을 학습하는 아이들에 의해 이어진다. 언어학자들이 단지 성인들만 사용하는 언어를 본다면 그 운명은 이미 정해져 있음을 알게 된다. 이런 방식으로 추리하여 그들은 인류 역사에 드리워진 비극을 경고한다. 언어학자 마이클 크라우스는 현존하는 북미 인디언 언어의 약 80%인 150개 정도가 빈사상태에 있다고 추정한다. 다른 곳에 대해서도 그의 계산은 똑같이 비관적이다. 알래스카와 시베리아 북부에서 40개의 언어들(기존 언어의 90%), 중앙아메리카와 남아메리카에서 160개의 언어들(23%), 러시아에서 45개의 언어들(70%), 오스트레일리아에서 225개의 언어들(90%), 그리고 전 세계적으로 볼 때 대략 3,000개의 언어들이(50%) 소멸해 가고 있다. 약 600개의 언어들만이 적정한 수의 화자들, 다시 말해 최소한 10만 명(이 수치로는 단기간의 생존조차 장담할 수 없지만) 이상의 화자들 덕에 상당히 안전한 상태이지만, 그럼에도 이 낙관적인 가정이 시사하는 바는 심각하다. 즉, 세계 전체 언어수의 90%에 달하는 3,600개에서 5,400개 사이의 언어가 다음 세기에 소멸할 위험에 처해 있다는 사실이다.

언어의 대규모 소멸은 현재 식물과 동물 종의 대규모 멸종(덜 심각하긴 하지만)을 상기시킨다. 원인들은 서로 중복되어 있다. 언어가 사라지는 까닭은 화자들의 거주지 파괴와 더불어 계획적인 종족 말살, 강요된 동화, 동화교육, 인구통계학적 침몰, 그리고 크라우스가 '문화적 신경독가스'라고 이름 붙인 전자 매체의 폭격 때문이다. 그러나 우리는 문화 말살을 억압적으로 추진하는 사회적, 정치적 원인을 중단시키는 것 외에도 독창적인 언어들을 사용한 교육자료, 문학, 텔레비전 프로그램 등을 개발함으로써 언어의 소멸에 맞서 어느 정도 미리 손을 쓸 수 있다. 어떤 경우에는 문서보관소나 학교를 이용하여 문법, 사전, 교재 및 대화기록의 표본들을 보관함으로써 소멸을 늦출 수 있다. 20세기의 헤브라이어와 같은 몇몇 경우에서 볼 수 있듯이 문서의 보관과 더불어 한 언어를 지속적이고 의례적으로 사용할 의지만 있다면 그 언어를 충분히 부활시킬 수 있다.

합리적으로 볼 때, 우리가 지구상의 모든 종들을 보존할 수 없듯이 모든 언어를 보존할 수는 없으며, 어쩌면 그래서는 안 되는지도 모른다. 도덕적이고 실제적인 쟁점들은 복잡하다. 언어의 차이는 분열의 치명적 근원이 될 수 있기 때문이다. 한 세대가 경제적 · 사회적 진보를 약속해 주는 주류의 언어로 귀의하기로 선택할 때, 예전의 언어를 유지하는 것이 중요하다는 이유로 어떤 외부집단이 그것을 가로막을 권리를 가질 수 있겠는가? 그러나 복잡한 문제들은 별도로 하더라도 3,000개 남짓한 언어가 빈사상태에 있을 때 우리는 그 가운데 많은 언어가 소멸되어서는 안 되며, 또 그것을 충분히 막을 수 있다고 확신한다.

왜 우리는 위험에 처한 언어에 관심을 가져야 하는가? 언어의 다양함은 언어학과 그것을 둘러싼 마음과 뇌를 연구하는 과학들에게 언어본능의 범위와 한계를 보여준다. 영어만이 연구의 대상일 때 우리 앞에 놓일 왜곡된 그림을 생각해 보라! 언어는 인류학과 인류의 진화생물학에게 종의 역사와 지리의 흔적을 보여주며, 한 언어(가령 신비의 코카소이드인들이 과거에 일본에서 사용했던 아이누어)의 소멸은 역사 문서를 소장한 도서관 하나가 불타 없어지는 것, 혹은 한 생물 문에 속하는 마지막 종이 멸종하는 것과 같다. 그러나 크라우스가 "모든 언어는 인간만이 소유한 집단적 독창성의 최고 성과물이며, 살아 있는 생명체만큼이나 신성하고 영원한 신비다."라고 표현했듯이, 그 이유가 반드시 과학에 한정되는 것은 아니다. 언어는 한 문화의 시, 문학, 노래와 결코 유리될 수 없는 매체다. 우리는 지금 '눈'을 뜻하는 에스키모인들의 어휘의 근거 없는 수보다 훨씬 더 많은 수의 '바보'를 뜻하는 어휘를 가진 이디시어에서부터, '라딜'이라는 의식에 쓰이는 변이형 언어로서 하루만에 다 외울 수도 있는 불과 200개의 어휘만으로 일상의 대화에서 필요한 온갖 범주의 개념들을 다 표현할 수 있는 오스트레일리아의 다민어에 이르기까지 수많은 보물들을 잃어버릴 위험에 처해 있다. 언어학자 켄 헤일은 다음과 같이 표현했다. "한 언어의 소실은 이 세계가 겪고 있는 보다 일반적인 소실, 즉 모든 영역에서의 다양성의 소실의 일부다."

IX

말하는 아기 탄생—천국을 이야기하다

BABY BORN TALKING—DESCRIBES HEAVEN

다음은 1985년 5월 21일자 《선》지에 실린 헤드라인들이다.

> 존 웨인은 인형과 놀기를 좋아했다
> 찰스 왕자의 혈액, 부정한 의사들에 의해 1만 달러에 팔리다
> 크리스마스 때 먹은 칠면조 귀신에 홀린 일가족
> 말하는 아기 탄생—천국을 이야기하다
> 믿을 수 없는 환생의 증거

마지막 헤드라인이 내 눈길을 사로잡았다. 그것은 언어가 선천적이라는 결정적인 예증으로 보였다. 기사는 다음과 같았다.

> "천국의 삶은 웅대하다." 한 아기가 갓 태어나서 이렇게 말하는 바람에 분만실에 있던 사람들이 대경실색했다. 어린 나오미 몬테푸스코는 문자 그대로 신에 대한 찬가를 노래하면서 세상에 나왔다. 분만팀은 이 기적에 충격을 받았다. 한 간호원은 비명을 지르며 복도로 뛰쳐나갔다. 또 나오미는 "천국은 아름다운 곳이에요. 너무 따스하고 너무 밝아요. 왜 나를 이곳으로 데려왔나요?"라고 말했

> 다. 목격자 가운데는 국소마취로 이 아이를 분만한 18세의 산모 테레사 몬테푸스코도 포함되어 있었다. …[중략]… "나는 아이가 천국을 설명하는 것을 똑똑히 들었어요. 그곳은 신의 찬가를 부르는 것 외에는 일할 필요도, 먹을 필요도, 옷에 대해 걱정할 필요도 없다고 했죠. 나는 분만대에서 내려와 무릎을 꿇고 기도하려 했지만 간호사들이 말렸습니다."

물론 과학자들 가운데 이 기사를 액면 그대로 받아들일 사람은 없다. 중요한 발견은 반복되어야 한다. 코르시카에서 발생한 그 기적이 이번에는 1989년 10월 31일에 이탈리아의 타란토에서 반복되었다. (환생의 강한 신봉자인) 《선》지는 이번에는 "말하는 아기 탄생—천국을 이야기하다. 신생아의 말이 환생의 존재를 입증하다"라는 헤드라인을 뽑았다. 이와 비슷한 또 한 번의 발견은 1990년 5월 29일에는 "신생아, '나는 나탈리 우드의 환생이다,' 하고 말하다"라는 제목으로 보도되었다. 그리고 1992년 9월 29일에 그 발견의 복제판이 원본과 동일한 말로 보도되었다. 그리고 1993년 6월 8일에는 "머리가 두 개인 아이, 환생을 입증하다—한쪽 머리는 영어를 말하고, 다른 쪽 머리는 고대 라틴어를 말하다"라는 내용의 결정타가 터졌다.

그런데 나오미 류의 이야기가 허구로만 발생할 뿐 실제로는 결코 발생하지 않는 이유는 무엇일까? 대부분의 아기들은 한 살이 되어서야 말하기 시작하고, 한 살 반에 이르러서야 단어들을 조합하며, 두 살이나 세 살이 되어야 비로소 문법적인 문장으로 유창하게 대화한다. 그렇다면 그 나이대에 과연 무슨 일이 발생하는 것일까? 왜 그렇게 오랜 기간이 소요되느냐고 물어야 하는가? 아니면 세 살배기 아이가 현실세계를 설명하는 것을 신생아가 천국을 이야기하는 것만큼이나 기적적인 능력으로 봐야 하는가?

모든 아기는 언어 기술들을 가지고 세상에 태어난다. 3장에서 살펴보았던 독창적인 실험 덕분에 우리는 이 사실을 알고 있다. 그 실험에서는 아기에게 한 가지 신호를 지루해질 때까지 반복적으로 제시한 다음 신호를 변경하는데, 그때 아기가 눈을 치켜뜨면 그 차이를 안다는 것을 뜻한다. 귀는 눈처럼 움직일 수 없기 때문에 심리학자인 피터 에이머스와 피터 주치크는 생후 1개월 된 아기가 어떤 것에 흥미를 느끼는지 알아내기 위한 색다른 방법을 고안했다. 그들은 고무젖꼭지 안에 스위치를 장착하고 그 스위치를 녹음기에 연결해서 아기가 고무꼭지를 빨면 테이프에서 소리가 나오게 했다. 테이프가 ba ba ba ba… 하고 낮은 음으로 단조롭게 계속되는 동안 아기들은 느리게 젖꼭지를 빠는 것으로 지루함을 표시했다. 그러다 음절이 pa pa pa pa…로 바뀌자 아기들은 변화에 흥미를 느끼고는 더 많은 음절들을 듣기 위해 좀더 열심히 젖꼭지를 빨기 시작했다. 더욱이 아기들은 그 음절들을 무의미한 소리로 그냥 듣는 것이 아니라, 제6감이라고 불리기도 하는 언어지각을 이용하고 있었다. 음향학적으로는 ba와 pa만큼 서로 다르지만 성인의 귀에는 똑같이 ba로 들리는 두 종류의 ba 소리(두 소리가 바뀔 때)는 아기들의 흥미를 끌지 못했던 것이다. 그리고 아기들은 음소가 뭉개진 음절로부터 가령 b와 같은 음소들을 복구하는 것이 분명하다. 아기들도 성인들처럼 같은 소리조각이라도 그것을 짧은 음절로 들려주면 b로, 긴 음절로 들려주면 w로 듣는다.

아기들은 이런 기술들을 가지고 태어난다. 다시 말해 아기들이 언어를 배우는 것은 부모의 말을 들어서가 아니다. 키쿠유(케냐의 중부 고지대)와 스페인의 아기들은 영어의 ba와 pa를 구별하는데, 이것은 키쿠유어와 스페인어에서는 사용되지 않는 발음이며,

따라서 그들의 부모는 이 소리를 구별하지 못한다. 영어를 배우는 생후 6개월 미만의 아기들은 체크어, 힌디어 및 인슬레캄프스어(토착 아메리카인의 언어의 하나)에서 사용되는 음소들을 구별하지만, 영어를 사용하는 성인들은 500회에 걸친 훈련이나 1년간의 대학교육에도 불구하고 그것들을 구별하지 못했다. 그러나 성인의 귀는 그 자음들이 음절에서 분리되어 각각 새된 소리로 제시되면 그 소리들을 구별할 수 있다. 다만 그것들을 음소로서 구별하지 못한다는 것이다.

《선》지의 기사에는 상세한 내용이 빠져 있지만, 다른 사람들이 나오미의 말을 이해한 걸 보면 그 아이는 틀림없이 원시세계어나 고대 라틴어가 아니라 이탈리아어로 말했을 것으로 추정된다. 다른 아기들 역시 자신의 어머니가 사용하는 언어에 대한 어느 정도의 지식을 가지고 세상에 태어나는지도 모른다. 심리학자인 자크스 멜러와 피터 주치크는 생후 4일 된 프랑스 아기가 러시아어보다는 프랑스어를 듣기 위해 더 열심히 젖꼭지를 빨고, 또 테이프가 프랑스어에서 러시아어로 바뀔 때보다는 러시아어에서 프랑스어로 바뀔 때 더 많이 젖꼭지를 빤다는 사실을 보여주었다. 그러나 이것이 곧 환생에 대한 믿기 어려운 증거인 것은 아니다. 어머니의 뱃속에서도 신체를 통해 운반된 어머니가 사용하는 말의 멜로디를 들을 수 있기 때문이다. 아기들은 전자공학을 이용한 필터링을 통해 말소리에서 자음과 모음을 지우고 멜로디만 남긴 경우에도 여전히 프랑스어를 선호했다. 그러나 테이프를 거꾸로 재생시켜 모음과 자음의 일부는 보존되지만 멜로디가 손상되었을 때는 무관심했다. 이러한 결과가 프랑스어의 고유한 아름다움을 증명하는 것은 아니다. 프랑스인이 아닌 아기들은 프랑스어를 선호하지 않으며, 프랑스 아기들은 영어와 이탈리아어를 구별하지 못했기 때문이다. 그 아기들은 자궁 속에서, 아니면 밖으로 나온 처음 며칠 동안 프랑스어의 운율법(멜로디, 강세 및 타이밍)과 관련된 어떤 것을 학습했음이 틀림없다.

아기들은 생후 첫 일 년 동안 모어(母語)의 소리들을 계속해서 학습한다. 생후 6개월에 이르면 아기들은 모어에서 하나의 음소로 총괄되는 개별적인 소리들을 묶어내기 시작하고, 그와 동시에 똑같이 개별적인 소리라 하더라도 모어에서 별개의 음소로 취급되는 것들은 계속해서 구별한다. 10개월에 이르면 아기들은 더 이상 보편적인 음성학자가 아닌 그들의 부모처럼 변하게 된다. 그들은 체코나 토착 아메리카 인디언 아기가 아닌 이상 체크어나 인슬레캄프스어의 음소들을 구별하지 못한다. 아기들은 단어를 말하고 이해하기 전에 이러한 전환을 겪으며, 이것으로 보아 그들의 학습은 소리와 의미의 상호연관에 종속되지 않는다는 것이 분명하다. 다시 말해 아기들은 자신들이 bit를 의미한다고 생각하는 단어와 beet를 의미한다고 생각하는 단어의 소리 차이에 귀를 기울이는 것이 아니다. 왜냐하면 아기들이 아직 어떤 단어도 학습하지 않았기 때문이다. 그들은 그 소리들을 직접 분류하고, 어떤 방식으로든 자신의 언어에서 사용되는 음소들을 전달하기 위해 자신의 음성분석 모듈을 조정하고 있음이 틀림없다. 그런 다음 이 모듈은 단어와 문법을 학습하는 시스템의 주파수 변환부 구실을 한다.

또한 생후 첫해 동안 아기들은 자신의 발성시스템을 가동시킬 준비를 한다. 신생아는 인간이 아닌 포유류와 같은 성도를 가지고 있다. 즉, 잠망경처럼 솟아오른 후두가 비강과 연결되어 있어서 아기는 코를 통해 숨을 쉬게 되므로 반사적으로 공기를 동시에 들이마시고 내쉬는 것이 가능하다. 생후 3개월이 되면 후두는 목구멍 깊이 내려앉아 혀 뒤의 동공을 열게 되는데, 이때부터 혀가 앞뒤로 움직여 성인들이 사용하는 다양한 모음들을 발성하게 된다.

아기들이 울음소리, 그르렁거리는 소리, 한숨소리, 혀 차는 소리, 파열음뿐 아니라 숨쉬는 것과 먹는 것, 그리고 야단법석 떠는 것과 관련된 갑작스런 소리를 내는 첫 2개월 동안이나, 심지어는 킥킥거리며 웃는 소리가 추가되는 다음 3개월 동안에도 언어학적으로 중요한 일들은 그리 많이 발생하지 않는다. 생후 5개월에서 7개월이 되면 아기들은 소리를 내며 놀기 시작하는데, 이때의 소리도 자신의 신체 및 감정 상태를 표현하는 것은 아니다. 그리고 이때부터 그들의 혀 차는 소리, 흠흠거리는 소리, 연결음, 쉬 소리 및 입맛 다시는 소리들은 자음과 모음 같은 소리로 변하기 시작한다. 그러다가 아기들은 생후 7개월에서 8개월 사이에 갑자기 ba-ba-ba, neh-neh-neh, dee-dee-dee 같은 진짜 음절들로 옹알거리기 시작한다. 그 소리들은 모든 언어에서 동일하며, 언어간에 가장 보편적인 음소들과 음절 패턴으로 이루어져 있다. 돌이 될 무렵이면 neh-nee, da-dee, meh-neh같이 자신들의 음절들을 변화시켜 아주 귀여운 문장다운 말들을 만들어 낸다.

최근 몇 년 동안 소아과의사들은 기관 속으로 튜브를 삽입하거나(소아과 의사들은 공기통로가 유사한 고양이를 이용해 훈련한다), 수술로 후두 밑의 기관 안에 있는 구멍을 열어서 호흡장애를 지닌 많은 아기들의 생명을 구해 왔다. 수술을 받은 아기들은 옹알이 기간 동안 정상적인 유성음을 낼 수 없을 뿐 아니라 언어발달이 심하게 지연되지만, 2년쯤 뒤에 공기통로가 정상으로 회복되면 정상적인 언어발달 과정을 따라잡으므로 결국 영구적인 장애는 일어나지 않는다. 청각장애 아기의 옹알이는 더 늦게 나타나고 또 단순하다. 부모가 수화를 사용하는 경우에는 아기도 예정된 시기에 손으로 옹알이를 한다!

옹알이가 그렇게 중요한 이유는 무엇인가? 아기는 손잡이와 스위치에 아무런 표시도 없고, 사용설명서도 없는 복잡한 오디오 기기를 선물 받은 사람과 같다. 그런 상황에서 아기들은 해커들이 프로빙(frobbing. 어떻게 되나 보기 위해 제어장치들을 목적 없이 이리저리 만져보는 것)이라 부르는 것에 의존한다. 아기는 소리에 대한 효과를 폭넓게 변화시켜 보면서 온갖 방법으로 조음기관들을 움직일 수 있는 신경명령어들을 지니고 태어난다. 따라서 아기들은 자신의 옹알이를 들으면서 실제로 자기 나름으로 사용설명서를 작성해 나간다. 그들은 소리에 어떤 변화를 일으키기 위해서는 어떤 방법으로 어떤 근육을 어느 정도 움직여야 하는지를 배운다. 이는 부모의 말을 복제하기 위한 전제조건이다. 일부 컴퓨터과학자들은 아기들에게서 영감을 얻어, 좋은 로봇은 자기 자신의 옹알이와 버둥거림의 결과들을 관찰함으로써 아기의 조음기관에 해당하는 내부 소프트웨어 모델을 학습해야 한다고 믿고 있다.

아기는 첫돌 직전부터 단어를 이해하기 시작하여 첫돌 무렵부터는 단어를 만들어 내기 시작한다. 단어들은 대개 고립적으로 발화된다. 이 '한 단어 단계' 는 2개월에서 1년까지 지속된다. 한 세기가 넘는 기간 동안 지구상의 많은 과학자들이 자신의 아기가 내는 첫 단어들을 일기에 기록해 왔는데, 그 목록은 거의 동일하다. 그 단어의 거의 절반이 음식(juice, cookie), 신체부위(eye, nose), 옷(diaper, sock), 탈것(car, boat), 장난감(doll, block), 가재도구(bottle, light), 동물(dog, kitty), 사람들(dada, baby)처럼 물체에 관한 것이다(내 조카인 에릭의 첫 단어는 배트맨이었다). up, off, open, peekaboo, eat, go와 같이 행동, 움직임이나 일상적인 것들에 대한 단어도 있고, hot, allgone, more, dirty, cold 같은 수식어도 있다. 마지막으로 yes, no, want, bye-bye, hi와 같이 사회적 상호작용에서 사용되는 일상어도 있다. 그 가운데 look at that과 what is that 같은 것들은 리스팀의 의미에서의 단어이지, 성인들의 경우에서와 같은 형태론의 산물이나 통사론의 원자들이란 의미에서의 단어가 아니다. 아기들은 대상에 명칭을 붙이거나 암기된 일상어를 사용해서 사회적 상호작용에 참여하는데 그 정도는 저마다 다르다. 심리학자들은 그러한 차이의 원인(성별, 연령 및 사회경제적 상태를 두루 조사했다)을 파악하는 데 많은 시간을 소모했으나, 나에게 가장 그럴듯해 보이는 것은 아기도 사람이며 다만 조그만 사람일 뿐이라는 것이다. 그래서 어떤 아기들은 물체를 좋아하고, 또 어떤 아기들은 수다 떨기를 좋아한다.

단어에는 물리적 경계가 없다. 그러므로 아기들이 그 경계를 찾아내는 데 그렇게 능숙하다는 사실은 놀랍다. 아기는 개리 라슨의 두 컷 만화에서 야단맞고 있는 개와 같다.

> 우리가 개에게 하는 말 "Okay, Ginger! I' ve had it! You stay out of the garbage! Understand, Ginger? Stay out of the garbage, or else!" ("좋아, 징거! 더 이상 못 참겠어! 너 그 쓰레기에서 나와! 알았어, 징거? 그 쓰레기에서 나와, 안 그러면!")
> 개가 듣는 말 "Blah blah GINGER blah blah blah blah blah blah blah blah GINGER blah blah blah blah blah." ("시큰둥 시큰둥 징거 시큰둥 시큰둥 시큰둥 시큰둥 시큰둥 시큰둥 시큰둥 징거 시큰둥 시큰둥 시큰둥 시큰둥 시큰둥.")

추측컨대 아기들은 부모가 고립적으로 사용하거나, Look-at-the BOTTLE에서처럼 강세를 받는 마지막 위치에서 사용하는 단어들을 기록한다. 그런 다음 더 긴 말에서 이들 단어와 일치하는 것들을 찾아내고, 일치한 부분들 사이에서 잔여물을 추출함으로써 다른 단어를 발견한다. 때로는 간발의 차이로 실수를 저질러 가족들을 즐겁게 하기도 한다.

I don' t want to go to your ami. [Miami-your ami] (너의 애미엔 가기 싫어→마이애미엔 가기 싫어.)

I am heyv! [Behave-am heyv] (난 헤이브야→난 예의바르게 행동해.)

Daddy, when you go to tinkle you' re an eight, and when I go tinkle I' m an eight, right? [urinate-you' re an eight] (아빠, 아빠가 쉬할 땐 아빠가 여덟 살, 내가 쉬할 땐 내가 여덟 살, 그치?)

I know I sound like Larry, but who' s Gitis? [laryngitis(후두염)→Larry + Gitis] (내 이름이 래리하고 비슷한 건 나도 알아. 근데 자이티스는 누구야?)

Daddy, why do you call your character Sam Alone? [Sam Malone-Sam Alone]

아빠, 왜 사람들은 그 사람을 외로운 샘이라고 불러요?

The ants are my friends, they' re blowing in the wind. [The answer, my friends, is blowing in the wind(밥 딜런의 노래 'Blowing in the Wind' 의 한 구절.—옮긴이)에서 나옴] (개미는 내 친구. 그들이 바람에 불려가고 있다네.→ 친구여, 그 대답은 바람에 불려가고 있다네.)

그러나 이러한 실수는 놀라울 정도로 드물며, 6장의 Pullet Surprise나 doggy-dog world의 경우처럼 아기들뿐 아니라 성인들도 그런 실수를 하곤 한다. 《힐 스트리트 블루스》라는 TV쇼의

한 토막. 경찰관 제이디 라루가 예쁜 고등학생과 시시덕거리기 시작한다. 그러자 그의 파트너인 닐 워싱턴이 그에게 이렇게 말한다. "제이디, 네게 딱 세 마디만 하겠다. 'Statue-Tory-Rape.' (statutory rape. 법률상 강간으로 승낙 연령 미만의 소녀와의 성교를 말한다.—옮긴이)"

생후 18개월 무렵에 말이 시작된다. 어휘의 성장은 최소한 두 시간당 한 단어의 속도로 급격히 빨라지며, 이는 청소년기까지 지속된다. 그리고 최소 길이인 두 단어의 열로 통사론이 시작된다. 다음은 그에 대한 몇 가지 예다.

All dry.	All messy.	All wet.
I sit.	I shut.	No bed.
No pee.	See baby.	See pretty.
More cereal.	More hot.	Hi Calico.
Other pocket.	Boot off.	Siren by.
Mail come.	Airplane allgone.	Bye-bye car.
Our car.	Papa away.	Dry pants.

아기들의 두 단어 조합은 전 세계적으로 그 의미가 대단히 유사해서 마치 서로에 대한 번역인 것처럼 보인다. 아기들은 사물이 나타나고 사라지고 이동할 때 그 사실을 알리고, 사물의 특성과 소유자를 지적하고, 사람들이 일하고 사물을 보는 것에 대해 설명하고, 사물과 행동을 거부하거나 요구하고, 사람과 사물과 장소에 대해 묻는다. 이 최소 길이의 문장들은 이미 언어가 습득되고 있음을 반영한다. 더욱 놀라운 사실은 그들의 문장에서 95%의 단어들이 올바른 순서를 가진다는 것이다.

아기들의 마음속에서는 입 밖으로 나오는 것보다 더 많은 일들이 진행되고 있다. 아기들은 2개의 단어를 묶어 최소 길이의 문장을 만들기 전에도 통사론을 이용하여 문장을 이해할 수 있다. 예를 들어 한 실험에서 하나의 단어로만 이야기하는 아기들을 두 대의 텔레비전 앞에 앉힌 후, 각각의 화면을 통해 《세서미 스트리트》에 나오는 쿠키 몬스터와 빅 버드처럼 옷을 입은 두 명의 어른을 보여주었다. 한 화면에서는 쿠키 몬스터가 빅 버드를 간질이는 장면이 나왔고, 또 다른 화면에서는 빅 버드가 쿠키 몬스터를 간질이는 장면이 나왔다. 이때 화면 속의 목소리가 "저것 봐! 빅 버드가 쿠키 몬스터를 간질이고 있네! 빅 버드가 쿠키 몬스터를 간질이는 장면을 찾아봐!"라고 말했다. 아기들은 주어, 동사, 목적어 배열의 의미를 이해했음이 틀림없다. 그들은 목소리로 제시된 문장이 설명하는 화면을 더 많이 쳐다보았기 때문이다.

아기들이 몇 개의 단어를 짜 맞추어 사용할 때, 그 단어들은 출력의 끝부분에서 병목현상을 만나는 것 같다. 2개 내지 3개의 단어로 된 아기들의 말은 완벽하고 복잡한 개념을 표현하는 보다 긴 잠재된 문장에서 도출된 예인 것처럼 보인다. 예를 들어 심리학자 로저 브라운은 자신이 연구한 아기들이 Mother gave John lunch in the kitchen과 같은 복잡한 문장을 결코 들은 적이 없는데도, 그 구성성분 모두를 포함하는 열들을 생성했고, 그것도 정확한 순서였다고 지적했다.

AGENT (행위자)	ACTION (행위)	RECIPIENT (수혜자)	OBJECT (대상)	LOCATION (위치)
(Mother	gave	John	lunch	in the kitchen.)
Mommy	fix.			
Mommy			pumpkin.	

Baby				table.
Give		doggie.		
	Put		light.	
	Put			floor.
I	ride		horsie.	
Tractor	go			floor
	Give	doggie	paper.	
	Put		truck	window.
Adam	put		it	box.

언어발달을 음절 옹알이, 횡설수설 옹알이, 1단어 발화, 2단어 열 같은 다소 임의적인 단계로 나눈다면, 다음 단계는 '대대적인 둑 붕괴 단계'라 불러야 할 것이다. 아이들의 언어가 두 살 후반에서 세 살 중반 사이에 유창한 문법적 대화로 발전하는 속도는 너무나 빨라서 그것을 연구하는 어떤 과학자도 그 정확한 순서를 풀어내지 못할 정도다. 문장의 길이는 꾸준히 증가하며, 문법은 이산조합 시스템이기 때문에 통사론적 유형의 수는 매달 두 배씩 증가하여 세 번째 생일을 맞이하기 전에 수천 개에 달하게 된다. 우리는 아담이라는 작은 소년의 말이 2년 3개월에 나타나는 초기적인 단어조합에서 시작하여 1년이라는 기간 동안 어떻게 복잡한 형태로 발전하는지를 살펴봄으로써 이러한 폭발을 느낄 수 있을 것이다.

2년 3개월 Play checkers. Big drum. I got horn. A bunny-rabbit walk. (체커 해. 큰 통. 나 뿔났어. 토끼가 걸어가.)

2년 4개월 See marching bear go? Screw part machine. That busy bulldozer truck. (행진하는 곰이 가는 거 보여? 부품장치를

돌려. 저 일하는 불도저 트럭.)

2년 5개월 Now put boots on. Where wrench go? Mommy talking bout lady. What that paper clip doing? (이제 장화를 신어. 렌치가 어디 갔지? 엄마는 아줌마 얘기를 하고 있어. 저 종이 클립은 무얼 하지?)

2년 6개월 Write a piece a paper. What that egg doing? I lost a shoe. No, I don' t want to sit seat. (종이 한 장을 써. 저 달걀은 무얼 하지? 나는 신발 한 짝을 잃어버렸어. 아니, 나는 자리에 앉고 싶지 않아.)

2년 7개월 Where piece a paper go? Ursula has a boot on. Going to see kitten. Put the cigarette down. Dropped a rubber band. Shadow has hat just like that. Rintintin don' t fly, Mommy. (종이 한 장이 어디로 갔지? 우르술라는 장화 한 짝을 신고 있어. 고양이를 보러 가고 있어. 담배를 내려놔. 고무 밴드를 떨어뜨렸어. 그림자는 바로 저런 모자를 썼어. 린틴틴이 날지 않아요, 엄마.)

2년 8개월 Let me get down with the boots on. Don' t be afraid a horses. How tiger be so healthy and fly like kite? Joshua throw like a penguin. (장화를 신은 채 내려가도 돼요? 말을 무서워하지 마. 호랑이는 어떻게 그렇게 튼튼하고 연처럼 날지? 조슈아는 펭귄처럼 움직여.)

2년 9개월 Where Mommy keep her pocket book? Show you something funny. Just like turtle make mud pie. (엄마가 수첩을 어디에 놔뒀지? 너한테 재미있는 걸 보여줄게. 거북이가 진흙 파이를 만드는 것 같아.)

2년 10개월 Look at that train Ursula brought. I simply don' t

want put in chair. You don' t have paper. Do you want little bit, Cromer? I can' t wear it tomorrow.(우르술라가 가져온 저 기차를 봐. 그냥 의자에 앉고 싶지 않아요. 너는 종이가 없어. 조금 원하니, 크로머? 나는 내일 그걸 입을 수 없어.)

2년 11개월 That birdie hopping by Missouri in bag. Do want some pie on your face? Why you mixing baby chocolate? I finish drinking all up down my throat. I said why not you comming in? Look at that piece a paper and tell it. Do you want me tie that ronud? We going turn light on so you can' t see. (그 새는 자루에 갇힌 채로 미주리를 깡충깡충 지나가고 있어. 얼굴에 파이를 묻히고 싶어? 왜 아기 초콜릿을 섞고 있어요? 다 마시고 목구멍까지 넘어갔어. 왜 안 들어오냐고 말했잖아? 저 종이를 보고 말을 걸어봐. 내가 그렇게 둥글게 매주기를 원해? 우리는 불을 켜서 네가 볼 수 없게 할 거야.)

3년 I going come in fourteen minutes. I going wear that to wedding. I see what happens. I have to save them now. Those are not strong mens. They are going sleep in wintertime. You dress me up like a baby elephant.(14분 있으면 들어갈게요. 저걸 입고 결혼식에 갈 거야. 무슨 일인지 알겠어. 나는 지금 그들을 구해야 해. 그들은 강한 사람이 아냐. 그것들은 겨울에는 잠잘 거야. 나를 아기 코끼리처럼 입혔네요.)

3년 1개월 I like to play with something else. You Know how to put it back together. I gon' make it like a rocket to blast off with. I put another one on the floor. You went to Boston University? You want to give me some carrots and some beans? Press the button and catch it, sir. I want some other peanuts. Why you put the pacifier in his mouth? Doggies like to climb up. (나는 다른 것을 갖고 놀고 싶어. 그걸 어떻게 다시 조립해야 하는지 넌 알아. 나는 그것이 로켓처럼 폭발하도록 만들 거야. 바닥에 다른 걸 놓았어. 보스턴대학교에 갔어요? 나한테 당근과 콩을 약간 주고 싶어요? 그 단추를 누르고 그것을 잡으세요. 다른 땅콩을 주세요. 왜 입에 고무젖꼭지를 물려요? 개들은 올라가기를 좋아해.)

3년 2개월 So it can't be cleaned? I broke my racing car. Do you know the light wents off? What happened to the bridge? When it's got a flat tire it's need a go to the station. I dream sometimes. I'm going to mail this so the letter can't come off. I want to have some espresso. The sun is not too bright. Can I have some sugar? Can I put my head in the mailbox so the mailman can know where I are and put me in the mailbox? Can I keep the screwdriver just like a carpenter keep the screwdriver? (그러면 그건 깨끗하게 할 수 없어요? 나는 내 경주용 차를 깨뜨렸어. 그 전구가 꺼졌다는 걸 아세요? 그 다리는 어떻게 되었지? 타이어가 펑크 났으면 정비소에 갈 필요가 있어. 나는 가끔 꿈을 꿔. 이걸 우편으로 보내면 편지가 도망가지 못할 거야. 나는 에스프레소 커피를 조금 마시고 싶어요. 해가 그리 밝지 않아. 설탕을 좀 먹어도 돼요? 내 머리를 우체통에 넣으면 우편배달부가 내가 있는 곳을 알고 나를 우체통 속에 놓아줄까요? 목수가 드라이버를 다루는 것처럼 나도 드라이버를 다룰 수 있을까?)

정상아들도 언어발달 속도에서 1년 혹은 그 이상 차이가 날 수 있다. 그렇지만 그들이 거치는 단계들은 그 기간이 얼마나 연장되느냐 혹은 단축되느냐에 상관없이 일반적으로 동일하다. 내가 아담의 말을 예로 든 것은 그의 언어발달이 다른 아이들과 비교할 때 다소 느리기 때문이다. 브라운이 연구한 또 다른 아이인 이브는 두 살이 되기 전에 다음과 같은 문장을 말하고 있었다.

I got peanut butter on the paddle. (나는 그 주걱으로 땅콩버터를 펐어.)
I sit in my high chair yesterday. (어제 나는 내 높은 의자에 앉는다.)
Fraser, the doll' s not in your briefcase. (프레이저, 그 인형은 네 장난감 상자에는 없어.)
Fix it with the scissor. (그것을 가위로 맞춰.)
Sue making more coffee for Fraser. (수는 프레이저를 위해 커피를 더 만들고 있어.)

이브의 언어발달 단계들은 단 몇 개월로 압축되었다.

이 폭발 동안 많은 일들이 진행된다. 아이들은 하나의 구성요소 속에 또 다른 구성요소를 삽입할 수 있기 때문에 그들의 문장은 점점 더 길어질 뿐 아니라, 더 복잡하고 더 깊고 더 무성한 나무가 되어간다. 이전 시기라면 Give doggie paper(3개 가지로 된 동사구)와 Big doggie(2개 가지로 된 명사구)를 말했을 테지만, 이제 아이들은 2개 가지로 된 NP가 3개 가지로 된 VP의 중앙 가지에 삽입된 Give big doggie paper를 말한다. 좀더 이전의 문장들은 –ed, –ing, –s 같은 변화형 어미들뿐 아니라 of, the, on, does같이 강세를 받지 않는 기능어를 생략한 전보문과 유사하다고 할 수 있다. 그러나 아이들은 세 살이 되면 기능어를 생략하는 경우보다 그런 단어들을 사용하는 경우가 잦아지며, 기능어가 필요한 문장의 90% 이상에서 그것을 사용한다. who, what, where 같은 단어들이 있는 의문문, 관계사절, 비교문, 부정문, 보어, 접속사 및 수동문 등 전 범위에 걸친 문장유형들이 꽃을 피우기 시작한다.

세 살배기의 문장들 가운데 상당수—어쩌면 대부분—가 이런 저런 이유로 비문법적이지만, 우리는 그것을 너무 가혹하게 판정해서는 안 된다. 어떤 한 문장에도 잘못될 수 있는 많은 요소들이 많기 때문이다. 연구자들이 하나의 문법 규칙에 초점을 맞춰 한 아이가 그것을 얼마나 자주 준수하고 또 얼마나 자주 어기는지를 계산해 보면 그 결과는 놀라울 정도다. 우리가 어떤 규칙을 선택하더라도 세 살배기 아이들은 대부분 그것을 준수한다. 지금까지 우리가 보아왔듯이 아이들이 어순을 혼동하는 경우는 거의 없으며, 세 살이 되면 대부분의 변화형 어미와 기능어들을 필요한 문장 속에 적용한다. mens, wents, Can you broke those?, What he can ride in?, That' s a furniture, Button me the rest, Going to see kitten 같은 실수들을 듣게 되면 우리는 귀를 쫑긋 세우지만, 그런 오류들이 발생할 확률은 0.1~8%에 불과하다. 즉, 아이들이 하는 말 가운데 90% 이상이 문법적으로 정확하다. 심리학자 카린 스트롬스월드는 13명의 미취학 아동들의 말 중에서 조동사를 포함한 문장들(can, should, must, be have, do 같은 단어들을 포함하는)을 분석했다. 영어의 조동사체계는 문법학자들 사이에서도 복잡하기로 유명하다. 논리적으로 가능한 조동사들 조합은 약 24×10억×10억 개가 존재하는데(예를 들어 He have might eat, He did be eating), 그 가운데 오직 100개만 문법적이다(He might have eaten, He has been eating). 스트롬스월드는 아이들이 조동사체계에서 빠지기 쉬운 수십 종의 오류들—즉, 아이들이 부모로부터 듣게 되는 문장 형태들의 자연스러운 일반화라고 추측되는 오류들—에 몇 번이나 빠지는지 세어 보고자 했다.

성인 영어의 형태	아이가 빠질 수 있는 오류
He seems happy. → Does he seem happy?	He is smiling. → Does he be smiling?
	She could go. → Does she could go?
He did eat. → He didn't eat.	He did a few things. → He didn't a few things.
He did eat → Did he eat?	He did a few things. → Did he a few things?
I like going. → He likes going.	I can go. → He cans go. I am going. → He ams (or be's) going.
They want to sleep → They wanted to sleep.	They are sleeping. → They are'd (or be'd) sleeping.
He is happy → He is not happy.	He ate something. → He ate not something.
He is happy → Is he happy?	He ate something → Ate he something

사실상 모든 이 형태에 대해 조사한 결과, 그녀는 오류가 발생할 가능성이 있었던 66,000개의 문장 속에서 하나의 오류도 발견하지 못했다.

세 살배기 아이는 단지 양적인 면만이 아니라 질적인 면에서도 문법적으로 정확하다. 우리는 이미 앞 장들에서 아이들의 이동 규칙이 구조의존적임을 보여주는 실험들("Ask Jabba if the boy who is unhappy is watching Mickey Mouse")과 또 그들의 형태론 체계들이 어근과 어간, 변화형 어미의 층들로 조직되어 있음을 보여주는 실험들("This monster likes to eat rats ; what do you call him?")을 통해 이 사실을 알게 되었다. 또한 아이들은 그들이 직면할 수도 있는 언어의 바벨탑에 대한 준비가 철저히 되어 있는 것 같다. 아이들은 자유로운 어순, SOV 및 VSO의 어순, 풍부한 격과 일치체계들, 교착접미사들의 열, 능격 표지 또는 자신들의 언어가 그들에게 던져주는 모든 것을 영어를 습득하는 아이들에 비해 전혀 뒤쳐지지 않고 빠르게 습득한다. 프랑스어와 독일어처럼 문법적인 성을 가지는 언어들은 베를리츠에 다니는 학생에게는 독약이다. 마크 트웨인은 자신의 수필 〈독일어에 대한 공포〉에서 "나무는 남성이고, 그 나무의 싹은 여성이며, 그 잎은 중성이다. 말은 성이 없고, 개는 남성이며, 고양이—수고양이까지도—는 여성이다."라고 적었다. 그는 독일의 어떤 주일학교 교재에 나오는 대화를 다음과 같이 번역했다.

그레첸 Wilhelm, where is the turnip? (빌헬름, 그 무는 어디 있지?)
빌헬름 She has gone to the kitchen. (그녀는 부엌으로 갔어.)
그레첸 Where is the accomplished and beautiful English maiden? (그 교양 있고 아름다운 영국 하녀는 어디 있지?)
빌헬름 It has gone to the opera. (그것은 오페라 공연에 갔어.)

그러나 독일어(그리고 성을 가진 다른 언어들)를 배우는 아이들은 전혀 두려워하지 않는다. 그들은 성 표지를 빠르게 습득하고, 실수를 거의 하지 않으며, 남성다움과 여성다움에 대한 연상을 잘못된 기준으로 이용하지도 않는다. 문어에서 주로 사용되는, 성인에게조차 정신적인 부담을 주는 몇 가지 드문 구문들(The horse that the elephant tickled kissed the pig 같은)을 제외한다면 모든 언어는 아이가 네 살에 접어들기 전에 쉽게 습득된다고 하는 편이 나을 듯하다.

아이들이 범하는 오류가 아무짝에도 쓸모없는 쓰레기 같은 경우는 거의 없다. 종종 그 오류들은 너무도 훌륭하게 문법의 논리를 따르기 때문에, 우리는 아이들이 왜 오류를 범하는가가 아니라 그것들이 왜 어른들의 귀에 오류처럼 들리는가 하는 문제를 생각해 보아야 할 지경이다. 내가 아주 상세하게 연구해 온 두 가지 예를 들어 보겠다.

아동기의 오류 가운데 가장 눈에 띄는 것은 아마 과도한 일반화일 것이다. 아이는 복수형 -s나 과거형 -ed 같은 규칙변화 접미사를 불규칙적으로 복수나 과거형이 되는 단어에 붙인다. 그러므로 아이는 tooths와 mouses라고 말하고, 다음과 같은 동사형을 떠올린다.

My teacher holded the baby rabbits and we patted them.

Hey, Horton heared a Who.

I finded Renee.

I love cut-upped egg.

Once upon a time a alligator was eating a dinosaur and the dinosaur was eating the alligator and the dinosaur was eaten by the alligator and the alligator goed kerplunk.

이러한 형태들이 우리 귀에 틀리게 들리는 이유는 영어에는 과거형을 규칙에 따라 예측할 수 없고 기계적으로 암기해야 하는 held, heard, cut, went와 같은 약 180개의 불규칙동사들—그중 대부분이 원시 인도유럽어에서 상속된 것들이다!—이 포함되어 있기 때문이다. 형태론은 어떤 동사가 정신사전에 열거되어 있는 특유의 형태를 띨 때마다 규칙형 -ed 규칙이 봉쇄되도록 조직되어 있다. 따라서 goed는 went에 의해 봉쇄되기 때문에 비문법적인 것으로 들린다. 그 밖의 다른 곳에서는 규칙변화 규칙이 자유롭게 적용된다.

그렇다면 아이들이 이런 종류의 실수를 저지르는 이유는 무엇인가? 아주 간단히 해명할 수 있다. 불규칙형은 암기되어야만 하고, 기억은 오류에 빠지기 쉽다. 따라서 아이가 불규칙동사의 과거형을 문장에 이용하려고 할 때 만일 그 과거형이 기억나지 않는다면 규칙변화 규칙으로 그 공백을 채우는 것이다. 즉, 아이가 hold의 과거형을 사용하고 싶은데 held를 생각해 낼 수 없는 경우, 기본치로 적용되는 규칙변화 규칙이 hold를 holded로 만드는 것이다. 우리는 오류에 빠지기 쉬운 기억력이 이러한 실수의 원인임을 알고 있는데, 그 이유는 부모들이 가장 적게 사용하는 불규칙동사들(예를 들어 drank 및 knew)이 아이들이 자주 실수하는 동사들이기 때문이다. 좀더 흔한 동사들의 경우 아이들은 대부분 정확하다. 동일한 현상이 어른들에게도 발생한다. trod, strove, dwelt, rent, slew, smote같이 빈도수가 낮고 잘 기억되지 않는 불규칙 형태들은 현대 미국인의 귀에 낯설게 들리는 것들이어서 treaded, strived, dwelled, rended, slayed, smited로 규칙화될 가능성이 많다. 불규칙 과거형을 잊고 있는 사람들이 우리 어른들이기 때문에, 우리는 -ed를 가진 형태들이 오류는 아니라고 선언하게 된다!

실제로 수세기에 걸쳐 이러한 많은 전환형태들이 고착화되어 왔다. 고대영어와 중세영어에는 현대영어보다 약 2배나 많은 불규칙동사들이 있었다. 초서가 오늘날 이 자리에 있다면 to chide, to geld, to abide, to cleave의 과거형이 chid, gelt, abode, clove라고 말할 것이다. 시간이 지남에 따라 동사의 인기는 시들 수 있다. 따라서 우리는 to geld라는 동사가 너무 오랫동안 쓰이지 않아서 대다수 어른들이 그 과거형인 gelt를 듣지 않고 생활했던 때를 상상해 볼 수 있다. 과거형을 인쇄할 때 사람들은 gelded를 사용했을 것이다. 그 뒤 그 동사는 그들 그리고 모든 후세들에게 규칙동사가 되었다. 이러한 심리적 과정은 어떤 어린아이가 자신의 짧은 생애 동안 build의 과거형인 built를 거의 듣지 못하고 살아와서 builded로 인쇄된 단어를 마주치게 될 때 발생하는 것과 전혀 다르지 않다. 유일한 차이는 그 아이가 여전히 built를 사용하고 있는 어른들에 둘러싸여 있다는 사실이다. 그 아이가 더 오래 살면서 점점 더 많이 built를 듣게 되면, 정신사전에서 built의 기재항이 더 또렷해지고 점점 더 쉽게 생각나게 되어 그때마다 '-ed를 추가하라' 는 규칙의 스위치가 차단되는 것이다.

다음은 심리학자 멜리사 바우어만이 발견한 아동기의 문법적 논리를 보여주는 또 다른 훌륭한 예들이다.

Go me to the bathroom before you go to bed. (잠들기 전에 나를 욕실에 [데려]가요.)

The tiger will come and eat David and then he will be died and I won't have a little brother any more. (호랑이가 와서 데이비드를 먹으면 그는 죽을 것이고, 나는 더 이상 어린 동생이 없을 거예요.)

I want you to take me a camel ride over your shoulders into my room. (나는 당신이 나를 낙타처럼 어깨에 태우고 내 방에 데려다주길 원해요.)

Be a hand up your nose. (한 손을 코 위에 대 봐.)

Don' t giggle me! (나를 간질이지 마!)

Yawny Baby—you can push her mouth open to drink her. (요니 베이비, 너는 그녀의 입을 열고 마시게 할 수 있어.)

이것들은 영어를 비롯한 많은 언어에서 발견되는 사역규칙의 예로서, '어떤 것을 하다' 를 뜻하는 자동사를 취하여 그것을 '어떤 것을 하게끔 하다' 를 의미하는 타동사로 전환시키는 것이다.

The butter melted. → Sally melted the butter.

The ball bounced. → Hiram bounced the ball.

The horse raced past the barn. → The jockey raced the horse past the barn.

사역규칙은 모든 동사에 적용되는 것이 아니라 일부 동사에만 적용된다. 때때로 아이들은 그것을 너무 열광적으로 적용한다. 그러나 언어학자조차도 왜 a ball can bounce or be bounced, and a horse can race or be raced(공은 튀거나 튀어질 수 있고, 말은 달리거나 달려질 수 있다) 등은 가능하지만, a brother can only die, not be died, and a girl can only giggle, not be giggled(동생은 단지 죽을 수만 있고 죽어질 수는 없다. 그리고 소녀는 낄낄거릴 수만 있고 낄낄거려질 수는 없다)인지 그 이유를 말하기가 쉽지 않다. 단지 몇 가지 종류의 동사들만이 쉽게 그 규칙에 적용된다. melt와

break처럼 사물의 물리적 상태의 변화를 나타내는 동사들, bounce와 slide처럼 동작의 방식을 나타내는 동사들, 그리고 race와 dance처럼 수반되는 움직임을 나타내는 동사들이 이에 해당된다. 그러나 영어에서 go와 die 같은 동사들은 그 규칙이 적용되는 것을 거부하며, 거의 모든 언어에서 cook과 play처럼 완전히 자발적인 행위와 관련된 동사들은 그 규칙에 적용되기를 거부한다(그리고 아이들은 이와 관련하여 거의 실수를 하지 않는다). 영어에서 아이들이 범하는 대부분의 오류는 사실 다른 언어들에서는 문법적일 수 있다. 영어를 사용하는 어른들은 자신의 자녀들과 마찬가지로 때때로 그 규칙을 확장하여 적용하곤 한다.

In 1967 the Parti Quebecois began to deteriorate the health care system. (1967년 퀘벡 당은 보건제도를 악화시키기 시작했다.)
Sparkle your table with Cape Cod classic glass-ware. (케이프 코드 클래식 유리제품으로 당신의 식탁을 빛나게 하세요.)
Well, that decided me. (글쎄, 나는 그렇게 결심했어.)
This new golf ball could obsolete many golf courses. (이 새 골프공은 많은 골프 코스를 쓸모 없게 만들 것이다.)
If she subscribes us up, she'll get a bonus. (그녀가 우리에게 예약하면 보너스를 받을 것이다.)
Sunbeam whips out the holes where staling air can hide. (태양 광선은 악취 나는 공기가 숨어 있을 수 있는 구멍들을 불어 날린다.)

그러므로 사역관계를 표현하기 위해 언어를 약간 확장시키는 것은 아이나 어른이나 똑같다. 단지 어른들은 어떤 동사를 확장시킬 것인가 하는 면에서 조금 더 까다로울 뿐이다.

그러므로 세 살배기 아이는 문법의 천재다. 즉, 규칙을 무시하는 경우보다 준수하는 경우가 훨씬 더 많고, 언어의 보편적 특성들을 존중하며, 타당하면서도 어른스러운 방식으로 오류를 범하고, 많은 종류의 오류를 피해가는 등 거의 모든 구문에 능통한 대가다. 아이들은 어떻게 그렇게 하는가? 그 나이의 아이들은 대부분의 다른 활동에는 분명히 무능력하다. 우리는 그 아이들에게 자동차 운전이나 투표, 등교 따위를 시키지 않는다. 그리고 아이들은 가령 크기 순으로 콩을 분류한다든지, 어떤 사람이 밖에 있는 동안 집안에서 발생한 일을 알 수 있는지 여부를 추리한다든지, 또는 낮고 넓은 잔에서 크고 좁은 잔으로 용액을 부었을 때 그 양이 변하는지의 여부를 아는 것과 같이 전혀 뇌를 이용할 필요가 없는 과제들에서도 당황하곤 한다. 그러므로 아이들은 전반적인 통찰의 순수한 힘을 이용해 그 일을 하는 것이 아니다. 그리고 아이들은 자신이 듣는 것을 모방하고 있는 것도 아니다. 만일 모방하고 있는 것이라면 goed 또는 Don' t giggle me라고는 절대 말하지 않을 것이기 때문이다. 문법의 기본조직이 아이의 뇌 속에 배선되어 있지만, 그들은 여전히 영어나 키분조어 또는 아이누어의 뉘앙스들을 재구성해야 한다는 설명이 신빙성 있게 들린다. 그렇다면 경험은 세 살배기 아이에게 특정 언어의 문법을 제공하기 위해 어떤 방식으로 뇌 배선과 상호작용하는 것일까?

우리는 이 경험에 최소한 다른 인간들의 언어 사용이 포함되어야 한다는 것을 알고 있다. 수천 년 동안 사상가들은 외부로부터의 언어 입력이 차단된 아기들에게 어떤 일이 일어날지에 대해 깊이 생각해 왔다. 역사학자 헤로도토스에 따르면, BC 7세기에 이집트의 왕 프잠틱 I세는 갓 태어난 두 아기를 어머니로부터 분리시켜 양치기의 오두막에서 침묵 속에 양육하도록 했다. 전해지는 바에 따르면, 세계의 근원 언어에 대한 왕의 호기심이 충족된 것은 2년 후 그 아기들이 소아시아의 인도유럽어족에 속하는 프리지아어를 사용하는 것을 들었을 때였다고 한다. 그 이후 수세기 동안 로마의 설립자인 로물루스와 레무스로부터 키플링의 《정글북》의 주인공 모글리에 이르기까지 야생에서 성장한 버려진 아이들의 수많은 이야기가 전해졌다. 또한 아베론의 야생소년 빅터(프랑수아 트뤼포의 아름다운 영화의 주제)를 비롯하여 20세기에 인도의 카말라, 아말라, 라무 같은 특별한 경우의 실제 사례들이 발견되기도 했다. 전설에 따르면 이 아이들은 곰이나 늑대에 의해 양육되었는데, 이것은 그 지역에 퍼져 있는 신화 속에서 어떤 동물이 인간에 대해 친화력이 더 큰가에 따라 결정되었다. 그리고 이런 줄거리는 여러 교재에서 사실처럼 되풀이되고 있으나, 나는 여기에 회의적이다(다윈주의의 동물 왕국에서 자신의 동굴에 굴러들어온 아이라는 드문 행운과 마주쳤을 때 그것을 잡아먹지 않고 기르는 곰은 대단히 멍청한 곰이다. 뻐꾸기에게 속아 넘어가는 새들처럼 몇몇 종들은 수양자식들에게 속아 넘어갈 수 있지만, 곰과 늑대는 어린 포유동물들을 잡아먹는 포식동물들이므로 그렇게 속을 가능성은 거의 없다). 때로는 현대의 어떤 아이들이 사악한 부모들에 의해 어두운 방이나 다락방 같은 침묵 속에서 야생의 상태로 성장한다. 결과는 언제나 동일하다. 그 아이들은 벙어리이고 종종 그런 상태로 남는다. 어떤 선천적인 문법능력이 존재하든 간에, 그것들은 너무 도식적이어서 그 자체로는 말, 단어, 문법적 구문들을 생성할 수 없다.

어떤 의미에서 야생 상태에서 자란 아이들의 말 없음은 언어 발달에서 자연보다는 양육의 역할을 강조하는 것이다. 그러나 나는 그 진부한 이분법을 숙고함으로써 더 큰 통찰을 얻을 수 있다고 생각한다. 만약 빅터나 카말라가 유창한 프리지아어나 원시 세계어를 말하면서 밀림을 뛰쳐나왔다 해도 그들이 누구에게 말을 붙일 수 있었을까? 내가 앞장에서 주장했던 것처럼 설령 유전자 자체가 언어의 기본설계를 특징짓는다고 하더라도, 모든 개인의 유전적 차이를 극복하고 한 사람의 언어가 다른 모든 사람들의 언어와 합치되기 위해서는 주변환경의 언어의 세부사항들이 저장되어야 할 것이다. 이런 의미에서 언어는 본질적으로 사회적 활동과 같다. 제임스 터버와 화이트는 다음과 같은 글을 쓴 적이 있다.

> 최근 들어 왜 인간의 성욕이 식욕보다 훨씬 더 많은 논의를 불러일으키는가에 대한 아주 타당한 이유가 밝혀졌다. 그 이유는 다음과 같다. 먹고 싶다는 욕구는 배고픈 사람(혹은 독일인이라면 der hungrig Mensch)에게만 관련된 개인적인 문제인 반면, 성욕은 진정으로 표현되려면 또 다른 개인을 연루시킨다. 모든 문제를 야기하는 것은 바로 이 '다른 개인'이다.

언어 입력이 언어발달에 필요하긴 하지만 단순한 사운드트랙으로는 충분하지 않다. 정상적으로 들을 수 있는 자녀를 둔 청각장애 부모들은 한때 아이들에게 TV를 많이 보게 하라는 조언을 들었지만, 어떤 경우에도 그 아이들은 영어를 배우지 못했다. 이미 그 언어를 알고 있지 않다면, 그 이상하고 반응 없는 TV 속의 인물들이 무슨 말을 하고 있는지 아이가 이해하기란 매우 어렵다. 현실 속의 화자들은 아이들 앞에서는 현시점에 대해서 이야기하는 경향이 있다. 특히 아이가 이미 많은 내용어를 알고 있다면 그 아이는 독심술사로서의 특성을 더 많이 발휘하면서 화자가 말하려고 하는 바를 추측할 수 있다.

사실, 어떤 부모가 우리가 모르는 언어로 자녀에게 말한 것에서 내용어들을 뽑아 영어로 번역한 것이 우리에게 제시되었을 때, 그 부모의 의도를 추측하기란 아주 쉽다. 만일 아이들이 부모가 한 말의 의미를 추측할 수 있다면, 그 아이들은 전송문의 통계구조로부터 부호를 해독하려고 애쓰는 순수한 암호해독자일 필요가 없다. 그들은 모르는 언어로 된 하나의 문구와 알고 있는 언어로 된 그 문구의 번역문을 가지고 있던, 즉 로제타석을 가지고 있던 고고학자에 조금 더 가까울 것이다. 그 아이의 경우, 모르는 언어는 영어(또는 일본어나 토착 인디언어나 아라비아어)이고, 알고 있는 언어는 정신어다.

텔레비전의 사운드트랙이 불충분한 또 한 가지 이유는 그것이 모성어로 되어 있지 않다는 점이다. 어른들 간의 대화에 비해 부모가 자녀에게 하는 말은 느리고 음조가 과장되고, 더 직접적으로 현시점과 관련되어 있으며, 더 문법적이다(한 평가에 따르면 말 그대로 99.44% 정확하다). 분명 이런 이유로 우리가 워터게이트 사본에서 보았던 생략이 심하고 단편적인 그런 종류의 대화보다 모성어로 학습하는 것이 더 쉽다. 그러나 우리가 2장에서 이해했듯이, 모성어는 단순화된 언어교습의 필수과정은 아니다. 일부 문화에서 부모는 자녀들이 자신의 대화를 끝까지 쫓아올 수 있을 때가 되어서야 비로소 자녀들에게 말을 건다(다른 아이들은 그들에게 말을 걸었겠지만). 게다가 모성어는 문법적으로 단순하지 않다. 단지 겉보기에 단순해 보일 뿐이다. 문법은 너무 본능적인 것이어서 우리가 구문 뒤에 숨어 있는 규칙을 풀어 보려 하기 전까지 우리는 어떤 구문이 복잡한지 이해하지 못한다. 모성어는 who, what, where 등이 포함된 수수께끼이며, 이것들은 영어에서 가장 복잡한 구문에 속한다. 예를 들어 He ate what에 근거하여 What did he eat?이라는 '단순한' 의문문을 조립하기 위해서는 'thing eaten'이라는 의미론상의 역할을 표시하는 '흔적'을 남기면서 what을 문장의 시작 부분으로 옮기고, 의미 없는 조동사 do를 삽입시켜 그 do가 동사에 적합한 시제를 표시한 다음(이 경우에는 did), 동사 ate를 동사원형 eat로 바꾸어야 한다. 그 다음 정상 위치인 He did로부터 의문문 형태인 Did he로 동사와 조동사의 위치를 바꿔주어야 한다. 자상하게 구성된 언어교재라면 절대로 제1과에 이러한 문장을 사용하지 않을 테지만, 엄마들은 바로 이러한 문장을 아이들에게 이야기할 때 사용한다.

모성어를 고찰하는 좀더 좋은 방법은 다른 동물들이 그 새끼들을 지도하는 발성법과 비교하는 것이다. 모성어는 해석이 가능한 멜로디를 가진다. 즉, 허락의 경우 상승과 하강의 곡선, 금지의 경우 일련의 날카로운 스타카토의 파열음들, 주의를 모으는 경우 상승 패턴, 달래는 경우 완만하고 낮은 레가토적 웅얼거림 따위가 그것들이다. 심리학자 앤 퍼날드는 이러한 패턴이 여러 언어집단들 사이에 매우 넓게 퍼져 있으며, 어쩌면 보편적일 수도 있음을 보여주었다. 이러한 멜로디들은 아이의 주의를 끌고, 그 소리들을 내장이 출렁거리는 소리나 그 밖의 온갖 소음들과 대비되는 말로서 구별하게 하며, 서술문과 의문문, 명령문을 구별하고, 주요한 문장의 경계를 긋고, 새로운 단어들을 강조한다. 선택권이 주어질 경우 아이들은 어른용 말보다 모성어 듣기를 더 좋아한다.

놀랍게도 말하기의 훈련을 위해서는 연습이 중요한 반면, 문법을 배우는 데는 연습이 그리 중요하지 않다. 여러 가지 다양한 신경학적 이유로 더러 조음을 제대로 하지 못하는 아이들이 있지만, 부모들은 그들의 이해력은 뛰어나다고 말한다. 카린 스트롬스월드는 최근 그러한 네 살짜리 아이를 실험했다. 그 아이는 말을 할 수 없었지만 미묘한 문법적 차이점들을 이해할 수 있었다. 그 아이는 어떤 그림이 'The dog was bitten by the cat' 을 묘사하고, 또 어떤 그림이 'The cat was bitten by the dog' 에 관한 그림인지 식별할 수 있었다. 그 아이는 'The dogs chase the rabbit' 과 'The dog chases the rabbit' 을 보여주는 그림들을 구별할 수 있었다. 또 이 남자아이는 스트롬스월드가 'Show me your room,' 'Show me your sister' s room,' 'Show me your sister' s old room,' 'Show me your old room,' 'Show me your new room,' 'Show me your sister' s new room' 이라고 할 때마다 올바로 반응했다.

실제로, 문법의 발달에 가시적인 연습이 필수적이지 않다는 것은 그리 놀랄 일이 아니다. 그 이유는 다른 사람이 말하는 것에 귀를 기울이는 것과는 대조적으로 무엇인가를 실제로 크게 말하는 행위는 배우고자 하는 언어에 대한 정보를 그 아이에게 제공하지 않기 때문이다. 말하기가 문법에 제공한다고 생각할 수 있는 유일한 정보는 그 아이의 말이 문법적이고 의미 있는 것인지에 대한, 부모가 제공하는 피드백으로부터 나온다. 만일 어떤 부모가 아이의 비문법적인 문장에 대해 벌을 주고, 정정하고, 알아듣지 못하고, 심지어 다르게 반응한다면, 그 아이는 자신이 형성하고 있는 규칙체계에서 어떤 것이 개선될 필요가 있다는 정보를 이론상 제공받을 수 있다. 그러나 부모들은 자녀들의 문법에 대해 대단히 무신경하다. 그들은 진실성과 선행에 신경을 쓴다. 로저 브라운은 아담, 이브, 사라의 문장을 문법적인 문장 목록과 비문법적인 문장 목록으로 나누었다. 각각의 문장에 대해 그는 부모가 그 자리에서 승인("Yes, that' s good" 같은)을 표현하는지, 아니면 부정을 표현하는지를 점검했다. 그 비율은 문법적인 문장과 비문법적인 문장에 대해 동일했으며, 이것은 부모의 반응이 아이에게 문법에 대한 아무런 정보도 제공하지 않았다는 것을 의미한다. 아래의 문장이 바로 그러한 예다.

아이 Mamma isn' t boy, he a girl. (엄마는 남자가 아냐. 그는 여자야.)
엄마 That' s right. (맞아.)
아이 And Walt Disney comes on Tuseday. (그리고 월트 디즈니가 화요일에 온다.)
엄마 No, he does not. (아냐, 그는 오지 않아.)

또한 브라운은 아이들이 자신의 말이 이해되고 있는지 여부를 알아차림으로써 자신의 문법상태에 대해 배울 수 있는지를 점검했다. 그는 아이들이 말한 적합한 형태의 의문문과 부적합한 형태의 의문문에 주목했고, 부모들이 그 질문에 적합하게(즉, 부모가 그 말을 이해한 것처럼) 대답했는지 또는 그릇된 결론으로 대답했는지의 여부를 관찰했다. 이번에도 아무런 상관관계도 존재하지 않았다. What you can do?라는 문장은 영어가 될 수 없지만 완벽하게 이해할 수 있다.

실제로 간섭이 심한 실험이나 까다로운 부모가 일상적인 대화에서 아이들에게 피드백을 제공할 경우, 아이들은 그것을 무시해 버린다. 심리언어학자 마틴 브레인은 한 번은 딸의 문법적 오류를 바로잡아 주려고 몇 주 동안 노력한 적이 있었다. 그 결과는 다음과 같다.

아이 Want other one spoon, Daddy. (다른 한 숟가락이 필요해요, 아빠.)

아빠 You mean, you want THE OTHER SPOON. (그건 말이다, 너는 다른 숟가락이 필요한 거야.)
아이 Yes, I want other one spoon, please, Daddy. (네, 다른 한 숟가락이 필요해요, 제발, 아빠.)
아빠 Can you say 'the other spoon'? ('다른 숟가락' 이라고 말할 수 있니?)
아이 Other … one … spoon. (다른 … 한 … 숟가락.)
아빠 Say … 'other.' (말해 봐… '다른.')
아이 Other. (다른.)
아빠 'Spoon.' ('숟가락.')
아이 Spoon. (숟가락.)
아빠 'Other … Spoon.' ('다른 … 숟가락.')
아이 Other … spoon. Now give me other one spoon? (다른 … 숟가락. 이제 다른 한 숟가락을 주세요.)

그 뒤 브레인은 "더 이상의 지도는 아이의 항의로 중단되고, 아내는 강하게 아이를 역성든다."라고 적었다.

문법학습에 관한 한, 아이는 자극을 조작해 그 결과를 기록하는 실험주의자라기보다는 남의 말을 소극적으로 관찰하는 자연주의자임이 틀림없다. 이것이 함축하는 바는 심오하다. 언어는 무한하고 아동기는 유한하다. 아이들은 화자가 되기 위해 단지 암기만 할 수는 없다. 그들은 미지의 언어세계로 뛰어들어 일반화를 통해 아직 말해 본 적이 없는 무한한 문장들의 세계에 도달해야 한다. 그러나 헤아릴 수 없이 많은 그릇된 추론들이 그들을 유혹한다.

mind → minded [그러나 find → finded는 안 됨]

The ice melted → He melted the ice [그러나 David died → He died David는 안 됨]
She seems to be asleep → She seems asleep [그러나 She seems to be sleeping → She seems sleeping은 안 됨]
Sheila saw Mary with her best friend' s husband → Who did Sheila see Mary with? [그러나 Sheila saw Mary and her best friend' s husband → Who did Sheila see Mary and?는 안 됨]

만일 아이들이 이러한 오류를 범했을 때 주위에서 올바로 고쳐 준다면, 그들에게는 좋은 기회가 주어진 것이다. 그러나 문법적으로 부주의한 부모들의 세계에서 살아야 하는 아이들은 더 세심해야 한다. 만일 그들이 선을 넘어 비문법적인 문장을 문법적인 문장과 뒤섞어 말하더라도 세상은 결코 그들에게 그 문장이 틀렸음을 지적해 주지 않을 것이다. 그들은 평생 비문법적으로 말할 것이다. 하긴 이 문제를 처리하는 더 나은 방법은 언어의 이 부분, 즉 그 아이가 사용하는 문장 유형에 대한 금지가 한 세대를 넘어 지속되지 않는 것이다. 그러므로 피드백이 전혀 없는 조건하에서 학습 체계의 설계는 어려운 문제에 부딪히며, 이것은 일반적인 학습을 연구하는 수학자, 심리학자, 공학자들에게 상당한 관심거리다.

아이는 어떤 방식으로 이 문제를 극복하도록 설계되었는가? 좋은 출발점은 문법의 기본구조를 내부에 구축하는 것이고, 그래서 아이는 세계의 언어들 속에서 가능한 종류의 일반화만을 시도할 것이다. 어떤 언어에서도 문법적이지 않은 Who did Sheila see Mary and? 같은 막다른 길에 부딪히는 일이 없어야 하고, 실제로 우리가 알고 있는 그 어떤 아이도 이런 시도를 하지 않는다. 그러나 이것만으로는 부족하다. 아이는 습득하고 있는 특정 언어에서 어디까지 도약해야 하는지를 간파해야 하고, 또 언어는 다양하기 때문이다. 어떤 언어는 여러 가지 어순을 허용하는 반면, 어떤 언어는 오직 몇 개만 허용한다. 또 어떤 언어에서는 사역규칙이 자유롭게 적용되고, 어떤 언어에서는 오직 몇 가지 종류의 동사에게만 그것을 허용한다. 그러므로 좋은 설계도를 갖춘 아이는 일반화를 시도하는 과정에서 몇 가지 선택에 부딪혔을 때 일관성이 있어야 한다. 부모들이 말하는 것과 모순이 없는, 언어에 대한 최소한의 가정에서 출발하여, 증거가 분명할 때 그것을 확장해 나간다. 아이들의 언어에 대한 연구를 보면 그들이 대개 이런 방식으로 해나간다는 것을 볼 수 있다. 예를 들어 영어를 배우는 아이들은 영어가 어순이 자유로운 언어라고 과장되게 해석하여 give doggie paper, give paper doggie, paper doggie give, doggie paper give 같이 온갖 어순으로 말하는 법이 결코 없다. 논리적으로 말하면, 만일 부모가 몇 가지 어순이 가능한 한국어, 러시아어 또는 스웨덴어의 과묵한 화자일 가능성을 아이들이 기꺼이 받아들일 경우, 위의 표현들은 그들이 듣는 것과 일치할 것이다. 그러나 한국어, 러시아어, 스웨덴어를 배우는 아이들은 때로 지나치게 신중하여, 더 확실한 증거가 나타날 때까지 기다리며 그 언어에서 허용되는 한 가지 어순만을 사용한다.

뿐만 아니라 아이들의 문법에는 그들이 오류를 범하고 그것을 복구해야 하는 경우에 대비해 내적인 점검을 통해 옳고 그름을 판단할 수 있는 체계가 갖추어져 있음이 틀림없고, 그래서 한 종류의 문장을 들음으로써 또 다른 문장을 만들 수 있다. 예를 들어 정신사전에 열거된 불규칙 형태가 상응하는 규칙의 적용을 방해하도록 단어형성체계가 구성되어 있다면, held를 자주 들음으로써 최종적으로 holded를 배제하게 된다.

언어학습에 관한 이러한 일반적인 결론들은 매우 흥미롭다. 그러나 아이들이 문장을 받아들여 그것들로부터 규칙을 증류해 내려 할 때, 그들의 마음속에서 순간순간 어떤 일들이 발생하는지 추적해 낼 수 있다면 우리는 이러한 결론들을 좀더 정확히 이해할 수 있을 것이다. 가까이에서 관찰해 보면 규칙을 학습하는 문제는 훨씬 어렵다. 인간의 문법이 어떻게 작동하는지에 대한 어떤 선천적인 지침도 가지고 있지 않은 한 아이가 다음의 문장에서 패턴을 추출하려고 한다고 가정해 보자.

Jane eats chicken.

Jane eats fish.

Jane likes fish.

얼핏 보아도 패턴을 간파할 수 있다. 우선 아이는 문장들은 세 개의 단어로 구성된다고 결론지을 것이다. 첫 번째 단어는 Jane이어야 하고, 두 번째 단어는 eats 또는 likes, 세 번째 단어는 chicken이나 fish가 되어야 한다고 생각할 것이다. 이런 미시적인 규칙들을 통해 그 아이는 입력된 것을 뛰어넘어 Jane likes chicken이라는 아주 새로운 문장을 일반화할 수 있다. 이 정도까지는 좋다. 그러나 그 다음 두 문장이 다음과 같다고 해 보자.

Jane might slowly.

Jane might fish.

might라는 단어가 두 번째 위치에 나타날 수 있는 단어목록에 추가되고, slowly라는 단어가 세 번째 위치에 나타날 수 있는 단어

목록에 추가된다. 그러나 이렇게 해서 가능하게 될 일반화를 살펴 보자.

Jane might slowly.

Jane likes slowly.

Jane might chicken.

출발이 좋지 않다. 성인들의 언어분석을 오도하는 똑같은 모호성이 아이의 언어습득을 오도한다. 여기에서 알 수 있는 것은 아이가 실제 단어가 아니라 명사, 동사, 조동사와 같은 문법적 범주로 규칙을 저장해야 한다는 사실이다. 그런 방식으로 명사 fish와 동사 fish가 분리될 것이고, 아이들은 동사의 예로 명사규칙을 어지럽히거나 또는 그 반대로 하지 않게 될 것이다.

아이들이 어떻게 단어들을 명사나 동사 따위의 범주로 나눌 수 있을까? 단어의 의미가 도움이 되는 것은 분명하다. 모든 언어에서 물체와 사람에 대한 단어들은 명사나 명사구이고, 동작이나 상태의 변화에 대한 단어들은 동사다(4장에서 본 바와 같이 그 역은 참이 아니다. destruction과 같은 많은 명사들은 물체나 사람을 나타내지 않으며, interest와 같은 많은 동사들이 행동이나 상태의 변화를 나타내지 않는다). 마찬가지로 여러 종류의 길과 장소에 대한 단어들은 전치사이고, 성질에 대한 단어는 형용사인 경향이 있다. 아이들의 첫 단어들이 물체, 동작, 방향 및 성질을 가리킨다는 사실을 기억해 보라. 아이들에게는 이것이 편리하다. 아이들이 기꺼이 물체에 대한 단어가 명사이고 행동에 대한 단어가 동사라는 것을 쉽게 추측해 낸다면, 규칙을 배우는 문제에 발을 들여놓은 셈이다.

그러나 단어만으로는 충분하지 않다. 그것들은 순서가 정해져야 한다. 어떤 종류의 단어가 동사 bother 앞에 올 수 있는지 알아내려고 하는 아이가 있다고 상상해 보자. 그 일은 가능할 리 없다.

That dog bothers me. [dog, 명사] (그 개가 나를 괴롭힌다.)
What she wears bothers me. [wears, 동사] (그녀가 입은 것이 나를 괴롭힌다.)
Music that is too loud bothers me. [loud, 형용사] (너무 시끄러운 음악이 나를 괴롭힌다.)
Cheering too loudly bothers me. [loudly, 부사] (너무 시끄럽게 응원하는 것은 나를 괴롭힌다.)
The guy she hangs out with bothers me. [with, 전치사] (그녀와 교제하는 그 남자가 나를 괴롭힌다.)

문제는 분명하다. 동사 bother 앞에 와야 하는 특정한 어떤 것이 존재하지만, 그 어떤 것이 단어는 아니다. 그것은 구의 일종, 즉 명사구이다. 명사구는 언제나 핵어인 명사를 포함하지만, 그 명사 뒤에는 온갖 종류의 단어들이 이어질 수 있다. 그러므로 문장을 한 단어씩 분석함으로써 언어를 배우려는 것은 부질없는 일이다. 아이는 구를 찾아야 한다.

구를 찾는다는 것은 무슨 의미일까? 구란 여러 단어들로 된 한 집단이다. 4개의 단어로 된 한 문장의 경우, 그 단어들을 구로 묶는 데는 8가지의 가능한 방법이 존재한다. 예를 들어 {That} {dog bothers me}, {That dog} {bothers me}, {That} {dog bothers} {me} 등등이 있을 수 있다. 5개의 단어로 된 문장의 경우, 16가지의 방법이 있을 수 있다. 또 6개의 단어로 된 문장의 경우에는 32가지의 방법이, n개의 단어로 된 문장의 경우 2n−1 가지의 방법이 있다. 문장이 길어지면 그만큼 아주 많은 방법이 있게 된다. 이렇게 문장을 분할할 경우, 대개 wears bothers나 cheering too처럼 새로운 문장을 만드는 데 무용지물인 단어묶음들이 (아이에게) 제공되기도 하지만, 부모의 피드백에 의존할 수 없는 아이는 이것을 알 도리가 없다. 이번에도 아이들은 선입견 없는 논리학자처럼 언어학습의 과제를 공략할 수가 없다. 따라서 이들에게는 지도가 필요하다.

이 지도는 두 가지 원천에서 나올 수 있다. 첫째, 아이는 부모의 말이 인간의 구 구조의 기본설계를 존중하고 있다고 가정할 수 있다. 즉 구는 핵어를 포함하고, 역할수행자는 X-바로 불리는 미니 구의 형태로 핵어와 묶이며, X-바는 X-구(명사구, 동사구 등등) 내부에서 수식어와 묶인다. 또 X-구는 주어를 가질 수 있다. 간략하게 말하면, 구 구조에 관한 X-바 이론은 선천적일 수 있다. 둘째, 부모가 말한 문장의 의미가 일반적으로 문맥상 추측 가능하기 때문에 아이는 올바른 구 구조를 설정하는 데 도움을 얻기 위해 그 의미를 이용할 수 있다. 부모가 The big dog ate ice cream이라고 말한다고 상상해 보자. 그 아이가 이미 big, dog, ate, ice cream이라는 개개의 단어들을 학습했다면, 그는 그것들의 범주를 추측하여 나무의 첫 번째 작은 가지들을 성장시킬 수 있다.

이번에는 명사와 동사들이 명사구와 동사구에 속해야 하며, 그래서 아이는 이 단어들 각각에 대해 하나의 구를 가정할 수 있다. 그리고 주위에 커다란 개가 있다면, 아이는 the와 big이 dog을

수식한다는 것을 추측하여 그것들을 명사구 내부에 적절하게 연결시킬 수 있다.

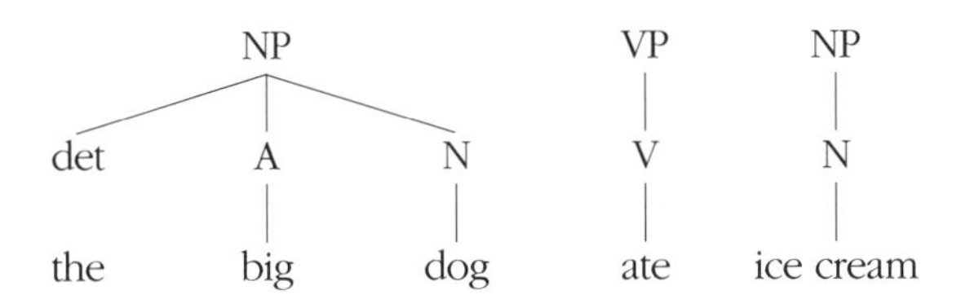

만일 개가 막 아이스크림을 먹었다는 것을 아이가 알고 있다면, 그 아이는 또한 ice cream과 dog이 동사 ate에 대해 역할수행자라는 것을 추측할 수 있다. dog은 그 행위의 원인이 되는 행위자이며 그 문장의 화제이므로 특별한 종류의 역할수행자다. 그러므로 그것은 주어가 되어 'S'에 부착될 것이다. 그 문장을 보여주는 나무구조가 다음과 같이 완성되었다.

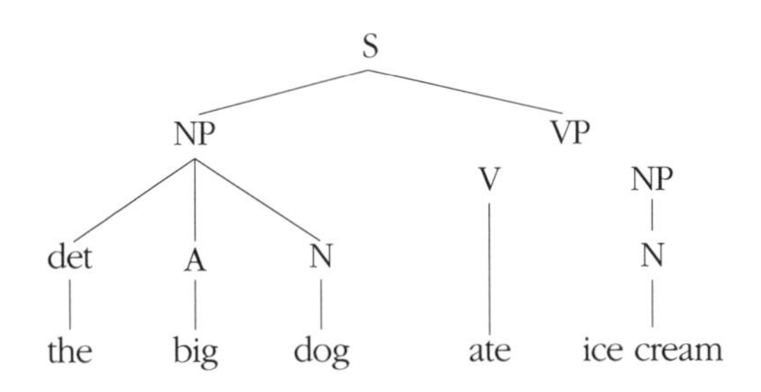

이 나무에서 다음과 같은 규칙과 사전 기재항들을 뽑아낼 수 있다.

S → NP VP

NP → (det) (A) N

VP → V (NP)

dog : N

ice cream : N

ate : V ; eater=subject, thing eaten=object

the : det

big : A

작동중인 아이의 마음을 저속 촬영한 이 가설 상의 사진으로 적절한 기능을 갖춘 아이들이 어떻게 문맥 속의 단일한 문장으로부터 세 개의 규칙과 다섯 개의 단어를 학습할 수 있는지를 알 수 있다.

품사 범주, X-바 구 구조, 문맥으로 추측된 의미 등의 이용은 놀랄 만큼 강력하다. 그리고 이 놀랄 만큼 강력한 힘은 바로 아이가 실생활에서 그토록 빨리, 특히 부모의 피드백 없이 문법을 학습하는 데 필수적이다. 입력되는 말을 조직화할 때 N과 V 같은 몇 가지 선천적인 범주들을 이용하는 것은 많은 이점이 있다. 주어구와 목적어구를 Phrase #1과 Phrase #2라고 하기보다 모두 NP라고 함으로써 아이는 자동적으로 주어 위치에 있는 명사에 대해 어렵게 얻은 지식을 목적어 위치에 있는 명사에 적용하고 또 그 반대로 적용할 수도 있다. 예를 들어 우리의 모델인 아이는 어른이 그렇게 하는 것을 듣지 않고도 이미 dog을 목적어로 일반화하여 사용할 수 있으며, 그 아이는 또다시 직접적인 증거가 없어도 형용사가 주어 위치에 있는 명사뿐 아니라 목적어 위치에 있는 명사에 선행할 수 있다는 것을 묵시적으로 알고 있다. 아이는 주어 위치에서 둘 이상의 dog이 dogs라면 목적어 위치에서도 둘 이상의 dog이 dogs라는 것을 알고 있다. 나는 엄격하게 추정할 경우 영어에서 핵어 명사와 짝을 이루어 명사구를 만들 수 있는 요소에는 약 8개가 있다고 본다. 예를 들어 John's dog, dogs in the park, big dogs, dogs that I like 등이다. 다음으로 명사구 전체가 놓일 수 있는 문장 내의 위치는 약 8개가 존재한다. Dog bites man, Man bites dog, A dog's life, Give the boy a dog, Talk to the dog 등이 그 예이다. 명사어미를 변화시키는 방법은 dog, dogs, dog's 처럼 세 가지가 있다. 그리고 정상적인 아이들은 고등학생이 되는 나이에 이르면 거의 2만여 개의 명사를 배우게 된다. 아이들이 그 모든 조합을 따로따로 배워야 한다면 약 1억 4,000만 개의 상이한 문장을 들었어야 한다. 그러기 위해서는 10초에 한 문장씩, 하루에 10시간씩 배우더라도 1세기가 넘게 소요된다. 그러나 무의식적으로 모든 명사를 'N'으로, 모든 명사구를 'NP'로 표시하면, 아이는 약 25개의 상이한 종류의 명사구를 듣고 명사를 하나씩 학습하기만 하면 되기 때문에 수백만 개의 가능한 조합들을 자동적으로 이용할 수 있게 된다.

실제로 아이들에게 적은 수의 구 유형만을 볼 수 있도록 눈가리개가 씌워진다면, 그들은 인간 문법의 본질적인 특징 가운데 하나인 무한한 수의 문장을 만들어 낼 수 있는 능력을 자동적으로 얻게 된다. the tree in the park라는 구를 살펴보자. 아이가 마음에서 the park에 NP 표식을 붙이고, 다시 the tree in the park에 NP 표식을 붙인다면, 그 결과 NP 내부에 있는 PP 안에 다시 NP를 생성할 수 있다. 즉, the tree near the ledge by the lake in the park in the city in the east of the state…와 같이 무한히 되풀이될 수 있는 순환 고리가 생긴다. 이와 반대로 in the park를 한 종류의 구로 그리고 the tree in the park를 또 다른 종류의 구로, 멋대로 이름표를 붙이는 아이는 구 안에 다른 구가 포함될 수 있다는 통찰을 얻기가 어렵다. 따라서 그 아이는 구 구조 하나만을 재생하는 데 그칠 것이다. 즉 마음의 유연성은 아이들을 제한하고, 오히려 선천적 제약이 아이들을 자유롭게 풀어 준다고 할 수 있다.

일단 문장구조에 대해 기본적이지만 개략적으로 정확한 분석이 설정되면, 언어의 나머지 부분이 제자리를 찾아 들어갈 수 있다. 추상적인 단어들—가령 물체나 사람을 지칭하지 않는 명사들—은 그것들이 문장 안에서 어떤 위치에 놓이는가에 주의를 기울임으로써 학습될 수 있다. The situation justifies drastic measures에서 situation은 NP 위치에 놓인 구 안에 존재하므로 명사가 분명하다. 만일 라틴어나 왈비리어에서처럼 구가 문장 여기저기에 뒤섞일 수 있다면, 아이는 가지들을 교차시켜야만 나무에 연결될 수 있는 단어를 만나게 되며, 이러한 과정을 통해서만 이 언어의 특징을 파악하게 될 것이다. 그 아이는 보편문법의 제약을 받기 때문에 격 또는 일치 어미를 풀어낼 때 어디에 초점을 맞추어야 하는지를 알고 있다. 즉, 명사의 어미변화는 그것이 주어 위치에 있는지 목적어 위치에 있는지에 따라 달라질 수 있다. 동사의 어미변화는 시제, 상 그리고 주어와 목적어의 수, 인칭, 성에 따라 달라질 수 있다. 만일 아이의 가설이 이러한 작은 집합에 한정되지 않는다면 어미변화를 학습하는 일은 불가능해질 것이다. 논리적으로 말하면, 어미변화는 문장 안의 세 번째 단어가 붉은색 물체를 가리키는지 푸른색 물체를 가리키는지 여부, 마지막 단어가 긴지 짧은지 여부, 문장이 실내에서 말해지고 있는지 실외에서 말해지고 있는지 여부, 그리고 그밖에 문법적으로 구속을 받지 않는 아이가 시험해야 할 수십억 가지의 소득 없는 가능성에 따라 좌우될 수도 있다.

우리는 이제 이 장의 서두를 열었던 수수께끼로 돌아갈 수 있다. 왜 아기들은 말하면서 태어나지 않을까? 우리는 그 해답의 일부는 아기들이 자신의 조음기관을 작동시키는 법을 배우기 위해 스스로의 말을 들어야 하며, 공동의 음소, 단어 및 구의 순서를 배우기 위해 연장자들의 말에 귀를 기울여야 하기 때문이라는 것을 알고 있다. 이렇게 습득한 것들 가운데 일부는 상호의존적이어서 발달이 순차적으로 진행되게 한다. 즉, 단어에 앞서 음소, 문장에 앞서 단어의 발달이 선행한다. 그러나 마음의 메커니즘이 이것들을 학습하기에 충분할 정도로 강력하다면 몇 주 또는 몇 달의 입력만으로 말을 할 수 있지 않을까? 왜 그 과정이 3년이나 걸려야 하는가? 좀더 빨라질 수는 없을까?

아마도 그럴 수는 없을 것이다. 복잡한 기계는 조립하는 데 시간이 걸린다. 그러나 인간의 아기들은 뇌가 완성되기 전에 자궁에서 쫓겨나는 것 같다. 결국 인간이란 우스꽝스럽게 큰 머리를 가진 동물이고, 이 머리가 통과해야 할 여성의 골반 크기는 아시다시피 그 정도 크기밖에 안 된다. 만일 우리가 다른 영장류에 근거하여 수명에 대비하여 인간이 자궁 속에 머물러야 할 기간을 추정한다면, 인간은 18개월의 나이에 태어나야 한다. 이것은 아이들이 실제로 단어들을 함께 묶어내기 시작하는 나이이다. 어쩌면 아기들은 말하면서 태어날지도 모른다!

그리고 우리는 아기들의 뇌가 태어난 뒤에 상당히 변화한다는 것을 알고 있다. 태어나기 전에 사실상 모든 뉴런(신경세포)이 형성되어 뇌 안의 적합한 위치로 이동한다. 그러나 머리의 크기, 뇌의 무게, 그리고 마음의 컴퓨터 작용을 보조하는 시냅스(신경연결부)가 발견되는 장소인 대뇌피질(회색 물질)의 두께는 생후 1년 동안 계속해서 급격히 증가한다. 원거리 연결부분들(흰색 물질)은 생후 9개월이 되어서야 비로소 완전해지고, 아동기 내내 속도 유발 미엘린 절연체가 계속해서 증가한다. 시냅스는 계속 발달하여 생후 9개월과 2년 사이에 (뇌 부위를 따라) 수적인 면에서 최고치에 달하며, 이때 아이는 어른보다 50%나 더 많은 시냅스를 가진다. 뇌의 대사활동은 생후 9개월에서 10개월 사이에 어른 수준에 도달하며, 곧 그것을 초월하여 4세 무렵에 절정에 이른다. 뇌는 신경물질을 증가시키고, 또 조금씩 깎아냄으로써 조각된다. 방대한 수의 뉴런이 자궁 내에서 죽고, 그 죽음은 생후 2년 동안 계속된 뒤 7세에 이르면 균형상태에 이른다. 시냅스는 2세부터 나머지 아동기를 거쳐 사춘기로 접어들면서 약해지고, 이때 뇌의 대사율은 어른 수준으로 떨어진다. 그러므로 언어 발달은 치아처럼 성숙시간표에 따른다고 볼 수 있다. 아마도 뇌의 언어센터는 옹알이, 첫 단어, 그리고 문법 같은 언어상의 성취를 위해 뇌의 크기, 원거리 연결부분, 별도의 시냅스 등에 대해 최소치 제한선을 두고 있을 것이다.

그리하여 언어는 성장하는 뇌가 처리할 수 있는 한에서 최대한의 속도로 발달하는 듯하다. 무엇이 그리 급한가? 왜 언어는 그렇게 빠르게 설치되는 반면 그 나머지 마음의 발달은 보다 느긋한 속도로 진행되는가? 다윈 이후 가장 중요한 저서 가운데 하나로 간주되는 진화이론에 관한 저서에서 생물학자 조지 윌리엄스는 다음과 같은 생각을 피력한다.

> 우리는 한스와 프리츠 파우스트케일이 월요일에 "물가에 가지 마라."라는 말을 듣고도 둘 다 물가에 가서 놀다가 볼기를 맞는 것을 상상해 볼 수 있다. 화요일에는 "불가에서 놀지 마라."라는 말을 듣지만, 다시 그 말을 듣지 않았다가 볼기를 맞는다. 수요일에는 "검치호랑이를 놀리지 마라."라는 말을 듣는다. 이번에는 한스는 그 메시지를 이해하고 말을 듣지 않았을 때의 결과를 마음속에 확고히 새긴다. 한스는 의식적으로 검치호랑이를 피함으로써 볼기를

맞지 않는다. 가엾은 프리츠도 볼기 맞기는 모면하지만 아주 다른 이유에서다.
오늘날에도 사고사는 유아 사망의 대부분을 차지하고 있어, 다른 문제로는 일관되게 매를 들지 않는 부모들도 아이가 전기선을 가지고 놀거나 도로로 공을 잡으러 갈 때는 매를 들곤 한다. 만일 희생자들이 말로 된 지시를 이해하고, 기억하고, 또 실제의 경험을 말로 이루어진 기호들로 효과적으로 대체할 수 있었더라면 그들의 희생은 크게 줄었을 것이다. 이것은 또한 원시상태에서도 마찬가지였을 것이다.

어휘의 분출과 문법의 시작이 아이의 발뒤꿈치를 곧바로 뒤따른다는 사실은 말 그대로 우연의 일치가 아닐 것이다. 도움 없이 걸을 수 있는 능력은 생후 15개월 무렵에 나타난다.

언어상의 라이프사이클에 대한 우리의 탐구를 마무리하자. 우리는 성인기에 새로운 언어를 배우는 것이 아동기에 모국어를 배우는 것보다 훨씬 어렵다는 사실을 알고 있다. 대부분의 성인들은 외국어, 특히 음운론을 절대 숙달하지 못한다. 그러므로 외국어 억양이 도처에 존재하게 마련이다. 그들의 발달은 종종 '화석화'되어 그 어떤 교육이나 정정으로도 원상태로 복귀될 수 없는 영구적인 오류의 형태로 굳어진다. 물론 여기에는 상당한 개인차가 있고, 노력과 태도, 노출의 정도, 교육의 질, 그리고 누구나 갖고 있는 재능 등에 달렸지만, 최상의 환경을 가지고 있는 성인들조차도 한계를 가지고 있는 듯하다. 영화배우 메릴 스트립은 겉보기에는 설득력 있는 악센트를 구사하는 것으로 유명하지만, 영화 《플렌티》에서의 영국식 억양이 영국에서는 끔찍한 것으로 간주되었고,

아기를 잡아먹은 들개에 관한 영화(《고요 속의 외침》.—옮긴이)에서의 호주식 억양은 정작 호주에서는 별로 성공적이지 못하다는 평을 들은 적이 있다.

아이들의 뛰어남에 대해 지금까지 많은 설명이 진척되어 왔다. 그들은 모성어를 개발하고, 무의식적으로 실수를 하고, 의사소통을 위한 동기가 강하고, 순응하기를 좋아하고, 외국인을 혐오하거나 자기 방식에 완고하지 않고, 간섭할 다른 제1언어를 가지고 있지 않다. 그러나 우리가 알고 있는 지식에 근거할 경우, 언어습득이 어떤 방식으로 이루어지는가에 대한 설명 가운데 몇 가지는 믿기 어렵다. 예를 들어 아이들은 표준 모성어 없이도 언어를 학습할 수 있다든가, 오류를 거의 만들지 않는다든가, 또 자신이 만든 오류에 대해 피드백을 제공받지 않는다는 따위다. 어쨌든 최근의 증거는 이러한 사회적 · 동기지향적 설명에 이의를 제기하고 있다. 그 밖의 다른 모든 요인들이 동일하다고 볼 때 (아이의 뛰어남에 대한) 한 가지 주요 원인이 두드러져 보이는데, 그것은 바로 나이다.

사춘기 이후에 이민을 오는 사람들의 경우, 분명한 성공사례에도 불구하고 가장 설득력 있는 예들을 제공한다. 재능이 많고 동기가 확실한 몇몇 개인들은 외국어 문법의 대부분을 정복하지만 소리 패턴만은 그렇게 하지 못한다. 10대에 미국으로 이민 온 헨리 키신저는 자주 풍자의 대상이 되곤 하는 독일식 억양을 버리지 못한다. 그보다 몇 살 어린 남동생에게는 전혀 그러한 억양이 없다. 현세기의 가장 뛰어난 영어 작가로 간주되고 있는 우크라이나 출신의 조셉 콘라드는 최초의 언어가 폴란드어였고, 때문에 그의 가까운 친구들마저 그의 육중한 억양을 거의 이해하지 못할 정도였다. 문법에서는 성공을 거두는 어른들도 언어습득이 자연스럽게 이루어지는 아이들과는 달리 상당한 지능을 의식적으로 발휘해야 한다. 또 한 명의 뛰어난 영어 작가인 블라디미르 나보코프는 즉석 강연이나 인터뷰를 사절하고, 언제나 사전과 문법책을 이용해 모든 말을 미리 적었다. 그는 이것을 "나는 천재처럼 사고하고 탁월한 작가처럼 글을 쓰며 어린아이처럼 말한다."라고 겸손하게 설명했다. 그런데 그에게는 영어를 말하는 유모의 손에서 얼마간 양육되었다는 이점이 있었다.

좀더 체계적인 증거는 심리학자인 엘리사 뉴포트와 그녀의 동료들로부터 나왔다. 그들은 한국과 중국에서 태어나 최근 10년을 미국에서 지낸 일리노이대학교의 학생과 교직원들을 대상으로 실험을 했다. 우선 그들에게 276개의 간단한 영어 문장을 담은 목록이 제시되었고, 그 가운데 절반은 The farmer bought two pig 또는 The little boy is speak to a policeman 같은 문법적 오류가 포함된 문장들이었다(이것들은 '올바르게' 씌어진 산문에서뿐만 아니라 구어체에서도 명백한 오류들이다). 실험 결과, 3세에서 7세 사이에 미국으로 건너온 이민자들은 미국에서 태어난 학생들과 동일한 언어수행능력을 보여주는 것으로 나타났다. 그리고 8세에서 15세 사이에 건너온 사람들은 건너올 때의 나이가 많으면 많을수록 그 결과가 점차 나빠졌으며, 17세에서 39세 사이에 온 사람들은 가장 나쁜 결과를 보여줌과 동시에 나이와 상관없이 큰 편차를 보여주었다.

모국어의 습득은 어떠한가? 사람들이 언어를 배우지 않고 사춘기에 이르는 경우는 거의 없으나, 이 극소수의 경우 모두 동일한 결론을 보여준다. 우리는 2장에서 성인기까지 수화를 접하지 못한 청각장애자들은 아동기 때 수화를 배운 사람들만큼 잘 해내지 못한다는 사실을 알았다. 또 사춘기 이후에 숲이나 정신질환 부모의 집에서 발견된 늑대아이 가운데 몇 명만 어휘가 발전했고, 1970년

로스앤젤레스 교외에서 13세 반의 나이로 발견된 '제니' 같은 일부 아이들은 말을 배운 뒤에도 다음과 같이 미숙한 피진어 같은 문장으로 말을 했다.

Mike paint.

Applesauce buy store.

Neal come happy ; Neal not come sad.

Genie have Momma have baby grow up.

I like elephant eat peanut.

이들은 문법에 완전히 통달할 수 없었다. 반대로 이사벨이라는 아이는 6세 반의 나이에 벙어리이자 뇌손상이 있는 어머니와 함께 친할아버지 집의 고요한 수감상태에서 벗어났다. 1년 반의 기간 동안 그 아이는 1,500개에서 2,000개의 단어를 습득했고, 다음과 같이 복잡한 문법적 문장을 만들어 냈다.

Why does the paste come out if one upsets the jar? (그 통을 뒤집으면 왜 접착제가 나와요?)

What did Miss Mason say when you told her I cleaned my classroom? (선생님이 메이슨 선생님에게 내가 교실을 청소했다고 말했을 때 그녀는 뭐라고 말했어요?)

Do you go to Miss Mason's school at the university? (너는 그 대학교에 있는 메이슨 선생님 수업에 가니?)

분명 그녀는 다른 어떤 사람들 못지않게 성공적으로 영어를 학습했다. 그녀가 언어학습을 좀더 어린 나이에 시작했기 때문에 이런 차이가 생긴 것이다.

제니와 같이 성공적이지 못한 학습자들의 경우, 악몽 같은 감금기간 동안 지각적 소실과 감정적 상처들이 지속되어 그들의 학습능력을 다소간 저해하지 않았을까 하는 의구심이 항상 존재한다. 그러나 정상적인 성인의 제1언어 습득에 관한 충격적인 사례가 최근에 발표되었다. '첼시'는 캘리포니아 북부의 외딴 마을에서 청각장애자로 태어났다. 어떤 엉터리 의사들과 임상의들이 그녀가 청각장애자라는 것을 인식하지 못하고 그녀를 지진아 또는 정서장애자로 진단했다(과거 많은 청각장애아들의 일반적인 운명이었다). 그녀는 수줍음이 많았고, 의존적이었으며, 언어 없이 성장하였으나, 정서와 신경발달 면에서는 정상이었으며, 그녀가 지진아라고는 결코 생각하지 않은 자애로운 부모의 보호를 받으며 자랐다. 31세의 나이에 그녀는 한 신경학자에게 맡겨져 그를 깜짝 놀라게 했는데, 그 신경학자는 그녀에게 보청기를 장착시켜 그녀의 청력을 거의 정상적인 수준으로 개선시켜 주었다. 복구팀의 강도 높은 치료를 통해 그녀는 지능지수 테스트에서 10살 수준의 점수를 얻었고, 현재 2,000개의 단어를 알고 있으며, 수의사 사무실에서 일하고 있고, 읽고 쓰고 의사소통하는 것이 가능하며, 사교적이고 독립적인 상태가 되기에 이르렀다. 그녀는 단 한 가지 문제점을 안고 있었는데, 그것은 그녀가 입을 열면 곧 분명해지는 문제였다.

The small a the hat.

Richard eat peppers hot.

Orange Tim car in.

Banana the eat.

I Wanda be drive come.

The boat sits water on.

Breakfast eating girl.

Combing hair the boy.

The woman is bus the going.

The girl is cone the ice cream shopping buying the man.

강도 높은 훈련과 다른 분야에서의 인상적인 성취에도 불구하고 첼시의 통사론은 기괴하기 짝이 없다.

요약하자면 정상적인 언어습득은 6세까지의 아이들에게는 보장되고, 그때부터 사춘기 직후까지 점차 어려워지다가 그 이후에는 거의 불가능해진다. 이러한 사태의 가장 믿을 수 있는 원인으로는 초등학교 저학년 시기에 발생하는 대사율과 뉴런 수의 감소, 그리고 사춘기 무렵에 일어나는 시냅스 수와 대사율의 최저치에서 벗어나기 등과 같은 뇌의 성숙도 변화를 들 수 있다. 우리는 뇌의 언어학습 회로가 아동기에 훨씬 유연하다는 사실을 알고 있다. 아이들은 뇌의 좌반구가 손상되거나, 심지어는 외과적 수술로 제거되는 경우에도 (정상적인 수준은 아닐지라도) 언어를 학습하거나 복구할 수 있지만 성인의 경우에 그러한 손상은 일반적으로 영구 실어증이 되고 만다.

특정한 종류의 학습을 위한 '결정적 시기'는 동물왕국에서 흔하다. 예를 들어 새끼오리가 움직이는 커다란 물체를 뒤쫓는 법을 학습하고, 새끼고양이의 시신경이 수직선, 수평선, 사선에 맞추어지고, 흰왕관제비가 아비의 노래를 똑같이 복제하는 등의 발달에는 창문들이 있다. 그러나 왜 학습능력은 감소되어 사라지는가? 왜 그러한 유용한 기술을 버리는가?

결정적 시기라는 말이 역설적으로 들리는 이유는 우리들 대부분이 생명체의 생애를 생물학적으로 정확히 이해하지 못하기 때문이다. 우리는 유전자들이 어느 한 공장의 청사진과 같고, 생명체는 그 공장이 생산해 내는 가전제품과 같다고 생각하는 경향이 있다. 그래서 생명체가 제조되는 임신기간 동안 그 생명체는 평생 지니고 다닐 부품들을 영구적으로 장착하게 된다고 생각한다. 아이들과 10대와 성인들 그리고 노인들이 팔, 다리, 심장을 가지고 있는 것은 그것들이 공장에서 제작된 제품의 일부이기 때문이다. 어느 한 부분이 아무 이유 없이 사라질 때 우리는 어리둥절해진다.

그러나 이제 라이프사이클을 다른 방식으로 생각해 보자. 유전자들은 가전제품을 만들어 출하하는 공장이 아니라, 연극 소품과 세트 그리고 재료들을 다음 공연 때 재조립할 수 있도록 잘 분해하여 보관하는 알뜰한 극단의 소품제작소라고 상상해 보자. 여기서는 그때그때의 필요에 따라 언제든지 이전과 다른 기발한 장치들을 만들어 낼 수 있다. 가장 분명한 생물학적 증거는 변태다. 곤충의 경우 유전자에 따라 먹는 장치가 만들어지고, 그 장치가 성장하고, 그의 몸 주변에 껍질이 형성되고, 그것이 분해되어 자양분의 덩어리가 되고, 다시 번식장치로 재활용된다. 인간의 경우에도 성숙의 일정에 따라 빨기 반사작용은 사라지고, 이는 두 번 나며, 일련의 2차 성징이 나타난다. 이제 생각을 뒤집어 상상의 공중제비를 완성해 보자. 변태와 성숙 출현을 예외가 아니라 규칙으로 생각해 보자. 자연선택에 의해 조형되는 유전자는 생애 전 기간 동안 신체를 통제한다. 설계도들은 그 전이나 후가 아닌 필요한 시기에 출현한다. 우리가 환갑이 되어도 팔을 가지고 있는 까닭은 그것이 태어날 때 붙어 있었기 때문이 아이에게 팔이 필요한 것과 마찬가지로 환갑이 된 노인에게도 팔이 유용하기 때문이다.

이러한 뒤집어 생각하기(이것은 과장이긴 하지만 유용하다)는 결정적 시기의 문제를 가볍게 뒤집는다. 이제 문제는 '왜 학습능력이 사라지는가'가 아니라 '학습능력이 필요한 때는 언제인가' 하는 것으로 된다. 우리는 이미 그 대답이 가능한 한 긴 생애 동안 언어의 혜택을 누릴 수 있도록 '될 수 있는 대로 일찍'임을 지적했다. 이제 언어를 학습한다는 것—언어를 사용한다는 것과 반대되는 개념으로서—은 단발의 기술로서 완벽한 유용성을 지니고 있다는 사실에 주목해 보자. 일단 태어난 지역의 언어가 지닌 세부사항들이 주변의 성인들로부터 습득되고 나면 더 이상의 학습능력(어휘는 별도로 하고)은 불필요하다. 이것은 차후에 쓸 소프트웨어를 새로운 컴퓨터에 장착하기 위해 플로피디스크 드라이브를 빌리는 것, 또는 오래된 LP 컬렉션을 테이프에 복사하기 위해 턴테이블을 빌리는 것과 같다. 일단 일을 마치고 나면 그 기계들은 반환된다. 그러므로 언어습득 회로는 한번 사용되고 나면 불필요해진다. 그것을 주변에 계속 남겨두는 것이 비용을 초래한다면 그것은 분해되어야 한다. 실제로 그것은 비용을 초래하는 듯하다. 신진대사의 측면에서 볼 때 뇌는 돼지다. 뇌는 신체 산소 소비량의 1/5, 그리고 신체 칼로리와 인지질에서도 이와 비슷한 비율을 먹어치운다. 자신이 유용한 시점을 넘어서 지속적으로 과식하는 신경세포는 재활용 저장소에 들어갈 첫 번째 후보다. 세계에서 유일한 컴퓨터 진화언어학자인 제임스 허포드는 인간을 진화시키는 컴퓨터 시뮬레이션에 이런 가정들을 적용시킨 결과, 언어습득을 위한 결정적 시기가 아동 초기에 집중되는 것은 불가피한 결과임을 발견했다.

성인이 되어 제2언어를 학습하는 것이 어느 정도 유용하지만, 언어습득을 위한 결정적 시기는 삶이라는 보다 큰 현실의 일부로서 진화해 왔을 것으로 추측된다. 나이가 들어감에 따라 약함과 취약성이 증가하는데, 생물학자들은 이를 '노화'라고 부른다. 상식에 따르면 모든 기계들과 마찬가지로 신체 역시 사용함에 따라 노화되어야 하나, 이것은 가전제품 비유가 내포하고 있는 또 다른 오류일 뿐이다. 실제로 연구실에서 연구하는 암세포의 계통과 같이 생명체도 스스로 보충하고 스스로 수선하는 체계이므로, 우리가 생물학적으로 영원해서는 안 될 물리적 이유는 없다. 물론 이 말이 우리가 실제로 영원불멸한 존재라는 뜻은 아니다. 일상생활에서는 우리가 절벽에서 떨어지거나 악성 질병에 걸리거나 벼락에 맞거나 경쟁자에 의해 살해될 확률이 꽤 높으며, 조만간 그런 벼락이나 총알 하나가 우리의 생명을 앗아갈 수 있다. 문제는 우리의 하루하루가 생명이 걸린 제비를 뽑을 확률이 실패할 확률과 똑같은 복권추첨인가, 아니면 우리가 경기를 하면 할수록 그 확률이 점점 나빠지는 것인가, 하는 것이다. 안타깝게도 노화는 확률이 나빠진다는 것을 의미한다. 나이든 사람들은 손자들이 쉽게 살아남는 추락이나 독감 따위로도 사망한다. 현대 진화생물학의 가장 주요한 문제는 생명체의 일생에서 자연선택이 모든 시점에서 작용한다고 가정할 때 왜 위의 언급이 사실이어야 하는가, 하는 것이다. 우리가 무한정 우리 자신의 복제품을 찍어낼 수 있도록 왜 우리 생의 모든 날들은 똑같이 원기왕성하지 못한 것일까?

조지 윌리엄스와 메다워가 제시한 해답은 독창적이다. 자연선택에 의해 생명체가 설계될 때, 그 자연선택은 분명 상이한 연령대에서 대가와 이익의 여러 가지 교환을 수반하는 특징 가운데 하나를 선택해야 하는 수많은 경우에 직면했을 것이다. 어떤 재질은 강하고 가벼우나 빨리 마모되는 반면, 다른 재질은 무겁지만 더 견고할 수 있다. 또 일부 생화학 과정들은 뛰어난 제품을 제공할 수 있으나 신체 내에 오염물질을 누적시키는 결과를 남길 수 있을 것이다. 마모와 손상이 이미 누적된 생의 늦은 시기에 가장 유용한

상태에 이르는 어떤 세포수선 메커니즘은 신진대사의 측면에서 아주 값비싼 대가를 요구할 것이다. 이러한 교환문제에 부딪혔을 때 자연선택은 어떻게 하는가? 일반적으로 자연선택은 어린 생명체에게는 유리한 선택사양을, 늙은 생명체에게는 불리한 선택사양을 제공하여 전 생애에 분포된 이익이 균등해지도록 할 것이다. 연령에 따른 이러한 불균형은 죽음의 고유한 불균형에 그 뿌리를 두고 있다. 만약 번갯불이 40세의 사람을 죽인다면, 걱정해야 할 50세 또는 60세는 존재하지 않으나 20세와 30세는 존재할 것이다. 그 경우 40세 미만의 육체를 희생하면서 40세 이상의 육체에게 이익을 주도록 설계된 신체적 특징은 허비되는 셈이다. 그리고 이 논리는 어떤 연령에서든 예측할 수 없는 죽음에 대해 동일하다. 잔인한 수학적 사실에 따르면, 모든 조건이 동일할 때 늙은 사람보다는 어린 사람 쪽이 생존에 좀더 유리하다. 그러므로 늙은 생명체를 희생하여 어린 생명체를 강화하는 유전자는 자신에게 유리한 확률을 가지고, 그 신체적 체계가 어떻든 간에 발달기간 동안 집적되는 경향이 있으며, 그 결과가 전반적인 노화다.

그러므로 언어습득은 다른 생물학적 기능과 같을 수 있다. 노년기의 노화가 청년기의 활력을 위해 지불하는 대가인 것과 마찬가지로, 여행자 및 학생들의 언어적 서투름은 유아기에 보여주었던 언어적 천재의 대가로 지불하는 불이익이다.

X

언어기관과 문법 유전자

LANGUAGE ORGANS AND GRAMMAR GENES

"문법학습 능력, 과학자가 유전자에서 발견하다." 1992년의 이 헤드라인은 슈퍼마켓용 타블로이드판이 아니라 미국의 주요과학연합회의 연례학회에 제출된 한 보고서를 바탕으로 연합통신이 게재한 기사 제목이었다. 그 보고서는 우리가 2장에서 보았던, 구체적이고 분명한 유전 패턴을 보여준 영국인 일가에 초점을 맞춰 특수언어손상이 가계를 따라 내려간다는 증거를 요약한 것이다. 그러나 칼럼니스트인 제임스 J. 킬패트릭과 에르마 봄벡은 이 보고서를 쉽사리 믿으려 하지 않았다. 킬패트릭의 칼럼은 다음과 같이 시작하고 있다.

유전학을 통해 향상된 문법

얼마 전 미국과학진흥회의 한 모임에서 과학자들이 놀라운 발표를 했다. 여러분, 준비되었는가? 유전생물학자들이 문법유전자를 확인했다.

그렇다! 이것은 MIT의 스티븐 핑커와 맥길대학교의 미르나 고프닉이 수년 동안 영어 선생님들을 괴롭혀 온 수수께끼를 풀었다는 뉴스의 일부분이다. 어떤 학생들은 몇 번만 지적해도 문법을 깨우친다.

그러나 어떤 학생들은 똑같은 지도를 받았음에도 불구하고 고집스럽게 "Susie invited her and I to the party"라고 말한다. 이것은 전적으로 유전의 문제다. 그러므로 우리는 이것을 해결할 수 있다.
생물학자들은 단 하나의 우성유전자가 문법학습 능력을 통제한다고 생각한다. "them marbles is mine"이라고 말하는 아이가 반드시 멍청한 것은 아니다. 그 아이에게는 "all his marbles"라고 말할 수 있는 정상적인 판단력이 있다. 단지 염색체가 조금 모자랄 뿐이다.
이것은 말도 안 되는 이야기다. 머지않아 과학자들은 철자법을 지배하는 유전자…[칼럼은 계속된다]… 표현의 적합성을 지배하는 유전자… 독서를 위한 유전자… 카세트 음량을 조절하는 유전자… TV 스위치를 차단하는 유전자… 공손함… 가사일… 숙제… 등을 위한 유전자를 분리시킬 것이다.

봄벡은 다음과 같이 썼다.

졸렬한 문법? 원인은 유전자에 있다

문법을 습득하지 못하는 아이들에게 지배적인 유전자 하나가 없다는 기사를 접한 것은 그리 놀라운 일이 아니었다…. 내 남편은 고등학교에서 영어를 가르친 적이 있다. 한때 그의 학급에는 37명의 문법유전자가 결여된 학생들이 있었다. 그런 일이 과연 가능하다고 생각하는가? 그들은 자신이 어디에 있는지조차 깨닫지 못하고 있었다. 그들에게 쉼표는 암석에 새겨진 조각이었을 것이다. 주격 보어는 친구가 머리를 제대로 커트했을 때 그녀에게 해 주는 말이었다. 현수분사는 다른 세상의 문제였다….
오늘날 그 학급의 젊은이들은 무엇을 하고 있는가? 그들은 모두 유명한 스포츠 선수, 록스타, 텔레비전의 유명인사가 되어 엄청난 돈을 벌면서 'bummer,' 'radical,' 'awesome' 같은 단어를 내뱉고, 그것이 완전한 문장이라고 생각하고 있다.

그 심포지움에 뒤이어 연합전선을 편 듯한 칼럼들, 제삼자가 대신 쓴 신문기사, 사설만화, 그리고 라디오 쇼들을 접한 나는 마감시간에 쫓기며 일하는 기자들이 과학적 발견을 어떻게 오해하는지를 곧 감지하게 되었다. 기록을 바로잡자면 이렇다. 유전적 언어장애를 가지고 있는 집안을 발견한 사람은 미르나 고프닉이었다. 고맙게도 나에게 그 명예를 나누어준 기자는 내가 그 학회의 장을 맡고 있어서 청중에게 고프닉을 소개했다는 사실 때문에 혼동했던 것이다. 그리고 그 어떤 문법유전자도 확인된 바 없다. 증후군이 가계를 따라 전해진다는 사실로부터 결함 있는 유전자가 추정되기는 했다. 단일한 유전자가 문법을 손상시킨다고 생각할 수는 있지만, 단일한 유전자가 문법을 지배한다는 것과는 다르다(점화장치를 제거하면 차는 움직이지 않는다. 하지만 그렇다고 해서 점화장치가 차를 지배한다고 할 수는 없다). 그리고 손상되는 것은 일상에서 사용하는 영어로 정상적인 대화를 하는 능력이지 학교에서 표준 문어체를 학습하는 능력이 아니다.

그러나 이러한 사실을 알고 있는 많은 사람들조차도 칼럼니스트들과 동일한 의심을 떨치지 못한다. 정말로 문법만큼이나 특정한 어떤 것이 하나의 유전자와 결부될 수 있을까? 이러한 생각은 바로 뇌는 주변 문화로부터의 경험이 있기 전에는 형태 없이 텅 비어 있는 다목적 학습장치라는 뿌리 깊은 믿음에 대한 치명타다. 그리고 만일 문법유전자가 존재한다면 그것이 하는 일은 무엇인가? 촘스키의 표현을 빌면 아마도 문법기관을 만드는 것일 테지만, 이것은 앞뒤가 맞지 않는 주장인 듯싶다.

그러나 만일 언어본능이 존재한다면, 그것은 뇌의 어느 자리에선가 구체화되어야 한다. 그리고 그 뇌 회로들은 분명히 그것을 조형한 유전자들에 의해 주어진 역할을 하도록 준비되어 있을 것이다. 어떤 종류의 증거가 문법을 지배하는 뇌 부위를 만드는 유전자의 존재를 보여줄 수 있을까? 유전학자들과 신경생물학자들의 연장통은 잡다한 것으로 계속 채워질 뿐 대개는 쓸모가 없다. 대부분의 사람들은 자신의 뇌에 전극봉을 찌르거나, 화학물질을 주입하거나, 수술을 통해 재배열하거나, 얇게 도려내서 착색하는 것을 원하지 않는다(우디 앨런이 "뇌는 내가 두 번째로 좋아하는 기관입니다."라고 말한 것처럼). 이렇게 언어생물학은 아직도 수수께끼로 남아 있다. 그러나 자연의 우연한 사고들, 그리고 독창적이고 간접적인 기술들 덕분에 신경언어학자들은 많은 사실을 알게 되었다. 뇌에 대한 개관적 조망에서 시작하여 점점 더 작은 부분으로 확대하면서 문법유전자로 추정되고 있는 것을 향해 나아가보자.

먼저 뇌의 절반을 포기함으로써 우리는 탐구 범위를 좁힐 수 있다. 1861년 프랑스의 의사였던 폴 브로카는 'tan'이라는 한 음절만 유일하게 발음했기 때문에 병원 종사자들이 탄이라고 별명을 붙인 한 실어증 환자의 뇌를 절개했다. 브로카는 탄의 좌반구에서 장애를 유발하는 커다란 낭종을 발견했다. 그 후 그가 관찰했던 8명의 실어증 환자들도 좌반구에 장애가 있었다. 우연이라 하기에는 너무 많은 숫자였다. 따라서 브로카는 '조음을 위한 능력'이 좌반구에 있다는 결론을 내렸다.

그 후 130년 동안 브로카의 결론은 많은 종류의 증거들에 의해 확증되어 왔다. 신체와 지각영역의 오른쪽 절반은 뇌의 좌반구가 통제하고, 왼쪽 절반은 우반구가 통제한다는 간단한 사실이 그 증거의 일부다. 탄뿐만 아니라, 의식을 회복했을 때 오른팔을 깔고 잤나 보다 하고 생각했다고 했던 실어증에서 회복된 2장의 환자를 비롯하여 실어증에 빠진 많은 사람들이 우뇌 쪽에 허약함이나 마비가 온다. 이러한 연관성은 《시편》 137장 5~6절에 요약되어 있다.

> 예루살렘아 내가 너를 잊을찐대 내 오른손이 그 재주를 잊을찌로다 내가 예루살렘을 기억지 아니하거나 내가 너를 나의 제일 즐거워하는 것보다 지나치게 아니할찐대 내 혀가 내 입 천장에 붙을찌로다

정상인들은 시야의 왼쪽에서 불이 비칠 때보다 오른쪽에서 비칠 때 더 정확하게 단어들을 인식하는데, 심지어는 오른쪽에서 왼쪽으로 표기하는 헤브라이어의 경우에도 그러하다. 서로 다른 단어들이 한꺼번에 두 귀에 들려오는 경우에는 오른쪽 귀로 들려오는 단어를 훨씬 잘 알아듣는다. 다른 방법으로는 치유가 불가능한 몇몇 간질의 경우에 외과의들은 두 개의 대뇌반구 사이를 흐르는 섬유질 묶음을 잘라 둘을 분리시킨다. 수술 후 환자들은 정상적으로 살아가지만, 신경학자인 마이클 가자니가는 아주 미묘한 차이점을 하나 발견했다. 정지한 상태에서 환자들은 오른쪽 시야에서 발생하는 사건들을 묘사하고 오른손에 있는 물체의 이름을 말할 수 있으나, 왼쪽 시야에서 발생하는 사건을 묘사하거나 왼손에 있는 물체의 이름을 말하지 못했다(그들의 우반구가 몸짓이나 손짓 같은 비언어적 수단을 이용해 그러한 사건들을 의식하고 있다는 것을 나타낼 수는 있다). 그들의 세상의 왼쪽 절반이 언어중추로부터 분리된 것이다.

신경학자들이 여러 가지 다양한 기술을 이용하여 직접 뇌를 관찰할 때, 그들은 실제로 좌반구에서 활동 중인 언어를 볼 수 있

다. 정상적인 뇌의 해부학적 구조—팽창 부위와 주름진 부위들—는 미세하게 비대칭인데, 언어와 관련된 부위들 중 일부는 육안으로도 볼 수 있을 만큼 그 차이가 크다. 컴퓨터 단층촬영(CT 또는 CAT)과 자기공명 단층촬영(MRI)은 컴퓨터 알고리즘을 이용해 살아 있는 뇌의 그림을 횡단면으로 재구성한다. 실어증 환자들의 뇌는 거의 좌반구에 손상이 있다. 신경학자들은 나트륨 아미탈을 경동맥에 주입함으로써 한쪽 반구를 일시적으로 마비시킬 수 있다. 우반구가 잠든 환자는 말할 수 있으나, 좌반구가 잠든 환자는 그럴 수 없다. 뇌에는 통증을 수용할 수 있는 기관이 없기 때문에 뇌수술을 하는 동안 환자들은 국소마취 상태에서 의식을 유지할 수 있다. 신경외과의인 와일더 펜필드는 좌반구의 특정 부분에 작은 전기충격을 가하면 환자가 문장 중간에 말을 멈춘다는 사실을 발견했다(신경학자들이 이런 조작을 하는 것은 호기심 때문이 아니라, 질병에 걸린 부위를 잘라내다가 뇌의 필수적인 부위를 함께 잘라내는 일을 피하기 위해서다). 정상적인 피실험자에게 사용하는 기술 중에는 두피 전체에 전극봉을 부착한 다음 피실험자가 단어를 읽거나 듣는 동안 뇌전도(EEG)를 기록하는 방법이 있다. 이 전기신호에는 인식할 수 있을 정도의 비약 표시들이 각 단어와 일치하여 나타나는데, 이 표시들은 두개골의 우측보다는 좌측에 부착된 전극봉에서 더 두드러진다(뇌의 깊은 부위에서 생성되는 전기신호는 반대 부분으로도 방사될 수 있기 때문에 이러한 발견은 해석하기가 매우 까다롭다).

최근에는 양전자방출 단층촬영(PET)이라는 신기술이 사용되기도 한다. 이때 피실험자는 흉부 X선 촬영 때 방출되는 정도의 방사능을 지닌 약한 방사성 포도당 음료 또는 물을 마시거나 방사능 가스를 흡입한 후 머리를 감마선 탐지기의 둥근 고리 안에 넣는다. 그렇게 되면 보다 활성화된 뇌의 부위는 더 많은 포도당을 연소시켜 더 많은 산소를 함유한 혈액을 유입하게 되고, 컴퓨터 알고리즘은 머리에서 나오는 방사 패턴을 이용하여 뇌의 어느 부분이 더 활발하게 활동하는지를 재구성할 수 있다. 즉, 얇게 썬 뇌의 단면부에서 벌어지는 신진대사 활동의 실제 그림이 컴퓨터 영상에 나타나는 것이다. 이때 더 활동적인 부위는 밝은 적색과 황색으로 나타나고, 조용한 부위들은 어두운 남색으로 나타난다. 뇌의 주인이 여러 단어 혹은 말소리를 이해할 때의 영상에서 그가 무의미한 형태를 보거나 무의미한 소리를 듣고 있을 때의 영상을 삭제하면, 언어가 처리되는 동안 뇌의 어떤 부위가 '점화'되는지를 알 수 있다. 예상대로 과열점은 좌측 부위에서 나타난다.

무엇이 좌반구를 바쁘게 움직이게 하는가? 그것은 단순히 말처럼 들리는 소리나 단어같이 보이는 형태들 혹은 입의 움직임이 아니라 추상적인 언어다. 대부분의 실어증 환자들—예를 들어 2장의 포드 씨 등—은 입으로 촛불을 불어 끄고 빨대를 빨 수는 있으나, 글을 쓸 때 말을 할 때만큼 큰 고통을 겪는다. 이것은 입에 대한 통제력이 아니라 언어에 대한 통제력이 손상되었음을 보여준다. 일부 실어증 환자들 중에는 여전히 노래를 잘하는 사람도 있고, 욕을 하는 데 탁월한 사람도 많다. 익히 알고 있는 것처럼 지각이라는 측면에서 볼 때 악곡은 우반구와 가장 강하게 연결되어 있는 좌측 귀에 연주될 때 더욱 잘 식별된다. 그러나 이것은 그 악곡이 허밍과 같은 음악적 소리로 지각되는 경우에만 적용된다. 그 귀의 소유자가 중국인이거나 태국인이고, 동일한 음이 음소의 형태를 띠고 있는 경우에는 오른쪽 귀와 그로부터 정보를 공급받는 좌반구가 유리하다.

어떤 사람에게 다른 사람의 말을 따라하면서(화자가 말을 하는 동안 그것을 반복하면서) 동시에 오른손이나 왼손의 손가락을 톡톡

쳐 보라고 하면, 그 사람은 왼손보다 오른손으로 칠 때 훨씬 힘들어한다. 왜냐하면 오른손 손가락은 좌반구의 자원을 놓고 언어와 경쟁하기 때문이다. 심리학자인 우르슬라 벨루기와 그녀의 동료들은 청각장애인들이 미국수화로 한 손 수화를 따라할 때도 똑같은 현상이 발생한다는 것을 보여주었다. 그들은 왼쪽 손가락보다 오른쪽 손가락으로 톡톡 치는 것을 더 어렵게 느낀다. 그 동작들은 분명 좌반구와 연결되어 있다고 추측할 수 있는데, 그 이유는 그것이 단순한 몸동작이 아니라 언어적 동작이기 때문이다. 그 사람이 (수화자이건 발화자이건) 손을 흔드는 동작이나 엄지손가락을 치켜세우는 동작 또는 의미 없는 동작을 따라해야 하는 경우, 왼손과 오른손의 손가락들은 똑같이 속도가 느려진다.

청각장애인들의 실어증에 대한 연구도 유사한 결론에 이른다. 실제로 좌반구에 손상을 입은 청각장애 수화자들은 비슷한 장애를 가진 정상인 환자들의 실어증과 똑같은 여러 형태의 수화 실어증을 겪는다. 예를 들어 포드 씨의 증세에 해당하는 수화자들은 몸짓, 팬터마임, 얼굴 인식 및 모델 흉내 내기처럼 눈과 손에 엇비슷한 하중을 부과하는 비언어적 과제에는 전혀 어려움을 느끼지 않는다. 그러나 청각장애 수화자들의 우반구 손상은 그와는 반대의 현상을 초래한다. 그들은 완벽하게 수화를 해내지만, 우반구가 손상된 정상인 환자들과 똑같이 공간 시각 과제들을 수행하는 데 어려움을 겪는다. 이것은 놀라운 발견이 아닐 수 없다. 우반구는 공간 시각 능력을 전담하는 기관으로 알려져 있으므로, 사람들은 수화가 공간 시각 능력에 의존하며 따라서 우반구에서 통제될 것이라 예상했을 것이다. 벨루기의 발견은 귀와 입을 통해서든, 아니면 눈과 손을 통해서든 언어는 좌반구에 의해 좌우된다는 사실을 보여준다. 좌반구는 언어의 기저에 자리 잡고 있는 추상적인 규칙들과 나무구조, 문법과 사전 그리고 단어의 해부학적 구조를 취급하는 것이지, 표면으로 드러나는 소리와 입의 움직임을 통제하는 것은 아니다.

언어가 한쪽으로 치우쳐 있는 이유는 무엇일까? 좀더 나은 방식으로 묻는다면, 인간의 나머지 부분은 왜 그렇게 대칭적인가? 본래 대칭은 확률이 높지 않은 물질 배치 방식이다. 여러분이 8×8 체커판의 칸들을 무작위로 채운다고 할 때 그 패턴이 양쪽으로 대칭이 될 확률은 10억분의 1도 안 된다. 생물체의 분자들은 비대칭이며, 대부분의 식물과 동물들도 그렇다. 좌우대칭의 신체를 갖는다는 것은 어렵고 대가도 크다. 대칭이란 대단히 까다로운 것이어서 대칭구조를 가진 동물들은 대개 어떤 질병이나 허약함만으로도 그 대칭이 붕괴되고 만다. 결과적으로 밑들이에서 제비 그리고 인간에 이르기까지 생명체들은 대칭을 섹시한(잠재적인 짝으로서 적응도가 높다는) 신호로, 심한 비대칭을 기형의 신호로 간주한다. 동물의 라이프스타일에는 대칭구조를 그만한 가치가 있는 것으로 만들어 주는 어떤 것이 분명히 존재한다. 그 중대한 특징은 운동성이다. 좌우대칭의 신체구조를 가진 종들은 직선으로 걷도록 설계된 것들이다. 이유는 분명하다. 비대칭적인 신체를 가진 생물은 원형으로 맴돌 것이며, 비대칭적 감각기관을 가진 생물은 똑같이 흥미로운 것들이 양쪽에서 발생할 수 있음에도 불구하고 신체의 한쪽만을 편향적으로 감시할 것이다. 앞으로 나아가는 성향이 있는 생명체들(닥터 두리틀의 Push-mi-pull-yu는 제외하고)은 좌우대칭이지만, 앞뒤로 대칭적이지는 않다. 발진기는 한쪽 방향으로 힘을 가장 잘 발휘하므로 한쪽 방향으로 움직이고 돌 수 있는 차량을 만드는 것이 전방과 후방으로 똑같이 잘 움직일 수 있는(또는 비행

접시처럼 어떤 방향으로든 움직일 수 있는) 차량을 만드는 것보다 더 쉽다. 생명체들이 아래위로 대칭적이지 않은 이유는 몸의 상부와 하부에 가해지는 중력이 다르기 때문이다.

뇌는 감각기관과 운동기관의 대칭을 반영하며, 그 대부분—최소한 인간 이외의 경우에는—은 감각을 처리하고 행동을 프로그래밍하는 일을 전담한다. 뇌는 시각 공간, 청각 공간 및 운동 공간의 영역으로 분리되어 있으며, 이 영역들은 말 그대로 실제 공간의 구조를 재생산한다. 뇌에서 약간만 이동한다면 당신은 동물이 지금까지 지각해 온 현실세계와 인접한 부분에 대응하는 뉴런들을 발견하게 될 것이다. 그러므로 대칭적인 신체와 대칭적인 지각세계는 그 자체가 거의 완벽하게 대칭인 뇌에 의해 통제된다.

왜 왼쪽 뇌가 오른쪽 공간을 통제하고, 오른쪽 뇌가 왼쪽 공간을 통제하는지 설명한 생물학자는 한 사람도 없다. 이에 대해 언어심리학자인 마르셀 킨스번은 비록 미약하나마 신빙성 있는 유일한 견해를 제시했다. 좌우대칭인 모든 무척추동물(벌레, 곤충 등)은 중앙신경계의 좌측면이 신체의 좌측면을 통제하고, 우측면이 우측면을 통제하는 보다 직선적인 배열을 갖추고 있다. 척색동물(척수 주위에 보강대를 가진 어류, 양서류, 조류, 파충류 및 포유류 등의 동물들)의 조상이었던 무척추동물들 역시 이런 배열을 가지고 있었을 가능성이 크다. 그러나 모든 척색동물들은 우뇌가 신체의 좌측을 통제하고, 좌뇌가 신체의 우측을 통제하는 '대측성' 통제를 가진다. 무엇 때문에 이런 배선 변경이 초래되었을까? 다음은 킨스번의 생각이다. 여러분이 좌뇌 좌측 통제의 배열을 가진 생물이라고 상상해 보자. 그리고 부엉이처럼 머리를 완전히 180도 뒤로 돌려 보라(180도에서 멈춘다. 영화 《엑소시스트》에 나오는 소녀처럼 계속 돌리지 마라). 이제 여러분의 머리가 그 위치에 고정되었다고 생각해 보라. 여러분의 신경케이블은 180도 비틀린 상태이고, 그래서 좌뇌는 신체의 우측을, 우뇌는 좌측을 통제할 것이다.

지금 킨스번은 원시시대의 어느 관광객(rubbernecker. 관광객, 목을 길게 뺀 사람.—옮긴이)이 경치를 구경하다가 목이 그 상태로 고정되어 버렸다는 의견을 제시하는 것이 아니라, 생물체를 만들기 위한 유전적 명령이 변화한 결과 태아의 성장기간 동안 절반의 비틀림이 초래되었다는 의견을 제시하는 것이다. 실제로 달팽이와 몇몇 파리의 발달기간 동안 그러한 비틀림이 발생하는 것을 볼 수 있다. 이것은 생명체를 구성하는 매우 비뚤어진 방법처럼 보일 수 있다. 그러나 진화가 항상 그런 방식으로 진행되는 이유는 진화가 결코 새로운 화판으로 작업을 하는 것이 아니라 이미 존재하는 것을 가지고 수선하는 것이기 때문이다. 예를 들어, 사디즘을 연상케 하는 인간의 S형 척추는 네 발 달린 조상의 아치형 등뼈를 젖히고 폄으로써 생겨난 결과다. 가자미과 물고기의 피카소적인 얼굴은, 바다 밑바닥에 옆으로 붙어 지내기를 선택한 물고기가 쓸데없이 모래를 응시하고 있던 눈을 제대로 두기 위해 머리를 뒤튼 결과다. 킨스번의 가설상의 생물은 전혀 화석을 남기지 않았고, 또 5만 년 이상 멸종된 상태이기 때문에, 그것이 왜 회전을 겪어야 했는지를 아는 사람은 아무도 없다(아마도 그 조상들 중 하나가 가자미과 물고기처럼 자신의 자세를 변경한 후 다시 원상복구했는지도 모른다. 예견력이 통하지 않는 진화과정 속에서 그것은 원래의 1/4 비틀림을 원상태로 돌리는 상식적인 경로보다는 머리를 동일한 방향으로 다시 한 번 1/4 비틀어서 머리와 신체를 정렬시켰을지도 모른다). 그러나 실제로 이것은 중요하지 않다. 킨스번은 단지 그러한 회전이 틀림없이 발생했다는 의견을 제시하고 있을 뿐이다. 그는 그런 일이 발생한 이유를 재구성할 수 있다고 주장하지 않는다(꽈배기 비스킷의 팔처럼 회전과 젖혀짐이 동반된 달팽이의 경우, 과학자들은 더 많은 것을 알고 있다. 내가 배운 옛 생물학 교과서에서는 이렇게 설명하고 있다. "머리와 발이 정지된 상태에서 내장 부위가 180도 회전하고, 항문은… 위쪽으로 운반되어 마침내는 머리 위에 놓인다…. 입구가 하나뿐인 껍데기 속에서 사는 동물의 경우 이러한 배열의 이점은 매우 분명하다").

이 이론의 도움으로 킨스번은 무척추동물은 주요 신경케이블이 복부를 따라 놓여 있고 심장이 등 쪽에 있는 반면, 척색동물의 신경케이블은 등을 따라 놓여 있고 심장이 가슴에 있다는 사실에 주목했다. 이것이 바로 한 집단에서 다른 집단으로의 이행에서 발생한 머리와 신체의 180도 회전에 대해 우리가 예측하는 바이지만, 킨스번이 틀림없이 함께 발생했다고 말하는 세 가지 형태의 반전 중에서 단지 한두 가지만을 겪은 동물에 대한 그 어떤 증거도 발견할 수 없었다. 신체구조에서의 주요한 변화는 그 동물의 구조 전체에 영향을 미치므로 원상태로 돌리기가 매우 어려울 수도 있다. 우리는 그 비틀려진 생물체의 후손이며, 그로부터 5억 년이 지난 지금 좌반구의 뇌졸중은 우리의 오른팔을 따끔거리게 만든다.

대칭적인 신체구조의 모든 이득은 좌우 모두에 중립적인 환경에서의 감각이나 이동과 관련이 있다. 환경과 직접 상호작용하지 않는 신체체계의 경우에 대칭적 청사진은 무리일 수 있다. 심장, 간, 위장 같은 내부기관들이 그 좋은 예들이다. 이것들은 외부세계와 접촉할 일이 없고, 그래서 상당히 비대칭적이다. 뇌의 극히 미세한 회로에서도 사정은 같다.

사로잡은 물체를 의도대로 조작하는 행위에 대해 생각해 보자. 그러한 행위들은 환경에 맞추어지는 것이 아니다. 조작자는 원하는 곳에 그 물체를 위치시킨다. 그러므로 생명체의 앞다리나 그것을 통제하는 뇌중추는 한쪽 또는 반대쪽에서 예고 없이 발생하는 사건에 대응하기 위해 대칭적이어야 할 필요가 없다. 그것은 그 행위를 수행하는 데 가장 효율적인 구성이라면 어떤 모양으로든 재단될 수 있다. 물체를 조작하는 행위는, 가령 한 손으로 물체를 잡고 다른 한 손으로 그것에 어떤 행위를 가하는 방식으로 노동을 양손에 분할함으로써 이득을 얻는다. 그 결과가 바닷가재의 비대칭적인 집게발, 그리고 다양한 종들의 발과 손을 통제하는 비대칭적인 뇌다. 인간은 동물왕국에서 가장 숙련된 조작자이며, 가장 강하고 가장 일관된 수족 선호를 과시하는 종이다. 역사상 모든 사회 그리고 모든 시대의 사람 가운데 90%가 오른손잡이며, 이들 대부분이 오른손(좌뇌) 성향을 부과하는 우성유전자의 복사본을 하나나 둘 소유하고 있는 것으로 여겨진다. 그러나 그 유전자의 열성 복사본 둘을 소유한 사람들은 이런 강한 오른손잡이 성향 없이 발달한다. 그들은 오른손잡이가 될 수도 있고, 왼손잡이 혹은 양손잡이가 될 수도 있다.

공간에 대해서가 아닌 시간에 걸쳐 존재하는 정보를 처리하는 것은 대칭이 필요 없는 또 다른 기능이다. 그러한 기능을 수행하는 데 상당히 많은 양의 신경세포가 필요하다고 가정할 때, 절반씩 나누어진 부분이 느리고 잡음 많은 장거리 접속으로 상대편 반구와 의사를 소통하는 것보다는 단거리로 접속되는 한 장소에 모든 신경세포를 두는 것이 더 합리적이다. 그러므로 조류의 경우에 대개 노래의 통제는 좌반구에 치우쳐 있고, 원숭이나 돌고래, 쥐의 경우에도 부르는 소리와 찍찍거리는 소리의 생성과 인식은 좌반구에 다소 치우쳐 있다.

인간의 언어도 환경적 공간이 아니라 시간적으로 조정되기 때문에 한쪽 반구에 집중되었을 것이다. 단어는 발화되는 순서대로 배열되는 것이므로 여러 방향으로 조준될 필요가 없다. 이미 사로잡은 물체에 대한 미세하고 의도적인 순서 조작의 통제에 필요한 컴퓨터적인 미세회로를 갖춘 반구는 아마도 언어—역시 순서적인 통제를 요하는—를 위치시키기에 가장 자연스러운 장소였을 것이다. 인간에 이르는 계통에서 그 장소는 우연히도 좌반구였다. 많은 인지심리학자들은 복합적으로 구성된 물체를 인식하고 상상하거나, 한 단계씩 논리적으로 추리하는 일처럼 부분들의 순차적 조정과 배열을 요하는 다양한 마음의 과정들이 좌반구에 공존한다고 생각한다. 가자니가는 뇌가 분리된 환자의 두 반구를 따로따로 실험하던 중, 새로이 분리된 좌반구의 아이큐가 수술 전 전체가 연결된 뇌의 아이큐와 같다는 것을 발견했다.

언어학적으로 볼 때 대부분의 왼손잡이들은 오른손잡이의 반사영상이 아니다. 좌반구는 거의 모든 오른손잡이들의 언어를 통제하나(97%), 우반구는 왼손잡이들 중 소수에 불과한 19%의 언어를 통제한다. 나머지 왼손잡이들의 언어는 좌반구(68%) 또는 불필요하게도 양쪽 반구에 모두 존재한다. 모든 왼손잡이의 경우 언어는 오른손잡이들의 경우보다 더 고르게 양쪽 반구에 분포되어 있고, 따라서 왼손잡이들은 실어증을 겪지 않은 채 한쪽 뇌의 뇌일혈을 견뎌낼 가능성이 더 크다. 왼손잡이들은 수학적 · 공간적 · 예술적 활동에 더 능하지만, 언어손상이나 난독증 · 말더듬 같은 증상에 걸릴 가능성이 더 높다는 약간의 증거가 존재한다. 왼손잡이 친척을 둔 오른손잡이들(아마도 우측 성향의 우성유전자의 복사본을 하나만 소유한 오른손잡이들)도 완전한 오른손잡이와는 미묘하게 다른 방식으로 문장을 분석하는 것처럼 보인다.

물론 언어가 뇌의 왼쪽 전체를 사용하는 것은 아니다. 브로카는 탄의 뇌가 실비안 열구—인간에게 독특한 측두엽을 뇌의 나머지 부분과 분리시키는 거대한 틈새—의 바로 위 부위가 무르고 기형적임을 발견했다. 탄의 손상이 시작된 부분은 현재 브로카 영역이라 불리는데, 실비안 열구의 양쪽을 감싸고 있는 몇몇 다른 해부학적 부위들의 손상도 언어에 영향을 미친다. 가장 뚜렷한 부위들은 그림에서 커다란 회색 얼룩으로 나타난 부분들이다. 뇌손상으로 언어장애가 발생한 환자의 약 98% 정도가 좌반구의 실비안 열구 가장자리 어딘가에 손상이 있었다. 펜필드는 자극을 가했을 때 언어가 일시적으로 혼란에 빠지는 지점들이 대부분 그곳에 있음을 발견했다. 언어영역이 깊은 틈으로 분리되어 있는 것처럼 보이지만, 이것은 착각일 수 있다. 대뇌피질(회색질)은 한 장의 넓은 이차원 세포조직이 구형의 두개골에 맞도록 뭉쳐진 형태이다. 신문지를 구기면 그림과 본문이 뒤섞여 보이는 것처럼, 뇌의 측면도는 어느 부위들이 서로 인접해 있는지를 제대로 보여주지 못한다. 가자니가의 동료들은 사람의 피질이 평평하게 펴졌을 때의 모양을 재구성하기 위해 뇌의 얇은 조각들을 MRI 그림으로 보여주는 기술을 개발했다. 그들은 언어와 연관된 모든 영역이 하나의 연속적인 지형으로 인접해 있음을 발견했다. 피질의 이 부위, 즉 좌측 페리실비안 부위가 언어기관으로 간주될 수 있다.

좀더 자세히 확대해 들어가 보자. 브로카 영역이 손상된 탄과 포드 씨는 브로카 실어증이라 부르는, 느리고 어색하고 비문법적인 언어 증상을 겪었다. 다음은 피터 호간이라는 사람의 또 다른 예다. 첫 번째 구절에서는 자신이 왜 병원에 왔는지를 설명한다. 두 번째 구절에서는 제지공장에서 일하던 그의 이전 직업을 설명한다.

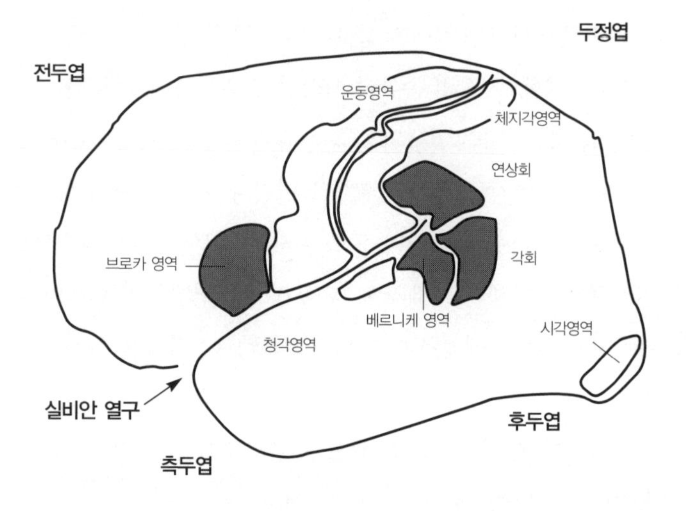

Yes …ah …Monday …ah …Dad and Peter Hogan, and Dad …ah …hospital …and ah …Wednesday …Wednesday nine o' clock and ah Thursday …ten o' clock ah doctors …two …two …an doctors and …ah …teeth …yah …And a doctor an girl …and gums, an I. (예… 아… 월요일… 아… 아빠와 피터 호간, 그리고 아빠… 아… 병원… 그리고 아… 수요일… 수요일 아홉 시 그리고 아 목요일… 열 시, 아 의사… 둘… 둘… 의사들… 그리고… 아… 이빨… 예… 그리고 의사 여자… 그리고 잇몸, 그리고 나.) Lower Falls …Maine …Paper. Four hundred tons a day! And ah …sulphur machines, and ah …wood …Two weeks and eight hours. Eight hours …no! Twelve hours, fifteen hours …workin …workin …workin! Yes, and ah … sulphur. Sulphur and …Ah wood. Ah …handlin! And ah sick, four years ago. (로우어 폴스… 메인… 종이회사. 하루에 400톤! 그리고 아… 황산 기계들, 그리고 아… 나무… 2주 그리고 여덟 시간… 아니! 열두 시간, 열다섯 시간… 일하고… 일하고… 일하고! 예, 그리고 아… 황산.

황산 그리고… 아 나무. 아… 다둬요! 그리고 아 아파요, 4년 전에.)

브로카 영역은 턱, 입술, 혀의 운동을 통제하는 부위의 일부와 인접해 있는데, 한때는 (말하는 것 그 자체는 분명히 아니지만, 쓰기와 수화가 똑같이 영향을 받으므로) 언어의 생성에 관여하는 것으로 간주되었다. 그러나 그 영역은 문법적 처리 전반과 관련된 것으로 보인다. 문법 결함은 말을 하는 데서 가장 확연하게 드러난다. 문법 처리과정 중에 나타나는 단 한 번의 실수도 명백하게 손상된 문장을 초래할 수 있기 때문이다. 반면에 이해는 종종 말의 여분을 활용하여 완전한 문법적 분석 없이도 타당한 해석에 이를 수 있다. 예를 들어 사람들은 단지 개가 사람을 물고, 소년이 사과를 먹고, 사과는 빨갛다는 것을 앎으로써 The dog bit the man 또는 The apple that the boy is eating is red라는 문장을 이해할 수 있다. The car pushes the truck이라는 문장도 어림짐작할 수 있는데, 그 이유는 원인이 결과 앞에 언급되어 있기 때문이다. 1세기 동안 브로카 실어증 환자들은 이러한 지름길을 이용하여 신경학자들을 속였다. 그들의 속임수가 밝혀진 것은 언어심리학자들이 그들에게 The car is pushed by the truck 또는 The girl whom the boy is pushing is tall과 같이 그 통사론에 의해 이해할 수 있는 문장들을 행동으로 실연해 보라고 요청했을 때였다. 환자들이 정확하게 해석한 것은 반에 불과했다. 나머지 절반은 반대였다.

페리실비안 피질의 앞쪽은 브로카 영역이 발견되는 곳으로, 그곳이 문법 처리와 관련이 있다고 믿는 데는 몇 가지 다른 이유가 있다. 두피에 전극봉을 부착한 채 문장을 읽다가 그 문장 속의 비문법적인 부분에 이르게 되면 좌반구 앞쪽에 부착된 전극봉들에서 뚜렷이 구별되는 형태의 전기활동이 일어난다. 또한 What did you say (흔적) to John? 의 경우에서처럼 흔적이 나타날 때까지 기다리면서 이동된 구를 기억해야 하는 문장 내의 해당 부분에 이르러서도 비슷한 변화가 나타난다. 그리고 PET와 그 밖의 몇 가지 기술을 이용하여 혈류량을 측정하는 몇몇 연구에서도 사람들이 이미 알고 있는 언어로 말을 듣거나, 이야기를 하거나, 복잡한 문장을 이해할 때 이 부위가 밝아지는 것을 확인했다. 우리는 또한 피실험자에게 다양한 작업을 하게 한 뒤 이를 비교해 봄으로써 이 영역이 그저 문장의 내용을 생각하는 것이 아니라 문장의 구조를 처리하는 일에 관여하고 있음을 확인할 수 있다. 최근에 카린 스트롬스월드, 신경학자 데이비드 캐플란과 냇 앨퍼트는 매우 신중히 설계된 한 실험에서 훨씬 더 정확한 그림을 얻어냈다. 그 그림은 브로카 영역에서 어떤 한정된 부위가 밝아지는 것을 보여주었다.

그렇다면 브로카 영역이 문법기관일까? 사실 그렇지는 않다. 브로카 영역의 손상만으로는 대개 장기간 지속되는 심한 실어증이 발생하지 않는다. 주변의 영역들과 그 아래에 위치한 흰색 물질(브로카 영역을 다른 뇌 부위들과 연결시켜 주는 부분)이 함께 손상되어야 한다. 때때로 브로카 실어증은 뇌졸중에 의해 발생할 수도 있고, 언어 외에도 숙련된 운동에 필요한, 전두엽 내부에 묻혀 있는 복잡한 신경중추들인 기초신경절을 손상시키는 파킨슨병에 의해 유발될 수도 있다. 브로카 실어증 환자들이 힘겹게 말하는 것은 그들의 언어에 문법이 결여되어 있다는 것과는 다르다. 따라서 그것은 브로카 영역과 관련이 있는 것이 아니라 동일한 외상에 의해 손상을 입을 수 있는 그 주위의 숨겨진 피질부분과 관련이 있을 것이다. 그리고 무엇보다도 놀라운 것은 몇몇 종류의 문법능력은 브로카 영역이 손상되더라도 살아남는 것 같다는 점이다. 일부 브로카 실어증 환자들은 문법적인 문장과 비문법적인 문장을 구별하도록 요구받을 때, 가령 다음과 같은 문장 쌍에서 통사론 규칙의 아주 미묘한 위반까지도 찾아낼 수 있다.

John was finally kissed Louise.[×]
John was finally kissed by Louise.[○]

I want you will go to the store now.[×]
I want you to go to the store now.[○]

Did the old man enjoying the view?[×]
Did the old man enjoy the view?[○]

그러나 실어증 환자들이 모든 비문법적인 문장을 찾아내는 것도 아니고, 모든 실어증 환자들이 비문법적인 문장을 찾아내는 것도 아니다. 즉, 언어에서 브로카 영역의 역할은 상당히 불분명하다. 아마도 그 영역은 정신어로 된 전달내용을 문법적 구조로 변환시키는 일과 그 반대의 일을 하고, 부분적으로는 기초신경절을 통해 추상적 추리와 지식을 보좌하는 전두엽과 소통함으로써 문법 처리의 기초가 되는지도 모른다.

또한 브로카 영역은 섬유질 밴드에 의해 2차적 언어기관인 베르니케 영역과 연결되어 있다. 베르니케 영역의 손상은 매우 상이한 실어증세를 초래한다. 하워드 가드너는 고간 씨와의 만남을 이렇게 설명한다.

"무엇 때문에 병원에 오셨습니까?" 나는 몇 주 전에 병원에 입원한 72세의 은퇴한 정육업자에게 이렇게 물었다.

"Boy, I' m sweating, I' m awful nervous, you know, once in a while I get caught up, I can' t mention the tarripoi, a month ago, quite a little, I' ve done a lot well, I impose a lot, while, on the other hand, you know what I mean, I have to run around, look it over, trebbin and all that sort of stuff."

나는 몇 번이나 끼어들려고 했으나 가차 없이 빠르게 흘러나오는 그의 말에 끼어들 여지가 없었다. 결국 나는 고간 씨의 어깨에 손을 얹었고, 한순간의 짬을 얻어낼 수 있었다. "감사합니다, 고간 씨. 몇 가지 질문을 좀 드리고 싶…."

"Oh sure, go ahead, any old think you want. If I could I would. Oh, I' m taking the word the wrong way to say, all of the barbers here whenever they stop you it' s going around and around, if you know what I mean, that is tying and tying for repucer, repuceration, well, we were trying the best that we could while another time it was with the beds over there the same thing…."

베르니케 실어증은 몇 가지 측면에서 브로카 실어증의 보완물이다. 환자들은 다소 문법적인 구를 유창하게 말하지만, 그들의 말은 의미가 통하지 않을 뿐 아니라 신조어와 대체 단어들로 가득하다. 브로카 실어증 환자들과는 달리 베르니케 실어증 환자들은 사물의 이름을 말하는 데 일관된 어려움을 겪는다. 그들은 관련 단어 혹은 정확한 단어의 왜곡된 발음을 제시한다.

table : "chair"

elbow : "knee"

clip : "plick"

butter : "tubber"

ceiling : "leasing"

ankle : "ankley, no mankle, no kankle"

comb : "close, saw it, cit it, cut, the comb, the came"

paper : "piece of handkerchief, pauper, hand pepper, piece of hand paper"

fork : "tonsil, teller, tongue, fung"

베르니케 실어증의 놀라운 증상 하나는 환자들이 다른 사람의 말을 이해한다는 기미가 거의 보이지 않는다는 점이다. 세 번째 종류의 실어증은 베르니케 영역과 브로카 영역 사이의 연결부가 손상된 경우인데, 이 경우 환자들은 문장을 따라 말하지 못한다. 네 번째 종류의 실어증은 브로카 영역, 베르니케 영역, 그리고 그들 사이의 연결부는 온전하지만, 그 부위들이 나머지 피질부분과 단절되어 고립된 경우다. 이런 환자들은 자발적으로 말을 하지도 상대의 말을 이해하지도 못한 채 들은 말을 소름끼치게 되풀이한다. 이러한 현상들과 더불어 베르니케 영역이 소리를 처리하는 피질부분과 인접한 까닭에 사람들은 한때 이 영역을 언어이해의 토대로 생각했다. 그러나 이러한 생각은 이런 환자들의 말이 왜 그토록 정신병적으로 들리는지를 설명해 주지 못한다. 베르니케 영역은 단어를 조회하여 그것들을 다른 영역, 특히 단어들을 통사론적으로 조립하거나 분석하는 브로카 영역으로 보내는 역할을 하는 것으로 보인다. 아마도 베르니케 실어증은 베르니케 영역에서 브로카 영역으로 의도했던 전달내용이나 의도했던 단어들이 정상적으로 공급하지 않는 상태에서 온전한 브로카 영역이 여러 가지 구들을 미친 듯이 생산해 낸 결과일 것이다. 그러나 솔직히 말하면 브로카 영역이나 베르니케 영역이 무슨 일을 하는지 제대로 아는 사람은 아무도 없다.

그림에서 보듯이 베르니케 영역은 인접한 두 개의 짙은 영역(각회와 연상회)과 함께 세 개의 뇌엽이 교차하는 지점에 자리 잡고 있다. 따라서 시각적 형태, 소리, 신체의 감각(체지각 영역으로부터) 및 공간관계(두정엽으로부터)에 대한 정보의 흐름을 통합하는 데 이상적이다. 따라서 이 부위는 단어의 소리와 그 소리가 지칭하는 것들의 모양과 기하학적 형태 사이의 연결고리들을 저장할 수 있는 타당한 장소일 것이다. 실제로 이 부근에 손상이 일어나면 종종 건망성 실어증(anomia. 좀더 기억하기 쉬운 이름은 그야말로 'no-name-ia,' 즉 '이름 잊는 증상'이다)이라고 부르는 증후군이 발생한다. 신경심리학자인 캐슬린 베인스는 이 부위에서 뇌일혈을 겪은 회사중역 'HW'를 다음과 같이 설명한다. 그는 매우 지적이고 발음이 분명하며 대화가 능숙하지만, 명사들을 이해할 수 있음에도 불구하고 그것을 자신의 정신사전에서 검색해 내지 못한다. 베인스는 그에게 한 소년이 선반에 있는 항아리에 손을 넣어 자신의 여동생에게 줄 과자를 꺼내려 하다가 의자에서 떨어지는 그림을 보여주면서 그것을 설명해 보라고 했다. 그는 다음과 같이 말했다.

> First of all this is falling down, just about, and is gonna fall down and they're both getting something to eat… but the trouble is this is gonna let go and they're both gonna fall down… I can't see well enough but I believe that either she

or will have some food that' s not good for you and she' s to get some for her, too··· and that you get it there because they shouldn' t go up there and get it unless you tell them that they could have it. And so this is falling down and for sure there' s one they' re going to have for food and, and this didn' t come out right, the, uh, the stuff that' s uh, good for, it' s not good for you but it, but you love, um, mum mum [smacks lips]··· and that so they' ve···see that, I can' t see whether it' s in there or not···I think she' s saying, I want two or three, I want one, I think, I think so, and so, so she' s gonna get this one for sure it' s gonna fall down there or whatever She' s gonna get that one and, and there, he' s gonna get one himself or more, it all depends with this when they fall down··· and when it falls down there' s no problem, all they got to do is fix it and go right back up and get some more. (우선, 넘어지려 하고 있어요, 막. 결국 떨어지겠죠. 그래서 둘 다 뭔가 먹을 걸 손에 넣을 거예요. ···그런데 문제는 이러다간 둘 다 떨어진다는 거죠. ···확실히는 알 수 없지만, 이건 여자애한테, 아니 하여간 뭔가 먹으면 몸에 안 좋은 음식인 것 같아요. 그래서 이건 먹으면 안 되는 거야, 하고 말하지 않고 그냥 애들 손이 닿지 않는 곳에다 올려놓은 거죠. 그런데 이게 떨어지고, 근데 보니까 먹을 것이 들어 있고, 또, 또, 아니 왜 이리 생각이 안 나는 거야, 그거 말예요, 먹어도 되지만 별로 좋지는 않고, 그런데 좋아하는, 으, 으, 음 [입맛을 다심] ··· 하여간 그러다 애들이 ··· 그걸 알게 된 거죠, 안에 들어 있는지 없는지는 여기선 안 보이지만···. 내 생각에 여자애가 그랬겠죠. 두 개만, 세 개만, 아니 꼭 한 개만. 내 생각에, 내 생각에 그랬을 것 같다는 거죠. 그래서 여자애가 진짜 꼭 하

나만 꺼내려고 했고, 또, 또 남자애도 자기도 한두 개 꺼내 먹고 싶었고, 그래서 온통 그 생각만 하다가 이렇게 떨어지게 된 거죠…. 떨어져도 뭐 큰 문젠 없어요. 그냥 도로 챙겨서 있던 자리에 올려놓으면 될 테고, 몇 개 더 손에 넣었을 테고.)

HW는 명사구를 완벽하게 사용했지만, 명사구 안에 넣을 명사를 검색해 내지 못했다. 그는 대명사, falling down 같은 동명사 그리고 food와 stuff 같은 몇 개 안 되는 총칭명사를 몇 번이고 되풀이 사용하면서 빙빙 돌아가는 우회표현으로 특정한 대상을 언급했다. 건망성 실어증 환자들은 동사들은 별 어려움 없이 사용한다. 이와는 달리 브로카 실어증 환자들은 동사 사용에서 어려움을 겪는데, 그 이유는 동사가 통사론과 밀접하게 연결되어 있기 때문일 것이다.

페리실비안 뒤쪽에 있는 이들 부위가 단어의 저장 및 검색과 관련되어 있음을 보여주는 또 다른 증거들이 있다. 가령 The boys heard Joe' s orange about Africa와 같이 문법적으로 완전한 문장을 읽는 도중에 의미가 통하지 않는 단어를 만나면 두개골 후미에 부착된 전극봉에서는 EEG상의 변화가 발생한다(물론 앞에서도 언급했듯이, 이 신호가 전극봉 아래에서 나오고 있다는 것은 추측에 불과하다). PET 스캐너 안에 머리를 넣은 사람들이 단어(그리고 tweal 같은 의사 단어)를 들을 때나, 심지어는 화면상의 단어들을 읽고 그것들이 말이 되는지 여부를 판단해야 할 때(즉, 단어의 소리를 상상할 것을 요하는 작업)도 역시 뇌의 이 부분이 밝아진다.

페리실비안 안에 있는 언어 하부기관들에 대해 우리는 페리실비안 앞부분(브로카 영역 포함)은 문법 처리, 뒷부분(베르니케 영역과 3개 엽들의 접합부 포함)은 단어, 특히 명사의 소리와 그 의미의 몇몇 측면들을 담당한다, 하는 식으로 대략적인 해부도를 그려볼 수 있다. 그렇다면 좀더 클로즈업해서 보다 한정된 언어상의 과제들을 수행하는 보다 미세한 영역들의 위치를 확인할 수 있을까? 그럴 수도 있고 아닐 수도 있다. '아니다'인 이유는 특정한 언어 모듈을 찾아 그 주위에 경계선을 긋고 이름표를 붙일 수 있는 더 작은 부위들이 존재하지 않기 때문이다. 최소한 지금은 그렇다. 그러나 '그렇다'인 이유는 뇌손상에 의해 놀랄 만큼 세밀하게 특정할 수 있는 언어 결함들이 초래되는 것으로 보아 한정된 과제들을 수행하는 피질부분이 틀림없이 존재할 것이기 때문이다. 이것은 흥미로운 역설이다.

다음은 몇 가지 예들이다. 내가 제6감이라 불러왔던 것, 즉 언어지각의 손상이 좌측 페리실비안 영역 대부분의 부위에 대한 손상으로 야기될 수 있음(그리고 언어지각 때문에 PET 연구에서 페리실비안의 몇몇 부분들이 밝아짐)에도 불구하고, 이름 그대로 '순수 단어 청각장애(Pure Word Deafness)'라 부르는 특정한 증후군이 존재한다. 이 환자들은 읽거나 말할 수 있고, 음악이나 문 닫는 소리, 동물 울음소리 같은 주변의 소리들을 인식할 수 있는데 유독 구어의 단어들을 알아듣지 못한다. 그것들은 마치 외국어 단어처럼 무의미하다. 문법 문제를 안고 있는 환자들 가운데 일부는 브로카 실어증의 특징인 어설픈 발음을 보이는 대신 비문법적인 말들을 유창하게 쏟아낸다. 어떤 실어증 환자들은 동사, 어형변화 어미, 기능어를 빼먹고, 어떤 환자들은 엉터리 단어를 사용한다. 어떤 환자들은 흔적이 포함된 복문(가령 The man who the woman kissed (흔적) hugged the child)은 이해하지 못하는데, 재귀대명사가 포함된 복문(가령 The girl said that the woman washed herself)은 이해한다. 또 어떤 환자들은 그 반대다. 어떤 이탈리아인 환자들은 이탈리아어의 굴절어미(영어의 –ing, –s, –ed와 유사한)가 엉망이 되지만, 파생접미사(–able, –ness, –er과 유사)는 완벽하게 구사한다.

정신사전은 때때로 가장자리가 예리한 조각들로 찢어지기도 한다. 건망성 실어증 환자들(명사 사용에 곤란을 겪는 환자들) 중에는 명사의 종류에 따라 곤란을 겪는 환자들이 있다. 예를 들어 어떤 환자들은 구상명사는 사용할 수 있는데, 추상명사는 사용하지 못한다. 어떤 환자들은 무생물을 가리키는 명사는 사용하는데, 생물을 가리키는 명사에서는 곤란을 겪는다. 또 어떤 환자들은 생물을 가리키는 명사는 사용하면서 무생물을 가리키는 명사에서는 곤란을 겪는다. 어떤 환자들은 동식물의 이름은 말하면서 음식, 신체부위, 의류, 차량, 가구 등의 이름을 말하지 못한다. 이외에도 동물을 가리키는 것을 제외한 모든 명사에 곤란을 겪는 환자들, 신체부위의 이름을 말하지 못하는 환자들, 실내에서 흔히 볼 수 있는 사물의 이름을 말하지 못하는 환자들, 색깔을 말하지 못하는 환자들, 고유명사에 곤란을 겪는 환자들이 존재한다. 과일이나 채소의 이름을 말하지 못하는 환자도 있었다. 그는 아바쿠스(건축용어.—옮긴이)와 스핑크스를 입에 올리면서도 사과나 배는 말하지 못했다. 심리학자인 에드거 주리프는 온갖 증상에 온갖 명칭을 붙이는 신경학자들의 습관을 비웃으면서 이 증상을 바나나 건망성 실어증, 즉 '바나나노미아(banananomia)'라고 부르자고 제안했다.

이것은 뇌에 각각의 생산부서가 별도로 있다는 의미일까? 아무도 그런 것을 발견하지 못했으며, 어미변화나 흔적, 음운론 등을 위한 중추도 발견하지 못했다. 뇌의 여러 영역에 마음의 기능들을 배정하는 작업은 전혀 성과를 보지 못하고 있다. 똑같은 영역에 손상을 입었는데도 서로 다른 종류의 장애를 보이는 두 명의 환자,

또는 똑같은 장애를 겪고 있는데 손상을 입은 영역은 다른 두 명의 환자가 발견되는 사례가 빈번하다. 때로는 동물의 이름을 말하지 못하는 따위의 제한적인 장애가 넓은 범위의 손상, 뇌 전반에 걸친 퇴화, 강한 두부 타격에 의해 야기될 수도 있다. 그리고 베르니케 영역 부근에 손상을 입은 환자가 브로카 실어증과 흡사한 증세를 보이거나, 브로카 영역 근처에 손상을 입은 환자가 베르니케 실어증과 비슷한 실어증을 보일 가능성도 약 10%쯤 된다.

언어의 서로 다른 부분마다 거기에 상응하는 뇌의 영역을 해부도로 그리는 것이 왜 어려웠을까? 한 학파에서는 그런 것이 애초에 없기 때문이라고 한다. 그들에 따르면 뇌는 하나의 미트로프(다진 고기를 구운 덩어리)이기 때문에 감각과 운동을 제외한 여러 가지 마음의 처리과정들은 뇌 전체에 홀로그램 형태로 폭넓게 분포되어 있는 신경활동의 형태들이라는 것이다. 그러나 미트로프 이론으로는 많은 뇌손상 환자들이 보여주는 대단히 특정한 결함들을 만족스럽게 설명하기 어렵고, 그래서 '뇌 연구 10년'이라고 불리는 지금 이 이론은 쓸모가 없어지고 있다. 매달 정교해지고 있는 도구들을 사용하는 신경학자들은 예전의 낡은 교과서에서 '연합피질'이라는 쓸모없는 이름으로 불렀던 거대한 지형을 도표화하고 있으며, 물체의 형태, 공간 배치, 색상, 3차원 입체영상, 단순동작 및 복합동작 등을 전담하는 시지각 영역들과 같이 고유한 처리기능이나 처리방식을 가진 수십 가지의 새로운 부위들을 그려내고 있다.

우리가 아는 것은 뇌에는 명사구, 운율 나무구조 같은 세부적 처리과정을 전담하는 부위들이 있을 수 있다는 것이다. 인간의 뇌를 연구하는 우리의 연구방법이 아직은 너무 조잡해서 그것을 찾아내지 못할 수도 있다. 그 부위들은 뇌의 언어영역 주변에 흩어져 있는 작은 물방울무늬나 얼룩 자국 혹은 길고 가느다란 조각처럼 생겼을 수도 있다. 아니면 정치적으로 자당에 유리하도록 구획된 선거구처럼 불규칙한 곡선의 형태인지도 모른다. 그 부위는 사람에 따라 다르게 혹은 당겨지고 혹은 펴져 있어서 그 주름과 만곡의 꼴이 다 다를 것이다(시지각 체계와 같이 우리가 좀더 잘 이해하고 있는 뇌 체계에서 온갖 배열 형태들이 발견된다). 만일 그렇다면 우리가 뇌손상이라 부르는 거대한 폭탄구멍들과 PET 화상이라고 부르는 희미한 순간촬영 사진들은 끝내 자신의 소재지를 밝히지 않을 것이다.

언어를 담당하는 부위가 이렇게 까다로운 방식으로 조직되어 있을 것이라는 증거는 이미 나와 있다. 신경외과의 조지 오제만은 펜필드의 방법을 이어받아 의식이 있는 상태에서 노출된 뇌의 여러 위치에 전기적 자극을 가했다. 그는 직경 몇 밀리미터 이하의 부위를 자극하면 문장을 반복하거나 완성하기, 사물 이름 말하기 또는 단어 읽기 같은 단일한 기능이 붕괴될 수 있음을 발견했다. 그러나 그러한 점들은 뇌 전체에 흩어져 있었고(주로 페리실비안 부위에서 발견되었으나, 그 부위에만 한정되지는 않음), 개인에 따라 발견되는 장소도 달랐다.

뇌가 어떤 일을 하도록 설계되어 있는가 하는 관점에서는, 언어의 하부중추들이 피질 전체에 흩어져 있든 특이하게 뒤엉켜 있든 별로 놀랄 필요가 없다. 뇌는 특별한 종류의 기관, 즉 연산기관이다. 따라서 허리와 심장처럼 물리적인 세계에서 물질을 움직이게 하는 기관과 달리, 자신의 기능상의 부품들을 정교하고 정합적인 형태로 고집할 필요가 없다. 마치 일련의 전기부품들을 연결하는 선들이 상자 속에 아무렇게나 채워질 수 있고, 한 회사의 본부가 공장이나 창고와 연락만 잘 된다면 어느 곳에 있든 상관없는 것과 마찬가지로, 신경의 미세회로가 그 연결성을 유지하는 한 그 부품들은 어디에 있든 동일한 일을 수행할 수 있다. 단어의 경우가 특히 그렇다. 뇌의 넓은 부위에 걸친 손상이나 전기자극이 단어 말하기에 곤란을 초래하곤 한다. 단어는 각기 다른 종류의 정보들이 묶인 덩어리다. 아마도 각각의 단어는 바퀴와 같아서 그 바퀴살들이 단어의 소리, 통사론, 논리 및 그것이 상징하는 외형 등을 저장하는 뇌의 여러 부품에 닿을 수 있다면, 넓은 지역 어디에나 위치할 수 있을 것이다.

발달과정에 있는 뇌가 언어회로들을 어느 정도 융통성 있게 배치하기 위해 연산이 갖는 비물리적 특성을 이용하는지도 모른다. 다양한 뇌의 부위들이 언어의 구성요소들을 위한 정확한 배선도를 발달시킬 잠재력이 있다고 해 보자. 최초의 성향은 그 회선이 전형적인 위치에 놓이도록 한다. 이때 대안적 위치는 억제된다. 그러나 첫 번째 위치가 어떤 결정적인 시기에 손상되는 경우 그 회선은 다른 장소에서도 성장할 수 있다. 많은 신경학자들은 바로 이로 인해 극소수 사람들의 경우 언어중추가 뜻밖의 위치에 놓이게 된다고 생각한다. 출생에는 마음의 외상이 따르는데, 그것은 단지 우리가 알고 있는 심리적 원인들 때문만은 아니다. 어머니의 산도는 레몬 같은 아기의 머리에 강한 압박을 가하기 때문에 신생아들은 흔히 가벼운 뇌일혈을 비롯해 여러 가지 뇌 충격을 겪는다. 비정상적인 언어영역을 가지고 있는 성인들은 이러한 초기 상해를 입었다 회복된 환자들일 수 있다. 오늘날 MRI 기계는 뇌 연구기관에 일반화되어 있으며, 그곳을 방문한 저널리스트와 철학자들은 때로 자신들의 뇌 사진을 기념물로 받는다. 가끔 그 사진에는 호두알 크기의 움푹 들어간 자국이 나타나기도 하는데, '나는 너의 뇌 손상 징후를 진작부터 알고 있었노라' 하는 식의 친구들의 장난만

빼면 아무런 나쁜 징후도 아니다.

언어 기능을 뇌의 한 지점에 고정시키기가 어려운 다른 이유들도 있다. 어떤 종류의 언어상의 지식은 여러 장소에 여러 개의 사본으로 저장되는데, 그 가운데 어떤 사본은 다른 사본들보다 좋은 상태로 저장될 수 있다. 또한 뇌일혈 환자들이 체계적인 테스트를 받을 수 있는 시기에 이르러 종종 약간의 언어 능력을 회복하는 것은 환자들이 전반적인 추리능력으로 그것을 부분적으로 보완하기 때문이다. 그리고 신경학자들은 어떤 부품의 기능을 분리시켜 내기 위해 그 입력선 또는 출력선에 탐침을 꽂을 수 있는 전기기술자가 아니다. 그들은 환자의 눈과 귀 그리고 입과 손을 통해 그 환자 전체를 두드리듯 진찰해야 하며, 그들이 제공하는 자극과 그들이 관찰하는 반응 사이에는 연산상의 중간 역들이 많이 존재한다. 예를 들어 어떤 물체의 이름을 말한다는 것은 그것을 인식하기, 정신사전에서 그 항목 조회하기, 그 발음에 접근하기, 조음하기, 그리고 추측컨대 그 결과물에 오류가 있는지 감시하기 위해 귀를 기울이기 등이 수반된다. 위의 처리과정 가운데 어떤 것이라도 방해받는 경우에는 이름을 말하는 데서 어려움을 겪을 수 있다.

점점 더 정확한 뇌 영상 기술들이 빠르게 개발되고 있기 때문에, 우리는 머지않아 마음의 처리과정의 각 지점들을 훨씬 더 정확히 포착할 수 있으리라는 약간의 희망을 가질 수 있다. 그 한 예가 기능적 MRI인데, 뇌의 각 부위들이 갖가지 마음의 활동을 하는 중에 얼마나 열심히 작업하는지를 PET보다 훨씬 더 정확하게 측정할 수 있다. 또 다른 예는 자기 뢴트겐 뇌 촬영법으로서, 뇌전도와 유사하지만 전자기 신호가 나오는 뇌 부위를 정확히 포착할 수 있다는 장점이 있다.

우표 크기만한 뇌 얼룩들만 찾으려다가는 언어기관이나 문법 유전자를 이해할 수 없다. 정신생활에 관여하는 연산작용은 피질을 구성하는 복잡한 회로망(즉 각각의 뉴런이 수천 개의 뉴런과 연결되어 있고, 수천분의 1초로 운용되는 수백만 개의 뉴런들이 배선된 네트워크)을 통해 이루어진다. 만일 현미경의 배수를 높여 언어영역의 미세회로를 들여다본다면 무엇이 보일까? 누구도 알지 못하지만, 나는 여러분에게 지식에 근거한 추측을 제공하고자 한다. 역설적이게도 이것은 언어본능에 대해 우리가 가장 적게 알고 있는 측면이자 가장 중요한 측면이다. 이것이 가장 중요한 이유는 그곳이 바로 말하기와 이해하기의 실제 원인이 놓여 있는 곳이기 때문이다. 지금부터 나는 뉴런의 입장에서 문법 정보가 처리되는 과정이 어떻게 보일지 극화시켜 보겠다. 특별히 심각하게 받아들여야 할 것은 아니다. 단지 언어본능이 원리적으로 물리적 세계의 당구공의 인과관계와 견줄 만하다는 예증일 뿐, 생물학적 비유로 치장한 신비주의가 아니다.

신경망 모델 구성은 단순화된 장난감 뉴런에 기초를 둔 것이다. 이 뉴런은 단지 몇 가지 일만 할 수 있다. 그것은 활성상태일 수도 있고 비활성상태일 수도 있다. 활성상태일 때, 그것은 자신의 축삭돌기(출력선)를 따라 그와 연결되어 있는 다른 세포들로 신호를 보낸다. 이 접속부분들을 시냅스라고 한다. 시냅스는 흥분성일 수도 있고 억제성일 수도 있으며, 힘의 강도도 다양하다. 수신 쪽 뉴런은 흥분성 시냅스로부터 들어오는 모든 신호들을 덧셈하고 억제성 시냅스로부터 들어오는 모든 신호를 뺀 결과가 역(자극에 대해 반응이 일어나기 시작하는 임계점.—옮긴이)을 초과하면 활성화된다.

이들 장난감 뉴런망도 충분히 크기만 하면 연산기기 구실을 할 수 있으며, 마치 종이 위를 기어 다니면서 '소크라테스는 죽는다' 는 결론을 유추해냈던 3장의 튜링기계처럼, 정확히 특정된 일체의 문제에 해답을 계산해 낼 수 있다. 그것은 이 장난감 뉴런들을 '논리 게이트(logic gates : 변속기),' 다시 말해 추론의 토대인 논리관계를 표시하는 'and,' 'or,' 'not'을 계산할 수 있는 장치로 전환시켜 주는 몇 가지 간단한 배선 방식이 있기 때문이다. 논리관계 'and' 는 A가 참이고 B가 참이면, 진술 'A and B'가 참임을 의미한다. 이 관계를 계산하는 AND 게이트는 입력들의 합산이 켜지면 켜진다. 가령, 이 장난감 뉴런의 역이 0.5이면, 각각의 부하는 0.5보다 적지만 합계는 0.5보다 큰, 이를테면 각각 0.4, 0.4인 두 개의 수용 시냅스는 아래 왼쪽 그림처럼 AND 게이트로서 기능한다.

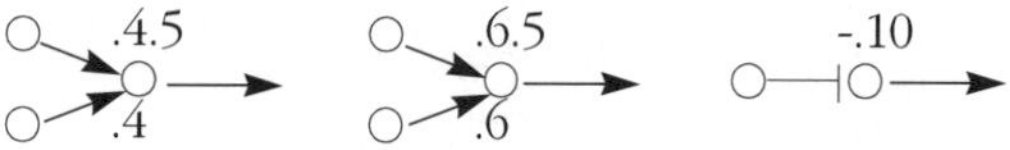

논리관계 'or'는 A가 참이거나 B가 참이면 진술 'A or B'는 참임을 의미한다. 그러므로 OR 게이트는 입력들 가운데 적어도 하나가 켜져야 켜진다. 가령 이 뉴런의 역이 0.6이라면 이를 실행하기 위해서는 위 가운데 그림에서처럼 각 시냅스의 부하가 0.6보다 커야 한다. 마지막으로 논리관계 'not'을 살펴보자. 진술 'Not A' 는 A가 거짓이면 참이고, A가 참이면 거짓임을 의미한다. 그러므로 NOT 게이트는 입력이 켜지면 출력이 꺼지고, 입력이 꺼지면 출력이 켜진다. 위 오른쪽 그림에서처럼 이것은 억제성 시냅스에 의해 실행된다. 이 시냅스의 음성(陰性) 부하는 그렇지 않을 경우에는 늘 켜져 있는 출력 뉴런을 끄기에 충분하다.

다음은 적당히 복잡한 문법규칙을 뉴런망이 연산하는 방식이다. Bill walks에서처럼 영어의 어미변화형 –s는 주어가 3인칭이고(AND), 단수이고(AND), 동작이 현재시제이고(AND), 습관적으로 행해지는(이것을 전문용어로는 '상'이라고 한다) 경우에 적용되어야 하는 접미사다. 그러나 동사가 do, have, say, be와 같이 불규칙형인 경우에는 적용되지 않는다(NOT). 예를 들어 우리는 Bill is라고 하지 Bill be's라고 말하지 않는다. 이러한 논리적 관계를 계산하는 뉴런 변속기의 망은 다음과 같다.

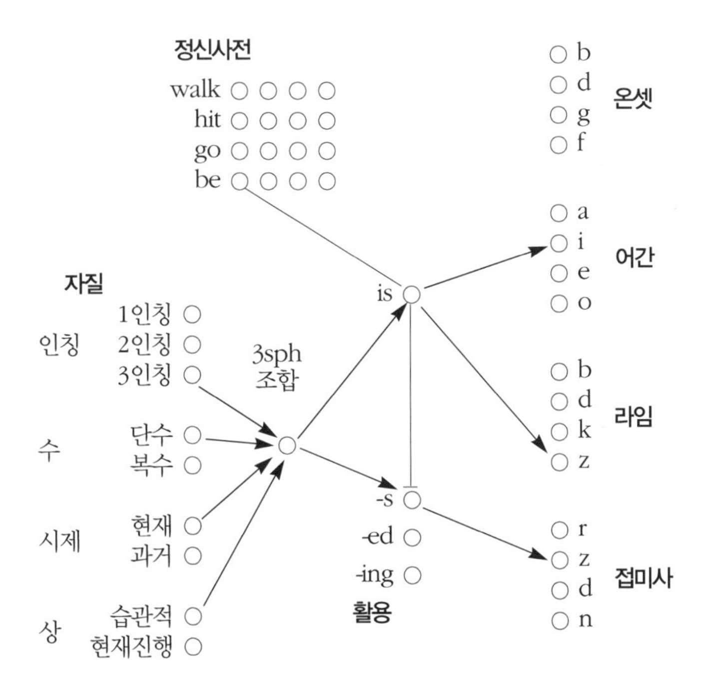

첫째, 왼쪽 아래쪽에 어미변화형 자질들을 지원하는 뉴런들의 은행이 있다. 해당 뉴런들은 AND 게이트를 경유해 3인칭, 단수, 현재시제 및 습관적 상의 조합물(간단히 '3sph'라고 한다)을 지원하는 하나의 뉴런에 접속된다. 이 뉴런은 –s변화형에 해당하는 뉴런을 자극하고, 이것은 다시 접미사의 발음을 나타내는 뉴런들의 은행에서 음소 z에 해당하는 뉴런을 자극한다. 만일 동사가 규칙동사라면, 이것이 동사어미에 필요한 연산의 전부다. 어간의 발음은 정신사전에 규정된 내용 그대로 복사되어 그림에는 나타나 있지 않은 연결에 의해 어간 뉴런에 접속된다(즉, to hit에 대한 형태는 hit+s며, to wug에 대한 형태는 wug+s다). be와 같은 불규칙동사의 경우에는 이 과정이 폐쇄되어야 한다. 만일 폐쇄되지 않으면 신경망이 부정확한 be's를 생산하게 되기 때문이다. 그러므로 3sph 조합 뉴런은 완전한 불규칙형태인 is를 지원하는 뉴런에도 신호를 보낸다. 우리가 모델화하려는 뇌의 소유자가 동사 be를 사용하려고 의도하면 동사 be를 지원하는 뉴런은 이미 활성상태고, 이것이 다시 is 뉴런을 활성화시킨다는 것이다. 다시 말해 그가 be동사와 3인칭, 단수, 현재, 습관적이라는 것을 동시에 생각하기만 하면 is 뉴런은 활성화된다. is 뉴런은 억제성 시냅스로 이루어진 NOT 게이트를 통해 -s변화형 어미를 억제하여 ises 또는 be's를 억제하고, 어간을 지원하는 뉴런 은행에서 모음 i와 자음 z를 활성화시킨다(사실 나는 많은 뉴런과 그 뉴런을 뇌의 다른 부분에 이어주는 수많은 연결들을 생략했다).

나는 수작업으로 이 망을 짰지만, 이러한 연결들은 영어에 한정된 것이며, 진짜 뇌 속에서는 이미 학습되어 있었어야 할 것이다. 우리의 신경망 공상을 잠시 계속하여 아기의 뇌에서는 이 망이 어떤 모양일지 상상해 보자. 각 뉴런 풀들이 선천적으로 거기 들어 있다고 가정해 보자. 그리고 내가 어떤 뉴런 풀로부터 다른 어떤 뉴런 풀로 화살표를 그렸든 간에, 한 풀의 모든 뉴런들로부터 다른 풀의 모든 뉴런들로 갈 수 있는 한 벌의 화살이 있다고 가정해 보자. 이것은 아이가 선천적으로 인칭, 시제, 상을 나타내는 동사어미뿐 아니라 그 조합들에 대한 불규칙변화 단어들이 존재할 것이라고 '예상'은 하지만, 특정 언어에서 정확히 어떤 조합, 동사어미 또는 불규칙형태들이 존재하는지는 알지 못하는 경우와 일치한다. 그림에 나타나 있는 것처럼 그것들을 학습한다는 것은 화살촉이 겨누고 있는 시냅스들을 강화시키고 나머지 것들을 보이지 않게 하는 것에 해당한다. 이는 다음과 같이 이루어질 것이다. 아기가 접미사 z를 가진 단어를 들을 때 그림의 오른쪽 가장자리에 있는 접미사 풀 안에 있는 뉴런이 활성화되고, 그 아기가 3인칭, 단수, 현재시제 그리고 습관적인 상을 생각할 때는 왼쪽 가장자리에 있는 4개의 뉴런도 활성화된다고 생각해 보자. 만약 활성화가 전방뿐 아니라 후방으로도 확산된다면, 그리고 출력 뉴런이 활성화되는 동시에 시냅스도 활성화되면서 매번 강화된다면, 한쪽 끝에 있는 '3인칭', '단수', '현재시제', '습관적' 시냅스와 반대편 끝에 있는 'z' 시냅스 사이의 경로와 연결되어 있는 모든 시냅스들이 강화될 것이다. 이러한 경험을 충분히 반복하면 부분적으로 규정된 새로운 망은 위에 그려진 성인들의 망으로 조정될 것이다.

좀더 클로즈업시켜 보자. 어떤 최초의 납땜 기술자가 뉴런의 풀들과 그것들 사이에 선천적으로 잠재되어 있는 연결선들을 설치했을까? 이것은 현대 신경학에서 논의되고 있는 가장 뜨거운 주제 가운데 하나로, 현재 우리는 배(胚)의 뇌가 어떻게 배선되는가에 대해 어렴풋하게나마 추측하기 시작했다. 물론 인간의 언어영역이 아닌 과일파리의 안구, 흰담비의 시상, 고양이와 원숭이의 시각피질 등에 국한된 것이긴 하지만 말이다. 대뇌피질의 특정 부위에 위치하도록 운명지어진 뉴런은 뇌실(腦室)들—대뇌반구 중심에 있는, 용액으로 차 있는 동공들—의 벽을 따라 존재하는 특정한 영역에서 태어난다. 그런 다음 그것은 두개골을 향해 바깥쪽으로 기어나가 글리아 세포(뉴런과 함께 뇌의 상당량을 구성하는 지지세포)로 형성된 버팀선을 따라 피질 내의 최종 안식처에 이르게 된다. 목표 지역에서 화학물질이 분비될 때, 각기 다른 피질부위의 뉴런들 사이에는 종종 연결이 이루어지고, 식물의 뿌리가 습기와 비료의 근원을 향해 자라듯이 근원 지역으로부터 어떤 방향으로든 성장해 가는 축삭돌기들이 그 화학물질의 '냄새'를 맡아 냄새가 더 집중된 방향을 찾아간다. 또한 축삭돌기는 자신이 기어오르는 글리아 표면 위에 있는 특정 분자들의 존재를 감지하여 빵부스러기의 자취를 따라가는 헨젤과 그레텔처럼 자신의 방향을 조정할 수 있다. 축삭돌기들이 일단 목표 근처에 도달하면 좀더 정확한 시냅스 연결이 이루어진다. 성장 중인 축삭돌기와 목표 뉴런이 그 표면 위에서 열쇠와 자물쇠처럼 서로 꼭 맞아 제자리에 자리를 잡는 특정 분자를 생산하기 때문이다. 그러나 뉴런에서 나오는 축삭돌기들은 모든 종류의 부적합한 목표를 향해 무성하게 자라나서 그것과 연결되기 때문에 이 초기의 연결부들은 상당히 어수선한 경우가 많다. 여기에서 부적절한 것들은 사멸한다. 그 이유는 다음 2가지 가운데 하나인데, 첫째는 목표 지역에서 생존에 필요한 특정 화학물질을 제공하지 못하는 경우이고, 두 번째는 태아의 발달기간에 뇌가 일단 작동하기 시작하면 그것들이 형성하는 접속부가 자주 사용되지 않기 때문이다.

나와 함께 이 가상의 신경을 조금만 더 탐구해 보자. 우리는 지금 '문법유전자'에 접근하기 시작한다. 뉴런을 인도하고 접속하고 유지하는 분자들은 단백질이다. 단백질은 유전자에 의해 지정되며, 유전자는 염색체에서 발견되는 DNA 열 내부에 일렬로 배열된 염기다. 유전자는 '전사(轉寫)인자들'과 그 밖의 규제인자들—DNA 분자에 있는 일련의 염기 위에 붙어서 인접해 있는 부위를 여는 장치. 이것을 통해 그 유전자는 RNA로 전사되고, 다시 RNA

는 단백질로 변환된다—에 의해 작동된다. 일반적으로 이 규제인자 자체도 단백질이다. 따라서 생명체를 만들어 내는 과정은 DNA가 단백질을 만들고, 그 단백질이 다른 DNA와 상호작용하여 더 많은 단백질을 만들어 내는 방식으로 복잡하게 진행된다. 때문에 어떤 단백질이 형성되는 시기나 양에서의 작은 차이가 현재 형성 중인 생명체에 커다란 영향을 미칠 수 있다.

그러므로 단 하나의 유전자가 생명체의 확인 가능한 특정 부위를 지정하는 일은 매우 드물다. 대신 하나의 유전자는 특정한 발달 시기에 특정한 단백질의 방출을 지정하고, 헤아릴 수 없이 복잡한 조리법의 한 구성인자로서 수많은 다른 유전자들과 함께 일련의 부위를 형성하는 데 특정한 영향을 미친다. 특히 뇌 배선은 그것을 지정하는 유전자들과 복잡한 관계를 이룬다. 표면분자는 단일 회로가 아니기 때문에 여러 회로들 속에서 사용될 수 있으며, 각각의 회로는 특정한 조합에 의해 유도된다. 예를 들어 피막 위에 위치할 수 있는 세 가지 단백질 X, Y, Z가 존재하는 경우, 어떤 축삭돌기는 Z를 제외한 X와 Y를 가진 표면분자에 붙을 수 있고, 다른 축삭돌기는 X를 제외한 Y와 Z를 가진 표면분자에 붙을 수 있다. 신경학자들은 인간 유전체의 대다수인 약 3만 개의 유전자가 뇌와 신경계를 형성하는 데 사용된다고 추정하고 있다.

그리고 이 모든 것이 단 하나의 세포, 즉 수정란에서 시작된다. 수정란에는 어머니와 아버지에게서 하나씩 받은 염색체의 사본이 들어 있다. 각 부모의 염색체는 원래 두 조부모의 염색체의 일부분을 무작위로 결합함으로써 그 부모의 생식선에서 조립된 것이다.

이제 우리는 문법유전자가 무엇인지에 대해 정의를 내릴 수 있는 지점에 도달했다. 문법유전자는 특정 시기에 뇌의 특정 장소에서 단백질을 합성하기 위한 유전암호를 지정하거나 단백질 전사를 촉발하는, 학습하는 동안 발생하는 시냅스 조율과 더불어 결합하여 특정한 문법문제(가령 접사나 단어의 선택)에 대한 해답을 연산해 내는 데 필요한 네트워크를 형성하기 위해 뉴런들을 안내하고, 끌어당기고, 접착시키는 DNA 배열의 일부다.

그렇다면 문법유전자들은 실제로 존재하는가, 아니면 이 모든 생각은 미친 소리에 불과한가? 우리는 브라이언 더피의 1990년도 사설만화에 나온 다음과 같은 시나리오를 기대할 수 있을까? 똑바로 선 돼지가 농부에게 묻는다. "저녁은 뭐예요? 나는 아니겠지요?" 농부가 자신의 동료에게 말한다. "저게 바로 인간유전자를 이식한 돼지라네."

모든 인간에게 존재하는 그 어떤 문법유전자에 대해서도 현재 그 존재를 직접적으로 증명할 수 있는 어떤 방법도 없다. 생물학의 여러 경우에서처럼 유전자들은 개인차, 또는 종종 병리학과 관련된 차이와 관계가 있을 때 확인하기가 가장 쉽다.

정자와 난자에는 그 결합으로 생겨날 아이의 언어능력에 영향을 미칠 뭔가가 있다는 것을 우리는 분명히 알고 있다. 말더듬, 난독증(음절을 음소로 분할하는 데 어려움을 겪는 읽기장애), 특수언어손상은 모두 가계를 따라 전해진다. 이것이 곧 그런 증상이 유전적임을 증명하는 것은 아니지만(조리법과 재산도 가계를 따라 전해지므로), 이 세 증후군은 그럴 가능성이 농후하다. 이 세 가지 경우에 대해서는 정상적인 가족구성원은 건드리지 않는 반면 장애가 있는 가족구성원들에게만 작용할 수 있었던 신빙성 있는 환경 요인이 없다. 그리고 이러한 증상들은 환경과 DNA의 절반만을 공유하는 이란성 쌍둥이보다 환경과 DNA 모두를 공유하는 일란성 쌍둥이에게 영향을 미칠 가능성이 훨씬 크다. 예를 들어 네 살 난 일란성 쌍둥이들은 이란성 쌍둥이들보다 같은 단어를 잘못 발음하는 경향이 더욱 빈번하다. 그리고 일란성 쌍둥이 중 한 아이가 특수언어손상을 가지고 있으면 쌍둥이의 나머지 쪽도 그 손상을 가질 확률이 80%지만, 같은 경우에 이란성 쌍둥이의 나머지 쪽이 동일한 손상을 가질 확률은 35%에 불과하다. DNA는 공유하지만 환경은 공유하지 않는 입양아들이 생물학적 가족구성원들과 비슷한 양상을 보인다는 것도 꽤 흥미로운 사실이다. 나는 특수언어손상이나 난독증을 테스트한, 입양아를 대상으로 어떤 연구에 대해서도 들은 바 없다. 그러나 한 연구에서 생애 1년 동안의 초기 언어능력에 대한 측정치(어휘, 발성모방, 단어조합, 옹알이 및 단어에 대한 이해력을 조합한 측정치)가 입양한 엄마나 아빠가 아닌 낳아 준 엄마의 일반적인 인지능력 및 기억력과 관련이 있음이 밝혀졌다.

세 세대가 특수언어손상을 앓고 있고, 가족구성원들이 Carol is cry in the church같이 말하고, wug의 복수형을 추리해 내지 못하는 K가는 현재 문법 능력의 결함이 유전될 수 있음을 보여주는 가장 극적인 사례 가운데 하나다. 단일한 우성 상(常)염색체 유전자에 대한 주목할 만한 이 가설은 다음과 같은 멘델식 추리에 근거를 두고 있다. 이 증상이 유전적일 수 있다고 추측하는 이유는 몇몇 가족구성원만을 선택하고 또래의 다른 성원들에게는 영향을 미치지 않는 납득할 만한 환경 요인이 없기 때문이며(예를 들어 이란성 쌍둥이 중 한 명은 그 증세를 보였고, 다른 한 명은 그렇지 않았다), 이 증상이 그 가족구성원 중 53%의 사람들에게 나타났으나 전체 인구로 볼 때는 약 3% 정도밖에 나타나지 않기 때문이다(원칙적으로는 그 가족이 단지 불운했을 수도 있다. 결국 그들은 전체 인구에서 무작위로 선택된 것이 아니라, 그 증상의 발생 빈도가 높았던 탓에 유전학자들의 관심을 끌었으니까. 그러나 이것은 타당성이 별로 없다). 단일한 유전자가 원인이라고 생각할 수 있는 이유는 만약 여러 유전자가 원인으로 작용해서 각 유전자가 조금씩 언어능력을 침식하는 것이라면 그 가족구성원들이 보여주는 무능력의 정도는 손상된 유전자를 얼마나 많이 상속받았는지에 따라 다를 것이기 때문이다. 그러나 이 증상은 뚜렷이 양극화된다. 학교와 가족구성원 모두가 누구에게 손상이 있고 누구에게 손상이 없는지에 대해 일치된 의견을 보이고 있으며, 고프닉이 행한 대부분의 실험에서도 정상적인 구성원들은 척도의 상단에 모여 있는 반면에 장애를 지닌 구성원들은 하단에 모여 있었고 중복되는 부분은 전혀 없었다. 그 유전자는 (X염색체에 있는 것이 아니라) 상염색체에 있고 우성인 것으로 간주된다. 그 이유는 증후군이 남자와 여자에게서 똑같은 빈도수로 나타나고, 모든 경우에 장애를 지닌 부모의 배우자는 남편이건 부인이건 정상이었기 때문이다. 만일 그 유전자가 열성이고 상염색체에 있다면, 증후군이 유전되기 위해서는 부모 모두가 장애를 지니고 있어야 할 것이다. 만일 그것이 열성이고 X염색체에 있다면, 여성은 음성 보균자가 되고 남성에게서만 장애가 나타나야 할 것이다. 만일 그것이 우성이고 X염색체에 있다면, 장애를 지닌 아버지는 그것을 자신의 모든 딸들에게 유전시키고 아들에게는 전혀 유전시키지 않을 것이다. 아들은 어머니로부터 X염색체를 받고, 딸은 부모로부터 하나씩 받기 때문이다. 그러나 장애를 지닌 남자의 딸 가운데 한 명은 정상이었다.

이 단일 유전자는 연합통신의 제임스 킬패트릭이 우려했던 것과는 달리 문법의 기초를 이루는 모든 회로에 책임이 있지는 않다. 어떤 복잡한 기계가 작동하기 위해서는 적절히 기능하는 여러 부품들이 필요하지만, 그런 경우조차도 단 하나의 결함 있는 구성요소 때문에 그 기계가 중단될 수 있다는 사실을 상기하라. 사실

정상적인 형태의 유전자는 문법회로를 전혀 만들지 않을 수도 있다. 어쩌면 결함 있는 형태가 언어회로를 구성하는 데 필요한 어떤 화학적 처리과정을 방해하는 단백질을 생산하는지도 모른다. 어쩌면 그것 때문에 언어 영역과 인접한 어떤 영역이 자신의 영토 밖으로 자라나서 보통 언어에 할당된 영토로 흘러들어 가는지도 모른다.

그러나 이 발견은 여전히 흥미롭다. 언어가 손상된 가족구성원 대부분은 지능지수가 평균이었으며, 어떤 가정에서는 평균을 훨씬 웃도는 희생자도 있었다. 고프닉이 연구한 한 남자아이는 수학 성적이 상위권이었다. 그러므로 이 증상으로 판단해 볼 때, 뇌의 발달과정에서 언어연산의 배선을 전담하는 특정한 유형의 사건들(즉, 이 증상에서는 분열된 사건들)이 유전자에 의해 유도된다는 것을 알 수 있다. 그리고 그 건설 현장은 입을 통한 말소리의 조음이나 귀를 통한 말소리의 지각이 아니라 문법 처리에 필요한 마음의 회로와 연관이 있는 것 같다. 아동기에 장애를 겪은 가족구성원들은 말소리를 조음하는 데 곤란을 겪고 언어가 늦게 발달하기는 했지만, 대부분 성장하면서 조음문제는 사라졌다. 지속적으로 잔존하는 결함은 문법과 관련된 것들이었다. 예를 들어 장애를 지닌 가족구성원들은 종종 –ed와 –s 접미사를 생략하지만, 이것은 그들이 그 소리를 들을 수 없거나 말할 수 없기 때문이 아니다. 그들은 car와 card를 쉽게 식별하고, nose를 no로 발음하지도 않는다. 다시 말해 그들은 소리가 단어의 영구적인 부분인 경우와 문법규칙에 의해 단어에 추가되는 경우를 달리 취급하는 것이다.

그러한 언어손상으로 인해 문법의 어떤 부분도 완전히 지워지지 않고, 혹은 모든 부분이 똑같이 그러한 손상을 당하지도 않는다는 사실 역시 흥미롭다. 장애를 지닌 가족구성원들은 테스트 문장의 시제를 변화시키거나 자연스러운 대화에서 접미사를 적용하는 데 곤란을 겪었지만 희망이 없는 것은 아니었다. 그들은 단지 장애가 없는 그들의 친척들보다 한결 부정확하게 수행하고 있을 따름이었다. 이러한 개연적인 결함들은 형태론과 그에 의해 조작되는 시제, 인칭, 수와 같은 자질들에 집중되는 것 같다. 다른 문법적 측면들은 훨씬 적은 영향을 받았다. 장애를 지닌 구성원들은 예를 들어 The nice girl gives와 The girl eats a cookie to the boy 같은 문장의 동사구 위반을 간파할 수 있었으며, 여러 복잡한 명령을 실행할 수 있었다. 유전자와 단일 기능 사이의 정확한 일치의 결여야말로 우리가 유전자의 작용방식을 안다면 분명해지리라 기대할 수 있는 사항이다.

그러므로 현재로서는 문법적 부분들의 기초를 이루는 회로의 발달에 가장 특정한 영향을 미치는 유전자라는 의미에서 문법유전자에 대한 묵시적 증거가 있다고 할 수 있다. 지금 추정되고 있는 유전자의 염색체 자리는 전혀 알려지지 않은 상태이며, 뇌의 구조에 미치는 그 영향도 마찬가지다. 그러나 유전자 분석을 위해 그 가족의 혈액표본이 추출되고 있으며, 특수언어손상을 가지고 있는 또 다른 개인들의 뇌를 촬영한 MRI 화상에는 언어상 정상인 사람의 뇌에서 볼 수 있는 페리실비안 영역의 비대칭성이 결여되어 있다는 사실이 이미 밝혀졌다. 언어장애를 연구하는 여러 연구자들(일부는 고프닉의 주장에 자극받고, 또 일부는 그 주장에 회의적이다)은 문법능력과 가계 내력에 대한 세심한 실험을 통해 환자들을 조사하기 시작했다. 그들은 특수언어손상이 어떤 확률로 유전되는지, 그리고 각기 다른 손상에 의한 증상들이 얼마나 많이 존재할 수 있는지를 판단하고자 노력하고 있다. 우리는 몇 년 후에 언어와 관련된 신경학과 유전학의 흥미로운 발견을 접하게 되리라 기대해도 좋을 듯하다.

현대 생물학에서 유전적 변이를 논하지 않고 유전자를 논하기란 어려운 일이다. 일란성 쌍둥이를 제외한다면 어떤 사람도, 실제로는 성적으로 번식하는 어떤 생명체도 유전적으로 동일하지 않다. 만일 이것이 사실이 아니라면, 진화는 우리가 알고 있는 대로 발생할 수 없었을 것이다. 만일 언어유전자가 존재한다면 정상인 사람들도 그들의 언어 능력이 저마다 선천적으로 다르지 않겠는가? 그들은 그러한가? 그래서 그 어떤 사람도 동일한 언어본능을 가지고 있지 않으니 내가 언어와 그 발달에 대해 지금까지 이야기했던 모든 것을 수정해야 하는가?

우리의 지문처럼 수많은 유전자들도 각기 독특하다는 유전학자들의 발견은 우리의 마음을 쉽게 사로잡는다. 결국 《그레이의 해부학》의 어느 페이지에서든 우리는 정상적인 사람 모두에게 해당되는 신체기관과 그 부위와 배열에 대한 설명을 발견할 수 있다 (모든 사람들은 4개의 방을 가진 심장과 하나의 간을 가지고 있다). 이 역설을 해결한 사람은 생물인류학자인 존 투비와 인지심리학자인 레다 코즈미디스다.

투비와 코즈미디스는 사람들 사이의 차이가 질적으로 상이한 설계 때문이 아니라 아주 작은 양적 변이 때문에 발생한다고 주장한다. 어떤 두 사람이 근본적으로 상이한 설계도—폐의 구조 같은 신체 설계도든 특정한 인지과정의 기초회로 같은 신경 설계도든—를 바탕으로 지어졌다고 상상해 보자. 복잡한 기계는 정교하게 맞물리는 많은 부품을 필요로 하고, 반대로 부품들은 기계를 만들어 내기 위해 많은 유전자를 필요로 한다. 그러나 염색체들은 성세포들이 형성되는 동안 무작위로 잘려지고 붙여지고 뒤섞여진 다음 수정을 통해 다른 (이조직의) 공생체들과 쌍을 이루게 된다. 두 사람이 정말로 서로 다른 설계도를 갖고 있다면, 그들의 후손은 부모의 유전적 청사진으로부터 잡동사니 조각들밖에 물려받지 못할 것이다. 이것은 마치 두 차의 도면을 가위로 오려서 어떤 조각이 어떤 차에서 온 것인지 상관하지 않고 다시 테이프로 붙이는 것과 같다. 만일 그 차들이 페라리와 지프처럼 서로 다른 설계도를 가지고 있다면, 그것이 설령 만들어지는 경우에도 결과적으로 생겨나는 기괴한 기계는 한 발짝도 움직이지 못할 것이다. 두 설계도면이 처음부터 지극히 유사할 경우에만 새로운 혼합품은 작동할 수 있을 것이다.

그것이 바로 유전학자들이 말하는, 변이가 극히 미세한 이유다. 즉, 전반적인 형태와 기능은 기본적으로 동일한 단백질 분자들이 자연선택에 의해 아주 협소한 변이의 한계 내에서 정밀한 순서상의 차이만을 보이는 이유다. 그러한 변이의 목적은 하나다. 각 세대마다 유전자들을 새롭게 뒤섞음으로써 생명체들의 계통은 숙주의 화학적 환경에 침투할 수 있도록 스스로를 세밀히 조정하는 아주 작은 급속히 진화하는 병균들에 한걸음 앞설 수 있다. 그러나 병균의 시각에서 벗어나 해부학자나 심리학자가 볼 수 있는 생물학적 기계작동의 현미경적 수준에서 보면, 한 개인에서 다른 개인으로의 변이는 분명 양적이고 아주 작다. 자연선택 덕분에 모든 정상인들은 분명 질적으로 동일한 것이다.

그러나 이것은 개인차가 있으나마나 하다는 의미는 아니다. 유전적 변이는 유전자가 보통 마음에 제공하는 구조와 복잡성의 정도를 보여줄 수 있다. 만일 유전자가 마음에 단기기억 장치나 상관관계 탐지기 같은 단지 몇 개의 일반적인 정보처리 장치만을 장착시킨다면, 어떤 사람들은 무엇인가를 기억하거나 우발적인 사건을 학습하는 데서 다른 이들보다 나을 수 있다. 그러나 만일 유전자가 마음에 특별한 과제들을 전담하는 많은 정교한 부품을 장착시킨다면, 각 사람들에게 분배되는 독특한 유전의 손은 선천적인 인지적 특성의 유일무이한 형틀을 만들어 낼 것이다.

다음은 최근 《사이언스》에 실렸던 논문이다.

> 오스카 슈퇴르와 잭 유페는 미네소타대학교의 심리학자인 토머스 J. 부차드 주니어의 연구에 참여하기 위해 미네소타 주에 도착했다. 토머스는 서로 다른 곳에서 양육된 일란성 쌍둥이를 연구하고 있었다. 미네소타 주에 도착했을 때 두 남자 모두 더블단추의 견장이 달린 청색 셔츠를 입고, 콧수염을 기르고, 또 금테 안경을 쓰고 있었다. 그들은 출생 직후 헤어진 40대의 일란성 쌍둥이로서, 20년 전에 한 번 만난 것을 제외하고는 만난 적이 없었다. 그럼에도 불구하고 독일에서 가톨릭 신자로 양육된 오스카와 트리니다드 섬에서 유대인 아버지에 의해 양육된 잭—급한 성미와 기괴한 유머감각(이 둘은 모두 엘리베이터 안에서 재채기를 함으로써 사람들을 놀라게 하는 것을 좋아했다)을 포함하여—은 취미와 성격에서 많은 공통점이 있는 것으로 드러났다.

그리고 두 사람은 모두 화장실을 사용하기 전과 사용하고 난 후에 두 번 변기의 물을 내렸으며, 손목에 고무밴드를 찼고, 버터 바른 토스트를 커피에 적셔 먹었다.

많은 사람들은 이러한 일화에 회의적이다. 이러한 유사점은 그저 우연의 일치에 불과한가? 두 사람의 일대기를 세밀하게 관찰할 때 불가피하게 드러나는 중복에 불과한가? 분명 그렇지 않다. 부차드와 행동유전학 동료들인 리켄, 맥규, 텔리겐은 개별적으로 양육된 이란성 쌍둥이에게서는 결코 발견되지 않고 일란성 쌍둥이에게서만 발견되는 충격적인 유사성에 놀라움을 금치 못하고 있다. 처음으로 대면한 또 다른 일란성 쌍둥이 한 쌍은 모두 휴대용 치약, 카누 셰이빙로션, 비탈리스 헤어토닉, 럭키 스트라이크 담배를 썼다. 그 만남 이후 그들은 상대방에게 우편으로 똑같은 생일선물을 보냈다. 어떤 여성 쌍둥이는 습관적으로 7개의 반지를 꼈다. 또 다른 남성 쌍둥이는 부차드에게 승용차의 휠베어링을 교체해야 한다고 (정확히) 지적했다. 그리고 수백 가지의 일화들이 양적 연구로 확증되었다. 지능지수, 외향성 신경증세 같은 아주 일반적인 특성들뿐 아니라 신앙심의 정도, 직업에 대한 관심, 사형 · 군비축소 · 컴퓨터음악 등에 대한 견해 같은 세세한 사항들까지도 부분적으로 유전적임이 밝혀졌다.

정말로 엘리베이터 안에서 재채기하는 유전자가 있을 수 있을까? 아마 그렇지 않을 것이고 그럴 필요도 없다. 일란성 쌍둥이들은 하나의 유전자가 아니라 전부를 공유한다. 그러므로 엘리베이터 안에서 재채기하는 데는 5만 개의 유전자가 작용한다. 이것은 또한 더블단추의 견장 달린 청색 셔츠를 좋아하고, 비탈리스 헤어토닉을 사용하며, 7개의 반지를 끼는 성향이나 그 밖의 모든 성향에 작용하는 5만 개의 그 유전자들이다. 그 이유는 특정한 유전자들과 특정한 심리적 특성들 사이의 관계가 이중으로 간접적이기 때문이다. 첫째, 단일의 유전자가 단일한 뇌 분자를 만들지 않는다. 뇌는 정교한 층으로 이루어진 수플레(달걀의 흰자위를 거품이 일게 하여 구운 요리.—옮긴이)로서, 그 속에서 각각의 유전자 생산물은 여러 회로들의 여러 가지 특성에 복잡한 영향을 미치는 필수성분이다. 둘째, 단일한 뇌 분자가 단일한 행동특성을 생성하지 않는다. 우리의 관심을 끄는 대부분의 특성들은 많은 상이한 기능단위들이 서로 비비꼬인 독특한 조합으로부터 나온다. 다음은 하나의 유추다. 올스타 농구선수가 되는 데는 신장, 큰 손, 탁월한 조준실력, 넓은 시야, 빠르게 움직이는 많은 근육세포, 충분한 폐활량 및 탄력성 있는 힘줄 같은 여러 가지 신체적 이점들이 필요하다. 이런 특성들은 주로 유전일 가능성이 있지만, 농구 유전자가 있어야 할 필요는 없다. 유전 슬롯머신이 세 개의 버찌에서 멈춘 사람들은 NBA에서 경기를 하는 반면, 신장이 7피트나 되면서도 손재주가 없거나 명사수이면서도 신장이 5피트밖에 안 되는 대다수의 사람들은 다른 일자리를 찾는다. 이것은 의심할 여지없이 모든 흥미로운 행동특성에도 적용되며, 엘리베이터에서 재채기하는 것도 마찬가지다(이것은 여러분의 눈앞에서 어떤 사람이 공을 던져 림을 통과시키는 소질만큼이나 특이할 것이 없는 일이다). 아마도 엘리베이터 재채기 유전자 복합체는 바로 유머를 지배하는 기능단위들과 폐쇄공간에 대한 반작용, 불안이나 지루함 같은 타인의 심리상태에 대한 민감성, 그리고 재채기 반사작용 사이에서 그 임계값과 상호결합의 정확한 조합을 지정하는 복합체일 것이다.

언어의 유전적 변이를 연구한 사람은 아무도 없으나, 나는 그것이 어떤 것일까에 대해 강한 호기심을 갖고 있다. 나는 X-바 통사론에서 음소규칙 및 어휘구조에 이르기까지 언어의 기본설계가 종 전체에 균질할 것이라고 예상하고 있다. 달리 어떻게 아이들이 말하는 법을 배우고 어른들이 서로를 이해할 수 있겠는가? 그러나 언어회로의 복잡성 때문에 양적인 변이가 독특한 언어 상의 양태들을 결합해 낼 수 있는 많은 여지가 남는다. 어떤 모듈은 상대적으로 지체될 수도 있고 비정상적으로 발달할 수도 있다. 보통 무의식적으로 이루어지는 소리, 의미, 문법구조에 대한 해석은 뇌의 여타 부분에 더 근접할 수 있다. 언어회로와 지능 또는 감정 사이의 어떤 결합은 더 빠르거나 더 느릴 수 있다.

그러므로 이야기꾼, 익살꾼, 시인, 아첨꾼, 칼날 같은 위트의 소유자, 말 빠른 달변가, 궤변가, 말재주를 가진 사람, 스푸너 목사님, 마라프로프 부인, 알렉산더 헤이그, 내가 전에 테스트한 적 있는 거꾸로 말할 수 있는 여자(그리고 그녀의 십대 아들), 그리고 모든 언어학 수업의 뒷자리에 앉아 Who do you believe the claim that John saw?가 그리 엉망으로 들리지 않는다고 이의를 제기하던 학생의 보이지 않는 이면에는 (따로 양육된 일란성 쌍둥이들에게서 감지할 수 있는) 특유의 유전자 조합이 존재할 것이라고 나는 예견한다. 1988년과 1992년 사이에 많은 사람들은 미국의 대통령과 부통령이 언어에 약간의 문제가 있다고 생각했다.

I am less interested in what the definition is. You might argue technically, are we in a recession or not. But when there' s this kind of sluggishness and concern—definitions, heck with it.

I' m all for Lawrence Welk. Lawrence Welk is a wonderful man. He used to be, or was, or—wherever he is now, bless him.

—George Bush

나는 그 정의(定義)가 무엇인지에는 관심이 보다 적다. 사람들은 기술적으로 우리가 퇴보하고 있는가 아닌가 논쟁할지도 모른다. 그러나 이런 종류의 부진함과 근심이 있을 때, 정의 같은 게 무엇이란 말인가.

나는 로렌스 웰크에 전적으로 찬성한다. 로렌스 웰크는 대단한 사람이다. 그는 훌륭한 사람이었고, 혹은 지금 어디 있든, 그에게 신의 은총이 있기를.

—조지 부시

Hawaii has always been a very pivotal role in the Pacific. It is IN the Pacific. It is a part of the United States that is an island that is right here.

[Speaking to the United Negro College Fund, whose motto is "A mind is a terrible thing to waste"]:What a terrible thing to have lost one's mind. Or not to have a mind at all. How true that is.

—Dan Quayle

하와이는 언제나 태평양에서 매우 중추적인 역할을 해 왔다. 그것은 태평양 안에 있다. 그것은 바로 여기에 위치한 섬인 미국의 한 부분이다.

('마음은 낭비하기에 끔찍한 것이다'를 좌우명으로 하고 있는 연합흑인대학의 기금 마련을 위한 연설에서) 마음을 잃는다는 것은 얼마나 끔찍한 일입니까. 혹은 마음이 전혀 없다는 것은 말이죠. 그것은 정말 사실입니다.

—댄 퀘일

그러니 그 어떤 유일한 유전자의 아말감(혼합물)이 언어 천재를 창조하는지 알 수 있겠는가?

If people don't want to come out to the ballpark, nobody's going to stop them.

You can observe a lot just by watching.

In baseball, you don't know nothing.

Nobody goes there anymore. It's too crowded.

It ain't over till it's over.

It gets late early this time of year.

—Yogi Berra

사람들이 야구장에 가기를 원치 않는다면 아무도 그들을 붙잡을 수는 없을 것이다.

단지 지켜보기만 해도 많은 것을 관찰할 수 있다.

야구에서 당신은 아무것도 모르지 않는다.

더 이상 누구도 그곳에 가지 않는다. 그곳은 너무 붐빈다.

끝날 때까지는 끝나지 않는다.

한 해의 이른 이때쯤에 그것은 늦어진다.

—요기 베라

And NUH is the letter I use to spell Nutches

Who live in small caves, known as Nitches, for hutches.

These Nutches have troubles, the biggest of which is

The fact there are many more Nutches than Nitches.

Each Nutch in a Nitch knows that some other Nutch

Would like to move into his Nitch very much.

So each Nutch in a Nitch has to watch that small nitch

Or Nutches who haven't got Nitches will snitch.

—Dr. Seuss

그리고 누는 내가 너치의 철자를 말할 때 사용하는 철자로서,

너치는 주거를 위해 니치라고 알려진 작은 동굴에서 산다.

이 너치들에게는 문제가 있는데, 가장 큰 문제는

니치보다 너치가 더 많다는 사실이다.
하나의 니치 안에서 각 너치들은 어떤 다른 너치가
자신의 니치 안으로 아주 들어오고 싶어한다는 것을 안다.
그래서 니치 안의 각 너치는 그 작은 니치를 감시해야지
그렇지 않으면 니치가 없는 너치들이 몰래 차지하고 만다.
—수스 박사

Lolita, light of my life, fire of my loins. my sin, my soul. Lo-lee-ta:the tip of tongue taking a trip of three steps down the palate to tap, at three on the teeth. Lo. lee. ta.
—Vladimir Nabokov
로리타, 내 인생의 불빛, 내 요부(腰部)의 불꽃. 나의 죄악, 나의 영혼. 로-리-타, 혀끝이 경구개 아래쪽으로 세 걸음을 딛고 세 시에 이빨을 두드리는 이름. 로. 리. 타.
—블라디미르 나보코프

I have a dream that one day this nation will rise up and live out the true meaning of its creed:"We hold these truths to be self-evident, that all men are created equal."
I have a dream that one day on the red hills of Georgia the sons of former slaves and the sons of former slaveowners will be able to sit down together at the table of brotherhood.
I have a dream that one day even the state of Mississippi, a state sweltering with the people's injustice, sweltering with the heat of oppression, will be transformed into an oasis of freedom and justice.

I have a dream that my four little children will one day live in a nation where they will not be judged by the color of their skin but by the content of their character.
—Martin Luther King, Jr.
나에게는 어느 날 이 나라가 일어나 그 신조의 진정한 의미를 드러내며 살아가리라는 꿈이 있습니다. "우리가 자명하다고 생각하는 진리가 여기 있습니다. 모든 인간은 평등하게 태어났다는 것입니다."
나에게는 어느 날 조지아의 붉은 언덕에서 과거에는 노예였던 자들의 아들들과 과거에는 노예주였던 자들의 아들들이 동포애의 식탁에 함께 앉을 수 있을 것이라는 꿈이 있습니다.
나에게는 어느 날 민중에 대한 불의로 얼룩지고, 압박의 무더위로 지쳐 버린 이 미시시피 주도 자유와 정의의 오아시스로 변할 것이라는 꿈이 있습니다.
나에게는 나의 네 명의 어린 자식들이 언젠가는 피부색으로 판단되지 않고 인격에 담긴 내용으로 판단되리라는 꿈이 있습니다.
—마틴 루터 킹 2세

This goodly frame, the earth, seems to me a sterile promotory, this most excellent canopy, the air, look you, this brave o' erhanging firmament, this majestical roof fretted with golden fire, why, it appears no other thing to me than a foul and pestilent congregation of vapours. What a piece of work is a man! how noble in reason! how infinite in faculty! in form and moving how express and admirable! in action how like an angel! in apprehension how like a god! the beauty of the world! the paragon of animals! And yet, to me, What is this quintessence of dust?

—William Shakespeare

이 멋들어진 구조물인 지구가 내게는 척박한 돌기처럼 보인다. 당신들 눈에는 대단히 훌륭한 이 하늘, 머리 위에 펼쳐진 화려한 창공, 황금의 불꽃으로 장식된 이 장엄한 지붕이 왠지 나에게는 단지 불결하고 해로운 기체의 덩어리로 보인다. 인간은 얼마나 위대한 작품인가! 이성은 얼마나 고결한가! 능력은 얼마나 무한한가! 형태와 움직임은 얼마나 명확하고 감탄스러운가! 행동은 얼마나 천사 같은가! 배려는 얼마나 신과 같은가! 세계의 아름다움이여! 백수의 모범이여! 그런데 이 먼지 덩어리는 나에게 무엇인가?

—윌리엄 셰익스피어

XI

빅뱅

THE BIG BANG

코끼리의 코는 길이 6피트에 두께 1피트이고 무려 6만 개의 근육으로 이루어져 있다. 코끼리는 코를 이용해 나무를 뿌리째 뽑고, 다리 건설에 동원되어 거대한 통나무를 조심스럽게 제 위치에 올려놓기도 한다. 또한 코끼리는 코로 연필을 둥글게 감아쥐고 편지지 크기의 종이 위에 문자를 그릴 수도 있다. 그런가 하면 끝에 있는 두 개의 확장 근육으로는 가시를 제거하고, 핀이나 동전을 집어 올리거나, 새장 문의 걸쇠를 살짝 빼서 선반 위에 감추거나, 컵을 깨뜨리지 않고 단단히 쥘 수 있는데, 이때에는 다른 코끼리만이 그 컵을 빼앗을 수 있다. 코끝은 상당히 예민해서 눈을 가렸을 때에도 물체의 형태와 질감을 확인할 수 있다. 들에서는 코를 이용해 뽑아낸 덤불을 무릎에 톡톡 쳐서 먼지를 털어내고, 야자수를 흔들어 코코넛을 떨어뜨리고, 먼지로 몸에 분칠을 할 수 있다. 이들은 걸어갈 때 땅을 점검하여 함정을 피하고 우물을 파고 그 우물에서 물을 빨아올리는 데도 코를 이용한다. 코끼리들은 코를 잠수함의 환기구처럼 이용하여 깊은 강의 바닥을 걷거나 수 마일을 잠수함처럼 수영할 수 있다. 이들은 코로 나팔소리를 내고 허밍하고 포효하고 피리소리를 내고 그르렁거리고 꾸르륵거리고, 코를 땅에 툭툭 쳐서 금속이 부러지는 듯한 소리를 냄으로써 의사를 소통한다. 코에는 1마일 정도 떨어진 풀숲에 숨어 있는 비단뱀이나 먹이 냄새를 맡을 수 있게 해 주는, 화학적 자극을 감각하는 기관들이 줄지어 배열되어 있다.

코끼리는 이런 특이한 기관을 가진 살아 있는 유일한 동물이다. 살아 있는 동물 중에서 코끼리와 가장 가까운 친척은 바위너구리인데, 커다란 마멋과 거의 구별할 수 없을 정도로 닮은 포유동물이다. 지금까지 여러분은 코끼리 코의 독특함에 대해 아마 한순간도 생각해 본 적이 없을 것이다. 분명 지금까지 이 문제를 가지고 소란을 일으킨 생물학자는 한 명도 없다. 그러나 생물학자들이 코끼리라면 어떤 일이 벌어졌을지 상상해 보라. 코라는 독특한 부분에 사로잡힌 그들은 다른 어떤 생명체에게도 코끼리의 코나 그와 비슷한 어떤 것이 없을 것이라고 가정하고서 그것이 어떻게 진화할 수 있었을까 하는 의문을 던질 것이다. 어떤 학파는 진화의 공백을 좁힐 수 있는 방법을 강구하려 할 것이다. 그들은 우선 코끼리와 바위너구리가 DNA의 약 90%를 공유하므로 그다지 다르지 않다고 지적할 것이다. 그들은 코끼리의 코가 모든 사람들의 생각처럼 그렇게 복잡하지 않으며, 아마도 근육의 수를 잘못 세었을 것이라고 말할 것이다. 더 나아가 그들은 바위너구리도 실제로는 코끼리의 코를 가지고 있으나 그것이 간과되어 왔을 뿐이라고 지적할 수 있다. 어쨌든 바위너구리도 콧구멍을 가지고 있으니까 말이다. 바위너구리에게 콧구멍을 이용해 물건을 집어 올리는 훈련을 시키고자 했던 시도가 실패했음에도 불구하고 몇몇 사람들은 바위너구리가 혀로 이쑤시개를 밀게 하는 데 성공한 것을 떠들고 다니면서, 목재를 쌓고 칠판에 그림을 그리는 것과 혀로 이쑤시개를 미는 것은 정도의 차이일 뿐이라고 주장할 수 있다. 그것에 반대하는 학파는 코끼리 코의 독특함을 지적하면서 그것이 어떤 코 없는 코끼리 조상의 자손 중에서 단 한번의 극적인 돌연변이의 결과로 갑자기 나타났다고 주장할 수도 있다. 혹은 그 코가 코끼리의 큰 머리가 진화해 온 과정의 자동적인 부산물로 생겼다고 말할 수도 있다. 그리고 그들은 코끼리 코의 진화에 또 하나의 모순을 추가할 수도 있다. 즉, 그 코가 불합리하게도 어떤 코끼리 조상에게 필요했던 것보다 더욱 복잡한 구조를 갖게 되었지만 성능은 더욱 좋아졌다고 할지도 모른다.

이런 주장들이 우리에게는 특이하다는 인상을 주지만, 코끼리와는 다른 어떤 종의 과학자들은 오직 그들만이 소유하고 있는 복잡한 기관, 즉 언어에 대해 이 모든 주장을 펼쳐왔다. 이 장에서 보게 되겠지만 촘스키와 그를 가장 맹렬히 반대하는 몇몇 학자들이 한 가지 점에서는 같은 의견을 보인다. 즉, 인간에게 고유한 언어본능은 번식의 성공률을 높여주는 무작위적인 유전적 돌연변이가 여러 세대에 걸쳐 점진적으로 축적됨으로써 복잡한 생태계가 발생했다고 보는 현대의 다윈주의 진화론과 양립하지 않는다는 것이다. 그렇다면 언어본능이라는 것은 존재하지 않거나, 아니면 다른 방법으로 진화해 왔음이 틀림없다. 나는 지금까지 여러분에게 언어본능이 존재한다는 것을 확신시키려고 노력해 왔다. 하지만 설령 여러분이 내가 아니라 다윈을 믿는다 해도 당연히 여러분을 용서하겠다. 그래서 하는 말인데, 나는 여러분에게 애초에 그러한 선택 자체가 불필요하다는 것을 설득해 보고 싶다. 언어본능이 어떻게 진화해 왔는지 그 세세한 사항들을 거의 모른다 해도 그 주요한 이론적 설명이 다른 어떤 복잡한 본능 또는 기관에 대한 것과 동일하다는 것, 즉 자연선택에 관한 다윈의 이론과 동일하다는 사실을 의심할 이유는 전혀 없다.

코끼리의 코가 다른 동물의 콧구멍과 다르듯이 언어도 다른 동물의 의사소통체계와 분명히 다르다. 인간 이외의 의사소통체계는 다음의 세 가지 설계 가운데 하나에 기초하고 있다. 즉, 부르는 소리의 한정된 레퍼토리(약탈자에 대한 경고용, 영토권 주장을 위한 것 등), 어떤 상태의 크기를 나타내는 연속적인 아날로그 신호(꿀벌의 춤이 활발하면 할수록 동료들에게 위치를 전달하는 먹이 자원이 더 풍부함), 한 주제에 대한 일련의 무작위적인 변주(매번 새로운 굴곡으로 반복되는 새들의 노랫소리. 깃털을 단 찰리 파커)등이 바로 그것이다. 우리가 지금까지 보아왔듯이 인간의 언어는 아주 독특한 설계를 가지고 있다. '문법'이라는 이산조합시스템은 인간의 언어를 무한하고(한 언어에서 복잡한 단어나 문장의 수에는 한계가 없다), 디지털적이며(이 무한성은 온도계의 수은주처럼 하나의 연속체를 따라 신호를 변화시킴으로써가 아니라, 이산요소들을 특정한 순서와 조합으로 재배열함으로써 성취된다), 합성적인 것으로(무한한 각각의 조합들은 그 부분들의 의미와 그것들을 배열하는 규칙 및 원리를 통해 예측이 가능하지만 그와는 상이한 의미를 가진다) 만들어 준다.

심지어 인간의 언어가 뇌에서 차지하는 자리도 특별하다. 영장류의 목소리는 대뇌피질이 아니라 뇌간과 변연계(邊緣系) 내에 존재하는 계통발생학적으로 더 오래 된 신경구조들에 의해 통제되는데, 이 구조들은 감정과 큰 관련이 있다. 흐느낌, 웃음, 신음이나 고통의 외침 따위와 같은 언어 이외의 발성 또한 피질 하부와 관련되어 통제된다. 심지어 피질 하부의 구조는 망치로 엄지손가락을 쳤을 때 나오는 욕지거리까지도 통제하는데, 이 욕은 투렛증후군에서는 무의식적인 안면경련으로 나타나며, 브로카 실어증에서는 유일한 언어로 살아남는 것이다. 우리가 앞 장에서 보았듯이 진짜 언어는 대뇌피질, 주로 페리실비안 좌측 구역에 자리 잡는다.

일부 심리학자들은 음성을 생산하고 감지하는 신경회로와 음성기관의 변화가 우리 종에서 진화한 유일한 언어적 측면이라고 믿고 있다. 이러한 견해에서 볼 때, 동물의 왕국 전체에서는 몇 가지 일반적인 학습능력들이 발견되며, 이 능력들은 인간에게서 가장 효과적으로 작동한다. 언어는 역사의 어떤 시점에서 발명되어 정제되었고, 우리는 그 이후 지금까지 그것을 학습해 왔다. 종의 특정한 행동이 해부학적 구조와 일반적인 지능에 의해 야기된다는 생각은 개리 라슨의 만화 《파 사이드》에 잘 표현되어 있다. 한 쌍의 인간이 한 장의 담요 위에 누워 휴식을 취하고 있는데 근처 나무 뒤에 곰 두 마리가 숨어 있다. 한 마리가 말한다. "자! 이 송곳니를 봐!… 이 발톱을 보라구!… 넌 우리가 그저 꿀이나 나무열매를 먹게 되어 있다고 생각해?"

이 견해에 따르면 침팬지들은 동물왕국에서 두 번째로 뛰어난 학습자들이므로 단순하긴 하지만 언어를 습득할 수 있어야 한다. 한 명의 교사만 있으면 된다. 1930년대와 1940년대에 두 쌍의 심리학자 부부가 침팬지 새끼를 입양했다. 그 침팬지들은 가족의 일원이 되어 옷을 입고 화장실을 사용하고 이빨을 닦고 그릇 씻는 법을 배웠다. 그 중 한 마리인 구아는 같은 나이의 남자아이와 함께 양육되었으나 말을 한 마디도 하지 못했다. 다른 한 마리인 비키는 당황해 하는 그녀의 입술과 혀를 올바른 모양으로 잡아준 양부모에 의해 힘든 언어훈련을 받았다. 비키는 많은 연습을 통해, 그리고 주로 자신의 손을 이용하여 관대한 청자들이 아빠, 엄마, 컵으로 들어줄 수 있는 세 가지 말을 배웠다. 그러나 그것조차도 비키가 흥분했을 경우에는 종종 혼동되곤 했다. 비키는 "내게 뽀

뽀해"와 "개를 데리고 와"처럼 어떤 정형화된 공식에는 반응할 수 있었으나, "개에게 뽀뽀해"와 같은 새로운 조합에 따라 행동하라는 요구를 받으면 멍하니 바라볼 뿐이었다.

그러나 구아와 비키는 불리한 조건을 가지고 있었다. 그들은 언어를 위해 설계되지 않았고, 자의로 통제할 수도 없는 자신의 음성장치를 사용하도록 강요받았다. 1960년대 말부터 몇몇 유명한 프로젝트에서는 새끼 침팬지들에게 좀더 친숙한 매체를 사용해 언어를 가르쳤어야 했다고 주장했다(어른 침팬지들은 텔레비전에 등장하는 가죽을 뒤집어쓴 털 많은 어릿광대가 아니라 몇몇 유명한 심리학자들의 손가락을 물어 절단시킨 강하고 위험한 야생동물이기 때문에 새끼 침팬지들이 이용된다). 사라는 자성을 띤 플라스틱 형체들을 탁자 위에 일렬로 배열하는 법을 배웠다. 라나와 칸지는 대형 컴퓨터 콘솔 위에 기호가 새겨진 버튼을 누르거나 휴대용 서판 위에 새겨진 기호를 가리키는 법을 배웠다. 와슈와 코코(고릴라)는 미국수화를 배웠다. 조련사들에 따르면, 이 유인원들은 수백 개의 단어를 배웠고, 그것을 의미 있는 문장으로 연결시켜, 가령 백조는 water bird로 상한 빵은 cookie rock으로 표현하는 등 새로운 구절을 엮어냈다고 한다. 코코를 훈련시킨 프랜신 패터슨은 "언어는 더 이상 인간만의 영역이 아니다."라고 했다.

이러한 주장들은 재빨리 대중의 상상력을 사로잡아 인기 있는 과학서적과 잡지 그리고 《내셔널 지오그래픽》, 《노바》, 《식스티 미니츠》, 《20/20》과 같은 텔레비전 프로그램에 등장했다. 이 프로젝트들은 동물과 대화한다는 우리의 오랜 동경을 완성시키는 것처럼 보였다. 그뿐만 아니라 미녀와 야수의 전형을 환기시키는, 유인원과 대화를 나누는 매력적인 여성들의 카메라 회견이 대중매체에서 끊이지 않았다. 일부 프로젝트들이 《피플》, 《라이프》, 《펜트하우스》지에 보도되었고, 홀리 헌터가 주연한 《동물 행동》이라는 엉터리 영화와 유명한 펩시콜라 선전에서 가상화되기도 했다.

많은 과학자들 또한 여기에 사로잡혀 이 프로젝트들을 우리 종의 거만한 우월주의를 억제할 바람직한 수단으로 간주했다. 나는 현세기의 주요한 과학적 발견들 가운데 하나로 침팬지의 언어학습을 꼽고 있는 대중과학 칼럼들을 본 적이 있다. 최근 널리 인용되고 있는 서적에서 칼 세이건과 앤 드루얀은 유인원을 대상으로 한 언어실험을 자연계에서의 우리의 위치를 재평가하는 기회로 이용했다.

> 우리가 죄의식이나 자책감 없이 동물들을 우리의 의지에 굴복시키고, 우리를 위해 일하게 하고, 그것들로 옷을 지어 입고, 그것들을 먹으려면, 인간과 동물을 첨예하게 구별할 필요가 있다. 오늘날 하루에 100여 종에게 그러하듯이 우리는 양심의 동요 없이 전체 종을 멸종시킬 수 있다. 그들의 손실은 별로 중요하지 않다. 우리는 스스로에게 그들은 우리와 같지 않다고 말한다. 메울 수 없는 차이가 그런 식으로 인간 자아의 단순한 격상 이상의 실제적인 역할로 작용한다. 원숭이와 유인원의 삶에는 자긍심을 가질 만한 것이 충분하지 않단 말인가? 우리는 리키, 이모 또는 칸지와의 관계를 기쁘게 인정해야 하지 않겠는가? 동료들에게 해코지를 함으로써 이득을 얻기보다는 차라리 굶주리고 마는 짧은꼬리원숭이들을 기억해 보라. 우리의 윤리가 그들의 기준에 부합한다고 확신할 수 있다면, 우리는 인간의 미래에 대해 좀더 낙관적인 견해를 가질 수 있지 않을까? 그리고 그러한 관점에서 볼 때 우리는 원숭이와 유인원에 대한 우리의 태도를 어떻게 평가할 수 있을까?

의도는 좋지만 방향이 잘못된 이 추리는 생물학자가 아닌 작가들이나 할 수 있는 것이다. 동물들이 우리와 같다고 생각하고 그 종들을 멸종에서 구하는 것이 정말로 '겸손' 일까? 아니면 그들이 멋있는 녀석들처럼 보여서 그렇게 하는 것은? 우리 자신 혹은 우리가 원하는 우리 자신의 이미지와는 무관한, 역겹고 이기적인 기어다니는 모든 동물들은 어떻게 할 것인가? 주저함 없이 그것들을 쓸어버릴 수 있는가? 만일 세이건과 드루얀이 우리가 유인원들을 공정하게 대우해야 하는 이유가 그들이 언어를 배울 수 있기 때문이라고 생각한다면, 그들은 결코 유인원의 친구가 될 수 없다. 수많은 작가들처럼 세이건과 드루얀도 침팬지 조련사들의 주장을 너무 경솔하게 믿고 있다.

동물과 많은 시간을 보내는 사람들은 동물들의 의사소통능력에 대해 점점 더 관대해지는 경향이 있다. 나의 대고모 벨라는 자신의 샴고양이 러스티가 정말로 영어를 이해하고 있다고 주장했다. 유인원 조련사들의 주장 가운데 많은 부분도 이것보다 별로 더 과학적이지 않다. 대부분의 조련사들은 스키너의 행동주의 전통 속에서 교육을 받았기 때문에 언어분야에는 무지하다. 그들은 침팬지와 아이들 사이의 빈약한 유사성에 집착하여 그들의 능력이 근본적으로 동일하다고 선언했다. 좀더 열광적인 조련사들은 과학자들을 추월하여 그들의 경험을 《투나잇 쇼》와 《내셔널 지오그래픽》에 직접 발표했다. 특히 패터슨은 고릴라가 말장난이나 농담, 비유나 장난스러운 거짓말을 좋아한다는 이유로 코코의 수행력을 너그럽게 봐주려 애썼다. 일반적으로 동물의 능력에 대한 주장이 강하면 강할수록 그 평가를 위해 과학계가 이용할 수 있는 자료는 빈약하게 마련이다. 대부분의 조련사들은 그들의 원자료를 공유하자는 과학자들의 요청을 거부해 왔으며, 와슈의 조련사들인 베아트리체와 앨런 가드너는 한 연구자가 비판적인 과학논문에서 그들의 필름 가운데 일부를 사용했다는 이유로 그를 고소하겠다고 협박하기도 했다(그 필름은 그 연구자가 이용할 수 있는 유일한 원자료였다). 허버트 테라스라는 이름의 이 사람은 심리학자인 로라 앤 페티토, 리처드 샌더스, 톰 비버와 함께 와슈의 친척 중 한 마리(그들은 이 침팬지에게 님 침스키라는 이름을 붙였다)에게 미국수화 학습을 시도했다. 그들은 님의 수화동작들을 일람표로 만들어 신중하게 분석했고, 특히 페티토는 심리학자인 마크 세이덴버그와 함께 그 비디오테이프들을 비롯하여 님과 비슷한 능력을 가지고 있으면서 수화를 하는 다른 유인원들에 대한 자료를 꼼꼼하게 조사했다. 최근에 조엘 월먼은 《유인원의 언어》라는 제목의 책에서 이 주제의 역사를 되돌아보기도 했다. 그들의 연구가 제시하는 교훈은 다음과 같다. 《투나잇 쇼》에서 들은 것은 하나도 믿지 마라.

우선 유인원들은 '미국수화를 학습'하지 못했다. 이 터무니없는 주장은 미국수화가 복잡한 음운론과 형태론 그리고 통사론을 갖춘 완전한 언어라기보다는 팬터마임과 동작들의 조잡한 체계라는 믿음에 근거를 두고 있다. 사실 유인원들은 미국수화를 전혀 배우지 못했다. 와슈팀에 참여했던 선천적 청각장애 수화자 한 명은 자신의 의견을 다음과 같이 솔직하게 말했다.

> 침팬지가 수화를 할 때마다 우리는 일지에 받아 적을 계획이었다. … 그들은 내 일지에 수화가 너무 적게 기록되어 있다고 항상 불평하곤 했다. 정상적으로 듣는 사람들은 모두 긴 목록의 수화로 지면을 채웠다. 그들은 언제나 나보다 더 많은 수화를 보았다…. 나는 정말이지 세밀히 주시했다. 침팬지는 손을 끊임없이 움직여댔다. 어쩌면 내가 어떤 것들을 빠뜨렸는지도 모르지만, 난 그렇게 생각

하지 않는다. 나는 어떤 수화도 볼 수 없었다. 정상인들은 침팬지가 손으로 만들어 내는 모든 동작을 기록하고 있었다. 침팬지가 손을 입에 넣을 때마다 그들은 "오, '마시다'에 대한 신호를 하고 있군." 하면서 그에게 우유를 가져다주었다. 침팬지가 몸을 긁으면, 그들은 그것을 '긁다'에 대한 수화로 기록했다…. (침팬지들은) 무언가 원할 때 손을 내민다. 때로 훈련자들은 "오, 놀랍군. 저걸 봐. 저 동작은 '주다'에 대한 미국수화 동작과 완전히 똑같잖소!"라고 말하곤 했다. 그러나 사실은 그렇지 않았다.

조사원들은 어휘의 총수를 수백 개로 늘리기 위해 침팬지들의 가리키는 동작을 '당신'에 대한 수화로, 껴안는 동작을 '껴안다'에 대한 수화로, 집어들고 간질이고 키스하는 동작을 '집다,' '간질이다,' '입 맞추다'에 대한 수화로 해석했다. 또한 관찰자가 상황에 따라 적절한 단어로 해석했기 때문에 종종 같은 동작이 여러 개의 상이한 '단어'로 해석되곤 했다. 침팬지들이 컴퓨터 콘솔과 상호작용하는 실험에서 침팬지가 컴퓨터를 초기화하기 위해 눌러야 했던 키는 please라는 단어로 해석되었다. 페티토는 좀더 표준적인 기준을 가지고 진정한 어휘수가 125개라기보다는 25개에 가깝다고 평가했다.

사실 그 침팬지들의 실제 행동은 그들이 주장한 것보다 더 흥미로운 것이었다. 그 연구팀을 방문했던 제인 구달은 테라스와 페티토에게 이른바 님의 수화라는 것은 자신이 야생상태의 침팬지들을 관찰할 때 보았던 것이며, 자신에게는 친숙한 것이라고 말했다. 침팬지들은 손 모양, 동작, 위치, 방위 등을 조합한 음운규칙을 가진 진정한 임의적 미국수화를 학습하고 있다기보다는 자신의 선천적인 레퍼토리에 들어 있던 동작에 크게 의존하고 있었던 것이다. 켈러와 매리언 브릴랜드라는 진취적인 스키너의 두 제자는 스키너의 원리를 채택하여 보상 계획에 따라 쥐와 비둘기의 행동을 조종하여, 그것을 돈벌이가 되는 직업인 서커스 동물 조련에 적용하려고 했다. 그들은 스키너의 저서 《생명체의 행동》을 《생명체의 잘못된 행동》으로 패러디한 유명한 글에서 자신들의 경험을 상세히 설명했다. 그들은 한 프로그램에서 동물들에게 먹이를 보상으로 걸고 작은 주크박스와 자동판매기에 포커칩을 삽입하는 훈련을 시켰다. 똑같은 과정으로 똑같이 훈련시켰음에도 불구하고, 동물들은 자신의 피에 흐르는 종 특유의 본능대로 행동했다. 닭은 칩을 부리로 쪼았고, 돼지는 주둥이로 내던지고 휘저었으며, 너구리는 문지르고 씻었다.

혹자가 문법이라 부르길 원한 어떤 것에 대해서도 침팬지의 능력은 거의 빵점에 가까웠다. 수화동작들은 미국수화처럼 잘 정의된 윤곽의 동작들로 구성되지 않았고, 상 또는 일치 등에 따라 어미가 변화되지도 않았다. 이것은 인상적인 생략이다. 미국수화에서의 어미 변화는 누가 누구에게 무엇을 했는가를 비롯한 그 밖의 많은 종류의 정보를 전달하는 주요 수단이기 때문이다. 조련사들은 두 개의 수화동작이 하나의 순서로 연속되는 경우가 우연이라 할 수 없을 만큼 많기 때문에, 그리고 좀더 명석한 침팬지들은 Would you please carry the cooler to Penny?(그 청량음료를 페니에게 가져다줄 수 있니?)와 같은 단어의 연속에 따라 행동할 수 있기 때문에 침팬지들에게는 통사론이 있다고 주장한다. 그러나 뢰브너상 대회(대화 상대자에게 사람과 대화하고 있다고 믿게 만드는 컴퓨터 시뮬레이션에 상을 주는 대회)에서 자신의 대화 상대가 인간에 버금가는 재주가 있는 것처럼 속이는 것이 얼마나 쉬웠는지 기억해 보자. 요구를 이해하기 위해 침팬지는 would, you, please, carry, the, to와 같은 기호들을 무시할 수 있었다. 침팬지는 단지 두 명사의 순서를 인식하기만 하면 그만이었다(그리고 대부분의 실험에서는 그것조차 인식하지 못해도 무방했다. 왜냐하면 청량음료에게 사람을 가져다주는 것보다 사람에게 청량음료를 가져다주는 것이 더 자연스럽기 때문이다). 몇몇 침팬지들이 이 명령을 두 살배기 아이보다 더 확실히 수행할 수 있는 것은 사실이지만, 이것은 문법보다는 기질에 대해 더 많은 것을 말해 준다. 침팬지들은 고도로 훈련된 동물 배우들이고, 두 살배기 아이는 두 살배기 아이일 뿐이다.

자발적인 결과에 관한 한 비교가 되지 않는다. 수년간의 집중적인 훈련에도 불구하고 침팬지들의 평균적인 '문장' 길이는 변함이 없었다. 하지만 화자들과 접하는 것만으로도 아이들의 평균적인 문장 길이는 마치 로켓처럼 치솟는다. 두 살배기 아이의 전형적인 문장이 Look at that train Ursula brought 그리고 We going turn light on so you can't see임을 상기해 보라. 언어훈련을 받은 침팬지의 전형적인 문장은 다음과 같다.

Nim eat Nim eat.

Drink eat me Nim.

Me gum me gum.

Tickle me Nim play.

Me eat me eat.

Me banana you banana me you give.

You me banana me banana you.

Banana me me me eat.

Give orange me give eat orange me eat orange give me eat orange give me you.

이런 뒤범벅된 문장들은 어린아이의 문장과 유사성이 거의 없다(물론 오랫동안 관찰하면 침팬지의 몸짓에서 water bird처럼 분명하게 해석할 수 있는 무작위적인 결합물들을 발견할 수밖에 없다). 그러나 사실 그러한 단어열들은 야생상태에서 일어나는 동물의 행위와 유사하다. 동물학자인 윌슨은 동물의 의사소통에 관한 조사를 개괄하면서 가장 두드러진 특징을 다음과 같이 언급했다. 동물들은 "공허할 정도로 반복적이다."

어휘나 음운론, 형태론, 통사론은 제외하더라도, 침팬지의 수화에서 가장 인상적인 것은 침팬지가 근본적으로 그것을 '이해하지' 못한다는 점이다. 그들은 자신이 수화하는 것을 조련사들이 좋아하고, 또 수화를 하면 종종 자신이 원하는 것을 얻게 된다는 것을 알고 있으나, 결코 언어가 무엇이고 그것을 어떻게 사용해야 하는지 지각하지는 못하는 것 같다. 그들은 대화할 때 교대로 하지 못하고 상대편이 수화로 이야기할 때 함께 떠들썩하게 수화를 하는가 하면, 자주 정상적인 수화공간인 몸 앞이 아닌 측면이나 테이블 밑으로 들어가 버리곤 한다(침팬지들은 또한 발로 수화하는 것을 좋아하지만, 이런 해부학적 재능을 이용하는 것으로 그들을 비난할 사람은 아무도 없다). 침팬지들이 자발적으로 수화를 하는 경우는 거의 없다. 그들은 주조되고 훈련받고 강요되어야 한다. 그들의 많은 '문장들,' 특히 체계적인 배열을 보여주는 것들은 훈련자가 방금 수화한 것을 곧바로 모방한 것이거나, 수천 번 훈련받았던 몇 안 되는 형식문의 보잘것없는 변형들이다. 심지어 이들은 특정한 수화가 한 종류의 대상을 지칭할 수 있다는 개념조차 분명하게 이해하고 있지 못하다. 침팬지들이 대상을 지칭하기 위해 사용하는 수화의 대부분은 한 대상이 전형적으로 관련된 상황의 모든 측면을 지칭할 수 있다. 칫솔은 '칫솔,' '치약,' '양치질,' '내 칫솔 줘' 또는 '잠잘 시간이야'를 의미할 수 있다. 주스는 '주스,' '주스 어디 있어' 또는 '주스 있는 데로 가자'를 의미할 수 있다. 5장의 엘런 마크먼의 실험에서 아이들이 그림들을 몇 가지 부류로 분류할 때 이러한 '주제' 연상을 이용하지만, 단어의 의미를 학습할 때는 무시했다는 사실을 상기해 보라. 그들에게 a dax는 개 또는 개의 뼈가 아니라 한 마리의 개 또는 다른 개이다. 또한 침팬지들은 흥미로운 대상이나 행동에 대한 논평을 포함하는 진술을 거의 하지 않는다. 실제로 그들의 수화는 모두 자신이 원하는 어떤 것, 일반적으로 음식물이나 어루만짐에 대한 요구다. 나는 아이들과 침팬지의 마음이 얼마나 다른가를 보여주는 나의 두 살배기 조카 에바를 생각하지 않을 수 없다. 어느 날 밤 가족이 고속도로를 달리고 있을 때였다. 어른들의 대화가 수그러들자 뒷좌석에서 작은 목소리가 '핑크' 하고 말했다. 나는 그 아이가 응시하는 곳을 바라보았고, 몇 마일 떨어진 지평선에서 핑크빛 네온사인을 볼 수 있었다. 그 아이가 네온사인의 색깔을 말한 것은 그저 네온사인의 색깔에 대해 말하기 위해서였던 것이다.

심리학 분야에서 침팬지 언어에 대한 대부분의 야심 찬 주장은 과거의 것이다. 앞에서도 언급했듯이 님의 조련사인 허버트 테라스는 열광자에서 누설자로 전향했다. 사라의 조련사인 데이비드 프리맥은 사라가 습득한 것이 인간 언어에 필적할 만한 것이라고 주장하지 않는다. 그는 침팬지의 인지심리를 연구하기 위해 기호체계를 이용한다. 가드너와 패터슨은 10년 이상 과학적 담론의 세계와는 거리를 두고 있다. 오직 한 팀만이 침팬지의 언어에 대한 주장을 계속하고 있다. 수 새비지 럼바우와 듀안 럼바우는 컴퓨터 콘솔 앞에서 훈련시킨 자신의 침팬지들이 그리 많은 것을 배우지 못했음을 인정한다. 그러나 그들은 다른 종류의 침팬지는 훨씬 더 뛰어난 학습능력을 보이고 있다고 주장한다. 그 침팬지들은 서아프리카대륙의 밀림 속에 있는 상호고립된 몇 개의 '섬' 출신이며, 그 집단들은 지난 수백만 년에 걸쳐 일부가 때로 다른 종으로 분류될 정도로 분화되어 왔다. 훈련을 받은 대부분의 침팬지들은 '일반적인 침팬지들' 이었다. 칸지는 '피그미침팬지,' 즉 '보노보'로 휴대용 서판 위의 시각기호들을 세게 두드리는 법을 배웠다. 새비지 럼바우는 칸지가 일반 침팬지들보다 기호를 훨씬 더 잘 학습한다고(그리고 구어를 훨씬 더 잘 이해한다고) 말한다. 왜 그가 자신의 형제 종에 속한 다른 구성원들보다 더 잘한다고 생각되는지 그 이유는 분명하지 않다. 언론의 일부 보도와는 달리 피그미침팬지들은 보통의 침팬지들과 마찬가지로 인간과 밀접한 관계가 없다. 그는 수고스럽게 훈련받지 않고서도 자신의 그래픽 기호들을 배웠다고 전해진다(대신 그는 어미가 수고스럽게 훈련받는 동안 그 곁에서 지켜보고 있었다. 물론 어미는 성공하지 못했다). 그는 또 요구 이외의 목적으로 기호들을 사용한다고 하며(그러나 이 역시 성공률은 4% 정도에 불과하다), 3개의 기호로 된 '문장' 을 사용한다고 한다(그러나 이 문장들은 내부구조를 갖추지 않은 고정된 공식들이며, 그 길이가 3개 기호에 달하지도 않는다). 그러나 이른바 문장이란 것들은 모두 추적에 대한 기호 다음에 은신에 대한 기호가 나오고, 그 다음 칸지가 추적하거나 숨기고 싶은 사람에 대한 지시가 뒤따르는 식의 사슬형식이었다. 칸지의 언어능력은 관대하게 보아주어도 자신의 사촌들보다 조금 뛰어날 뿐, 그 이상은 아니었다.

우리 인간이 자연계의 질서에서 호모 사피엔스의 지위를 몇 단계 낮추었다고 볼 수 있는 시도를 통해 다른 종을 괴롭히면서까지 우리의 본능적인 혹은 우리가 발명한 인위적인 의사소통의 형태—마치 이 형태가 생물학적 가치척도라도 되는 양—를 그들에게 주입하려고 하는 것은 아이러니가 아닐 수 없다. 침팬지들이 훈련을 거부하는 것은 그들에게는 전혀 부끄러운 일이 아니다. 인간이 만약 거의 비슷한 과학적 의미를 지니는 유사한 프로젝트의 대상으로서 침팬지처럼 우우 소리를 내거나 울부짖도록 훈련받는다면 우리도 결코 그들보다 낫지 않을 것이다. 사실 어떤 종이 유용한 기술을 발휘하기 위해서는 인간의 개입이 필요하다고 생각하는 것 자체—가령 인간의 교육을 받고 나서 날 수 있었던 어떤 새처럼—가 겸손과는 거리가 멀다.

이처럼 인간의 언어는 동물의 자연적인 혹은 인위적인 의사소통수단과는 근본적으로 다르다. 무엇 때문인가? 몇몇 사람들은 진화적 변화의 점진성에 대한 다윈의 주장을 상기하면서 침팬지의 행위에 대한 세부적인 조사는 불필요하다고 생각하는 듯하다. 원칙적으로 볼 때 침팬지들도 어떤 형태든 언어를 가지고 있기 때문이다. 언어에 대한 촘스키의 접근방식을 떠들썩하게 비판하는 엘리자베스 베이츠는 다음과 같이 적고 있다.

> 언어의 기본적인 구조 원리들이 (상향식으로) 학습되거나 (하향식으로) 유래될 수 없다면, 그 존재에 대해 오직 두 가지 설명이 가능하다. 하나는 보편문법이 창조주에 의해 직접 우리에게 부여되었다는 것이고, 다른 하나는 우리 종이 유례없는 규모의 돌연변이, 인지상의 빅뱅을 겪었다는 것이다…. 우리는 30년 동안 생성문법을 특징지어 온 일체의 강력한 형태의 불연속성에 대한 주장을 포기해야 한다. 또한 우리는 우리가 다른 종과 공유하고 있는 마음의 질료에서 기호와 통사론의 근거를 찾아낼 모종의 방법들을 모색해야

한다.

그러나 사실 인간의 언어가 외견상 그런 것처럼 동물왕국에서 유일한 것이라면, 그 진화에 대한 다윈주의 설명의 함축적 의미는 바로 이것이다. '아무것도 없음.' 현대 코끼리에게 유일한 코가 역설이 아니듯, 현대 인간에게만 유일한 언어본능 역시 결코 역설이 아니다. 여기에는 모순도, 창조주도, 빅뱅도 없다.

오늘날의 진화생물학자들은 한 가지 이상한 사실 때문에 위안을 얻기도 하고 괴로움을 겪기도 한다. 훌륭한 교육을 받은 사람들은 다윈의 이론을 믿는 체하지만, 그들이 진정으로 믿는 것은 거대한 존재의 사슬이라는 고대의 신학적 개념을 수정한 형태이다. 여기에서 모든 종은 인간을 정점으로 한 선형계층으로 배열된다. 이러한 믿음에 따르면, 다윈의 공헌은 사다리 위에서 각각의 종이 창조주에 의해 자신의 단을 배정받은 것이 아니라 한 단씩 아래로 진화했음을 보여주고 있는 셈이다. 사람들은 '원시'에서 '현대'에 이르는 우리 종의 여정을 경험했던 고등학교 생물수업을 어렴풋이 기억하여 대충 다음과 같이 생각한다. 아메바가 해면동물을 낳고, 해면동물이 해파리를 낳고, 해파리가 편형동물을 낳고, 편형동물이 송어를 낳고, 송어가 개구리를 낳고, 개구리가 도마뱀을 낳고, 도마뱀이 공룡을 낳고, 공룡이 개미핥기를 낳고, 개미핥기가 원숭이를 낳고, 원숭이가 침팬지를 낳고, 침팬지가 우리를 낳았다 (지루함을 피하기 위해 몇 단계는 건너뛰었다).

틀린 이론

해면동물
|
편형동물
|
송어
|
개구리
|
도마뱀
|
공룡
|
개미핥기
|
원숭이
|
침팬지
|
호모 사피엔스(인간)

여기에서 역설이 시작된다. 인간은 언어를 향유하는 반면, 인접한 (계)단의 이웃들에게는 그런 것이 전혀 없다. 우리는 페이드 인을 기대하지만 빅뱅을 보게 된다.

그러나 진화는 사다리를 형성하지 않는다. 그것은 덤불을 만든다. 우리는 침팬지로부터 진화한 것이 아니다. 우리와 침팬지는 이미 멸종한 공통조상으로부터 진화했다. 인간과 침팬지의 조상은 원숭이로부터 진화한 것이 아니라, 역시 멸종한 그 둘의 훨씬 오래 된 조상으로부터 진화했다. 우리는 그런 식으로 단세포 조상까지 거슬러 올라간다. 고생물학자들은 대략적인 근사치로 모든 종이 멸종되었다고 즐겨 말한다(일반적인 추정치는 99%임). 우리가 주변에서 보는 생물들은 증조부모가 아니라 먼 친척이다. 그들은 거대한 나무속에서 가지와 줄기를 더 이상 우리와 공유하지 않고 뿔뿔이 흩어져 존재하는 잔가지들이다. 단순화시키면 다음과 같다.

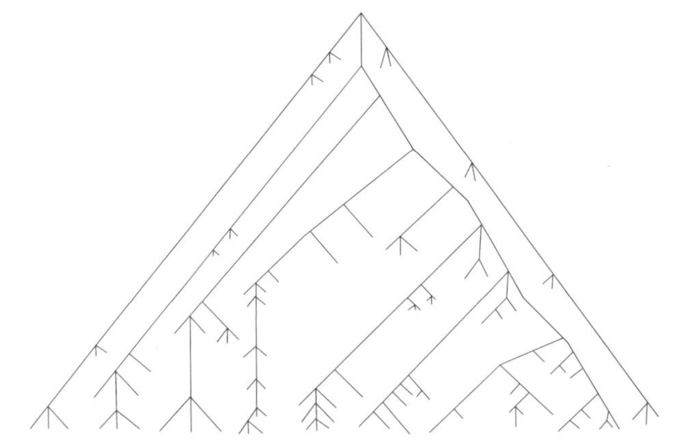

아메바 해파리 편형동물 송어 도마뱀 개미핥기 침팬지 인간 원숭이 해면동물

우리가 속한 가지를 확대해 보면, 침팬지는 우리 위에 위치한 것이 아니라 독립된 하부 가지에 있다.

또한 우리는 어떤 형태의 언어가 인간으로 연결된 가지와 침팬지로 연결된 가지가 분리된 뒤에 화살표의 위치에서 처음 출현했음을 알게 된다. 그 결과 언어 없는 침팬지가 태어났고, 언어는 약 500만 년에서 700만 년의 시간 동안 점진적으로 진화했을 것이다. 사실 우리는 더 자세히 확대해 들어가야 한다. 종들이 짝을 지어 새끼 종을 만드는 것이 아니라 생명체들이 짝을 지어 새끼 생명체를 만들기 때문이다. 종은 방대한 가계도에서 개체들로 구성된 덩어리를 의미하는 축약어다. 이를테면 가계도를 이루는 개체들은 내가 다음의 가계도에 이름을 올린 특정한 고릴라, 침팬지, 오스트랄로피테쿠스, 에렉투스, 고대 사피엔스, 네안데르탈인, 현대 사피엔스 등이다.

그러므로 조어(祖語)가 남긴 최초의 흔적이 화살표 위치의 조

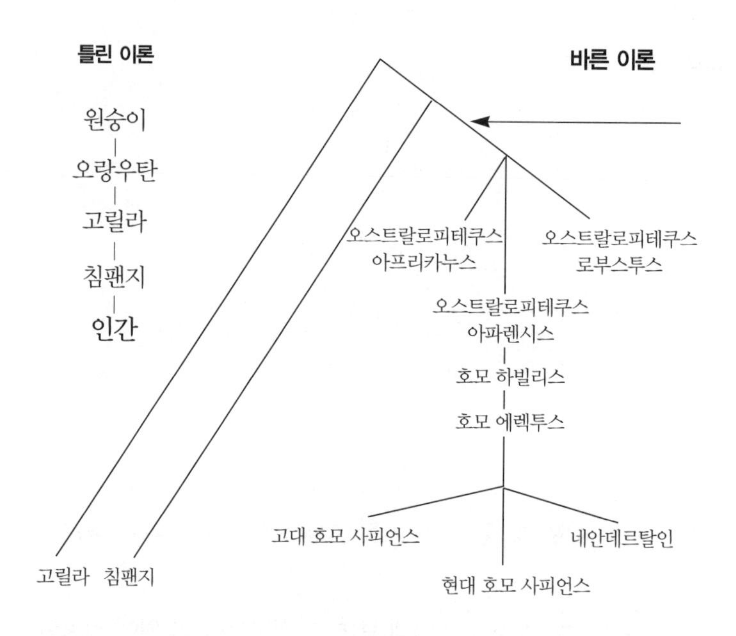

상대에서 나타났다면, 그때부터 지금까지 그 능력이 정교하게 다듬어지고 미세하게 조율되어 오늘날 우리가 볼 수 있는 보편문법으로 진화하기까지 35만 세대가 흘렀을 것이다. 비록 현존하는 그 어떤 종, 심지어는 우리와 가장 가까운 친척인 침팬지도 언어를 가지고 있지 않지만, 우리가 아는 한 언어는 점진적으로 생성되었을 것이다. 중간 정도의 언어능력을 가진 많은 생명체들이 존재했으나 지금은 모두 죽고 없다.

이 점에 대해 다르게 생각할 수 있는 방법이 있다. 사람들은 침팬지를 우리와 가장 가까운 살아 있는 종으로 생각하여 침팬지들이 최소한 언어의 조상뻘 되는 어떤 능력을 가지고 있다고 결론짓고 싶어한다. 그러나 진화가계도는 종이 아니라 개체들의 가계도이기 때문에

'우리와 가장 가까운 살아 있는 종'이라고 해서 특별한 지위가 주어지는 것은 아니다. 우리와 가장 가까운 종이 무엇인가는 멸

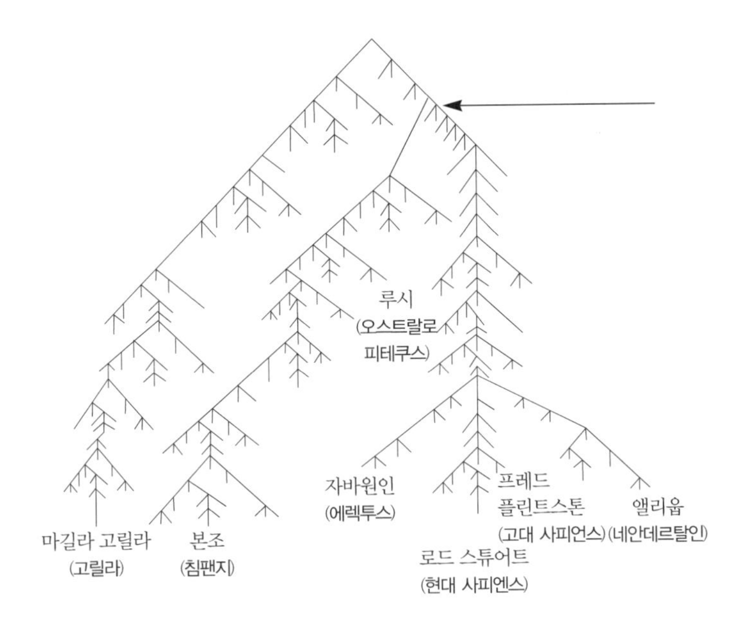

종이라는 우연한 사건에 따라 결정된다. 다음과 같은 사고실험을 시도해 보자. 인류학자들이 외딴 고지대에서 호모 하빌리스의 잔존자들을 발견했다고 상상해 보자. 하빌리스는 살아 있는 생물로서는 우리와 가장 가까운 친척이 될 것이다. 이런 사실이 침팬지가 언어와 같은 어떤 것을 소유하고 있어야 한다는 압력을 없앨 수 있을까? 아니면 또 다른 방법으로 생각해 보자. 어떤 전염병이 수천 년 전에 모든 유인원들을 전멸시켰다고 상상해 보자. 원숭이에게 언어가 있다는 사실을 보여주지 못해 다윈이 위험에 처하게 될까? 만일 여러분이 예라고 대답하고 싶다면, 사고실험을 윗가지로 하나쯤 더 올려보라. 과거에 어떤 우주인들이 영장류의 털 코트에 열광한 나머지 털 없는 인간을 제외한 모든 영장류를 사냥하고 포획하여 멸종에 이르게 했다고 상상해 보자. 그렇다면 개미핥기와 같은 식충동물들이 조어(造語)의 짐을 짊어지게 될까? 외계인들이 일반적인 포유동물들을 좋아했다면 어떻게 되었을까? 아니면 척추동물의 고기를 좋아했지만, 우리가 우연히 우주로 방송했던 홈코미디 연재물의 재방송을 보기 위해 우리의 목숨을 살려두었다면? 그렇다면 우리는 말하는 불가사리를 찾아야 하는가? 아니면 통사론의 기초를 우리가 해삼과 공유하는 마음의 질료에서 찾아야 하는가?

분명히 그렇지 않다. 우리의 뇌와 침팬지의 뇌, 개미핥기의 뇌는 그것이 무엇이든 자신만의 배선을 가지고 있다. 그 배선은 다른 대륙에서 어떤 종이 살아남고 또 멸종하는가에 따라 바뀔 수 있는 것이 아니다. 이런 사고실험의 요지는 다윈이 그렇게 중시했던 점진성이 거대한 사슬 내에 있는 살아 있는 전체 종에 적용되는 것이 아니라, 수없이 가지치기한 가계도 내의 개체 생물들의 계통에 적용된다는 점이다. 우리가 곧 다루게 될 이유들로 인해, 울부짖는 소리와 으르렁거리는 소리밖에 내지 못하는 조상뻘되는 유인원이 영어와 키분조어를 배울 수 있는 아기를 낳을 가능성은 전혀 없다. 그리고 그럴 필요도 없다. 그런 능력이 점진적으로 개화할 수 있었던 수십만 세대에 이르는 손자들의 사슬이 존재하기 때문이다. 실제로 언제 언어가 시작되었는지 결정하기 위해 우리는 사람들을 보고 동물들을 보면서 우리가 본 것 자체에 주목해야 한다. 우리는 해답을 얻기 위해 팔걸이의자에 앉은 채 종족의 연속성이라는 개념을 사용할 수 없다.

또한 덤불가지와 사다리의 차이는 결실 없고 지루한 논쟁을 마감한다. 그 논쟁은 진정한 언어의 자격에 대한 것이다. 한쪽에서는 인간의 언어에는 있으나 다른 어떤 동물도 아직 보여주지 못한 지시, 시공간적으로 지시대상과 분리된 기호의 사용, 창의성, 범주적 언어인지, 일관된 순서, 계층적 구조, 무한성, 반복 같은 특질들을 나열한다. 다른 쪽에서는 동물왕국에서 어떤 반증을 찾고(어쩌면 잉꼬는 말소리를 식별할 수 있거나, 돌고래나 앵무새는 명령을 수행할 때 어순에 주의를 기울일 수 있거나, 어떤 새들은 반복하지 않고 무한히 즉흥적인 노래를 할 수 있을지 모른다), 인간 유일성의 요새에 구멍이 났다고 고소해 한다. 인간 유일성을 지지하는 팀은 그러한 기준을 버리고 다른 것을 강조하거나 그 목록에 새로운 기준들을 추가함으로써 골대를 이동시켰다는 강한 반발을 사고 있다. 이 모든 것이 얼마나 어리석은 일인지 알아보려면 편형동물이 진짜 시력을 가지고 있는지 혹은 집파리가 진짜 손을 가지고 있는지 여부에 대한 논쟁을 상상해 보면 된다. 홍채가 그 결정기준인가? 눈썹인가? 손톱인가? 누가 상관하겠는가? 이것은 사전편찬자들이 논쟁할 사안이지 과학자들이 논쟁할 사안이 아니다. 플라톤이 사람을 '깃털 없는 두 발 달린' 동물이라고 정의하고, 디오게네스가 '털이 다 뽑힌 닭'이라고 반박했을 때, 그들은 생물학을 하고 있었던 것이 아니다.

이 모든 것에 내재된 오류는 사다리를 횡으로 그을 수 있는 어떤 선이 있어서 그 선 위에 있는 종은 영광스런 특성을 부여받았고, 그 선 아래의 종들은 그 특성을 지니지 못했다는 생각이다. 생물의 가계도에서 눈이나 손 또는 무한한 발성 같은 특성들은 그 어떤 가지에서도 발생할 수 있을 뿐 아니라 서로 다른 가지에서 여러 번 발생할 수도 있는 것이다. 따라서 어떤 것은 인간에게 발생하고, 또 어떤 것은 그렇지 않을 수 있다. 문제가 되는 중요한 과학적 쟁점이 존재하는 것은 분명하지만, 어떤 종이 어떤 약한 모방이나 비열한 사기꾼에 반대되는 진정한 형태의 특성을 소유하는가의 여부는 아니다. 그것의 쟁점은 어떤 특성이 어떤 특성과 동질적인가 하는 것이다.

생물학자들은 두 종류의 유사성을 구별한다. '유사한' 특성은 공통의 기능을 가지지만 진화가계도의 상이한 가지에서 발생하며, 중요한 의미로서의 '동일한' 기관이 아닌 것들을 말한다. 새의 날개와 벌의 날개는 그 전형적인 예다. 이들은 둘 다 비행에 사용된다. 그리고 비행에 사용되는 모든 것들이 특정한 방식으로 만들어져야 하기 때문에 그런 면에서는 유사하지만, 진화의 선상에서는 독립적으로 발생했으며, 비행에 사용된다는 점 이외에는 그 어떤 공통점도 가지고 있지 않다. 반면에 '상동적(相同的)' 적 특성은 공통적인 기능을 가지고 있지 않을 수도 있으나, 공통의 조상으로부터 유래하여 그들이 '동일한' 기관임을 증명하는 공통의 구조를 가진다. 박쥐의 날개, 말의 앞다리, 바다표범의 지느러미 모양의 발, 두더지의 갈고리 발톱, 인간의 손은 아주 상이한 기능을 가지고 있지만, 이들은 모두 포유동물 조상의 앞다리가 변형된 것들이다. 이들은 뼈의 수나 연결방식과 같은 비기능적인 특성들을 공유한다. 유사성과 상동성을 구별하기 위해 생물학자들은 일반적으로 기관들의 전체적인 구조를 조사하여 가장 쓸모없는 특징들에 초점을 맞춘다. 유용한 것들은 유용하기 때문에 두 개의 계통에서 독립적으로 발생할 수 있다(이것은 수렴진화라고 부르는, 분류학자들에게는 성가신 사항이다). 박쥐의 날개가 사실은 손이라고 추론할 수 있는 것은 우리가 그 날개에서 손목을 볼 수 있고, 손가락에서 관절을 셀 수 있기 때문이며, 자연은 단지 그런 방식으로만 날개를 만들어 내지는 않기 때문이다.

흥미로운 문제는 인간의 언어가 오늘날의 동물왕국에서 과연 어떤 것과 상동인가, 즉 생물학적으로 '동일한 것' 인가, 하는 것이다. 연속적인 배열과 같은 유사성이 인간의 조상뻘이라고 할 수 없는 멀리 떨어진 가지(예를 들어 조류)에서 발견되는 경우에는 의미가 없다. 여기에는 영장류가 적절하지만, 영장류를 훈련시키는 사람들과 그 지지자들은 잘못된 규칙을 적용하고 있다. 그들의 엉뚱하기 짝이 없는 꿈이 실현되어서 어떤 침팬지가 진짜 수화를 하는 법과 의미를 전달할 수 있을 만큼 일관되게 수화동작들을 묶는 법, 어순을 배열하고 사건을 설명하기 위해 자발적으로 그것을 사용하는 법 등을 배울 수 있다고 상상해 보자. 그것이 언어를 학습할 수 있는 인간의 능력이 인공적인 수화체계를 학습할 수 있는 침팬지의 능력에서 진화했음을 보여주는 것일까? 물론 아니다. 갈매기의 날개가 모기의 날개에서 진화했음을 보여주는 것이 아닌 것처럼 말이다. 침팬지의 상징체계와 인간의 언어 사이에 존재하는 그 어떤 유사성도 공통조상의 유산은 아닌 듯하다. 그 상징체계의 특징들은 그때 그곳에서 과학자들에게 유용했기 때문에 그들에 의해 의도적으로 설계되었고 침팬지들에게 습득되었다. 상동관계를 점검하려면 침팬지의 상징체계와 인간의 언어에 모두 확실하게 출현하는 징후나 특성을 발견해야 하며, 그 특성은 인간의 진화과정에서 한 번 그리고 심리학자들이 그들의 영장류에게 가르칠 체계를 고안하기 위해 연구실에 모였을 때 한 번, 이렇게 두 번 출현하는 정도의 필연성을 보이는 것만으로는 부족하다. 우리는 발달시기에 나타나는 그러한 징후들을 조사하여 음절 옹알이에서 시작하여 횡설수설 옹알이로, 첫 단어와 두 단어 배열을 거쳐 문법폭발에 이르는 전형적인 인간의 언어발달 순서를 영장류에게서 점검해 볼 수 있을 것이다. 우리는 발달된 문법에 눈을 돌려 영장류들이 명사와 동사의 어떤 표본, 어미변화, X-바 구문, 어근과 어간, 의문문을 형성하기 위해 도치되는 두 번째 위치의 조동사 혹은 그 밖의 보편적인 인간 문법의 특징적 측면 등을 발명하거나 선호하는지의 여부를 볼 수도 있을 것이다(이 구조들은 인식이 불가능할 정도로 추상적이지 않다. 예를 들어 이것들은 언어학자들이 맨 처음 미국수화와 크리올어를 조사했을 때 그 자료에서 금방 부각된 것들이다). 그리고 우리는 신경해부학에 눈을 돌려 페리실비안 좌측 구역을 통제함으로써 문법은 전방에서, 정신사전은 후방에서 이루어진다는 사실을 확인할 수도 있을 것이다. 19세기 이래 생물학에서 관례가 되어온 이러한 탐구 방식은 그 해답이 무엇일지 충분히 예측할 수 있음에도 불구하고 침팬지의 수화에는 전혀 적용되지 않았다.

언어의 조상이라고 볼 수 있는 것이 처음 출현한 시기가 인간으로 연결된 가지가 침팬지로 이어진 가지와 분리된 이후라는 주장은 얼마나 신빙성이 있는가? 필립 리버만은 별로 없다고 말한다. 그는 진화과정에서 변경된 것은 문법 모듈이 아니라 단지 성도의 구조와 음성 통제일 뿐이라고 생각하는 과학자들 가운데 한 명이다. "다윈의 자연선택은 전문화된 모듈의 현재의 기능을 향상시키는 소규모의 점진적 단계들을 수반하므로 '새로운' 모듈의 진화는 논리적으로 불가능하다." 이 주장에는 상당히 불안한 점이 존재한다. 인간은 단세포 조상에서 진화했다. 단세포 조상은 팔, 다리, 심장, 눈, 간 등이 없었다. 그렇다면 눈과 간은 논리적으로 존재할 수 없다.

이 주장이 간과하고 있는 것은 비록 자연선택이 기능수행력을 높여주는 점진적 단계들을 수반할지라도, 그러한 향상이 기존 모듈에만 작용하지는 않는다는 점이다. 이들은 신체구조상 이전에는 별 특징이 없던 부위로부터, 또는 기존의 모듈 사이에 숨어 있던 어느 구석으로부터 하나의 모듈을 만들어 낼 수 있으며, 이것을 생물학자인 스티븐 제이 굴드와 리처드 르원틴은 두 개의 아치 사이에 자연히 생기는 삼각형의 공간을 가리키는 건축용어를 빌어와 스팬드럴(spandrel. '삼각소간[三角小間]'이라고도 한다)이라고 부른다. 새로운 모듈의 예로는 눈을 들 수 있는데, 눈은 동물의 진화과정에서 40여 차례나 독립적으로 발생해 왔다. 눈이 없는 생명체의 경우 눈은 빛에 민감한 부분을 가진 조그만 피부세포에서 시작된다. 그 부분은 차차 웅덩이처럼 깊어지고, 전면으로 난 구멍 속에서 구형으로 자리를 잡으며, 그 구멍을 덮는 반투명의 덮개가 성장하는 과정을 거치게 된다. 이때 각 단계에서 소유자는 눈앞의 사건을 조금씩 더 잘 감지할 수 있게 된다. 본래 하나의 모듈이 아니었던 부분에서 성장한 모듈의 예가 코끼리의 코다. 이것은 완전히 새로운 기관이지만, 그와 상동인 것들을 보면 그것이 멸종한 코끼리와 바위너구리의 공통조상이 가지고 있던 콧구멍과 윗입술 근육의 일부가 융합된 것에서 진화하여 이후 더욱 복잡해지고 정교해졌음을 추측할 수 있다.

언어도 이와 유사한 방식으로 발생할 수 있으며, 실제로 그렇게 발생했을 것이다. 즉, 본래는 음성적 의사소통에 아무 역할도 하지 않았던 원시적인 뇌 회로를 개조하고 새로운 회로들을 추가함으로써 언어가 발생했을 것이다. 신경해부학자인 알 갤러버다와 테렌스 디컨은 원숭이의 뇌에서 입력-출력 배선, 세포의 위치와 구성에서 인간의 언어영역에 해당하는 부위를 발견했다. 예를 들어, 인간에게서 발견되는 것처럼 베르니케 영역과 브로카 영역 그리고 그 둘을 연결하는 섬유조직 영역과 상동인 부위가 존재한다. 그러나 이 영역은 원숭이가 울음소리를 만드는 데 관여하지 않을 뿐 아니라 몸짓을 만드는 데도 관여하지 않는다. 원숭이는 베르니케 영역과 그 주변 부위에 해당하는 영역을 연속적인 소리를 인식하고, 자신이 부르는 소리와 다른 원숭이들이 부르는 소리를 식별하는 데 사용하는 것 같다. 브로카 영역과 상동인 부위는 얼굴과 입, 혀, 후두의 근육을 통제하는 일에 관여한다. 또한 이 부위의 다양한 하부영역들은 듣기를 전담하는 부위나 입, 혀, 후두의 촉각을 제어하는 부위, 모든 감각정보가 집중되는 부위에서 보내오는 입력을 수신한다. 원숭이에게서 그리고 원숭이와 인간의 공통조상이라고 가정되는 선조에게서 왜 이러한 설비가 발견되는지 그 이유를 정확히 아는 사람은 아무도 없다. 그러나 이 설비의 진화를 통해 아마도 이곳에 합류하는 음성신호나 청각신호, 그 밖의 다른 신호들을 이용함으로써 일부 토대가 갖추어져 인간의 언어회로가 조립될 수 있었을 것이다.

이 영역 전반에서 완전히 새로운 회로가 발생했을 가능성도 있다. 전극으로 대뇌피질을 도표화하는 신경해부학자들은 때때로 정상적인 원숭이와 비교할 때 뇌 내부에 별도의 시각영역을 하나 더 갖고 있는 돌연변이 원숭이를 발견하곤 한다(시각영역은 가시적 세계의 윤곽과 움직임을 왜곡된 그림으로 등재하는 내장된 그래픽 완충역과 다소 비슷한 우표 크기 정도의 뇌 영역이다). 뇌의 지도나 회로를 복제하고, 그 입력과 출력의 경로를 재설정하고, 그 내부의 연결을 비틀어 조정하고, 변경을 가하고, 세밀한 조작을 행하는 일련의 유전적 변화들이 아주 새로운 뇌 모듈을 제작했을 것이다.

뇌는 그 배선을 통제하는 유전자들이 변하는 경우에만 재배선될 수 있다. 이것은 침팬지의 수화가 왜 인간의 언어와 같아야 하는지에 대한 또 다른 잘못된 주장을 야기한다. 이 주장은 침팬지와 인간이 DNA의 98~99%를 공유한다는 연구결과에 근거한 것이지만, 눈을 뜻하는 에스키모인들의 단어가 400개라고 추정하는 것만큼이나 널리 유포되어 버린 가짜 사실에 불과하다(연재만화 《지피》에서는 최근 그 수치를 99.9%라고 인용했다). 이것은 우리가 침팬지들과 99% 유사해야 한다는 의미를 함축하고 있다.

그러나 유전학자들은 이러한 추론에 질겁하여 자신들의 연구

결과를 발표함과 동시에 그것을 억제하려고 노력한다. 발생학적 수플레를 만드는 요리법은 상당히 독특해서 작은 유전적 변화가 최종 결과에 막대한 영향을 미칠 수 있다. 그리고 1%의 차이는 그렇게 적은 것이 아니다. DNA 내부에 담기는 정보의 내용에서 볼 때 그것은 10메가바이트에 이르는, 보편문법을 담기에 충분히 클 뿐만 아니라 침팬지를 인간으로 바꾸는 온갖 지침들이 저장될 수 있는 커다란 공간을 남긴다. 사실 전체 DNA에서 1%의 차이는 인간과 침팬지의 유전자들이 1%만 다르다는 것을 의미하지 않는다. 이론상으로 그것은 인간과 침팬지의 유전자 100%가 각각 1%씩 다르다는 의미일 수 있다. DNA는 이산조합부호이므로 한 유전자에 대해 DNA가 1% 다르다는 것은 100%의 차이만큼이나 중요할 수 있다. 모든 바이트에서 한 비트 또는 모든 단어에서 한 문자를 변경하면 10%나 20%가 아닌 100% 새로운 텍스트가 나올 수 있는 것과 마찬가지다. DNA의 경우 그럴 수 있는 이유는 단 한 차례의 아미노산 치환이라도 단백질의 형태를 변화시켜 그 기능을 완전히 바꾸어놓기에 충분하기 때문이다. 이것이 바로 대부분의 치명적인 유전병에서 발생하는 현상이다.

유전적 유사성에 대한 자료는 어떻게 가계도를 연결해야 하는지(예를 들어 고릴라가 인간과 침팬지의 공통조상에서 갈라져 나왔는지, 아니면 인간이 침팬지와 고릴라의 공통조상에서 갈라져 나왔는지의 여부), 심지어는 어떻게 '분자시계'를 사용하여 그 분기의 시간을 측정해야 하는지를 알아내는 데 매우 유용하다. 그러나 그 자료는 생명체의 뇌와 신체가 얼마나 유사한지에 대해서는 아무것도 알려주지 않는다.

조상의 뇌는 새로운 회로가 지각과 행동에 어느 정도 영향을 미치는 경우에만 재배선될 수 있었을 것이다. 인간 언어를 향한 첫 걸음은 여전히 신비에 싸여 있다. 그럼에도 불구하고 19세기 철학자들은 언어가 동물의 소리에 대한 모방에서 혹은 표현하고자 하는 물체를 본뜬 입모양에서 발생했다는 공상적인 생각을 내놓았고, 그 후 언어학자들은 이러한 생각에 멍멍이론이나 땡땡이론이라는 경멸적인 이름을 붙였다. 또한 수화가 일종의 중간단계로서 제시되곤 했는데, 그것은 과학자들이 수화의 모든 측면이 언어만큼이나 복잡하다는 사실을 깨닫기 이전의 일이었다. 수화는 대뇌피질 내에서 음성영역과 청취영역에 아주 근접해 있는 브로카 영역과 베르니케 영역에 의존하는 것 같다. 추상적인 연산을 위한 뇌의 영역이 입력과 출력을 처리하는 중심부 근처에 자리 잡고 있다는 사실은 언어가 보다 근본적임을 시사한다. 만일 내가 중간단계들을 생각해야 한다면, 체니와 세이파스가 연구한 긴꼬리원숭이의 경계신호들(하나는 독수리를 경고하는 소리이고, 하나는 뱀을 그리고 하나는 표범을 경고하는 소리임)을 고려해 볼 것이다. 이와 같은 일련의 의사(擬似) 지시어들은 대뇌피질의 자발적인 통제 아래서 발생했을 것이며, 복잡한 사건들을 위해 조합 형태로 생성되었을 것이다. 이때 소리의 조합을 분석하는 능력이 소리의 각 부분에 적용되었을 것이다. 그러나 나는 이러한 생각이 땡땡이론(또는 인간이 만들어 낸 첫 문장이 "정말 털북숭이 등이로군!"이었다는 릴리 톰린의 제안과 함께) 이상의 그 어떤 증거도 없다는 사실을 인정한다.

또한 침팬지와 인간의 공통조상에서 시작하는 계통발생의 선상에서 언제 조어(祖語)가 처음 진화했는지 혹은 어느 정도의 속도로 현대의 언어본능으로 발전했는지도 밝혀져 있지 않다. 술 취한 사람이 가로등 아래에서 잃어버린 열쇠를 찾는 것은 그곳이 가장 밝은 곳이기 때문이라는 속담에 따라, 많은 고고학자들이 석기나 주거지처럼 만질 수 있는 유물에 근거하여 멸종한 조상들의 언어 능력을 추론하고자 애써 왔다. 복잡한 인공물은 복잡한 언어의 혜택을 받을 수 있는 복잡한 마음을 반영하는 것이기 때문이다. 도구의 지역적 변형은 문화전달을 암시하는 것으로 생각할 수 있으며, 문화전달은 아마도 언어를 통해 이루어지는 세대간의 의사소통에 의존할 것이다. 그러나 나는 고대 집단의 유물에 의존하는 모든 조사에서 언어가 오래 전부터 존재했다는 사실이 상당히 과소평가될 것이라는 의구심을 떨칠 수가 없다. 현대에도 복잡하고 정교한 언어와 기술을 가진 많은 사람들이 사냥과 채집에 의존하는 생활을 하고 있다. 하지만 그들의 바구니나 의복, 유아용 멜빵, 부메랑, 텐트, 덫, 활과 화살, 독 묻은 창 등은 돌로 만든 것이 아니어서 그들이 떠난 후에 쉽게 썩어 아무것도 남지 않게 되므로, 후대의 고고학자들은 그들의 언어능력을 가늠하기가 어려울 것이다.

그러므로 언어의 최초의 자취는 화석화된 채 발견된 400만 년 전의 조상인 오스트랄로피테쿠스 아파렌시스(최초로 발견된 유명한 '루시' 화석)만큼 오래 됐을 수도 있다. 혹은 어쩌면 그보다 훨씬 이전일 수도 있다. 500~700만 년 전에 나타난 인간과 침팬지의 분기와 오스트랄로피테쿠스 아파렌시스 사이의 시기를 대표하는 화석은 거의 없다. 언어가 직조된 후 그 영향 아래 발전했을 생활양식에 대한 증거는 그 이후의 종에 이르면 좀더 많아진다. 약 200~250만 년 전에 살았던 호모 하빌리스는 집터나 현지 도살장으로 추정되는 석기 더미를 남겼다. 어떤 장소로 사용되었든 그것은 어느 정도의 협력과 기술습득을 시사한다. 또한 하빌리스는 뇌의 주름형태가 희미한 자국으로 남아 있는 몇 개의 두개골을 우리에게 남길 정도로 사려 깊었다. 브로카 영역도 눈에 보일 만큼 크고 돌출되어 있다. 연상회 부위와 각회 부위(10장의 뇌 다이어그램에 나타나 있는 언어영역)도 마찬가지인데, 이들 영역은 좌반구 쪽이 더 크다. 그러나 하빌리스가 그 영역들을 언어에 사용했는지는 알 수 없다. 원숭이에게도 브로카 영역에 해당하는 작은 부위가 있음을 기억하기 바란다. 150만 년에서 50만 년 전에 아프리카에서 고대 세계의 광활한 지역(중국과 인도네시아에 이르기까지)에 두루 분포했던 호모 에렉투스는 불을 다루었고, 거의 모든 곳에서 돌을 대칭으로 잘 다듬은 동일한 종류의 주먹도끼를 사용했다. 여전히 확신할 수는 없지만, 어떤 형태의 언어가 그러한 성공에 기여했음을 상상하기란 어렵지 않은 일이다.

약 20만 년 전에 나타나 10만 년 전에 아프리카에서 퍼져나간 것으로 보이는 현생인류인 호모 사피엔스는 상당한 지역차를 보이기는 하지만 훨씬 더 정교하고 복잡한 도구와 우리와 똑같은 두개골을 가지고 있었다. 생물학적으로 그들은 바로 우리였으며, 생물학적으로 현대적인 모든 인간이 언어를 사용한다고 가정할 때 그들에게 언어가 없었다고 생각하기는 어렵다. 그런데 이 기본적인 사실은 언어의 기원에 대해 잡지와 교과서가 소개하고 있는 가장 일반적인 연대를 뒤집어놓는다. 잡지와 교과서에 따르면 언어는 약 3만 년 전에 발생했다. 이때는 후기구석기시대로서 크로마뇽인이 화려한 동굴예술과 장식물들을 만들어 내던 시기다. 인류의 주요 가지들은 그 시기보다 훨씬 이전에 분기했고, 따라서 언어본능은 아마도 후기구석기시대의 문화적 양상이 유럽에 출현하기 훨씬 이전에 자리를 잡았을 것이다. 사실 언어를 그 시기로 비정하기 위해 고고학자들(언어심리학에 대해서는 거의 문외한들인)이 사용하는 논리는 잘못된 것이다. 그것은 예술, 종교, 장신구 및 언어의 기초에 하나의 동일한 '상징' 능력이 존재한다는 생각에 근거하고 있지만, 우리는 이제 이것이 잘못된 것임을 알고 있다(2장에 나오는 언어 천재이면서 백치인 데니스나 크리스탈, 또는 모든 정상적인 세 살배기 아이들을 생각해 보라).

또 하나의 독창적인 증거가 언어의 기원에 적용되어 왔다. 인간의 신생아는 다른 포유동물처럼 후두가 위로 올라와 있기 때문에 입과 목구멍을 피해 비강의 뒤쪽 통로를 이용해 공기를 코에서 폐로 전달할 수 있다. 신생아가 인간이 되는 것은 그들의 후두가 목구멍의 아래쪽 위치로 내려가는 생후 3개월 무렵이다. 이로써 혀는 아래위와 앞뒤로 움직일 수 있는 공간을 얻고, 두 공명강의 모양을 바꿔 수많은 모음을 만들어 낼 수 있게 된다. 그러나 여기에는 한 가지 희생이 따른다. 《종의 기원》에서 다윈은 "우리가 삼키는 모든 음식물과 음료의 입자들은 폐 속으로 떨어질 위험을 안은 채 기관(氣管) 위를 통과해야 한다."는 이상한 사실을 지적했다. 음식물로 인한 질식은 최근 하임리히 구명법(목에 이물질이 걸린 사람을 뒤에서 안고 흉골 밑을 세게 밀어올려 토하게 하는 방법.—옮긴이)이 개발되기 전까지 연간 6,000명의 희생자를 내는 것으로 추산되는, 미국 내 사고사의 여섯 번째 주요 원인이었다. 후두가 목구멍 깊숙이 자리를 잡음으로써 혀가 광범위한 모음들을 조음하기 위해 충분히 낮게 그리고 뒤쪽에 위치할 수 있게 되었다는 것은 또한 호흡과 씹는 행위 사이에 타협이 이루어졌음을 뜻한다. 즉, 의사소통이라는 측면에서의 혜택이 생리학적인 손실을 압도했던 것이다.

리버만과 그의 동료들은 후두와 후두 관련 근육이 멸종된 원인(原人)의 두개골 화석의 어느 위치에 들어맞을 수 있는지 추론함으로써 멸종된 사람과 동물의 성도를 재현하고자 노력했다. 그들은 네안데르탈인을 포함하여 현대 호모 사피엔스 이전의 모든 종들이 포유동물의 표준치에 해당하는 기도를 가지고 있어서 모음을 만들어 내기 위한 공간이 그만큼 감소될 수밖에 없었다고 주장한다. 리버만은 언어가 현대 호모 사피엔스까지는 대단히 초보적인 형태였을 것이라고 생각하고 있는 듯하다. 그러나 충성스런 옹호자를 보유하고 있는 네안데르탈인의 경우만 보더라도 리버만의 주장은 논쟁의 여지를 안고 있다. 어찌 되었든 소수의 모음을 가진 언어도 표현이 상당히 풍부할 수 있으므로(e lengeege weth e smell nember of vewels cen remeen quete expresseve), 우리는 제한된 모음 공간을 가진 원인(原人)들이 언어다운 언어를 소유하지 못했다고 결론지을 수는 없다.

지금까지 나는 언어본능이 언제 어떻게 진화했는가에 대해서는 이야기했으나, 왜 진화했는가에 대해서는 이야기하지 않았다. 《종의 기원》의 한 장에서 다윈은 자연선택에 관한 자신의 이론이 신체의 진화뿐 아니라 본능의 진화도 설명할 수 있다고 조심스럽게 역설했다. 언어가 다른 본능들과 같다면, 그것 역시 복잡한 생물학적 특성에 대한 과학적 설명 가운데 유일하게 성공을 거둔 자연선택이론으로 설명할 수 있을 것이다.

만일 촘스키가 언어기관에 대해 논쟁의 여지가 있는 자신의 이론을 진화론이라는 확고한 토대 위에 구축했다면, 그는 많은 것을 얻을 수 있었을 것이다. 실제로 그는 몇몇 저작에서 연결점을 시사했다. 그러나 그는 대체로 회의적이었다.

> [선천적인 마음의 구조의] 발달을 '자연선택'에 돌리는 것은 우리가 이러한 단언에 사실상 아무런 내용이 없다는 것, 이 현상들을 설명해 줄 모종의 자연주의적 설명이 있다는 믿음 이상의 아무것도 아니라는 것을 깨닫고 있는 한 전적으로 무방하다…. 마음의 진화를 연구할 때, 우리는 인간에 특징적인 어떤 다른 신체 조건들을 충족

> 하고 있는 생명체에 대해 어느 정도까지 이를테면 변형생성문법 같은 것에 대한 신체적으로 가능한 대안들이 있다고 추측할 수 있을지 짐작할 수가 없다. 아마 언어능력의 진화에 관해서라면 전혀 없을 것이고, 있다 해도 극히 드물 것이다.
> 오늘날 이 문제[언어의 진화]가 언급될 수 있을까? 사실 이 문제에 대해 알려진 것은 거의 없다. 진화론이 많은 것에 대해 풍부한 정보를 갖고 있기는 하지만, 현재로서는 이러한 성질의 문제에 대해서는 말할 것이 거의 없다. 결국 물리적 원리들 때문에 그 해답은 당연히 자연선택이론보다는 지상에서의 생명 조건 아래서 어떤 종류의 물리적 시스템이 발달할 수 있고, 또 그 이유는 무엇인가를 연구하는 분자생물학에 있을 것이다. 모든 형질이 특정되어 선택된다고 가정할 수 없는 것은 확실하다. 언어와 같은 그러한 시스템들의 경우에 … 그것들을 낳을 수 있는 선택과정을 상상하는 것조차 쉽지 않다.

이 말의 의미는 과연 무엇일까? 다른 기관들을 만들었다고 들어왔던 것과는 다른 과정에 의해 진화한 언어기관이 존재할 수 있다는 말인가? 하나의 구호로 통일될 수 없는 주장에 조급함을 보이는 많은 심리학자들은 이러한 진술을 맹렬히 비난하면서 촘스키를 비겁한 영혼 창조설의 신봉자라고 비웃는다. 나 역시 촘스키가 틀렸다고 생각하지만 그들도 틀렸다.

이 쟁점을 이해하기 위해서는 우선 다윈의 자연선택론의 논리를 이해할 필요가 있다. 진화와 자연선택은 동일한 것이 아니다. 진화란 다윈이 말한 '일시적 변이를 통한 유전'에 의해 오랜 시간에 걸쳐 종이 변화하는 사실을 가리킨다. 이 사실은 다윈의 시대에 이미 널리 받아들여지고 있었다. 그러나 당시에는 그 근거를 지금은 아무도 믿지 않는, 라마르크의 후천적 특질의 유전이나 인간에게는 더욱 복잡해지는 방향으로 발전하는 어떤 내적 충동 또는 욕구가 있다는 가설에서 찾았다. 다윈과 앨프레드 월리스가 발견하여 강조한 것은 진화의 특정한 원인, 즉 자연선택이었다. 자연선택은 증식과 변이, 형질유전이라는 특징을 소유한 모든 실체에 적용된다. 증식이란 실체가 스스로를 복제하며, 그 복제품들이 또 스스로를 복제할 수 있음을 의미한다. 변이란 그 복제 행위가 완벽하지 못하여 때로 오류가 발생하고, 이 오류의 결과로 만들어진 실체가 다른 실체들과 거의 비슷한 속도로 그 특성 자체를 복제할 수 있는 특성을 소유하게 된다는 의미다. 유전이란 복제 오류에 의해 생성된 이형의 특성이 후대 복제품들에게 다시 나타나 그 계통에서 영속하게 됨을 의미한다. 자연선택은 우수한 복제를 지원하는 특성들이 여러 세대에 걸쳐 개체군 전체에 확산될 수 있다는, 수학적으로 필연적인 결과이다. 그 결과, 실체들은 효과적인 복제를 위해 설계된 것 같은 특성을 갖게 되며, 여기에는 그런 목적을 위한 수단이 되는 특성도 포함된다. 가령 환경으로부터 에너지와 물질들을 수집하고, 그것들을 경쟁자로부터 보호하는 능력이 그 예이다. 이 복제하는 실체들이 바로 우리가 '생명체'라고 부르는 것들이며, 이 과정을 통해 생명체들이 축적한 복제 강화 특성을 '적응(적응습성)'이라고 한다.

이 시점에서 대부분의 사람들은 치명적인 결점이라고 생각하는 것을 발견하고 스스로 대견해 한다. "아하! 이 이론은 순환론적이군! 그것은 단지 효과적인 복제를 야기하는 특성들이 효과적인 복제를 야기한다고 말하고 있어. 자연선택은 '적자생존'이며, '적자'의 정의는 '살아남는 것'이로군." 아니다!! 자연선택론의 힘은 그것이 두 개의 독립적이고 매우 상이한 개념을 연결시킨다는 점에 있다. 그 첫 번째 개념은 '설계의 외형'이다. 설계의 외형이란 공학자가 조사를 통해 그 부분들이 어떤 기능을 수행하도록 형성되고 배열되어 있는지 추측할 수 있는 어떤 것을 의미한다. 시각공학자에게 그가 알지 못하는 종의 눈을 보여주면, 그는 즉시 그것이 주변의 이미지를 형상화하기 위해 설계되었고, 투명한 렌즈와 수축 가능한 조리개 등을 갖춘 카메라처럼 구성되어 있다고 말할 수 있다. 더욱이 상 형성 장치는 단지 오래 된 골동품이 아니라 음식물과 배우자를 찾고 적을 피하는 등의 일에 유용한 도구다. 자연선택은 그 생명체의 조상들이 보여준 재생산에 대해 보험에서 산정하는 통계라는 두 번째 개념을 이용하여 이러한 설계가 어떻게 생겨났는지를 설명한다. 다음의 두 개념을 잘 살펴보자.

(1) 생명체의 한 부분은 그 생명체의 재생산을 촉진할 수 있도록 설계·제작된 것처럼 보인다.
(2) 생명체의 조상들은 경쟁자들보다 더 효과적으로 재생산했다.

(1)과 (2)가 논리적으로 독립적이라는 사실에 주의해 보자. 이들은 서로 다른 것을 말하고 있다. 하나는 공학적 설계이고, 다른 하나는 출생 및 사망률이다. 그리고 이들은 관심의 대상인 생명체와 그 조상들이라는 서로 다른 생명체에 관해 말하고 있다. 우리는 어떤 생명체가 얼마나 재생산을 잘하는지(2) 몰라도, 그 생명체에게 좋은 시력이 있다면 좋은 시력은 재생산에 유용하다(1)고 말할 수 있다. '설계'는 단지 높아진 재생산 가능성을 의미하기 때문에, 잘 설계된 시력을 갖춘 특정한 생명체라 해도 실제로는 재생산을 전혀 못할 수도 있다. 어쩌면 번개에 맞아죽을 수도 있다. 이와는 반대로, 예를 들어 그 생명체에게 근시인 형제가 있고 그 형제를

노리던 포식자가 번개에 맞아 죽었다면, 실제로 그 생명체보다는 근시인 형제가 재생산을 더 잘할 수 있다. 자연선택론에서는 조상들의 출생과 죽음(2)이 생명체의 공학적 설계(1)를 설명한다고 말한다. 따라서 그것은 조금도 순환적인 이론이 아니다.

이것은 촘스키가 자연선택을 실질적 의미가 전혀 없는 것으로, 즉 자연선택을 생명체의 특성에는 어떤 자연주의적 설명이 존재한다는 믿음에 불과한 것으로 처리해 버린 것은 너무 경솔했음을 의미한다. 사실 어떤 특성이 선택의 산물임을 보여주기는 결코 쉽지 않다. 그 특성은 유전적이어야 한다. 그것은 조상들이 살았던 것과 같은 환경에서 그 특성을 소유하지 못한 생명체들과 비교하여 해당 생명체의 재생산 가능성을 증대시켜야 하며, 유사한 생명체들의 계통이 아득한 과거에 존재했어야 한다. 그리고 자연선택에는 예견력이 없기 때문에 진화과정에서 각각의 중간단계는 그 소유자에게 재생산의 이득을 제공해야 한다. 다윈은 자신의 이론이 강한 예견력을 발휘함과 동시에 쉽게 부인될 수도 있음을 알고 있었다. 설계의 징후를 보여주지만, 그 설계가 자신들의 복제에 도움이 되도록 이용할 수 있었던 복제자들의 계통에서 마지막이 아닌 다른 곳에서 출현하는 특성이 하나만 발견되어도 그럴 수 있었다. 그 첫 번째 예가 단지 아름다움만을 위해 설계된 존재일 것이다. 실제로 두더지에게 공작의 꼬리는 아름답지만 성가신 것이고, 잠재적인 짝도 그것에 매혹되기에는 장님이나 마찬가지일 것이다. 또 다른 예는 중간 형태로는 아무런 유용성도 없는 복잡한 기관—가령 100% 현재의 크기와 형태에 이를 때까지는 쓸모가 없었을 부분—인 날개다. 세 번째 예는 복제능력이 있는 실체에 의해 생산되지 않은 생명체로서, 마치 수정처럼 바위에서 자생적으로 자라나는 곤충을 들 수 있다. 네 번째 예는 해당 특성이 다른 생명체에게 유익하도록 설계된 것으로서, 가령 말등에서 안장이 진화하는 경우이다. 연재만화 《꼬마 애브너》에서 만화가 알 캡은 '슈무' 라는 이름의 헌신적인 생명체가 알 대신 초콜릿 케이크를 낳고, 자신을 흔쾌히 바비큐로 만들어 사람들에게 맛있는 살코기를 제공하는 이야기를 그렸다. 누구든 현실 속에서 슈무를 발견할 수 있다면 즉시 다윈을 논박할 것이다.

촘스키는 너무 성급하게 자연선택의 대안을 제기하여 중요한 문제를 야기했다. 다윈 이후 사려 깊은 진화이론가들은 모든 유익한 형질이 자연선택으로 설명될 수 있는 적응은 아니라고 주장해왔다. 물을 떠난 날치는 대단한 적응력을 발휘하여 물 속으로 돌아간다. 그러나 이 만족스러운 사건을 설명하기 위해 자연선택이 필요하지는 않다. 중력이면 충분하다. 다른 특성도 자연선택과는 다른 설명을 필요로 한다. 어떤 형질들은 그 자체가 적응이 아니라 적응의 결과다. 우리의 뼈가 초록색이 아니고 흰색이라는 것에는 어떤 이익도 없다. 그러나 우리 뼈가 단단하다는 것에는 이득이 있다. 뼈가 칼슘으로 구성되는 것은 그것을 단단하게 만드는 하나의 방법이다. 그리고 칼슘은 우연히 흰색이다. 때로 어떤 특성은 역사에 의해 규정된다. 가령 인간 척추의 S형 굴곡은 네 다리보다는 두 다리가 바람직해지면서 물려받게 된 특성이다. 신체설계의 규정상 그리고 유전자가 신체를 형성하는 방법상 발달될 수 없는 형질도 많을 것이다. 생물학자인 할데인은 인간이 천사로 변할 수 없는 두 가지 이유가 있다고 말한 적이 있다. 하나는 도덕적 불완전성이고, 다른 하나는 팔과 날개를 동시에 받아들일 없는 신체설계가 그것이다. 그리고 때로 어떤 특성은 우연히 발생한다. 만일 충분한 시간이 흐른다면, 소규모의 생명체 집단 안에는 갖가지 우연의 일치가 보존될 것이다. 이 과정을 '유전자 표류'라고 한다. 예를 들어 특정한 세대 안에서 줄무늬 없는 모든 생명체가 번개에 맞아 후사를 남기지 않고 죽을 수 있다. 그 후로는 장단점을 떠나서 줄무늬가 지배적일 것이다.

스티븐 제이 굴드와 리처드 르원틴은 생물학자들이 (대부분의 사람들이 믿는 것처럼 부당하게) 이 대안적 힘을 무시한 채 자연선택에 너무 큰 비중을 둔다고 비판해 왔다. 두 사람은 다양한 동물들이 어떻게 자신의 신체부위를 갖게 되었는지를 설명하는 키플링의 기묘한 동화에 빗대어, 그러한 설명이 '바로 그랬구나'식의 이야기에 불과하다고 조롱했다. 굴드와 르원틴의 논문은 인지과학에 영향을 미쳤는데, 촘스키가 자연선택론에 회의적인 것도 그들의 비판에 비추어보면 설명이 가능하다.

그러나 굴드와 르원틴의 무차별 폭격은 어떤 복잡한 형질의 진화와 관련해 유용한 추론의 모델을 제공해 주지 못한다. 그들의 목적 가운데 하나는 자신들이 정치적으로 지나치게 우편향적이라고 생각했던 인간행동에 관한 이론들의 기반을 무너뜨리는 것이었다. 그들의 비판에는 또한 자신들의 전문적 관심사가 반영되어 있다. 굴드는 고생물학자이고, 고생물학자들은 생명체가 돌로 변한 후에 그것을 연구한다. 그들은 개체가 가지고 있던, 오래 전에 소멸한 기관의 작동방식을 살피기보다는 생명의 역사 속에서 원대한 유형을 찾아 연구한다. 예를 들어 공룡이 소행성의 지구 충돌과 태양의 암흑화로 인해 멸종되었다는 사실을 발견했을 때, 그들에게 재생산에 이득이 되는 작은 차이가 의미 없게 느껴지는 것은 납득할 만하다. 르원틴은 유전학자이고, 유전학자들은 유전자가 생산하는 복잡한 기관보다는 유전자의 암호 자체와 한 인구집단 내에서 나타나는 유전자의 통계적 변이를 살피는 경향이 있다. 그들에게 적응은 사소한 것처럼 보일 수 있다. 가령 어떤 컴퓨터 프로그램이 무슨 일을 하는지도 모르면서 그 프로그램의 기계어 1과 0의 배열을 점검하던 사람이 그 형태가 설계에서 벗어났다고 판단할 수 있듯이 말이다. 현대 진화생물학의 주류를 대표하고 있는 사람은 조지 윌리엄스, 존 메이나드 스미스, 에른스트 마이어 같은 생물학자들이다. 그들은 살아 있는 생명체 전체의 설계에 관심을 두고 있다. 그들의 공통된 의견은 진화에서 자연선택은 아주 특별한 위치를 점하고 있다는 것, 그리고 다른 대안의 존재가 곧 생물학적 형질이 설명자의 취향대로 해석되어도 무방하다는 것을 의미하지는 않는다는 것이다.

생물학자 리처드 도킨스는 자신의 저서《눈먼 시계공》에서 이러한 사유를 투명하게 설명했다. 도킨스는 생물학의 근본문제가 '복잡한 설계'를 설명하는 것이라는 사실에 주목했다. 그 문제는 다윈 이전에 이미 충분히 인식되고 있었다. 신학자 윌리엄 페일리는 이렇게 썼다.

> 황야를 지날 때 내 발이 돌에 부딪혔고, 그 돌이 어떻게 그곳에 있게 되었는가라는 질문을 받았다고 해 보자. 특별한 이견이 없다면 나는 아마도 그것이 영원히 그곳에 놓여 있었을 것이라고 답할 것이다. 그리고 이 대답의 불합리성을 밝혀내기는 쉽지 않을 것이다. 그러나 내가 땅 위에서 시계를 발견했고, 그 시계가 어떻게 그곳에 있게 되었는가라는 질문을 받았다고 해 보자. 나는 전에 제시했던 것처럼 내가 아는 한 그 시계는 항상 그곳에 있었을 것이라는 대답을 생각해 낼 가능성이 아마 거의 없을 것이다.

페일리는 시계가 시간을 가리키기 위해 작은 톱니바퀴와 스프링이 섬세하게 배열되어 함께 작동하는 물체라는 사실에 주목했다. 그러나 바위조각에서는 톱니바퀴와 스프링을 만들어 시간을 가리키는 장치로 바꾸어 줄 금속이 나오지 않는다. 시계의 경우 시간을 염두에 두고 설계한 제작자가 있다는 결론을 내리지 않을 수 없다. 더욱이 눈 같은 기관은 시계보다 훨씬 복잡하고 의도적으로 설계된 것이다. 눈에는 투명한 보호각막, 초점을 맞추는 렌즈, 렌즈의 초점면에 위치한 빛에 민감한 망막, 밝기에 따라 직경이 변하는 홍채, 테두리 · 색 · 운동 · 깊이를 탐지하는 신경회로 등이 갖추어져 있다. 눈은, 인간이 만든 카메라와 무시무시할 정도로 닮았다는 이유만으로도, 보기 위해 설계되었다는 사실을 모르고서는 도저히 이해할 수 없다. 시계에는 시계 제작자가 있고 카메라에는 카메라 제작자가 있듯이, 눈에는 눈 제작자, 즉 하느님이 있다. 오늘날 생물학자들은 페일리의 문제제기 자체에는 반대하지 않는다. 다만 그의 해결책에 반대한다. 다윈이 역사상 가장 중요한 생물학자인 이유는, 그렇게 '극히 완벽하고 복잡한 기관'이 어떻게 자연선택이라는 순수한 물리적 과정을 통해 생겨날 수 있었는가를 보여주었기 때문이다.

여기에 핵심이 있다. 자연선택은 단지 신의 창조에 대한 과학적으로 존경할 만한 대안이 아니다. 그것은 눈처럼 복잡한 기관의 진화를 설명할 수 있는 유일한 대안이다. 신이냐 자연선택이냐 하는 선택이 그토록 경직되는 이유는 눈의 기능을 수행할 수 있는 구조가 극도로 확률이 낮은 물질의 배열이기 때문이다. 일반적인 재료, 심지어는 동물의 한 부분을 재료로 하여 만들어진 대부분의 물체는 상에 초점을 맞추고, 들어오는 빛을 조절하고, 테두리와 깊이의 경계면을 탐지할 수 없다. 눈을 구성하고 있는 재료는 본다는 목적을 염두에 두고 조립된 것처럼 보인다. 그러나 신의 목적이 아니라면 누구의 목적인가? 신의 힘이 아니라면 단지 잘 보아야 한다는 목적이 더 잘 볼 수 있는 사물의 원인이 될 수 있을까? 바로 자연선택의 특별한 힘이 그 역설을 제거할 수 있다. 현재 잘 볼 수 있는 눈이 존재하는 것은 경쟁자들보다 조금 더 잘 볼 수 있었고, 그럼으로써 경쟁자들보다 재생산을 잘할 수 있었던 조상들의 오랜 계통으로부터 그 눈을 물려받았기 때문이다. 보는 것에서의 작고 우연한 개선이 무한히 긴 세월 동안 보존되고 결합되고 집중되어서 점점 더 훌륭한 눈을 낳은 것이다. 과거에 조금 더 잘 볼 수 있었던 수많은 선조들의 능력이 현재 극도로 잘 볼 수 있는 단일한 생명체의 원인이다.

달리 표현하면 이렇다. 자연선택은 존재 가능한 물체들로 가득한 천문학적으로 광대한 우주에서, 기능적인 눈이 없는 물체로부터 탁월한 기능의 눈을 가진 물체를 이루어낼 수 있는 방도를 따라 생명체들의 계통을 이끌 수 있는 유일한 과정이다. 이와는 대조적으로 자연선택에 대한 대안은 단지 무작위로 암중모색될 뿐이다. 유전적 표류의 우연으로 적절한 유전자들이 결합하여 기능적인 눈을 만들어 낼 확률은 극히 낮다. 날치는 중력 하나만으로도 바다라는 대단히 큰 목표지점에 떨어질 수 있지만, 중력 하나만으로는 날치의 배(胚)를 구성하는 부분들이 제자리를 찾아가서 날치의 눈을 만들어 낼 수 없다. S형 굴곡이 직립한 척추에 수반되는 것처럼 하나의 기관이 발생할 때, 한 뭉치의 세포나 잡동사니들이 부수적으로 따라올 수 있다. 그러나 그러한 잡동사니에 보는 것을 위해 완벽하게 배열된 기능적인 렌즈와 조리개와 홍채가 갖추어질 가능성은 거의 없다. 그것은 마치 허리케인이 고물상을 휩쓸어 재료들을 모아서 보잉 747기를 조립하는 것과 같다. 이런 이유들로 도킨스는 자연선택이 지구상의 생명에 대한 올바른 설명일 뿐 아니라, 우주 어느 곳에 존재하는 것이든 우리가 생명이라고 부를 만한 모든 것에 대한 올바른 설명일 수밖에 없다고 주장한다.

그리고 적응의 복잡성은 복잡한 기관의 진화가 느리고 점진적인 이유이기도 하다. 그것은 급격한 돌연변이와 빠른 변화가 진화의 법칙을 위반해서 생기는 것이 아니다. 단지 복잡한 공학이 섬세한 부품의 정확한 배열을 요구하기 때문이고, 만약 그러한 공학이 우연한 변화를 축적함으로써 완성된다면 그 변화는 작을수록 좋다. 복잡한 기관이 작은 단계를 거쳐 진화하는 것은 시계공이 해머를 사용하지 않고, 외과의사가 정육점용 큰 칼을 사용하지 않는 이유와 같다.

이제 우리는 어떤 생물학적 형질들이 자연선택에서 비롯되고, 어떤 형질들이 다른 진화상의 과정에서 비롯되었는지를 안다. 언어는 어떠한가? 내 결론은 확고하다. 이 책에 담긴 모든 논의는 언어본능의 적응상의 복잡성을 뒷받침한다. 그것은 이산조합체계를 갖추어 구 구조를 생성하는 통사론, 단어를 생성하는 두 번째 이산조합체계인 형태론, 넉넉한 정신사전, 개조된 성도, 음운론의 규칙과 구조, 음성인식, 분석 알고리즘, 학습 알고리즘 등과 같은 여러 부분으로 구성되어 있다. 이러한 부분들은 복잡하게 구조화된 신경회로들로서 신체에 실현되고, 시기적절한 유전적 사건이 계속되면서 정착된다. 이 회로들 때문에 특별한 재능, 즉 내뱉는 호흡을 조절함으로써 머리에서 머리로 정확한 구조를 가진 무한 수의 생각을 전달하는 능력이 가능해진다. 이 재능이 재생산에 유용하다는 것은 분명하다. 어린 한스와 프리츠에게 불에 가까이 가지 말고 검치호랑이와 장난치지 말라고 가르치던 윌리엄스의 우화를 생각해 보라. 무작위로 신경망을 흩뜨리거나 성도를 난도질한다면, 이와 같은 능력을 갖춘 체계는 결코 생겨나지 않을 것이다. 눈과 마찬가지로 언어본능도 다윈이 '우리의 감탄을 자아내는 완벽한 구조와 상호적응'이라 일컫던 것의 한 예이고, 그런 언어 본능에는 자연의 설계자인 자연선택의 확실한 흔적이 찍혀 있다.

만일 촘스키가 문법에는 복잡한 설계의 흔적이 나타난다고 주장하면서도 자연선택이 그것을 제작했다는 데 회의적이라면, 그는 어떤 대안을 생각하고 있는 것일까? 그가 거듭해서 언급하는 것은 물리적 법칙이다. 날치가 물로 돌아갈 수밖에 없고, 칼슘으로 채워진 뼈가 흰색일 수밖에 없듯이 우리가 아는 한 인간의 뇌는 보편문법을 위한 회로를 담을 수밖에 없다. 촘스키는 다음과 같이 적고 있다.

> 이 기술들[가령, 문법 학습하기]은 다른 이유로 발달한 뇌의 구조적 속성들의 부산물로 발생했을 것이다. 더 큰 뇌, 더 넓은 피질 표면, 분석처리 과정을 위한 반구의 전문화, 그 밖의 상상할 수 있는 여러 구조적 속성들을 향한 선택이 있었다고 가정해 보자. 진화한 뇌는 개별적으로는 선택되지 않은 온갖 종류의 특정한 속성들을 가질 것이다. 여기에는 어떤 기적도 없다. 단지 진화의 정상적인 작용만이 존재할 것이다. 현재 우리는 인간이 진화하는 동안 발생한 특별한 조건하에서 1010개에 달하는 신경이 농구공만한 크기의 물체 안에 자리를 잡을 때, 물리적 법칙들이 어떻게 적용되었는지 전혀 알지 못한다.

우리는 허리케인이 고물상을 휩쓰는 특정한 조건 아래서 물리적 법칙들이 어떻게 적용되는지 모르듯이 여기에 대해서도 잘 모르지만, 인간의 뇌에 보편문법을 위한 회로가 발달하도록 만든 미지의 물리적 법칙들이 존재할 가능성은 여러 가지 이유로 희박하다고 생각한다.

현미경적 차원에서 볼 때, 복잡한 신경교(神經膠) 세포들을 따라 하나의 축삭돌기를 인도하는 표면분자가 다른 수백만 개의 표면분자와 협조하여 문법적 언어와 같이 지능을 가진 사회적 종에게 유용한 어떤 것을 운용할 회로들을 결합해 내는 데는 도대체 어떤 물리적 법칙이 작용하는 것일까? 거대한 신경망을 배선하는 데는 천문학적인 수의 방대한 방법이 있으므로 틀림없이 다른 어떤 것이 생겨날 것이다. 즉 박쥐의 음파탐지나 둥지 틀기, 고고춤 또는 가장 가능성이 높은 것으로서 무작위적인 신경잡음이 생겨날 것이다.

뇌 전체의 차원에서 더 큰 뇌를 위한 선택이 있었다는 언급은 분명 인간의 진화에 관한(특히 고인류학자들의) 저서에 공통적으로 나타난다. 그러한 전제 위에서라면 우리는 당연히 모든 종류의 연산 운용능력은 부산물로서 주어지는 것이라고 생각하게 될 것이다. 그러나 잠시만 생각해 본다면, 그 전제는 앞뒤가 바뀐 것임을 알 수 있다. 왜 진화는 단지 뇌의 크기만을, 탐욕스럽게 신진대사를 해대는 그 둥근 기관의 크기만을 선택했을까? 뇌가 큰 생물은 수많은 불이익이 따르는 생활을 감수해야 한다. 그것은 가는 줄기 위에 수박을 이고 서 있거나, 오리털 파카를 입고 제자리 달리기를 하거나, 여성의 경우에 몇 년에 한 번씩 커다란 신장결석을 걸러내야 하는 것과 같은 불합리함과 크게 다르지 않다. 뇌의 크기 자체를 선택했다면 분명 새머리를 선호했을 것이다. 더욱 강력한 연산능력(언어, 지각, 사유 등등)을 위한 선택이 우리에게 큰 뇌를 부산물로서 부여한 것이지, 그 반대가 아니었다!

그러나 큰 뇌를 갖게 되었다 해도 날치가 공중에서 떨어지는 것처럼 언어가 뚝 떨어지지는 않는다. 우리는 농구공보다 훨씬 작은 머리를 가진 난쟁이들에게도 언어가 있음을 안다. 또한 뇌의 반구들이 기형적인 형태로 억눌려졌거나, 코코넛 과육처럼 두개골을 따라 얇은 층으로 뭉개진 뇌수종 환자들도 지능이나 언어 면에서 정상일 수 있다. 이와는 반대로 특수언어손상 환자들은 정상적인 크기와 형태를 지닌 뇌를 가지고 있고 분석처리 능력도 온전하다(고프닉의 피실험자가 수학과 컴퓨터에 뛰어났던 경우를 생각해보라). 이 모든 증거로 볼 때, 언어 발생의 근원은 뇌회로의 정확한 배선이지, 상당한 크기나 형태 혹은 뉴런의 꾸러미가 아님을 알 수 있다. 물리학의 무자비한 법칙들이 우리가 언어를 통해 의사소통할 수 있도록 그 회로를 연결시켜 주는 호의를 베풀었다고는 생각하기 힘들다.

한 가지 덧붙이자면, 언어본능의 기본적 설계를 자연선택에서 찾을 때에만 모든 특성을 그럴듯하게 '설명' 할 수 있는 '바로 그랬구나' 식의 이야기에 빠지지 않을 수 있다. 신경학자 윌리엄 캘빈은 그의 저서 《돌 던지는 마돈나》에서 좌뇌가 손의 통제를 전담하고, 그 결과 언어의 통제를 전담하는 것을 다음과 같이 설명하고 있다. 여성 원인들은 아기가 심장박동을 듣고 안정을 취할 수 있도록 왼쪽에 안았다. 이것 때문에 어머니들은 작은 먹잇감 향해 돌을 던질 때 오른손을 사용해야 했다. 따라서 인류는 오른손잡이가 되었고, 좌뇌를 사용하게 되었다. 자, 이것이 '바로 그랬구나' 식의 이야기이다. 그러나 사냥하는 모든 인간사회에서 사냥하는 사람은 남자였지 여자가 아니었다. 더구나 어린시절을 보낸 사람으로서 나는 짐승을 돌로 맞히는 일이 결코 쉽지 않다는 것을 확언할 수 있다. 캘빈의 돌 던지는 마돈나는 엉덩이에 꿈틀거리는 아기를 매단 채 투수 플레이트 위에서 강속구를 던지는 로저 클레멘스와 같다. 캘빈은 이 책의 2판에서 그것이 농담에 불과했다고 독자들에게 설명해야 했다. 그는 그러한 이야기들이 진지한 적응주의적 설명만큼이나 신빙성이 없다는 것을 보여주기 위해 노력했다. 그러나 진지한 의도였다 해도 마찬가지였겠지만, 그렇게 무딘 풍자로는 도저히 핵심을 짚을 수 없다. 《돌 던지는 마돈나》는 그것이 경험적 고려에서든 공학적 고려에서든 즉시 오류를 드러낼 뿐 아니라 중요한 이론적 이유 때문에 출발부터 잘못된 것이므로 진정한 적응주의적 설명과는 질적으로 다르다. 자연선택은 극히 불가능한 것들에 대한 설명이기 때문이다. 뇌에 편측성이 있다 해도, 좌뇌의 편측성은 극히 제한된다. 그 확률은 정확히 50%다! 여기에서 자연선택에 대한 대안은 매우 만족스러우므로 우리는 좌뇌의 대안을 다른 어떤 것에서 추적할 필요가 없다. 이것은 자연선택의 논리를 기준으로 우리가 어떻게 합당한 선택론 설명과 바로 그랬구나 식의 이야기를 구별할 수 있는가에 대한 좋은 예증이다.

심리학자 폴 블룸과 나는 자연선택에 의해 언어능력이 진화해 온 과정을 재구성하는 문제가 전적으로 해결 가능하다고 주장해 왔다. 하지만 공정하게 볼 때 그것이 진짜 문젯거리임을 시인하지 않을 수 없다. 전하는 이야기에 따르면 매콜리 경이 아기였을 때 최초로 한 말이 뜨거운 차에 입을 덴 후 여주인에게 "감사합니다, 부인. 고통이 눈에 띄게 누그러졌습니다."였다고 하지만, 아마 메다워가 지적한 대로 언어의 시작은 그런 방식으로 이루어지지 않았을 것이다. 언어가 점진적으로 진화했다면 분명 중간 형태의 것들이 연속적으로 존재했을 것이고, 각각의 것이 사용자들에게 유용했을 것이다. 여기서 몇 가지 의문이 제기된다.

먼저 언어가 실제로 표현되기 위해 다른 개인이 있어야 한다면, 최초의 문법 돌연변이는 누구에게 말을 걸었을까? 한 가지 해답은 동일한 유전에 의해 새로운 유전자를 공유한 50%의 형제자

매 그리고 아들과 딸들이다. 그러나 좀더 일반적인 해답은 이웃들이다. 이웃들은 비록 최신 유행의 회로를 소유하지는 못했지만, 지능 전반을 이용하여 그 돌연변이가 무엇을 이야기하고자 하는지를 부분적으로 이해할 수 있었을 것이다. 비록 우리는 skid crash hospital 같은 단어열을 분석할 수 없지만, 그것이 대충 무엇을 의미하는지는 알 수 있다. 그리고 영어 화자들이 비슷한 단어와 배경지식에 근거하여 이탈리아어로 된 신문의 기사를 이해하는 데 상당히 뛰어난 능력을 보이는 경우도 빈번하다. 만약 다른 사람들이 상당한 마음의 노력을 기울여야 그 문법 돌연변이의 중요한 차이점을 불확실하게나마 해독할 수 있었다면, 반사적이고 무의식적인 분석과정으로 그 차이를 충분히 극복할 수 있도록 상호일치시키는 체계를 진화시켜야 한다는 압박감이 생길 수 있다. 8장에서 언급했듯이 자연선택은 노력과 모색을 통해 획득한 기술을 뇌에 배선한다. 자연선택은 각 세대에서 청자가 가장 잘 해독할 수 있는 화자와 화자를 가장 잘 해독할 수 있는 청자를 선호함으로써, 언어 능력을 한 단계씩 끌어올렸을 것이다.

두 번째 문제는 중간적 문법이 어떤 것이었느냐, 하는 것이다. 베이츠는 이렇게 묻는다.

> 내포된 절에서 명사구를 추출하는 제약들이 과연 어떤 형식에서 탄생했으리라고 상상할 수 있는가? 상상컨대 한 생명체가 절반의 기호 혹은 어떤 문법의 4분의 3을 소유한다는 것은 무엇을 의미하는가? …[중략]… 단세포적 기호(monadic symbol), 절대규칙(absolute rule), 그리고 기능조합체계(modular system) 등이 통째로 예, 아니오의 기준 위에서 획득되어야 한다. 그야말로 창조론적 설명이 필요한 과정이다.

이 질문이 다소 이상하게 들리는 이유는 베이츠가 다윈의 의도를 기관들이 차츰 큰 부분으로(절반, 4분의 3 등으로) 진화하는 것으로 가정했기 때문이다. 베이츠의 수사학적 질문은 생명체가 절반의 머리와 4분의 3의 팔꿈치를 소유한다는 것이 무엇을 의미하는지 묻는 것과 같다. 물론 다윈의 진정한 주장은 생명체의 진화가 차츰 복잡한 형식을 띠면서 이루어진다는 것이다. 중간의 복잡성을 띤 문법들을 상상하기는 쉽다. 그것들은 좀더 좁은 범위의 기호들, 좀더 불확실하게 적용되는 규칙들, 규칙이 좀더 적은 모듈 등을 가지고 있을 것이다. 최근의 저서에서 데릭 비커턴은 베이츠의 질문에 보다 구체적으로 답한다. 그는 '조어(祖語)'라는 용어를 침팬지 수화, 피진어, 두 단어 단계의 아동 언어, 그리고 지니를 비롯한 늑대아이들이 결정적 시기를 거친 후 결국은 습득에 실패한 부분적 언어 등에 사용한다. 비커턴은 호모 에렉투스가 조어로 이야기했을 것이라고 한다. 분명히 상대적으로 조잡한 이 체계와 현대 성인의 언어본능 사이에는 거대한 심연이 존재하는데, 비커턴은 여기에서 다음과 같은 놀라운 의견을 덧붙인다. 단 한 번의 돌연변이가 단 한 명의 아프리카 이브에게 발생하여 통사론을 배선함과 동시에 두개골의 크기와 형태를 재조정하고 성도를 재형성했다는 것이다. 그러나 우리는 제트 여객기를 조립하는 허리케인을 연상시키는 비커턴의 후반부 이야기를 받아들이지 않은 채, 전반부를 확장시킬 수 있다. 아이와 피진어 사용자, 이민자와 관광객, 실어증 환자와 전보문, 그리고 신문 표제어의 언어는 효율성과 표현능력에서 다양하며, 동시에 독립적으로 존속할 수 있는 언어체계의 광범위한 연속이 존재한다는 사실을 보여준다. 이것은 자연선택론이 정확히 요구하는 바이다.

세 번째 문제는 언어본능의 진화과정에서 각 단계는 가장 최근의 단계까지 포함하여 적응도를 향상시켜야 한다는 것이다. 데이비드 프리맥은 이렇게 쓰고 있다.

나는 감히 여러분들 앞에 순환성에 선택론에서 말하는 적응도를 부여하는 시나리오를 구성해 보이고자 한다. 언어는 인류 혹은 원인들이 마스토돈을 사냥했을 때 진화했다고들 한다. … 우리 선조들 가운데 한 사람이 꺼져가는 모닥불 곁에서 "전에 밥이 자신의 창을 막사에 두고 와서 잭에게 빌린 무딘 창으로 일격을 가했을 때, 앞발굽이 깨져나간 그 날랜 맹수를 조심하라."고 말할 수 있다는 사실이 과연 그다지 큰 이득이 될 수 있겠는가?

인간의 언어를 진화론에 맞추고자 하는 것은 황당한 일이다. 그것은 선택론의 적응도 관점에서 설명할 수 있는 것보다 훨씬 막강한 것이기 때문이다. 침팬지의 언어일 것이라고 추정되는 것과 같은 종류의, 단순한 배치규칙을 갖춘 의미론적 언어만으로도 우리가 보통 마스토돈 사냥과 같은 일에 대한 논의에서 기대할 수 있는 모든 이득을 부여받을 수 있을 것이다. 그런 종류의 논의를 위해서라면 통사론 수업이나 구조의존 규칙 그리고 순환 따위의 것들은 지나치게 강력한 장치이며 불합리하다.

"무엇이 문제인가? 신부가 너무 아름다워서?"라는 유대인의 표현이 생각난다. 그의 반론은 치타의 속도가 쓸데없이 빠르다거나, 독수리에게는 그렇게 좋은 시력이 필요 없다거나, 코끼리의 코는 지나치게 강력한 장치로서 불합리하다는 말과 다소 흡사하다. 그러나 그런 가정은 시도해 볼 만한 가치가 있다.

먼저, 자연선택은 엄청난 이득을 요구하지 않는다는 사실을 명심하자. 시간은 광대하므로 작은 이득만으로도 충분하다. 생쥐가 더 커지기 위해 아주 작은 선택—가령 1% 더 큰 자손을 낳기 위한 1%의 재생산 이득—을 겪는다고 상상해 보자. 약간의 셈으로도 그 쥐의 후손들은 진화의 시간잣대에서 눈 깜짝할 순간인 수천 세대가 지나면 코끼리의 크기로 진화할 것이다.

둘째, 현대에 존재하는 식량채집인들을 통해 충분히 짐작할 수 있는 일이지만, 우리 조상들은 어느 마스토돈을 피해야 하는지에 대해 이야기하는 것 외에는 말할 것이 별로 없는 푸념만 하는 동굴사람들이 아니었다. 식량채집인들은 훌륭한 도구제작자인 동시에 생명의 순환, 생태학 그리고 그들이 의존하는 식물과 동물의 행동에 대해 상세한 지식을 갖춘 뛰어난 아마추어 생물학자들이었다. 언어는 분명 생활방식과 같은 그 무엇인가에 유용했을 것이다. 뛰어난 지능을 가진 종의 구성원들이 서로 의사를 소통하지 않고 고립적으로 환경과 타협해 나가는 것을 상상해 볼 수는 있지만, 그것은 얼마나 심한 낭비인가! 힘들게 획득한 지식을 친족과 친구들과 교환한다는 것은 훌륭한 보상이 따르는 일이며, 언어는 그 과정에서 매우 중요한 수단이다.

그리고 시간과 공간, 사물 그리고 누가 누구에게 무엇을 했는가에 대한 정확한 정보를 전달하기 위해 설계된 문법장치는 파리잡듯 초토화시키는 것으로 유명한 열핵 무기와는 종류가 다르다. 특히 순환은 대단히 유용하다. 그것은 프리맥이 암시한 것처럼 왜곡된 통사론을 가진 구에 한정되지 않는다. 순환이 없으면 우리는 the man's hat 혹은 I think he left라고 말할 수 없다. 순환에 필요한 것은 단지 하나의 명사구를 다른 명사구 내부에, 혹은 하나의 절을 다른 절 내부에 삽입시키는 능력이고, 그것은 'NP → det N PP'와 'PP → P NP'와 같은 단순한 규칙에서 나온다. 이 능력으로 화자는 정확도를 기해 임의로 대상을 지시할 수 있다. 그 덕분에 멀리 떨어진 어떤 지역에 가려면 커다란 나무 앞에 있는 길(the trail that is in front of the large tree)을 따라가야 하는지, 커다란 나무가 앞에 있는 길(the trail that the large tree is in front of)을 따라가야 하는지가 구별된다. 그 덕분에 그 지역에는 당신이 먹을 수 있는 동물(animals that you can eat)이 있는지, 당신을 먹을 수 있는 동물(animals that can eat you)이 있는지가 구별된다. 그 덕분에 그곳에는 익은 과일(fruit that is ripe)이 있는지, 익었던 과일(fruit that was ripe)이 있는지, 익을 과일(fruit that will be ripe)이 있는지가 구별된다. 그 덕분에 당신은 사흘을 걸으면 그곳에 닿을 수 있는지(whether you can get there if you walk for three days), 그곳에 가면 사흘을 걸을 수 있는지(whether you can get there and walk for three days)가 구별된다.

세 번째, 사람들은 어디에서나 생존을 위해 협동노동에 의존하고, 정보와 책임을 교환함으로써 동맹을 결성한다. 이것 역시 복잡한 문법을 십분 활용한다. 그 덕분에 상대방이 내 말을, 당신이 나에게 약간의 과일을 주면 나는 앞으로 잡을 고기를 나누어주겠다(if you give me some of your fruit, I will share meat that I will get)고 이해하는지, 내가 잡았던 고기를 나누어주었으므로 당신은 나에게 약간의 과일을 주어야 한다(you should give me some fruit, I will shared meat that I got)고 이해하는지, 당신이 나에게 약간의 과일을 주지 않으면 내가 주었던 고기를 다시 가져갈 것이라(if you don' t give me some fruit, I will take back the meat that I got)고 이해하는지가 구별된다. 여기서도 역시 순환은 불합리하게 강력한 장치가 아니다. 순환 덕분에 He knows that she thinks that he is flirting with Mary 같은 문장이나 가십을 전달하는 여타 방법들이 허용되어 분명히 보편적인 인간의 악취미가 만족된다.

그러나 과연 이러한 교환 때문에 인간의 문법이 지나치게 복잡하게 되어 버릴 수 있을까? 미지수다. 진화는 대립자들이 '군비경쟁'에 집착할 때 종종 화려한 능력을 생산한다. 인류학자들 가운데 일부는 인간 뇌의 진화가 기술의 숙달과 물리적 환경보다는 사회적 경쟁자들 사이에서 벌어지는 인지력의 군비경쟁에 의해 더욱 강하게 추진된다고 생각한다. 결국 돌의 특성을 낱낱이 알거나 딸기를 더 잘 이용하기 위해 높은 뇌의 능력이 필요한 것은 아니다. 그러나 거의 비슷한 마음의 능력을 가진 상대방이 상반된 이해관계를 보이거나 악의를 드러낼 때, 생명체는 상대방의 의표를 찌르거나 의도를 미리 짐작해 내는 일을 통해 더욱 강해지고, 인지능력은 한 단계씩 꾸준히 상승한다. 그리고 인지력의 군비경쟁은 분명 언어의 군비경쟁을 추동한다. 모든 문화에서 사회적 상호작용은 설득과 토론을 통해 조정된다. 선택을 어떻게 제시하느냐는 사람들이 어떤 것을 선택하느냐를 결정하는 데서 큰 역할을 한다. 그러므로 어떤 제안이 협상중인 상대방에게 최대의 이익과 최소의 비용을 보장하는 것처럼 보이도록 그 제안을 틀 속에 짜 맞추는 능력에서, 그리고 그러한 시도를 꿰뚫어보고 매력적인 반대제안을 내놓는 능력에서 조금이라도 우세해지기 위한 선택은 쉽게 일어날 수 있었을 것이다.

마지막으로 인류학자들은 부족장들이 대개 재능 있는 연설가인 동시에 일부다처가라는 사실에 주목해 왔다. 이것은 언어 기술이 왜 다윈주의에서 중요한지 상상하지 못하는 사람들에게 훌륭한 자극제가 될 것이다. 진화과정에 있는 사람들이 생활했던 세계에는 개체의 재생산의 성패를 좌우하는 정치, 경제, 기술, 가족, 성, 교우관계의 복잡한 직조물이 언어로 짜여져 있었을 것으로 생각된다. 그들 역시 우리들처럼 나-타잔 너-제인 수준의 문법만을 가지고 살 수는 없었을 것이다.

언어의 고유성 때문에 야기되는 세간의 격론에는 수많은 아이러니가 존재한다. 동물들에게 인간의 의사소통 형식을 억지로 강요함으로써 고상한 위치를 부여해 보겠다고 애쓰는 사람들이 있다. 그러나 언어를 선천적이고 복잡하고 유용한 것으로 묘사하면서도 그것이 선천적이고 복잡하고 유용한 것을 만들어 내는 자연선택의 산물이 아니라고 설명하는 것은 또 다른 문제이다. 왜 언어만 그렇게 특별한 대우를 받아야 하는가? 언어는 인간이 지구의 구석구석으로 퍼져나가게 해 주었고, 큰 변화들을 가져오게 했다. 그렇다고 그것이 과연 섬을 이루는 산호나 흙집을 지음으로써 풍경을 바꾸는 지렁이, 대기 중에 부식성 산소를 방출하여 당시의 생태환경을 뿌리째 파괴한 광합성 박테리아보다 특별한 것일까? 왜 말하는 인간은 코끼리, 펭귄, 비버, 낙타, 방울뱀, 벌새, 전기뱀장어, 나뭇잎을 닮은 벌레, 세쿼이아 거목, 파리지옥풀, 음파를 탐지하는 박쥐, 머리에 전등을 단 것 같은 심해어보다 이목을 끄는 존재이어야 하는가? 이 생물들 중에는 그들 종에만 고유한 특성을 지닌 것들도 있고 아닌 것들도 있지만, 이것은 단지 그들의 친척들 가운데 어떤 종이 멸종했는가라는 우연에 좌우된다. 다윈은 모든 생물의 계통관련성을 강조했지만, 진화는 수정이 가해진 유전이고, 자연선택은 신체와 뇌라는 원료를 주조하여 무수히 다른 적소(適所)에 배치해 왔다. 다윈에게 '생명에 대한 관찰의 장엄함'은 "지구가 일정한 중력의 법칙에 따라 순환하는 동안 아주 단순한 출발점에서부터 가장 아름답고 훌륭한 생명체들이 무한히 진화했고, 여전히 진화하고 있는 장엄함" 바로 그것이다.

XII

언어 전문가

THE LANGUAGE MAVENS

여러분이 자연에 관한 다큐멘터리를 보고 있다고 생각해 보자. 화면은 자연 서식지에서 흔히 볼 수 있는 동물들의 생활을 연속 장면으로 보여주고 있다. 그러나 해설자가 돌고래들이 제대로 헤엄치지 않고 있다, 흰머리참새들이 부주의하게 노래를 변조시키고 있다, 박새들의 둥지는 잘못 지어졌고, 팬더는 대나무를 뒷발로 잡고 있다는 식의 몇 가지 엉뚱한 내용을 전달한다. 또 혹고래의 노래에서는 잘 알려진 실수가 들려오고, 원숭이들의 고함소리는 수백 년 동안의 퇴보와 혼란상태에 있다는 해설도 있다. 아마 여러분은 혹고래의 노래에 '잘못'이 있다는 것이 도대체 무슨 뜻일까 궁금할 것이다. 혹고래가 어떤 노래를 부르든 그것은 혹고래의 노래가 아닌가? 대체 이 해설자 누구야?

그러나 대부분의 사람들은 인간의 언어에 대해서는 그 같은 판정이 유의미할 뿐 아니라 위험을 예고하는 경보일 수 있다고 생각한다. 런던 사교계의 고등 룸펜은 문법적 문장을 구성하지 못한다. 교육수준이 낮아지고 대중문화가 서퍼, 경마기수, 십대 소녀들의 속어처럼 이해하기 힘들고 모호한 헛소리들을 퍼뜨리면서 우리는 기능적 문맹자들의 국가가 되어가고 있다. hopefully라는 단어의 오용, lie와 lay의 혼동, data를 단수명사로 취급하는 일, 현수분사의 사용 등이 빈번해지고 있다.

물론 언어학자나 심리언어학자에게 언어는 혹고래의 노래와 같다. 구조가 문법적인지 알아보려면 그 언어를 사용하는 사람들에게 물어보면 된다. 그래서 어떤 사람이 모국어를 '비문법적으로' 사용하거나 '규칙'을 계속 위반한다고 비난받을 때는 분명 '문법적인' 그리고 '규칙'이라는 말이 뜻하는 다른 의미가 암암리에 존재할 것이다. 사실 사람들이 자신의 언어를 모른다는 광범위한 생각은 언어를 연구할 때 부딪히게 되는 성가신 장애물이다. 언어학자가 데이터 제공자에게 자신이 한 말의 형태에 대해 질문하면 (예를 들어 그 사람이 sneaked를 쓰는지 snuck를 쓰는지), 종종 "함부로 이야기하지 않는 게 낫겠어요. 어느 것이 맞죠?"라는 솔직한 반문이 나온다.

이 장에서는 이런 모순을 해결해 보고자 한다. 칼럼니스트인 에르마 봄벡을 기억해 보자. 그녀는 문법유전자에 대해 회의적이었는데, 그 이유는 남편이 'bummer'를 문장이라고 생각하는 37명의 고등학생을 가르친 적이 있기 때문이었다. 여러분도 아마 궁금할 것이다. 언어가 거미의 집짓기처럼 본능적인 것이라면, 모든 세 살배기 아이들이 문법적으로 천재라면, 통사론의 설계가 우리의 DNA에 기록되어 있고 우리의 뇌에 내장되어 있다면, 왜 영어가 이토록 혼란스러운 것일까? 왜 미국인들은 말을 하기 위해 입을 열거나 글을 쓰기 위해 펜을 들 때마다 알 수 없는 말을 지껄이는 바보가 되어야 하는 것일까?

이 모순은 '규칙,' '문법적,' '비문법적'이라는 단어들이 과학자와 문외한들에게 각각 다른 의미로 받아들여진다는 사실에서 비롯된다. 모든 사람들이 학교에서 배우는(혹은 배우다가 실패하는 일이 더 많은) 규칙은 어떻게 말해야 하는가를 규정한 이른바 규범 규칙이다. 한편 언어를 연구하는 과학자들은 기술(記述) 문법을 제안하는데, 이는 사람들이 어떻게 말하는가를 기술하는 것이다. 이 둘은 완전히 다른 것이고, 과학자들이 기술 문법에 초점을 맞추는 데는 그럴 만한 이유가 있다.

과학자들은 인간 언어의 가장 두드러진 특징을 완전한 불가능성으로 본다. 우주에 존재하는 대부분의 물체들—호수, 바위, 나무, 벌레, 소, 자동차—은 말을 하지 못한다. 심지어 인간의 경우조차 언어의 형태를 띤 발화는 인간의 입으로 낼 수 있는 소리 가운데 극히 일부분이다. 나는 문어들이 어떻게 사랑을 나누는지, 딸기주스 얼룩을 어떻게 제거하는지를 설명하는 단어의 조합을 배열할 수 있다. 그 단어들을 아무렇게나 재배열하면 그 결과물은 다른 의미의 문장이 되거나 십중팔구는 단어 샐러드가 될 것이다. 이 기적을 어떻게 설명할 수 있을까? 인간 언어를 복제하는 장치를 생성하기 위해서는 무엇이 필요할까?

확실히 어떤 종류의 규칙을 세울 필요가 있다. 하지만 어떤 종류여야 하는가? 규범규칙인가? 과학자들이 '부정사를 분리시키지 마라' 혹은 'because로는 문장을 시작하지 마라'와 같은 규칙을 지키도록 설계된 말하는 기계를 만든다고 상상해 보자. 그 기계는 그저 가만히 서 있을 것이다. 사실, 부정사를 분리시키지 않는 기계들이 이미 존재하는데, 그것들은 스크루드라이버, 욕조, 커피메이커 등으로 불린다. 문장을 구성하고, 부정사를 정의하고, because라는 단어를 시작하기 위한 것으로 등록하는 규칙(4장과 5장의 규칙들)이 없다면 규범규칙은 무용지물이 되고 만다. 인쇄편람이나 학교 문법책에서 이러한 규칙들을 결코 언급하지 않는 이유는 저자들이 그 책을 읽을 줄 아는 사람이라면 누구나 이미 그 규칙을 알고 있으리라고 가정하고 있기 때문이다. 어느 누구도, 심지어는 십대 소녀들조차도 Apples the eat boy나 The child seems sleeping 또는 Who did you meet John and? 그리고 그 밖에 수학적으로 가능한 수백억 개의 단어조합을 사용하지 말라는 주의를 들어야 할 필요가 없다. 과학자들이 단어를 일상적 문장으로 배열하는 데 필요한 고도의 마음의 기계에 대해 생각할 때, 규범규칙은 대수롭지 않은 장식물에 불과하다. 어떤 이는 규범규칙에 심혈을 기울여야겠다고 결정할 수도 있으나, 고양이 쇼를 보고 고양이를 판단하는 기준이 포유동물 생물학과 무관한 만큼이나 규범규칙은 인간의 언어와 관계가 없다.

그래서 모든 평범한 사람들은 (체계적이라는 의미에서) 문법적으로 말할 수 있는 동시에 (비규범적이라는 의미에서) 비문법적으로 말할 수 있다고 하는 데는 모순이 없다. 마치 택시가 물리학의 법칙을 준수하지만 매사추세츠의 법칙을 어긴다고 말하는 데 모순이 없는 것과 같다. 그러나 의문이 발생한다. 분명히 어떤 사람이 어디에선가 우리를 위해 '올바른 영어'를 정의하고 있을 것이다. 그렇다면 과연 누구일까? 영어학술원 같은 곳은 아예 있지도 않으며, 없어도 무방하다. 아카데미 프랑세즈의 목적이라는 것이 격렬한 논쟁을 거쳐 내린 결정이 프랑스인들에게 쉽게 무시당함으로써 외국 언론들에게 즐거움을 선사하는 것이기 때문이다. 또한 태초에 영어제정회의를 주도한 설립자들이 있었던 것도 아니다. '올바른 영어'의 제정자들은 사실 광고카피 편집자, 사전용법 해설자, 인쇄편람과 안내서의 작가, 영어선생님, 수필가, 칼럼니스트 그리고 식자들의 비공식적 연합이다. 그들은 자신들이 특히 과거에 훌륭한 작가들의 올바른 영어 사용에 기여했으며, 오늘날에도 영어의 명확성, 논리성, 일관성, 간결성, 우아함, 연속성, 정밀성, 안정성, 통합성, 표현의 영역 등을 극대화할 수 있는 표준을 세우기 위해 몸 바쳐 헌신하고 있다는 사실에서 자신들의 권위가 비롯된다고 주장한다(더 나아가 그들 중 몇몇은 자신들이 사실상 명확하고 논리적으로 사고할 수 있는 능력을 지켜나가고 있다고 말한다. 이 과격한 워프주의는 언어 식자들 사이에 보편화되어 있어 그리 놀라운 일도 아니다. 이성 그 자체의 옹호자가 될 수 있는 마당에 누가 학교 교사로 만족하겠는가?). 《뉴욕 타임스 매거진》에 〈언어에 관하여〉라는 주간 칼럼을 쓰고 있는 윌리엄 새파이어는 스스로를 이디시어로 전문가를 의미하는 'language maven(언어 전문가)'이라 부르고 있다. 이제 우리는 그 집단 전체를 지칭할 적합한 이름을 얻게 된 셈이다.

나는 그들에게 말한다. 전문가, 전문가 양반! 아니 차라리 참견꾼이나 훼방꾼이라고 하는 편이 더 나을 듯하다. 왜냐하면 여기 놀라운 사실이 있기 때문이다. 언어 전문가들이 말하는 규범규칙의 대부분은 어떤 기준에서도 무의미하다. 그것들은 수백 년 전에 엉뚱한 이유로 발생하여 지금까지 보존되어 온 민속의 일부에 불과하다. 그러므로 화자들은 규범규칙이 존재하는 데도 그것을 계속 무시하면서 수세기 동안, 임박한 언어의 쇠퇴에 관해 똑같은 불안을 보여 왔다. 셰익스피어와 대부분의 전문가들을 포함하여 모든 시대의 뛰어난 영어 작가들은 악명 높은 경멸가들이었다. 왜냐하면 규범규칙은 논리에도 전통에도 부합되지 않으며, 그 규칙을 따른다면 작가들은 희미하고 조잡하고 장황하며 애매모호하고 이해하기 어려운 문장 속에 빠져서 자신의 생각을 명확하게 표현할 수 없기 때문이다. 사실 이 규칙들이 바로잡으려고 하는 대부분의 '무지한 실수'들은 오히려 언어의 문법적 조직에 대한 날카로운 감성과 고상한 논리성을 과시하고 있으나, 전문가들은 이에 둔감하다.

언어 전문가들의 비방은 18세기부터 시작되었다. 런던은 영국의 정치 · 경제적 중심지가 되었고, 영국은 막강한 제국의 중심이 되었다. 이에 따라 런던 방언은 갑자기 중요한 국제어가 되었다. 학자들은 어떤 예술적 · 사회적 제도에 대해서도 그러했듯이 런던 방언을 비판하기 시작했고, 일부는 궁정과 귀족계층의 관습과 권위에 의문을 품기 시작했다. 반면 라틴어는 여전히 계몽과 학문의 언어로 간주되었고(물론 상대적으로 거대한 제국의 언어인 동시에), 영어가 열망하는 정확함과 논리성을 갖춘 이상으로 제시되었다. 이 시기는 또한 전례 없는 변화를 보여주었는데, 누구든 교육과 자아의 발전을 원하고 교양을 갖춘 자가 되기를 바란다면 영어에 정통해야 했다는 것이다. 이 경향은 인쇄편람과 안내서의 수요를 창출했으며, 그 책들은 곧 시장의 힘으로 빛을 보게 되었다. 또 이 책들은 영문법을 라틴어 문법의 틀에 부어 주조해 낸 까닭에 어린 학생들이 라틴어를 배우는 데 도움이 될 수 있는 유용한 방법이 되었다. 판매경쟁이 치열해짐에 따라 편람들은 세련된 사람이라면 무시할 수 없는 까다로운 규칙들을 더욱 장황하게 수록함으로써 다른 책들을 능가하려 했다. 현대 규범규칙에서 발견되는 대부분의 핵심규칙들은(부정사를 분리시키지 마라, 전치사로 문장을 끝맺지 마라, 같은) 이와 같은 18세기의 일시적 유행으로 거슬러 올라간다.

만일 오늘날 영어 사용자들에게 라틴어가 그랬듯이 부정사를 분리하지 말라고 강요한다면, 이는 현대의 영국인들에게 월계관을 쓰고 토가를 입으라고 강요하는 것과 같다. 줄리어스 시저는 설령 부정사를 분리시키고 싶지 않았어도 그렇게 할 수밖에 없었을 것이다. 라틴어에서 부정사는 facere나 dicere같이 통사적으로 분리시킬 수 없는 하나의 단어였다. 그러나 영어는 다른 종류의 언어다. 영어는 '고립어'로서, 몇 개의 복잡한 단어 대신 여러 개의 단순한 단어로 문장을 구성하는 언어다. 부정사는 두 개의 단어, 즉 보문소 to와 go 같은 동사로 이루어진다. 정의상 단어는 재배열할 수 있는 단위이므로 부사가 그 사이에 와서는 안 될 이유가 없다.

> Space—the final frontier… These are the voyages of the starship Enterprise. Its five-year mission:to explore strange new worlds, to seek out new life and new civilizations, to boldly go where no man has gone before. (우주, 최후의 개척지…. 이것은 우주선 엔터프라이즈호의 항해다. 5년간의 임무는 낯설고 새로운 세계들을 탐험하는 것, 새로운 생명과 새로운 문명을 찾는 것, 그리고 인간이 전에는 가 보지 못한 곳으로 대담하게 가는 것이다.)

인간이 가 본 적이 없는 곳으로 to go boldly 한다고? 잘됐군, 스코티. 이곳엔 지능을 갖춘 생명체가 없다네. 전치사로 끝나는 문장이 비문법적인 문장이라면(라틴어에서는 격표시 체계와 관련된 타당한 이유로 불가능하지만, 격이 약한 영어에서는 그 이유가 불충분하다), 이는 윈스턴 처칠 식으로 말하자면 참아서는 안 되는 규칙이다(it is a rule up with which we should not put).

그러나 규범규칙이라는 것은 아무리 우스운 것일지라도 일단 도입되면 근절시키기가 매우 어렵다. 그 규칙들은 교육이나 집필과 관련된 체제 안에서 종교적 할례나 대학클럽의 짓궂은 신입생 신고식이 지속되는 것과 같은 이유로 존속된다. 나도 그것을 경험해야 했으니 여러분이라고 쉽게 통과할 수 있었겠는가? 이 규칙을 실제적 용법으로 전복시켜 보려는 사람이 항상 걱정하는 바는, 독자들이 그것을 작가의 도전으로 이해한다기보다는 작가가 그 규칙에 무지하다고 생각한다는 점이다(고백하자면 바로 이것 때문에 나는 분리해도 좋을 부정사를 분리시키지 못했다). 아마도 가장 결정적인 사실은, 규범규칙들은 심리학적으로 매우 부자연스러운 것이어서 학교교육에 접근할 수 있었던 사람들만 그 규칙을 따를 수 있기 때문에 일반인과 엘리트를 구분지우는 쉬볼레트(Shibboleths. 국적이나 계급 등을 판별하기 위해 말투나 말버릇을 시험해 보는 물음말.—옮긴이)로 작용한다는 것이다.

쉬볼레트('급류,' '연발'을 뜻하는 헤브라이어)라는 개념은 성경에서 유래한 것이다.

> 입다가 길르앗 사람을 다 모으고 에브라임과 싸웠더니 길르앗 사람들이 에브라임을 쳐서 파하였으니 이는 에브라임의 말이 너희 길르앗 사람은 본래 에브라임에서 도망한 자로서 에브라임과 므낫세 중에 있다 하였음이라. 길르앗 사람이 에브라임 사람 앞서 요단 나루턱을 잡아 지키고 에브라임 사람의 도망하는 자가 말하기를 청컨대 나로 건너게 하라 하면 그에게 묻기를 네가 에브라임 사람이냐 하여 그가 만일 아니라 하면, 그에게 이르기를 십볼렛이라 하라 하여 에브라임 사람이 능히 구음을 바로 하지 못하고 씹볼렛이라 하면 길르앗 사람이 곧 그를 잡아서 요단 나루턱에서 죽였더라 그 때에 에브라임 사람의 죽은 자가 사만 이천명이었더라. (사사기 12장 4~6절)

이런 종류의 테러가 지난 100년 동안 미국의 규범문법 시장에서 자행되었다. 지금까지 전국 곳곳에서 영어의 방언이 사용되어 왔는데, 그 방언의 일부 특징들은 멘켄이 미국어라 불렀던 초기 현대영어의 시대로 거슬러 올라간다. 그러나 그것은 불행하게도 정치와 교육의 표준어가 되지 못했으며, 학교의 '문법' 교과과정은 그 언어에 비문법적이며 어색한 말투라는 오명을 씌우기에 전념했다. 흔한 예로 aks a question, workin', ain't, I don't see no birds, he don't, them boys, we was 그리고 drug, seen, clumb, drownded, growed 같은 과거형 등을 들 수 있다. 어느 잡지의 통신교육 광고란에는 학교교육을 마칠 수 없었지만 성공의 야심을 간직한 성인들을 위해 몇 가지 실례를 열거한 문구와 함께 다음과 같은 현란한 표제가 전면에 실린 적이 있다. "당신은 이런 난처한 실수를 하지 않습니까?"

언어 전문가들은 종종 비표준영어는 표준영어와 다를 뿐 아니라 세련되지도 논리적이지도 않다고 주장한다. 이 경우는, 그들도 인정해야 하겠지만, 비표준적인 불규칙동사 drag-drug에는 적용하기 힘들다(그리고 feeled나 growed와 같이 규칙화된 동사의 경우는 더욱 그렇다). 결국 리처드 레더러는 '올바른' 영어로 "Today we speak, but first we spoke ; some faucets leak, but never loke. Today we write, but first we wrote ; we bite our tongues, but never bote. (오늘 우리는 말하지만 처음에는 말했다. 어떤 수도꼭지는 새지만 결코 새지는 않았다. 오늘 우리는 글을 쓰지만 처음에는 썼다. 우리는 우리의 혀를 깨물지만 결코 깨물지 않았다)."라고 지적했다. 언뜻 보아 언어 전문가들은 He don't와 We was에서 어형변화의 구별을 없애는 문제에 대해 더 나은 논쟁거리를 찾은 듯하다. 그러나 이것은 수백 년 동안 표준영어에 존재했던 유행 사조였다. 오늘날 sayest와 같은 동사의 2인칭 단수형을 더 이상 구별하지 않는다고 해서 실망할 사람은 없다. 그러므로 이런 기준으로 볼 때 표준영어보다는 y'all과 youse와 같이 2인칭 복수대명사를 표시해 주는 비표준 방언이 더 우수하다.

이 시점에서 표준영어의 옹호자들은, 가령 I can't get no satisfaction에서와 같은 이중부정의 문제를 끄집어낼 것이다. 그들은 논리적으로 말해 두 번의 부정이 서로를 상쇄시켜 버려 긍정을 의미한다고 가르친다. 실제로 가수 믹 재거는 he is satisfied라고 말한다. 그렇다면 이 노래의 제목은 'I Can't Get Any Satisfaction'으로 바뀌어야 한다. 그러나 이런 추론은 만족스럽지 못하다. 수백 개의 언어들은 그 언어를 사용하는 사람들에게 부정되는 동사의(언어학자들의 용어로) '범위' 안에서 부정요소를 사용하도록 요구한다. 그러나 이른바 이중부정은 위법행위이기는커녕 초서의 중세영어에서는 규범이었고, 표준프랑스어의 이중부정—Je ne sais pas에서 ne와 pas가 모두 부정인 것처럼—은 우리에게 익숙한 동시대의 예이다. 생각해 보면 표준영어도 마찬가지다. 다음 문장에서 any, even, at all이 의미하는 것은 무엇인가?

I didn't buy any lottery tickets. (나는 어떤 복권도 사지 않았다.)
I didn't eat even a single French fry. (나는 단 하나의 프렌치프라이도 먹지 않았다.)
I didn't eat fried food at all today. (오늘 나는 튀긴 음식을 전혀 먹지 않았다.)

분명히 특별한 의미가 없다. 그러나 우리는 다음 문장에서처럼 그것들을 따로 사용할 수 없다.

I bought any lottery tickets.
I ate even a single French fry.

I ate fried food at all today.

이 단어들의 역할은 비표준미국영어에서 no가 하는 역할과 같다. 즉, I didn't buy no lottery tickets에서처럼 부정된 동사와 호응한다. 아주 작은 차이라면 일치요소로서 표준영어에서는 any라는 단어를 사용한 반면, 비표준영어에서는 no를 사용한 점이다. 이 점을 제외하면 두 가지 용법은 대단히 비슷하다. 그런데 한 가지 더 지적해야 할 사항이 있다. 표준영어의 문법에서 이중부정은 그에 상응하는 긍정의 의미라고 단언할 수 없다는 것이다. 쉽게 만족을 얻을 수 있다는 사실을 자랑하기 위해 누군가 I can't get no satisfaction이라고 말한다는 것은 꿈도 꿀 수 없는 일이다. 대화 도중에 선행하는 부정어를 부인하는 구조가 사용되는 상황이 있을 수 있지만, 부정을 부인하는 것은 긍정을 단언하는 것과는 다르다. 심지어 부정을 부인하는 경우조차 힘들게 고안된 다음의 보기와 같이, 부정요소에 특히 강세를 둠으로써만 가능하다.

As hard as I try not to be smug about the misfortunes of my adversaries, I must admit that I can't get no satisfaction out of his tenure denial. (나는 내 적들의 불행에 대해 거만을 떨지 않으려고 최대한 노력하지만, 그의 종신 재직 거부로부터 어떤 만족감도 얻을 수 없는 것은 아니라는 사실을 인정할 수밖에 없다.)

그러므로 비표준 형태를 사용하면 혼란에 빠질 것이라는 말에는 현학적인 태도가 내포되어 있을 뿐이다.

운율(강세나 억양)에 둔감한 귀 그리고 담화와 수사학적 규칙에 대한 부주의는 언어 전문가들의 거래에서 중요한 도구다. 오늘날 젊은이들이 사용하는 흉악한 표현으로 I could care less라는 말이 있다. 십대들은 경멸스러움을 표현하기 위해 이 말을 쓰지만, 어른들은 이 경우에는 I couldn't care less라는 표현을 써야 한다고 본다. 그래서 언어 전문가들은 만약 그들이 실제보다 덜 신경 쓸 수 있다면(if they could care less than they do), 사실은 신경을 쓴다는 의미가 되어 그들이 말하고자 하는 바와 정반대가 되어 버린다고 주장한다. 그러나 이 현학자들이 십대들을 그만 들볶고 구조에 눈을 돌린다면, 자신의 주장이 모조품에 불과하다는 것을 알게 될 것이다. 다음의 두 가지 형태가 발음되는 것을 들어보자.

```
        COULDN'T care          I
                     LE              CARE
  i                   ESS.               LE
                              could           ESS.
```

운율과 강세가 완전히 다르다. 여기에는 이유가 있다. 두 번째의 형태는 비논리적이라기보다는 야유적이다. 야유의 요점은 표면적으로는 틀리지만 꾸미는 듯한 억양이 수반됨으로써 의도적으로 반대를 의미한다는 데 있다. 적절하게 풀이하자면, "오, 그렇군. 내가 별로 염두에 두지 않은 일이 있었군."이 될 것이다.

이른바 문법적 '실수'라는 것은 '합리적'의 의미에서뿐 아니라 형식논리학자들의 구분을 존중한다는 의미에서도 종종 논리적이다. 거의 모든 언어 전문가들이 조악한 구문이라고 여기는 다음의 구문들을 주목해 보자.

Everyone returned to their seats. (모든 사람이 그들의 좌석으로

돌아왔다.)

Anyone who thinks a Yonex racquet has improved their game, raise your hand. (요넥스 라켓이 경기력을 향상시킨다고 생각하는 사람은 당신의 손을 들어 보세요.)

If anyone calls, tell them I can't come to the phone. (만약 누군가 전화하면, 내가 전화를 받을 수 없다고 말해 달라.)

Someone dropped by but they didn't say what they wanted. (누군가 방문했지만, 그들은 무엇을 원하는지 말하지 않았다.)

No one should have to sell their home to pay for medical care. (누구도 치료비를 지불하기 위해 집을 팔게 되어서는 안 된다.)

He's one of those guys who's always patting themself on the back. [an actual quote from Holden Caulfield in J. D. Salinger's Catcher in the Rye] (그는 항상 자신의 등을 두드리는 사람들 중 한 명이다[J. D. 셀린저의 《호밀밭의 파수꾼》에 등장하는 홀덴 콜필드의 실제 표현에서 인용].)

언어 전문가들은 everyone은 단수 주어를 의미하므로 them과 같이 문장 뒤에 나오는 대명사의 선행사로 기능할 수 없다고 설명하면서 "Everyone returned to his seat", "If anyone calls, tell him I can't come to the phone"이 되어야 한다고 주장한다.

만약 당신이 이런 훈계의 표적이라면, 이 시점에서 약간 불편해질 것이다. Everyone returned to his seat는 마치 브루스 스프링스틴이 콘서트의 중간 휴식시간에 관중석에 앉아 있는 것을 발견하고는 모든 사람들이 그의 사인을 받기 위해 그의 좌석으로 몰려들었다는 것처럼 들린다. 또 아주 우연히 전화를 건 사람이 여성이라면(비록 당신이 '성차별 언어'에 관심 있는 사람이 아닐지라도),

him에게 어떤 말을 전해 달라고 룸메이트에게 부탁하는 것은 기묘하다. 이러한 불안감은 진지한 언어학자들에게는 분노의 표적으로서 충분한 근거가 있다. 다음번에 당신이 이 위반을 바로잡으라는 요구를 받는다면, 다음 문장을 어떻게 고쳐야 하는지 그 식자연하는 사람에게 물어보라.

Mary saw everyone before John noticed them.
존이 모든 사람을 보기 전에 메리가 그들을 보았다.

이제 그가 어색해 하면서 아주 이해하기 어려운 'Mary saw everyone before John noticed him.' 이라는 개선책을 내놓는 것을 지켜보라.

여러분과 홀덴 콜필드 그리고 언어 전문가를 제외한 모든 사람들이 직관적으로 파악하는 논리적 요점은 everyone과 they가 동일인을 지칭하는 선행사와 대명사가 아니며, 따라서 수에서도 일치할 필요가 없다는 것이다. 그것들은 논리적으로 다른 관계에 있는 양화사(量化詞)와 결속변항(結束變項)이다. Everyone returned to their seats라는 말은 '모든 X에 대해, X는 X의 좌석으로 돌아갔다'를 의미한다. 여기에서 'X'는 어떠한 특정인이나 집단도 지칭하지 않는다. 그것은 단지 행위자들이 상이한 관계 속에서 수행하는 역할들을 놓치지 않고 추적하는 위치보유자일 뿐이다. 이 경우에 좌석으로 돌아온 X는 X가 돌아온 자리를 소유하고 있는 바로 그 X다. 여기에서 their는 사실상 복수가 아니다. 그것은 어떤 것 하나를 지칭하는 것도, 여러 개를 지칭하는 것도 아니기 때문이다. 사실 그것은 아무것도 지칭하지 않는다. 이와 동일한 것이 전화를 건 가상의 인물에게도 적용된다. 누군가 전화를 걸 수도 있고, 걸지 않을 수도 있으며, 전화를 했던 사람이 전화를 끊어 버릴 수도 있다. 중요한 것은 단지 전화를 건 사람이 있다면, 그러니까 만약 누군가 전화를 건다면, 다른 사람 아닌 바로 그 사람이 나중에 다시 전화를 하도록 해야 한다는 것이다.

이때 변수는 수의 일치를 유발하는, 우리에게 좀더 친숙한 '지시적 대명사(특정한 남자를 의미하는 he와 특정한 남자들의 집단을 의미하는 they)'와는 논리적으로 다르다. 어떤 언어들은 사려 깊게도 화자들에게 서로 다른 단어로 지시적 대명사와 변수를 표현하도록 해 준다. 그러나 영어는 인색하다. 화자가 변수를 사용해야 할 때는 지시적 대명사가 징집되어 이름을 빌려주어야 한다. 이것들은 진정한 지시적 대명사가 아니라 지시적 대명사의 동음이의어일 뿐이다. 그러므로 그 일을 위해 they, their, them을 사용하고자 하는 그 지방 특유의 결정이 규범문법학자들이 he, him, his를 추천하는 것보다 좋지 않을 이유가 없다. 사실 they는 양성을 두루 포괄하고 있어 더욱 다양한 문장에서 적절한 느낌을 준다는 장점을 가지고 있다.

오랜 세월에 걸쳐 언어 전문가들은 영어 화자들이 명사를 동사로 전용해 사용하는 것을 개탄해 왔다. 다음의 동사들이 금세기에 공공연히 비난받아 온 것들이다.

to caveat	to input	to host
to nuance	to access	to chair
to dialogue	to showcase	to progress
to parent	to intrigue	to contact
	to impact	

여러분도 보다시피 이것들의 범위는 몹시 자연스럽지 못한 것에서부터 지극히 평범한 것에 이르기까지 다양하다. 사실 명사를 동사로 손쉽게 전용하는 것은 수백 년 동안 영문법의 일부였고, 영어를 영어답게 만드는 하나의 과정이었다. 내가 추정하기로 영어의 동사는 5분의 1이 명사에서 유래했다. 사람의 신체와 관련된 것들만 해도 다음과 같다. head a committee, scalp the missionary, eye a babe, nose around the office, mouth the lyrics, gum the biscuit, begin teething, tongue each note on the flute, jaw at the referee, neck in the back seat, back a candidate, arm the militia, shoulder the burden, elbow your way in, hand him a toy, finger the culprit, knuckle under, thumb a ride, wrist it into the net, belly up to the bar, stomach someone's complaints, rib your drinking buddies, knee the goalie, leg it across town, heel on command, foot the bill, toe the line 그리고 가정용 언어 책에 실을 수 없는 것들이 몇 개 더 있다.

무엇이 문제인가? 사람들은 정신이 흐릿한 화자들이 명사와 동사의 구분을 차츰 잠식해 가는 것을 걱정하는 듯하다. 그러나 여기에서도 다시 한 번 평범한 사람이 무시되고 있다. 5장에서 벌어졌던 현상을 기억해 보자. 야구용어 to fly out의 과거시제는 flew가 아니라 flied였고, 이와 유사하게 우리는 rang the city가 아니라 ringed the city를, grandstood가 아니라 grandstanded를 사용한다. 이것들은 모두 명사에서 온 동사들이다(a pop fly, a ring around the city, a grandstand). 화자들은 이러한 파생에 은근히 민감하다. 그들이 flew out과 같은 불규칙 형태를 피하는 까닭은 야구의 동사인 to fly에 대한 정신사전의 항목이 일상적으로 쓰이는

to fly(새들의 행위)에 대한 정신사전의 항목과 다르기 때문이다. 즉 하나는 명사어근에 근거한 동사로 설명되어 있고, 다른 하나는 동사어근을 가진 동사로 설명되어 있다. 그리고 단지 동사어근만이 flew와 같은 불규칙 형태를 가질 수 있다. 불규칙 과거시제형은 단지 동사어근만 가질 수 있기 때문이다. 이러한 현상은 사람들이 명사를 동사로 사용하는 것이 그들의 정신사전을 더 정교하게 만들고 있는 것이며, 그 반대가 아니라는 사실을 보여준다. 다시 말해 이는 단어들이 동사 대 명사로서의 정체성을 잃어버리는 것이 아니라, 오히려 동사와 명사, 명사에서 비롯된 동사가 각기 존재하여 사람들이 각각의 것에 서로 다른 꼬리표를 붙여 마음에 저장한다는 것을 의미한다.

명사 출신 동사들의 특별한 지위와 관련된 가장 두드러진 측면은 모든 사람이 그것을 존중한다는 점이다. 5장에서 명사에 근거하여, 가령 누군가의 이름에 근거하여 새로운 동사를 만들려고 할 때, 그 새로운 동사는 기존의 불규칙동사와 동일한 발음으로 들릴 때조차 항상 규칙적이었던 것을 기억해 보자(예를 들어 아름다운 흑인 여성 우주비행사 메이 제미슨은 out-Sally-Rode Sally Ride한 것이 아니라 out-Sally-Rided Sally Ride했다). 나의 연구조사팀은 명사에서 전성된 약 25개의 새로운 동사를 가지고 어형변화에 관한 실험을 한 적이 있다. 실험대상에는 대학생들과 우리가 신문광고를 통해 모집한 대학교육을 받지 않은 지원자들, 취학아동들, 심지어는 네 살짜리 아이들도 있었다. 그들은 모두 훌륭한 직관적 문법학자들이었다. 그들은 명사에서 온 동사들을 순수한 기존 동사들과 다르게 어형변화시켰다.

그렇다면 그 원칙을 파악하지 못하는 사람이 어딘가에 있단 말인가? 그렇다. 언어 전문가들이다. 테오도어 번스타인의 《조심스런 작가》에서 broad-casted를 찾아보라. 그러면 다음을 발견할 수 있을 것이다.

> 만약 당신이 영어의 가까운 미래를 바르게 예견했다고 생각하여 당신의 운명을 허용주의자들과 함께하기로 했다면, 아마도 당신은 몇몇 사전들처럼 최소한 라디오에서 사용하는 broadcasted라는 단어에 대해 수용적일 것이다. 그러나 나머지 우리들은 모든 불규칙동사를 규칙동사로 전환하는 것이 얼마나 바람직한 일인지는 몰라도 그것이 칙령으로 이루어질 수도, 하룻밤 사이에 성취될 수도 없는 일이라고 판단할 것이다. 우리는 허용주의자들 자신도 종종 경멸하는 유추나 일관성 또는 논리성이라는 이유 말고는 broadcasted를 사용할 이유가 전혀 없다고 생각하기 때문에 broadcast를 과거시제와 분사로 계속 사용할 것이다. 또한 이런 입장은 야구용어인 flied에 대한 우리의 입장과 상충하지 않는다. 그것은 존재할 진정한 이유가 있다. 약간의 불규칙동사가 존재한다는 것은 사실 불가피하다.

flied에 관한 번스타인의 '진정한 이유'란 그것이 야구에서 특별한 의미를 띤다는 것이지만, 그것은 틀린 이유다. see a bet, cut a deal, take the count 등도 모두 야구에서 특별한 의미를 띠지만 seed, cutted, taked로 바뀌지 않고 여전히 saw, cut, took 등의 불규칙과거형을 유지한다. 그렇다. 진짜 이유는 to fly out의 의미가 to hit a fly이고, a fly가 명사이기 때문이다. 사람들이 broadcasted를 사용하는 이유도 똑같다. 모든 불규칙동사를 하룻밤 사이에 규칙동사로 바꾸어 놓고 싶어서가 아니라 to broadcast라는 동사를 마음속에서 to make a broadcast로, 즉 훨씬 더 보편적인 명사인 a broadcast에서 나온 것으로 분석하기 때문이다(그 동사의 본래 의미인 'disperse seeds'는 현재 원예가 이외의 사람들에게는 불분명해졌다). 따라서 명사에 근거를 둔 동사인 to broadcast가 자체적으로 특별한 과거형을 갖는 것이 바람직하지 않기 때문에 비전문가들은 현명하게도 '-ed 첨가' 규칙을 적용하는 것이다.

여기서 나는 한 가지 예를 더 논해야 한다. 그 동안 비방의 표적이 되어 온 hopefully에 대해서이다. "Hopefully, the treaty will pass(희망적으로, 그 협정은 통과될 것이다)"라는 문장은 심각한 오류라고 한다. 'hopefully'는 형용사 hopeful에서 유래한 부사로서 '희망찬 태도로'라는 의미를 갖고 있다. 그래서 전문가들은 hopefully가 희망에 찬 태도로 어떤 일을 하는 사람을 언급할 때에만 사용되어야 한다고 말한다. 즉, 희망에 찬 사람이 작가든 독자든 It is hoped that the treaty will pass라고 말하든가, If hopes are realized, the treaty will pass 또는 I hope that the treaty will pass라고 말해야 한다는 것이다.

그렇다면 다음을 생각해 보자.

1. 영어의 부사는 행위자가 행위를 수행하는 태도를 나타낸다는 주장은 옳지 않다. 부사는 행위자에 대해 언급하는 부사인 carefully와 같은 '동사구' 부사와 문장 내용에 대한 화자의 태도를 나타내는 frankly와 같은 '문장' 부사의 두 종류로 나눌 수 있다. 문장 부사의 예에는 frankly 외에도 다음과 같은 것들이 포함된다.

accordingly	curiously	mercifully
admittedly	generally	oddly
alarmingly	happily	parenthetically

amazingly	honestly	predictably
basically	ideally	roughly
bluntly	incidentally	seriously
candidly	intriguingly	strikingly
confidentially	mercifully	understandably

예를 들어 happily, honestly, mercifully와 같은 많은 훌륭한 문장 부사들이 동사구 부사에서 유래했으나, 문맥 속에서 사실상 양의적으로 해석되는 일이 결코 없다는 사실에 주목해 보자. hopefully가 문장 부사로 사용된 것은 (《옥스퍼드 사전》에 따르면) 글에서는 적어도 1930년대 무렵이며, 구어에서는 훨씬 이전부터였다. 그리고 이것은 위와 같은 파생과정이 대단히 적절하게 적용된 예라 할 수 있다.

2. 대안으로 제시된 It is hoped that과 If hopes are realized라는 문장은 수동태, 불필요한 단어, 애매모호함, 과장이라는 나쁜 글쓰기의 네 가지 전형을 그대로 보여준다.

3. 제시된 대안들은 hopefully와 의미가 다르다. 따라서 그러한 금지령은 어떤 생각을 표현할 수 없게 만든다. hopefully는 희망적인 예견인 반면, I hope that과 It is hoped that은 단지 특정인의 심리상태만 묘사한다. 그러므로 'I hope that the treaty will pass, but it isn't likely' 라고 말할 수 있지만, 'Hopefully, the treaty will pass, but it isn't likely' 라고 한다면 매우 이상하게 들릴 것이다.

4. hopefully는 다음과 같은 경우에는 오직 부사구 부사로만 사용하기로 되어 있다.

Hopefully, Larry hurled the ball toward the basket with one second left in the game. (희망적으로, 래리는 그 경기에서 일 초를 남겨두고 골대를 향해 공을 던졌다.)

Hopefully, Melvin turned the record over and sat back down on the couch eleven centimeters closer to Ellen. (희망적으로, 멜빈은 레코드를 뒤집고 소파 위의 엘런과 11cm 더 가까운 곳에 다시 앉았다.)

나를 세련되지 못하고 무식한 사람이라고 불러도 좋지만, 내가 말하는 문장 가운데 이런 표현은 없다.

어느 날 누군가가 모든 사람들은 중대한 실수를 하고 있다는 발표를 했다고 상상해 보자. 사람들이 클리블랜드라고 부르는 오하이오에 있는 도시의 이름이 사실은 신시내티이고, 신시내티라고 부르는 도시가 사실은 클리블랜드라고 주장한 것이다. 그 전문가는 또 이유를 제시하지도 않으면서, 그것이 옳은 것이니 누구든 언어에 관심을 갖는다면 그가(그렇다 they가 아니라 he이다) 그 도시를 지칭할 때는 혼란과 비용에 상관없이 전에 사용하던 방식을 즉시 바꿔야 한다고 주장한다. 여러분은 아마 틀림없이 이 사람이 제정신이 아니라고 생각할 것이다. 그러나 칼럼니스트나 편집자가 hopefully에 대해 이와 같은 발표를 한다면 그는 교양인이자 높은 규범의 옹호자로 불릴 것이다.

지금까지 나는 일반적인 언어 전문가의 아홉 가지 신화를 폭로했는데, 이제 전문가들 자체를 검토해 보고자 한다. 자신을 언어 전문가로 내세우는 사람들은 목표하는 바와 전문지식, 상식에서 모두 다르므로 그들을 개별적으로 논하는 것이 공정할 듯싶다.

가장 흔한 종류의 언어 전문가는 언어 수집가(word-watcher.

생물학자이자 언어 수집가인 루이스 토머스가 고안한 용어다)이다. 언어학자들과는 달리 언어 수집가들은 이따금 눈에 띄는, 특히 까다롭고 괴상하며 기록이 거의 없는 단어나 숙어에 촉각을 곤두세운다. 언어 수집가 가운데는 토머스나 콰인처럼 다른 분야의 학자이면서도 단어의 기원에 관한 매혹적인 저서를 집필하는 데 일생을 바치는 사람도 있다. 때로는 신문의 질의응답란을 담당하고 있는 언론인일 때도 있다. 다음은 '글로브지에 물어보세요'라는 난의 최근 실례다.

Q. 누군가를 약올리려고 할 때, 사람들은 왜 "to get his goat(그의 염소를 가져온다)"라고 말합니까? —J. E. 보스턴
A. 속어 전문가들도 전적으로 확신하지는 못하지만, 일설에 의하면 이 표현은 신경이 날카로워진 순종 경주마의 마구간에 염소 한 마리를 넣어서 그 말을 진정시키던 경마의 오래 된 전통에서 나온 것이라고 합니다. 19세기의 도박사들은 때로 염소를 훔쳐 경쟁자의 말을 불안하게 만들어 경주에서 날뛰게 했다고 합니다. 그래서 '염소를 가져온다.' 는 표현이 나온 겁니다.

우디 앨런은 《속어의 기원》에서 이런 식의 설명을 격렬하게 풍자하고 있다.

여러분은 과연 속어 표현들이 어디에서 비롯되었는지 의문을 가져본 적이 있는가? 예를 들자면 "She's the cat's pajamas" 또는 "take it on the lam" 같은 것들이다. 나도 의문을 품어본 적이 없다. 그래도 이런 것에 관심 있는 사람들을 위해 흥미로운 기원을 몇 가지 소개하겠다.

…[중략]… "take it on the lam(급히 내빼다)"은 영국에서 유래했다. 오래 전 영국에서 유행했던 'lamming'은 주사위와 커다란 연고가 필요한 게임이었다. 각 경기자는 차례로 주사위를 던진 다음 대량출혈을 일으킬 정도로 방안을 뛰어다닌다. 만약 어떤 사람이 7 이하로 던지면, 그는 'quintz'라 말하고 열광상태에 빠진다. 만약 8 이상을 던지면, 그는 모든 경기자에게 그의 깃털을 나눠주고 충분히 'lamming(얻어터짐)'을 당해야 한다. 한 경기자가 세 번 얻어터지면 그는 'kwirled'되거나 도덕적 파산을 선고받았다. 점차 사람들은 깃털을 가지고 하는 게임을 래밍이라 불렀고, 깃털은 'lam'이 되었다. "take it on the lam"이라는 말은 깃털을 달고 도망친다는 의미로서, 그 변천이 확실한지는 아직 알 수 없다.

이 글은 언어 수집가들에 대한 나의 반응을 담고 있다. 나는 그들이 해롭다고 생각하지 않지만, (a) 그들의 설명을 완전히 믿은 적이 없고, (b) 대부분의 경우 신경을 쓰지 않는다. 몇 년 전 한 칼럼니스트가 '조제한(pumpernickel) 호밀빵'이란 단어의 기원을 다음과 같이 자세히 설명했다. 중앙유럽을 원정하고 있던 나폴레옹이 어느 여관에서 검고 시큼한 보잘것없는 빵을 대접받았다. 파리의 부드럽고 흰 바게트에 익숙한 그는 "이것은 니콜용이군"이라고 비웃었는데, Nicole은 그가 타고 다니던 말의 이름이었다. 이 설명을 들은 사람들이 그 칼럼니스트에게 해명을 요구하자(사전에는 그 단어가 독일어 속어인 '방귀 뀌는 도깨비'라는 뜻에서 나왔다고 적혀 있다), 그는 전날 밤 술집에서 친구들과 함께 지어낸 이야기라고 고백했다. 내가 보기에 단어수집은 본질적으로 우표수집과 마찬가지로 지적 흥미를 유발하지만, 그 우표가 가짜일 수도 있다는 의외의 상황이 도사리고 있다.

우리는 언어 수집가들과는 정반대의 기질을 가진 예언자들이 운명에 대한 씁쓸한 탄식과 정의로운 예언을 토로하는 것을 볼 수 있다. 저명한 사전편집자이자 언어 칼럼니스트이며 용법전문가가 한 시인을 예로 들어 다음과 같은 글을 썼다.

> 시인의 유일한 정치적 의무가 있다면 그것은 언어의 타락을 막는 것이다. 언어의 타락은 오늘날 심각한 문제다. 언어가 오염되고 있다. 언어가 오염되면 사람들은 그들이 듣는 바에 대한 신념을 잃게 되고, 그것은 폭력을 낳게 된다.

언어학자 드와이트 볼린저는 이런 사람의 마음을 가라앉히기 위해 "모든 사람들이 지금까지 기록된 모든 규범규칙에 하룻밤 사이에 적응하려면 같은 수의 강도들이 어둠 속에서 뛰쳐나와야 할 것이다."라고 말했다.

최근 몇 년 간 가장 소리 높여 외친 예레미야(예언자.—옮긴이)로는 비평가 존 사이먼이 있다. 그의 악의에 찬 영화와 연극에 관한 비평은 여배우들의 얼굴에 대한 장황한 탄핵으로 유명하다. 여기 그의 언어 논평의 대표적인 도입부가 있다.

> 현대인들은 한때 노예상인들이 노예선에서 그들의 상품을 다루듯이 또는 나치 교도관들이 집단수용소의 수감자들을 다루듯이 영어를 취급하고 있다.

이 품위 없는 비유를 유발시킨 문법적 오류는 팁 오닐이 그의 '동료들'에게 반복적으로 했던 말이었는데, 사이먼은 그것을 '가장 형편없고 부조리한 언행'이라고 표현했다. 흑인일상 언어에 대해 사이먼은 이렇게 썼다.

> 왜 우리는 소리와 의미의 관계에 있어서 제대로 교육도 받지 못한 하위문화의 개념을 진지하게 고려해야 하는가? 그리고 도대체 어떤 문법이 그 관계를 설명할 수 있겠는가?
> 예를 들어 'I be,' 'you be,' 'he be' 등으로 말하는 것은 우리를 당혹스럽게 할 뿐만 아니라, 실제로 이해될 수는 있지만 용인된 고전과 현대의 문법을 모두 거스르는 것이다. 그것은 역사에 뿌리를 둔 언어의 산물이 아니라 언어가 어떻게 작용하는가에 대한 무지의 산물이다.

이 악의에 찬 무식함을 논박하는 것은 전혀 무의미하다. 그는 진실한 토론에 참여하고 있는 것이 아니기 때문이다. 사이먼은 단지 몇몇 코미디언과 토크쇼 진행자 그리고 펑크록 가수들이 대단히 효과적으로 이용했던 기술을 발견했을 뿐이다. 그 기술은 평범한 재능의 소유자들도 대중의 불쾌함을 자극하면 적어도 한동안은 언론의 관심을 끌 수 있다는 것이다.

언어 전문가의 세 번째 유형은 회문, 말장난, 철자놀이, 농담, 말의 혼용, 골드윈식 발상, 이름의 시조, 긴 낱말, 조롱, 언어 잡음 등을 수집해 놓고 자랑하는 연예인이다. 윌러드 에스피, 디미트리 보그먼, 가일스 브랜드레스, 리처드 레더러 같은 연예인들은 《단어놀이》, 《휴가를 위한 언어》, 《어휘의 즐거움》, 《고통 받는 영어》와 같은 제목의 책을 썼다. 이러한 언어놀이의 장난스런 예들은 모두 재미를 위한 것이지만, 그 책들을 읽을 때 나는 종종 돌고래 쇼에 참석한 자크 코스토처럼 아주 엄숙한 무대장치 안에서 이 훌륭한 동물들이 훌라 치마를 벗어 흔들거나 더 흥미로운 선천적 재능들을 보여주길 바라고 있다는 느낌이 든다.

> 영어의 역설적 표현들과 유희에 대해 알아보자면, 우리는 핫도그(hotdog)가 차가울 수 있고, 암실(darkroom)이 밝을 수 있으며, 숙제(homework)를 학교에서 할 수도 있고, 악몽(nightmare)을 대낮에 꿀 수도 있으며, 아침에 하는 구역질(morning sickness)이나 백일몽(daydreaming)이 밤에도 일어날 수 있다는 것을 알고 있다.
> 때로 우리는 영어 화자들이 언어적으로 비정상이므로 정신병원에 수감되어야 한다고 생각하지 않을 수 없는데, 예를 들어 다른 어떤 언어에서 사람들이 parkway에서 drive하고 driveway에서 park하겠는가? 또 다른 어떤 언어에서 사람들이 play에서 recite하고, recital에서 play한다고 표현하겠는가? … 어떻게 slim chance와 fat chance(반어적 의미로서 '미덥지 않은 기회'라는 뜻)가 똑같을 수 있는 반면, wise man(현명한 사람)과 wise guy(아는 체하는 놈)는 정반대일 수 있는가? … Doughnut holes라는 이 작은 음식은 doughnut balls가 아닌가? 도넛에는 원래 구멍이 있다…. They' re head over heels in love(그들은 갑자기 사랑에 빠졌다)에서처럼 우리는 거의 모든 것을 head over heels의 상태로 둔다. 예상 밖의 행동을 하는 사람들의 이미지를 창조하려고 한다면 They' re heels over head in love라고 말해야 하지 않을까?

그렇지 않다! ① 모든 사람들은 마치 하나의 단어처럼 그 자체의 관습적 의미를 가질 수 있는 복합어와, 부분들의 의미나 부분들을 조립하는 규칙에 의해 그 의미가 결정되는 구 사이의 차이를 감지한다. 복합어가 발음될 때의 강세(dárkroom)와 구의 강세(dark róom)는 다르다. '미친' 표현이라고 생각되는 hot dog와 morning sickness 등은 분명 구가 아니라 복합어이므로, cold hot dog나 nighttime morning sickness는 문법적 논리를 조금도 어긴 것이 아니다. ② fat chance나 wise guy는 반어적 표현이 확실하지 않은가? ③ 던킨 도넛의 제품명인 Donut holes는 의도적으로 묘하게 만든 것으로 그 농담을 이해하지 못하는 사람도 있을까? ④ 전치사 over는 'Bridge over troubled water' 에서처럼 정적인 배치의 의미도 있고, "The quick brown fox jumped over the lazy dog"에서처럼 움직이는 물체의 경로를 의미하기도 한다. 'Head over heels' 는 두 번째 의미로서, 애인의 머리 위치가 아니라 동작을 묘사하고 있다.

대학생들과 생활보조금 신청자들을 변호하기 위해, 그리고 연예인들이 무엇인가를 조롱할 때 사용하는 어법을 그대로 빌려 쓰는 거리의 젊은이들을 변호하기 위해 한 가지 할 이야기가 있다. 만화가와 대화 작가들은 누군가의 말을 정확한 철자가 아니라 유사 음성적으로 표현함으로써 말한 사람을 촌뜨기로 만들 수 있다(sez, cum, wimmin, hafta, crooshul 등). 레더러는 《미국인들의 발음 생략 실태》라는 자신의 에세이에서 종종 이 싸구려 기술에 의존함으로써 coulda와 could of (could have), forced(forest), granite(granted), neck store(next door), then(than)과 같이 바람직하지 못한 영어의 음성학적 과정을 개탄하고 있다. 6장에서 보았듯이 공상과학소설의 로봇을 제외하면 모든 사람은 그들의 말(그렇다, 그들의 말이다)을 체계적인 방식으로 대충 굴려 발음한다.

레더러는 또한 학생들의 학기말 보고서와 자동차보험 청구서 그리고 생활보조금 신청서에서 '큰 실수(howler)'의 예를 찾아내 그 목록을 작성했다. 그러나 이것은 대학이나 공공기관의 게시판에 붙어 있는 빛바랜 등사인쇄물처럼 많은 사람들에게 친숙하다.

In accordance with your instructions I have given birth to twins in the enclosed envelope. (당신의 지시에 따라 똑같은 것을 두 부 만들어 동봉했다.)
(* have given birth to twins=쌍둥이를 낳았다)

My husband got his project cut off two weeks ago and I haven't had any relief since. (우리 남편은 2주 전에 일감이 끊겼고, 나는 그 후 어떤 보조금도 받지 못했다.)
(* got projection cut off=돌출물이 잘렸다)

An invisible car came out of nowhere, struck my car, and vanished. (보이지 않는 차 한 대가 어디선가 나타나서 내 차를 들이받고는 사라져버렸다.)
(* came out nowhere=나타나지 않았다)

The pedestrian had no idea which direction to go, so I ran over him. (그 행인은 어느 방향으로 가야 할지 몰랐고, 그래서 나는 그를 치었다.)
(* I ran over him=그를 더듬었다)

Artificial insemination is when the farmer does it to the cow instead of the bull. (인공수정은 농부가 황소 대신 암소에게 그것을 할 때이다.)

The girl tumbled down the stairs and lay prostitute on the bottom. (그 여자는 계단 아래로 굴러서 바닥에 엎어졌다.)

(* prostitute=매춘부)

Moses went up on Mount Cyanide to get the ten commandments. He died before he ever reached Canada. (모세는 십계명을 얻기 위해 시내 산에 올랐다. 그는 캐나다에 도착하기 전에 죽었다.)
(* Cyanide=청산칼리)

이러한 목록은 웃어넘기기에 안성맞춤이다. 하지만 일반 대중들이 글쓰기에 서투르다는 결정을 내리기 전에 우리가 알아야 할 것이 있다. 대부분의 큰 실수들은 십중팔구 꾸며낸 것이라는 사실이다.

민속학자인 잰 브런밴드는 수백 가지 '도시의 전설'을 기록해 왔다. 그것은 모든 사람이 친구의 친구(friend of a friend, 전문용어로는 'FOAF')에게 일어난 일이라고 맹세하는 이야기로서 거의 동일한 형태로 이 도시에서 저 도시로 돌아다니지만, 실제 사건으로는 결코 기록될 수 없는 황당한 이야기들이다. 히피족 보모, 하수구 속의 악어, 켄터키 프라이드 쥐, 핼러윈 사디스트(사과 속에 면도날을 넣는 사람들) 등은 꽤 유명한 것들이다. 이런 말장난은 제록스로어(xeroxlore)라고 부르는 하위 장르의 예들이다. 이러한 목록을 보내는 사용자는 그것을 직접 수집한 것이 아니라 누군가 그에게 준 목록에서 따온 것이거나 다른 목록에서 나온 것임에도 불구하고 어딘가의 사무실에서 누군가가 실제로 받은 편지에서 인용한 것이라고 주장한다. 제1차 세계대전 이후 거의 같은 제록스로어 목록이 떠돌아다녔으나, 사람들은 그 출처가 뉴잉글랜드, 앨라배마, 솔트레이크시티 등지의 사무실이라고 제각각 생각한다. 브런

밴드도 지적했듯이 똑같은 일화가 몇 년에 걸쳐 다른 여러 지역에서 만들어진다는 것은 거의 불가능하다. 전자메일의 출현으로 이런 목록의 유포와 창작이 가속화되어 나도 가끔씩 이런 메일을 받는다. 그러나 나는(그것이 학생에게서 나왔는지, 교수에게서 나왔는지 불분명하지만), 예를 들어 'adamant(완강한)는 원죄와 관련된,' 'gubernatorial(지방장관의)은 하찮은 일과 관계있는' 등과 같은 말장난에서 우연히 웃음을 자아내는 무능력이 아니라 의도적인 익살스러움의 냄새를 맡곤 한다.

전문가의 마지막 유형은 현자들이다. 그 대표적인 인물로는 《뉴욕 타임스》의 편집자이자 유쾌함이 넘치는 편람 《조심스런 작가》의 저자인 테오도어 번스타인과 윌리엄 새파이어가 있다. 그들은 겸손하고 상식적인 방법으로 어법 문제에 접근하며, 그들의 희생자들을 독설로 잔인하게 다루기보다는 재치 있게 다룬다. 나는 그들의 책을 즐겨 읽으며, 포르노그래피 규제법령의 내용을 '그것은 젖꼭지돌기가 아니라 종창(腫脹)돌기다(It isn't the teat, it's the tumidity)"라고 한 마디로 집약해 내는 새파이어의 글에 경외감을 느낄 뿐이다. 그러나 박식한 계몽주의자라고 해도 손색이 없을 새파이어 같은 현인조차도 일반인들의 세련된 언어를 오판하여, 그 결과 수많은 논평에서 올바른 표적을 명중시키지 못하고 있다는 것은 슬픈 일이다. 그들의 오판을 증명하기 위해 여러분에게 1992년 10월 4일자 《뉴욕 타임스 매거진》에 실린 칼럼 하나를 소개하겠다.

칼럼은 세 가지 이야기를 다루면서 문제가 될 수 있는 여섯 개의 예를 거론했다. 첫 번째 이야기는 1992년 미국의 대통령후보들이 행한 대명사 격의 실수에 대한 중립적인 분석이었다. 조지 부시는 얼마 전 'Who do you trust(당신은 누구를 신임합니까)?' 라는 구호를 채택하여, who가 주격 대명사이며 위의 의문문이 trust의 목적어에 대해 묻고 있다는 사실을 알아차린 전국의 교사들에게 소원한 느낌을 주었다. 사람들은 You do trust he가 아니라 You do trust him이라고 말하므로 의문사는 who가 아니라 whom이 되어야 한다고 생각했기 때문이다.

이것은 물론 일반적인 발화에 대한 표준규범주의자들의 불평이다. 우리는 이에 대한 대답으로 who/whom의 구분은 영어 격 체계의 유물이고, 명사에서 격체계는 수백 년 전에 사라졌으며, 지금은 단지 he/him 같은 대명사에서만 발견될 뿐이라는 사실을 지적할 수 있다. 심지어는 대명사에서조차 주격인 ye와 목적격인 you의 구분은 사라졌고, you만 남아 두 가지 역할을 겸하고 있다. 이제 ye는 아주 고풍스럽게 들린다. whom도 ye보다는 오래 살아남았지만 확실히 소멸해 가고 있으며, 이제는 대부분의 대화체에서 좀 과장되게 들린다. 부시에게 "Whom do ye trust?"로 바꾸라고 요구할 사람은 아무도 없다. 영어가 ye의 손실을 감내하고 you를 주격과 목적격으로 동시에 사용할 수 있다면, 모든 사람들이 who를 주격과 목적격으로 사용하고 있는데 whom을 고집할 이유가 어디 있겠는가?

새파이어는 이 문제를 어법에 대한 계몽적 태도로 인식하여 다음과 같이 제안하고 있다.

> Who/Whom에 대한 새파이어 규칙은 작가와 화자들을 괴롭혀온 그 문제를 영원히 해결할 수 있는 것으로서, 현학적 해결과 틀린 해결의 중간 지점을 택했다. "whom이 맞는다면 문장을 고쳐라." 미스터 부시는 그 슬로건을 "Whom do you trust?"로 바꾸어 자신을 고등교육을 받은 경직된 예일대학교 출신자로 만드는 대신,

"Which candidate do you trust(당신은 어떤 후보를 신임합니까)?"를 사용함으로써 순수주의자들의 표를 되찾을 수 있을 것이다.

그러나 새파이어의 조언은 받아들일 수 없는 사이비 협상안이라는 점에서 지극히 솔로몬적이다. 사람들에게 문제가 되는 구문을 피하라고 말하는 것은 상식적으로 들리지만, who를 목적격으로 사용한 의문문에는 견디기 힘든 희생을 요구한다. 사람들은 전치사와 동사의 목적어에 대해 아주 많은 질문을 한다. 다음은 내가 부모와 자녀들 간의 대화기록에서 발췌한 몇 가지 예다.

I know, but who did we see at the other store? (나도 알아, 하지만 우리가 다른 가게에서 누구를 봤지?)
Who did we see on the way home? (우리가 집에 오는 길에 누구를 봤니?)
Who did you play with outside tonight? (너는 오늘 밤 밖에서 누구와 놀았니?)
Abe, who did you play with today at school? (에이브, 너는 오늘 학교에서 누구와 놀았니?)
Who did you sound like? (네 목소리는 누구처럼 들리니?)

(이들을 whom으로 대치했을 경우를 상상해 보라!) 새파이어의 조언은 이러한 문장을 which person이나 which child로 바꾸라는 것이다. 그러나 그 조언에 따르면 필요 없는 단어는 생략해야 한다는, 좋은 글이 갖추어야 할 가장 중요한 금언을 위반하게 된다. 또한 새파이어의 조언대로 하면 which라는 말을 과잉 사용하게 되는데, 한 문장가의 표현에 따르면 which는 '가장 볼품없는 영어

단어' 다. 결국 이는 사람들에게 가능한 한 명확하고 정확하게 자신의 생각을 표현하도록 해야 한다는 어법규칙의 목표를 무너뜨린다. 즉 Who did we see on the way home? 같은 질문은 한 사람과 여러 사람 또는 성인들과 아기들, 친근한 개들의 어떤 조합이나 수도 포함할 수 있다. 그러나 which person과 같은 대치는 이러한 가능성의 일부를 배제해 버림으로써 질문자의 의도에 반하는 것이다. 도대체 다음과 같이 유명한 후렴구에 어떻게 새파이어의 법칙을 적용시킬 수 있겠는가?

> Who' re you gonna call? GHOSTBUSTERS! (당신은 누구를 부를까? 고스트바스터!)

자유를 옹호하는 데서 극단론은 결코 악이 아니다. 새파이어는 현학적 발음인 whom에 대한 자신의 견해를 논리적인 결론으로 이끌어, 대통령에게 광고 문구를 바꿔야 할 이유가 최소한 문법적인 것은 아니라고 조언했어야 했다.

새파이어는 민주당 빌 클린턴의 경우도 예로 들었는데, 투표자들에게 호소하는 "give Al Gore and I a chance to bring America back(앨 고어와 나에게 미국을 재건할 기회를 달라)"이라는 문장이 그것이다. 누구도 give I a break라고 말하지 않는다. give의 간접목적어는 목적격을 취해야 하기 때문이다. 따라서 give Al Gore and me a chance가 되어야 한다.

아마도 접속사구(and나 or에 의해 두 가지 요소가 결합된 구) 내의 대명사 격의 '오용' 만큼이나 많은 비난을 받는 문법적 오류도 드물 것이다. 십대들이 Me and Jennifer are going to the mall이라고 말하는 것은 아직까지도 고쳐지지 않고 있다. 내 동료 가운데 한 명은 열두 살이었을 때, 그렇게 말하는 법을 고치고 나서야 비로소 어머니가 귀를 뚫도록 허락했노라고 회상했다. 표준대로 말하자면, 목적격 대명사 me는 주어 자리에 오지 못하므로(아무도 Me is going to the mall이라고 말하지 않는다) Jennifer and I가 되어야만 한다. 때때로 사람들은 "의심스러울 때는 so-and-so and me가 아니라 so-and-so and I라고 말하라"는 충고를 잘못 기억해, 생각 없이 그것을 아무데나 적용(과정언어학자들은 이것을 과잉교정이라 한다)하여 give Al Gore and I a chance라고 하거나, 더 많이 비난받는 between you and I와 같은 '오류'를 낳는다.

그러나 보통 사람들이 'Me is going'이나 'Give I a break'를 잘 피할 수 있는 반면, 아이비리그의 교수들과 로즈장학금 수령자들이 Me and Jennifer are going이나 Give Al and I a chance를 피하지 못하고 있다면, 영문법을 이해하지 못하는 사람은 일반 화자들이 아니라 전문가들이 아닐까? 격에 대한 전문가들의 주장은 한 가지 가정에 근거를 두고 있다. 만약 접속사구 전체가 주격과 같은 문법적 자질을 갖고 있다면, 그 구 안의 모든 단어도 그 자질을 가져야 한다는 것이다. 그러나 이는 틀린 말이다.

Jennifer는 단수다. 우리는 Jennifer are라 하지 않고 Jennifer is라고 한다. 대명사 She도 역시 단수다. 우리는 She are라 하지 않고 She is라고 한다. 그러나 접속사구 she and Jennifer는 단수가 아니라 복수다. 따라서 우리는 She and Jennifer is라 하지 않고 She and Jennifer are라고 한다. 이렇듯 어떤 접속사구의 문법적 수가 그 안에 속한 대명사의 문법적 수와 다르다면(She and Jennifer are), 그 안의 대명사가 왜 똑같은 격을 가져야 하는가(Give Al Gore and I a chance)? 대답은 '그럴 필요 없음'이다. 접속사구는 '핵어 없는' 구문의 한 예다. 구의 핵어는 구 전체를 대표하는 말이라는 것을 상기해 보자. the tall blond man with one black shoe(한 짝의 검은색 신발을 신은 키 큰 금발의 남자)라는 구에서 핵어는 man이다. 왜냐하면 구 전체가 man으로부터 그 특성들을 이어받고 있기 때문이다. 즉, 이 구가 3인칭 단수인 어떤 남자를 가리키는 것은 그것이 바로 man의 속성이기 때문이다. 그러나 접속사구에는 핵어가 없다. 따라서 어떤 부분과도 같지 않다. 만약 존과 마샤가 만났다면, 존이 만났고 또 마샤가 만났다는 의미가 아니다. 만약 유권자들이 클린턴과 고어에게 기회를 준다면, 그들이 클린턴에게 주는 기회에 더하여 고어에게 그만큼의 기회를 준다는 의미가 아니다. 그들은 표 전체에 한 번의 기회를 주는 것이다. 그러므로 단지 Me and Jennifer가 주격을 요하는 주어라는 것이, me가 주격을 요하는 주어라는 의미는 아니다. 또한 Al Gore and I가 목적격을 요하는 목적어라는 것이 I가 목적격을 요하는 목적어라는 의미일 수는 없다. 문법적 근거로 보자면, 대명사는 원하는 어떤 격이든 자유롭게 가질 수 있다. 언어학자 조셉 에먼스는 기술적으로 대단히 섬세하게 Me and Jennifer와 Between You and I의 현상을 분석했다. 그는 언어 전문가들이 우리에게 원하는 언어는 영어가 아닐 뿐 아니라 인간의 언어로서는 가능하지도 않다고 결론지었다.

새파이어는 칼럼의 두 번째 이야기에서 관광객들에 대한 범죄, 특히 소매치기(pick-pocketing), 강도(robbery), 폭력(mugging) 등에 대해 정부의 경고를 받은 한 외교관의 질문을 예로 들었다. 그 외교관은 이렇게 적고 있다.

> 국무성이 선택한 pick-pocketings라는 말에 주의해 봅시다. 이런 행위의 주인공은 a pickpocket입니까, a pocket-picker입니까?

이 질문에 새파이어는 "그 문장은 robberies, muggings 그리고 pocket-pickings라고 해야 맞습니다. picks pockets하는 경우는 있어도 pockets picks하는 사람은 없습니다."라고 답변했다.

그러나 새파이어는 질문의 요점에 답변하지 않았다. 만약 그 범죄자가 영어에서 가장 일반적인 종류의 복합어인 pocket-picker로 불린다면, 그 범죄는 pocket-picking이 될 것이다. 그러나 범죄자를 뜻하는 명사 pocket-picker는 어디에도 없다. 우리 모두는 그를 pickpocket이라고 부르는 데 동의한다. 만일 그를 pocket-picker가 아니라 pickpocket이라고 부른다면, 그가 하는 행동도 pocket-picking이 아니라 pick-pocketing이라고 해야 마땅할 것이다. 이는 앞에서 언급했던 명사의 동사전용 과정인 a

bird-brain 바보
blockhead 멍텅구리
boot-black 구두닦이
butterfingers 잘 떨어뜨리는 사람
cut-throat 살인자
dead-eye 명사수
egghead 지식인
fathead 얼간이
flatfoot 경관
four-eyes 안경잡이
goof-off 농땡이꾼
hard-hat 완고한 보수주의자
heart-throb 연인
heavyweight 유력자
high-brow 지식인인 체하는 사람
hunchback 곱사등이
killjoy 흥 깨는 사람
know-nothing 무식한 사람
lazy-bones 게으름뱅이
loudmouth 잘난 체하는 사람
low-life 하층민
ne' er-do-well 밥벌레
pip-squeak 벼락출세자
redneck 남부출신 백인노동자
scarecrow 허수아비
scofflaw 상습적인 교통위반자
wetback (강으로) 밀입국한 멕시코인

cook cooks, a chair chairs, a host hosts 같은 경우들 덕분이다. 또 아무도 pockets picks하지 않는다는 것은 잘못된 주장이다. pick-pocketer에 대해 누가 뭐라고 했는가?

새파이어를 혼란스럽게 만든 것은 pickpocket이 특별한 종류의 복합어라는 사실이고, 이것은 그 구에 핵어가 없기 때문이다. 누구라도 예상할 수 있듯이, 그것은 주머니의 일종이 아니라 사람을 뜻한다. 그리고 이런 경우는 예외적이긴 하지만 유일하지는 않다. 그러한 예외들은 얼마든지 있다. 영어가 지닌 한 가지 재미는 다양한 등장인물들이 핵어 없는 복합어로, 즉 어떤 인물을 사람 그 자체로서가 아니라 그가 행하거나 소유한 것으로 묘사하는 복합어로 정의할 수 있다는 점이다.

데이먼 런연의 소설에 등장하는 인물처럼 들리는 이 목록들은 사실상 겉으로는 예외인 듯 보이지만, 잘 살펴보기만 하면 체계적인 유형들 속에 포함된다는 것을 알 수 있다.

세 번째 이야기는 바브라 스트라이샌드가 테니스 스타 앤드리 애거시를 묘사하는 숨찬 표현을 분석한 것이다.

> He's very, very intelligent ; very, very, sensitive, very evolved ; more than his linear years…. He plays like a Zen master. It's very in the moment. (그는 아주, 아주 똑똑해요. 아주, 아주, 민감하고, 아주 뛰어나요. 그의 나이 또래보다 더…… 그는 선승(禪僧)처럼 경기를 해요. 순간에 아주 집중하죠.)

새파이어는 먼저 스트라이샌드가 'evolved'를 사용하게 된 기원에 대해 "능동태에서 수동태로의 변화—he evolved from the Missing Link(그것은 멸실환에서 진화했다)로부터 He is evolved로의 변화—는 아마도 involved를 수동태 구문에서 보어로 채택하는 것에 영향을 받은 것 같다."라고 추측했다.

이런 종류의 파생은 언어학에서 집중적으로 연구되었으나, 새파이어는 여기서 그 파생이 어떻게 작용하는가를 이해하지 못하고 있음을 보여준다. 그는 사람들이 압운이 있는 단어들을 막연히 기억해 내어 말을 교체한다고 생각하는 것 같다. 가령 involved를 evolved로 교체하는 것이 그 예인데, 이것은 일종의 우스꽝스러운 말의 오용(malapropism)이다. 우리가 지금까지 보아온 어휘의 창조들—Let me caveat that(그것을 신청하겠습니다), They deteriorated the health care system(그들은 보건체계를 악화시켰다), Boggs flied out to center field(보그스는 중견수 플라이로 아웃당했다)—은 운율에 근거를 둔 것이 아니라, 단어의 품사 범주 그리고 역할수행자들의 배역을 바꾸는 추상적 규칙에 근거를 둔 것이고, 수십 수백의 단어들에 대해 똑같이 정밀하게 실시된 것이다. 예를 들어 타동사형인 to deteriorate the health care system은 자동사형인 the health care system deteriorated에서 나왔으며, 똑같은 방식으로 타동사형인 to break the glass는 자동형인 the glass broke에서 나왔다. 그렇다면 evolved는 어디에서 나왔는지 살펴보자.

그것이 involved에 근거를 둔 능동-수동 전환이라는 새파이어의 의견은 전혀 타당하지 못하다. involved의 경우, 우리는 능동태로부터의 파생을 상상할 수 있다.

Raising the child involved John. (active) →

John was involved in raising his child. (passive) →

John is very involved.

그 아이 양육하기가 존을 얽매었다. (능동) →

존은 그 아이를 양육하는 일에 얽매였다. (수동) →

존은 심하게 얽매어 있다.

그러나 evolved의 경우, 위와 같은 과정을 상정하기 위해서는 수동구문과 능동구문이 필요한데, 그런 것은 존재하지 않는다(여기에는 별표를 표시함).

*Many experiences evolved John. →

*John was evolved by many experiences. (or) *John was evolved in many experiences. →

John is very evolved.

또한 you' re involved의 경우는 something involves you(어떤 것이 너를 얽매고 있다. you가 목적어)를 의미하는 반면, you' re evolved의 경우는 you have been doing some evolving(너는 약간의 발전을 이루고 있다. you가 주어)을 의미한다.

문제는 evolved from에서 very evolved로의 전환이 Andre beat Boris → Boris was beaten by Andre에서처럼 능동태에서 수동태로의 전환이 아니라는 점이다. 새파이어가 근원이라고 언급하는 evolved from은 직접목적어를 전혀 취하지 않는 자동사다. 영어에서 한 동사를 수동태로 만들기 위해서는 직접목적어를 주어로 변환시켜야 한다. 그러므로 is evolved가 존재하려면 Something evolved Andre로부터 수동태 변형이 되어야 하지만, 그것은 존재하지 않는다. 결국 새파이어는 우리가 Bill bicycled from Lexington(빌은 렉싱턴에서부터 자전거를 탔다)이라는 문장을 취해서 Bill is bicycled로 바꾼 다음, Bill is very bicycled로 변환시킬 수 있다고 설명하고 있는 셈이다.

이러한 실패는 언어 전문가들의 주요 스캔들 가운데 하나를 보여주는 훌륭한 사례다. 그들은 가령 한 단어의 품사 범주를 이해하는 것과 같은 문법 분석의 가장 기본적인 문제에서 착오를 범한다. 새파이어는 동사의 두 가지 형태인 능동태와 수동태를 언급하지만, 바브라가 evolved를 동사로 사용하고 있는가? 현대 생성문법의 주요한 발견 중 하나는 한 단어의 품사—명사, 동사, 형용사—가 편의에 따라 붙여 놓은 딱지가 아니라, 마치 화학자가 어떤 보석이 다이아몬드이고 지르코늄인지 검증할 수 있는 것과 같은 방식으로 실험 분석표에 의해 증명될 수 있는 실제적인 마음의 범주라는 것이다. 이런 실험들은 모든 언어학자들이 축소구문론이라고 부르는 입문과정의 기본 자습과제이다. 그 방법은 한 범주의 명백한 예가 되는 단어들만 출현할 수 있는 구문을 가능한 한 많이 발견하는 것이다. 그런 다음 여러분이 어느 범주에 속하는지 알지 못하는 단어를 만나게 되었을 때, 그것이 그 일련의 구문들 속에서 자연스럽게 해석될 수 있는지 여부를 알아보는 것이다. 이 실험에 의해 우리는 언어 전문가인 자크 바준이 소유격 명사인 Wellington's를 형용사라고 했을 때 그에게 'F'를 줄 수 있다(앞에서처럼 오류로 들리는 구 앞에는 별표를 달았음).

	진짜 형용사	가짜 형용사
1. very X :	very intelligent	*very Wellington's
2. seems X :	He seems intelligent	*This seems Wellington's
3. How X :	How intelligent is he?	*How Wellington's is this ring?

4. more X than :	more intelligent than	*more Wellington's than
5. a Adj X Adj N :	a funny, intelligent old friend	*a funny, Wellington's old friend
6. un-X :	unintelligent	*un-Wellington's

이제 이와 같은 실험을 바브라의 evolved에 적용하여 was kissed by a passionate lover(열정적인 연인에게 키스를 받았다)와 같은 수동태의 명백한 동사와 비교해 보자(이상하게 들리는 구문은 별표로 표시).

1. very evolved / *very kissed
2. He seems evolved / *He seems kissed
3. How evolved is he? / *How kissed is he?
4. He is more evolved now than he was last year / *He is more kissed now than he was yesterday
5. A thoughtful, evolved, sweet friend/ *a tall, kissed, thoughtful man
6. He was unevolved / *He was unkissed by a passionate lover

분명 evolved는 수동태의 동사처럼 행동하지 않는다. 형용사처럼 행동한다. 새파이어가 오해한 이유는 형용사들이 수동태의 동사처럼 보일 수 있고, 또 분명히 그것과 관련이 있기 때문이다. 하지만 사실 그것들은 동일하지 않다. 이것은 밥 딜런의 노래 'Rainy Day Women # 12&35'에 나오는 계속되는 농담의 근원이 된다.

They'll stone you when you're riding in your car.

They'll stone you when you're playing your guitar.

But I would not feel so all alone.

Everybody must get stoned.

당신이 차를 몰고 있을 때 그들은 당신에게 돌을 던질 것이고,

당신이 기타를 치고 있을 때 그들은 당신에게 돌을 던질 것이네.

그러나 나는 그렇게 완전히 혼자라고 느끼고 싶지 않아.

모든 사람이 약에 취해야 한다네.

이 발견 과정에서 우리는 evolved의 진정한 근원에 도달하게 된다. 그것은 수동태의 동사가 아니라 형용사이기 때문에 우리는 더 이상 그에 상응하는 능동태 문장이 없다고 걱정할 필요가 없다. 그 어근을 추적하기 위해서는 영어의 자동사에서 형용사가 만들어지는 규칙을 찾아야 한다. 그러한 규칙은 실제로 존재한다. 그것은 상태의 변화를 나타내는 특정한 자동사들의 분사형에 적용되어 그에 상응하는 형용사를 이끌어낸다.

time that has elapsed → elapsed time

a leaf that has fallen → a fallen leaf

a man who has traveled widely → a widely traveled man

a testicle that has not descended into the scrotum → an undescended testicle

a Christ that has risen from the dead → a risen Christ

a window that has stuck → a stuck window

the snow which has drifted → the drifted snow
a Catholic who has lapsed → a lapsed Catholic
a lung that has collapsed → a collasped lung
a writer who has failed → a failed writer

이 규칙을 택하여 a tennis player who has evolved에 적용하면 an evolved player를 얻게 된다. 이러한 해결책은 또한 스트라이샌드가 말하려 했던 의미를 이해할 수 있게 해 준다. 동사가 능동태에서 수동태로 전환될 때 그 동사의 의미는 보존된다(Dog bites man = Man is bitten by dog). 그러나 동사가 형용사로 전환되면 그 형용사는 기이한 뉘앙스를 얻을 수 있다. Not every woman who has fallen is a fallen woman(넘어진 적이 있는 여자가 모두 타락한 여자는 아니다), 그리고 if someone stones you, you are not necessarily stoned(누군가 당신에게 돌을 던졌다고 해서 당신이 반드시 술에 취한 것은 아니다)가 그 예다. 우리 모두가 멸실환에서 진화했으나(evolved), 우리 모두가 우리의 동시대인들보다 정신적으로 더 세련되었다는 의미에서 발전한(are evolved) 것은 아니다.

그 다음 새파이어는 more than his linear years에 대해 스트라이샌드를 꾸짖는다. 그는 이렇게 말하고 있다.

Linear는 '곧은, 끊임없는'을 의미한다. linear thinking에서 그것은 통찰력과 영감이 돋보이는 천재의 비약과는 대조적으로 '상상력이 빈약한'이라는 세간의 경멸적인 의미를 띤다. 나는 미스 스트라이샌드가 의도했던 내용이 'beyond his chronological years(그의 연대기적 세월 이상으로)'였다고 생각한다. 사실 그런 의미라면 간단히 'beyond his years'라고 표현하는 것이 더 좋았을 것이다.

우리는 그녀가 의도했던 것—순서적 방식으로 이어진 세월—이 무엇인지 알 수 있지만, 쇼 비즈니스 세계에서도 모든 것이 통용되지는 않는다.

새파이어도 많은 언어 전문가들과 마찬가지로 은어, 특히 전문분야에서 차용된 은어의 정확성과 적절성을 과소평가하고 있다. 스트라이샌드는 분명히 '두 점 사이의 최단 경로'를 의미하는 유클리트 기하학의 'linear'에서 순서적 형태로 정렬된 연도들이라는 이미지를 연상하여 사용하고 있는 것이 아니다. 그녀는 '비례적인(proportional)' 또는 '증가성의(additive)'를 의미하는 해석기하학으로부터 취해진 의미를 사용하고 있는 것이다. 만일 여러분이 그래프용지 위에 경과된 시간에 대해 일정한 속도로 진행한 거리를 기록한다면, 직선이 생겨날 것이다. 이것이 선형관계다. 이것은 가령 경과된 매 시간마다 55마일씩 진행했음을 뜻한다. 반대로 복리식 계좌에 들어 있는 금액을 기록한다면, 위쪽으로 굽어지는 비선형곡선을 얻게 된다. 돈을 오래 예치시켜 둘수록 1년에 증가되는 이자의 액수는 점점 커진다. 스트라이샌드는 애거시의 진화수준이 그의 나이와 비례하지 않음을 말하려고 했던 것이다. 대부분의 사람들은 진화 상태를 나타내는 마음의 단위 X가 그들이 살아온 세월에 비례하여 일직선상에 놓이는 반면, 이 젊은이의 진화상태는 복리식으로 배가되어 그의 나이에 대해 보통 주어지는 단위보다 더 높은 단위들을 획득한 채 일직선 위쪽에 떠 있다. 지금 나는 이것이 스트라이샌드의 의도였는지 확신할 수 없으나(이 글을 쓰고 있는 지금 그녀는 내 질의에 응답하지 않았다), linear의 이러한 의미는 현대 전문직 유형어에서는 흔한 것이며(가령 feedback, systems, holism, interface, synergistic), 새파이어의 분석에 함축되어 있는 것처럼 그녀가 우연한 실수로 이토록 완벽한 어휘를 사용하게 되지는 않았을 것이다.

마지막으로 새파이어는 very in the moment에 대해 다음과 같이 평한다.

> 이 very는 수식어로서 전치사나 명사의 사용에 주의를 환기시키는 말이다. 가령 It' s very in이나 It' s very New York 또는 최후의 경의를 표하는 말투로서 It' s very you 등이 그 예이다. To be very in the moment(그것은 아마도 of the moment 혹은 up to the moment의 변형일 것이다)하다는 것은 up to date, fashionable, with-it 등으로 다양하게 번역되는 프랑스어 au courant의 부주의한 번역으로 여겨진다.

새파이어는 스트라이샌드의 언어를 짐짓 감싸주는 척하면서 또 그 형태와 의미를 모두 잘못 분석했다. 그는 다음 사항을 알아차리지 못했다. ① 단어 very는 전치사 in과 관련된 것이 아니다. 그것은 전치사구 in the moment와 연관된다. ② 스트라이샌드는 fashionable이라는 특별한 의미를 가지면서 목적어를 요구하지 않는 전치사 in을 사용하고 있는 것이 아니다. 그녀는 명사구 목적어인 the moment를 가진, 관습적인 목적어를 요구하는 전치사 in을 사용하고 있는 것이다. ③ 그녀가 전치사구를 마치 어떤 마음의, 또는 정서적인 상태를 묘사하는 형용사인 것처럼 사용한 것은 영어의 일반적인 패턴을 그대로 따른 것이다. under the weather(기분이 언짢은), out of character(격에 맞지 않는), off the wall(엉뚱한), in the dumps(울적한), out to lunch(흐리멍덩한), on the ball(빈틈없는), in good spirits(기분이 좋은), on top of the world(최고의 기분으로), out of his mind(제정신을 잃고), in love(사랑에 빠져) 등이 바로 그 예들이다. ④ 스트라이샌드는 애거시가 au courant하거나 또는 유행에 앞선다고 말하고자 한 것이 아니다. 그 말은 칭찬이 아니라 얄팍함을 의미하는 비방이다. Zen에 대한 언급은 그녀의 뜻을 아주 분명하게 해 준다. 즉, 애거시는 마음의 분산을 차단하고 당면한 게임이나 사람에게 집중하는 데 능하다는 뜻이다.

언어 전문가들이란 이렇다. 그들은 두 가지 맹점을 가지고 있다. 하나는 보통 사람의 언어 자원에 대한 심한 과소평가다. 나는 지금 어떤 사람의 입이나 펜을 통해 나오는 모든 것이 규칙에 의해 철저히 지배된다고 이야기하고 있는 것이 아니다(댄 퀘일을 기억하라). 그러나 언어 전문가들이 처음 시작부터 언어적 무능력이라는 평결로 속단하기보다는 그것을 마지막 수단으로 남겨놓는다면 당황하지 않게 될 가능성이 훨씬 더 커질 것이다. 사람들은 자신이 고상하고 공식적인 스타일을 요구하는 포럼에 있다고 느끼고, 또 자신들의 단어 선택이 포럼의 진행에 중대한 영향을 미치리라는 사실을 알고 있는 경우일수록 더더욱 우스꽝스러운 어법을 사용한다. 이것 때문에 어법과 관련된 큰 실수들은 주로 정치인들의 연설, 생활보조금 신청서, 학생들의 기말고사 보고서(그 보고서에 약간의 진실이 담겨 있다고 가정할 때) 등에서 쉽게 발견된다. 보통 사람들은 보다 자의식이 적은 환경에서 교육수준이 얼마나 낮은가에 상관없이 복잡한 문법규칙들을 준수하며, 또한 진지하게 귀를 기울이는 사람들—대화에는 탁월한 능력을 가지고 있는 언어학자들, 저널리스트, 구술 사료사가, 소설가들—을 사로잡는 힘과 우아함을 발휘하면서 스스로를 표현할 수 있다.

언어 전문가들이 가지는 또 하나의 결점은, 그들이 현대의 언어과학을 철저히 무시한다는 점이다. 나는 단지 촘스키 이론의 형식적 장치를 말하는 것이 아니다. 이것은 영어에서 발견되는 구문과 숙어의 종류 그리고 사람들이 그것을 어떻게 사용하고 발음하는가에 대한 기본적인 지식을 의미한다. 나와 동일한 분야에 종사하고 있는 사람들은 아주 공정하게도 문체와 용법에 관한 실제적 문제들에 대한, 그리고 사람들이 왜 현재와 같은 방식으로 말하는가에 대한 모든 사람들의 자연스러운 호기심에 우리의 지식을 적용하려고 하지 않는다. 그래서 많은 사람들에게서 비난을 받고 있다. 조셉 에먼스, 드와이트 볼린저, 로빈 레이코프, 제임스 맥콜리, 제프리 넌버그 등 몇 명을 제외한 주류 미국 언어학자 대부분은 이 분야를 전문가들—또는 볼린저의 표현에 따르면 무당들—에게 완전히 일임한다. 볼린저는 이 상황을 다음과 같이 요약했다.

> 언어에는 면허를 취득한 개업의가 한 사람도 없으나, 숲속에는 산파, 약초상, 결장 세정자, 무자격 접골사, 마법을 가진 만능치료사들이 가득하다. 그 가운데는 지독하게 무식한 사람도 있고, 풍부한 실전지식을 밑천으로 가진 사람도 있다. 우리는 이들을 한 마디로 무당이라 부를 것이다. 그들이 우리의 관심을 끄는 이유는, 그들이 부족한 부분을 채울 뿐 아니라 언어가 문제를 일으키기 시작해서 누군가가 구조요청에 응답해야 할 때 뉴스거리를 만드는 거의 유일한 사람들이기 때문이다. 때로 그들의 충고는 믿을 만하다. 때로 그것들은 무가치하다. 그러나 사람들은 다른 방도를 알지 못하기 때문에 여전히 그들을 찾는다. 우리는 아프리카의 한 마을에 살고 있지만, 아직 알베르트 슈바이처는 도착하지 않았다.

그렇다면 용법에 대해 어떤 조치를 취해야 하는가? 나는 1960

년대의 일부 학자들처럼 표준 영문법 및 영작법이 가부장적인 백인 자본가들의 압제를 영속화하는 수단이며, 국민들은 원하는 방식으로 글을 쓸 수 있도록 해방되어야 한다고 말하는 것이 아니다. 사람들이 어떤 상황에서 스스로를 표현하는 몇 가지 방식들은 실제로 변화를 시도할 만한 가치가 있다. 내가 요구하는 것은 누구에게도 해롭지 않다. 즉, 언어와 언어를 사용하는 방법에 대한 좀더 사려 깊은 논의를 통해 늙은 여인네들의 이야기를 이용 가능한 최상의 과학적 지식으로 대체하자는 것이다. 여기에서 특히 중요한 것은 우리가 언어용법의 어떤 실례에 대해서도 그 실제적 근거의 정교함을 과소평가해서는 안 된다는 것이다. 그것은 바로 인간의 마음이다.

너저분한 언어에서 너저분한 생각이 초래된다는 예레미야들의 한탄 그 자체에, 연관성이 희박한 가짜 사실들과 엉성한 부조리들이 머리카락 뭉치처럼 뒤엉켜 있다는 사실은 아이러니가 아닐 수 없다. 불평하는 사람들은 갖가지 이유를 들어 언어행위의 다양한 실례에 이론(異論)을 달고, 그것들을 볼품없는 하나의 거대한 덩어리로 묶은 다음, 언어 쇠퇴의 증거로 마지못해 내놓는다. 십대들의 은어, 궤변, 발음과 표현법의 지역적 변형, 관료주의적 말투, 열악한 철자법과 발음, hopefully 같은 의사 오류들, 솜씨 없는 산문, 정부의 완곡어법, ain't 같은 비표준적 문법, 오해를 유발하는 광고 등(불평자의 머리를 뛰어넘는 정교한 재담은 말할 것도 없다)이 그들이 주로 드는 예들이다.

나는 여러분이 두 가지 사항을 확신하게 됐기를 바란다. 수많은 규범문법 규칙들은 단지 말 없는 화석일 뿐이며, 용법 편람에서 제거되어야 한다. 그리고 대부분의 표준영어도 특정한 통화 단위나 가정용 전압을 표준이라고 말하는 것과 똑같은 의미에서 표준이라고 할 수 있다. 자신의 사회에서 표준어가 된 방언을 학습하고, 많은 공식적 상황에서 그것을 사용하도록 격려 받고, 또 그럴 수 있는 기회가 주어져야 한다는 것은 지극히 상식적이다. 그리고 시골 방언 및 흑인 방언들을 언급할 때 '나쁜 문법,' '파손된 구문,' '부정확한 용법'과 같은 단어들이 동원될 필요는 전혀 없다. 나는 '정치적으로 올바른' 완곡표현법의 팬은 절대 아니며(이 표현법에 대한 풍자에 의하면, white woman은 melanin-impoverished person of gender로 대체되어야 한다), '비표준'의 의미로 '나쁜 문법'과 같은 용어를 사용하는 것은 모욕적일 뿐 아니라 과학적으로도 부정확하다고 본다.

속어에 대해서는 나는 대찬성이다! 어떤 사람들은 속어가 어떤 방식으로든 언어를 '타락시킨다'고 걱정한다. 그러나 우리는 아주 운이 좋은 편이다. 대부분의 속어 어휘사전들은 그들의 하류문화에 의해 이른바 문화재 자격이 부여되고 소중히 보존되기 때문이다. 진정한 언어애호가라면 그러한 사전을 살펴볼 때 탁월한 재담과 재치에 현혹되지 않을 수 없다. 의대생들(Zorro-belly, crispy critter, prune), 외판원들(jaw-jacking, dissing), 대학생들(studmuffin, veg out, blow off), 서퍼들(gnarlacious, geeklified) 그리고 해커들(to flame, core-dump, crufty)이 그 예이다. 더 구식 용어들이 발굴되어 주류에 합류할 때는 종종 표현의 간극을 훌륭하게 메워 준다. 나는 to flame(독선적으로 주장하다), to dis(경멸감을 표하다), to blow off(의무를 저버리다) 등의 단어 없이 어떻게 살아왔는지 모르겠다. 그리고 속어로 생을 시작한 clever, fun, sham, banter, mob, stingy, bully, junkie, jazz와 같은 수천 개의 단어들이 현재는 별로 유별나지 않은 영어 단어로 사용되고 있다. 언어 혁신에 조건반사적으로 반대하면서 동시에 표현력의 유지라는 구실로 lie 대 lay가 점점 구별되지 않는다고 비난하는 것은 특히 위선적이다. 생각을 표현하는 운송수단들은 손실되는 것보다 훨씬 더 빠른 속도로 창조되고 있다.

you know, like, sort of, I mean 등의 말로 언어가 중단되는 발음중단 현상이 유행하는 것은 분명히 그럴 만한 이유가 있다. 모든 사람들은 수많은 어법을 보유하고 있어서, 상대방의 신분이나 그와의 연대감으로 결정되는 다양한 분위기에 적응한다. 나이 든 세대들보다는 젊은 세대들이 사회적 거리감을 좁히기 위해 더 노력하는 것으로 보인다. 나는 사적인 대화가 sort of와 you know로 뒤덮여 있는 내 나이대의 천부적인 문장가들을 많이 알고 있지만, 이것은 자신만만한 말들을 발표하여 대화상대자를 훈계할 자격이 있다고 느끼는 전문가들의 거만한 태도를 벗어던지려는 시도다. 물론 발음중단 현상을 불쾌하게 생각하는 사람들도 있지만, 나는 대부분의 화자들이 이것을 자의적으로 차단할 수 있으므로 나이 어린 청중들을 앉혀 놓고 거만을 떨면서 어전회의를 여는 늙은 학자들의 어법보다 더 나쁘지는 않다고 생각한다.

언어 사용에 있어 변화의 가치가 가장 큰 측면은 문어체 산문의 명확성과 문체다. 설명적인 글은 생물학적으로 설계된 것보다 훨씬 더 복잡한 사고 내용을 언어로 표현하도록 요구한다. 단기기억과 계획의 제한으로 야기되는 모순점은 대화 중에는 주목받지 않지만, 더 여유 있게 읽을 수 있도록 페이지 위에 남겨질 경우에는 참을 수 없는 것이 되고 만다. 또한 독자는 대화 상대방과는 달리, 결함이 있는 모든 전제들을 충분히 보충해 주고, 언어를 이해 가능하게 만들어 주는 배경지식을 거의 공유하지 않고 있다. 따라서 설명의 모든 단계에서 자연스러운 자기중심주의를 극복하고 독자 일반의 지식수준을 예견하고자 노력하는 것은 글을 잘 쓰는 방법 가운데 가장 중요한 요소다. 이 모든 요인은 글쓰기를 연습과 지도, 피드백(feedback), 그리고 (아마도 가장 중요한 부분일 수 있는) 좋은 예문들을 집중적으로 접하는 일을 통해 정복해야 할 어려운 기술로 만든다. 이러한 글쓰기의 여러 기술들을 대단히 지혜롭게 논의하는 뛰어난 작문교범들이 있는데, 스트렁크와 화이트의 《문체의 요소》, 조셉 윌리엄스의 《문체, 명료하고 세련된 문장을 위하여》 등이 그러하다. 내 요점에 가장 부합하는 사항은 그들의 실용적인 충고에서 분리부정사와 속어에 대한 하찮은 언급들이 얼마나 제거되어 있는가 하는 것이다. 예를 들어 진부하지만 보편적으로 인정되고 있는 좋은 글쓰기의 열쇠는 광범위하게 교정하는 것이다. 훌륭한 저자는 한 편의 글을 발표하기 전에 2번에서 20번까지 초안을 정밀하게 검토한다. 예레미야가 이렇게 외치는 것을 상상해 보자. "우리의 언어는 오늘날 교활한 적들에게 위협받고 있다. 젊은이들은 자신의 초안을 충분히 교정하지 않고 있다." 상당히 재미있는 이야기 아닌가? 그러나 그것은 텔레비전, 록뮤직, 쇼핑몰 문화, 재벌 운동선수 또는 문명의 쇠퇴를 보여주는 여타 징후들 탓으로 돌릴 수 있는 문제가 아니다. 만약 우리가 원하는 것이 명확한 글쓰기라면 교정은 필수적인 자가 치료법이다.

마지막은 고백이다. 나는 누군가가 '무관심한'의 의미로 disinterested라는 단어를 사용하면 쉽게 격노한다. disinterested (나는 그것이 '편견이 없다'는 뜻의 unbiased와 비슷한 의미를 가지고 있다고 생각한다)는 아주 사랑스러운 단어이다. 그것은 어떤 사람이 개인적 원칙에서 벗어나 공평하게 행동한다는 것을 의미하는 것이 아니라, 어떤 문제에 이해관계를 전혀 갖지 않는다는 것을 의미한다는 점에서 impartial(공정한)이나 unbiased(편견이 없는)와 아주 미묘하게 다르다. disinterested는 아주 작은 구조적 특징 때문에 훌륭한 의미를 가진다. interest는 conflict of interest(이익의 상충)와 financial interest(금융이자)의 경우에서처럼 '이익, 이해관계'를 의미한다. 명사에 -ed를 붙이면 그 명사는 moneyed, one-eyed, hook-nosed처럼 그 명사의 지시대상을 소유하는 어떤 사람의 속성을 나타낼 수 있다. dis-는 그 조합물을 부정한다. 이러한 문법적 논리는 비슷한 구조를 가지고 있는 disadvantaged, disaffected, disillusioned, disjointed, dispossessed에서 명확히 드러난다. 그런데 우리는 이미 uninterested라는 단어를 가지고 있다. 따라서 자신의 생각을 더 과장되게 표현하고자 하는 시대착오적인 시도를 제외한다면, 그 단어들(disinterested와 uninterested)의 의미를 통합해서 분별력 있는 언어애호가들로부터 disinterested를 강탈할 이유가 없다. 그러면 fortuitous(뜻밖의)와 parameter(매개변항)에 대해 말하고 싶지 않을….

이보게, 교수. 그만하게. 18세기 disinterested의 원래 의미는 'uninterested' 아닌가. 그리고 이것 역시 문법적으로 타당하다네. '관심이 있는'을 의미하는 형용사 interested(동사 to interest의 분사와 관련 있는)는 '이해관계'를 의미하는 명사 interest보다 훨씬 더 일반적이고, 그래서 dis-는 단지 그 형용사를 부정하는 것으로 분석할 수 있지. discourteous, dishonest, disloyal, disreputable 그리고 disinterested와 유사한 dissatisfied, distrusted가 그 예일세.

그러나 이러한 합리화는 결국 요점을 벗어난다. 한 언어의 모든 구성요소들은 시간에 따라 변화하며, 매순간 언어는 많은 손실을 겪고 있다. 그러나 인간의 마음은 시간에 따라 변화하지 않기 때문에 언어의 풍요로움은 언제나 재충전되고 있다. 누구라도 언어용법의 어떤 변화에 대해 불쾌해진다면, 새뮤얼 존슨이 1755년 판 《사전》 서문에서 당시의 예레미야들에 대한 반발로 쓴 다음의 글을 읽어 보는 것이 좋을 것이다.

내 구상에 대해 호의를 가진 사람들은 그것이 우리의 언어를 바로 잡아야 하고, 지금까지 시간과 우연의 경과 속에서 행해진 변화들을 중단시켜야 한다고 요구한다. 그러한 중대성에 나는 한동안 우쭐했으나, 지금은 어떤 이유나 경험으로도 정당화될 수 없는 갖가지 기대에 탐닉해 왔다는 사실이 두려워지기 시작한다는 것을 인정하지 않을 수 없다. 오랜 시간에 걸쳐 사람들이 나이가 들고 어느 순간에 한 사람씩 죽어가는 것을 볼 때, 우리는 천년의 수명 연장을 약속하는 영약을 비웃게 된다. 그리고 사전편찬자를 조롱하는 것도 똑같이 정당하다. 그들은 구와 단어들을 변덕으로부터 지켜온 민족의 본보기를 창출할 수 없음에도 불구하고, 그들의 사전이 언어를 보존할 수 있고, 타락과 쇠퇴로부터 보호할 수 있으며, 자신의 능력으로 지상의 본질을 변화시키고, 이 세계에서 어리석음, 허영, 겉치레를 한꺼번에 없앨 수 있다고 상상한다. 그리고 이러한 희망으로 아카데미가 설립되어 언어의 통행로를 지키고, 일시적인 것들을 유지하며, 침입자를 격퇴하려 했으나, 그들의 경계와 활동은 지금까지 헛되었다. 음성이란 법적인 제약으로 막기에는 너무나도 민활하고 섬세하다. 음절을 사슬로 묶는 것과 바람을 밧줄로 동여매는 것은 자신의 능력에 맞춰 자신의 욕망을 설정하지 못하는 오만한 시도다.

XIII

마음의 설계도

MIND DESIGN

이 책 첫머리에서 나는 왜 언어본능이 존재한다고 생각해야 하는지를 물었다. 지금까지 나는 언어본능이 존재한다는 것을 확신시키기 위해 최선을 다했다. 이제는 왜 그 사실에 관심을 가져야 하는가를 물을 때다. 언어를 사용한다는 것은 인간임을 의미하는 한 부분이므로 호기심이 생기는 것은 당연하다. 물론 움직임만을 위해 손을 소유하고 있는 것은 아니라는 사실이 인간임을 의미하는 훨씬 더 중요한 부분이지만, 아마 어느 누구도 책의 마지막 장까지 할애하면서 손에 대해 이야기하지는 않을 것이다. 사람들은 언어에 대해 더 많은 호기심을 보이며, 더구나 열정적이다. 그 이유는 명백하다. 언어는 마음의 일부로서 가장 접근하기 쉬운 부분이다. 사람들이 언어에 대해 알고 싶어하는 이유는 그것에 대한 앎을 통해 인간 본성을 통찰하고자 하기 때문이다.

이러한 관련성이 언어학 연구에 생기를 불어넣음으로써 비밀스럽게 진행되어 온 전문적 논쟁에 대한 입장 표명을 불러일으켰고, 연계성이 적은 분야에 종사하는 학자들의 관심도 끌어들이게 되었다. 철학자이자 실험심리언어학자인 제리 포더는 문장 분석이 캡슐에 쌓인 마음의 모듈인지, 아니면 지능 전체의 혼합물인지를 연구하고 있는데, 이 논란에서 자신의 관심을 꽤 솔직하게 피력하고 있다.

> 당신은 이렇게 물을 것이다. "그렇지만 당신은 왜 그 모듈이란 것에 그렇게 관심이 많은가? 당신은 안정된 직장을 가지고 있다. 그만 손을 털고 보트여행이나 하러 가는 것이 어떻겠는가?" 이것은 아주 타당한 질문이며, 나 자신도 스스로에게 종종 묻곤 하는 것이다…. 대략적으로 말해서 인지가 지각을 좌우한다는 개념은 관찰이 이론에 의해 포괄적으로 결정된다는 과학철학의 개념과 같은 맥락이고, 한 사람의 가치가 문화에 의해 포괄적으로 결정된다는 인류학의 개념과도 같은 맥락이다(그리고 사실 역사적으로도 관련이 있다). 그리고 과학을 포함해서 한 사람의 지적인 지향은 주로 그 사람이 소속된 계급에 의해 포괄적으로 결정된다는 사회학의 개념과도, 한 사람의 형이상학은 그 사람의 통사론에 의해 포괄적으로 결정된다(즉, 워프의 가설—SP)는 언어학의 개념과도 같은 맥락이다. 이 모든 개념에는 일종의 상대주의적 전체론이 내포되어 있다. 지각은 인지에 의해, 관찰은 이론에 의해, 가치는 문화에 의해, 과학은 계급에 의해, 형이상학은 언어에 의해 결정되므로 과학적 이론과 종교적 가치, 형이상학적 세계관 등에 대한 이성적 비판은 단지 대화 당사자들이 지리적 혹은 역사적, 사회적 이유에서 우연히 공유하고 있는 가설의 틀 안에서만 이루어질 수 있다. 그 틀을 이성적으로 비판한다는 것은 우리가 할 수 없는 일이다.
>
> 핵심은 이렇다. 나는 상대주의를 싫어한다. 나는 어쩌면 유리섬유 모터보트 다음으로 상대주의를 싫어한다. 좀더 정확히 말한다면, 나는 상대주의가 오류일 가능성이 매우 높다고 생각한다. 상대주의가 간과하고 있는 것은, 간단하고 거칠게 표현하자면, 인간 본성

의 고정된 구조다(이것은 물론 참신한 발견이 아니다. 역으로 인간 본성의 유연성은 상대주의자들이 변함없이 힘주어 강조하는 원칙이다. 예를 들어 존 듀이를 보라…). 인간 본성에 고정된 구조가 존재한다는 인지심리학의 주장은 전통적으로 인지 메커니즘들의 이질성을 강조하고, 그 메커니즘들이 인지구조에 의해 엄격하게 캡슐화된다는 주장의 형태를 취한다. 여러 능력과 그 능력을 담당하는 여러 모듈이 존재한다면, 모든 모듈이 다른 모든 모듈에 영향을 미치지 않을 것이다. 즉, 모든 모듈이 서로에 대해 성형성(plastic)을 갖고 있지는 않다. 전체가 무엇이든 그것은 둘 이상의 합산이다.

포더에게는 화자의 메시지가 청자의 편견과 기대 때문에 왜곡되지 않은 채로 곧장 전달되는 문장지각 모듈이 모든 장소, 모든 시대에 동일한 보편적 구조의 인간 마음을 상징한다. 이 마음으로 인해 사람들은 자신의 취미나 관습, 관심에 의하지 않고 객관적인 실재에 따라 무엇이 정당하고 참인지에 대해 합의할 수 있다. 이것은 약간 과장이지만, 누구도 거기에 연결점이 존재한다는 사실을 부인할 수 없다. 현대의 지식사회는 보편적인 인간 본성이라는 것이 존재한다는 사실을 부인하는 상대주의로 가득 차 있으며, 언어본능이 존재한다는 것은 어떤 형태로든 그러한 부인에 대한 도전이다.

그 상대주의의 기초를 이루고 있는 학설이 표준사회과학모델이며, 이것은 1920년대부터 지식사회를 지배하기 시작했다. 그것은 다음과 같은 인류학적 개념과 심리학적 개념의 결합이다.

1. 동물은 그들의 생물학적 환경에 의해 엄격히 통제되는 반면, 인간의 행동은 기호와 가치의 자율적 체계인 문화에 의해 결정된다.

생물학적 제약을 제외한다면 문화는 임의적으로 그리고 무한히 다양할 수 있다.

2. 인간의 유아는 단지 몇 가지 반사능력과 학습능력만을 가지고 태어난다. 학습은 지식의 모든 영역에서 사용되는 만능의 과정이다. 아이들은 교화, 보상과 벌 그리고 역할 모델을 통해 문화를 학습한다.

지금까지 표준사회과학모델은 학계 내에서 인류에 대한 연구의 근거였을 뿐 아니라 우리 시대의 세속적 이념, 즉 버젓한 사람이라면 누구나 취해야 할 인간 본성에 대한 태도로 작동하고 있다. 그에 대한 대안으로는 '생물학적 결정론'이 있는데, 사람들은 이것이 곧 사회 · 정치 · 경제적 계층구조의 고정된 틀 속에 사람들을 배정하고, 또 최근 수세기에 걸친 끔찍한 일들, 예를 들어 노예제도, 식민주의, 인종적 · 민족적 차별, 경제적 · 사회적 카스트 제도, 강제 불임, 성차별, 대량 학살 등의 원인이라고 말한다. 표준사회과학모델의 창시자 가운데 가장 유명하다고 할 수 있는 인류학자 마가렛 미드와 심리학자 존 왓슨은 이러한 사회적 의미를 분명히 염두에 두고 있었다.

우리는 인간 본성이 거의 믿을 수 없을 정도로 유연하여 상반된 문화적 조건들에 정확하게 그리고 상반되게 대응한다고 결론내리지 않을 수 없다. 남성이든 여성이든 한 사회의 구성원들은 상이한 개인차에 따라 다소 편차를 보이기는 해도… (그 어떤 기질이든) 비슷한 교육수준에 이를 수 있다…. 우리가 상반된 가치들이 풍부하게 존재하는 좀더 풍요로운 문화를 성취하고자 한다면, 인간 잠재성의 전 범위를 인식하여 보다 독단적이지 않은 사회적 직물을 짜야

> 한다. 다양한 인간적 재능들은 그 속에서 적합한 장소를 찾게 될 것이다[미드, 1935].
>
> 나에게 정상적인 신체를 가진 건강한 10명의 아이들과 그들의 양육을 위해 내가 직접 규정한 세계를 준다면, 나는 어떤 아이든 무작위로 한 명을 선택해서 그 아이를 재능, 기호, 성향, 능력, 적성 그리고 조상의 인종에 상관없이 내가 무작위로 선택한 직종의 전문인—의사나 변호사, 예술가, 상인 그리고 심지어는 거지나 도둑—이 되도록 훈련시킬 수 있다고 확언한다[왓슨, 1925].

최소한 학식 있는 사람들의 수사학에서 표준사회과학모델은 완전한 승리를 거두었다. 그들은 정중한 지적 대화나 고상한 저널리즘에서 볼 수 있는 인간 행동에 대한 어떤 일반화도, 중세의 왕들에서 완고한 노동자들(Archie Bunker)에 이르는 모든 화자가 역사상 불쾌했던 유전론자들과는 무관하다는 의미에서 표준사회과학모델의 구호로 서문을 연다. 즉 그들은 다른 사회를 조사한 적이 없으면서도 '우리 사회는' 하고 논의를 시작하고, 아이들의 경험이 전혀 고려되지 않았음에도 불구하고 '우리를 사회화한다'라고 하며, 또한 한 연기자에게 임의로 할당된 극중인물 또는 역할을 의미하는 단어인 '배역(role)'의 비유적 적절성에 상관없이 '배역에 따라'라고 결론짓는다.

최근에 시사 잡지들은 "시계추가 돌아오고 있다."고 말한다. 그들은 평화주의자이자 페미니스트인 부모가 총에 미친 세 살배기 아들과 바비인형에 빠진 네 살배기 딸에 대해 경악하고 있다는 이야기와 함께 유전적 요인이란 무시할 수 없는 것이라고 말한다. 직사각형의 가로와 세로의 길이가 그 면적을 결정하는 데 불가분의 관계를 이루듯이 모든 행동은 천성과 양육의 상호작용에 의해 나타나며, 이 두 요소는 떼려야 뗄 수 없는 것임을 독자에게 상기시킨다.

우리가 알게 된 언어본능에 관한 지식들이 유전과 환경이라는(또는 천성과 양육, 생득설과 경험설, 선천적인 것과 후천적인 것, 생물학과 문화로도 알려져 있는) 무분별한 이분법으로 축소되어 버린다면, 혹은 복잡하게 뒤엉킨 상호작용에 대한 쓸모없는 브로마이드나 과학적 유행에 따라 흔들리는 시계추의 냉소적인 이미지로 접혀 버린다면 그것은 우울한 일일 것이다. 나는 언어에 대한 우리의 이해가 인간의 마음과 본성을 연구하는 데 좀더 만족스러운 방법을 제공한다고 생각한다.

우선 우리는 그 논점들을 일반적으로 다음과 같이 도식화하는 전(前)과학 · 비과학적 모델을 폐기할 수 있다.

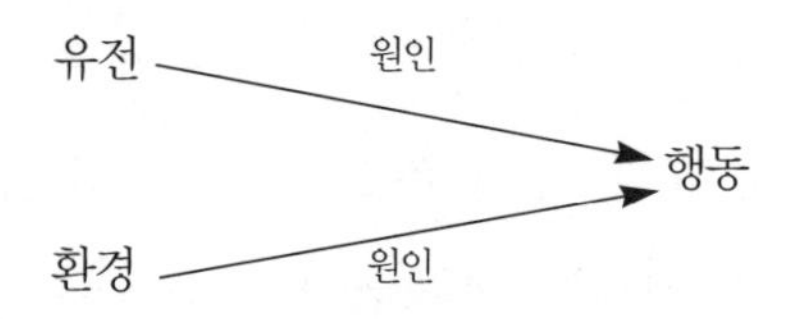

행동의 근원이 유전인가 환경인가 또는 그 둘 사이의 어떤 상호작용인가에 대한 '논쟁'은 모순적이다. 생명체는 사라졌다. 지각하는 사람 없이 환경이 존재하며, 행위자 없는 행위, 학습자 없는 학습이 존재한다. 체셔 고양이가 아주 천천히 사라지는 것을 본 앨리스는 고양이의 나머지 부분이 완전히 사라진 후에도 고양이의 웃음이 한동안 남아 있자 "어머나! 웃음 없는 고양이는 자주 봤지만, 고양이 없는 웃음이라니! 이건 한번도 본 적이 없는 기이한 일이야!"라고 생각했다.

다음 모델 또한 단순하지만 훨씬 나은 출발점이다.

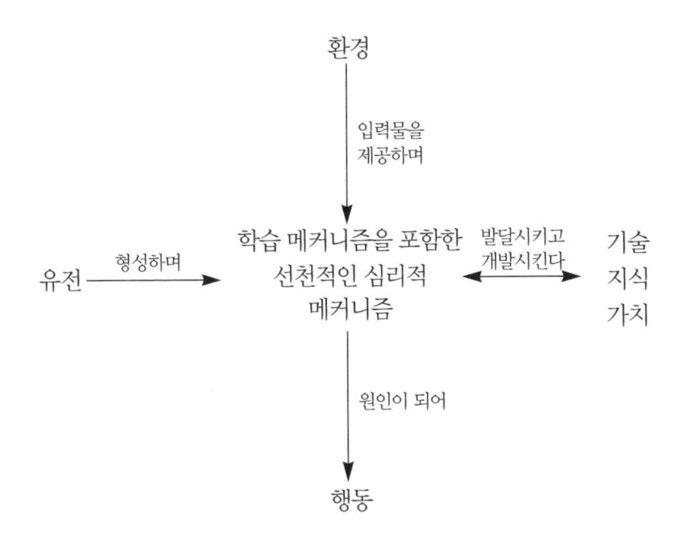

왜냐하면 이제 우리는 모든 지각, 학습, 행동의 직접적인 원인인 인간 뇌의 복잡성을 공정하게 평가할 수 있기 때문이다. 학습은 선천성의 대안이 아니다. 학습을 수행할 수 있는 선천적인 메커니즘이 없다면 학습은 결코 일어날 수 없을 것이기 때문이다. 우리가 언어본능에 대해 얻은 지식이 이를 분명히 해 준다.

성마른 사람들을 위해 먼저 이야기하자면 이렇다. 유전과 환경이 모두 중요한 역할을 한다. 일본에서 성장한 아이는 결국 일본어로 말하게 된다. 그 아이가 미국에서 양육되었다면 영어로 말할 것이다. 그러므로 우리는 환경이 어떤 역할을 수행한다는 것을 알 수 있다. 만일 어떤 아이가 성장하는 동안 애완동물인 햄스터와 늘 붙어 있어도, 그 아이는 결국 어떤 언어를 말하게 되지만 동일한 환경에 노출되어 있는 햄스터는 그렇지 못하다. 그러므로 우리는 유전이 어떤 역할을 수행한다는 것을 알 수 있다. 그러나 여기에는 더 많은 설명이 필요하다.

• 사람들은 무한한 수의 새로운 문장들을 이해하고 말할 수 있으므로 그들의 '행동' 특성을 직접적으로 규명하려는 것은 이치에 맞지 않는다. 즉, 언어행동이 동일한 두 사람은 존재하지 않으며, 한 사람의 잠재적 행동은 열거할 수조차 없다. 그러나 무한한 수의 문장들은 문법이라는 유한한 규칙체계에 의해 생성될 수 있으므로, 언어행동의 기초를 이루는 정신문법과 심리적 메커니즘을 연구하는 것은 타당하다.

• 언어는 우리에게 너무나 자연스럽게 다가오기 때문에, 우리는 우유가 그저 트럭에서 나오는 것이라고 생각하는 도시 아이들처럼 언어에 대해 무덤덤한 경향이 있다. 그러나 단어를 조립해서 정상적인 문장을 만들어 내는 것이 어떤 일인가에 대해 면밀히 조사해 보면, 마음의 언어 메커니즘들은 복잡한 설계를 가지고 있고, 많은 부분들이 상호작용한다는 사실이 분명해진다.

• 이러한 미시적 관점에서 볼 때 바벨탑의 언어들은 더 이상 인지적으로 그리고 무제한적으로 다양한 것처럼 보이지 않는다. 이때 우리는 세계언어의 기저에 존재하는 공통 설계도인 보편문법을 보게 된다.

• 이 기본 설계도가 특정한 문법을 학습하는 메커니즘에 설치되어 있지 않다면 학습은 불가능할 것이다. 부모의 말에서부터 전체로서의 언어에 이르는 일반화의 가능한 방법들은 여러 가지가 존재하며, 아이들은 올바른 방법들을 재빨리 획득한다.

• 마지막으로 학습 메커니즘 가운데 일부는 일반적인 문화와 상징 행동을 위해서가 아니라 언어 그 자체를 위해 설계된 것처럼 보인다. 우리는 고도의 문법을 가진 석기시대 사람들, 유능한 문법학자인 무기력한 걸음마 단계의 아이들, 그리고 언어 천재인 백치들을 보았다. 또 우리는 상식의 논리를 초월하는 문법의 논리, 예

를 들어 John is running에서의 John과 It is raining에서의 it이 같은 기능을 수행한다는 것, mice를 먹는 mice-eaters 그리고 rats를 먹는 rat-eaters의 차이 등을 보았다.

언어가 주는 교훈은 마음의 다른 분야에서도 유용했다. 다윈과 윌리엄 제임스에 뿌리를 두고 촘스키와 그의 작업을 이어가는 심리학자와 언어학자들의 언어 연구에서 영감을 얻은, 표준사회과학모델에 대한 대안이 출현했다. 컴퓨터신경학자 데이비드 마르와 심리학자 로저 셰퍼드는 그것을 시지각에 적용시켰고, 인류학자 댄 스퍼버, 도널드 시먼스, 존 투비, 언어학자 레이 잭켄도프, 신경학자 마이클 가자니가, 심리학자 레다 코즈미디스, 랜디 갤리스텔, 프랭크 케일, 폴 로진 등은 그것을 정교하게 다듬었다. 투비와 코즈미디스는 최근에 발표한 〈문화의 심리학적 토대〉라는 뛰어난 논문에서 이 대안을 '통합적 인과모델'이라 부르고 있는데, 그 이유는 그것이 진화가 어떻게 뇌의 발생을 야기했는가를 설명할 뿐만 아니라, 뇌가 인지와 학습 같은 심리적 과정을 야기하고, 그 심리적 과정이 한 사람의 문화를 구성하는 가치와 지식의 습득을 야기한다고 보기 때문이다. 그러므로 그것은 심리학과 인류학을 여타의 자연과학 분야들, 특히 신경학과 진화생물학에 통합시킨다. 이 마지막 연관성 때문에 사람들은 그것을 '진화심리학'이라 부르기도 한다.

진화심리학은 인간의 언어가 주는 교훈 가운데 많은 것을 취하여 다른 마음의 분야에 적용한다.

• 언어가 복잡한 마음의 소프트웨어를 필요로 하는 믿기 어려운 성과이듯이, 지각과 추리, 행동 등 우리가 당연하게 여기는

정신생활의 다른 성취들도 나름대로 훌륭한 기능을 갖춘 마음의 소프트웨어를 필요로 한다. 문법 연산을 위한 보편 설계도가 존재하듯이, 인간 마음의 여타 분야를 위한 보편 설계도가 존재한다. 이 전제는 인류의 화합과 형제애를 향한 단순한 소망이 아니라 진화생물학과 유전학에서 충분한 동기를 얻어 발견해 낸 인류에 대한 진정한 지식이다.

• 진화심리학은 학습을 경시하는 것이 아니라 그것을 설명하고자 한다. 몰리에르의 희곡 《기분으로 앓는 사나이》에서 학식 있는 의사가 아편이 어떻게 사람을 잠재우는지 설명하라는 요구를 받자, 아편에는 '잠을 초래하는 힘'이 있다고 말한다. 라이프니츠도 이 의사와 같이 사고하는 사상가들을 이렇게 조소했다.

> (그들은) 특히 신비스러운 성질이나 능력이 있어서 그것이 작은 악마나 도깨비처럼 필요한 것을 홀연히 만들어 낼 수 있는 것처럼 생각한다. 마치 톱니바퀴 없이 어떤 측시법의 능력으로 시간을 가리키는 시계나 연자매와 비슷한 어떤 것도 필요 없이 단편적인 능력으로 곡물을 빻는 제분소처럼.

표준사회과학모델에서 '학습'은 바로 이런 방식으로 간주되었다. 반면에 진화심리학에서는 학습을 가능케 하는 어떤 선천적인 메커니즘이 없다면 학습이란 존재하지 않는다.

• 인간 경험의 상이한 분야들—언어, 도덕, 음식, 사회적 관계, 물리적인 세계 등—을 위한 학습 메커니즘들은 종종 상반된 목적을 가지고 작동한다는 것이 밝혀졌다. 한 영역에서 올바른 것을 학습하도록 설계된 메커니즘이 다른 영역에서는 완전히 틀린 것을 학습하고 만다. 이것은 학습이 단일한 만능기계에 의해서가 아

니라 각기 다른 모듈에 의해 성취되며, 각각의 모듈은 해당 영역의 특유한 논리와 법칙에 맞추어져 있음을 시사한다. 사람들에게 융통성이 있는 이유는 환경이 그들의 마음을 두드리거나 조각해서 임의적인 형태로 만들어내기 때문이 아니라, 그들의 마음에 각기 다른 다양한 모듈이 담겨 있으며, 각각의 모듈은 나름의 방식으로 학습할 수 있는 장비를 갖추고 있기 때문이다.

• 복잡한 공학적 설계의 징후를 보이는 생물학적 시스템들이 사고나 우연으로 발생했을 가능성은 거의 없다. 따라서 그들의 조직은 자연선택의 과정을 통해 이루어진 것이 틀림없고, 인간이 진화해 온 환경에서 생존과 재생산에 유용한 기능들을 습득해야 했을 것이다(그러나 이것이 마음의 모든 측면이 적응이라거나, 마음의 적응이 가령 20세기의 도시들처럼 진화상 새로운 환경에 반드시 유익하다는 의미는 아니다).

• 마지막으로 문화도 나름의 역할을 다한다. 다만 이때 문화는 어떤 형체 없는 유령 같은 과정 혹은 자연의 근본적인 힘의 의미가 아니다. '언어' 또는 '방언'이 한 공동체 내의 상이한 화자들이 매우 유사한 정신문법을 습득하는 과정을 가리키듯이, '문화'란 특정한 종류의 학습이 한 공동체에 속한 사람들 사이에 전염되듯이 퍼져서 사람들의 마음이 공유된 형태로 조정되어 가는 과정을 말한다.

마음의 설계에 대한 이 새로운 견해를 논의하기에 좋은 출발점은 바로 우리가 언어본능에 관한 논의를 시작했던 장소인 보편성이다. 내가 맨 앞에서 지적했듯이 언어는 인간사회에 보편적이며, 우리가 아는 한 우리 종이 생겨나면서부터 계속 존재해 왔다. 비록 언어들 상호간에는 이해가 불가능하지만, 이 피상적인 다양성 밑에는 명사와 동사, 구 구조와 단어 구조, 격과 조동사 등을 갖춘 보편문법이라는 단일한 연산 설계도가 놓여 있다.

얼핏 보면 문화인류학적 기록은 뚜렷하게 대비되는 데이터를 제공하는 것 같다. 현세기의 인류학은 인간의 다양성에 대한 박람회장으로 우리를 인도해 왔다. 그러나 금기, 친족제도, 샤먼 숭배 같은 모든 카니발은 영어의 dog와 독일어 hundt의 차이처럼 단지 표면적인 것으로서 그 속에 보편적인 인간 본성이 숨어 있는 것은 아닐까?

인류학자들 자신의 문화를 볼 때, 무엇이든 괜찮다는 그들의 일관된 사상은 우리를 걱정스럽게 만든다. 미국의 가장 저명한 인류학자 가운데 한 사람인 클리퍼드 기어츠는 동료들에게 '파격적인 것들을 소리치며 팔고, 기이한 것들을 소매하는 깜짝 상인'이 되라고 권고하면서 "만일 우리가 지극히 편안한 진실만을 원했다면 우리는 편안하게 집에 머물러 있어야 했을 것이다."라고 말했다. 그러나 이것은 인류학자들이 인간의 행동이 보여주는 여러 가지 방식에 담긴 어떤 보편적인 형태도 간과하도록 만드는 태도다. 실제로 이 태도는 '에스키모 어휘에 대한 극심한 왜곡'에서처럼 평범한 것들이 파격적인 것으로 은폐되는 명백한 오류를 초래할 수 있다. 어떤 젊은 인류학자가 나에게 다음과 같은 편지를 보내왔다.

> 에스키모 어휘에 관한 이야기가 내 연구계획의 한 부분을 차지할 것입니다. 《100년 동안의 인류학적 과오 One Hundred Years of Anthro-pological Malpractice》라는 제목으로 집필중인 책입니다. 나는 지금까지 여러 해 동안 고약한 전문적 무능력의 사례를 수집해 왔습니다. 사실이 아니라고 판명됐지만, 해당 분야의 상투적 지식으로 둔갑해 알게 모르게 각종 교과서에 수록된 인류학의 진

부한 이야기들 말입니다. 사모아에는 프리섹스 관습이 있어서 범죄와 스트레스가 없다는 이야기, '점잖은' 아라페쉬족과 같이 성이 반전된 문화(남자들은 사람 사냥꾼임), '석기시대의 생활에 머물러 있는' 원시적인 타사다이족(부패한 필리핀 문화부장관이 모계사회 '원주민'이라고 조작한 부락민들), 문명의 여명기에 존재했던 모계사회, 근본적으로 상이한 호피족의 시간개념, 모든 것이 이곳과는 반대라고 모든 사람들이 생각하는 문화, 기타 등등….

이것들을 하나로 꿰는 하나의 맥락이 있습니다. 철저한 문화상대주의에 물든 인류학자들은 오직 상식만을 갖춘 보통 사람들보다 훨씬 쉽게 터무니없는 것들에 현혹되어 버린다는 것입니다(마치 카스테네다의 돈주안 이야기와 흡사한 것들—내가 정말로 재미있게 읽었던 이야기들—이 수많은 교과서에 엄연한 사실로 수록되어 있습니다). 다시 말해, 그들의 직업적 '전문성'이 그들을 완전하고도 철저한 얼간이로 만들어 왔던 셈입니다. 근본주의가 기적에 대한 설명을 수용할 수 있게 해주는 것과 똑같이 훈련된 인류학적 신념을 가진다는 것은 다른 지역의 그 어떤 이국적인 설명들도 믿게끔 해 줍니다. 실제로 이러한 많은 엉뚱한 것들이 모든 학식 있는 사회과학자들의 표준적인 지적 장치의 일부가 되어 다양한 정신적 · 사회적 현상에 대한 균형 있는 추리에 영구적인 장애가 되고 있습니다. 내 생각에 이것은 나를 영구적인 고용불능자로 만들 것이라 생각하므로 나는 이것을 조만간에 끝낼 계획이 없습니다.

사모아인들의 프리섹스에 대한 언급은 1983년 데릭 프리먼의 폭탄선언과 연관된 것으로서, 그는 마가렛 미드가 자신의 고전적 저서인 《사모아의 성년식》에서 사실을 얼마나 왜곡시켰는지를 보여주었다(무엇보다도 지루해진 십대 정보제공자가 장난으로 그녀를 속였던 것이다). 모범적인 문화인류학적 전통 속에서 훈련받은 또 다른 인류학자인 도널드 브라운은 최근에 쓴 〈인간의 보편요소들〉이란 논문에서 그 밖의 문제점들을 자세히 기록했다. 브라운은 타민족들의 이상한 행동에 대한 언어학적 설명의 이면에는 계급, 정중함, 유머 같은 인간 경험의 분명하지만 추상적인 보편 특성들이 존재한다고 지적했다. 사실 인류학자들이 다른 인간집단들과의 공통 전제를 풍부하게 공유하지 못한다면, 그들을 이해하거나 그 집단 내에서 생활할 수 없을 것이다. 댄 스퍼버는 그것을 메타문화라고 부른다. 투비와 코즈미디스는 다음과 같이 지적한다.

> 물의 존재를 인식하지 못하는 물고기처럼 인류학자들은 보편적인 인간의 메타문화를 이용해 이 문화 저 문화를 헤엄쳐 다닌다. 메타문화는 그들의 모든 사고를 채워주지만, 그들은 지금까지 그 존재를 인식하지 못했다…. 인류학자들이 다른 문화에서 이형을 경험할 때, 그들은 이전에 자신의 문화에서 당연하게 여겼던 것들을 새롭게 인식한다. 마찬가지로 생물학자와 인공지능을 연구하는 과학자들은 문화인류학자가 가 본 그 어느 장소보다도 훨씬 더 이상한 마음이 존재하는 곳을 여행하는 인류학자들이다.

촘스키의 보편문법에서 영감을 얻은 브라운은 '보편민족'의 특징을 규명하고자 노력해 왔다. 그는 문화인류학자들의 보고서에 의해 잘못 전해진 이국적인 것들에 대한 주장과 부족한 증거에 근거한 보편적 특성들에 대한 주장 모두에 회의적인 시각을 유지하면서, 문서화된 모든 인간의 문화적 행동의 기저를 이루는 보편적 유형을 찾기 위해 문화인류학의 서고를 꼼꼼히 탐구했다. 결과는 아연실색할 만한 것이었다. 임의적인 이형을 발견하기는커녕 보편민족의 특성을 풍부하고도 상세하게 규명할 수 있었다. 그의 발견에는 거의 모든 사람들을 깜짝 놀라게 할 만한 사항들이 담겨 있으므로 이제 여기에서 그 내용을 재생하고자 한다. 브라운에 따르면 보편민족은 다음과 같은 것들을 소유한다.

명료함에 대한 가치 부여, 잡담, 거짓말, 오해의 유도, 언어 유머, 유머러스한 모욕, 시적이고 수사적인 구어 형식, 이야기하기, 비유, 언어 요소가 반복되는 시와 휴지부에 의해 분리되는 3초 단위의 행, 날짜 · 달 · 계절 · 연도 · 과거 · 현재 · 미래 · 신체부위 · 내적 상태(감정, 정서, 생각) · 행동경향 · 식물군 · 동물군 · 날씨 · 도구 · 공간 · 동작 · 속도 · 위치 · 공간적 차원 · 물리적 특성 · 수여 · 임대 · 사람과 일에 대한 영향 · 수(최소한 '하나', '둘', '둘 이상') · 고유명사 · 소유에 대한 단어들, 어머니와 아버지의 구별, 어머니 · 아버지 · 아들 · 딸 그리고 나이 순서로 정의되는 혈족관계의 범주, 남과 여 · 흑과 백 · 자연과 문화 · 선과 악 등의 2분법, 측정단위, '아님' · '그리고' · '동일한' · '동등한' · '반대' · 보편과 특수 · 부분과 전체 등의 논리적 관계, 추측에 의한 추리(감지할 수 있는 자취를 통해 부재중이거나 보이지 않는 실체의 존재 추론하기).

울음소리와 비명소리 같은 비언어적인 의사소통, 행동에 근거한 의도의 해석, 행복 · 슬픔 · 분노 · 공포 · 놀람 · 불쾌함 · 경멸 등을 표현한다고 인정되는 얼굴표정, 친근한 인사로서의 미소, 울음, 눈짓으로 표현되는 은근한 유혹, 은폐 · 정정 · 흉내를 표현하는 얼굴표정, 애정 표시.

자신 대 타인에 대한 의식, 책임감 · 자발적 행동 대 비자발적인 행동 · 의도 · 사적인 내면생활 · 정상적인 마음상태 및 비정상적인 마음상태 등에 대한 의식, 감정이입, 성적 매력, 강력한 성적

질투심, 아동기의 두려움, 특히 커다란 소음에 대한 두려움과 첫돌이 끝날 무렵의 낯가림, 뱀에 대한 두려움, 오이디푸스 콤플렉스(어머니에 대한 소유감, 그녀의 배우자에 대한 냉정함), 얼굴 인식, 신체 장식과 머리치장, 부분적으로는 건강한 외모 그리고 여성의 경우에는 젊은 외모에 근거한 성적 끌림, 위생, 무용, 음악, 싸우는 놀이를 포함한 놀이.

절단기 · 절구 · 용기 · 줄 · 지렛대 · 창을 포함한 여러 가지 도구의 제작 및 그에 대한 의존(이중 많은 것들이 영구적이며, 문화적으로 전달되는 모티브에 따라 만들어짐), 요리를 비롯한 다양한 목적을 위한 불의 사용, 의료 · 오락을 위한 마약, 주거, 인공물의 장식.

특정 시기에 특정 패턴으로 이루어지는 이유식, 영토소유 의식과 종족의식을 가진 집단형태의 생활, 한 어머니와 자녀들 · 일반적으로 생물학적인 어머니와 한 명 또는 그 이상의 남자를 중심으로 구성된 가족들, 아이 낳기에 적합한 여성에 대한 성적 접근이 허락되는 공인된 권리라는 의미에서의 제도화된 결혼, 나이 많은 친족에 의한 아이들의 사회화(배변 훈련 포함), 아이들의 연장자 모방, 가까운 친척과 먼 친척의 구분 및 가까운 친척 선호, 어머니와 아들 사이의 근친상간 기피, 성이라는 주제에 대한 지대한 관심.

(혈통, 나이, 성에 의해) 할당되고 성취되는 신분 및 명성, 어느 정도의 경제적 불평등, 성과 나이에 따른 노동 분업, 여성에 의한 자녀양육의 높은 비중, 남성에 의한 공격과 폭력의 높은 비중, 남성과 여성의 본질적 차이 인정, 공적 정치 분야에서의 남성 지배, 노동 · 재화 · 서비스의 교환, 보복을 포함하는 호혜주의 원리, 선물, 사회적 설득, 연대, 공적인 일에 대한 집단적 결정을 수렴한다는 의미에서의 정치, 대부분의 경우 비독재적이며 형편에 따라서는 일시적인 지도자들, 폭력 · 강간 · 살인에 대한 법률을 포함한

법과 권리와 의무, 처벌, 개탄의 대상인 갈등, 강간, 잘못에 대한 교정 추구, 중재, 집단 내외의 충돌, 소유권, 재산 상속, 옳고 그름에 대한 개념, 선망.

예의범절, 환대, 축제, 주행성(晝行性), 성적인 정숙함의 표준화, 일반적으로 사적인 성, 단 음식의 선호, 금기 식품, 신체 소모적인 것들의 제거에 대한 사리분별, 초자연적 신앙, 삶을 유지 또는 확대시키거나 이성을 사로잡기 위한 마술, 행운과 불운에 대한 이론, 병과 죽음에 대한 설명, 의료행위, 통과의례를 비롯한 의식, 고인에 대한 애도, 꿈과 꿈의 해석.

분명 이것은 본능이나 선천적인 심리적 성향의 목록이 아니다. 이것은 보편적인 인간 본성과 이 지구상에서 인간의 몸으로 살기 위한 조건들 사이의 복잡한 상호작용의 목록이다. 서둘러 덧붙이건대 그것은 또한 불가피한 것에 대한 특징화도, 가능한 것에 대한 경계 설정도, 바람직한 것에 대한 규정도 아니다. 1세기 전에 인간의 보편특성의 목록을 작성했더라면 아이스크림, 경구피임약, 영화, 로큰롤, 여성의 참정권, 언어본능에 관한 책 등은 포함되지 않았겠지만, 그것이 또한 이러한 혁신을 가로막지는 못했을 것이다.

버터 바른 토스트를 커피에 적셔 먹는, 따로 양육된 일란성 쌍둥이처럼 브라운의 보편민족은 인간 본성에 대한 우리의 기존 관념을 뒤흔들어 놓는다. 쌍둥이의 특성을 발견하는 데 버터 바른 토스트를 커피에 적시는 유전자가 필요하지 않듯이 보편 특성을 발견하는 데도 보편적인 배변 훈련 본능이 필요하지 않다. X-바 이론(핵계층이론)이 단어 순서의 보편적 특성들과 관련되어 있듯이 보편적 마음에 대한 이론도 분명 보편민족과 추상적으로 관련이 있을 것이다. 그러나 이와 관련된 어떤 이론도 임의의 역할모델을 학습하거나 모방하는 일반화된 경향 이상의 많은 것을 인간의 머릿속에 가정해야 한다는 것만은 분명해 보인다.

무한히 가변적인 인간 특성이라는 그릇된 인류학적 가정과 함께, 심리학에서 비롯된 무한히 습득할 수 있는 학습능력이라는 가정을 살펴보자. 우리는 일반적인 만능 학습장치라는 개념을 어떻게 이해할 수 있는가?

명시적 교육—들음으로써 학습하기—은 일종의 만능학습이지만, 대부분 그것이 별로 중요하지 않다는 데 동의할 것이다. "아무도 보편문법의 작동방법을 아이들에게 가르치지 않지만 아이들은 어쨌든 그것을 준수한다. 그러므로 분명 그것은 선천적이다."와 같은 주장을 믿는 사람은 거의 없다. 거의 모든 사람들은 대부분의 학습이 수업 이외의 시간에 실례들을 일반화함으로써 이루어진다는 데 동의한다. 아이들은 역할모델로부터 또는 보상을 받거나 받지 못하는 자신의 행동으로부터 일반화한다. 그 힘은 유사성에 의거한 일반화로부터 나온다. 부모의 문장들을 곧이곧대로 되풀이하는 아이는 능력 있는 학습자가 아니라 자폐적인 아이라고 불릴 것이다. 아이들은 부모의 문장과 유사한 문장들을 일반화해 내는 것이지, 부모의 문장을 그대로 일반화해 내는 것이 아니다. 마찬가지로 짖는 독일산 셰퍼드가 무는 것을 관찰한 아이는 짖는 도버맨 핀처나 그 밖의 유사한 개들도 그럴 것이라고 일반화할 것이다.

그러므로 유사성은 일반적인 만능의 학습장치라고 가정할 수 있는 것의 주된 요소이며, 바로 그것이 문제이다. 논리학자 넬슨 굿맨의 말을 빌면, 유사성은 '흉내쟁이고, 사기꾼이며, 돌팔이'다. 문제는 그 유사성이 객관세계에 있는 것이 아니라 보는 사람의 마음속에 있다는 사실이다. 그것이 바로 우리가 설명하고자 하는 바다. 굿맨은 다음과 같이 말한다.

> 공항 탑승수속대에 있는 짐을 생각해 보자. 검사관은 그 짐의 형태, 크기, 색, 재료, 심지어는 구조까지 인식할 것이다. 조종사는 짐의 무게에, 승객들은 목적지와 소유권에 더 큰 관심을 가진다. 그 짐이 어떤 짐과 유사하고 어떤 짐과 다른가는 그 짐들이 공유하는 속성뿐 아니라 누가 언제 그러한 비교를 행하느냐에 따라 달라진다. 우리 앞에 세 개의 컵이 있다고 가정해 보자. 첫 번째 두 컵에는 무색의 용액이 들어 있고, 세 번째 컵에는 붉은색 용액이 들어 있다. 나는 첫 번째 두 컵이 세 번째 것보다 유사하다고 말할 수 있다. 그러나 첫 번째 컵은 물이 담겨 있고, 세 번째 컵은 야채즙 한 방울로 색깔이 번진 물이며, 두 번째 컵은 염산이 들어 있다. 그런데 나는 목이 마르다.

여기에 함축된 의미는 '유사성'에 대한 감각이 분명 선천적이라는 사실이다. 이것은 논쟁의 여지가 별로 없다. 단순한 논리다. 행동주의 심리학에서 비둘기가 붉은색 원 안에 있는 열쇠를 쪼면 보상을 받는 경우, 그 비둘기는 파란색 사각형보다는 붉은색 타원형이나 분홍색 원을 더 많이 쫀다. 이러한 '자극 일반화'는 별도의 훈련 없이 반사적으로 발생하며, 이는 선천적인 '유사성 공간'을 수반한다. 그렇지 않다면 그 동물은 모든 것을 일반화하거나 아무것도 일반화하지 못할 것이다. 자극의 이러한 주관적 공간화는 단지 학습에 필요한 것들이므로 그것들 자체가 모두 학습될 리는 없다. 그러므로 논리학자 콰인이 지적한 바대로(그의 동료 스키너는 반대하지 않았다), 행동주의자도 선천적인 유사성 결정 메커니즘의 분야에 "흔쾌히 목을 매달고 있다."

언어습득의 경우, 아이들이 부모의 말에 들어 있는 문장들로부터 영어의 나머지를 규정하는 '유사한' 문장들을 일반화해 낼 수 있게 해 주는 선천적 유사성 공간은 무엇인가? "붉은색은 파란색보다는 분홍색과 유사하다." 또는 "원은 삼각형보다는 타원과 유사하다."라는 말은 전혀 도움이 되지 않는다. 그것은 분명 John likes fish를 Mary eats apples와 유사하게 만드는 동시에, John might fish와는 유사하게 만들지 않는 일종의 (문법과 관련된) 마음의 연산임에 틀림없다. 그렇지 않다면 아이는 John might apples라고 말할 것이다. 또 그것은 The dog seems sleepy를 The men seem happy와 유사하게 만들어 주는 동시에, The dog seems sleeping과는 유사하지 않은 것으로 만들어 주는 것이 틀림없고, 그래서 아이는 잘못된 도약을 피하게 된다. 즉, 아이들의 일반화를 유도하는 그 '유사성'은 학습 메커니즘들을 구성하는 보편문법에 의해 운용됨으로써 말을 명사와 동사와 구로 분석하는 일종의 언어분석이어야 한다. 어떤 문장이 어떤 문장과 유사한지 규정하는 그러한 선천적인 연산이 없다면 아이가 어떤 것을 정확하게 일반화할 수 있는 방도는 전혀 없을 것이다. 어떤 의미에서는 그 어떤 문장도, 그야말로 스스로 반복되는 경우를 제외하고는, 다른 어떤 문장과도 유사하지 않을 것이다. 또 어떤 의미에서는 그런 단어들의 어떤 임의적 배열과도 유사할 것이며, 다른 모든 종류의 부적절한 단어열과도 유사할 것이다. 이것이 바로 학습된 행동의 융통성은 마음에 대한 선천적인 제약들을 필요로 한다고 말하는 것이 전혀 역설적이지 않은 이유다. 언어습득에 관한 장에는 좋은 예가 제시되어 있다. 무한한 수의 잠재적 문장들을 일반화해 낼 수 있는 아이의 능력은 정해진 일련의 마음의 범주들을 이용하여 부모의 말을 분석하는 것에 의존한다.

그러므로 실례를 통해 문법을 학습한다는 것은 (규범문법이 규정하는) 특별한 유사성 공간을 필요로 한다. 실례를 통해 단어의 의미를 학습하는 것도 그렇다. 우리는 콰인의 gavagai 문제에서 그것을 보았다. 단어를 학습하는 사람의 입장에서 gavagai가 '토끼'를 의미하는지, '깡충깡충 뛰는 토끼'를 의미하는지, 아니면 '분리되지 않은 상태의 토끼의 부분들'을 의미하는지 알아내는 데 어떤 논리적 근거도 없다면, 다른 모든 것들을 학습하는 경우는 어떠한가? 콰인은 자신이 '귀납의 스캔들'이라 명명한 것을 다음과 같이 발표함으로써 그러한 불씨를 제거했다.

> 그것 때문에 우리는 다른 귀납법들에 대해 더욱 궁금해지는데, 이 경우에 탐구되고 있는 것이 우리 이웃의 언어 행동에 대한 일반화가 아니라 거친 비인격적 세계에 대한 일반화는 아닌가? 우리는 같은 깃털을 가진 존재이므로 우리의 (마음의) 특질 공간이 우리 이웃들의 것과 조화를 이루어야 한다는 것은 타당하다. 그러므로 단어 학습…에 대한 귀납법의 일반적 신뢰성은 조작된 것이다. 다른 한편으로 귀납법을 자연의 진리에 대한 접근방법으로서 신뢰하는 것은 우리의 특질 공간이 우주의 그것과 일치한다는 가정에 좀더 가까이 다가서는 것이다…. (그러나) 우리의 선천적인 주관적 특질 공간들이, 우리의 귀납법이 직접적으로 생성될 만큼 기능적으로 자연과 관련된 범주들과 그토록 잘 일치하는 이유는 무엇인가? 왜 주관적으로 공간화된 우리의 특질들은 특히 자연에 발판을 마련하고 미래에 대한 선점권을 가져야 하는가?
>
> 다윈주의에서는 이것을 어느 정도 장려한다. 만일 사람들의 선천적인 특질 공간이 유전자와 연결된 특성이라면 가장 성공적인 귀납을 위해 수행된 공간화는 자연선택을 통해 우세해졌을 것이다. 귀납법

에서 고질적으로 잘못을 저지르는 생물체들은 자신의 종족을 재생산하기 전에 죽게 되는 애처로우나 바람직한 경향을 가진다.

대단히 옳은 말이다. 하지만 우주는 이질적이고, 그러므로 우리의 일반화가 우주와 조화를 이루도록 해 주는 유사성들의 연산 또한 이질적이어야 한다. 문법의 학습이라는 측면에서 두 개의 발화가 동등해질 수 있는 특질들—가령 명사와 동사들이 동일한 순서로 구성되어 있다는 것—은 큰소리를 내면 동물을 겁주어 쫓아버릴 수 있다는 점에서 크게 소리치는 두 개의 발화가 동등해질 수 있는 특질들과는 다르다. 어떤 식물의 경우 질병을 야기하거나 치료한다는 점에서 동등하다고 볼 수 있는 상이한 두 부위의 특질과, 먹기 위해서는 달아야 하고, 땔감으로 쓰기 위해서는 마른 상태여야 하며, 주거지에 비가 새지 않게 하기 위해서는 두꺼워야 하고, 선물하기 위해서는 아름다워야 한다는 점에서 동등하다고 볼 수 있는 특질과는 다르다. 가령 애정을 표현하는 행위처럼 사람들을 잠재적인 동맹자로 분류하는 특질과 잠재적인 짝으로 분류하여 다산능력의 신호를 보여주거나 근친이 아님을 보여주는 특질은 다르다. 이처럼 각기 다른 본능 또는 모듈에 의해 규정되는 많은 유사성 공간들이 분명히 존재하며, 이 공간들의 작용으로 그 모듈들은 물리적 세계, 생물학적 세계, 또는 사회적 세계와 같은 영역들을 지적으로 일반화할 수 있다.

선천적인 유사성 공간들은 학습의 논리에 고유한 것이므로, 인공지능에서 인간이 만드는 학습 시스템들이 언제나 특정한 지식 영역의 제약들을 활용하도록 설계된다는 것은 놀라운 일이 아니다. 야구규칙을 학습하도록 설계되는 컴퓨터프로그램에는 서로 경쟁하는 운동경기의 기본 전제들이 미리 프로그램화되고, 그래서 그 프로그램은 경기자들의 동작을 안무된 춤이나 종교의식으로 해석하지 않는다. 영어 동사의 과거시제를 학습하도록 설계된 프로그램에는 단지 그 동사의 소리만이 입력으로 제공된다. 한편 동사의 사전 기재항을 학습하도록 설계된 프로그램에는 그 의미만이 제공된다. 이 필요조건은 설계자들이 수행하는 일에서는 분명하지만 그들이 하는 말에서는 종종 불분명해진다. 표준사회과학모델의 전제 아래서 작업하는 컴퓨터 과학자들은 종종 자신들의 프로그램이 바로 강력한 만능학습 시스템의 실험작이라고 과장하곤 한다. 그러나 완전한 인간 마음의 모형화를 시도할 정도로 무모한 사람은 없을 것이므로, 연구자들이 이 현실적인 한계를 활용할 수는 있을 것이다. 그들은 자유롭게 자신들의 견본 프로그램을 당면한 해결과제에 맞출 수 있고, 적절한 시간에 적절한 입력을 그 프로그램에 제공하는 데우스 엑스 마키나가 될 수 있다. 이것은 비판이 아니다. 그것이 바로 학습 시스템이 작용하는 방법이다!

그렇다면 인간 마음의 모듈이란 무엇인가? 촘스키에 대한 학계의 일반적인 패러디에서 그는 대개 자전거 타기, 셔츠와 넥타이 맞추기, 카뷰레터 수리 등을 위한 선천적인 모듈을 제안하는 사람으로 묘사된다. 그러나 언어에서 카뷰레터 수리로 넘어가는 경사는 그렇게 미끄럽지 않다. 그리고 몇 개의 확고한 발판을 디디기만 하면 미끄러짐을 피할 수 있다. 우리는 공학적인 분석을 이용하여 하나의 시스템이 과제를 해결하기 위해 적절한 일반화를 행하려면 원칙적으로 무엇이 필요한가를 조사해 볼 수 있다(예를 들어 인간이 어떻게 형태를 지각하는가를 연구할 때, 우리는 각기 다른 가구를 인식할 수 있는 한 시스템이 또한 각기 다른 얼굴을 인식할 수 있는가, 아니면 그 시스템은 얼굴에 대한 특별한 형태 분석을 필요로 하는가의 여부를 물을 수 있다). 또 우리는 생물학적 인류학을 이용하여 특정한 문제가 우리 조상들이 진화환경 속에서 해결해야 했던 문제라는 증거를 찾아볼 수 있다. 그래서 언어와 얼굴인식은 최소한 선천적 모듈의 후보일 수 있지만, 읽기와 운전은 그렇지 않다. 심리학과 문화인류학의 자료를 이용하여 우리는 다음과 같은 예측을 실험해 볼 수 있다. 아이들이 그들의 마음의 모듈과 관계가 있는 문제를 해결할 때, 그 아이들은 배우지 않은 것들을 알고 있는 천재처럼 보일 것이다. 반면에 그들이 그들의 마음에 해결장비가 갖추어지지 않은 문제를 해결할 때는 멀고도 험난한 길이 될 것이다. 마지막으로, 만약 어떤 문제를 풀기 위한 모듈이 실제로 존재한다면, 신경과학은 그 문제를 연산하는 뇌의 세포조직에 회로 또는 하부시스템을 구성하는 등의 심리학적 정합성이 있다는 사실을 발견해야 한다.

나 스스로 약간 무모한 일을 시도하여 언어와 지각은 잠시 제쳐두고, 어떤 종류의 모듈 또는 어떤 계보에 속한 본능이 결국 이 실험을 통과할 수 있을까 추측해 보고자 한다(정당화를 위해 '적응된 마음' 이라고 부르는 최근의 일람표를 싣는다).

1. 직관역학 : 물체가 경험하는 동작, 힘, 변형에 대한 지식.
2. 직관생물학 : 식물과 동물의 작동방법에 대한 이해.
3. 수.
4. 커다란 영토에 대한 마음의 지도.
5. 주거지 선택:안전하고, 정보가 풍부하고, 생산적인 환경. 일반적으로 사바나 같은 환경의 추구.
6. 높이 · 감금 · 위험한 사회적 충돌 · 유해동물과 육식동물 같은 자극들에 대한 두려움과 경계의 감정을 포함하는 위험공포증,

그리고 각각의 자극이 어떤 환경에서 무해한지를 학습하는 동기.

7. 음식 : 어떤 것이 먹기에 적합한가.
8. 본래 역겹게 여겨지는 어떤 것들에 대한 역겨움의 감정을 포함하는 오염반응 그리고 감염 및 질병에 대한 직관.
9. 행복과 슬픔의 감정 그리고 만족과 불안정의 기분을 포함하는 현재의 안녕에 대한 점검.
10. 직관심리학 : 다른 사람의 믿음과 욕망에 근거하여 그의 행동을 예측.
11. 마음의 기록보관소(Rolodex) : 친척관계, 신분이나 계급, 호의를 나누었던 기록, 타고난 기술과 능력 등을 저장할 수 있는 빈 공간과 각 특성을 평가하는 기준들을 갖춘 개개인에 대한 데이터베이스.
12. 자아상 : 타인에 대비한 자신의 가치와 관련된 정보의 수집 및 정리 그리고 그러한 정보를 다른 정보들과 묶기.
13. 정의 : 분노와 복수의 감정을 포함하여 권리, 의무, 인과응보에 대한 의식.
14. 족벌주의 및 양육에 대한 부담을 포함하는 친족관계.
15. 성적 매력, 사랑의 감정과 정절 및 처자유기(妻子遺棄)의 의도를 포함하는 짝짓기.

표준적인 심리학이 이 개념과 얼마나 거리가 있는지 알아보려면, 교과서의 목차만 펴 보면 된다. 수록된 장들은 생리학, 학습, 기억, 주의, 사고, 판단, 지능, 동기 부여, 감정, 사회성, 발달, 성격, 비정상 등이다. 심리학 교과과목에는 지각과 언어를 제외하면 마음이라는 응축된 덩어리에 해당하는 장은 하나도 없다. 아마도 이것이 학생들이 심리학개론의 강의 요강에 대해 충격을 느끼는 이유일 것이다. 이것은 마치 자동차의 작동원리를 설명할 때 전기 시스템, 전송, 연료 시스템 등으로 구분해 설명하는 대신 먼저 강철 부품을, 두 번째로 알루미늄 부품을, 그 다음 적색 부품들을 논의해 나가는 것과 같다(흥미롭게도 오히려 뇌에 관한 전공서들이 내가 진정한 모듈이라고 생각하는 것들로 구성되어 있는 경우가 더 많다. 마음의 지도, 두려움, 분노, 섭식, 어머니의 행동, 언어, 성 등이 신경학 교과서에 나오는 일반적인 장들이다).

일부 독자들에게는 위의 목록이 내가 제정신이 아니라는 훌륭한 증거가 될 것이다. 생물학을 수행하기 위한 선천적 모듈이라니? 생물학은 최근에 발명된 학문분야다. 학생들은 그 속을 헤치고 나아간다. 거리의 사람들과 전 세계의 부족들은 미신과 잘못된 정보의 보고다. 이런 생각들은 선천적인 카뷰레터 수리 본능보다 온전하다고 할 수 없을 것이다.

그러나 최근의 증거들은 그렇지 않다는 것을 암시하고 있다. 선천적인 '민간생물학'은 사람들에게 인공물과 같은 사물에 대한 직관과는 다른 동식물에 대한 특별한 직관을 제공한다. 민간생물학에 대한 연구는 언어에 대한 연구와 비교할 때 아직 초기단계이므로 이 개념은 틀릴 수도 있다(어쩌면 우리는 식물에 하나 그리고 동물에 하나, 이렇게 두 개의 모듈을 사용하여 생물에 대해 추리하는지도 모른다. 혹은 바위와 산 같은 다른 자연적인 종류들을 포괄하는 하나의 큰 모듈을 이용하고 있을 수도 있다. 아니면 민속심리학 같은 부적합한 모듈을 사용하고 있는지도 모른다). 그러나 지금까지의 증거는 충분히 시사적이다. 따라서 나는 가능한 인지 모듈로 언어 이외에도 민간생물학을 제시함으로써 본능의 거주지인 마음이 포함하고 있을

지도 모르는 여러 종류의 사물에 대한 개념을 제시할 수 있다.

우선 슈퍼마켓에 질릴 대로 질린 도시 거주자들에게는 믿기 어려울 수도 있겠지만, '석기시대' 식량채집인들은 박학한 식물학자이자 동물학자였다. 그들은 전형적으로 수백 가지의 야생 동식물의 종명과 그 종들의 생활주기, 생태 및 행동에 대한 풍부한 지식을 가지고 미묘하고도 정교한 추리를 행할 수 있었다. 그들은 한 동물의 흔적의 형태, 신선도, 방향, 날짜와 연도 그리고 국부적인 지형의 세세한 사항들을 관찰하여 그 동물이 어떤 종류인지, 어디로 갔는지, 얼마나 늙고 굶주리고 지치고 또 무서워하고 있는지를 간파했다. 봄에 꽃을 피우는 식물들을 여름 내내 기억했다가 가을에 그 뿌리를 캐기 위해 그곳으로 되돌아올 수도 있었다. 의약품의 사용이 보편민족의 생활양식의 일부였음을 기억해 보자.

어떤 종류의 심리학이 이런 재능 밑에 숨어 있을까? 우리 마음의 유사성 공간은 어떤 방식으로 우주의 이 지역과 조화를 이룰까? 식물과 동물은 특별한 종류의 사물이다. 마음이 그것들에 대해 올바로 추리하기 위해서는 그것들을 바위, 섬, 구름, 기계, 돈 같은 것들과 달리 취급해야 한다. 다음은 네 가지 기본적인 차이점이다. 첫째, 생명체들(최소한 성을 지닌 생명체들은)은 생태학적 적소에 적응한 이종교배의 개체군에 속한다. 이로써 그들은 상대적으로 통일된 구조와 행동을 가진 종으로 구분된다. 예를 들어, 모든 개똥지빠귀들은 어느 정도 서로 유사하지만 제비와는 다르다. 둘째, 동류의 종들은 동일한 계통에서 분리된 동일한 조상의 후손들이다. 같은 계층구조에 포함되지만 서로 중복되지 않는 강(綱)이 된다. 이로써 그들은 계급에 속하게 된다. 예를 들어, 개똥지빠귀와 제비는 조류라는 면에서 서로 유사하고, 조류와 포유동물은 척추동물이라는 점에서 유사하며, 척추동물과 곤충은 동물이라는 점에서 서로 유사하다. 셋째, 생명체는 복잡하고 자기보존적인 체계이므로 눈에 보이지 않는 차원에서도 합법칙성을 유지하는 운동생체학적 과정에 의해 통제된다. 예를 들어, 한 생명체의 생화학적 구조는 그 생명체를 성장하고 움직일 수 있게 하며, 생명체가 죽을 때는 소멸한다. 넷째, 생명체들은 각각 다른 유전자형과 표현형을 가지고 있기 때문에, 그들이 성장하고 형태를 변화시키고 재생산하는 동안 숨겨진 '본질'을 보존한다. 예를 들어, 쐐기벌레, 번데기, 나비는 엄격한 의미에서 동일한 동물이다.

놀랍게도 생물에 대한 사람들의 타고난 직관(글을 읽지 못할 뿐 아니라 생물학 실험에는 완전히 문외한인 어린아이들의 직관까지도)은 이러한 핵심적인 생물학적 사실들과 맞물려 있는 것으로 보인다.

인류학자인 브렌트 벌린과 스콧 아트란은 식물군과 동물군에 대한 민간분류법을 연구해 왔다. 그들은 보편적으로 사람들이 식물과 동물을 전문 생물학의 린네식 분류법(종-속-과-목-강-문-계)에서 속에 해당하는 종류로 분류한다는 사실을 발견했다. 대부분의 지역에는 모든 속의 단일한 종이 살고 있으므로, 이러한 통속범주들은 일반적으로 종과 일치한다. 또한 사람들은 종류들(kinds)을 나무, 풀, 이끼, 사지동물, 새, 물고기, 곤충 같은 더 높은 차원의 생명형태로 분류한다. 동물들을 분류한 대부분의 생물체 범주들은 생물학자의 분류법으로 강(class)과 일치한다. 민간분류법은 전문 생물학자의 분류법처럼 엄격하게 계층적이다. 즉, 모든 동식물이 유일한 하나의 속에 속하고, 모든 속들은 유일한 하나의 생명형태에 속하며, 모든 생명형태는 식물이나 동물 중 하나이고, 식물과 동물은 생물이며, 모든 사물은 생물이거나 무생물이다. 이 모든 것들이 사람들의 직관적인 생물학적 개념들에 인공물과 같은 개념들을 구성할 때와는 다른 논리적 구조를 제공한다. 그 어디에서나 사람들은 한 동물은 물고기인 동시에 새가 될 수 없다고 말하는 반면, 휠체어는 가구와 운반수단 모두가 될 수 있고, 또 피아노는 악기와 가구 모두가 될 수 있다고 말하면서 나름대로 만족해한다. 그리고 이번에는 이것 때문에 자연적인 것들에 대한 추리가 인공물에 대한 추리와 다르게 된다. 사람들은 송어가 일종의 물고기이고, 물고기가 일종의 동물이라면, 송어는 일종의 동물이다, 라는 것을 추론할 수 있다. 그러나 그들은 자동차 의자가 일종의 의자이고, 의자가 일종의 가구라면, 자동차 의자는 가구이다, 라고 추리하지 않는다.

생물에 대한 특별한 직관은 삶의 초기에 시작된다. 아기는 결코 엄마 품에 안겨 울고 토하기만 하는 반사작용 덩어리가 아니라는 점을 기억하라. 움직이거나 잘 볼 수 있기 훨씬 전인 생후 3개월에서 6개월 사이의 아기들은 물체와 그것들의 가능한 움직임들, 그들이 인과적으로 서로에게 영향을 미치는 방식, 압축성과 같은 그들의 성질들, 그들의 수 및 그 수가 덧셈이나 뺄셈으로 변화하는 방법 등에 대해 안다. 또 그들은 이미 초기에, 아마도 첫돌 이전에 생물과 무생물의 차이를 감지한다. 이러한 구분은 당구공과 같이 물리적 법칙에 따라 이동하는 생명 없는 사물들과 자체 추진력을 가진 사람과 동물 같은 대상들 사이에서 최초로 다른 형태를 띤다. 예를 들어, 심리학자 엘리자베스 스펠크가 행한 한 실험에서는 아기에게 화면 뒤에서 굴러가는 공 하나와 반대편에서 나오는 공 하나를 지루할 때까지 반복적으로 보여준다. 만일 장막을 걷어 아기가 예상하던 숨겨진 사건, 즉 공 하나가 다른 공을 쳐서 그것을 자신의 진행방향으로 가게 하는 것을 보게 되면, 그 아이의 관심은 순간적으로 다시 활기를 띤다. 가정컨대 그 아이는 이것을 계속 상상하고 있었던 것이다. 그러나 화면이 제거되었을 때, 처음의 공이 두 번째 공에 도달하지 않고 중도에서 죽은 듯 멈추었는데도 두 번째 공이 신기하게도 저절로 움직이는 마술 같은 상황을 보게 되면, 그 아이는 훨씬 더 오랫동안 그것을 응시한다. 결정적으로 아기들은 생명이 없는 공과 생명이 있는 사람들이 서로 다른 법칙에 따라 움직일 것이라고 예상하고 있었던 것이다. 또 다른 각본에서는 공이 아니라 사람들이 장막 뒤로 사라지고 나타나는 것을 반복했다. 장막이 제거된 후 아기는 한 사람이 갑자기 멈추고 다른 사람이 일어나 움직이는 것을 보고 거의 놀라움을 보이지 않았다. 오히려 충돌에 더 많이 놀라워했다.

아이들이 보육원이나 유치원에 갈 연령이 되면 생물들이 숨겨진 본질을 가진 여러 종류로 분류된다는 사실을 미묘하게 이해한다. 심리학자인 프랭크 케일은 다음과 같은 유별난 질문으로 아이들에게 답변을 요구했다.

> 의사 선생님들이 너구리 한 마리를 잡아서 (너구리를 보여준다) 털을 약간 깎아 냈어요. 그리고 남아 있는 부분을 온통 검은색으로 염색했어요. 그렇지만 등 한가운데는 하얀 줄을 길게 남겨두었어요. 그리고는 수술을 해서 그 몸속에 아주 좋지 않은 냄새가 나는 커다란 주머니를 집어넣었어요. 다 하고 나니 그 동물은 이런 모양이 되었어요. (스컹크의 사진을 보여준다) 이것은 스컹크일까요, 너구리일까요?

> 의사 선생님들이 이렇게 생긴 커피포트를 가져왔어요. (커피포트의 사진을 보여준다) 그리고 손잡이를 떼어내고 위를 막고, 또 꼭대기 손잡이를 떼어내고 주둥이를 막았어요. 그리고 밑을 떼어내고 평평한 금속조각을 붙였어요. 그런 다음 작은 막대를 하나 달고, 그

속에 창문을 만든 다음, 그 금속용기에 새 모이를 채웠어요. 다 하고 나니까, 이런 모양이 되었어요. (새 모이통의 사진을 보여준다) 이것은 커피포트일까요, 새 모이통일까요?

의사 선생님들이 이 장난감을 가져왔어요. (태엽 감는 새의 사진을 보여준다) 여러분이 이것을 열쇠로 감으면 입이 열리고 속에 있는 작은 기계가 음악을 연주해요. 선생님들이 이것을 수술했어요. 훌륭하고 부드러워 보이도록 진짜 털을 입히고 훨씬 좋은 부리를 달았어요. 그런 다음 태엽 감는 열쇠를 떼어 버리고, 그것이 날개를 퍼덕이며 날고 울 수 있도록 새로운 기계를 넣었어요. (새의 그림을 보여준다) 그것은 진짜 새일까요, 장난감 새일까요?

새 모이통으로 변해 버린 커피포트(또는 화장실 휴지로 변해 버린 한 벌의 카드)와 같은 인공물의 경우, 아이들은 액면 그대로 변화를 수용했다. 새 모이통은 새에게 모이를 주게끔 되어 있는 그 어떤 것이므로 그것은 새 모이통이다. 그러나 스컹크로 변해 버린 너구리(또는 오렌지로 변해 버린 포도)와 같은 자연세계에 있는 종의 경우, 그들은 보다 완강했다. 스컹크의 옷 속에 어떤 보이지 않는 너구리적 성질이 남아 있었고, 그래서 그들은 새로운 생물체를 스컹크라고 말하지 않았다. 그리고 새로 변해 버린 장난감(또는 머리빗으로 변해버린 바늘두더쥐) 같은 자연물과 인공물 사이의 경계 위반의 경우에도 그들은 단호했다. 새는 새고 장난감은 장난감이다. 또한 아이들은 말이 소를 낳으면 젖소 부모, 젖소 아기가 된다는 생각에는 불편함을 드러낸 반면, 동전을 녹여 열쇠를 만들고 다시 열쇠를 녹여 동전을 만든다는 생각에는 아무런 문제의식도 드러내지 않았다.

물론 다른 문화 출신의 성인들에게도 동일한 종류의 직관이 있다. 문맹의 시골사람인 나이지리아인들에게 다음과 같은 질문을 했다.

> 어떤 학생들이 파파야를 가지고 (파파야 사진을 보여준다) 그 꼭대기에 녹색의 뾰족한 잎을 붙였습니다. 그리고 표면에 작은 가시투성이의 천을 덮었습니다. 이제 그것은 이런 모양입니다. (파인애플 사진을 보여준다) 이것이 파파야일까요, 파인애플일까요?

그들의 전형적인 대답은 "그건 파파야예요. 왜냐하면 파파야는 하늘이 내린 자신의 구조를 가지고 있고, 파인애플도 나름대로의 기원을 가지고 있기 때문이죠. 어떤 것이 다른 것으로 바뀔 수는 없어요."였다.

어린아이들 역시 동물들이 더 큰 범주에 속한다는 것을 알고 있으며, 그들의 일반화는 단순한 외형의 유사성이 아니라 범주 자격에 의해 정의되는 유사성을 따른다. 수잔 겔만과 엘런 마크먼은 세 살배기 아이들에게 플라밍고의 사진과 박쥐의 사진, 또 플라밍고보다는 박쥐를 더 많이 닮은 찌르레기의 사진을 보여주었다. 그들은 아이들에게 플라밍고는 새끼들에게 으깬 먹이를 주지만 박쥐는 새끼들에게 젖을 먹인다고 말한 다음, 찌르레기는 새끼들에게 어떤 먹이를 줄까 물어보았다. 더 이상의 정보가 없는 경우 아이들은 외형으로 판단해 젖이라고 대답했다. 그러나 플라밍고와 찌르레기가 새라는 언급이 주어지자, 아이들은 그것들을 한 덩어리로 묶어서 으깬 먹이라고 대답했다.

만일 우리가 식물 본능을 가지고 있다는 사실이 정말로 의심스럽다면, 가장 기이한 인간의 취미 가운데 하나인 꽃구경을 생각해 보자. 사람들이 주거지와 정원을 장식할 수 있도록 꽃을 파종하고 재배하는 일은 하나의 거대한 산업으로 전문화되어 있다. 한 연구에서는 입원환자에게 꽃을 가져가는 것이 정감 있는 행위 이상이며, 실제로 환자의 기분전환을 유도하여 회복률을 높인다는 것을 밝혀냈다. 사람들이 꽃을 먹는 경우는 드물기 때문에, 꽃에 자원과 노력을 투자하는 것이 대단히 어리석어 보일 수도 있다. 그러나 만일 우리가 직관적인 생물학자로 진화했다면, 그것은 어느 정도 이치에 닿는다. 꽃은 식물 정보의 축소판이다. 꽃이 피지 않았을 때, 식물들은 서로 뒤섞여 녹색의 바다를 이룬다. 꽃은 종종 전문 분류학자에게도 식물의 종을 식별하는 유일한 수단이 된다. 또한 꽃은 자연의 혜택이 예상되는 계절과 지형 그리고 미래의 열매와 씨앗의 정확한 위치를 가리켜 준다. 꽃에 주의를 기울이고, 또 꽃이 있는 곳에 있으려는 성향은 1년 내내 영업을 하는 샐러드 바가 없는 환경에서는 분명히 유용했을 것이다.

물론 직관생물학은 생물학 교수들이 그들의 연구실에서 하는 것과는 매우 다르다. 그러나 전문 생물학의 밑바탕에 직관생물학이 있을 수도 있다. 민간분류법은 분명 린네식 분류법보다 먼저 출현했으며, 오늘날까지도 전문 분류학자들이 어느 한 지역의 종을 분류할 때 토착부족민들의 견해를 부정하는 경우는 매우 드물다. 생물에게는 숨겨진 본질이 있고, 또 숨겨진 과정의 지배를 받는다는 직관적 확신은, 최초의 전문 생물학자들로 하여금 식물과 동물을 연구실로 가져와서 그 조각들을 현미경으로 관찰하여 식물과 동물의 특성을 이해하고자 노력하게 만들었던 바로 그것이다. 의자의 본질을 밝히겠다고 선언한 다음 의자를 몇 개 연구실로 가져와서 현미경으로 관찰하고자 하는 사람이 있다면 그는 연구비를 받는 대신 미친 사람으로 간주되어 해고될 것이다. 사실 모든 과학과 수학이 수, 기계학, 마음의 지도, 심지어 법과 같은 선천적인 모듈로부터 생겨나는 직관에 의해 촉진된다고 할 수 있다. 물리학적 유추(열은 유동체이고, 전자는 입자다), 시각적 비유(선형 함수, 직사각형 행렬) 그리고 사회적 · 법적 용어(매력, 법의 준수)가 과학 전반에 걸쳐 사용된다. 그리고 정말로 그것만으로도 책 한 권의 가치를 지닌 언급을 간단히 하도록 여러분이 허락한다면, 위에서 언급한 것들 외에도 인간의 '문화적' 관습들(스포츠, 설화문학, 조경 디자인, 발레 등) 대부분이 외견상 복권추첨의 임의적 결과처럼 보일지라도, 특정한 적응기능을 위해 설계된 마음의 모듈을 자극하고 훈련시킬 목적으로 인간이 발명한 영리한 기술이라고 말하고 싶다.

그러므로 언어본능이 시사하는 바는 백지, 왁스덩어리, 또는 표준사회과학모델의 만능 컴퓨터라기보다는 적응된 연산 모듈들의 마음이다. 그러나 표준사회과학모델이 우리에게 제공해 왔던 평등과 기회라는 세속적 이념에 대해 이 견해는 무엇이라고 말하는가? 우리가 표준사회과학모델을 포기한다면 '생물학적 결정론' 같은 역겨운 강령을 강요당하게 될 것인가?

분명한 점들부터 시작해 보자. 첫째, 인간의 뇌가 어떻게 작동하든 그것은 그렇게 작동한다. 그것이 어떤 윤리적 원리를 정당화하는 지름길로 작동하기를 바라는 것은 과학과 윤리학 모두를 좀먹는 것이다(과학적 사실들이 다른 방식으로 진행된다고 밝혀지면 그 원리는 어떻게 되겠는가?). 둘째, 심리학에는 모든 사람이 윤리적으로나 정치적으로 동등하게 창조되었다는, 그래서 그들에게 양도할 수 없는 어떤 권리가 부여된다는, 그리고 이 권리에는 생존과 자유 및 행복의 추구가 포함된다는 자명한 진리와 관계된 그 어떤 예견 가능한 발견도 존재하지 않는다. 마지막으로, 급진적 경험주의가 반드시 진보적이고 인도주의적인 강령은 아니다. 백지는 독재자의 꿈이다. 어떤 심리학 전공서에는 스파르타와 사무라이의 어머니들이 자기 아들이 전쟁에 참가했다는 말을 듣고 미소를 지었다는 '사실'을 언급하고 있다. 그러나 역사는 어머니들이 아니라 장군들이 쓴 것이므로 우리는 이 믿을 수 없는 주장을 무시할 수 있다. 그러나 그것이 어떤 목적에 봉사했다는 것은 분명한 사실이다.

나는 정도를 벗어난 이러한 사항들을 동원하여 인지본능이 유전과 인류에 대해 함축하는 의미들을 지적하려고 한다. 이것들은 많은 사람들이 예상하는 바와 정반대이기 때문이다. 다음과 같은 두 가지 주장이 종종 혼동되고 있다는 것은 부끄러운 일이 아닐 수 없다.

사람들 간의 차이는 선천적이다.
모든 사람들의 공통점은 선천적이다.

이 두 주장은 완전히 다르다. 다리의 수를 들어 보자. 어떤 사람이 다른 사람보다 다리의 수가 더 적은 이유는 100% 환경에 기인한 것이다. 부상당하지 않은 모든 사람들이 (8개 또는 6개의 다리를 갖거나 아예 없지 않고) 정확히 두 개의 다리를 가지고 있는 이유는 100% 유전에 기인한 것이다. 그러나 보편적인 인간 본성이 선천적이라는 주장은 종종 개인, 성, 인종 사이의 차이가 선천적이라는 첫 번째 주장과 뒤바뀌곤 한다. 우리는 그것들을 혼용하는 데서 잘못된 동기를 볼 수 있다. 만일 마음속에 선천적인 것이 전혀 없다면 마음의 차이는 선천적일 수 없다. 따라서 만약 마음에 어떠한 선천적 구조도 없다면 좋을 것이다. 그래야 고상한 평등주의자들께서 걱정하실 일이 없기 때문이다. 그러나 그 논리의 역은 오류이다. 모든 사람은 풍부한 구조를 가진 동일한 마음을 가지고 태어날 수 있고, 그들 사이의 모든 차이는 생활경험의 이력을 통해 누적된 후천적 지식이나 작은 혼란들 때문일 수 있다. 그러므로 내가 보기에 현명한 것 같진 않지만 어쨌든 과학과 윤리학을 융합시키고자 하는 사람들조차도 진실이 어떤 것으로 밝혀지든 선천적인 마음 구조에 대한 연구에 경계심을 가질 필요는 전혀 없다.

선천적인 공통점과 선천적인 차이점이 그렇게 쉽게 혼동되는 한 가지 이유는 행동유전학자들(유전적 결함, 일란성 쌍둥이와 이란성 쌍둥이, 입양된 아이와 생물학적인 아이 등을 연구하는 과학자들)이 '유전성이 있는(heritable)' 이라는 단어를 한 종 내부의 어떤 특성에서 나타나는 유전적 차이와 관련된 변이의 비율을 지칭하는 기술적 용어로 무단 사용했기 때문이다. 이 용어의 의미는 일상용어인 '유전된(inherited)' 혹은 유전적(genetic)이라는 말과는 다른데, 이 유전적이라는 말은 그 고유의 구조나 구성이 유전자들 내부의 정보로부터 발생하는 특성을 지칭한다. 출생시 다리의 수나 마음의 기본구조와 같은 어떤 것들은 보통 유전적이지만 유전율(heritability)은 0%로 나타날 것이다. 반대로 어떤 것들은 유전적이지는 않지만 100%의 유전율을 가질 수 있다. 붉은 머리를 가진 사람만 성직자가 될 수 있는 사회를 상상해 보자. 성직은 유전율이 높지만, 그럼에도 그 어떤 생물학적인 의미에서 유전적이지는 않을 것이다. 이러한 이유로 사람들은 "지능은 유전율이 70%이다"와 같은 주장 때문에, 특히 뉴스 잡지들이—유감스럽게도 불가피하게 벌어지고 있듯이—마음의 기본작용에 대한 인지과학의 연구와 뒤섞어 그것을 기사화하기 때문에 혼동을 일으키게 된다.

언어본능과 그 밖의 마음의 모듈에 대한 모든 주장은 모든 정상적인 사람들에게 존재하는 공통점에 대한 것이다. 그것들은 사실상 사람들 사이에 있을 수 있는 유전적 차이와는 아무런 관련이 없다. 그 한 가지 이유는 복잡한 생물학적 체계의 작동방법에 관심이 있는 과학자에게 개인들 간의 차이는 너무나도 지루한 것이기 때문이다! 만약 연구자들이 사람들이 생각을 표현하기 위해 어떻게 단어를 묶어 배열하는가를 알아내고자 애쓰기보다는 언어지수 측정표를 만들어 수천 가지에 달하는 사람들의 상대적인 언어기술을 측정하기에 바쁘다면, 언어에 대한 학문이 얼마나 황량할 것인지 상상해 보라. 이것은 폐의 작동방법을 물었을 때 어떤 사람들은 다른 사람들보다 더 좋은 폐를 가지고 있다는 대답을 듣거나, 콤팩트디스크가 어떻게 음을 재생하는지를 물었을 때 디지털 샘플링과 레이저에 대한 설명 대신 디스크의 등급을 매긴 고객잡지를 받는 경우와 같을 것이다.

그러나 공통점을 강조하는 것은 단지 과학적 취향의 문제가 아니다. 그 어떤 생물학적 적응체계의 설계도—그 작동방식의 근인—도 유성생식하는 한 종의 개체들 사이에서는 균질한 것이 확실하다. 왜냐하면 질적으로 다른 설계를 위한 청사진들이라면 성적 재조합 속에서 결정적으로 뒤섞여 버릴 것이기 때문이다. 분명 개인들 간에는 상당한 유전적 다양성이 존재한다. 각 개인은 생화학적으로 고유하다. 그러나 자연선택은 그 다양함에 의존하는 과정이므로(기능적으로 동등한 이종의 분자들은 제외하고) 자연선택은 그 변이들을 동원하여 적응된 설계도를 창조한다. 더 열악하게 설계된 기관을 지정하는 변이 유전자들은 그 소유자가 굶주리거나 먹히거나 짝을 구하지 못하고 죽을 때 사라진다. 마음의 모듈이 자연선택의 복잡한 산물인 경우에 한해서, 유전적 변이는 기본 설계도의 차이가 아니라 양적인 변이에 국한될 것이다. 사람들 사이의 유전적 차이는 그것들이 우리에게 사랑, 일대기, 인사, 잡담, 정치 등에서는 대단히 흥미로운 것일지언정 마음에 지능을 부여하는 것이 무엇인가를 이해하고자 할 때는 별로 흥미롭지 않다.

마찬가지로 마음의 설계도에 대해 관심을 기울이면 성(sex, 심리언어학자로서 나는 이것을 'gender'라 부르기를 거부한다)과 인종들 사이에 가능한 선천적 차이를 새로운 시각으로 볼 수 있게 된다. Y 염색체상의 남성결정 유전자를 제외하고, 남성의 몸속에 있는 모든 기능유전자들은 또한 여성의 몸속에서도 발견되며, 그 역도 성립한다. 남성유전자는 발달상의 스위치로써 어떤 유전자들을 활성화시키는 동시에 다른 유전자들을 비활성화시킬 수도 있지만, 동일한 청사진이 남성과 여성의 신체 모두에 존재하며, 그 기본값 조건(default condition)은 설계도의 동일함이다. 재생산과, 직간접적으로 재생산과 관련된 적응들에 대해 연구하는 심리학의 경우에 성은 이 초기값에서 출발한다는 증거가 있으며, 이것은 놀라운 일이 아니다. 남성과 여성을 재생산하는 체계만큼이나 서로 분명히 다른 주변장치들이 동일한 소프트웨어에 수반될 가능성은 없어 보인다. 그러나 성은 언어를 포함한 인지의 나머지 대부분에 대하여 본질적으로 유사한 요구조건들에 직면하므로, 만일 그들 사이에 설계상의 차이가 존재한다면 나는 놀라지 않을 수 없을 것이다.

인종과 민족은 모든 차이점들 가운데 가장 사소한 것이다. 인간유전학자인 월터 보드머와 루이지 카발리-스포르차는 인종에 관한 하나의 역설을 지적했다. 비전문가들에게 인종은 비참할 정도로 중요한 것이지만, 생물학자들에게는 사실 눈에 보이지도 않을 만큼 사소한 것에 불과하다. 인간의 유전적 변이의 85%는 동일한 민족집단, 부족 또는 국가에 속하는 한 사람과 다른 사람 사이의 차이점들로 구성된다. 또 다른 8%는 민족집단들 간의 차이며, 단지 7%만이 '인종'들 간의 차이다. 다시 말해, 무작위로 추출한 두 명의 스웨덴 사람들 사이의 유전적 차이가 평균적인 스웨덴 사람과 평균적인 아파치족이나 왈비리족의 유전적 차이보다 약 12배가 크다는 것이다. 보드머와 카발리-스포르차는 그러한 환상이 불행한 우연의 결과라고 말한다. 인종들 간에 존재하는 체계상의 많은 차이들은 기후에 적응한 결과다. 멜라닌 색소는 열대의 태양으로부터 피부를 보호하며, 눈꺼풀은 건조한 추위와 눈(snow)으로부터 눈을 격리시킨다. 그러나 신체의 일부인 피부가 날씨에 노출된다는 것은 다른 사람들의 눈에도 노출된다는 것을 뜻한다. 인종은 말 그대로 가죽 한 꺼풀의 차이지만, 그것을 인식하는 사람들이 외적인 차이로부터 내적인 차이를 일반화하는 한 자연은 그들을 속여서 인종이 중요하다고 생각하도록 만든다. 분자유전학자의 X선 시각으로 보면 우리 종의 통일성이 드러난다.

그리고 인지과학자의 X선 시각도 마찬가지다. '동일한 언어를 말하지 않는 것' 은 공통분모가 없다는 말과 실제적인 동의어지만, 심리언어학자에게는 피상적인 차이에 불과하다. 개인과 문화에 존재하는 복잡한 언어의 편재, 그들 모두의 기저에 깔려 있는 단일한 마음의 설계도에 대해서 안다면, 전혀 알아듣지 못하는 언어라도 외국어처럼 들리지 않을 것이다. 외부세계와 처음 접촉하는 원주민들의 기록 필름에 나오는 뉴기니 고지대인들 간의 장난, 수화통역자의 동작들, 도쿄 유원지에서 볼 수 있는 작은 소녀들의 수다를 들으면, 나는 언어 리듬을 통해 그 밑에 놓여 있는 구조를 보는 듯하며, 우리 모두가 동일한 마음을 가지고 있음을 실감한다.

용어 해설

간접목적어 indirect object 두 개의 목적어를 가진 여격 구문에서 수령인이나 수익자를 가리키는 첫 번째 목적어를 말한다. Give the dog a bone./ Bake me a cake.

강변화 동사 strong verb 모음을 변화시켜서 과거시제를 만드는 게르만계 언어들(영어 포함)의 동사. 현재는 모두 불규칙이다. break－broke, sing－sang, fly－flew, bind－bound, bear－bore.

격 case 어떤 사건이나 상태의 역할수행자들이 갖는 상이한 역할을 구별하기 위해 언어에서 사용되는 접사, 위치사, 혹은 단어의 형태. 격은 일반적으로 주어, 목적어, 간접목적어, 다양한 종류의 전치사의 목적어에 조응한다. 영어에서 격은 주어에 사용되는 I, he, she, we, they와 동사의 목적어, 전치사의 목적어, 그리고 그 밖의 모든 곳에서 사용되는 me, him, her, us, them 등을 구분해 준다.

경험주의 empiricism 마음과 행동을 연구하는 데서 학습과 환경의 영향을 선천적 구조보다 강조하는 접근방법. 즉, 아무것도 감각된 것이 없으면 마음은 백지상태와 같다는 주장이다. 이 책에서는 언급하지 않았지만, 실험과 관찰을 이론보다 강조하는 과학적 접근방법이라는 또 다른 의미가 있다.

계사 copula 주어와 술어를 연결하기 위해 사용되는 be동사. She was happy./ Biff and Joe are fools./ The cat is on the mat.

고립어 isolating language → 굴절어 참조.

관계사절 relative clause 명사를 수식하는 절. 보통 그 명사에 조응하는 '흔적'을 포함하고 있다. the spy who loved me/ the land that time forget/ violet eyes to die for.

관사 article 통사론의 부수 범주로서 a와 the가 있다. 현대 문법이론에서는 대개 한정사(determiner)에 포함시킨다.

구 phrase 문장 내에서 한 단위로 움직이고, 일반적으로 응집된 의미를 가지는 한 묶음의 단어들. in the dark/ afraid of the wolf.

구 구조 phrase structure 문장 내의 단어들이 갖는 통사론적 범주로서 그 단어들이 어떻게 결합하여 구를 이루고, 또 그 구들이 어떻게 결합하여 더 큰 구를 형성하는가에 관한 정보. 대개 나무구조로 표현된다.

구 구조 문법 phrase structure grammar 구 구조를 규정하는 규칙들을 담은 생성문법.

굴절어 inflecting language 라틴어, 러시아어, 왈비리어, 미국수화와 같이 정보전달을 위해 형태론상의 어형변화에 크게 의존하는 언어. 중국어의 경우처럼 정보를 전달하기 위해 구와 문장 내부에서 단어의 형태를 변화시키지 않고 그 단어들의 어순만을 바꾸는 고립어와 대비된다. 영어는 두 가지 방식을 모두 취하지만, 굴절어보다는 고립어로 간주되는 경우가 많다.

귀납 induction 불확실하거나 확률에 의존한 추론(연역과 대비). 특히 사례들로부터의 일반화를 가리킨다. "이 까마귀는 검다. 저 까마귀는 검다. 따라서 모든 까마귀는 검다."

규칙 regular → 불규칙 참조.

기능어 function word → 내용어 참조.

난독증 dyslexia 읽기 혹은 읽기 학습 장애. 뇌손상이나 유전적 요인 혹은 알려지지 않은 원인에 의해 야기될 수 있다. 흔히 알려진 바와는 달리 '거울 역(逆) 반사 철자' 습관과는 다르다.

내용어 content word 일반적으로 주어진 문장에서 특유의 개념을 표현하는 명사, 동사, 형용사, 부사 그리고 몇몇 전치사를 말한다. 그와는 대조적으로 기능어(관사, 접속사, 조동사, 대명사, 전치사)는 대부분의 문장에서 시제나 격과 같은 정보를 지정하기 위해 사용된다.

논항 argument 어떤 상태나 사건, 관계를 규정하는 역할수행자. president of the united states/ dick gave the diamond to liz/ the sum of three and four. 이 책에서는 이 용어보다는 역할수행자(role-player)라는 용어를 더 자주 사용한다.

뉴런 neuron 신경계의 정보처리 세포. 신경과 척수를 구성하는 섬유질을 가진 뇌세포와 그 밖의 세포.

능동 active → 태 참조.

단어 word → 리스팀, 형태론, 통사론의 원자 참조.

단어연결기 word-chain device → 유한상태 장치 참조.

담화 discourse 대화나 텍스트처럼 관련된 문장들의 연속체.

대격 accusative 동사가 취하는 목적어의 격. I saw him(he가 아님).

대명사 pronoun 명사구 전체를 대신하는 단어. I, me, my, you, your, he, him, his, she, her, it, its, we, us, our, they, them, their, who, whom, whose 등.
도치 inversion 주어와 조동사의 위치를 바꾸는 것. I am blue → Am I blue?/What you will do? → What will you do?

동명사 gerund 동사에 -ing를 붙여 만든 명사. his incessant humming.

동사 verb 일반적으로 동작이나 상태를 가리키는 단어들로 구성된 통사론의 주요 범주. hit, break, run, know, seem 등.

리스팀 listeme '단어'의 여러 의미들 가운데 하나로, 흔히 사용하지는 않지만 매우 유용한 용어다. 그 소리와 의미가 일반적인 규칙을 따르지 않기 때문에 기억을 요하는 언어 요소를 가리킨다. 모든 단어의 어근, 불규칙형태, 관용구 등은 리스팀이다.

마르코프 모델 Markov model 둘 이상의 목록 가운데 하나를 선택해야 하는 상황에 직면했을 때 미리 지정된 확률(예를 들어, 목록 A로 넘어갈 확률은 0.7, 목록 B로 넘어갈 확률은 0.3)에 따라 선택하는 유한상태 장치.

매개변항 parameter 뭔가를 서로 다르게 만드는 방식. 언어학에서는 언어를 서로 달라지게 만드는 방식을 의미한다(예를 들어, 동사-목적어 대 목적어-동사의 어순).

명사 noun 일반적으로 사람이나 사물을 지칭하는 통사론의 주요 범주. dog, cabbage, John, country, hour 등.

명제 proposition 하나의 술어와 일련의 논항으로 구성된 진술 혹은 주장.

모음 vowel 기도가 방해받지 않고 발음되는 음소.

목적어 object 동사에 인접한 논항. 일반적으로 행동을 정의하거나 그에 의해 영향을 받는 실체를 가리킨다. break the glass/ draw a circle/ honor your mother. 또한 전치사의 논항. in the house/ with a mouse.

문법 grammar 생성문법(generative grammar)은 어떤 사회 내에서 사용되고 있는 특정한 언어에서 단어와 문장의 형태 및 의미를 결정하는 일련의 규칙이다. 정신문법(mental grammar)은 개인의 뇌 속에 무의식적으로 저장된 가설상의 생성문법이다. 학교에서 가르치거나 인쇄편람에서 설명하는 문법, 즉 공인된 방언이나 문어로 이야기하는 방법에 대한 지침인 규범(prescriptive)문법 혹은 문체상의(stylistic) 문법과 혼동하지 말기 바란다.

문장 분석 parsing 문장의 이해와 관련된 마음의 과정. 이 경우 청자는 단어의 통사적 범주를 판단하고, 그것들을 나무구조로 결합하며, 주어와 목적어, 술어를 확인한다. 문장 내의 정보로부터 누가 누구에게 무엇을 했는가를 판단하기 위한 전제조건이다.

미국수화 American Sign Language(ASL) 미국 청각장애인들의 기본 수화언어.

백질 white matter → 피질 참조.

법 mood 어떤 문장이 진술문인가(he goes), 명령문인가(go!), 가상문인가(It is important that he go)의 여부.

변형문법 transformational grammar 심층구조의 나무를 구성하는 일련의 구 구조 규칙과 심층구조 내의 구를 이동시켜 표층구조를 생산하는 하나 혹은 그 이상의 변형규칙들로 이루어진 문법.

보충어 complement 동사에 수반되어 그 의미를 보충하는 구. She ate an apple./ It darted under the couch./ I thought he was dead.

보편문법 Universal Grammar 모든 인간 언어의 문법의 기저에 놓여 있는 기본설계도. 또한 아이들이 부모의 언어를 학습할 수 있게 해 주는 뇌 속의 회로를 가리키기도 한다.

복합어 compound 다른 단어와 결합하여 형성된 단어. fruit-eater, superwoman, laser printer 등.

본동사 main verb 조동사가 아닌 동사. I might study Latin./ He is complaining again.

부가어 adjunct (논항과 대비되는 것으로서) 어떤 개념에 관해 설명하거나 그 개념에 부가적인 정보를 덧붙이는 구. a man from cincinnati/ I cut the bread with a knife. 이 책에서는 부가어 대신 수식어(modifier)라는 용어를 주로 사용한다.

부사 adverb 통사론의 부수 범주. 일반적으로 어떤 행동의 방식이나 시간을 지칭하는 단어들로 구성되어 있다. tread softly/ boldly go/ He will leave soon.

부정사 infinitive 시제가 결여된, 동사의 총칭적 형태. He tried to leave /She may leave.

분사 participle 문장 내에서 홀로 등장할 수 없고, 조동사나 다른 동사를 필요로 하는 동사의 한 형태. He has eaten./ It was shown./ She is running./ They kept opening the door.

불규칙 irregular 문법규칙과 다른 특이한 변화형을 가진 단어. brought(bringed가 아님), mice(mouses가 아님) 등. 규칙에 따르는 규칙 단어들과는 대립된다(walk + -ed → walked /rat + -s → rats).

사전 기재항 lexical entry 개인의 정신사전에 저장되어 있는 특정 단어에 관한 정보(소리, 의미, 통사론상의 범주, 특별한 제약사항 등).

상 aspect 하나의 사건이 시간에 따라 전개되는 방식. 그 사건이 순간적인가(swat a fly), 계속적인가(run around all day), 종료인가(draw a circle), 습관적인가(mows the grass every Sunday), 초시간적인가(knows how to swim)의 여부. 영어에서 상은 He eats와 He is eating, He ate와 He was eating 그리고 He has eaten 사이의 어형변화의 차이와 관련된다.

상향식 bottom-up 감각신호(예를 들어 어떤 음파의 크기, 고저, 주파수 구성요소)로부터 정보를 직접적으로 추출하는 방식에 의존하는 지각처리 과정. 지각된 사건이나 전달할 내용을 추측하거나 예측하거나 보충하기 위해 지식과 통계적 수량 등을 이용하는 하향식(top-down)과 대비된다.

생략 ellipsis 대개 앞에서 언급되었거나 추론 가능한 구의 생략. Yes, I can (______) /Where are you going? (______) To the store.

생성문법 generative grammar → 문법 참조.

생성언어학 generative linguistics 언어의 생성문법과 그 문법의 기저에 깔린 보편문법을 발견하려는 노엄 촘스키와 관련된 언어학의 한 학파.

서법 modality 어떤 절이 진술문인가, 의문문인가, 부정문인가, 명령문인가의 여부. 법(mood)과 관련된 몇 가지 차이를 가리키는 또 다른 표현이다.

서법 조동사 modal 조동사의 한 종류. can, should, could, will, ought, might 등이 여기에 속한다.

성 gender 한 언어에서 명사와 대명사를 범주화하여 묶은 상호배타적인 종류의 집합. 여러 언어에서 대명사의 성(gender)은 자연 성(sex)과 일치하고(he 대 she), 명사의 성은 발음에 의해 결정되거나(o로 끝나는 단어 대 a로 끝나는 단어), 단지 자의적인 두세 개의 목록으로 분류된다. 또 어떤 언어에서 성은 인간 대 비인간, 생물 대 무생물, 긴 것 대 둥근 것 대 평평한 것 등의 차이와 상응한다.

성적 재조합 sexual recombination 생명체가 무한수의 개별 자손을 생성할 수 있는 과정. 정자나 난자가 형성될 때, 보통 하나의 인간 세포에서 발견되는 23쌍의 염색체는 23개의 단일한 염색체로 분리된다. 이것은 두 단계로 이루어진다. 먼저 각 쌍 내부에서 몇 번의 임의적인 분리가 각 염색체의 동일한 위치에서 이루어지고, 그 부분들이 교환되면 새로운 염색체가 다시 결합된다. 그런 다음 각 쌍의 한 구성원이 임의로 선택되어 정자나 난자 속으로 들어간다. 수정하는 동안 난자에서 나온 각 염색체는 정자에서 나온 상대 염색체와 짝을 이루고 유전체를 회복하여 23쌍이 된다.

수 number 단수 대 복수. duck 대 ducks.

수동태 passive 목적어가 주어로 등장하는 구문. 보통의 주어는 전치사 by의 목적어로 등장하거나 사라진다. He was eaten by wolverines./ I was robbed.

수식어 modifier → 부가어 참조.

순환 recursion 그 자신을 예로 불러들여 어떤 크기의 실체라도 창조하거나 분석하기 위해 반복적으로 적용될 수 있는 과정. "단어를 알파벳 순서로 배열하는 법 : 단어의 첫 철자가 알파벳과 같은 순서가 되도록 단어를 분류하라. 그런 다음 같은 철자로 시작하는 각 단어집합에 대해 그 첫 철자를 무시하고 나머지 부분을 알파벳 순서로 배열하라." "동사구는 동사와 그 뒤에 오는 명사구와 그 명사구 뒤에 오는 동사구로 구성될 수 있다."

술어 predicate 보통 하나 또는 그 이상의 역할수행자(논항)를 수반하는 상태나 사건 또는 관계. 때로 술어는 문장의 동사구와 동일시되고(The baby ate the slug), 주어는 단독적인 논항으로 간주된다. 또한 가끔 술어는 단지 동사와 동일시되고, 주어와 목적어 그리고 다른 보충어들은 모두 논항으로 간주된다. 이러한 모순은 동사가 단순 술어이며, 이 단순 술어가 자신의 보충어들과 결합하여 복합 술어를 형성한다고 봄으로써 해결될 수 있다.
시제 tense 문장에 의해서나 화자가 문장을 발화하는 순간에 의해서 그리고 종종 제3의 지시점에 의해서 묘사되는 사건 발생의 상대적 시간. 현재(he eats), 과거(he ate), 미래(he will eat)를 가리킨다. 이른바 완료(He has eaten)와 같은 여타 시제들은 시제와 상의 조합이다.

신경망 neural network 대략 뇌를 본뜬 일종의 컴퓨터 프로그램이나 모형. 신호를 주고받고, 입력신호의 총량에 따라 켜지고 꺼지는 상호연결 처리단위로 구성된다.

실어증 aphasia 뇌손상에 따른 언어능력의 상실 혹은 손상.

심리언어학자 psycholinguist 인간이 어떻게 언어를 이해하고 생산하고 학습하는지를 연구하는 과학자. 대개는 훈련받은 심리학자.

심층구조 deep structure 요즈음은 흔히 d-structure라고 부르는데, 구 구조 규칙에 의해 형성된 나무구조로서 단어들이 이웃하는 구와 관련된 요구들을 충족시키는 방식으로 서로 결합된다. 흔히 생각하는 바와는 달리 보편문법과 같지 않으며, 한 문장의 의미 또는 한 문장의 기저를 이루는 추상적 문법관계들을 말한다.

INFL 1970년대 후반 촘스키의 이론에서 문장의 핵어로서 기능하는 조동사 요소와 시제 굴절형으로 구성된 통사론의 범주.

알고리즘 algorithm 어떤 문제의 해답을 얻기 위한, 명시적이고 단계적인 프로그램 또는 일련의 지시. "15%의 팁을 계산하려면, 판매세를 확인하고 3을 곱하라."
어간 stem 접두사와 접미사가 붙는 단어의 주요 부분. walks/ breakable, enslave.

어근 root 한 단어 혹은 관련된 단어들의 집단에서 가장 기본적인 형태소. 더 이상 축소할 수 없는 임의의 소리와 의미의 쌍으로 구성된다. electricity, electrical, electric, electrify, electron.

어형변화 형태론 inflecting morphology 문장 내의 역할에 맞추어 대개 굴절형(inflection)을 덧붙임으로써 단어의 형태를 바꾸는 것. I conquered /I'm thinking /Speed kills /two turtle doves.

억양 intonation 음성의 선율 또는 고저상의 곡선.

X-바 X-bar 핵어와 주어 아닌 핵어의 역할수행자(논항)들로 이루어진 최소의 구. The Romans' destruction of the city./ She went to school on foot./ He is very proud of his son.

X-바 이론 X-bar theory, X-바 구 구조 X-bar phrase structure 인간의 언어에서 사용된다고 생각되는 특정한 종류의 구 구조 규칙들. 이 이론에 의하면 모든 언어의 모든 구들은 단일한 도식에 따른다. 그 도식에서 구 전체의 속성은 구 내부에 존재하는 단일 요소인 핵어의 속성에 의해 결정된다.

여격 dative 일반적으로 제공 또는 수혜를 위해 사용되는 구문의 요소. She baked me a cake./ She baked a cake for me./ He gave her a partridge./ He gave a partridge to her. 따라서 이 구문 내의 수익자 또는 수령인의 격을 지칭한다.

역할수행자 role-player → 논항 참조.

염색체 chromosome 하나의 보호단위 속에 수천 개의 유전자를 포함하고 있는 긴 끈 모양의 DNA. 인간의 정자 혹은 난자에는 23개의 염색체가 있다. 그 밖의 모든 인간세포 속에는 23쌍의 염색체(어머니에게서 하나, 아버지에게서 하나)가 있다.

운율 prosody 하나의 단어나 문장이 발음되는 전반적인 소리의 곡선. 또는 그 운율(억양)과 리듬(강세와 시간).

유성음화 voicing 자음의 조음과 동시에 후두에서 성대가 떨리는 현상. b, d, g, z, v(유성음)와 p, t, k, s, f(무성음)의 차이.

유전자 gene ① 한 종류의 단백질 분자를 생성하는 데 필요한 정보를 전달하는 한 줄의(혹은 몇 줄의) DNA. ② 여러 세대에 걸친 성적 재조합과정에서 충분히 오랫동안 원래대로 생존해 온 한 줄의 DNA. ③ 염색체 위의 동일 위치에 놓일 수 있는 대체 DNA와 비교했을 때, 생명체의 어떤 특성의 지정에 기여하는 한 줄의 DNA(예를 들어 푸른색 눈을 위한 유전자).

유한상태 장치 finite-state device 한 목록에서 (단어와 같은) 하나의 출력항목을 선택하고, 다음 목록으로 넘어가서 다시 하나의 항목을 선택하고…, 이전 목록으로 회귀하는 과정을 통해 (문장과 같은) 순서화된 행동의 연속체를 생산하거나 인식할 수 있는 장치. 이 책에서는 단어연결기(word-chaining device)라는 용어를 사용하고 있다.

음성학 phonetics 언어의 소리들이 조음되고 지각되는 방식을 연구하는 학문.

음소 phoneme 일렬로 결합하여 형태소를 형성하는 소리의 단위. 대개는 알파벳의 철자와 일치한다. b–a–t / b–ea–t / s–t–ou–t.

음운론 phonology 한 언어의 소리 유형을 결정하는 문법의 일부로서 음소의 목록과 음소들을 결합시켜 자연스럽게 들리는 단어를 형성하는 규칙, 각 음소들이 주변 음소와 억양, 시기, 강세의 유형에 따라 조정되는 규칙 등으로 구성된다.

음절 syllable 하나의 모음 또는 모음 전후의 하나 이상의 자음과 함께 연속적으로 발성되어 한 단위로 발음되는 소리. sim–ple, a–lone, en–cy–clo–pe–di–a.

의미론 semantics 형태소, 단어, 구 혹은 문장의 의미를 규정하는 규칙과 어휘기재항의 일부. 여기서는 정확한 정의를 둘러싼 논쟁과는 관련이 없다.

이동 movement 촘스키 이론의 중요한 변형규칙. 구를 심층구조의 관습적 위치로부터 비어 있는 다른 위치로 이동시키고 뒤에 '흔적'을 남긴다. Do you want what → What do you want (흔적).

이중모음 diphthong 빠르게 연속적으로 발음되는 두 모음으로 구성된 모음. bite(ba–eet로 발음됨), loud, make.

인공지능 Artificial Intelligence(AI) 인간이 행하는 지적인 일, 가령 학습이나 추론, 사물 인식, 말과 문장의 이해, 팔과 다리의 운동 등을 수행하도록 컴퓨터를 프로그래밍하는 시도.

인도유럽어족 Indo-European 유럽과 서남아시아, 북부 인도의 대부분의 언어를 포함하는 어족. 선사시대의 어떤 민족이 사용했던 언어인 원시 인도유럽어(Proto-Indo-European)의 후손이라고 생각된다.

인지과학 cognitive science 지능(사고, 지각, 언어, 기억, 운동의 통제)을 연구하는 학문으로서 실험심리학, 언어학, 컴퓨터과학, 철학, 신경과학과 같은 여러 학문분야를 포괄한다.

인칭 person I, we(1인칭), you(2인칭), he, she, they, it(3인칭)의 차이.

일치 agreement 한 문장 내에서 한 단어가 다른 단어의 속성에 따라 변화하는 과정. 일반적으로 동사가 주어나 목적어의 수, 인칭, 성과 일치하기 위해 변하는 경우. He smells(smell이 아님) 대 They smell(smells가 아님).

자동사 intransitive 목적어를 수반하지 않는 동사. We dined./ She thought that he was single. 목적어를 수반하는 타동사(transitive verb)와 대조가 됨. He devoured the steak./ I told him to go.

자연류 natural kind 지빠귀, 동물, 바랭이풀, 탄소, 산 등과 같이 자연 속에서 발견되는 사물들의 범주. 인공물(사람이 만든 사물)이나 개념적 종류(상원, 독신 남자, 형제, 지방 등과 같이 엄밀한 정의에 의해 명세화된 범주)와 대립된다.

자연언어 natural language 영어, 한국어와 같은 인간의 언어. 컴퓨터 언어, 악보, 논리학적 공식 등과 대립된다.

자음 consonant 성도의 폐쇄나 억제로 생성되는 음소.

전치사 preposition 통사론의 주요 범주. 일반적으로 공간적·시간적 관계를 가리키는 단어들로 구성된다. in, on, at, near, by, for, under, before, after.

절 clause 일부의 절들은 결코 홀로 존재할 수 없고, 더 큰 문장 내에서만 등장한다는 점을 제외하고는 일반적으로 문장과 동일한 구의 일종. the cat is on the mat./ John arranged for mary to go./ The spy who loved me disappeared./ He said that she left.

접사 affix 접두사나 접미사.

접속사 conjunction 통사론의 부수 범주로서 and, or, but 등이 포함된다. Ernie and Bert/ the naked and the dead.
정신사전 lexicon 단어와 그 의미에 관한 개인의 직관적 지식으로 구성된 사전, 특히 '정신사전(mental dictionary).'

정신어 mentalese 가설상의 '사고언어' 또는 단어와 문장의 의미를 포함한 생각들이 자리하는 뇌 속의 개념과 명제들의 표현.

조동사 auxiliary 문장의 진실성과 관련된 개념. 가령 시제, 부정, 의문/평서, 필연/가능 등을 표현하기 위해 이용하는 특별한 종류의 동사. He might quibble./ He will quibble./ He has quibbled./ He is quibbling./ He doesn't quibble./ does he quibble?

주격 nominative 문장의 주어가 취하는 격. She loves you(Her loves you가 아님).
주어 subject 동사의 역할수행자. 동사가 행위를 나타낼 때 일반적으로 그 행동의 수행인이나 행위자를 나타내는 데 사용된다. beliveau scores/ the hippie touched

the debutante.

지정어 specifier 구 주변의 특정한 위치로서, 일반적으로 주어를 발견하는 장소. 여러 해 동안 사람들은 명사구의 지정어 위치에 한정사(관사)가 포함된다고 생각했으나, 오늘날 촘스키이론에서 합의된 바로는 지시어를 독립된 구(한정사구)로 본다.

축삭돌기 axon 뉴런에서 뻗어 나와 다른 뉴런들로 신호를 전달하는 긴 섬유.

타동사 transitive → 자동사 참조.

태 voice 능동문과 수동문의 차이. Dog bites man 대 Man is bitten by dog.

통사론 syntax 단어를 배열하여 구와 문장을 구성하는 문법의 일부.

통사론적 범주 syntactic category → 품사 참조.

통사론적 원자 syntactic atom 통사론의 규칙으로도 분리하거나 재배열할 수 없는 하나의 실체로서 정의되는 '단어'의 다른 의미.

튜링기계 Turing machine 단순한 컴퓨터 설계인데, 이론상 무한한 종이띠 및 그 종이띠 위를 움직이면서 기호들을 읽거나 지우는 프로세서로 구성된다. 그 기호들의 순서는 프로세서가 현재 어떤 기호를 읽고 있는가, 그리고 그것이 여러 상태 중 어떤 상태에 있는가에 따라 결정된다. 현실적으로 사용되기에는 볼품없을지 모르지만, 튜링기계는 현재, 과거, 미래의 어떠한 디지털 컴퓨터가 계산할 수 있는 것도 계산해 낼 수 있다고 생각된다.

특수언어손상 Specific Language Impairment (SLI) 정상적인 언어발달이 저해되고 있으나, 그 원인이 청각장애나 저능, 대인관계나 발화근육의 통제장애 등으로는 파악되지 않는 모든 증후군.

파생형태론 derivational morphology 기존 단어에서 새 단어를 생성하는 규칙을 포함하는 문법의 일부. break + -able → breakable/ sing + -er → singer/ super + woman → superwoman.

페리실비안 perisylvian 뇌의 양쪽 중간과 실비안 열구—측두엽과 다른 부분 사이의 틈—의 끝부분. 언어회로는 좌측 페리실비안 구역에 집중되어 있다고 생각된다.

폐쇄자음 stop consonant 기류가 순간적으로 완전히 차단되는 자음. p, t, k, b, d, g.

포합어 polysynthetic language 접두사, 어근, 접미사 등을 길게 결합하여 한 단어를 구성할 수 있는 굴절어.

표층구조 surface structure(s-structure) 심층구조에 이동변형규칙이 적용될 때 형성되는 구 구조 나무. 흔적 덕분에 그곳에는 문장의 의미를 판단하는 데 필요한 모든 정보가 담길 수 있다. ('문체상의' 그리고 음운론적 규칙에 의해 실행되는) 몇 가지 부수적인 변경의 경우를 제외하면 개인이 실제로 발화하는 단어의 순서와 일치한다.

품사 part of speech 단어의 통사적 범주. 명사, 동사, 형용사, 전치사, 부사, 접속사.

피질 cortex 회색 물질로 보이는 뇌 반구의 얇은 표면. 뉴런의 덩어리와 뉴런들을 연결하는 시냅스의 덩어리로 구성된다. 뇌 반구에서 신경의 컴퓨터적 운용이 발생하는 곳으로, 뇌 반구의 나머지 부분은 피질 부위들을 서로 연결하는 축삭돌기의 다발인 백질로 구성되어 있다.

하향식 top-down → 상향식 참조.

한정사 determiner 통사론의 부수 범주로서 관사 및 그와 유사한 단어들로 구성된다. a, the, some, more, much, many.

핵어 head 전체의 의미와 속성을 결정하는 구 안의 한 단어나 단어 안의 한 형태소. the man in the pinstriped suit/ ruby-throated hummingbird.

행동주의 behaviorism 1920년대에서 1960년대까지 영향력을 행사하던 심리학의 한 학파. 마음에 대한 비과학적 연구를 거부하고 (인간을 포함한) 생명체의 행동을 자극반응조건의 법칙으로 설명하려 했다.

형용사 adjective 통사론의 주요 범주. 일반적으로 속성이나 상태를 가리키는 단어들로 구성되어 있다. a hot tin roof/ He is afraid of his mother.

형태론morphology 부분들(형태소)로부터 단어를 생성하는 문법의 일부.

호응 concord → 일치 참조.

화용론 pragmatics 대화의 흐름 속에서 문장들이 어떻게 서로 조화를 이루는지, 그리고 어느 정도의 형식과 예의가 표출되는지 따위를 비롯해 언어가 사회적 문맥 속에서 사용되는 방식.

회뇌 gyrus 주름진 뇌 부위 중에서 바깥쪽의, 보이는 부분.

후두 larynx 기도 상단에 있는 밸브로서 폐를 막고 발성을 하기 위해 사용됨. 안쪽의 성대와 앞쪽의 결후(Adam's apple)로 구성된다.

흔적 trace 이동된 구의 심층구조 위치에 해당되는, 문장 내의 소리 없는 혹은 '이해되는' 요소. What did he put (흔적) in the garage? (흔적은 what과 조응)/ Boggs was grazed (흔적) by a fastball (흔적은 Boggs와 조응).